SÄCHSISCHE AKADEMIE DER WISSENSCHAFTEN
ZU LEIPZIG

JAHRBUCH
1957—1959

MIT 12 TAFELN

AKADEMIE-VERLAG · BERLIN
1961

Beilage: Ergänzungen zum Mitgliederverzeichnis

Nach dem Stande vom 31. Dezember 1959

Manuskript eingeliefert am 15. Oktober 1960

Im Auftrag der Akademie bearbeitet von

Gertrud Lindemann, Ilse Stohmann, Rolf Trauzettel

Erschienen im Akademie-Verlag GmbH, Berlin W 8, Leipziger Straße 3–4

Lizenz-Nr. 202 · 100/205/61

Gesamtherstellung: VEB Druckhaus „Maxim Gorki", Altenburg

Printed in Germany

Bestellnummer: 1011/57–59 · ES 1 D · Preis: DM 30,–

INHALT

Beilage

(Nach dem Stand vom 31. Dezember 1960)

Präsidium

Präsident	Prof. Dr. Dr. h. c. Theodor Frings
Vizepräsident	Prof. Dr. Dr.-Ing. E. h. Arthur Simon
Vizepräsident	Prof. Dr. Anton Arland
Sekretar	der philologisch-historischen Klasse Prof. D. Dr. Erwin Jacobi
Sekretar	der mathematisch-naturwissenschaftlichen Klasse Prof. Dr. Ernst Neef

Ergänzungen zum Mitgliederverzeichnis

Zuwahlen im Jahr 1960

Als ordentliches Mitglied der philologisch-historischen Klasse:

Blumenthal, Lieselotte, Dr. phil., Professor, wissenschaftliche Arbeitsleiterin in der Abteilung Werke Goethes des Instituts für deutsche Sprache und Literatur bei der Deutschen Akademie der Wissenschaften zu Berlin, geb. 30. IX. 1906 in Bielefeld, Weimar, Belvederer Allee 22 a, Tel. 3416 (5. XII. 1960).

Als ordentliche Mitglieder der mathematisch-naturwissenschaftlichen Klasse:

Brednow, Walter, Dr. med., Professor mit Lehrstuhl für Innere Medizin an der Friedrich-Schiller-Universität Jena, Mitglied der Deutschen Akademie der Naturforscher (Leopoldina) Halle, der Deutschen Gesellschaft für Innere Medizin in Wiesbaden, der Internationalen Gesellschaft für Innere Medizin und der Gesellschaft Deutscher Naturforscher und Ärzte, geb. 13. II. 1896 in Berlin, Jena, Dornbluthweg 1, Tel. 71 42 (5. XII. 1960).

Hoffmeister, Cuno, Dr. phil. nat., Professor, Direktor der Sternwarte zu Sonneberg (Thür.) der Deutschen Akademie der Wissenschaften zu Berlin, Lehrbeauftragter an der Friedrich-Schiller-Universität Jena, Nationalpreisträger, Mitglied der Deutschen Akademie der Naturforscher (Leopoldina) Halle, korresp. Mitglied der Deutschen Akademie der

Wissenschaften zu Berlin, geb. 2. II. 1892 in Sonneberg (Thür.), Sonneberg (Thür.), Tel. 2287 (5. XII. 1960).

Klinkowski, Maximilian, Dr. agr., Professor mit Lehrstuhl für Phytopathologie an der Martin-Luther-Universität Halle-Wittenberg, Nationalpreisträger, o. Mitglied der Deutschen Akademie der Landwirtschaftswissenschaften zu Berlin, Mitglied der Deutschen Akademie der Naturforscher (Leopoldina) Halle, geb. 24. V. 1904 in Berlin-Steglitz, Aschersleben, Auf der Alten Burg 23, Tel. 3239 (5. XII. 1960).

Maier, Wilhelm, Dr. phil., Professor mit Lehrstuhl für Mathematik an der Friedrich-Schiller-Universität Jena, geb. 4. I. 1896 in Neuenbürg (Schwarzwald), Jena, Schillbachstraße 2, Tel. 7142, App. 110 (5. XII. 1960).

Merrem, Georg, Dr. med., Professor mit Lehrstuhl für Neurochirurgie an der Karl-Marx-Universität Leipzig, Inhaber der Hufeland-Medaille, geb. 21. IX. 1908 in Königsberg, Leipzig S 3, Zauberweg 2, Tel. 30761 (5. XII. 1960).

Schulze, Gustav E. R., Dr. phil., Professor mit Lehrstuhl für Röntgenkunde und Metallphysik an der Technischen Hochschule Dresden, Mitglied der Physikalischen Gesellschaft in der Deutschen Demokratischen Republik, der Deutschen Gesellschaft für Metallkunde, der Deutschen Mineralogischen Gesellschaft und des Institute of Metals in London, geb. 24. II. 1911 in Berlin, Dresden A 36, Kauschaer Straße 6, Tel. 42072 (5. XII. 1960).

Wolf, Leopold, Dr. phil., Professor mit Lehrstuhl für Anorganische Chemie an der Karl-Marx-Universität Leipzig, Nationalpreisträger, korresp. Mitglied der Deutschen Akademie der Wissenschaften zu Berlin, geb. 23. XI. 1896 in Niederlungwitz (Sa.), Leipzig N 22, Quedlinburger Straße 23 (5. XII. 1960).

Als korrespondierende Mitglieder der philologisch-historischen Klasse:

van Giffen, Albert Egges, Dr. phil., Dr. phil. h. c. (Köln), em. Professor der Prähistorie, Rijksadviseur voor de Bescherming en de Instandhouding van de Hunebedden en van gerestaureerde archaeologische Monumenten, Chevalier de l'Ordre National de la Légion d'Honneur, Ridder in de Orde van den Nederlandschen Leeuw, Inhaber der Gold Medal of the Society of Antiquaries in London, Mitglied der Koninkl. Akademie van Wetenschappen te Amsterdam, der Koninkl. Vlaamsche Academie, korresp. Mitglied der Academie Royale d'Archéologie de Belgique, der Akademie der Wissenschaften in Göttingen, Mitglied der Society of Antiquaries of London und der Society of Antiquaries of Scotland, der Hollandsche Maatschappij der Wetenschappen te Haarlem, o. Mitglied des Deutschen Archäologischen Instituts, ausländ. Mitglied der Finnischen Altertumsgesellschaft in Helsinki, korresp. Mitglied des Institute Prehistory and Archeology University Aarhus, Ehrenmitglied des Marschenrats zur Förderung der Forschung im Küstengebiet, geb.

14. III. 1884 in Noordhorn (Holland), Groningen, Heresingel 15a, Tel. K 5900 : 281 53 (5. XII. 1960).

Michałowski, Kazimierz, Dr. phil., o. Professor der klassischen Archäologie an der Universität Warszawa, Mitglied der Polnischen Akademie der Wissenschaften, Warszawa, Krakowskie-Przedmieschie 26–28 (5. XII. 1960).

Im Jahre 1960 verstarben:

Mathematisch-naturwissenschaftliche Klasse

Das ordentliche Mitglied
Georg Spackeler (6. Juni).

Die auswärtigen, früher ordentlichen Mitglieder
Otto Renner (8. Juli),
Wilhelm Ruhland (5. Januar).

Philologisch-historische Klasse

Die ordentlichen Mitglieder
Franz Dornseiff (22. Mai),
Wilhelm Schubart (9. August).

Das korrespondierende Mitglied
Joseph Aistleitner (9. September).

Anschriftenänderungen

Herr Ladendorf: Köln-Lindenthal, Kerpener Straße 4
Herr Thieme: Tübingen, Wilhelmstraße 36

Historische Kommission

Herr Dr. Manfred Unger, Archivar der Stadt Leipzig, und Herr Dr. Hans Walther, wiss. Mitarbeiter am Slawischen Institut der Karl-Marx-Universität, wurden als neue Mitglieder zugewählt.

Ehrungen und Auszeichnungen von Mitgliedern im Jahre 1960

Mathematisch-naturwissenschaftliche Klasse:

Ordentliche Mitglieder

Herr Bürger, Hervorragender Wissenschaftler des Volkes.

Herr Deubel, Ehrenmitglied der Tschechoslowakischen Gesellschaft für Mineralogie und Geologie.

Herr Hertz, o. Mitglied der Tschechoslowakischen Akademie der Wissenschaften in Prag.

Herr Keller, Vorsitzender der Deutschen Mathematiker-Vereinigung für 1961.

Herr Langenbeck, Kekulé-Medaille der Chemischen Gesellschaft in der Deutschen Demokratischen Republik.

Herr Lissner, Ehrensenator der Bergakademie Freiberg (Sa.), Ehrenmitglied der Brennstofftechnischen Gesellschaft.

Herr Mothes, Ehrenmitglied der Indian Botanical Society, ao. Mitglied der Rajasthan Academy of Sciences Pilani (Indien), Mitglied der American Society of Plant Physiologists und der Japanese Society of Plant Physiologists, korresp. Mitglied der Österreichischen Akademie der Wissenschaften in Wien, Dr. h. c. der Medizinischen Fakultät der Martin-Luther-Universität Halle–Wittenberg, Cothenius-Medaille der Deutschen Akademie der Naturforscher (Leopoldina) Halle, Vaterländischer Verdienstorden in Silber.

Herr Rammler, Verdienter Bergmann der Deutschen Demokratischen Republik.

Herr Schmalfuß, Vaterländischer Verdienstorden in Silber.

Herr Strack, Nationalpreisträger (3. Klasse).

Herr Stubbe, Nationalpreisträger (1. Klasse).

Herr Treibs, Hervorragender Wissenschaftler des Volkes, Ehrenmitglied der Chemischen Gesellschaft in der Deutschen Demokratischen Republik, Dr. h. c. der Mathematisch-naturwissenschaftlichen Fakultät der Humboldt-Universität Berlin.

Auswärtige, früher ordentliche Mitglieder

Herr Buchner, Dr. rer. nat. h. c. der Universität Greifswald,

Herr Lendle, o. Mitglied der Akademie der Wissenschaften in Göttingen.

Korrespondierende Mitglieder

Herr Blaschke, Dr. rer. nat. h. c. der Universität Greifswald, Dr. der Naturwissenschaften E. h. der Technischen Hochschule Karlsruhe.

Herr Wagner, Wilhelm-Exner-Medaille des Österreichischen Gewerbevereins.

Philologisch-historische Klasse

Ordentliche Mitglieder

Herr Besseler, Nationalpreisträger (3. Klasse).

Herr Buchda, Deutsche Friedensmedaille des Deutschen Friedensrates in Berlin.

Herr Frings, Goethe- und Schillerplakette mit Anstecknadel in Gold der Nationalen Forschungs- und Gedenkstätten der klassischen deutschen Literatur in Weimar.

Herr Straub, Vaterländischer Verdienstorden in Bronze.

Auswärtige, früher ordentliche Mitglieder

Herr Leipoldt, Vaterländischer Verdienstorden in Gold.

Herr Schweitzer, o. Mitglied der Heidelberger Akademie der Wissenschaften.

Herr Sommer, Träger des Bayerischen Verdienstordens.

Korrespondierende Mitglieder

Herr Kahle, Honorary Fellow of the School of Oriental and African Studies University of London.

Kommission

für Poggendorff's biographisch-literarisches Handwörterbuch der exakten Naturwissenschaften.

Mit Wirkung vom 1. Dezember 1960 übernahm Herr N e e f den Vorsitz.

Veröffentlichungen 1957–59 der im Jahre 1960 zugewählten Mitglieder

Blumenthal, Lieselotte

Goethe: Werke (Hamburger Ausgabe). Bd 10: (Autobiographische Schriften. Bd 2. [Dichtung und Wahrheit; Autobiographische Einzelheiten: Text, Überlieferung, Lesarten.]). Hamburg (1959).

Arkadien in Goethes „Tasso". – In: Goethe, Jb. d. Goethe-Ges. N. F. Bd 21. Weimar 1959. S. 1–24.

Ludmilla Assing. – In: Goedekes Grundriß z. Gesch d. dt. Dichtung. N. F. Bd 1, Lfg 2. Berlin 1957. S. 444–448.

Goethes Bühnenbearbeitung des „Tasso". – In: Bühnen der Stadt Köln. 2. Köln 1957. S. 21–27.

Schillers und Goethes Anteil an Knebels Properzübertragung. – In: Jb. d. Dt. Schiller-Ges. Bd 3. Stuttg. 1959. S. 71–93.

Zur Textgestaltung von Goethes „Unterredung mit Napoleon". – In: Goethe. Jb. d. Goethe-Ges. N. F. Bd 20. Weimar 1958. S. 264–276.

Keine Sensation um „Wallenstein". – In: Theater d. Zeit. Jg 14, 1959, Nr. 6, S. 10–11.

Brednow, Walter

Röntgenatlas der Lungenerkrankungen. Ein Leitfaden für Ärzte. 7. Aufl. Münch.-Bln 1959. 320 S. m. 158 Röntgenbildern.

Bronchitis und Bronchiektasen. – In: Klinik der Gegenwart. Handbuch d. prakt. Med. Bd 5. Münch.-Bln 1957. S. 619–638.

Maskierte Bronchialcarcinome. – In: Med. Klinik. Jg 52, 1957, S. 698–700, 722–723.

Digitalis oder Strophanthin? – In: Zs. f. ärztl. Fortbildg. Jg 52, 1958, S. 713–717.

Zur Eröffnung der 65. Tagung der Dt. Gesellschaft f. innere Medizin. – In: Med. Klinik. Jg 54, 1959, S. 881–883.

Eröffnungsansprache des Vorsitzenden. – In: Verh. d. Dt. Ges. f. inn. Med. 65. Kongr. 1959. S. 1–8.

Festrede zum 75. Jubiläum der Dt. Gesellschaft f. innere Medizin. – In: Ebda. 63. Kongr. 1957. S. 5–21.

Zur Klinik chronisch-sklerosierender, nichttuberkulöser Lungenkrankheiten. – In: Münch. Med. Wschr. Jg 99, 1957, S. 1933–1936.

Zur Klinik der Lungenmykosen. – In: Med. Klinik. Jg 53, 1958, S. 622–627.

Die Medizinische und Nervenklinik der Friedrich-Schiller-Universität Jena. – In: Zs. f. ärztl. Fortbildg. Jg 52, 1958, S. 125–126.

Restschäden bei Magenresezierten aus internistischer Sicht. – In: Med. Klinik. Jg 53, 1958, S. 1436 bis 1441.

Das Rheumaproblem im Spiegel der Kongreßverhandlungen der Deutschen Gesellschaft für innere Medizin. – In: Ebda. Jg. 54, 1959, S. 621–624.

Rundherde der Lungen. – In: Dt. Med. Journal. Jg 9, 1958, S. 205–209.

Spätschäden bei Magenresezierten aus internistischer Sicht. – In: Zentralbl. f. Chirurgie. Jg 83, 1958, S. 2258.

In memoriam Walter Wolff. – In: Med. Klinik. Jg 53, 1958, S. 1347.

W. Brednow u. D. Jorke: Klinische Erfahrungen in der Diabetesbehandlung mit hypoglykämisierenden Sulfonamidkörpern. – In: Münch. Med. Wschr. Jg 99, 1957, S. 101–105.

Cuno Hoffmeister

Beobachtungen hochatmosphärischer Erhellungen des Nachthimmels in Südwestafrika 1952–1953. Berlin 1958. (Veröff. d. Sternw. Sonneberg. Bd 3, Nr. 4.)

Beobachtungen des verstärkten Nachthimmelleuchtens in den Jahren 1946 bis 1957. Berlin 1959. (Veröff. d. Sternw. Sonneberg. Bd 4, Nr. 4.)

C. Hoffmeister, W. Götz u. H. Huth: Die veränderlichen Sterne der nördlichen Milchstraße. Teil IX. Felder v. Geminorum und e Gominorum. Berlin 1957. (Veröff. d. Sternw. Sonneberg. Bd 4, Nr. 2.)

Kritische Bemerkungen zur Geschwindigkeitsbestimmung von Meteoren nach der Radar-Methode. – In: Abh. d. Dt. Akad. d. Wiss. zu Berlin. Kl. f. Math., Physik u. Technik. Jg 1955, Nr. 3 [Jahrestagung der Dt. Akad. d. Wiss. zu Berlin v. 28. März bis 2. April 1955. Fachkonferenz Radioastronomie]. Berlin 1958. S. 109–111.

Ionisation durch Meteore. – In: Probleme des Plasmas in Physik und Astronomie. Berlin 1958. S. 10–14.

C. Hoffmeister u. J. Paton: Visual Observations of the Airglow and other non-auroral Luminosities of the Night Sky. – In: Int. Geophysical Year. 1958. Observer's Manual 110.

Beobachtung und Bahnbestimmung der künstlichen Satelliten. – In: Die Sterne. Jg 33, 1957, S. 202 bis 203.

Beobachtung der Mondfinsternis, 1959 März 24 auf der Sternwarte Sonneberg. In: Ebda. Jg 35, 1959, S. 204.

Visuelle Beobachtung des Zodialkallichts als psycho-physiologisches Problem. – In: Ebda. Jg 34, 1958, S. 174–181.

Die Beobachtungen hochatmosphärischer Erscheinungen während des Internationalen Geophysikalischen Jahres. – In: Ebda. Jg 33, 1957, S. 51–55.

Beobachtungen der Nachthelligkeit in Sonneberg. – In: Ebda Jg 35, 1959, S. 86.

Bildbericht vom Kometen 1956 h (Arend-Roland). – In: Ebda. Jg 34, 1958, S. 209–214.

Ionisation durch Meteore. – In: Ebda. Jg. 33, 1957, S. 62–65.

Das Internationale Geophysikalische Jahr. Hochatmosphärische Erscheinungen. – In: Mitteilungsbl. f. d. Mitarb. d. Dt. Akad. d. Wiss. Jg 3, 1957, S. 87–91.

Internationale Konferenz über Interplanetare Materie in Jena 1957, Oktober 7 bis 12. – In: Die Sterne. Jg 34, 1958, S. 161–166.

Leuchtvorgänge der hohen Atmosphäre. – In: Wissen und Leben. Jg 2, 1957, S. 646–649.

Der Meteoritenfall von Ramsdorf und einige Probleme. – In: Die Sterne. Jg 35, 1959, S. 218–226.

Mondfinsternis 1957 Mai 13. – In: Ebda. Jg 34, 1958, S. 126–127.

Nordlichtbeobachtungen auf der Sternwarte Sonneberg der Deutschen Akademie der Wissenschaften zu Berlin. – In: Ebda. S. 125–126.

Ort und Lichtkurve der Nova Chamaeleontis 1953. – In: Astronom. Nachr. Bd 285, 1959, S. 149 bis 150.

Planet 1957 NA (Objekt Schubart). – In: Die Sterne. Jg 33, 1957, S. 251.

Ein RR Lyrae-Stern an der Grenze des Milchstraßensystems. – In: Ebda. Jg 34, 1958, S. 86.

Neuer RR Lyrae-Stern S 5218 Ursae Majoris. In: Astronom. Nachr. Bd 284, 1958, S. 165–166.

On two abnormal Stars of Delta Cephei Type. – In: Astrophysical Journal. Vol. 125, 1957, S. 824 bis 825.

Das Tagesmeteor vom 6. Dezember 1957. – In: Die Sterne. Jg 35, 1959, S. 161–171.
Das große Tagesmeteor vom 6. Dezember 1957. – In: Monatsber. d. Dt. Akad. d. Wiss zu Berlin. Bd 1, 1959, S. 2–4.
41 neue südliche Veränderliche. In: Astronom. Nachr. Bd 285, 1959, S. 151–152.
Über das photometrische Verhalten einiger RW Aurigae-Sterne. – In: Mitt. d. Sternw. Budapest. Nr. 42, 1958, S. 13–19.
Versammlung der Astronomischen Gesellschaft 1956. – In: Die Sterne. Jg 33, 1957, S. 17–22.
Die 43. Versammlung der Astronomischen Gesellschaft. – In: Ebda. Jg 34, 1958, S. 24–31.
Die 10. Allg. Versammlung der Internationalen Astronomischen Union. – In: Ebda. Jg 35, 1959, S. 49–57.

Klinkowski, Maximilian

Pflanzliche Virologie. 2 Bde. Unter Mitarb. . . . hrsg. v. Maximilian Klinkowski. Berlin 1958.
Beiträge zur Kenntnis der Stolburkrankheit der Kartoffel. – In: Proceedings of the third Conference on Potato Virus Diseases, Lisse-Wageningen, 24–28 Juni, 1957, S. 264–277.
Das Rhabarbermosaik-Virus. – In: Verhandl. IV. Int. Pflanzenschutz-Kongr. Hamburg 1957. Bd 1. 1959. S. 367–370.
Untersuchungen über Blattfleckenkrankheiten des Usambaraveilchens. – In: Festschr. z. 75. Geburtstag von Prof. Dr. T. Savulescu. 1959, S. 355–366.
Ein Beitrag zur Symptomatologie und Problematik der Zierpflanzenvirosen. – In: Anz. f. Schädlingskunde. Jg 30, 1957, S. 33–37.
Entwicklung und wirtschaftliche Bedeutung der pflanzlichen Virologie. – In: Wiss. Annalen. Jg 6, 1957, Beih S. 46–62.
Prof. Dr. Gäumann zum 65. Geburtstag. – In: Die dt. Landwirtschaft. 9, 1958, S. 552.
Aktuelle Probleme der pflanzlichen Virusforschung. In: Mitt. aus d. Biol. Bundesanst. f. Land- u. Forstwirtsch., Bln-Dahlem. H. 97 (32. Dt. Pflanzenschutz-Tagg in Hannover, 6.–10. Oktober 1958), 1959, S. 10–36.
A necrotic type of potato virus Y. – In: American Potato Journal. Vol. 36, 1959, S. 297–298.
Virosen und Pflanzenquarantäne. – In: Nachrichtenbl. f. d. Dt. Pflanzenschutzdienst. N.F. Jg 13, 1959, S. 41–46.
M. Klinkowski u. G. Kreutzberg: Vorkommen und Verbreitung von Gramineenvirosen in Europa. – In: Phytopatholog. Zs. Bd 32, 1958, S. 1–24.
M. Klinkowski u. H. Opel: Die Gurke (Cucumis sativus L.) als Wirtspflanze des Rhabarber-Mosaik-Virus. – In: Zs. f. Pflanzenkrankheiten, Pflanzenpathol. u. Pflanzenschutz. 64, 1957, S. 445 bis 451.
M. Klinkowski u. K. Schmelzer: Beiträge zur Kenntnis des Virus der Tabak-Rippenbräune. – In: Phytopathol. Zs. Bd 28, 1957, S. 285–306.
M. Klinkowski u. K. Schmelzer: Die Reaktion einiger Tabaksorten und Differenzialwirte gegenüber den Viren der Tabakmosaik-Gruppe. – In: Der Züchter. Jg. 29, 1959, S. 229–237.
M. Klinkowski u. K. Schmelzer: Ein neuer Stamm des Tabakrippenbräune-Virus in Mitteldeutschland. – In: Die Naturwiss. Jg 45, 1958, S. 62.

Maier, Wilhelm

Über einige Lambertsche Reihen. – In: Arch. d. Math. Vol. 9, 1958, S. 186–190.

Merrem, Georg

Der Hirndruck. Antrittsvorlesung anläßl. d. Errichtung eines Lehrstuhls für Neurochirugie (20. 3. 1959).

Die Behandlung von Hirndruckzuständen. – In: Moderne neurologisch-psychiatrische Therapie. Bln 1959. S. 55–61.

Fortschritte in der Gehirnchirurgie. – In: Jahreskongreß 1959 f. ärztl. Fortbildung. Bln. S. 277–279.

Die Nervenschädigungen in der Wiederherstellungschirurgie. – In: Die Chirurgie d. Traumas. Bd 3, T. 2. Berlin 1958. S. 967–990.

Das Schädel-Hirn-Trauma in der Wiederherstellungschirurgie. – In: Ebda. Bd 3, T. 1. Bln 1958. S. 1–52.

Die Behandlung des Hirndrucks in der neurochirurgischen Praxis. – In: Wiss. Zs. d. Karl-Marx-Univ. Leipzig. Math.-nat. R. Jg. 7, 1957/58, S. 59–62.

Aus der Neurochirurgie des Kindesalters. – In: Kinderärztl. Prax. Sonderbd. Leipzig 1957, S. 146 bis 148.

Querschnittslähmungen bei Tumoren und Pseudotumoren des Spinalkanals. – In: Wiss. Zs. d. Karl-Marx-Univ. Leipzig. Math.-nat. R. Jg. 9, 1959/60, S. 524–528.

Schulze, Gustav E. R.

Über geometrische Einflußgrößen bei der Bildung intermetallischer Verbindungen. – In: Freiberger Forschungshefte. B 37. 1959. S. 78–83.

Fortschritte auf dem Gebiet der Röntgenstrahl-Kleinwinkelstreuung (Sbornik, Referátû, Mezinárodnú Konference Českéno vysokéno Učenú Technickéno v. Praje. 2. Praha 1958. S. 239–248.

Über die Atomabstände in Laves-Phasen. – In: Zs. f. Kristallographie (A). Bd 111, 1959, S. 249 bis 258.

Erforschung der Orientierung magnetischer Atommomente in Kristallen mittels Neutronen-Interferenzen. – In: Fortschritt d. Mineral. Bd 35, 1958, S. 135–150.

Eine einfache Röntgen-Kleinwinkelkammer hoher Präzision. – In: Wiss. Zs. d. TH Dresden. Jg 7, 1957/58, S. 1087–1091.

G. Schulze u. J. Henke: Eine lichtstarke Planglas-Endmaß-Kammer für Kleinwinkelstreuung. – In: Zs. f. Kristallographie (A). Bd 111, 1959, S. 172–184.

G. Schulze u. J. Henke: Eine verbesserte Rahmenkammer für Röntgen-Kleinwinkelstreuung. – In: Zs. f. Naturforschg. Bd 12a, 1957, S. 346.

G. Schulze u. J. Henke: Weiterentwicklung der Rahmenkammer zur Aufnahme von Röntgen-Kleinwinkelstreuung. – In: Exp. Technik d. Physik. Jg 5, 1957, S. 180–183.

Wolf, Leopold

Komplexbildung und Komplexelution der Seltenen Erden. – In: Chem. Technik. Jg 10, 1958, S. 590.

Komplexbildung und Komplexelution der Seltenen Erden. – In: Österr. Chemiker-Ztg. Jg 60, 1959, S. 99–106.

L. Wolf u. H. Bärnighausen: Kristalldaten von Thorium-tetrakis-dibenzoylmethan und den isomorphen Verbindungen des vierwertigen Cers und Urans. – In: Acta crystallographica. Vol. 10, 1957, S. 605.

L. Wolf u. M. Beer: Ferrocenoylaceton und Komplexe. – In: Die Naturwiss. Jg 44, 1957, S. 442.

L. Wolf u. M. Beer: Furoyl-(3)-aceton. – In: Ebda. Jg 45, 1958, S. 164.

L. Wolf u. J. Massonne: Beiträge zur Trennung der Seltenen Erden. IV. – In: Journal f. prakt. Chem. (4) Bd 5, 1957, S. 14–20.

L. Wolf u. J. Massonne: Beiträge zur Trennung der Seltenen Erden. V. – In: Ebda. S. 21–33.
L. Wolf u. J. Massonne: Beiträge zur Trennung der Seltenen Erden. VI. – In: Ebda. Bd 5, 1958, S. 288–290.
L. Wolf, G. Wolff u. H. Bärnighausen: Beiträge zur Trennung der Seltenen Erden. VII. – In: Ebda. Bd 6, 1958, S. 259–265.
L. Wolf u. R. Hering: Über Ionenaustauscherharze mit komplexbildenden Ankergruppen. – In: Chem. Technik. Jg 10, 1958, S. 661–662.
L. Wolf u. J. Massonne: Über eine schnelle Ionenaustauschtrennung größerer Mengen Ceriterden unter Verwendung von Ammonium-Nitrilotriacetat als Elutionsmittel. – In: Ebda. S. 290–296.
L. Wolf u. Kl. Wetzel: Untersuchungen über Komplexverbindungen der ß-Ketosäureamid-Reihe. – In: Chem. Berichte. Jg 90, 1957, S. 1007–1023.

van Giffen, Albert Egges

Herdenkingen van Vere Gordon Childe (16. II. 1960) D. Sc., D. Litt. F. B. A. (14. April 1892 bis 19. Oktober 1957). – In: Jaarboek Nederl. Akad. van Wetenschappen 1959–1960.
Een trechterbeker van de hunebeddencultuur uit Lutjesaaksum. Een merkwaardige vondst op een uitzonderlijke vindplaats. – In: Groningse Volksalmanak. 1957, S. 148–151.
Prähistorische Hausformen auf Sandböden in den Niederlanden. – In: Germania. 36, 1958, S. 35 bis 71.
De ontwikkeling van de archaeologie in Nederland. – In: Pro-historia. Orgaan v. h. Hist. Genootschap Clio. Jg 3, 1958, Nr. 7, S. 4–7.

Michałowski, Kazimierz

Delfy. [Delphoi.] 3. Aufl. Warszawa 1959, Państwowe Wydawnictwo Naukowe. 228 S.
Mirmeki. Wykopaliska odcinka polskiego w r. 1956. [Mirmekion. Ausgrabungen im polnischen Sektor im Jahre 1956.] Warszawa 1958, Państwowe Wydawnictwo Naukowe, 156 S.
Technika grecka. [Griechische Technik.] Warszawa 1959. Państwowe Wydawnictwo Naukowe, 194 S.
Classical Archaeology in the Crimea. A Joint Soviet-Polish Excavation. – In: Illustrated London News. 230, 1957, S. 28–29.
Polskie badania archeologiczne na Bliskim Wschodzie w roku 1958. [Polnische archäologische Forschungen in Ägypten und Vorderasien im Jahre 1958.] – In: Mówia Wieki. 2, 1959, Nr. 1, S. 15–19 und in: Sprawozdania z Prac Naukowych Wydzialu Nauk Spoleczynch [Polskiej Akademii Nauk]. 2, 1959, H. 2, S. 41–45.
Poland's Contribution to Archaeological Research into Antiquity. – In: The Review of the Polish Academy of Science. 2, 1957, Nr. 1/2, S. 20–28.
Polska ekspedycja archeologiczna w Nubii (stuyczeń-luty 1958). [Polnische archäologische Expedition in Nubien (Januar–Februar 1958).] – In: Nauka Polska. 7, 1959, Nr. 2, S. 121–178.
Polskaja archeologičeskaja ekspedicija v Nubii janvar-febral 1958. [Polnische archäologische Expedition in Nubien Januar–Februar 1958.] – In: Žurnal Polskoj Akademii Nauk. 4, 1959, Nr. 3, S. 46–84.
Les filtres a eau d' Atribris. – In: The Journal of Juristic Pagyrology. 11–12, 1957/58, S. 185–189.
Les fouilles polonaises à Tell Atrib. – In: La Revue de Caire. 21, 1958, S. 226–233.
Galeria Sztuki Starożytnej w Muzeum Narodowym w Warszawie. [Galerie der antiken Kunst im Nationalmuseum von Warszawa.] – In: Rocznik Muzeum Narodowego w Warszawie. 2, 1957, S. 101–138.

Polskie odkrycia w archeologii śródziemnomorskiej i ich znaczenie dla nauki i kultury polskiej. [Polnische Entdeckungen in der Archäologie der Mittelmeerländer und ihre Bedeutung für polnische Wissenschaft und Kultur.] – In: Sprawozdania z Prac Naukowych Wydzialu Nauk Spolecznych [Polskiej Akademii Nauk]. 1, 1958, H. 3, S. 5–11.

Rapport sur la prospection du terrain dans la region de la mosquée de Nabi Daniel 1958. – In: Bulletin de la Faculté de Droit. Université d'Alexandrie. 12, 1958, S. 37–43.

Raskopki drevnego Mirmekija. – In: Nauka i Žizn'. 1957, Nr. 9, S. 54–56.

The Polish Archaeological Reconnaissance Trip to Nubia. – In: The Review of the Polish Academy of Science. 4, 1959, Nr. 3, S. 47–85.

La seconde saison de fouilles de la Mission Polonaise à Athribis en Basse Egypte 1958. – In: Egypt Travel Magazine. 1958, Oktober, S. 1–12.

Udzial Polski w badaniach archeologicznych świata antycznego. [Polens Teilnahme an den archäologischen Forschungen der antiken Welt.] – In: Nauka Polska. 5, 1957, Nr. 2, S. 65–74.

Wykopaliska polskie w Edfu. [Polnische Ausgrabungen in Edfu.] – In: Szkice z Dziejów Polskiej Orientalistyki. Warszawa 1957, S. 191–236.

Wykopaliska polskie w Mirmeki na Krymie. [Polnische Ausgrabungen in Mirmekion auf der Krim.] – In: Problemy. 1957, Nr. 2, S. 87–90.

Wykopaliska polskie w Tell-Atrib w Dolnym Egipcie. [Polnische Ausgrabungen in Tell-Atrib in Unterägypten.] – In: Ebda. Nr. 6, S. 399–404.

Wykopaliska polsko-radzieckie w Mirmeki na Krymie w latach 1956–1957. Odcinek polski. [Polnisch-sowjetische Ausgrabungen in Mirmekion auf der Krim in den Jahren 1956–1957. Polnischer Sektor.] – In: Sprawozdania z Prac Neukowych Wydziału Nauk Społecznych [Polskiej Akademii Nauk]. 2, 1959, H. 2, S. 101–105.

Wykopaliska archeologiczne Muzeum Narodowego w Warszawie. [Archäologische Ausgrabungen des Nationalmuseums von Warszawa.] – In: Rocznik Muzeum Narodowego w Warszawie. 3, 1958/1959, S. 7–51.

DIE SEKRETARE DER KLASSEN SEIT DER GRÜNDUNG
1. JULI 1846

Sie führten abwechselnd, ein Jahr um das andere bis 1939, auch die allgemeinen Geschäfte und den Vorsitz in den Gesamtsitzungen.

Mathematisch-physische Klasse

1846–1848	Wilhelm Weber
1848–1874	Ernst Heinrich Weber
1874–1883	Wilhelm Gottlieb Hankel
1883–1894	Carl Ludwig
1894–1901	Johannes Wislicenus
1902–1904	Wilhelm His
1904–1905	Ferdinand Zirkel
1906–1914	Karl Chun
1914–1915	Heinrich Bruns
1916–1919	Otto Hölder
1920–1937	Max Le Blanc
1938–1940	Ludwig Weickmann

Mathematisch-naturwissenschaftliche Klasse

1940–1942	Paul Buchner
1943–1944	Burckhardt Helferich
1945–1946	Friedrich Hund
1947–1948	Ludwig Lendle
seit 1949	Anton Arland

Philologisch-historische Klasse

1846–1948	Gottfried Hermann
1849–1853	Moritz Haupt
1853–1855	Otto Jahn

1855–1859	Gustav Hartenstein
1859–1883	Heinrich Leberecht Fleischer
1883–1891	Friedrich Zarncke
1891–1898	Otto Ribbeck
1899–1914	Ernst Windisch
1915–1918	Albert Hauck
1919–1926	Eduard Sievers
1927–1932	August Fischer
1933–1937	Theodor Frings
1937–1940	Erich Brandenburg
1940–1942	Helmut Berve
1943–1945	Otto Vossler
seit 1948	Erwin Jacobi

DIE STELLVERTRETENDEN SEKRETARE DER KLASSEN SEIT DER GRÜNDUNG 1. JULI 1846

Mathematisch-physische Klasse

1846–1848	Moritz Wilhelm Drobisch
1848–1850	Gustav Theodor Fechner
1850–1874	Wilhelm Gottlieb Hankel
1874–1883	Wilhelm Scheibner
1883–1901	Adolph Mayer
1902–1905	Hermann Credner
1906–1915	Otto Hölder
1916–1927	Fritz Rinne
1928–1937	Ludwig Weickmann
1938–1940	Werner Heisenberg

Mathematisch-naturwissenschaftliche Klasse

1941–1944	wurde das Amt eines stellvertretenden Sekretars nicht besetzt
1945–1948	Werner Hueck
1949–1956	wurde das Amt eines stellvertretenden Sekretars nicht besetzt
1957	Erich Kähler
1957–1958	Heinrich Bredt
seit 1959	Ernst Neef

Philologisch-historische Klasse

1846–1848	Moritz Haupt
1849–1853	Otto Jahn
1853–1855	Gustav Hartenstein
1855–1859	Heinrich Leberecht Fleischer
1859–1876	Hermann Brockhaus
1876–1883	Friedrich Zarncke
1883–1890	Adolf Ebert
1890–1894	August Leskien
1895–1898	Ernst Windisch
1899–1914	Hermann Lipsius
1915–1926	Richard Heinze
1927–1932	Georg Steindorff
1933–1934	Paul Koschaker
1935–1940	Helmut Berve
1941–1956	wurde das Amt eines stellvertretenden Sekretars nicht besetzt
1957–1958	Heinz Ladendorf
seit 1958	Siegfried Morenz

DIE PRÄSIDENTEN SEIT DEM JAHR 1940

(bis zum Jahr 1956 zugleich Leiter ihrer Klasse)

1940–1945	Ludwig Weickmann
seit 1945	Theodor Frings

DIE VIZEPRÄSIDENTEN SEIT DEM JAHR 1940

(bis zum Jahr 1956 zugleich Leiter ihrer Klasse)

1940–1945	Erich Brandenburg
1946–1947	wurde das Amt eines Vizepräsidenten nicht besetzt
1948–1958	Ludwig Binder
1958–1959	Anton Arland in Stellvertretung
1959	Robert Schröder
seit 1959	Arthur Simon

STATUT

DER SÄCHSISCHEN AKADEMIE DER WISSENSCHAFTEN ZU LEIPZIG

Vom 29. November 1956

Die Sächsische Akademie der Wissenschaften zu Leipzig wurde gegründet im Jahre 1846, am 200. Geburtstage von Gottfried Wilhelm Leibniz. Ihren jetzigen Namen trägt sie seit dem 1. Juli 1919. Eingedenk des Vermächtnisses ihres Patrons Gottfried Wilhelm Leibniz „theoriam cum praxi zu vereinigen" sowie im Bewußtsein ihrer Mitverantwortung für die stetige Entwicklung der Wissenschaft sowie für Frieden und Freiheit in der gesamten Menschheit, hat sich die Sächsische Akademie der Wissenschaften zu Leipzig das nachstehende Statut gegeben:

§ 1

Wesen

Die Sächsische Akademie der Wissenschaften zu Leipzig (im folgenden Akademie genannt) ist eine Gemeinschaft hervorragender Gelehrter und Träger bedeutender Forschungsunternehmen. Die Akademie genießt die besondere Fürsorge des Volkes und des Staates.

§ 2

Aufgaben und Ziele

Die Akademie hat die Aufgabe, durch ihre Arbeiten, ihre Denkschriften und Gutachten zur Schaffung und Mehrung der geistigen und materiellen Güter des deutschen Volkes beizutragen. Sie fördert die Verbreitung von Forschungsergebnissen und pflegt die wissenschaftlichen Beziehungen zwischen den Völkern.

§ 3

(1) Zur Durchführung ihrer Aufgaben plant, unternimmt und leitet die Akademie wissenschaftliche Arbeiten. Sie beteiligt sich an wissenschaftlichen Unternehmungen, die gemeinsam mit den anderen Akademien Deutschlands durchgeführt werden.

(2) Insbesondere fördert die Akademie die Forschungsarbeiten ihrer Mitglieder. Sie sorgt für die Veröffentlichung der von ihren Mitgliedern verfaßten oder durch deren Gutachten empfohlenen wissenschaftlichen Arbeiten.

§ 4

Rechtsform und Sitz

Die Akademie ist juristische Person. Ihr Sitz ist Leipzig.

§ 5

Mitglieder

(1) Als Gemeinschaft von Gelehrten besteht die Akademie aus ordentlichen Mitgliedern, die ihren Wohnsitz in den ehemaligen Ländern Sachsen, Sachsen-Anhalt und Thüringen haben, korrespondierenden Mitgliedern und Ehrenmitgliedern. Die Zahl der ordentlichen Mitglieder kann bis zu 80 betragen.

(2) Ordentliche und korrespondierende Mitglieder werden auf Grund ihrer wissenschaftlichen Leistungen gewählt.

§ 6

Organe

Organe der Akademie sind:

a) Plenum,
b) Präsidium,
c) Klassen.

§ 7

Plenum

(1) Das oberste Organ der Akademie ist das Plenum, das aus den ordentlichen Mitgliedern besteht.

(2) Es tritt zur Entgegennahme wissenschaftlicher Vorträge zusammen, berät über wissenschaftliche und organisatorische Fragen und entscheidet in allen grundsätzlichen Angelegenheiten der Akademie.

§ 8

Aufgaben des Plenums

Zum Tätigkeitsbereich des Plenums gehört im besonderen:

a) Entgegennahme von wissenschaftlichen Vorträgen,
b) Beschlußfassung über Veröffentlichung vorgelegter wissenschaftlicher Arbeiten gemäß § 20,
c) Bestätigung der Arbeiten der Akademie,
d) Wahl des Präsidenten, der Vizepräsidenten und der Sekretare der Klassen gemäß § 25,
e) Zuwahlen neuer Mitglieder gemäß §§ 22 bis 24,
f) Wahl der Leiter der wissenschaftlichen Unternehmungen der Akademie,
g) Änderung des Statuts.

§ 9

Präsidium

Die Akademie wird vom Präsidium geleitet. Es besteht aus dem Präsidenten, den Vizepräsidenten und den Sekretaren der Klassen.

§ 10

Präsident und Vizepräsident

(1) Der Präsident vertritt die Akademie in der Öffentlichkeit. Er führt den Vorsitz im Plenum und im Präsidium. Er sorgt zusammen mit den übrigen Mitgliedern des Präsidiums für den geregelten Ablauf der Arbeiten und für die Einhaltung des Statuts.

(2) Vertreter des Präsidenten ist einer der Vizepräsidenten, bei deren Verhinderung einer der Sekretare.

§ 11

Sekretare

Die Sekretare führen die Geschäfte der Klasse und unterstützen die Präsidenten in der Arbeit des Präsidiums.

§ 12

Klassen

Die Akademie gliedert sich in folgende Klassen, die gleichen Rang haben:

Mathematisch-naturwissenschaftliche Klasse,
Philologisch-historische Klasse.

§ 13

Aufgaben der Klassen

(1) Zu den Aufgaben der Klassen gehören im besonderen:

a) Entgegennahme wissenschaftlicher Vorträge und wissenschaftlicher Mitteilungen ihrer Mitglieder,

b) Beratung über wissenschaftliche Arbeiten, den Aufwand der zu der jeweiligen Klasse gehörenden Unternehmungen und Überprüfung ihrer Durchführung,

c) Vorschläge über die Wahl neuer Mitglieder und des Sekretars,

d) Abgabe von Vorschlägen und Erstattung von Gutachten zur Verleihung von öffentlichen Ehrungen.

(2) Die unter Abs. 1 Buchst. b genannten Aufgaben sind Ausschüssen von Mitgliedern der Klasse zuzuweisen, die vom Präsidium benannt werden.

(3) Die unter Abs. 1 Buchst. c genannten Aufgaben sind den ordentlichen Mitgliedern vorbehalten.

§ 14

Ordentliche Mitglieder

(1) Die ordentlichen Mitglieder haben das Recht und die Pflicht, an den Sitzungen des Plenums und ihrer Klasse teilzunehmen. Sie haben die Pflicht, an den Arbeiten der Akademie mitzuwirken, wissenschaftliche Vorträge zu halten und zu den Veröffentlichungen der Akademie beizutragen.

(2) Die ordentlichen Mitglieder erhalten die Abhandlungen, Sitzungsberichte und das Jahrbuch der Akademie.

(3) Die ordentlichen Mitglieder haben Anspruch auf besondere Förderung bei der Benutzung aller staatlichen Einrichtungen, die der Wissenschaft und anderen kulturellen Aufgaben dienen.

(4) Verlegt ein ordentliches Mitglied seinen Wohnsitz aus dem in § 5 genannten Gebiet, so wird es auswärtiges Mitglied, kehrt es zurück, so tritt es in die Rechte und Pflichten des ordentlichen Mitgliedes wieder ein.

§ 15

Korrespondierende Mitglieder

(1) Zu korrespondierenden Mitgliedern können Gelehrte des In- und Auslandes gewählt werden.

(2) Die korrespondierenden Mitglieder haben das Recht, an wissenschaftlichen Verhandlungen des Plenums und an den Sitzungen ihrer Klasse mit beratender Stimme teilzunehmen.

(3) Die korrespondierenden Mitglieder erhalten die Abhandlungen und Sitzungsberichte ihrer Klassen und das Jahrbuch der Akademie.

§ 16

Ehrenmitglieder

(1) Zu Ehrenmitgliedern können Persönlichkeiten gewählt werden, die sich um die Akademie außergewöhnliche Verdienste erworben haben.

(2) Die Ehrenmitglieder erhalten die Abhandlungen, die Sitzungsberichte und das Jahrbuch der Akademie.

(3) Die Ehrenmitglieder haben das Recht, an den Sitzungen des Plenums und der Klassen mit beratender Stimme teilzunehmen.

§ 17

Wissenschaftliche Kommissionen

Für bestimmte wissenschaftliche Aufgaben können auf Beschluß des Präsidiums besondere Kommissionen oder Arbeitsgruppen als Unternehmungen der Akademie gebildet werden. Die Bildung von Unternehmungen, die zur Durchführung ihrer Aufgaben die Anstellung hauptamtlicher Mitarbeiter bedingen, bedarf der Bestätigung durch den Ministerrat der Deutschen Demokratischen Republik.

§ 18

Sitzungen

(1) Die Sitzungen des Plenums und der Klassen finden in der Regel vierwöchentlich statt. In wichtigen Fällen können vom Präsidium besondere Sitzungen des Plenums, von den Sekretaren besondere Sitzungen der Klassen einberufen werden.

(2) Gäste können zum wissenschaftlichen Teil einer Sitzung auf Vorschlag eines ordentlichen Mitgliedes mit Zustimmung des Präsidenten zugelassen werden.

§ 19

Öffentliche Gesamtsitzungen

(1) Die Akademie hält jährlich zwei öffentliche Gesamtsitzungen ab, im April die Frühjahrssitzung zur Erinnerung an den Geburtstag von Gottfried Wilhelm Leibniz und an den Stiftungstag der Akademie und im November die Herbstsitzung zur Erinnerung an den Todestag von Gottfried Wilhelm Leibniz.

(2) In jeder öffentlichen Sitzung hält ein ordentliches Mitglied der Akademie einen Vortrag.

(3) Am Leibniztage werden die neugewählten Akademiemitglieder vorgestellt und die Toten der Akademie geehrt.

(4) Am Leibniztage erstattet der Präsident Bericht über die Tätigkeit der Akademie.

§ 20

Veröffentlichungen

(1) Die Akademie gibt Abhandlungen und Sitzungsberichte der Klassen heraus. Darin werden wissenschaftliche Beiträge der Mitglieder und Arbeiten anderer Gelehrter mit deren Einverständnis veröffentlicht, sofern sie ein Mitglied in der Klasse vorgelegt und das Plenum der Herausgabe zugestimmt hat.

(2) In Übereinstimmung mit § 3 des Gesetzes vom 19. Juni 1901, betreffend das Urheberrecht an Werken der Literatur und der Tonkunst, erwirbt die Akademie durch Aufnahme in die Akademieschriften an den vorgelegten Arbeiten Vervielfältigungs- und Verbreitungsrecht sowie das ausschließliche Übersetzungsrecht. Vor Veranstaltung einer neuen Auflage ist dem Verfasser Gelegenheit zur Überarbeitung zu geben. Übersetzungen bedürfen des Einverständnisses des Verfassers.

(3) Die Akademie gibt ein Jahrbuch heraus. Für die Herausgabe des Jahrbuches ist der Archivar verantwortlich.

§ 21

Verlag

Die Veröffentlichungen der Akademie erscheinen im Akademie-Verlag GmbH.

§ 22

Wahlverfahren

(1) Ordentliche Mitglieder werden auf Grund von Vorschlägen eines oder mehrerer ordentlicher Mitglieder nach Bestätigung des Vorschlages durch die Klassen vom Plenum gewählt.

(2) Die Wahlen werden in der Regel einmal im Jahr vorgenommen, doch kann das Präsidium in besonderen Fällen außerordentliche Sitzungen zur Erledigung von Wahlvorschlägen einberufen.

§ 23

Korrespondierende Mitglieder können jederzeit auf Vorschlag eines ordentlichen Mitgliedes nach Bestätigung durch die zuständige Klasse vom Plenum gewählt werden.

§ 24

Ehrenmitglieder können auf Vorschlag des Präsidiums oder einer Klasse vom Plenum gewählt werden.

§ 25

(1) Der Präsident und die Vizepräsidenten werden aus dem Kreis der ordentlichen Mitglieder vom Plenum gewählt. Die Amtsdauer der Präsidenten beträgt vier Jahre. Wiederwahl ist zulässig.

(2) Die Sekretare werden auf Vorschlag ihrer Klassen vom Plenum gewählt. Die Amtsdauer der Sekretare beträgt vier Jahre. Wiederwahl ist zulässig.

§ 26

Abstimmungsmodus

(1) Für Wahlen und Beschlüsse genügt, soweit in diesem Statut nichts anderes bestimmt ist, die einfache Mehrheit der abgegebenen Stimmen. Stimmenthaltungen werden bei der Feststellung der Mehrheit nicht mitgezählt. Die Zahl der Mitglieder, deren Anwesenheit für die Beschlußfähigkeit notwendig ist, bestimmt die Geschätfsordnung. Bei Stimmengleichheit gilt ein Antrag als abgelehnt.

(2) Änderungen dieses Statuts, die Wahl von Ehrenmitgliedern und der Ausschluß eines Mitgliedes können vom Plenum bei Anwesenheit der Mehrheit der ordentlichen Mitglieder beschlossen werden. Sie bedürfen einer Mehrheit von Dreiviertel der abgegebenen Stimmen. Stimmenthaltungen werden bei der Feststellung der Mehrheit nicht mitgezählt. Zu diesen Sitzungen ist unter Angabe der Tagesordnung besonders einzuladen.

§ 27

Geschäftsordnung

Das Präsidium beschließt auf Grund dieses Statuts eine Geschäftsordnung, die vom Plenum genehmigt wird.

§ 28

Schlußbestimmung

Änderungen dieses Statuts und Beschlüsse gemäß §§ 17, 22 und 25 bedürfen der Bestätigung durch den Ministerrat der Deutschen Demokratischen Republik.

BESCHLUSS ÜBER STELLUNG UND STATUT DER SÄCHSISCHEN AKADEMIE DER WISSENSCHAFTEN ZU LEIPZIG

Vom 29. November 1956 (GesBl. S. 1323ff.)

1. Die Sächsische Akademie der Wissenschaften zu Leipzig wird dem Ministerrat der Deutschen Demokratischen Republik direkt unterstellt.

2. Das anliegende Statut wird bestätigt.

Berlin, den 29. November 1956

Der Ministerrat
der Deutschen Demokratischen Republik

Der Ministerpräsident
Grotewohl

PRÄSIDIUM

Präsident der Akademie

Theodor F r i n g s

em. Professor der deutschen Sprache und Literatur
an der Karl-Marx-Universität Leipzig, Leipzig N 22, Manetstraße 31,
Tel. 51169

Vizepräsidenten der Akademie

Ludwig B i n d e r

em. Professor der Starkstromtechnik
an der Technischen Hochschule Dresden, Dresden A 27, Hohe Straße 129,
Tel. 45814
bis 1958

Robert S c h r ö d e r

em. Professor der Gynäkologie und Geburtshilfe
an der Karl-Marx-Universität Leipzig, Leipzig O 27, Lausicker Straße 28,
Tel. 60291
1959

Arthur S i m o n

Professor für anorganische und anorganisch-technische Chemie
an der Technischen Hochschule Dresden, Dresden A 19, Stübelallee 57,
Tel. 31525
seit 1959

Sekretar der philologisch-historischen Klasse

Erwin J a c o b i

em. Professor für Staatsrecht, Verwaltungsrecht, Arbeitsrecht, Kirchenrecht an der Karl-Marx-Universität Leipzig, Leipzig S 3, Meusdorfer Straße 5, Tel. 32160

Sekretar der mathematisch-naturwissenschaftlichen Klasse

Anton A r l a n d

Professor der Acker- und Pflanzenbaulehre, Prorektor für Forschungsangelegenheiten an der Karl-Marx-Universität Leipzig, Leipzig O 5, Holsteinstraße 27

ZUWAHLEN

als Ehrenmitglieder

Meister, Richard	21. I. 1957
Baethgen, Friedrich	19. X. 1959

als ordentliche Mitglieder der mathematisch-naturwissenschaftlichen Klasse

Deubel, Fritz	11. II. 1957
Lissner, Anton	11. II. 1957
Keller, Ott-Heinrich	15. IX. 1958
Rammler, Erich	15. IX. 1958
Stather, Fritz	15. IX. 1958
Buchheim, Franz Wolfgang	7. XII. 1959
Hanson, Horst	7. XII.1959
Obenaus, Fritz	7. XII. 1959
Schwarz, Egbert	7. XII. 1959

als ordentliche Mitglieder der philologisch-historischen Klasse

Buchda, Gerhard	15. IX. 1958
Leipoldt, Johannes	15. IX. 1958
Meyer, Rudolf	15. IX. 1958
Hauschild, Richard	7. XII. 1959
Lehmann, Edgar	7. XII. 1959
Müller, Joachim	7. XII. 1959
Peek, Werner	7. XII. 1959
Schubart-Fikentscher, Gertrud	7. XII. 1959

als korrespondierende Mitglieder der mathematisch-naturwissenschaftlichen Klasse

Eggert, John	12. V. 1958
Täufel, Kurt	23. II. 1959
Wagner, Carl	9. III. 1959

als korrespondierende Mitglieder der philologisch-historischen Klasse

Grundmann, Herbert	11. II. 1957
Junker, Hermann	16. XI. 1957
Kahle, Paul	10. III. 1958
Iordan, Iorgu	10. III. 1958
Landsberger, Benno	13. X. 1958
Németh, Julius	13. X. 1958
Siebenschein, Hugo	23. II. 1959
Aistleitner, Joseph	4. V. 1959
Böhm, Jaroslav	19. X. 1959
Tackenberg, Kurt	19. X. 1959

MITGLIEDER

(Die eingeklammerten Zahlen bezeichnen das Datum der Wahl)

Ehrenmitglieder

Baethgen, Friedrich, Dr. phil., Dr. phil. h. c. (Rom), Hon.-Professor für mittelalterliche Geschichte an der Universität München, Träger des Bayerischen Verdienstordens, Präsident der Monumenta Germaniae Historica i. R. (seit 1. I. 1959), Präsident und o. Mitglied der Bayerischen Akademie der Wissenschaften, o. Mitglied der Deutschen Akademie der Wissenschaften zu Berlin, Ehrenmitglied der philos.-hist. Klasse der Österreichischen Akademie der Wissenschaften und des Instituts für Österreichische Geschichsforschung in Wien, korresp. Mitglied der Mediaeval Academy of America und der Società Romana di Storia patria in Rom, geb. 30. VII. 1890 in Greifswald, München 19. Aiblinger Straße 3, Tel. 570750 (19. X. 1959).

Meister, Richard, Dr. phil., Dr. phil. h. c. (Athen), Dr. jur. h. c. (Wien), Hofrat, em. o. Professor der Pädagogik und Kulturphilosophie an der Universität Wien, Träger des Komturkreuzes des Griechischen Phönix-Ordens, Inhaber des Großen Silbernen Ehrenzeichens für Verdienste um die Republik Österreich und des Österreichischen Ehrenzeichens für Wissenschaft und Kunst, Präsident und wirkl. Mitglied der Österreichischen Akademie der Wissenschaften, auswärt. Mitglied der Ungarischen Akademie der Wissenschaften, Ehrenmitglied des Instituts für österreichische Geschichtsforschung, wirkl. Mitglied des Österreichischen Archäologischen Instituts, geb. 5. II. 1881 in Znaim, Wien VIII., Mölkergasse 5, Tel. 332796 (21. I. 1957).

Ordentliche Mitglieder der mathematisch-naturwissenschaftlichen Klasse

Arland, Anton, Dr. phil., Professor mit Lehrstuhl für Acker- und Pflanzenbau an der Karl-Marx-Universität Leipzig, Träger des Vaterländischen Verdienstordens, o. Mitglied der Deutschen Akademie der Landwirtschaftswissenschaften zu Berlin, Mitglied des Präsidiums der Deutsch-Arabischen Gesellschaft in Berlin, Mitglied des Wissenschaftlichen Rates der Internationalen Gesellschaft für Nahrungs- und Vitalstoff-Forschung in Hannover, aktives Mitglied der Société Française de Physiologie Végétale in Paris, geb. 20. VII. 1895 in Eisenbrod, Leipzig O 5, Holsteinstraße 27, Tel. im Institut 63002 (1. VII. 1948).

Buchheim, Wolfgang, Dr. phil., Professor mit Lehrstuhl für theoretische Physik und Geophysik an der Bergakademie Freiberg, Mitglied der Deutschen Akademie der Naturforscher (Leopoldina) Halle, geb. 18. X. 1909 in Leipzig, Freiberg (Sa.), Richard-Wagner-Straße 25, Tel. 2132 (7. XII. 1959).

Buder, Johannes, Dr. phil., Dr. rer. nat. h. c. (Halle), em. Professor mit Lehrstuhl für Botanik an der Martin-Luther-Universität Halle–Wittenberg, Träger des Vaterländischen Verdienstordens, Mitglied der Deutschen Akademie der Naturforscher (Leopoldina) Halle, Ehrenmitglied des Verbandes deutscher Biologen, geb. 16. XI. 1884 in Berlin, Halle (Saale), Burgstraße 37a, Tel. 31038 (10. V. 1954).

Bürger, Max, Dr. med., Dr. med. h. c. (Bonn und Hamburg, Dr. rer. nat. h. c. (Leipzig), em. Professor mit Lehrstuhl für innere Medizin und Lehrstuhl für spezielle Pathologie und Therapie an der Karl-Marx-Universität Leipzig, Nationalpreisträger, Inhaber der Paracelsus-Medaille der deutschen Ärzteschaft, o. Mitglied der Deutschen Akademie der Wissenschaften zu Berlin, Mitglied der Deutschen Akademie der Naturforscher (Leopoldina) Halle, Ehrenmitglied der Deutschen Gesellschaft für Innere Medizin in Wiesbaden, des Deutschen Sportärztebundes e. V. Münster, der Wiener Gesellschaft für Innere Medizin, der Nordwestdeutschen Gesellschaft für Innere Medizin, des Wissenschaftsrates des Internationalen Instituts für wissenschaftliche Forschung in Paris, der Österreichischen Gesellschaft für Geriatrie in Wien, der Deutschen Gesellschaft für Verdauungs- und Stoffwechselkrankheiten in Hamburg, der International Society for research on the coagulation of blood, capillary function and practical Myology in London, der Italienischen Gesellschaft für Gerontologie in Florenz, Mitglied des Wissenschaftlichen Rates beim Ministerium für Gesundheitswesen der Deutschen Demokratischen Republik in Berlin und des Senates für ärztliche Fortbildung in Dortmund, Vorstandsmitglied der Deutschen Gesellschaft für Kreislaufforschung in Bad Nauheim, der medizinisch-wissenschaftlichen Gesellschaft für innere Medizin in Leipzig, des Landessekretariats der medizinisch-wissenschaftlichen Gesellschaften in Leipzig, der Deutschen Gesellschaft für Alternsforschung und der Gesellschaft deutscher Naturforscher und Ärzte e. V., Kuratoriumsmitglied der Deutschen Therapiewoche in Karlsruhe, geb. 16. XI. 1885 in Hamburg, Leipzig O 27, Naunhofer Straße 48, Tel. 80574 (16. I. 1950).

Deubel, Fritz, Dr. phil., Professor mit Lehrstuhl für Geologie an der Friedrich-Schiller-Universität Jena, Nationalpreisträger, Inhaber der Alexander-von-Humboldt-Medaille, o. Mitglied der Deutschen Akademie der Wissenschaften zu Berlin, Mitglied der Deutschen Geologischen Gesellschaft, der Geologischen Gesellschaft in der Deutschen Demokratischen Republik und des Oberrheinischen Geologischen Vereins, geb. 9. IX. 1898 in Weilar (Rhön), Ilmenau (Thür.), Gartenstraße 38, Tel. 2183 (11. II. 1957).

Frenzel, Walter, Dr.-Ing., em. Professor mit Lehrstuhl für Textiltechnik an der Technischen Hochschule Dresden, Nationalpreisträger, Hervorragender Wissenschaftler des Volkes, o. Mitglied der Deutschen Akademie der Wissenschaften zu Berlin und wissenschaftlicher Mitarbeiter im Institut für Technologie der Fasern dieser Akademie in Dresden, Mitglied des Forschungsrates der Deutschen Demokratischen Republik, geb. 29. IX. 1884 in Klein-Zschachwitz b. Dresden, Dresden N 55, Oberwachwitzer Weg 16, Tel. 36781 (11. XII. 1950).

Fromme, Albert, Dr. med., em. Professor mit Lehrstuhl für Chirurgie an der Medizinischen Carl-Gustav-Carus-Akademie Dresden, Hervorragender Wissenschaftler des Volkes, Verdienter Arzt des Volkes, korresp. Mitglied der Deutschen Akademie der Wissenschaften zu Berlin, Mitglied der Deutschen Akademie der Naturforscher (Leopoldina) Halle, Ehrenmitglied der Deutschen Gesellschaft für Chirurgie und der medizinisch-wissenschaftlichen Gesellschaft für Chirurgie an der Karl-Marx-Universität Leipzig, Ehrenvorsitzender der medizinisch-wissenschaftlichen Gesellschaft für Chirurgie an der Medizinischen Akademie Dresden, geb. 25. XI. 1881 in Gießen, Dresden–Weißer Hirsch, Collenbuschstraße 7, Tel. 36829 (13. II. 1950).

Hanson, Horst, Dr. med., Professor mit Lehrstuhl für physiologische Chemie an der Martin-Luther-Universität Halle–Wittenberg, Mitglied des Präsidiums der Deutschen Akademie der Naturforscher (Leopoldina) Halle, geb. 5. VI. 1911 in Lauchhammer, Halle (Saale), Straße der deutsch-sowjetischen Freundschaft 93, Tel. 29324 (7. XII. 1959).

Hein, Franz, Dr. phil., Dr. rer. nat. h. c. (Freiburg i. B.), em. (1. IX. 1959) Professor mit Lehrstuhl für anorganische Chemie an der Friedrich-Schiller-Universität Jena, Nationalpreisträger, Hervorragender Wissenschaftler des Volkes, Inhaber der Clemens-Winkler-Medaille der Chemischen Gesellschaft in der Deutschen Demokratischen Republik und der Alexander-von-Humboldt-Medaille, o. Mitglied der Deutschen Akademie der Wissenschaften zu Berlin, Mitglied der Deutschen Akademie der Naturforscher (Leopoldina) Halle, geb. 30. VI. 1892 in Grötzingen b. Karlsruhe (Baden), Jena, Reichardtstieg 3, Tel. im Institut 2578/79 (7. V. 1951).

Hertwig, Paula, Dr. phil., Dr. med. h. c. (Halle), em. Professor mit Lehrstuhl für allgemeine Biologie an der Martin-Luther-Universität Halle–Wittenberg, Nationalpreisträgerin, Hervorragender Wissenschaftler des Volkes, Trägerin des Vaterländischen Verdienstordens, Inhaberin des Theobald-Christ-Preises der Senckenbergschen Stiftung in Frankfurt (Main), Mitglied der Deutschen Akademie der Naturforscher (Leopoldina) Halle, geb. 11. X. 1889 in Berlin, Halle (Saale), Humboldtstraße 18, Tel. 26201 (14. III. 1955).

Hertz, Gustav, Dr. phil., Professor mit Lehrstuhl für Physik an der Karl-Marx-Universität Leipzig, Nobel-, Stalin- und Nationalpreisträger, Hervorragender Wissenschaftler des

Volkes, Träger des Vaterländischen Verdienstordens, Inhaber der Max-Planck-Medaille, der Helmholtz-Medaille, der Leibniz-Medaille, der Alexander-von-Humboldt-Medaille und der Ernst-Moritz-Arndt-Medaille, o. Mitglied der Deutschen Akademie der Wissenschaften zu Berlin, korresp. Mitglied der Akademie der Wissenschaften in Göttingen, Mitglied der Deutschen Akademie der Naturforscher (Leopoldina) Halle, auswärt. Mitglied der Akademie der Wissenschaften der Sowjetunion, Ehrenmitglied der Ungarischen Akademie der Wissenschaften in Budapest, Vorsitzender des wissenschaftlichen Rates für die friedliche Anwendung der Atomenergie, Mitglied des Forschungsrates der Deutschen Demokratischen Republik, geb. 22. VII. 1887 in Hamburg, Leipzig W 33, Grabaustraße 11, Tel. 45526 (24. I. 1955).

Keller, Ott-Heinrich, Dr. phil. nat., Professor mit Lehrstuhl für Mathematik an der Martin-Luther-Universität Halle–Wittenberg, Mitglied der Deutschen Akademie der Naturforscher (Leopoldina) Halle, geb. 22. VI. 1906 in Frankfurt (Main), Halle (Saale), Dölauer Straße 82, Tel. 31480 (15. IX. 1958).

König, Walter, Dr.-Ing., Dr. rer. nat. h. c. (Halle), em. Professor mit Lehrstuhl für Farben- und Textilchemie an der Technischen Hochschule Dresden, Hervorragender Wissenschaftler des Volkes, Inhaber der August-Kekulé-Medaille der Chemischen Gesellschaft in der Deutschen Demokratischen Republik, der Emil-Fischer-Medaille der Gesellschaft Deutscher Chemiker und der goldenen Ehrenmedaille des Vereins der Textilchemiker und Coloristen, korresp. Mitglied der Deutschen Akademie der Wissenschaften zu Berlin, Ehrenmitglied der Chemischen Gesellschaft in der Deutschen Demokratischen Republik und des Vereins der Textilchemiker und Coloristen, geb. 26. IX. 1878 in Annaberg (Erzgeb.), Radebeul 2, Rennerbergstraße 9, Tel. 74696 (21. III. 1949).

Langenbeck, Wolfgang, Dr. phil., Professor mit Lehrstuhl für organische Chemie an der Martin-Luther-Universität Halle–Wittenberg, Nationalpreisträger, o. Mitglied der Deutschen Akademie der Wissenschaften zu Berlin und Direktor des Instituts für Katalyseforschung Rostock dieser Akademie, Mitglied der Deutschen Akademie der Naturforscher (Leopoldina) Halle, Mitglied des Verwaltungsausschusses des Deutschen Museums in München, geb. 21. VI. 1899 in Göttingen, Halle (Saale), Friedenstraße 14, Tel. 26301 (10. V. 1954).

Lissner, Anton, Dr. techn., em. Professor mit Lehrstuhl für anorganische Chemie an der Bergakademie Freiberg, früher Direktor, dzt. Abteilungsleiter des Deutschen Brennstoffinstitutes Freiberg der Staatl. Plankommission, Nationalpreisträger, Hervorragender Wissenschaftler des Volkes, Inhaber der Clemens-Winkler-Medaille der Chemischen Gesellschaft in der Deutschen Demokratischen Republik, korresp. Mitglied der Deutschen Akademie der Wissenschaften zu Berlin, geb. 21. VIII. 1885 in Großschönau (Böhmen), Freiberg (Sa.), Johann-Sebastian-Bach-Straße 11, Tel. 2703 (11. II. 1957).

Mothes, Kurt, Dr. phil., Professor mit Lehrstuhl für Botanik und Pharmakognosie an der

Martin-Luther-Universität Halle–Wittenberg, Nationalpreisträger, Präsident der Deutschen Akademie der Naturforscher (Leopoldina) Halle, o. Mitglied der Deutschen Akademie der Wissenschaften zu Berlin und Direktor des Instituts für Biochemie der Pflanzen in Halle (Saale) dieser Akademie, stellvertr. Vorsitzender der Deutschen Arzneibuchkommission, Ehrenmitglied der Indian Society of Plant Physiologists, Mitglied der Societas Physiologiae Plantarum Scandinavica und der British Society for Experimental Biology, geb. 3. XI. 1900 in Plauen (Vogtland), Halle (Saale), Ernestusstraße 24, Tel. 32 404 (10. V. 1954).

Neef, Ernst, Dr. phil., Professor mit Lehrstuhl für Geographie an der Technischen Hochschule Dresden, komm. Direktor des Geographischen Instituts der Karl-Marx-Universität Leipzig, Mitglied der Deutschen Akademie der Naturforscher (Leopoldina) Halle, Ehrenmitglied der Geographischen Gesellschaft in Wien, korresp. Mitglied der Geographischen Gesellschaft in München, geb. 16. IV. 1908 in Dresden, Leipzig O 27, Güldengossaer Straße 13, Tel. 80403 (17. XI. 1956).

Obenaus, Fritz, Dr.-Ing., Professor mit Lehrstuhl für Hochspannungstechnik an der Technischen Hochschule Dresden, Verdienter Techniker des Volkes, o. Mitglied der Deutschen Akademie der Wissenschaften zu Berlin, geb. 9. XII. 1904 in Niedersedlitz, Dresden A 20, Donndorfstraße 37, Tel. 41 331 (7. XII. 1959).

Peiper, Albrecht, Dr. med., Dr. med. h. c. (Berlin), em. Professor mit Lehrstuhl für Kinderheilkunde an der Karl-Marx-Universität Leipzig, Nationalpreisträger, Verdienter Arzt des Volkes, Inhaber des Otto-Heubner-Preises der Deutschen Gesellschaft für Kinderheilkunde, o. Mitglied der Deutschen Akademie der Wissenschaften zu Berlin, Mitglied der Deutschen Akademie der Naturforscher (Leopoldina) Halle, Ehrenmitglied der Deutschen Gesellschaft für Kinderheilkunde und der Sächsisch-Thüringischen medizinisch-wissenschaftlichen Gesellschaft für Kinderheilkunde in Leipzig, korresp. Mitglied der Deutschen Vereinigung für Jugendpsychiatrie in Marburg, geb. 23. X. 1889 in Greifswald, Leipzig O 27, Kommandant-Prendel-Allee 91 a, Tel. 80184 (14. III. 1955).

Prell, Heinrich, Dr. phil., em. Professor mit Lehrstuhl für Zoologie an der Technischen Hochschule Dresden, geb. 11. X. 1888 in Kiel, Dresden N 54, Schillerstraße 27, Tel. 36919 (12. II. 1951).

Rammler, Erich, Dr.-Ing., Dr.-Ing. E. h. (Aachen), Professor mit Lehrstuhl für Brennstofftechnik, Wärmewirtschaft und Brikettierung an der Bergakademie Freiberg, Direktor des Deutschen Brennstoffinstitutes Freiberg, Nationalpreisträger, Inhaber der Carl-Exter-Medaille der Brennstofftechnischen Gesellschaft, o. Mitglied der Deutschen Akademie der Wissenschaften zu Berlin, geb. 9. VII. 1901 in Tirpersdorf (Vogtland), Freiberg (Sa.), Richard-Wagner-Straße 12, Tel. 3388 (15. IX. 1958).

Runge, Franz, Dr. phil., Professor mit Lehrstuhl für technische Chemie an der Martin-Luther-Universität Halle–Wittenberg, Nationalpreisträger, Mitglied der Deutschen

Akademie der Naturforscher (Leopoldina) Halle, der Deutschen Chemischen Gesellschaft, der Deutschen Bunsengesellschaft, des Deutschen Museums in München und der Faraday Society in London, geb. 5. XII. 1893 in Göttingen, Halle (Saale), Eichenweg 8, Tel. 21191 (14. III. 1955).

Schmalfuss, Karl, Dr. rer. nat., Dr. agr. h. c. (Leipzig), Professor mit Lehrstuhl für Pflanzenernährung und Bodenkunde an der Martin-Luther-Universität Halle-Wittenberg, Nationalpreisträger, o. Mitglied der Deutschen Akademie der Landwirtschaftswissenschaften zu Berlin, Mitglied der Deutschen Akademie der Naturforscher (Leopoldina) Halle, geb. 5. XI. 1904 in Wedruschitz (Kr. Saaz), Halle (Saale) NW 20, Weidenweg 7, Tel. 59452 (10. V. 1954).

Schwabe, Kurt, Dr.-Ing., Professor mit Lehrstuhl für physikalische Chemie und Elektrochemie an der Technischen Hochschule Dresden, 2. Direktor und Leiter des Bereichs Radiochemie des Zentralinstitutes für Kernphysik in Rossendorf, Nationalpreisträger, Träger des Ordens „Banner der Arbeit", Inhaber der Goldenen Ehrennadel der Kammer der Technik, o. Mitglied der Deutschen Akademie der Wissenschaften zu Berlin, Mitglied der Deutschen Akademie der Naturforscher (Leopoldina) Halle, Mitglied im Ständigen Ausschuß der Deutschen Bunsen-Gesellschaft, geb. 29. V. 1905 in Reichenbach (Vogtland), Dresden A 20, Geinitzstraße 10, Tel. 42814 (11. XII. 1950).

Schwarz, Egbert, Dr. med., Professor mit Lehrstuhl für Chirurgie an der Medizinischen Akademie Erfurt (deren 1. Rektor bis 1. IX. 1959), Verdienter Arzt des Volkes, Träger des Vaterländischen Verdienstordens, Mitglied des Präsidiums der Deutschen Akademie der Naturforscher (Leopoldina) Halle, korresp. Mitglied der Deutschen Akademie der Wissenschaften zu Berlin, Ehrenmitglied der Wissenschaftlichen Gesellschaft für Chirurgie an der Universität Jena, Mitglied der Deutschen Gesellschaft für Chirurgie, der Wissenschaftlichen Tbc.-Gesellschaft in der Deutschen Demokratischen Republik und der Société Internationale de Chirurgie in Brüssel, geb. 22. VI. 1890 in Riga, Erfurt, Rankestraße 49, Tel. 27928 (7. XII. 1959).

Simon, Arthur, Dr. phil., Dr.-Ing. E. h. (Darmstadt), Professor mit Lehrstuhl für anorganische und anorganisch-technische Chemie an der Technischen Hochschule Dresden, Nationalpreisträger, Träger des Vaterländischen Verdienstordens, Inhaber der Clemens-Winkler-Medaille der Chemischen Gesellschaft in der Deutschen Demokratischen Republik und der Alexander-von-Humboldt-Medaille, o. Mitglied der Deutschen Akademie der Wissenschaften zu Berlin, Mitglied und Senator der Deutschen Akademie der Naturforscher (Leopoldina) Halle, Mitglied des Vorstandsrates des Deutschen Museums in München, geb. 25. II. 1893 in Wuppertal-Barmen, Dresden A 19, Stübelallee 57, Tel. 31525 (1. VII. 1948).

Spackeler, Georg, Dr.-Ing., em. Professor mit Lehrstuhl der Bergbaukunde und Leiter der bergbaulichen Forschungsstelle an der Bergakademie Freiberg, Hervorragender Wissenschaftler des Volkes, Verdienter Bergmann der Deutschen Demokratischen Republik, o. Mitglied der Deutschen Akademie der Wissenschaften zu Berlin, geb. 1. II. 1883 in Hannover, Freiberg (Sa.), Agricolastraße 12, Tel. 2712 (16. I. 1950).

Stather, Fritz, Dr. phil., Professor für Gerbereichemie und -technologie an der Technischen Hochschule Dresden, Direktor des Deutschen Lederinstitutes in Freiberg, Hervorragender Wissenschaftler des Volkes, Preisträger 1958 des Vereins für Gerbereichemie und -technik, geb. 5. XI. 1901 in Offenburg (Baden), Freiberg (Sa.), Terrassengasse 1, Tel. 2335 (15. IX. 1958).

Strack, Erich, Dr. med. et phil., Professor mit Lehrstuhl für physiologische Chemie an der Karl-Marx-Universität Leipzig, Mitglied der Deutschen Akademie der Naturforscher (Leopoldina) Halle, geb. 20. XI. 1897 in Wollin (Pommern), Leipzig C 1, Philipp-Rosenthal-Straße 19, Tel. 35081 (14. II. 1949).

Stubbe, Hans, Dr. agr., Dr. agr. h. c. (Jena), Professor mit Lehrstuhl für Genetik an der Martin-Luther-Universität Halle-Wittenberg, Nationalpreisträger, Träger des Vaterländischen Verdienstordens, Inhaber der Darwin-Plakette der Deutschen Akademie der Naturforscher (Leopoldina) Halle, Präsident der Deutschen Akademie der Landwirtschaftswissenschaften zu Berlin, o. Mitglied der Deutschen Akademie der Wissenschaften zu Berlin und Direktor des Instituts für Kulturpflanzenforschung Gatersleben dieser Akademie, Mitglied der Deutschen Akademie der Naturforscher (Leopoldina) Halle, korresp. Mitglied der All-Unions-Akademie der Landwirtschaftswissenschaften W. I. Lenin, Mitglied des Forschungsrates der Deutschen Demokratischen Republik, geb. 7. III. 1902 in Berlin, Gatersleben (Kr. Aschersleben), Tel. Hedersleben 134 (13. II. 1950).

Treibs, Wilhelm, Dr. phil., Professor mit Lehrstuhl für organische Chemie an der Karl-Marx-Universität Leipzig, Nationalpreisträger, Träger des Vaterländischen Verdienstordens, Inhaber der August-Kekulé-Medaille der Chemischen Gesellschaft in der Deutschen Demokratischen Republik, o. Mitglied der Deutschen Akademie der Wissenschaften zu Berlin, Mitglied der Deutschen Akademie der Naturforscher (Leopoldina) Halle, Mitglied der Chemischen Gesellschaft in der Deutschen Demokratischen Republik, der Gesellschaft Deutscher Chemiker in der Bundesrepublik Deutschland und der Schweizerischen chemischen Gesellschaft, o. Mitglied der Chemical Society in London, Mitglied des Editorial Advisory Board des „Tetrahedron" (International Journal of Organic Chemistry) und des Herausgeberstabes der „Chemischen Berichte", geb. 6. XI. 1890 in Oberstein (Nahe), Leipzig N 24, Abtnaundorfer Straße 60, Tel. 63958 (14. III. 1955).

Todesfälle

Binder, Ludwig, Dr.-Ing., Dr.-Ing. E. h. (Ilmenau), em. Professor mit Lehrstuhl für Starkstromtechnik an der Technischen Hochschule Dresden, Nationalpreisträger, Verdienter Mitarbeiter und Inhaber der Goldenen Ehrennadel der Kammer der Technik, o. Mitglied der Deutschen Akademie der Wissenschaften zu Berlin, Ehrenmitglied der Rumänischen Akademie der Wissenschaften in Bukarest und des Dresdener Elektrotechnischen Vereins, geb. 26. V. 1881 in Ingolstadt, Dresden A 27, Hohe Straße 129, Tel. 45814 (1. VII. 1948). † 12. IX. 1958.

Kegel, Karl, Dipl.-Ing., Dr.-Ing. E. h. (Aachen), em. Professor mit Lehrstuhl für Bergbau und Bergwirtschaft an der Bergakademie Freiberg, Nationalpreisträger, Hervorragender Wissenschaftler des Volkes, o. Mitglied der Deutschen Akademie der Wissenschaften zu Berlin, geb. 19. V. 1876 in Magdeburg, Freiberg (Sa.), Brauereistraße 1, Tel. 2782 (21. III. 1949). † 5. III. 1959.

Köhler, Günther, Dr. phil., Professor mit Lehrstuhl für Geographie an der Technischen Hochschule Dresden und an der Hochschule für Verkehrswesen Dresden, o. Mitglied der Deutschen Akademie der Wissenschaften zu Berlin, Mitglied der Gesellschaft für Erdkunde in Berlin, der Geographischen Gesellschaft in München und der Geographischen Gesellschaft in der Deutschen Demokratischen Republik, geb. 15. XI. 1901 in Dresden, Dresden N 54, Robert-Diez-Straße 2, Tel. 36744 (17. XI. 1956). † 11. VII. 1958.

Pfeifer, Richard Arwed, Dr. phil. et. med., em. Professor mit vollem Lehrauftrag für Hirnforschung an der Karl-Marx-Universität Leipzig, Nationalpreisträger, Mitglied der Deutschen Akademie der Naturforscher (Leopoldina) Halle, geb. 21. XI. 1877 in Brand (Sa.), Leipzig C 1, Funkenburgstraße 28, Tel. 22233 (16. V. 1949). † 15. III. 1957.

Schröder, Robert, Dr. med., Dr. med. h. c. (Freiburg i. B. und Rostock), Dr. math.-nat. h. c. (Leipzig), em. Professor mit Lehrstuhl für Gynäkologie und Geburtshilfe an der Karl-Marx-Universität Leipzig, Nationalpreisträger, Hervorragender Wissenschaftler des Volkes, Verdienter Arzt des Volkes, Träger des Vaterländischen Verdienstordens, Inhaber der Clara-Zetkin-Medaille, o. Mitglied der Deutschen Akademie der Wissenschaften zu Berlin, Mitglied des Präsidiums der Deutschen Akademie der Naturforscher (Leopoldina) Halle, Vizepräsident und Ehrenmitglied der Deutschen Gesellschaft für Gynäkologie, Ehrenmitglied der Gynäkologischen Gesellschaften in Berlin, Greifswald, Jena und Rostock, sowie der Nordwestdeutschen, Argentinischen, Italienischen, Japanischen, Österreichischen, Portugiesischen, Türkischen und Ungarischen Gesellschaft für Gynäkologie und Geburtshilfe, geb. 3. VIII. 1884 in Rostock, Leipzig O 27, Lausicker Straße 28, Tel. 60291 (1. VII. 1948). † 13. X. 1959.

Willers, Friedrich Adolf, Dr. phil., Dr. rer. nat. h. c. (Darmstadt), em. Professor mit Lehrstuhl für angewandte Mathematik an der Technischen Hochschule Dresden, Nationalpreisträger, korresp. Mitglied der Deutschen Akademie der Wissenschaften zu Berlin, Mitglied der Deutschen Akademie der Naturforscher (Leopoldina) Halle, geb. 29. I. 1883 in Bremervörde, Dresden A 36, Kauschaer Straße 6, Tel. 43990 (10. V. 1954). † 5. I. 1959.

Früher ordentliche, gegenwärtig auswärtige Mitglieder der mathematisch-naturwissenschaftlichen Klasse

Ackerknecht, Eberhard, Dr. med. vet., Dr. med. h. c. (Berlin), em. o. Professor der Veterinär-Anatomie an der Freien Universität Berlin, Mitglied der Deutschen Akademie der Naturforscher (Leopoldina) Halle, geb. 11. VI. 1883 in Baiersbronn, Zürich 7, Asylstraße 82, Tel. 245774 (25. VI. 1938).

Bredt, Heinrich, Dr. med., o. Professor für Allgemeine Pathologie und pathologische Anatomie an der Universität Mainz, Nationalpreisträger, o. Mitglied der Deutschen Akademie der Wissenschaften zu Berlin, Mitglied der Deutschen Akademie der Naturforscher (Leopoldina) Halle, Mitglied des wissenschaftlichen Ausschusses der Gesellschaft deutscher Naturforscher und Ärzte, geb. 29. I. 1906 in Oberneudorf (Siebenbürgen), Mainz, Langenbeckstraße 1, Tel. 8131/305 (12. II. 1951).

Buchner, Paul, Dr. phil., Dr. med. h. c. (München), Dr. sci. biol. h. c. (Pavia), em. o. Professor der Zoologie an der Universität München, Träger des Verdienstkreuzes 1. Klasse der Bundesrepublik Deutschland, Inhaber der Carus-Medaille und der Erzherzog-Rainer-Medaille der Österreichischen Zoologisch-Botanischen Gesellschaft, Ehrenbürger von Ischia, korresp. Mitglied der Bayerischen Akademie der Wissenschaften in München und der Dansk Naturhist. Forening, Mitglied der Deutschen Akademie der Naturforscher (Leopoldina) Halle und der Accademia delle Scienze Napoli, Ehrenmitglied des Naturwissenschaftlichen Vereins für Neupommern und Rügen, geb. 12. IV. 1886 in Nürnberg, Porto d'Ischia (Napoli), Via S. Alessandro (5. VI. 1935).

Clara, Max, Dr. med., o. Professor der Anatomie z. Wv., z. Z. an der Medizinischen Fakultät der Universität Istanbul, Mitglied der Deutschen Akademie der Naturforscher (Leopoldina) Halle, geb. 12. II. 1899 in Völs am Schlern, Istanbul-Beyazit, Üniversitesi, Tip Fakültesi, Histoloji ve Embryoloji Enstitüsü (15. VI. 1940).

Dabelow, Adolf, Dr. med. et phil. nat., Dr. med. h. c. (Salamanca), o. Professor der Anatomie an der Universität Mainz, o. Mitglied der Akademie der Wissenschaften und der Literatur Mainz, korresp. Mitglied der Bayerischen Akademie der Wissenschaften in München, geb. 28. VI. 1899 in Magdeburg, Mainz, Saarstraße 15 (24. VI. 1944).

Debye, Peter, Dr. phil., Dr. rer. nat. h. c. (Technische Hochschule Zürich), Dr.-Ing. E. h. (Technische Hochschule Aachen), Dr. h. c. (Bruxelles, Liège, Oxford, Sofia, Harvard-Cambridge, Brooklyn Polytechnic, St. Lawrence, Colgate University, Boston-College, Universität Mainz), em. o. Professor der Chemie an der Cornell-Universität Ithaca/New York, Nobelpreisträger, Inhaber der Rumford-Medaille, der Lorentz-Medaille, der Franklin-Medaille, der Willard-Gibbs-Medaille, der Max-Planck-Medaille, der Faraday-Medaille, der Kenndall-Award-Medaille, Kommandeur des Ordens Leopold II., Mitglied der Akademien der Wissenschaften Amsterdam, Berlin, Boston, Bruxelles, Bungalore, Dublin, Göttingen, Heidelberg, København, Liège, Madrid, München, New York,

Roma (Pontificia Accademia), Washington, Mitglied der Deutschen Akademie der Naturforscher (Leopoldina) Halle, des Franklin Institute Philadelphia, der Royal Society London, des Royal Institute of Great Britain in London, des National Institute of Science India, der Real Sociedad Española de Fisica y Quimica in Madrid und der American Philosophical Society, geb 24. III. 1884 in Maastricht (Holland), Ithaca/New York, USA., 104 Highgate Road (27. II. 1928).

Heisenberg, Werner, Dr. phil., Hon.-Professor der theoretischen Physik an der Universität München, Direktor des Max-Planck-Instituts für Physik und Astrophysik in München, Präsident der Alexander-von-Humboldt-Stiftung in Bonn, Nobelpreisträger, Träger des Ordens Pour le Mérite für Wissenschaft und Künste, Inhaber der Hugo-Grotius-Medaille der Grotius-Stiftung für Verdienste um friedliche Verwendung der Atomenergie, Inhaber der Max-Planck-Medaille, der Barnard-Medaille, der Matteucci-Medaille, der Goldenen Medaille der Medizinischen Naturwissenschaftlichen Gesellschaft in Jena, o. Mitglied der Deutschen Akademie der Wissenschaften zu Berlin, der Bayerischen Akademie der Wissenschaften in München und der Akademie der Wissenschaften in Göttingen, Mitglied der Deutschen Akademie der Naturforscher (Leopoldina) Halle, der Dänischen, Finnischen, Niederländischen, Norwegischen, Rumänischen, Schwedischen, Spanischen Akademien der Wissenschaften, der Accademia Nazionale dei Lincei in Rom, der Päpstlichen Akademie der Wissenschaften, der American Academy of Arts and Sciences, der American Philosophical Society, der Société Philomatique in Paris, der Royal Society of London, der Physical Society of London, der Kgl. Norwegischen Wissenschaftliche Gesellschaft in Trondheim, der Medizinisch-Naturwissenschaftlichen Gesellschaft in Jena, geb. 5. XII. 1901 in Würzburg, München 23, Rheinlandstraße 1, Tel. 366255 (1. VII. 1930).

Helferich, Burckhardt, Dr. phil., Dr. rer. nat. h. c. (Technische Hochschule Stuttgart), em. o. Professor der Chemie an der Universität Bonn, Träger des Großen Verdienstkreuzes des Verdienstordens der Bundesrepublik Deutschland, Inhaber der Emil-Fischer-Medaille der Gesellschaft Deutscher Chemiker, Ehrenmitglied der Chemischen Gesellschaft in der Deutschen Demokratischen Republik, Mitglied der Deutschen Akademie der Naturforscher (Leopoldina) Halle, geb. 10. VI. 1887 in Greifswald, Bonn, Bonner Talweg 66, Tel. 23285 (23. II. 1931).

Hölder, Ernst, Dr. phil., o. Professor der Mathematik an der Universität Mainz, o. Mitglied der Deutschen Akademie der Wissenschaften zu Berlin und Mitglied des Direktoriums des Forschungsinstitutes für Mathematik dieser Akademie, Mitglied der Deutschen Akademie der Naturforscher (Leopoldina) Halle, geb. 2. IV. 1901 in Leipzig, Mainz-Gonsenheim, Heidesheimer Straße 40 (1. VII. 1948).

Hopf, Eberhard, Dr. phil., o. Professor der Mathematik an der Indiana Universität USA, korresp., früher o. Mitglied der Bayerischen Akademie der Wissenschaften in München, geb. 17. IV. 1902 in Salzburg, 512 S. Swain St., Bloomington/Indiana, USA. (26. XI. 1938).

Hueck, Werner, Dr. med., em. oö. Professor der allgemeinen Pathologie und pathologischen Anatomie an der Universität München, o. Mitglied der Bayerischen Akademie der Wissenschaften in München, Mitglied der Deutschen Akademie der Naturforscher (Leopoldina) Halle, geb. 18. IV. 1882 in Lüdenscheid (Westfalen), München 8, Prinzregentenstraße 64, Tel. 44 11 28 (1. VII. 1925).

Hund, Friedrich, Dr. phil., o. Professor der theoretischen Physik an der Universität Göttingen, Nationalpreisträger, Inhaber der Max-Planck-Medaille der Deutschen Physikalischen Gesellschaft, o. Mitglied der Deutschen Akademie der Wissenschaften zu Berlin und der Akademie der Wissenschaften in Göttingen, Mitglied der Deutschen Akademie der Naturforscher (Leopoldina) Halle, geb. 4. II. 1896 in Karlsruhe (Baden), Göttingen, Merkelstraße 55, Tel. 58589 (18. XI. 1933).

Kähler, Erich, Dr. phil., o. Professor an der Technischen Universität Berlin (Lehrstuhl für Reine und Angewandte Mathematik), o. Mitglied der Deutschen Akademie der Wissenschaften zu Berlin, Mitglied der Deutschen Akademie der Naturforscher (Leopoldina) Halle, geb. 16. I. 1906 in Leipzig, Berlin-Lankwitz, Waldmannstraße 23, Tel. 737578 (14. II. 1949).

Kersten, Martin, Dr.-Ing., o. Professor für Werkstoffe der Elektrotechnik an der Technischen Hochschule Aachen, geb. 28. IV. 1906 in Zittau, Aachen, Nizzaallee 2 (14. II. 1949).

König, Robert, Dr. phil., em. o. Professor der Mathematik an der Universität München, o. Mitglied der Bayerischen Akademie der Wissenschaften München, geb. 11. IV. 1885 in Linz (Oberösterr.), München 13, Adelheidstraße 21, Tel. 376005 (31. VII. 1934).

Kramer, Kurt, Dr. med., o. Professor der Physiologie an der Universität Göttingen, o. Mitglied der Akademie der Wissenschaften in Göttingen, korresp. Mitglied der Gesellschaft zur Förderung der Naturwissenschaften in Marburg (Lahn), geb. 16. VI. 1906 in Münster (Westf.), Göttingen, Kirchweg 7, Tel. 56403 (24. VI. 1944).

Kulenkampff, Helmuth, Dr. phil., o. Professor der Physik an der Universität Würzburg, geb. 5. XII. 1895 in Bremen, Würzburg, Röntgenring 8, Tel. 53640 (19. VI. 1943).

Lendle, Ludwig, Dr. med., o. Professor der Pharmakologie an der Universität Göttingen, geb. 6. II. 1899 in Wiesbaden, Göttingen, Geiststraße 9, Tel. 56307 (24. VI. 1944).

Leutwein, Friedrich, Dr. phil. nat., Hon.-Professor der Mineralogie, Geochemie und Lagerstättenkunde an der Universität Hamburg, Nationalpreisträger, o. Mitglied der Deutschen Akademie der Wissenschaften zu Berlin, Mitglied der Geologischen Vereinigung in Bonn, der Deutschen Mineralogischen Gesellschaft, der Gesellschaft Deutscher Metallhütten- und Bergleute in Clausthal und der Geochemical Society, geb. 9. VIII. 1911 in Berlin, Hamburg 13, Grindelallee 48, Tel. 441071. App. 1312 (17. XI. 1956).

Renner, Otto, Dr. phil., Dr. der Naturwiss. E. h. (Erlangen, Jena und Freiburg i. B.), em. o. Professor der Botanik an der Universität München, Mitglied des Ordens Pour Le Mérite für Wissenschaften und Künste, Inhaber der Darwin-Plakette der Deutschen Akademie der Naturforscher (Leopoldina) Halle, o. Mitglied der Bayerischen Akademie der Wissenschaften in München, korresp. Mitglied der Deutschen Akademie der Wissenschaften zu Berlin, der Akademie der Wissenschaften in Göttingen, der Österreichischen Akademie der Wissenschaften in Wien und der Botanical Society of America, ausw. Mitglied der Kungl. Svenska Vetenskapsakademie in Stockholm, der Physiographischen Gesellschaft in Lund, der American Academy of Arts and Sciences in Boston, der National Academy of Sciences in Washington, der American Philosophical Society in Philadelphia und der Royal Society in London, Ehrenmitglied der Deutschen Akademie der Naturforscher (Leopoldina) Halle, der Genetical Society of Great Britain und der Genetics Society of Japan, geb. 25. IV. 1883 in Neu-Ulm, München 19, Menzinger Straße 63, Tel. 571627 (1. VII. 1933).

Ruhland, Wilhelm, Dr. phil., Dr. rer. nat. h. c. (Erlangen), em. Hon.-Professor der Botanik an der Universität Erlangen, o. Mitglied der Bayerischen Akademie der Wissenschaften in München, korresp. Mitglied der Deutschen Akademie der Wissenschaften zu Berlin, der Akademie der Wissenschaften in Göttingen und der American Society of Plant Physiologists, Mitglied der Deutschen Akademie der Naturforscher (Leopoldina) Halle, Ehrenmitglied der Physikalisch-medizinischen Societät zu Erlangen, geb. 7. VIII. 1878 in Schleswig, Unterdeufstetten über Crailsheim, Schloß (26. II. 1923).

Scheumann, Karl Hermann, Dr. phil., Dr. phil. h. c. (Frankfurt [Main]), em. o. Professor der Mineralogie und Petrographie an der Universität Bonn, Träger des Großen Verdienstkreuzes der Bundesrepublik Deutschland, Inhaber der Hans-Stille-Medaille und der Verdienstmedaille des Geologischen Forschungsinstitutes von Finnland, Ehrenmitglied der Isis und der Deutschen Mineralogischen Gesellschaft, korresp. Mitglied der Akademie in Bologna und der American Mineralogical Society, geb. 25. II. 1881 in Metz, Bad Hersfeld, Wigbertstraße 9, Tel. 2545 (5. V. 1930).

Staude, Herbert, Dr. phil., Gastprofessor der physikalischen Chemie an der Universität Frankfurt (Main), Mitglied der Deutschen Bunsengesellschaft und der Chemischen Gesellschaft in der Deutschen Demokratischen Republik, geb. 20. III. 1901 in Schmölln (Thür.), Frankfurt (Main), Schwanenstraße 9 (17. XI. 1956).

Thomas, Karl, Dr. med., Dr. med. h. c. (Freiburg i. B.), Dr. rer. nat. h. c. (Göttingen). em. oö. Professor der physiologischen Chemie an der Universität Erlangen, Hon.-Professor an der Universität Göttingen, em. Direktor der Medizinischen Forschungsanstalt der Max-Planck-Gesellschaft, kommiss. Leiter der Arbeitsgemeinschaft „Silikoseforschung" der Medizinischen Forschungsanstalt der Max-Planck-Gesellschaft, Ehrenmitglied der Gesellschaft für Physiologische Chemie, der Schweizerischen Gesellschaft für Ernährungsforschung und der Japanese Biochemical Society Tokyo, geb. 28. XI. 1883 in Freiburg i. B., Göttingen, Bunsenstraße 10, Tel. 23651–7 (27. II. 1922).

van der Waerden, Bartel, Dr. phil., o. Professor der Mathematik an der Universität Zürich, geb. 2. II. 1903 in Amsterdam, Zürich 6, Bionstraße 18, Tel. 262814 (31. VII. 1934).

Weickmann, Ludwig, Dr. phil., Dr. rer. nat. h. c. (Freie Universität Berlin), em. o. Professor der Geophysik an der Universität München, Präsident i. R. des Deutschen Bundeswetterdienstes, Inhaber der Silbernen und Goldenen Hellmann-Medaille, o. Mitglied der Akademie der Wissenschaften und der Literatur in Mainz, korresp. Mitglied der Bayerischen Akademie der Wissenschaften in München, Mitglied der Deutschen Akademie der Naturforscher (Leopoldina) Halle, Ehrenmitglied der Deutschen und der Ungarischen Meteorologischen Gesellschaft, geb. 15. VIII. 1882 in Neu-Ulm, Bad Kissingen, Richard-Wagner-Straße 1, Tel. 2410 (1. VII. 1925).

Todesfälle

Bonhoeffer, Karl-Friedrich, Dr. phil., Hon.-Professor der physikalischen Chemie an der Universität Göttingen, Direktor des Max-Planck-Instituts für physikalische Chemie, Inhaber der Goldenen Bunsenmedaille und der Palladium-Medaille 1957 der Electrochemical Society in New York, Senator der Max-Planck-Gesellschaft, o. Mitglied der Deutschen Akademie der Wissenschaften zu Berlin, korresp. Mitglied der Bayerischen Akademie der Wissenschaften in München, Mitglied der Deutschen Akademie der Naturforscher (Leopoldina) Halle und der American Academy of sciences in New York, geb. 13. I. 1899 in Breslau, Göttingen, Merkelstraße 25 (16. XI. 1935). † 15. V. 1957.

Scheunert, Arthur, Dr. phil. et med. vet., Dr. med. vet. h. c. (Gießen), Dr. agr. h. c. (Berlin und Gießen), Professor der Veterinärphysiologie, Direktor des Instituts für Ernährungsforschung und der Anstalt für Vitaminforschung und Vitaminprüfung Potsdam-Rehbrücke, Nationalpreisträger, Hervorragender Wissenschaftler des Volkes, Inhaber der Goethe-Medaille für Kunst und Wissenschaft und der Max-Eyth-Medaille, o. Mitglied der Deutschen Akademie der Wissenschaften zu Berlin, Vizepräsident und o. Mitglied der Deutschen Akademie der Landwirtschaftswissenschaften zu Berlin, Mitglied der Deutschen Akademie der Naturforscher (Leopoldina) Halle, ausw. Mitglied der Kgl. Schwedischen Akademie der Landwirtschaft in Stockholm, Ehrenmitglied der Schweizerischen Gesellschaft für Ernährungsforschung, Präsident des Gesamtdeutschen Arbeitskreises der Land- und Forstwirtschaft, geb. 7. VI. 1879 in Dresden, Potsdam-Rehbrücke, Eichhörnchenweg 51/53 (30. VI. 1934). † 11. I. 1957.

Schmitthenner, Heinrich, Dr. phil., em. o. Professor der Geographie an der Universität Marburg, Inhaber der Erich-von-Drygalski-Medaille der Geographischen Gesellschaft in München, Ehrenmitglied der Geographischen Gesellschaft in München, des Vereins für Geographie und Statistik in Frankfurt (Main) und anderer wissenschaftlicher Gesellschaften, Mitglied der Deutschen Akademie der Naturforscher (Leopoldina) Halle, geb. 3. V. 1887 in Neckarbischofsheim, Marburg (Lahn), Sybelstraße 12 (31. VII. 1934). † 18. II. 1957.

Korrespondierende Mitglieder
der mathematisch-naturwissenschaftlichen Klasse

Blaschke, Wilhelm, Dr. phil., Dr. math. h. c. (Sofia und Padua), Dr. rer. nat. h. c. (Greifswald), Dr. rer. nat. E. h. (Karlsruhe), em. o. Professor der Mathematik an der Universität Hamburg, Nationalpreisträger, Ehrenmitglied der Deutschen Akademie der Wissenschaften zu Berlin und der math.-nat. Klasse der Österreichischen Akademie der Wissenschaften in Wien, o. Mitglied der Akademie der Wissenschaften und der Literatur Mainz, korresp. Mitglied der Bayerischen Akademie der Wissenschaften in München, Mitglied der Deutschen Akademie der Naturforscher (Leopoldina) Halle, Mitglied der Akademien der Wissenschaften Barcelona, Bukarest, Madrid, Neapel, Padua, Rom, Venedig, geb. 13. IX. 1885 in Graz, Hamburg 20, Heilwigstraße 123, Tel. 478267 (8. V. 1937).

Chadwick, James, Sir, Ph. D., D. Sc. h. c., Ll, D. h. c., Master of Gonville and Caius College, Cambridge, Nobelpreisträger, Inhaber der Hughes Medal of the Royal Society, der Copley Medal und der Franklin Medal, Fellow of the Royal Society, Hon. Fellow of the Institute of Physics, ausländ. Mitglied der Dänischen und der Niederländischen Akademie der Wissenschaften, geb. 20. X. 1891 in Cheshire, Wynne's Parc, Denbigh, Denbighshire (North Wales), Tel. Denbigh 62 (1. VII. 1932).

Eggert, John, Dr. phil., Dr.-Ing. E. h. (Karlsruhe), o. Professor der Photochemie und Photographie an der Eidgenössischen Technischen Hochschule Zürich, Inhaber der Goldenen Medaille der Photographischen Gesellschaft in Wien, der Traill Taylor Medal und der Progress Medal 1949 der Royal Photographic Society of Great Britain, der Médaille Péligot der Société Française de Photographie, der Plakette der Stadt Paris, der Gauss-Weber-Medaille der math.-nat. Fakultät der Universität Göttingen, der Special Citation der Photographers' Association of America, der Photokina-Plakette Köln, korresp. Mitglied der Bayerischen Akademie der Wissenschaften in München, der Heidelberger Akademie der Wissenschaften und der Société Royale des Sciences de Liège, Ehrenmitglied der Royal Photographic Society of Great Britain, der Photographic Society of America, der Society of Photographic Scientists and Engineers (USA), der japanischen Gesellschaft für wissenschaftliche Photographie, der Fédération internationale de l'art photographique, der Deutschen Bunsengesellschaft für physikalische Chemie und des Schweizerischen Photographenverbandes, Mitglied der Gesellschaft Deutscher Chemiker und der Deutschen Physikalischen Gesellschaft, geb. 1. VIII. 1891 in Berlin, Zollikon b. Zürich, Höhestraße 44, Tel. (051) 248372 (12. V. 1958).

Hill, Archibald Vivian, Sc. D., Ll. D. h. c., D. Sc. h. c., M. D. h. c., Professor der Physiologie, Hon. Research Associate und Hon. Fellow am University College London, Hon. Fellow am Trinity College und King's College Cambridge, Nobelpreisträger, Inhaber der Copley Medal, Mitglied der National Academy of Sciences in Washington und der Deutschen Akademie der Naturforscher (Leopoldina) Halle, geb. 26. IX. 1886 in Bristol, Physiology Department, University College, Gower Street, London W. C. I, Privatanschrift: 16 Bishopswood Road, London N 6, Tel. Mountview 1157 (1. VII. 1929).

Myrberg, Pekka Juhana, Dr. phil., Dr. techn. h. c. (Turku), Dr. phil. h. c. (Turku), em. o. Professor der Mathematik an der Universität Helsinki, Kanzler der Universität Helsinki, Mitglied der Akademien der Wissenschaften Helsinki und Kopenhagen, geb. 30. XII. 1892 in Wiipuri, Helsinki, Mannerheimcutie 75 (5. XII. 1942).

Täufel, Kurt, Dr. phil., Dr. rer. nat. h. c. (Technische Hochschule Dresden), Professor mit Lehrstuhl der Lebensmittelchemie und -technologie an der Humboldt-Universität Berlin, 1. Direktor des Instituts für Ernährung in Potsdam-Rehbrücke der Deutschen Akademie der Wissenschaften zu Berlin, Nationalpreisträger, Inhaber der Wilhelm-Normann-Medaille der Deutschen Gesellschaft für Fettwissenschaft Münster, des Hermann-Hertzer-Preises des Fachverbandes der Süßwaren-Industrie Detmold, Mitglied der Deutschen Akademie der Naturforscher (Leopoldina) Halle, Ehrenamtliches Mitglied der Deutschen Forschungsanstalt für Lebensmittelchemie in München, geb. 10. XII. 1892 in Crimmitschau (Sa.), Potsdam-Rehbrücke, In den Gehren 20, Tel. Rehbrücke 309 (23. II. 1959).

Wagner, Carl, Dr. phil., Dr. rer. nat. h. c. (Darmstadt), Hon.-Professor für physikalische Chemie an der Universität Göttingen, Direktor des Max-Planck-Instituts für Physikalische Chemie, Inhaber der Palladium Medal der Electrochemical Society, o. Mitglied der Akademie der Wissenschaften in Göttingen, Mitglied der Deutschen Akademie der Naturforscher (Leopoldina) Halle, der American Academy of Arts and Sciences in Boston, der Deutschen Bunsengesellschaft, der Deutschen Gesellschaft für Metallkunde, der Gesellschaft Deutscher Chemiker, der Faraday Society, der Electrochemical Society, der American Chemical Society for Metals, der American Physical Society, der National Association of Corrosion Engineers und des American Institute of Mining and Metallurgical Engineers, geb. 25. V. 1901 in Leipzig, Göttingen, Nikolausberger Weg 63, Tel. 23651/670 (9. III. 1959).

Todesfall

Bothe, Walther, Dr. phil., Dr. phil. nat. h. c. (Gießen), oö. Professor der Physik an der Universität Heidelberg, Direktor des Max-Planck-Instituts für Physik, Nobelpreisträger, Ritter des Ordens Pour le Mérite Friedensklasse, Träger des Großen Verdienstkreuzes des Verdienstordens der Bundesrepublik Deutschland, Inhaber der Max-Planck-Medaille, o. Mitglied der Heidelberger Akademie der Wissenschaften, korresp. Mitglied der Deutschen Akademie der Wissenschaften zu Berlin und der Akademie der Wissenschaften in Göttingen, Ehrenmitglied der Deutschen Physikalischen Gesellschaft in Wiesbaden, geb. 8. I. 1891 in Oranienburg (Kr. Niederbarnim), Heidelberg, Im Bäckerfelde 6 (1. VII. 1932). † 8. II. 1957.

Ordentliche Mitglieder
der philologisch-historischen Klasse

Baetke, Walter, Dr. phil., D. theol. h. c. (Leipzig), em. Professor mit Lehrstuhl der nordischen Philologie und Religionsgeschichte an der Karl-Marx-Universität Leipzig, Träger des Vaterländischen Verdienstordens, geb. 28. III. 1884 in Sternberg (Neum.), Leipzig S 3, Turmweg 18, Tel. 36344 (19. VI. 1943).

Barwick, Karl, Dr. phil., em. Professor mit Lehrstuhl der klassischen Philologie an der Friedrich-Schiller-Universität Jena, geb. 14. V. 1883 in Oberndorf (Pfalz), Jena, Johann-Friedrich-Straße 1 (16. V. 1949).

Behn, Friedrich, Dr. phil., em. Professor mit Lehrstuhl der Vor- und Frühgeschichte an der Karl-Marx-Universität Leipzig, Mitglied der Historischen Kommission bei der Akademie, geb. 14. II. 1883 in Neustrelitz (Mecklenburg), Leipzig C 1, Ferdinand-Lassalle-Straße 15, Tel. 41034 (14. II. 1949).

Besseler, Heinrich, Dr. phil., Professor mit Lehrstuhl der Musikwissenschaft an der Karl-Marx-Universität Leipzig, Ehrenmitglied des Instituto Español des Musicología in Barcelona, geb. 2. IV. 1900 in Dortmund-Hörde, Leipzig C 1, Nikischplatz 3, Tel. 25194 (14. III. 1955).

Buchda, Gerhard, Dr. jur., Professor mit Lehrstuhl der deutschen Rechtsgeschichte und des Handelsrechts an der Friedrich-Schiller-Universität Jena, Mitglied der Vereinigung der Deutschen Rechtshistoriker, geb. 22. X. 1901 in Stadtroda (Thür.), Stadtroda (Thür.), Straße der Jugend 5, Tel. Stadtroda 579 (15. IX. 1958).

Dornseiff, Franz, Dr. phil., Professor mit Lehrstuhl der klassischen Philologie an der Karl-Marx-Universität Leipzig, Nationalpreisträger, o. Mitglied des Deutschen Archäologischen Instituts, geb. 20. III. 1888 in Gießen, Leipzig-Markkleeberg 2, Mozartstraße 5, Tel. 32167 (14. II. 1949).

Eißfeldt, Otto, Dr. phil., D. theol. h. c. (Berlin), DD. (Glasgow), D. theol. h. c. (Budapest), em. Professor mit Lehrstuhl für Altes Testament und semitische Religionsgeschichte an der Martin-Luther-Universität Halle-Wittenberg, Ehrensenator dieser Universität, o. Mitglied der Deutschen Akademie der Wissenschaften zu Berlin, korresp. Mitglied der Akademie der Wissenschaften und der Literatur Mainz, der Académie des Inscriptions et Belles Lettres in Paris und der British Academy in London, Ehrenmitglied der Deutschen Morgenländischen Gesellschaft, der British Society for Old Testament Study und der American Society of Biblical Literature and Exegesis, geb. 1. IX. 1887 in Northeim (Hann.), Halle (Saale), Steffensstraße 7, Tel. 29566 (1. VII. 1948).

Fischer, Rudolf, Dr. phil., Professor mit Lehrstuhl der Slawistik an der Karl-Marx-Universität Leipzig, Mitglied der Historischen Kommission bei der Akademie, geb. 18. XII. 1910 in Königsberg (Eger), Arnstadt (Thür.), Berggartenweg 21, Tel. 3042 (14. III. 1955).

Frings, Theodor, Dr. phil., Dr. phil. h. c. (Amsterdam), em. Professor mit Lehrstuhl der deutschen Sprache und Literatur an der Karl-Marx-Universität Leipzig, Nationalpreisträger, Hervorragender Wissenschaftler des Volkes, Träger Vaterländischer Verdienstorden, Inhaber der Alexander-von-Humboldt-Medaille, o. Mitglied der Deutschen Akademie der Wissenschaften zu Berlin und Direktor des Instituts für deutsche Sprache und Literatur dieser Akademie, korresp. Mitglied der Bayerischen Akademie der Wissenschaften in München, ausländ. Mitglied der Kungl. Gustav Adolfs-Akademien för Folkslivsforskning in Uppsala, der Kongl. Danske Videnskabernes Selskab in København, der Suomalainen Tiedeakatemia in Helsinki, der Kungl. Vitterhets Historie och Antikvitetsakademien in Stockholm, der Suomalais-Ugrilainen Seura in Helsinki, der Finska Vetenskaps Societeten in Helsinki und der Provinciaal Utrechtsch Genootschap van Kunsten en Wetenschappen in Utrecht, Mitglied der Fryske Akademy in Leeuwarden, der Maatschappij der Nederlandse Letterkunde te Leiden, der Commission d'Enquête linguistique (CEL) sous-division du Comité International Permament des Linguistes (CIPL), des Comité de patronage de l'Encyclopédie linguistique beim Centre International de Dialectologie Générale in Louvain, des Vorstandsrates des Deutschen Museums in München, der Zentraldirektion der Monumenta Germaniae Historica in München, Ausschußmitglied der Internationalen Vereinigung für germanische Sprach- und Literaturwissenschaften in København, Ehrenmitglied der philosophisch-historischen Klasse der Österreichischen Akademie der Wissenschaften in Wien, der Academia Republicii Populare Romîne in București, der Linguistic Society of America in Ithaca, der Modern Language Association of America in Washington, des International Committee of Onomastic Sciences in Leuven, geb. 23. VII. 1886 in Dülken (Rhld.), Leipzig N 22, Manetstraße 31, Tel. 51169 (1. VII. 1930).

Fück, Johann, Dr. phil., Professor mit Lehrstuhl der semitischen Philologie und Islamkunde an der Martin-Luther-Universität Halle-Wittenberg, Nationalpreisträger, Mitglied des Executive Committee of the Union for Scientific Collaboration in Islamic Studies, Membre Associé bei der Association pour l'Avencement des Études Islamiques in

Paris, geb. 8. VII. 1894 in Frankfurt (Main), Halle (Saale), Karl-Liebknecht-Straße 23, Tel. 21090 (1. VII. 1948).

Hauschild, Richard, Dr. phil., Professor mit Lehrstuhl der vergleichenden Sprachwissenschaft und Indologie an der Friedrich-Schiller-Universität Jena, Mitglied der Deutschen Morgenländischen Gesellschaft und der Mommsen-Gesellschaft, geb. 2. XII. 1901 in Roschütz (Krs. Gera), Jena, Schillbachstraße 43, Tel. 2801 (7. XII. 1959).

Hempel, Eberhard, Dr. phil., Dr.-Ing. E. h. (Hannover), em. Professor mit Lehrstuhl der Kunstgeschichte und Geschichte der Baukunst an der Technischen Hochschule Dresden, geb. 30. VII. 1886 in Dresden, Dresden A 1, Altenzeller Straße 44, Tel. 46224 (14. II. 1949).

Jacobi, Erwin, Dr. jur., D. theol. h. c. (Leipzig), em. Professor mit Lehrstuhl für Staatsrecht, Verwaltungsrecht, Arbeitsrecht und Kirchenrecht an der Karl-Marx-Universität Leipzig, Träger des Vaterländischen Verdienstordens, korresp. Mitglied der Deutschen Akademie der Wissenschaften zu Berlin, geb. 15. I. 1884 in Zittau, Leipzig S 3, Meusdorfer Straße 5, Tel. 32160 (1. VII. 1948).

Jahn, Martin, Dr. phil., em. Professor mit Lehrstuhl der Vor- und Frühgeschichte an der Martin-Luther-Universität Halle-Wittenberg, o. Mitglied des Deutschen Archäologischen Instituts, Mitglied der Deutschen Akademie der Naturforscher (Leopoldina) Halle, geb. 20. IX. 1888 in Berlin, Halle (Saale), Eschenweg 8, Tel. 29612 (1. VII. 1948).

Karg-Gasterstädt, Elisabeth, Dr. phil., em. Professor mit vollem Lehrauftrag für Germanistik an der Karl-Marx-Universität Leipzig, geb. 9. II. 1886 in Gröditz b. Riesa, Leipzig C 1, Grassistraße 40, Tel. 30086 (14. III. 1955).

Korff, Hermann August, Dr. phil., em. Professor mit Lehrstuhl der neueren deutschen Sprache und Literatur an der Karl-Marx-Universität Leipzig, Inhaber der Hindenburg-Medaille für Kunst und Wissenschaft, der Goethe-Medaille des Freien Deutschen Hochstifts, der Goethe-Medaille der Stadt Frankfurt (Main) und der Herder-Medaille, geb. 3. IV. 1882 in Bremen, Leipzig O 27, Wachauer Straße 9, Tel. 81731 (24. I. 1955).

Krauss, Werner, Dr. phil., Professor mit Lehrstuhl der romanischen Philologie an der Karl-Marx-Universität Leipzig, Nationalpreisträger, Träger des Vaterländischen Verdienstordens, Inhaber des Friedrich-Engels-Preises, o. Mitglied der Deutschen Akademie der Wissenschaften zu Berlin, korresp. Mitglied der Sozialwiss. Akademie in Buenos Aires, geb. 7. VI. 1900 in Stuttgart, Leipzig O 27, Gletschersteinstraße 53, Tel. 81339 (14. II. 1949).

Kretzschmar, Hellmut, Dr. phil., Professor mit vollem Lehrauftrag für historische Hilfswissenschaften und Landesgeschichte an der Karl-Marx-Universität Leipzig, em. Direktor des Sächsischen Landeshauptarchivs in Dresden, Vorsitzender der Historischen Kommission bei der Akademie, geb. 12. VII. 1893 in Stolpen, Dresden – Weißer Hirsch, Plattleite 36, Tel. 36247 (17. XI. 1956).

Lehmann, Edgar, Dr. phil., Dr.-Ing. E. h. (Zürich), Professor mit Lehrstuhl für Geographie an der Karl-Marx-Universität Leipzig, Direktor des Deutschen Instituts für Länderkunde in Leipzig, Inhaber der Alexander-von-Humboldt-Medaille, Mitglied der Historischen Kommission bei der Akademie, korresp. Mitglied der Deutschen Akademie der Wissenschaften zu Berlin, Vorstandsmitglied der Geographischen Gesellschaft in der Deutschen Demokratischen Republik, Vizepräsident der Deutschen Gesellschaft für Kartographie, geb. 25. III. 1905 in Berlin, Leipzig S 3, Alfred-Kästner-Straße 1, Tel. 31219 (7. XII. 1959).

Meyer, Rudolf, Lic. theol., D. theol. h. c. (Berlin), Professor mit Lehrstuhl für Altes Testament an der Friedrich-Schiller Universität Jena, geb. 8. IX. 1909 in Leipzig, Jena, Pestalozzistraße 15, Tel. 2772 (15. IX. 1958).

Morenz, Siegfried, Dr. phil., D. theol. h. c. (Tübingen), Professor mit Lehrstuhl der Ägyptologie an der Karl-Marx-Universität Leipzig, Nationalpreisträger, o. Mitglied des Deutschen Archäologischen Instituts, Vorstandsmitglied der Deutschen Morgenländischen Gesellschaft, geb. 22. XI. 1914 in Leipzig, Leipzig C 1, Schillerstraße 6, Tel. 21583 (14. III. 1955).

Müller, Joachim, Dr. phil., Professor mit Lehrstuhl der neueren und neuesten deutschen Literaturgeschichte an der Friedrich-Schiller-Universität Jena, korresp. Mitglied des Adalbert-Stifter-Institutes des Landes Oberösterreich, geb. 12. VII. 1906 in Oberwiesenthal, Jena, Schillbachstraße 39, Tel. 3808 (7. XII. 1959).

Peek, Werner, Dr. phil., Professor mit Lehrstuhl der klassischen Philologie an der Martin-Luther-Universität Halle-Wittenberg, korresp. Mitglied des Deutschen Archäologischen Instituts, geb. 6. VI. 1904 in Bielefeld, Halle (Saale), Am Krähenberg 21, Tel. 28995 (7. XII. 1959).

Schubart, Wilhelm, Dr. phil., Dr. jur. h. c. (Frankfurt [Main]), em. Professor mit Lehrstuhl der Geschichte des Altertums an der Karl-Marx-Universität Leipzig, Hervorragender Wissenschaftler des Volkes, korresp. Mitglied der Deutschen Akademie der Wissenschaften zu Berlin, der Österreichischen Akademie der Wissenschaften in Wien, der Akademie der Wissenschaften in Göttingen und der British Academy in London, Ehrenmitglied der Society for the Promotion of Hellenic Studies, ausländ. Mitglied der Gesellschaft der Wissenschaften in Göteborg, geb. 21. X. 1873 in Liegnitz, Halle (Saale), Marsstraße 10, Tel. 32710 (29. XI. 1941).

Schubart-Fikentscher, Gertrud, Dr. jur., em. Professor mit Lehrstuhl der Rechtsgeschichte und des Zivilrechts an der Martin-Luther-Universität Halle-Wittenberg, Mitglied der Historischen Kommission bei der Akademie, korresp. Mitglied der Monumenta Germaniae Historica in München, geb. 23. XII. 1896 in Zwickau (Sa.), Halle (Saale), Marsstraße 10, Tel. 32710 (7. XII. 1959).

Straub, Werner, Dr. phil., Professor mit Lehrstuhl der Psychologie an der Technischen Hochschule Dresden, geb. 14. VII. 1902 in Stuttgart, Dresden-Weißer Hirsch, Collenbuschstraße 10, Tel. 36036 (16. V. 1949).

Weller, Friedrich, Dr. phil., em. Professor mit Lehrstuhl der Indologie an der Karl-Marx-Universität Leipzig, Nationalpreisträger, Mitglied der Deutschen Morgenländischen Gesellschaft und der Deutschen Gesellschaft für Natur- und Völkerkunde Ostasiens, korresp. Mitglied der School of Oriental and African Studies in London, geb. 22. VII. 1889 in Markneukirchen, Leipzig C 1, Stephanstraße 12, Tel. 25801 (19. VI. 1943).

Zucker, Friedrich, Dr. phil., em. Professor mit Lehrstuhl der klassischen Philologie und Papyruskunde an der Friedrich-Schiller-Universität Jena, komm. Direktor des Seminars für klassische Philologie und des Seminars für alte Geschichte, Nationalpreisträger, o. Mitglied der Deutschen Akademie der Wissenschaften zu Berlin und Vorsitzender des Wissenschaftlichen Rates des Instituts für griechisch-römische Altertumskunde dieser Akademie, o. Mitglied des Deutschen Archäologischen Instituts, geb. 30. VI. 1881 in Fürth (Bayern), Jena, Dr.-Otto-Nuschke-Straße 10. Tel. 7142, App. 235 (1. VII. 1948).

Todesfall

Erkes, Eduard, Dr. phil., Professor mit Lehrstuhl der Sinologie an der Karl-Marx-Universität Leipzig, geb. 23. VII. 1891 in Genua, Leipzig W 35. Zum Harfenacker 27, Tel. 45555 (17. VII. 1950). † 2. IV. 1958.

Früher ordentliche, gegenwärtig auswärtige
Mitglieder der philologisch-historischen Klasse

Aland, Kurt, D., D. theol. h. c. (Göttingen), D. D. h. c. (St. Andrews), o. Professor der Kirchengeschichte und neutestamentliche Einleitungswissenschaft an der Ev. Theologischen Fakultät der Universität Münster, Leiter der Arbeitsstelle Münster der Kommission für Patristik, Mitglied der Studiorum Novi Testamenti Societas (England), des Sodalicium Neotestamenticum Upsaliense (Schweden), des Kuratoriums der Vetus Latina in Beuron (Hohenzollern), geb. 28. III. 1915 in Berlin, Münster (Westf.), Schützenstraße 6, Tel. 48408 (14. III. 1955).

Bischoff, Karl, Dr. phil., o. Professor der deutschen Philologie und Volkskunde an der Universität Mainz, Mitglied der Historischen Kommission bei der Akademie, korresp. Mitglied der Akademie der Wissenschaften in Göttingen, geb. 19. V. 1905 in Aken (Elbe), Mainz, Am Kuckucksschlag 9 (14. III. 1955).

Friedrich, Johannes, Dr, phil., o. Professor der altorientalischen Sprachen an der Freien Universität Berlin, Ehrenmitglied der Linguistic Society of America, korresp. Mitglied der Vooraziatisch-Egyptisch Gezelschap „Ex Oriente Lux" in Leiden und der Societas Orientalis Fennica in Helsinki, geb. 27. VIII. 1893 in Leipzig, Berlin-Steglitz, Schloßstraße 49 I (20. III. 1940).

Gadamer, Hans-Georg, Dr. phil., o. Professor der Philosophie an der Universität Heidelberg, o. Mitglied der Heidelberger Akademie der Wissenschaften, geb. 11. II. 1900 in Marburg, Heidelberg, Bergstraße 148 (15. VI. 1940).

Haenisch, Erich, Dr. phil., em. oö. Professor der ostasiatischen Kultur und Sprachwissenschaft an der Universität München, Ritter des Ordens Pour le Mérite Friedensklasse, o. Mitglied der Deutschen Akademie der Wissenschaften zu Berlin, korresp. Mitglied der Bayerischen Akademie der Wissenschaften in München, der Finnisch-Ugrischen Gesellschaft in Helsinki und der School of Oriental and African Studies an der Universität London, Ehrenmitglied der Deutschen Morgenländischen Gesellschaft, der Deutschen Gesellschaft für Natur- und Völkerkunde Ostasiens, der Societas Uralo-Altaica in Göttingen und der O. A. G. in Tokio, geb. 27. VIII. 1880 in Berlin, Stuttgart O, Ameisenbergstraße 11 I (5. V. 1930).

Heimpel, Hermann, Dr. phil., o. Professor der mittelalterlichen und neueren Geschichte an der Universität Göttingen, Direktor des Max-Planck-Instituts für Geschichte in Göttingen, o. Mitglied der Akademie der Wissenschaften in Göttingen und der Deutschen Akademie für Sprache und Dichtung in Darmstadt, korresp. Mitglied der Bayerischen Akademie der Wissenschaften in München, der Heidelberger Akademie der Wissenschaften, der Akademie der Wissenschaften und der Literatur in Mainz und der Royal Historical Society in London, Ehrenmitglied des Instituts für Österreichische Geschichtsforschung in Wien, o. Mitglied der Zentraldirektion der Monumenta Germaniae Historica in München und der Historischen Kommission bei der Bayerischen Akademie der Wissenschaften in München, geb. 19. IX. 1901 in München, Göttingen, Dahlmannstraße 14, Tel. 23651 (5. VI. 1935).

Klingner, Friedrich, Dr. phil., o. Professor der klassischen Philologie an der Universität München, o. Mitglied der Bayerischen Akademie der Wissenschaften in München, korresp. Mitglied der Deutschen Akademie der Wissenschaften zu Berlin und der Österreichischen Akademie der Wissenschaften in Wien, ausw. Mitglied der Kgl. Akademie für Literatur, Geschichte und Altertümer in Stockholm, geb. 7. VII. 1894 in Dresden, München 13, Josephsplatz 5 (5. VI. 1935).

Koch, Herbert, Dr. phil., em. Professor mit Lehrstuhl der klassischen Archäologie an der Martin-Luther-Universität Halle–Wittenberg, o. Mitglied der Zentraldirektion des Deutschen Archäologischen Instituts, geb. 1. VII. 1880 in Reichenbach (Eulengeb.), Hamburg-Langenhorn N, Holitzberg 60, Tel. 532573 (1. VII. 1930).

Kühn, Johannes, Dr. phil., em. o. Professor der neueren Geschichte an der Universität Heidelberg, Mitglied der Historischen Kommission bei der Bayerischen Akademie der

Wissenschaften in München, geb. 24. I. 1887 in Bogschütz, Heidelberg-Ziegelhausen, Mühldamm 5, Tel. 50472 (19. VI. 1943).

Ladendorf, Heinz, Dr. phil., o. Professor der Kunstgeschichte an der Universität Köln, korresp. Mitglied des Deutschen Archäologischen Instituts, geb. 29. VI. 1909 in Leipzig. Kunsthistorisches Institut Köln-Lindenthal, Albertus-Magnus-Platz, Tel. 2024349 und Köln-Braunsfeld, Aachener Straße 310, Tel. 521310 (14. III. 1955).

Leipoldt, Johannes, Dr. phil., D. theol. h. c. (Halle [Saale]), em. Professor mit Lehrstuhl der Neutestamentlichen Wissenschaft an der Karl-Marx-Universität Leipzig, Träger des Vaterländischen Verdienstordens, Inhaber der Deutschen Friedensmedaille, Domherr des Domkapitels Wurzen, korresp. Mitglied der Society of Coptic Archaeology in Kairo-Giza, geb. 20. XII. 1880 in Dresden, Ostseebad Ahrenshoop über Ribnitz-Hohes Ufer, Tel. Ostseebad Wustrow 125 (15. IX. 1958).

Lersch, Philipp, Dr. phil., oö. Professor der Psychologie an der Universität München, o. Mitglied der Bayerischen Akademie der Wissenschaften in München und der Deutschen Akademie der Naturforscher (Leopoldina) Halle, geb. 4. IV. 1898 in München, München 23, Dreschstraße 5, Tel. 335013 (20. VI. 1942).

Litt, Theodor, Dr. phil., Dr. rer. pol. h. c. (München), em. o. Professor der Philosophie und Pädagogik an der Universität Bonn, Ritter des Ordens Pour le Mérite Friedensklasse, Träger des Großen Verdienstkreuzes mit Stern des Verdienstordens der Bundesrepublik Deutschland, Inhaber des Österreichischen Ehrenzeichens für Wissenschaft und Kunst und der Goethe-Medaille, korresp. Mitglied der Deutschen Akademie der Wissenschaften zu Berlin und der Österreichischen Akademie der Wissenschaften in Wien, geb. 27. XII. 1880 in Düsseldorf, Bonn, Hausdorffstraße 237, Tel. 22410 (1. VII. 1926).

Schadewaldt, Wolfgang, Dr, phil., o. Professor der klassischen Philologie sowie der Geschichte der Fortwirkung des Griechentums an der Universität Tübingen, o. Mitglied der Deutschen Akademie der Wissenschaften zu Berlin und der Heidelberger Akademie der Wissenschaften, geb. 15. III. 1900 in Berlin, Tübingen, Nägelestraße 19 (5. VI. 1935).

Schmidt, Eberhard, Dr. jur., Dr. med. h. c. (Göttingen), o. Professor der Rechte (Straf- und Strafprozeßrecht, Rechtsgeschichte) an der Universität Heidelberg, Träger des Großen Verdienstkreuzes des Verdienstordens der Bundesrepublik Deutschland, o. Mitglied der Heidelberger Akademie der Wissenschaften, korresp. Mitglied der Österreichischen Akademie der Wissenschaften in Wien und der Gesellschaft Deutscher Neurologen und Psychiater, geb. 16. III. 1891 in Jüterbog, Heidelberg, Werderplatz 9, Tel. 40796 (14. VI. 1941).

Schücking, Levin, Dr. phil., em, o. Professor der Anglistik an der Universität Erlangen, o. Mitglied der Bayerischen Akademie der Wissenschaften in München, korresp. Mitglied der Kgl. Schwedischen Akademie der Wissenschaften in Lund, Ehrenmitglied der

Modern Language Association of America, der American Academy of Arts and Sciences in Boston und der International Association of University Professors of English, geb. 29. V. 1878 in Burgsteinfurt, Farchant b. Garmisch (Obb.), Haus Heorot, Tel. Garmisch 6225 (28. II. 1927).

Schweitzer, Bernhard, Dr. phil., oö. Professor der klassischen Archäologie an der Universität Tübingen, korresp. Mitglied der Deutschen Akademie der Wissenschaften zu Berlin, geb. 3. X. 1892 in Wesel, Tübingen, Stauffenbergstraße 48 a, Tel. 3302 (17. II. 1934).

Sommer, Ferdinand, Dr. phil., Geh. Regierungsrat, em. o. Professor der allgemeinen und indogermanischen Sprachwissenschaft an der Universität München, o. Mitglied der Bayerischen Akademie der Wissenschaften in München, korresp. Mitglied der Deutschen Akademie der Wissenschaften zu Berlin, der Akademie der Wissenschaften in Göttingen, des Istituto dei Studi Etruschi ed Italici in Florenz und des Comitato permanente per L'Etruria, Ehrenmitglied der Royal Irish Academy, der Linguistic Society of America, der Indogermanischen Gesellschaft und des Sodalizio Glottologico Milanese, geb. 4. V. 1875 in Trier, München 23, Destouchesstraße 13 (18. XI. 1922).

Thieme, Paul, Dr. phil., o. Professor der allgemeinen Sprachwissenschaft und Indologie an der Yale University HGS., geb. 18. III. 1905 in Berlin, New Haven, Conn., USA (12. XI. 1949).

Vasmer, Max, Dr. phil., o. Professor der slawischen Philologie an der Freien Universität Berlin, Träger des Großen Verdienstkreuzes mit Stern des Verdienstordens der Bundesrepublik Deutschland, o. Mitglied der Deutschen Akademie der Wissenschaften zu Berlin und der Akademie der Wissenschaften und der Literatur in Mainz, korresp. Mitglied der Österreichischen Akademie der Wissenschaften in Wien, ausländ. Mitglied der Akademien der Wissenschaften in Budapest, Helsinki, Kopenhagen, Moskau, Oslo, Sofia und Stockholm sowie der Finnisch-Ugrischen Gesellschaft in Helsinki und der Vetenskaps Societeten in Lund, Ehrenmitglied der Gelehrten Estn. Ges. in Dorpat, Mitglied des Internationalen Komitees der Slawisten, geb. 28. II. 1886 in St. Petersburg, Berlin-Nikolassee, Libellenstraße 2 (30. VI. 1923).

Vossler, Otto, Dr. phil., o. Professor der mittleren und neueren Geschichte an der Universität Frankfurt (Main), geb. 14. II. 1902 in Heidelberg, Frankfurt (Main), Grüneburgweg 143, Tel. 771069 (20. VI. 1942).

von Wartburg, Walther, Dr. phil., Dr. phil. h. c. (Lausanne und Leeds), o. Professor der romanischen Philologie an der Universität Basel, Träger des Gran Cruz de la Orden Civil de Alfonso X el Sabio, korresp. Mitglied der Deutschen Akademie der Wissenschaften zu Berlin, ausländ. Mitglied der Akademien der Wissenschaften in Amsterdam, Helsinki, Stockholm, der Accademia della Crusca in Florenz, der Accademia Nazionale dei Lincei in Rom, der Academia de Buenas Letras in Barcelona und des Consejo Superior de Investigaciones Científicas in Madrid, Ehrenmitglied der Linguistic Society of

America, Mitglied des Comité de patronage de l'Encyclopédie Linguistique beim Centre International de Dialectologie Générale in Louvain, geb. 18. V. 1888 in Riedholz b. Solothurn, Basel, Predigerhofstraße 25, Tel. 345480 (1. VII. 1930).

Wieacker, Franz, Dr. jur., o. Professor des römischen und bürgerlichen Rechts an der Universität Göttingen, o. Mitglied der Akademie der Wissenschaften in Göttingen, korresp. Mitglied der Heidelberger Akademie der Wissenschaften, geb. 5. VIII. 1908 in Stargard (Pomm.), Göttingen, Merkelstraße 33 (14. VI. 1941).

Worringer, Wilhelm, Dr. phil., em. oö. Professor der neueren Kunstgeschichte an der Universität Erlangen, geb. 13. I. 1881 in Aachen, München 23, Heidelberger Platz 2, Tel. 331465 (12. XI. 1949).

Todesfälle

Bruhns, Leo, Dr. phil., Professor der Kunstgeschichte, wissenschaftliches Mitglied und ehem. Direktor der Bibliotheca Hertziana (Max-Planck-Institut) in Rom, Träger des Großen Verdienstkreuzes mit Stern des Verdienstordens der Bundesrepublik Deutschland, Mitglied der Max-Planck-Gesellschaft, des Deutschen Archäologischen Instituts und der Società di Storia Patria, geb. 26. XI. 1884 in Nissi (Estl.), Rom, Via Ripense 4 (22. II. 1932). † 27. XII. 1957.

Flach, Willy, Dr. phil., o. Professor der historischen Hilfswissenschaften an der Universität Bonn, geb. 17. I. 1903 in Greiz, Bonn-Heimerzhein, Kölner Straße 276 (17. XI. 1956). † 17. III. 1958.

Goetz, Walter, Dr. phil., Geh. Regierungsrat, em. o. Professor der Geschichte an der Universität München, Träger des Großen Verdienstkreuzes des Verdienstordens der Bundesrepublik Deutschland, o. Mitglied der Bayerischen Akademie der Wissenschaften in München, korresp. Mitglied der Deutschen Akademie der Wissenschaften zu Berlin, Mitglied des Kuratoriums der Monumenta Germaniae Historica in München und der Historischen Kommission bei der Bayerischen Akademie der Wissenschaften in München, geb. 11. XI. 1867 in Leipzig, München-Gräfelfing, Irmenfriedstraße 31 (1. VII. 1930). † 30. X. 1958.

Reinhardt, Karl, Dr. phil., Dr. jur. h. c. (Frankfurt [Main]), em. o. Professor der klassischen Philologie an der Universität Frankfurt (Main), Ritter des Ordens Pour le Mérite Friedensklasse, o. Mitglied der Deutschen Akademie für Sprache und Dichtung in Darmstadt, korresp. Mitglied der Deutschen Akademie der Wissenschaften zu Berlin und der Bayerischen Akademie der Wissenschaften in München, ausländ. Mitglied der Royal British Academy in London, geb. 14. II. 1886 in Detmold, Frankfurt (Main), Niedenau 18 (20. VI. 1942). † 9. I. 1958.

Korrespondierende Mitglieder
der philologisch-historischen Klasse

Aebischer, Paul, Dr. phil., Professor der Romanistik an der Universität Lausanne, koresp. Mitglied der Deutschen Akademie der Wissenschaften zu Berlin und der Accademia della Crusca in Florenz, ausw. Mitglied der Accademia delle Scienze in Torino, geb. 8. XII. 1897 in Hauterive (Kanton Fribourg), Lausanne, Jurigoz 10, Tel. (021) 264243 (20. XI. 1943).

Aistleitner, Joseph, Dr. theol., em. Professor der biblisch-orientalischen Sprachen an der Universität Budapest, Mitglied der Orientalischen Kommission der Ungarischen Akademie der Wissenschaften in Budapest, geb. 2. V. 1883 in Sopron (Ungarn), Budapest I, Naphegy-u. 13. I 1 (4. V. 1959).

Baumgarten, Arthur, Dr. jur., Dr. phil. h. c. (Humboldt-Universität Berlin), Dr. jur. h. c. (Jena), em. Professor mit Lehrstuhl für Strafrecht und Völkerrecht an der Humboldt-Universität Berlin, Präsident der Deutschen Akademie für Staats- und Rechtswissenschaft „Walter Ulbricht", Vorsitzender der deutschen Sektion der Internationalen Vereinigung demokratischer Juristen, Nationalpreisträger, Hervorragender Wissenschaftler des Volkes, Träger des Vaterländischen Verdienstordens, o. Mitglied der Deutschen Akademie der Wissenschaften zu Berlin, geb. 31. III. 1884 in Königsberg i. Pr., Berlin-Johannisthal, Sterndamm 39, Tel. 631213 (19. VII. 1948).

Böhm, Jaroslav, Dr. phil., o. Professor der Archäologie an der Karls-Universität Prag, Laureat des Staatspreises 1949, Träger des Ordens der Republik, o. Mitglied der Tschechoslowakischen Akademie der Wissenschaften in Prag und Direktor des Archäologischen Instituts dieser Akademie, Ehrenmitglied der Deutschen Akademie der Wissenschaften zu Berlin und der Ungarischen Akademie der Wissenschaften in Budapest, Mitglied der RGK in Frankfurt (Main), der Prehistoric Society of London, des Conseil Permament und des Comité Exécutif de l'Union Internationale des Sciences Préhistoriques et Protohistoriques, geb. 8. III. 1901 in Holešov, Praha 1, Valentinská 1, Tel. 637–05 (19. X. 1959).

Grundmann, Herbert, Dr. phil., Hon.-Professor der Geschichte des Mittelalters an der Universität München, Präsident der Monumenta Germaniae Historica in München, korresp. Mitglied der Akademie der Wissenschaften in Göttingen, o. Mitglied der Historischen Kommission bei der Bayerischen Akademie der Wissenschaften in München, geb. 14. II. 1902 in Meerane (Sa.), München 27, Kolberger Straße 11 I, Tel. 485787 (11. II. 1957).

Iordan, Iorgu, Dr. phil., o. Professor der romanischen Philologie an der Universität București, Staatspreisträger II. und I. Klasse „Ordinul Muncii", I. Klasse „Ordinul Steana Republicii Populare Romîne", o. Mitglied und Vizepräsident der Akademie der Rumänischen Volksrepublik, Mitglied des Internationalen Komitees für Namenforschung und der Société de Linguistique Romane, geb. 29. IX. 1888 in Tucuči (Rumänien), București, str. Sofia 21, Tel. 121896 (10. III. 1958).

Junker, Hermann, Dr. phil., D. theol. h. c. (Würzburg), D. lit. h. c. (Dublin), em. Hon.-Professor für Ägyptologie an der Universität Wien, ehem. Direktor des Deutschen Archäologischen Instituts in Kairo, Inhaber des Großen Verdienstkreuzes des Verdienstordens der Bundesrepublik Deutschland, wirkl. Mitglied der Österreichischen Akademie der Wissenschaften in Wien, korresp. Mitglied der Deutschen Akademie der Wissenschaften zu Berlin, der Bayerischen Akademie der Wissenschaften in München und der Kgl. Schwedischen Akademie der Wissenschaften in Stockholm, geb. 29. XI. 1877 in Benndorf (Rhein), Trier, Franz-Ludwig-Straße 7–9, Josef-Stift (16. XI. 1957).

Kahle, Paul Ernst, Dr. phil., Lic. theol., D. theol. h. c. (Gießen), Hon. D. Litt. (Oxford), Hon. D. D. (Aberdeen), Dr. h. c. of Hebrew Letters (Jewish Theological Seminary of America in New York), em. o. Professor der orientalischen Sprachen an der Universität Bonn, Hon.-Professor an der Universität Münster (Westf.), Träger des Kgl. Preuss. Kronenordens und des Großen Verdienstkreuzes des Verdienstordens der Bundesrepublik Deutschland, Inhaber der Burkitt Medal for Biblical Studies, Mitglied der British Academy, korresp. Mitglied der Deutschen Akademie der Wissenschaften zu Berlin und des Higher Institute of Coptic Studies in Cairo, auswärt. Mitglied der Kgl. Belgischen Akademie der Wissenschaften in Brüssel, Ehrenmitglied der Deutschen Morgenländischen Gesellschaft, der Franz-Delitzsch-Gesellschaft in Münster (Westf.), der Société Asiatique in Paris, der Society for Old Testament Study (England), der Society of Biblical Literature and Exegesis (Amerika) und des Consejo Superior de Investigaciones Científicas in Madrid, geb. 21. I. 1875 in Hohenstein (Ostpr.), Oxford, 89, St. Aldate's (England), Tel. Oxford 42879 (10. III. 1958).

Landsberger, Benno, Dr. phil., em. o. Professor der Assyriologie an der Universität Chicago, ausländ. Mitglied der Dänischen Akademie der Wissenschaften in Kopenhagen, der Finnischen Akademie der Wissenschaften in Helsinki und des Deutschen Archäologischen Institutes, Mitglied der American Philosophical Society, Ehrenmitglied der American Oriental Society, der Deutschen Morgenländischen Gesellschaft, der Société Asiatique und des Prager Orientalischen Institutes, geb. 21. IV. 1890 in Friedek, Chicago, 1219 Hydepark Boulevard, Tel. Museum 4–1790 (13. X. 1958).

Németh, Julius, Dr. phil., o. Professor der Turkologie an der Universität Budapest, o. Mitglied der Ungarischen Akademie der Wissenschaften in Budapest und Direktor des Sprachwissenschaftlichen Instituts dieser Akademie, Vizepräsident der Ungarischen Sprachwissenschaftlichen Gesellschaft, korresp. Mitglied der Deutschen Akademie der Wissenschaften zu Berlin und der Akademie der Wissenschaften in Sofia, auswärt. Mitglied der Polnischen und Finnischen Gesellschaften für Orientalforschung, Ehrenmitglied der Finnisch-ugrischen Gesellschaft in Helsinki, der Societas Uralo-altaica in Göttingen, der Kgl. Asiatischen Gesellschaft in London und der Sprachwissenschaftlichen Gesellschaft in Ankara, geb. 2. XI. 1890 in Karcag (Ungarn), Budapest XI, Karinthy-u. 24 III. 1, Tel. 257–382 (13. X. 1958).

Préaux, Claire, Dr. phil., Dr. h. c. (Strasbourg), Dr. h. c. (Freiburg i. B.), Professeur ordinaire à l'Université de Bruxelles, Chef de section à la Fondation Egyptologique Reine Elisabeth, Inhaberin des Prix de la Société pour l'Encouragement des Études grecques en France und des Prix Francqui, korresp. Mitglied der Académie Royale de Belgique in Bruxelles und der Royal British Academy in London, geb. 21. XII. 1904 in Liège, Bruxelles 5, 109 rue de l'Abbaye, Tel. 442753 (14. III. 1955).

Siebenschein, Hugo, Dr. phil., em. o. Professor der deutschen Literaturgeschichte an der Karls-Universität Prag, Mitglied des Kuratoriums des Thomas-Mann-Archivs in Berlin, der Hölderlin-Gesellschaft in Tübingen, der Internationalen Vereinigung für germanische Sprachen und Literaturwissenschaft in Kopenhagen, der Fédération internationale des langues et littératures modernes in Liège, der Literaturwissenschaftlichen Gesellschaft der CSR in Prag, des Kreises der modernen Philologen bei der Tschechoslowakischen Akademie der Wissenschaften in Prag, Begründer und Vorstand des Adalbert-Stifter-Kreises in Prag, Ehrenmitglied des Thomas-Mann-Kreises in Potsdam, geb. 6. IV. 1889 in Strážnice (Mähren, CSR), Praha 7, Cechova 21, Tel. 76355 (23. II. 1959).

Spranger, Eduard, Dr. phil., Dr. phil. h. c. (Athen, Freie Universität Berlin, Budapest, Padua), Dr. jur. h. c. (Köln), Dr. rer. pol. h. c. (Mannheim), em. o. Professor der Philosophie an der Universität Tübingen, Ritter des Ordens Pour le Mérite Friedensklasse, Inhaber des Pestalozzi-Weltpreises (Schweiz), des Goethe-Preises (Hamburg) und des Cortina-Ulisse-Preises (Italien), o. Mitglied der Deutschen Akademie der Wissenschaften zu Berlin, korresp. Mitglied der Österreichischen Akademie der Wissenschaften in Wien und der Heidelberger Akademie der Wissenschaften, Ehrenmitglied der Deutschen Akademie für Sprache und Dichtung in Darmstadt, geb. 27. VI. 1882 in Berlin-Lichterfelde, Tübingen, Rümelinstraße 12 (1. VII. 1929).

Tackenberg, Kurt, Dr. phil., o. Professor der Vor- und Frühgeschichte an der Universität Münster, Mitglied des Deutschen Archäologischen Instituts, geb. 30. VI. 1899 in Tschammendorf (Schlesien), Münster (Westf.), Hittorfstraße 57, Tel. 43628 (19. X. 1959).

EHRUNGEN

Nationalpreisträger

Die ordentlichen Mitglieder (einschließlich der gegenwärtig auswärtigen)

Barkhausen, Heinrich †	1949	Leutwein, Friedrich	1956
Binder, Ludwig †	1951	Lissner, Anton	1952
Bredt, Heinrich	1954	Morenz, Siegfried	1953
Brockelmann, Carl †	1951	Mothes, Kurt	1953
Bürger, Max	1952	Peiper, Albrecht	1953
Deubel, Fritz	1952	Pfeifer, Richard Arwed †	1954
Dornseiff, Franz	1959	Rammler, Erich	1951
Frenzel, Walter	1953	Runge, Franz	1959
Frings, Theodor	1949	Scheunert, Arthur †	1951
Fück, Johann	1956	Schmalfuß, Karl	1953
Heidebroek, Enno †	1952	Schröder, Robert †	1949
Hein, Franz	1952	Schwabe, Kurt	1954
Hertwig, Paula	1956	Simon, Arthur	1953
Hertz, Gustav	1955	Stubbe, Hans	1949
Hund, Friedrich	1949	Treibs, Wilhelm	1954
Kegel, Karl †	1949	Weller, Friedrich	1955
Krauss, Werner	1949	Willers, Friedrich Adolf †	1953
Langenbeck, Wolfgang	1955	Zucker, Friedrich	1954

Die korrespondierenden Mitglieder

Baumgarten, Arthur	1951
Blaschke, Wilhelm	1954
Täufel, Kurt	1952

Nobelpreisträger

Die ordentlichen Mitglieder
(einschließlich der gegenwärtig auswärtigen)

Debye, Peter	1936	Chemie
Heisenberg, Werner	1932	Physik
Hertz, Gustav	1925	Physik

Die korrespondierenden Mitglieder

Bothe, Walther †	1954	Physik
Chadwick, James	1935	Physik
Hill, Archibald Vivian	1922	Physiologie und Medizin

Hervorragende Wissenschaftler des Volkes

Die ordentlichen Mitglieder
(einschließlich der gegenwärtig auswärtigen)

Alt, Albrecht †
Frenzel, Walter
Frings, Theodor
Fromme, Albert
Hein, Franz
Hertwig, Paula
Hertz, Gustav
Kegel, Karl †
König, Walter
Lissner, Anton
Scheunert, Arthur †
Schröder, Robert †
Schubart, Wilhelm
Spackeler, Georg
Stather, Fritz

Das korrespondierende Mitglied

Baumgarten, Arthur

Verdienter Bergmann der Deutschen Demokratischen Republik

Das ordentliche Mitglied

Spackeler, Georg

Verdiente Ärzte des Volkes

Die ordentlichen Mitglieder

Fromme, Albert
Peiper, Albrecht
Schröder, Robert †
Schwarz, Egbert

Verdienter Techniker des Volkes

Das ordentliche Mitglied

Obenaus, Fritz

Träger des Vaterländischen Verdienstordens

Die ordentlichen Mitglieder
(einschließlich der gegenwärtig auswärtigen)

Arland, Anton
Baetke, Walter
Buder, Johannes
Frings, Theodor
Hertwig, Paula
Hertz, Gustav
Jacobi, Erwin
Krauss, Werner
Leipoldt, Johannes
Schröder, Robert †
Schwarz, Egbert
Stubbe, Hans
Simon, Arthur
Treibs, Wilhelm

Das korrespondierende Mitglied

Baumgarten, Arthur

VERSTORBENE MITGLIEDER

seit der Gründung der Akademie 1846

(Die eingeklammerten Zahlen bezeichnen das Datum der Wahl)

Ehrenmitglieder

Johann Paul von Falkenstein

geb. am 15. VI. 1801 in Pegau
gest. am 14. I. 1882 in Dresden ▭ Frohburg
Minister des Kultus und des öffentlichen Unterrichts in Sachsen
(31. XII. 1853)

Carl Friedrich Wilhelm von Gerber

geb. am 11. IV. 1823 in Ebeleben (Thür.)
gest. am 23. XII. 1891 in Dresden
Prof. des deutschen Privat-, Staats- und Kirchenrechts,
Minister des Kultus und des öffentlichen Unterrichts in Sachsen
(1. VII. 1872)

Friedrich Schmidt-Ott

geb. am 4. VI. 1860 in Potsdam
gest. am 28. IV. 1956 in Berlin-Steglitz
Staatsminister Dr. jur.
Präsident der Notgemeinschaft der Deutschen Wissenschaft,
Ehrenpräsident der Deutschen Forschungsgemeinschaft,
Ehrensenator der Max-Planck-Gesellschaft
(5. V. 1930)
Nachruf in: Jb. 1954–1956, S. 244

Kurt Damm Paul von Seydewitz

geb. am 3. V. 1843 in Lauterbach b. Lausigk
gest. am 17. XII. 1910 in Dresden
Sächischer Staatsminister
(14. XI. 1901)
Nachruf in: Sitzgsber. Bd 63, S. 211–219

Karl August Wilhelm Eduard von Wietersheim

geb. am 10. IX. 1787 in Zerbst
gest. am 16. IV. 1865 in Dresden
Minister des Kultus und des öffentlichen Unterrichts in Sachsen
(1. VII. 1846)

Ordentliche, auswärtige und korrespondierende Mitglieder der mathematisch-naturwissenschaftlichen Klasse

(Die Zugehörigkeit der ao. Mitglieder erlosch mit ihrem Weggang von Leipzig)

Ernst Abbe

geb. am 23. I. 1840 in Eisenach
gest. am 14. I. 1905 in Jena
Prof. der theoretischen Physik
(20. VII. 1901 als o. Mitgl.)
Nachruf in: Sitzgsber. Bd 58, S. 629–646

Richard Altmann

geb. am 12. III. 1852 in Dt. Eylau
gest. am 8. XII. 1900 in Hubertusburg
Prof. der Anatomie, zuletzt in Leipzig
(16. X. 1893 sz. als ao. Mitgl.)

Hermann Ambronn

geb. am 11. VIII. 1856 in Meiningen
gest. am 28. III. 1927 in Jena
Prof. der Botanik
(1. XII. 1890 sz. als ao. Mitgl.)

Heinrich d'Arrest

geb. am 13. VIII. 1822 in Berlin
gest. am 14. VI. 1875 in Kopenhagen
Prof. der Astronomie
(14. XI. 1849 als o. Mitgl.)

Heinrich Richard Baltzer

geb. am 27. I. 1818 in Meißen
gest. am 7. XI. 1887 in Gießen
Prof. der Mathematik
(20. IV. 1864 als o. Mitgl.)

Heinrich Barkhausen

geb. am 2. XII. 1881 in Bremen
gest. am 20. II. 1956 in Dresden
Prof. der Schwachstromtechnik
(19. VI. 1943 als o. Mitgl.)
Nachruf in: Jb. 1954–1956, S. 265

Julius Bauschinger

geb. am 28. I. 1860 in Fürth
gest. am 21. I. 1934 in Leipzig
Prof. der Astronomie
(13. XI. 1920 als o. Mitgl.)
Nachruf in: Sitzgsber. Bd 86, S. 299–306

Richard Beck

geb. am 24. XI. 1858 in Niederpfannenstiel (Erzgeb.)
gest. am 18. VIII. 1919 in Freiberg (Sa.)
Prof. der Geologie und Lagerstättenkunde
(6. VII. 1918 als o. Mitgl.)
Nachruf in: Sitzgsber. Bd 71, S. 347–360

Ernst Beckmann

geb. am 4. VII. 1853 in Solingen
gest. am 13. VII. 1923 in Berlin
Prof. der Chemie
(23. VII. 1898 als o. Mitgl.)

Robert Behrend

geb. am 17. XII. 1856 in Harburg
gest. am 15. IX. 1926 in Hannover
Prof. der organischen und physikalischen Chemie
(1. XII. 1890 sz. als ao. Mitgl.)

Kurt Beyer

geb. am 27. XII. 1881 in Dresden
gest. am 8. V. 1952 in Dresden
Prof. der technischen Mechanik
(1. VII. 1948 als o. Mitgl.)
Nachruf in: Jb. 1949–1953, S. 45–46

Ludwig Albert Wilhelm v. Bezold

geb. am 7. I. 1836 in Ansbach
gest. am 2. III. 1868 in Würzburg
Prof. der Physiologie
(20. IV. 1864 als o. Mitgl.)

Wilhelm Biedermann

geb. am 14. I. 1854 in Bilin (Böhmen)
gest. am 27. XI. 1929 in Jena
Prof. der Physiologie
(30. VII. 1900 als o. Mitgl.)
Nachruf in: Sitzgsber. Bd 82, S. 141–144

Ludwig Binder

geb. am 26. V. 1881 in Ingolstadt
gest. am 12. IX. 1958 in Dresden ▭ Ingolstadt
Prof. der Starkstromtechnik
(1. VII. 1948 als o. Mitgl.)

Vilhelm Bjerknes

geb. am 14. III. 1862 in Christiania
gest. am 10. IV. 1951 in Oslo
Prof. der mathematischen Physik
(24. V. 1913 als o. Mitgl.)

Rudolf B o e h m

geb. am 10. V. 1844 in Nördlingen
gest. am 19. VIII. 1926 in Bad Kohlgrub (Obb.)
Prof. der Pharmakologie, Toxokologie und Pharmakognosie,
zuletzt in Leipzig
(13. II. 1886 als o. Mitgl.)
Nachruf in: Sitzgsber. Bd. 78, S. 348–357

Ludwig B o l t z m a n n

geb. am 20. II. 1844 in Wien
gest. am 6. IX. 1906 in Duino b. Görz
Prof. der theoretischen Physik, zuletzt in Wien
(15. XII. 1900 als o. Mitgl.)
Nachruf in: Sitzgsber. Bd 58, S. 615–627

Karl-Friedrich B o n h o e f f e r

geb. am 13. I. 1899 in Breslau
gest. am 15. V. 1957 in Göttingen
Prof. der physikalischen Chemie
(16. XI. 1935 als o. Mitgl.)

Walther B o t h e

geb. am 8. I. 1891 in Oranienburg
gest. am 8. II. 1957 in Heidelberg
Prof. der Physik
(1. VII. 1932 als korresp. Mitgl.)

Heinrich B r a n d t

geb. am 8. XI. 1886 in Feudingen (Westf.)
gest. am 9. X. 1954 in Halle (Saale)
Prof. der Mathematik
(16. V. 1949 als o. Mitgl.)
Nachruf in: Jb. 1954–1956, S. 246–247

Christian Wilhelm B r a u n e

geb. am 17. VII. 1831 in Leipzig
gest. am 29. IV. 1892 in Leipzig
Prof. der Anatomie
(24. VII. 1882 als o. Mitgl.)

Carl B r u h n s

geb. am 22. XI. 1830 in Ploen (Holst.)
gest. am 25. VII. 1881 in Leipzig
Prof. der Astronomie
(22. III. 1869 als o. Mitgl.)

Heinrich B r u n s

geb. am 4. IX. 1848 in Berlin
gest. am 23. IX. 1919 in Leipzig
Prof. der Mathematik und Astronomie
(4. VIII. 1884 als o. Mitgl.)
Nachruf in: Sitzgsber. Bd 71, S. 365–374

Torsten C a r l e m a n

geb. am 8. VII. 1892 in Visseltofta
gest. am 11. I. 1949 in Djursholm
Prof. der Mathematik, zuletzt in Stockholm
(31. VII. 1934 als korresp. Mitgl.)

Carl Gustav C a r u s

geb. am 3. I. 1789 in Leipzig
gest. am 27. VII. 1869 in Dresden
Prof. der Gynäkologie, Maler und Naturphilosoph
(1. VII. 1846 als o. Mitgl.)

Julius Victor C a r u s

geb. am 25. VIII. 1823 in Leipzig
gest. am 10. III. 1903 in Leipzig
Prof. der Zoologie und vergleichenden Anatomie
(23. VII. 1898 als o. Mitgl.)
Nachruf in: Sitzgsber. Bd 55, S. 421–428

Karl C h u n

geb. am 1. X. 1852 in Höchst (Main)
gest. am 11. IV. 1914 in Leipzig
Prof. der Zoologie
(23. VII. 1898 als o. Mitgl.)
Nachruf in: Sitzgsber. Bd 66, S. 179–193

Julius C o h n h e i m

geb. am 20. VII. 1839 in Demmin (Pomm.)
gest. am 15. VIII. 1884 in Leipzig
Prof. der Pathologie
(4. VIII. 1884 als o. Mitgl.)

Carl Erich C o r r e n s

geb. am 19. IX. 1864 in München
gest. am 14. II. 1933 in Berlin
Prof. der Botanik
(1. VII. 1931 als korresp. Mitgl.)

Hermann C r e d n e r

geb. am 1. X. 1841 in Gotha
gest. am 21. VII. 1913 in Leipzig
Prof. der Geologie
(23. IV. 1881 als o. Mitgl.)
Nachruf in: Sitzgsber. Bd 65, S. 387–408

Theodor D e s C o u d r e s

geb. am 13. III. 1862 in Veckershagen (Weser)
gest. am 8. X. 1926 in Leipzig
Prof. der Physik
(1. VIII. 1903 als o. Mitgl.)
Nachruf in: Sitzgsber. Bd 78, S. 358–370

Ernst D i e p s c h l a g

geb. am 20. II. 1885 in Wengern (Ruhr)
gest. am 28. XII. 1953 in Freiberg (Sa.)
Prof. der Eisenhüttenkunde
(21. III. 1949 als o. Mitgl.)
Nachruf in: Jb. 1954–1956, S. 245–246

Johann Wolfgang D ö b e r e i n e r

geb. am 13. XII. 1780 in Bug b. Hof (Bayern)
gest. am 24. III. 1849 in Jena
Prof. der Chemie
(1. VII. 1846 als o. Mitgl.)

Edmund D r e c h s e l

geb. am 3. IX. 1843 in Leipzig
gest. am 22. IX. 1897 in Neapel
Prof. der physiologischen Chemie, zuletzt in Bern
(2. II. 1885 sz. als ao. Mitgl.)

Moritz Wilhelm D r o b i s c h

geb. am 16. VIII. 1802 in Leipzig
gest. am 30. IX. 1896 in Leipzig
Prof. der Mathematik und Philosophie
(1. VII. 1846 als o. Mitgl.)
Nachruf in: Sitzgsber. Bd 48, S. 695–719

Oskar D r u d e

geb. am 5. VI. 1852 in Braunschweig
gest. am 1. II. 1933 in Dresden
Prof. der Botanik
(2. XII. 1907 als o. Mitgl.)
Nachruf in: Sitzgsber. Bd 85, S. 166–171

Paul D r u d e

geb. am 12. VII. 1863 in Braunschweig
gest. am 5. 7. 1906 in Berlin
Prof. der Physik
(17. VI. 1895 sz. als ao. Mitgl.)

Wilhelm E l l e n b e r g e r

geb. am 28. III. 1848 in Beisseförth b. Kassel
gest. am 5. V. 1929 in Dresden
Prof. der Veterinäranatomie und -physiologie
(18. II. 1918 als o. Mitgl.)
Nachruf in: Sitzgsber. Bd 81, S. 277–284

Friedrich E n g e l

geb. am 26. XII. 1861 in Lugau (Sa.)
gest. am 29. IX. 1941 in Gießen
Prof. der Mathematik
(3. 3. 1890 sz. als ao. Mitgl., 31. VII. 1899 als o. Mitgl.)
Nachruf in: Jb. 1949–1953, S. 50

Otto Linné E r d m a n n

geb. am 11. IV. 1804 in Dresden
gest. am 9. X. 1869 in Leipzig
Prof. der Chemie
(1. VII. 1846 als o. Mitgl.)

Gustav Theodor F e c h n e r

geb. am 19. IV. 1801 in Großsärchen b. Muskau
gest. am 18. XI. 1887 in Leipzig
Prof. der Physik
(1. VII. 1846 als o. Mitgl.)
Nachruf in: Jub.-Bd 1896, S. XX–XXI

Berend Wilhelm F e d d e r s e n

geb. am 26. III. 1832 in Schleswig
gest. am 1. VII. 1918 in Leipzig
Physiker (Privatgelehrter)
(1. VIII. 1903 als o. Mitgl.)
Nachruf in: Sitzgsber. Bd 70, S. 353–361

Johannes F e l i x

geb. am 6. IX. 1859 in Leipzig
gest. am 25. I. 1941 in Leipzig
Prof. der Geologie und Paläontologie
(1. VIII. 1903 sz. als ao. Mitgl.)
Nachruf in: Sitzgsber. Bd 96, S. 57–60

Alfred F i s c h e r

geb. am 17. XII. 1850 in Meißen
gest. am 27. III. 1913 in Leipzig
Prof. der Botanik, zuletzt in Basel
(1. XII. 1890 sz. als ao. Mitgl.)

Otto F i s c h e r

geb. am 26. IV. 1861 in Altenburg
gest. am 22. XII. 1916 in Leipzig
Prof. der physiologischen Physik
(16. X. 1893 sz. als ao. Mitgl., 15. VII. 1905 als o. Mitgl.)
Nachruf in: Sitzgsber. Bd 69, S. 535–552

Paul F l e c h s i g

geb. am 29. VI. 1847 in Zwickau
gest. am 22. VII. 1929 in Leipzig
Prof. der Psychiatrie und Neurologie
(14. III. 1885 als o. Mitgl.)
Nachruf in: Sitzgsber. Bd 81, S. 269–273

Fritz F o e r s t e r

geb. am 22. II. 1866 in Grünberg (Schles.)
gest. am 14. IX. 1931 in Dresden
Prof. der anorganischen Chemie und Elektrochemie
(14. XI. 1912 als o. Mitgl.)
Nachruf in: Sitzgsber. Bd 84, S. 325–330

Max von F r e y

geb. am 16. XI. 1852 in Salzburg
gest. am 25. I. 1932 in Würzburg
Prof. der Physiologie
(16. X. 1893 sz. als ao. Mitgl.)

Otto F u n k e

geb. am 27. X. 1828 in Chemnitz
gest. am 16. VIII. 1879 in Freiburg (Baden)
Prof. der Physiologie
(16. XI. 1858 als o. Mitgl.)
Nachruf in: Jub.-Bd 1896, S. XIX

Siegfried G a r t e n

geb. am 29. VI. 1871 in Kieritzsch (Sa.)
gest. am 7. VIII. 1923 in Leipzig
Prof. der Physiologie
(31. VII. 1917 als o. Mitgl.)
Nachruf in: Sitzgsber. Bd 76, S. 161–169

Carl G e g e n b a u r

geb. am 21. VIII. 1826 in Würzburg
gest. am 14. VI. 1903 in Heidelberg
Prof. der Anatomie
(20. IV. 1864 als o. Mitgl.)

Hans G e i g e r

geb. am 30. IX. 1882 in Neustadt (Rheinpfalz)
gest. am 24. XI. 1945 in Potsdam
Prof. der Physik, zuletzt in Berlin
(1. VII. 1932 als korresp. Mitgl.)

Hanns Bruno G e i n i t z

geb. am 16. X. 1814 in Altenburg
gest. am 18. I. 1900 in Dresden
Prof. der Geologie
(23. VI. 1887 als o. Mitgl.)
Nachruf in: Sitzgsber. Bd 52, S. 242–245

Martin G i l d e m e i s t e r

geb. am 21. II. 1875 in Wangerin (Westpr.)
gest. am 13. X. 1943 in Leipzig
Prof. der Physiologie
(1. VII. 1925 als o. Mitgl.)
Nachruf in: Sitzgsber. Bd 96, S. 61–66

Oskar G r o s

geb. am 18. VIII. 1877 in Werneck (Bayern)
gest. am 3. VIII. 1947 in Uffing (Staffelsee)
Prof. der Pharmakologie, zuletzt in Leipzig
(16. II. 1929 als o. Mitgl.)

Wilhelm H a l l w a c h s

geb. am 9. VII. 1859 in Darmstadt
gest. am 20. VI. 1922 in Dresden
Prof. der Physik und Elektrotechnik
(15. VII. 1905 als o. Mitgl.)
Nachruf in: Sitzgsber. Bd. 74, S. 291–313

Wilhelm Gottlieb H a n k e l

geb. am 17. V. 1814 in Ermsleben (Harz)
gest. am 18. II. 1899 in Leipzig
Prof. der Physik
(14. XI. 1849 als o. Mitgl.)
Nachruf in: Sitzgsber. Bd 51. Allg. Teil, S. LXII–LXXVI

Peter Andreas H a n s e n

geb. am 8. XII. 1799 in Tondern (Schleswig)
gest. am 28. III. 1874 in Gotha
Prof. der Astronomie, Dir. der Sternwarte Gotha
(1. VII. 1846 als o. Mitgl.)
Nachruf in: Jub.-Bd 1896, S. XV

Arthur H a n t z s c h

geb. am 7. III. 1857 in Dresden
gest. am 14. III. 1935 in Dresden
Prof. der Chemie, zuletzt in Leipzig
(1. II. 1904 als o. Mitgl.)
Nachruf in: Sitzgsber. Bd 87, S. 213–222

Jürgen H a r m s

geb. am 2. II. 1885 in Bargdorf (Hann.)
gest. am 2. X. 1956 in Marburg (Lahn)
Prof. der Zoologie
(1. VII. 1948 als o. Mitgl.)
Nachruf in: Jb. 1954–1956, S. 270–271

Axel H a r n a c k

geb. am 7. V. 1851 in Dorpat
gest. am 3. IV. 1888 in Dresden
Prof. der Mathematik
(18. VII. 1885 als o. Mitgl.)

Felix H a u s d o r f f

geb. am 8. XI. 1868 in Breslau
gest. am 26. I. 1942 in Bonn
Prof. der Mathematik
(23. II. 1907 sz. als ao. Mitgl.)

Enno H e i d e b r o e k

geb. am 15. XI. 1876 in Hannover
gest. am 1. II. 1955 in Dresden
Prof. für Maschinenbau
(1. VII. 1948 als o. Mitgl.)
Nachruf in: Jb. 1954–1956, S. 252–254

Hans H e l d

geb. am 8. VIII. 1866 in Neukloster (Mecklenburg)
gest. am 8. XII. 1942 in Leipzig
Prof. der Anatomie und Histologie
(31. VII. 1917 als o. Mitgl.)

Walther H e m p e l

geb. am 5. V. 1851 in Pulsnitz
gest. am 1. XII. 1916 in Dresden
Prof. der anorganischen Chemie
(19. XII. 1908 als o. Mitgl.)
Nachruf in: Sitzgsber. Bd 69, S. 553–580

Gustav H e r g l o t z

geb. am 2. II. 1881 in Wallern (Böhmen)
gest. am 22. III. 1953 in Göttingen
Prof. der Mathematik
(12. XII. 1914 als o. Mitgl.)

Ewald H e r i n g

geb. am 5. VIII. 1834 in Alt-Gersdorf (Sa.)
gest. am 27. I. 1918 in Leipzig
Prof. der Physiologie
(13. I. 1896 als o. Mitgl.)
Nachruf in: Sitzgsber. Bd 70, S. 381–402

David H i l b e r t

geb am 23. I. 1862 in Königsberg
gest. am 14. II. 1943 in Göttingen
Prof. der Mathematik
(1. VII. 1929 als korresp. Mitgl.)

Wilhelm H i s

geb. am 9. VII. 1831 in Basel
gest. am 1. V. 1904 in Leipzig
Prof. der Anatomie
(23. IV. 1875 als o. Mitgl.)
Nachruf in: Sitzgsber. Bd 56, S. 323–340

Otto H ö l d e r

geb. am 22. XII. 1859 in Stuttgart
gest. am 29. VIII. 1937 in Leipzig
Prof. der Mathematik
(31. VII. 1899 als o. Mitgl.)
Nachruf in: Sitzgsber. Bd 90, S. 97–102

Gerhard H o f f m a n n

geb. am 4. VIII. 1880 in Lübeck
gest. am 18. VI. 1945 in Halle
Prof. der Experimentalphysik, zuletzt in Leipzig
(20. XI. 1937 als o. Mitgl.)
Nachruf in: Jb. 1949–1953, S. 44

Wilhelm H o f m e i s t e r

geb. am 18. V. 1824 in Leipzig
gest. am 12. I. 1877 in Lindenau b. Leipzig
Prof. der Botanik, zuletzt in Tübingen
(7. II. 1852 als o. Mitgl.)
Nachruf in: Jub.-Bd 1896, S. XVIII

Emil H u s c h k e

geb. am 14. XII. 1797 in Weimar
gest. am 19. VI. 1858 in Jena
Prof. der Anatomie und Physiologie
(1. VII. 1846 als o. Mitgl.)

Ernst J o e s t

geb. am 14. II. 1873 in Wallefeld (Rheinprov.)
gest. am 7. VII. 1926 in Leipzig
Prof. der Veterinäranatomie und -pathologie
(1. VII. 1925 als o. Mitgl.)
Nachruf in: Sitzgsber. Bd 78, S. 327–342

Karl K e g e l

geb. am 19. V. 1876 in Magdeburg
gest. am 5. III. 1959 in Freiberg (Sa.)
Prof. für Bergbau und Bergwirtschaft
(21. III. 1949 als o. Mitgl.)

Felix K l e i n

geb. am 25. IV. 1849 in Düsseldorf
gest. am 22. VI. 1925 in Göttingen
Prof. der Mathematik
(24. VII. 1882 als o. Mitgl.)

Johann August Ludwig Wilhelm K n o p

geb. am 26. VI. 1817 in Altenau (Harz)
gest. am 28. I. 1891 in Leipzig
Prof. der Chemie
(20. IV. 1864 als o. Mitgl.)

Ludwig K n o r r

geb. am 2. XII. 1859 in München
gest. am 4. VI. 1921 in Jena
Prof. der Chemie
(23. VII. 1898 als o. Mitgl.)
Nachruf in: Sitzgsber. Bd 75, S. 155–165

Paul K o e b e

geb. am 15. II. 1882 in Luckenwalde
gest. am 6. VIII. 1945 in Leipzig
Prof. der Mathematik
(2. V. 1927 als o. Mitgl.)
Nachruf in: Jb. 1949–1953, S. 44

Günther K ö h l e r

geb. am 19. XI. 1901 in Dresden
gest. am 11. VII. 1958 in Dresden
Prof. der Geographie
(17. XI. 1956 als o. Mitgl.)

Hermann K o l b e

geb. am 27. IX. 1818 in Elliehausen b. Göttingen
gest. am 25. XI. 1884 in Leipzig
Prof. der Chemie
(12. XII. 1866 als o. Mitgl.)

Paul K o s s m a t

geb. am 22. VIII. 1871 in Wien
gest. am 1. XII. 1938 in Leipzig
Prof. der Geologie und Paläontologie
(12. XII. 1914 als o. Mitgl.)
Nachruf in: Sitzgsber. Bd 91, S. 195–212

Gerhard K o w a l e w s k i

geb. am 27. III. 1876 in Alt-Järshagen (Pommern)
gest. am 21. II. 1950 in Gräfelfing b. München
Prof. der Mathematik, zuletzt in München
(2. V. 1927 als o. Mitgl.)

Martin K r a u s e

geb. am 29. VI. 1851 in Wildknit (Ostpr.)
gest. am 2. III. 1920 in Dresden
Prof. der Mathematik
(2. XII. 1889 als o. Mitgl.)
Nachruf in: Sitzgsber. Bd 72, S. 103–106

August K r o g h

geb. am 15. XI. 1874 in Grenaa (Dänemark)
gest. am 13. IX. 1949 in Kopenhagen
Prof. der Physiologie
(1. VII. 1932 als korresp. Mitgl.)

Adalbert K r ü g e r

geb. am 3. XII. 1832 in Marienburg
gest. am 21. IV. 1896 in Kiel
Prof. der Astronomie
(23. IV. 1877 als o. Mitgl.)

Gustav K u n z e

geb. am 4. X. 1793 in Leipzig
gest. am 30. IV. 1851 in Leipzig
Prof. der Botanik
(1. VII. 1846 als o. Mitgl.)

Max L a g a l l y

geb. am 7. I. 1881 in Neuburg (Donau)
gest. am 31. I. 1945 in Dresden
Prof. der Mathematik
(19. VI. 1943 als o. Mitgl.)
Nachruf in: Jb. 1949–1953, S. 44

Max L e B l a n c

geb. am 26. V. 1865 in Barten (Ostpr.)
gest. am 31. VII. 1943 in Leipzig
Prof. der physikalischen Chemie
(17. VI. 1907 als o. Mitgl.)

Carl Gotthelf L e h m a n n

geb. am 7. III. 1812 in Leipzig
gest. am 6. I. 1863 in Jena
Prof. der physiologischen Chemie
(1. VII. 1846 als o. Mitgl.)

Rudolf L e u c k a r t

geb. am 7. X. 1822 in Helmstedt
gest. am 6. II. 1898 in Leipzig
Prof. der Zoologie
(22. III. 1869 als o. Mitgl.)
Nachruf in: Sitzgsber. Bd 50, Naturwiss. Teil, S. 49–62

Leon L i c h t e n s t e i n

geb. am 16. V. 1878 in Warschau
gest. am. 21. VIII. 1933 in Zakopane
Prof. der Mathematik, zuletzt in Leipzig
(8. VI. 1925 als o. Mitgl.)
Nachruf in: Sitzgsber. Bd 86, S. 307–314

Sophus L i e

geb. am 17. XII. 1842 auf Nordfjordeid im Fylke Sogn og Fjordane (Norwegen)
gest. am 18. II. 1899 in Kristiania
Prof. der Mathematik
(28. V. 1886 als o. Mitgl.)
Nachruf in: Sitzgsber. Bd 51, Allg. Teil, S. XI–LXI

Heinrich L i e b m a n n

geb. am 22. X. 1874 in Straßburg (Elsaß)
gest. am 12. VI. 1939 in Solln b. München
Prof. der Mathematik, zuletzt in Heidelberg
(6. XII. 1909 sz. als ao. Mitgl.)

Bernhard August v o n L i n d e n a u

geb. am 11. VI. 1779 in Altenburg
gest. am 21. V. 1854 in Altenburg
Staatsminister, Astronom
(1. VII. 1846 als o. Mitgl.)

Edmund O. v o n L i p p m a n n

geb. am 9. I. 1857 in Wien
gest. am 24. IX. 1940 in Halle
Prof. der Geschichte der Chemie u. der Naturwissenschaften
(1. VII. 1930 als korresp. Mitgl.)

Carl L u d w i g

geb. am 29. XII. 1816 in Witzenhausen (Hessen)
gest. am 23. IV. 1895 in Leipzig
Prof. der Physiologie
(1. VII. 1865 als o. Mitgl.)
Nachruf in: Sitzgsber. Bd 47, S. 627–638

Graham L u s k

geb. am 15. II. 1860 in Bridgeport (USA)
gest. am 18. VII. 1932 in New York
Prof. der Ernährungsphysiologie und -hygiene
(1. VII. 1929 als korresp. Mitgl.)

Robert L u t h e r

geb. am 2. I. 1868 in Moskau
gest. am 17. IV. 1945 in Dresden
Prof. für wissenschaftliche Photographie und Photochemie
(20. VII. 1908 als o. Mitgl.)
Nachruf in: Jb. 1949–1953, S. 44

Felix M a r c h a n d

geb. am 22. X. 1846 in Halle (Saale)
gest. am 4. II. 1928 in Leipzig
Prof. der pathologischen Anatomie
(30. VII. 1900 als o. Mitgl.)
Nachruf in: Sitzgsber. Bd 80, S. 337–356

Richard Felix M a r c h a n d

geb. am 25. VIII. 1813 in Berlin
gest. am 2. VIII. 1850 in Halle
Prof. der Chemie
(24. II. 1849 als o. Mitgl.)

Adolph M a y e r

geb. am 15. I. 1839 in Leipzig
gest. am 11. IV. 1908 in Gries b. Bozen
Prof. der Mathematik, zuletzt in Leipzig
(5. III. 1877 als o. Mitgl.)
Nachruf in: Sitzgsber. Bd 60, S. 353–372

Johannes M e i s e n h e i m e r

geb. am 30. VI. 1873 in Griesheim b. Frankfurt (Main)
gest. am 24. II. 1933 in Leipzig
Prof. der Zoologie
(14. XI. 1915 als o. Mitgl.)
Nachruf in: Sitzgsber. Bd 88, S. 109–118

Georg M e t t e n i u s

geb. am 24. XI. 1823 in Frankfurt (Main)
gest. am 18. VIII. 1866 in Leipzig
Prof. der Botanik
(31. VI. 1852 als o. Mitgl.)
Nachruf in: Jub.-Bd 1896, S. XVIII

Ernst Siegmund v o n M e y e r

geb. am 25. VIII. 1847 in Kassel
gest. am 11. IV. 1916 in Dresden
Prof. der Chemie
(3. VI. 1889 sz. als ao. Mitgl.)
Nachruf in: Sitzgsber. Bd 68, S. 245–251

Hans M e y e r

geb. am 22. III. 1858 in Hildburghausen
gest. am 5. VII. 1929 in Leipzig
Prof. der Kolonialgeographie
(14. XI. 1925 als o. Mitgl.)

August Ferdinand M ö b i u s

geb. am 17. XI. 1790 in Schulpforta
gest. am 26. IX. 1868 in Leipzig
Prof. der Mathematik
(1. VII. 1846 als o. Mitgl.)

Wilhelm M ü l l e r

geb. am 13. II. 1832 in Nürnberg
gest. am 19. 6. 1909 in Jena
Prof. der pathologischen Anatomie
(21. XII. 1892 als o. Mitgl.)

Karl Friedrich N a u m a n n

geb. am 30. V. 1797 in Dresden
gest. am 26. XI. 1873 in Dresden
Prof. der Mineralogie, Krystallographie und Geologie, zuletzt in Leipzig
(1. VII. 1846 als o. Mitgl.)

Carl Gottfried N e u m a n n

geb. am 7. V. 1832 in Königsberg
gest. am 27. III. 1925 in Leipzig
Prof. der Mathematik
(22. III. 1869 als o. Mitgl.)
Nachruf in: Sitzgsber. Bd 77, S. 154–180

Paul N i g g l i

geb. am 26. VI. 1888 in Zofingen (Kt. Aargau)
gest. am 13. I. 1953 in Zürich
Prof. der Mineralogie und Petrographie
(26. II. 1936 als korresp. Mitgl.)

Arthur von O e t t i n g e n

geb. am 16./28. III. 1836 in Dorpat
gest. am 5. IX. 1920 in Bensheim (Bergstraße) ▭ Leipzig
Prof. der Meteorologie, zuletzt in Leipzig
(20. VII. 1901 als o. Mitgl.)
Nachruf in: Sitzgsber. Bd 73, S. 283–291

Wilhelm O s t w a l d

geb. am 2. IX. 1853 in Riga
gest. am 4. IV. 1932 in Großbothen b. Leipzig
Prof. der Chemie, Physik und Philosophie, zuletzt in Leipzig
(23. XII. 1887 als o. Mitgl.)
Nachruf in: Sitzgsber. Bd 85, S. 57–71

Wolfgang O s t w a l d

geb. am 27. V. 1883 in Riga
gest. am 22. XI. 1943 in Dresden ▭ Großbothen b. Leipzig
Prof. der Kolloidchemie, zuletzt in Leipzig
(5. XII. 1942 als o. Mitgl.)

Carl P a a l

geb. am 1. VII. 1860 in Salzburg
gest. am 11. I. 1935 in Leipzig
Prof. der Chemie
(14. XI. 1912 als o. Mitgl.)
Nachruf in Sitzgsber. Bd 87, S. 207–212

Wilhelm P f e f f e r

geb. am 9. III. 1845 in Grebenstein b. Kassel
gest. am 31. I. 1920 in Leipzig
Prof. der Botanik
(23. XII. 1887 als o. Mitgl.)
Nachruf in: Sitzgsber. Bd 75, S. 107–124

Richard Arwed P f e i f e r

geb. am 21. XI. 1877 in Brand-Erbisdorf
gest. am 15. III. 1957 in Leipzig
Prof. der Hirnforschung
(15. V. 1949 als o. Mitgl.)

Max P l a n c k

geb. am 23. IV. 1858 in Kiel
gest. am 4. X. 1947 in Göttingen
Prof. der Physik, zuletzt in Berlin
(1. VII. 1929 als korresp. Mitgl.)
Nachruf in: Jb. 1949–1953, S. 45

Eduard P ö p p i g

geb. am 16. VII. 1798 in Plauen
gest. am 4. IX. 1868 in Wahren b. Leipzig
Prof. der Zoologie, zuletzt in Leipzig
(1. 7. 1846 als o. Mitgl.)

Karl R a b l

geb. am 2. V. 1853 in Wels (Oberösterr.)
gest. am 24. XII. 1917 in Leipzig
Prof. der Anatomie
(6. II. 1905 als o. Mitgl.)
Nachruf in: Sitzgsber. Bd 70, S. 365–380

Ferdinand R e i c h

geb. am 19. II. 1799 in Bernburg
gest. am 27. IV. 1882 in Freiberg (Sa.)
Prof. der Physik
(1. VII. 1846 als o. Mitgl.)

Rudolf R e i n h a r d

geb. am 28. XI. 1876 in Greiz
gest. am 3. VII. 1946 in Leipzig
Prof. der Geographie
(26. II. 1936 als o. Mitgl.)
Nachruf in: Jb. 1949–1953, S. 44

Ferdinand v o n R i c h t h o f e n

geb. am 5. V. 1833 in Carlsruhe (Oberschles.)
gest. am 6. X. 1905 in Berlin
Prof. der Geographie
(4. VIII. 1884 als o. Mitgl.)

Fritz R i n n e

geb. am 16. III. 1863 in Osterode (Harz)
gest. am 12. III. 1933 in Freiburg-Günterstal (Breisgau)
Prof. der Mineralogie, zuletzt in Leipzig
(14. XI. 1910 als o. Mitgl.)
Nachruf in: Sitzgsber. Bd 85, S. 172–180

Max R o b i t z s c h

geb. am 2. II. 1887 in Höxter (Weser)
gest. am 10. VI. 1952 in Leipzig
Prof. der Geophysik und Meteorologie
(17. VII. 1950 als o. Mitgl.)
Nachruf in: Jb. 1949–1953, S. 46–47

Karl F. W. R o h n

geb. am 28. I. 1855 in Schwanheim (Hessen-Darmst.)
gest. am 4. VIII. 1920 in Leipzig
Prof. der Mathematik
(2. XII. 1889 als o. Mitgl.)
Nachruf in: Sitzgsber. Bd 72, S. 107–127

Theodor S c h e e r e r

geb. am 28. VIII. 1813 in Berlin
gest. am 19. VII. 1875 in Dresden
Prof. der Mineralogie und Chemie, zuletzt in Freiberg (Sa.)
(12. XII. 1855 als o. Mitgl.)

Wilhelm S c h e i b n e r

geb. am 8. I. 1826 in Gotha
gest. am 8. IV. 1908 in Leipzig
Prof. der Mathematik und Astronomie
(6. XI. 1858 als o. Mitgl.)
Nachruf in: Sitzgsber. Bd 60, S. 375–390

August S c h e n k

geb. am 17. IV. 1815 in Hallein
gest. am 30. III. 1891 in Leipzig
Prof. der Botanik
(20. X. 1869 als o. Mitgl.)

Arthur Scheunert

geb. am 7. VI. 1879 in Dresden
gest. am 11. I. 1957 in Basel ▭ Dresden
Prof. der Veterinärphysiologie,
Direktor des Instituts für Enährungsforschung
und Vitamin-Prüfung in Potsdam-Rehbrücke
(30. VI. 1934 als o. Mitgl.)

Mathias Jacob Schleiden

geb. am 5. IV. 1804 in Hamburg
gest. am 23. VI. 1881 in Frankfurt (Main)
Prof. der Botanik
(24. II. 1849 als o. Mitgl.)

Oscar Schlömilch

geb. am 13. IV. 1823 in Weimar
gest. am 7. II. 1901 in Dresden
Prof. der Mathematik
(7. II. 1852 als o. Mitgl.)
Nachruf in: Sitzgsber. Bd 53, S. 507–520

Emil Schmidt

geb. am 7. IV. 1837 in Obereichstädt (Thür.)
gest. am 22. X. 1906 in Jena
Prof. der Anthropologie, zuletzt in Leipzig
(7. I. 1895 sz. als ao. Mitgl.)

Rudolf Wilhelm Schmitt

geb. am 5. VIII. 1830 in Wippershain (Hessen)
gest. am 18. II. 1898 in Radebeul b. Dresden
Prof. der Chemie, zuletzt in Dresden
(23. VI. 1887 als o. Mitgl.)
Nachruf in: Sitzgsber. Bd 50, Naturwiss. Teil, S. 39–47

Heinrich Schmitthenner

geb. am 3. V. 1887 in Neckarbischofsheim
gest. am 18. II. 1957 in Marburg (Lahn)
Prof. der Geographie
(31. VII. 1934 als o. Mitgl.)

Roland S c h o l l

geb. am 30. IX. 1865 in Zürich
gest. am 22. VIII. 1945 in Eilenburg
Prof. der organischen Chemie und organisch-chemischen Technologie, zuletzt in Dresden
(1. VII. 1920 als o. Mitgl.)
Nachruf in: Jb. 1949–1953, S. 44

Robert S c h r ö d e r

geb. am 3. VIII. 1884 in Rostock
gest. am 13. X. 1959 in Leipzig
Prof. der Gynäkologie und Geburtshilfe
(1. VII. 1948 als o. Mitgl.)

Victor S c h u m a n n

geb. am 21. XII. 1841 in Markranstädt b. Leipzig
gest. am 1. IX. 1913 in Leipzig
Ingenieur, Physiker, zuletzt Privatgelehrter in Leipzig
(16. XII. 1911 als o. Mitgl.)
Nachruf in: Sitzgsber. Bd 65, S. 409–427

Issai S c h u r

geb. am 10. I. 1875 in Mohilew (Dnjepr)
gest. am 10. I. 1941 in Tel-Aviv
Prof. der Mathematik
(1. VII. 1931 als korresp. Mitgl.)

Christian Friedrich S c h w ä g r i c h e n

geb. am 16. IX. 1775 in Leipzig
gest. am 2. V. 1853 in Leipzig
Prof. der Botanik
(1. VII. 1846 als o. Mitgl.)

Ludwig Friedrich Wilhelm August S e e b e c k

geb. am 27. XII. 1805 in Jena
gest. am 19. III. 1849 in Dresden
Physiker
(1. VII. 1848 als o. Mitgl.)

Max S i e g f r i e d

geb. am 6. IV. 1864 in Leipzig
gest. am 22. II. 1920 in Leipzig
Prof. der physiologischen Chemie
(18. II. 1918 als o. Mitgl.)
Nachruf in: Sitzgsber. Bd 74, S. 145–156

Ernst S t a h l

geb. am 21. VI. 1848 in Schiltigheim (Elsaß)
gest. am 3. XII. 1919 in Jena
Prof. der Botanik
(23. VII. 1898 als o. Mitgl.)
Nachruf in: Sitzgsber. Bd 72, S. 129–138

Friedrich Ritter v o n S t e i n

geb. am 3. XI. 1818 in Niemegk (Prov. Brandenburg)
gest. am 9. I. 1885 in Prag
Prof. der Zoologie
(11. V. 1859 als o. Mitgl.)

Hans S t o b b e

geb. am 9. VI. 1860 in Tiegenhof (Westpr.)
gest. am 3. VIII. 1938 in Leipzig
Prof. der organischen Chemie
(25. II. 1924 als o. Mitgl.)
Nachruf in Sitzgsber. Bd 92, S. 115–118

Friedrich S t o h m a n n

geb. am 25. IV. 1832 in Bremen
gest. am 1. XI. 1897 in Leipzig
Prof. der Agrikulturchemie
(23. IV. 1891 als o. Mitgl.)
Nachruf in: Sitzgsber. Bd 49, S. 741–747

Johannes T h o m a e

geb. am 11. XII. 1840 in Laucha (Unstrut)
gest. am 2. IV. 1921 in Jena
Prof. der Mathematik
(18. VII. 1885 als o. Mitgl.)
Nachruf in: Sitzgsber. Bd 74, S. 157–160

August T o e p l e r

geb. am 7. IX. 1836 in Brühl b. Bonn
gest. am 6. III. 1912 in Dresden
Prof. der Physik
(14. 3. 1885 als o. Mitgl.)
Nachruf in: Sitzgsber. Bd 64, S. 479–497

Alfred Wilhelm V o l k m a n n

geb. am 1. VII. 1800 in Leipzig
gest. am 21. IV. 1877 in Halle
Prof. der Anatomie und Physiologie
(24. II. 1849 als o. Mitgl.)

Wilhelm V o l z

geb. am 11. VIII. 1870 in Halle
gest. am 14. I. 1958 in Markkleeberg b. Leipzig
▭ Lissen b. Osterfeld Krs. Zeitz
Prof. der Geographie, zuletzt in Leipzig
(14. XI. 1925 als o. Mitgl.)

Johannes W a l t h e r

geb. am 20. VII. 1860 in Neustadt (Orla)
gest. am 10. V. 1937 in Berlin
Prof. der Geologie und Paläontologie, zuletzt in Halle
(1. VII. 1930 als korresp. Mitgl.)

Eduard Friedrich W e b e r

geb. am 6. III. 1806 in Wittenberg
gest. am 18. V. 1871 in Leipzig
Prof. der Anatomie
(1. VII. 1846 als o. Mitgl.)

Ernst Heinrich W e b e r

geb. am 24. I. 1795 in Wittenberg
gest. am 26. I. 1878 in Leipzig
Prof. der Anatomie und Physiologie
(1. VII. 1846 als o. Mitgl.)

Wilhelm W e b e r

geb. am 24. X. 1804 in Wittenberg
gest. am 23. VI. 1891 in Göttingen
Prof. der Physik
(1. VII. 1846 als o. Mitgl.)

Johannes W e i g e l t

geb. am 24. VII. 1890 in Reppen (Bez. Frankf./Oder)
gest. am 22. IV. 1948 in Klein-Gerau (Hessen)
Prof. der Geologie und Paläontologie
(26. II. 1936 als korresp. Mitgl.)

Eilhard W i e d e m a n n

geb. am 1. VIII. 1852 in Berlin
gest. am 7. I. 1928 in Erlangen
Prof. der experimentellen Physik
(2. II. 1885 sz. als ao. Mitgl.)

Gustav W i e d e m a n n

geb. am 2. X. 1826 in Berlin
gest. am 23. III. 1899 in Leipzig
Prof. der Physik
(20. X. 1871 als o. Mitgl.)
Nachruf in: Sitzgber. Bd 51, Allg. Teil, S. LXXVII–LXXXIII

Max W i e n

geb. am 25. XII. 1866 in Königsberg
gest. am 10. III. 1938 in Jena
Prof. der Physik
(19. XI. 1921 als o. Mitgl.)
Nachruf in: Sitzgsber. Bd 90, S. 225–234

Otto W i e n e r

geb. am 15. VI. 1862 in Karlsruhe
gest. am 18. I. 1927 in Leipzig
Prof. der Physik
(31. VII. 1899 als o. Mitgl.)
Nachruf in: Sitzgsber. Bd 79, S. 107–123

Friedrich Adolf W i l l e r s

geb. am 29. I. 1883 in Bremerförde
gest. am 5. I. 1959 in Dresden
Prof. der Mathematik
(10. V. 1954 als o. Mitgl.)

Clemens W i n k l e r

geb. am 26. XII. 1838 in Freiberg (Sa.)
gest. am 8. X. 1904 in Dresden
Prof. der Chemie
(13. XII. 1890 als o. Mitgl.)
Nachruf in: Sitzgsber. Bd 56, S. 341–348

Johannes W i s l i c e n u s

geb. am 24. VI. 1835 in Kleineichstedt b. Querfurt
gest. am 5. XII. 1902 in Leipzig
Prof. der organischen Chemie
(16. XII. 1885 als o. Mitgl.)
Nachruf in: Sitzgsber. Bd 55, S. 409–420

Wilhelm W u n d t

geb. am 16. VIII. 1832 in Neckarau (Baden)
gest. am 31. VIII. 1920 in Großbothen b. Leipzig
Prof. der Philosophie und Psychologie, zuletzt in Leipzig
(24. VII. 1882 als o. Mitgl.)
Nachruf in: Sitzgsber. Bd 73, S. 327–342

Gustav Anton Z e u n e r

geb. am 30. XI. 1828 in Chemnitz
gest. am 17. X. 1907 in Dresden
Prof. der technischen Mechanik, Hydraulik und technischen Wärmelehre
(14. III. 1885 als o. Mitgl.)
Nachruf in: Sitzgsber. Bd 60, S. 339–351

Ferdinand Z i r k e l

geb. am 20. V. 1838 in Bonn
gest. am 11. VI. 1912 in Bonn
Prof. der Mineralogie und Geologie
(23. IV. 1874 als o. Mitgl.)
Nachruf in: Sitzgsber. Bd 64, S. 499–508

Johann Carl Friedrich Z ö l l n e r

geb. am 8. XI. 1834 in Berlin
gest. am 25. IV. 1882 in Leipzig
Prof. der Astrophysik
(20. X. 1869 als o. Mitgl.)

Ordentliche, auswärtige und korrespondierende Mitglieder der philologisch-historischen Klasse

Hans A c h e l i s

geb. am 16. III. 1865 in Hastedt b. Bremen
gest. am 23. II. 1937 in Leipzig
Prof. der Kirchengeschichte
(16. II. 1929 als o. Mitgl.)
Nachruf in: Sitzgsber. Bd 90, H. 3, S. 1–9

Eduard A l b r e c h t

geb. am 4. III. 1800 in Elbing
gest. am 22. V. 1876 in Leipzig
Prof. des deutschen Staats- und Kirchenrechts
(12. XII. 1854 als o. Mitgl.)

Albrecht A l t

geb. am 20. IX. 1883 in Stübach (Franken)
gest. am 24. IV. 1956 in Leipzig
Prof. der alttestamentlichen Wissenschaft
(19. XI. 1932 als o. Mitgl.)
Nachruf in: Jb. 1954–1956, S. 266–270

Karl v o n A m i r a

geb. am 8. III. 1848 in Aschaffenburg
gest. am 22. VI. 1930 in München
Prof. des deutschen Rechts
(1. VII. 1929 als korresp. Mitgl.)
Nachruf in: Sitzgsber. Bd 82, H. 2, S. 31–36

Christoph Friedrich von Ammon

geb. am 16. I. 1766 in Bayreuth
gest. am 21. V. 1850 in Dresden
Prof. der Theologie, zuletzt in Erlangen
(1. VII. 1846 als o. Mitgl.)

Philipp August Becker

geb. am 1. VI. 1862 in Mühlhausen (Elsaß)
gest. am 21. XI. 1947 in Leipzig
Prof. der romanischen Philologie
(14. XI. 1919 als o. Mitgl.)
Nachruf in: Jb. 1949–1953, S. 48

Wilhelm Adolf Becker

geb. 1796 in Dresden
gest. am 30. IX. 1846 in Meißen
Prof. der klassischen Philologie, zuletzt in Leipzig
(1. VII. 1846 als o. Mitgl.)

Hugo Berger

geb. am 6. X. 1836 in Gera
gest. am 27. IX. 1904 in Leipzig
Prof. der historischen Geographie
(3. III. 1890 als o. Mitgl.)

Vittorio Bertoldi

geb. am 7. IV. 1888 in Trient
gest. am 9. VI. 1953 in Neapel
Prof. der romanischen Philologie
(18. II. 1933 als korresp. Mitgl.)

Giulio Bertoni

geb. am 26. VIII. 1878 in Modena
gest. am 28. V. 1942 in Rom
Prof. der romanischen Philologie
(18. II. 1933 als korresp. Mitgl.)

Erich B e t h e

geb. am 2. V. 1863 in Stettin
gest. am 19. X. 1940 in Leipzig
Prof. der klassischen Philologie
(17. VI. 1907 als o. Mitgl.)
Nachruf in: Sitzgsber. Bd 94, H. 3, S. 1–8

Adolf B i r c h - H i r s c h f e l d

geb. am 1. X. 1849 in Kiel
gest. am 11. I. 1917 in Leipzig
Prof. der romanischen Sprachen und Literatur
(25. VII. 1894 als o. Mitgl.)
Nachruf in: Sitzgsber. Bd 69, H. 8, S. 3*–14*

Heinrich B o e h m e r

geb. am 6. III. 1869 in Zwickau (Sa.)
gest. am 25. III. 1927 in Bad Nauheim
Prof. der Kirchengeschichte, zuletzt in Leipzig
(1. VII. 1920 als o. Mitgl.)

Otto B ö h t l i n g k

geb. am 11. VI. 1815 in Petersburg
gest. am 1. IV. 1904 in Leipzig
Prof. des Sanskrit
(21. XII. 1886 als o. Mitgl.)
Nachruf in: Sitzgsber. Bd 56, S. 253–258

Hans Otto d e B o o r

geb. am 9. IX. 1886 in Schleswig
gest. am 10. II. 1956 in Göttingen
Prof. für Zivilprozeßrecht, bürgerliches Recht,
Urheber-, Erfinderrecht und Rechtsvergleichung
(1. VII. 1948 als o. Mitgl.)
Nachruf in: Jb. 1954–1956, S. 264–265

Erich B r ä u n l i c h

geb. am 15. IX. 1892 in Hamburg
gest. am 19. IX. 1945 in Jugoslawien
Prof. der Semitistik, zuletzt in Leipzig
(21. XI. 1936 als o. Mitgl.)
Nachruf in: Jb. 1949–1953, S. 48

Erich Brandenburg

geb. am 31. VII. 1868 in Stralsund
gest. am 22. I. 1946 in Leipzig
Prof. der neueren Geschichte
(27. IV. 1908 als o. Mitgl.)
Nachruf in: Jb. 1949–1953, S. 48

Lujo Brentano

geb. am 18. XII. 1844 in Aschaffenburg
gest. am 9. IX. 1931 in München
Prof. der Nationalökonomie
(2. II. 1891 als o. Mitgl.)
Nachruf in: Sitzgsber. Bd 83, H. 5, S. 13–24

Carl Brockelmann

geb. am 17. IX. 1868 in Rostock
gest. am 6. V. 1956 in Halle
Prof. der Semitistik und Turkologie
(1. VII. 1948 als o. Mitgl.)
Nachruf in: Jb. 1954–1956, S. 268–270

Hermann Brockhaus

geb. am 28. I. 1806 in Amsterdam
gest. am 5. I. 1877 in Leipzig
Prof. der Indologie
(1. VII. 1846 als o. Mitgl.)
Nachruf in: Jub.-Bd 1896, S. XXXI

Karl Brugmann

geb. am 16. III. 1849 in Wiesbaden
gest. am 29. VI. 1919 in Leipzig
Prof. der indogermanischen Sprachwissenschaft
(15. X. 1888 als o. Mitgl.)
Nachruf in: Sitzgsber. Bd 73, H. 2, S. 25*–40*

Leo Bruhns

geb. am 26. XI. 1884 in Nissi (Estland)
gest. am 27. XII. 1957 in Rom
Prof. der Kunstgeschichte, zuletzt Direktor der Bibliotheca Hertziana
(22. II. 1932 als o. Mitgl.)

Karl B ü c h e r

geb. am 16. II. 1847 in Kirberg (Nassau)
gest. am 12. XI. 1930 in Leipzig
Prof. der Nationalökonomie
(25. VII. 1894 als o. Mitgl.)
Nachruf in: Sitzgsber. Bd 83, H. 5, S. 1–12

Conrad B u r s i a n

geb. am 14. XI. 1830 in Mutzschen (Sa.)
gest. am 21. IX. 1883 in München
Prof. der klassischen Philologie
(17. VIII. 1859 als o. Mitgl.)
Nachruf in: Jub.-Bd 1896, S. XXIX

Otto C l e m e n

geb. am 30. XII. 1871 in Grimma (Sa.)
gest. am 9. V. 1946 in Zwickau
Prof. der Kirchengeschichte, zuletzt in Leipzig
(29. XI. 1941 als o. Mitgl.)
Nachruf in: Jb. 1949–1953, S. 48–49

August C o n r a d y

geb. am 28. IV. 1864 in Wiesbaden
gest. am 4. VI. 1925 in Leipzig
Prof. der Sinologie
(24. V. 1916 als o. Mitgl.)
Nachruf in: Sitzgsber. Bd 77, H. 4, S. 7*–14*

Georg C u r t i u s

geb. am 16. IV. 1820 in Lübeck
gest. am 12. IV. 1885 in Hermsdorf b. Warmbrunn
Prof. der klassischen Philologie und vergleichenden Sprachwissenschaft, zuletzt in Leipzig
(1. VII. 1863 als o. Mitgl.)
Nachruf in: Jub.-Bd 1896, S. XXX

Berthold D e l b r ü c k

geb. am 26. VII. 1842 in Putbus
gest. am 3. I. 1922 in Jena
Prof. der indogermanischen Sprachwissenschaft
(2. II. 1885 als o. Mitgl.)

Friedrich D e l i t z s c h

geb. am 3. IX. 1850 in Erlangen
gest. am 19. XII. 1922 in Langenschwalbach (Taunus)
Prof. der Assyriologie, zuletzt in Berlin
(3. VIII. 1891 als o. Mitgl.)
Nachruf in: Jub.-Bd 1896, S. XXXIII

Johannes Gustav D r o y s e n

geb. am 6. VII. 1808 in Treptow (Rega)
gest. am 19. VI. 1884 in Berlin
Prof. der Geschichte
(7. II. 1852 als o. Mitgl.)
Nachruf in: Jub.-Bd 1896, S. XXXIII

Georg E b e r s

geb. am 1. III. 1837 in Berlin
gest. am 7. VIII. 1898 in Tutzing b. München
Prof. der Ägyptologie, zuletzt in München
(15. XII. 1877 als o. Mitgl.)
Nachruf in: Sitzgsber. Bd 51, S. 221–223

Adolf E b e r t

geb. am 1. VI. 1820 in Kassel
gest. am 1. VII. 1890 in Leipzig
Prof. der Romanistik und Anglistik
(22. VI. 1867 als o. Mitgl.)
Nachruf in: Jub.-Bd 1896, S. XXXII

Eduard E r k e s

geb. am 23. VII. 1891 in Genua
gest. am 2. IV. 1958 in Leipzig
Prof. der Sinologie
(17. VII. 1950 als o. Mitgl.)

August F i s c h e r

geb. am 14. II. 1865 in Halle (Saale)
gest. am 14. II. 1949 in Leipzig
Prof. der Orientalistik
(30. VII. 1900 als o. Mitgl.)
Nachruf in: Jb. 1949–1953, S. 49

Willy F l a c h

geb. am 17. I. 1903 in Greiz
gest. am 17. III. 1958 in Bonn
Prof. der historischen Hilfswissenschaften
(17. XI. 1956 als o. Mitgl.)

Alfred F l e c k e i s e n

geb. am 20. IX. 1820 in Wolfenbüttel
gest. am 7. IV. 1899 in Dresden
Gymnasialprof. der klassischen Philologie
(30. XII. 1874 als o. Mitgl.)
Nachruf in: Sitzgsber. Bd 51, S. 239–241

Heinrich Leberecht F l e i s c h e r

geb. am 21. II. 1801 in Schandau
gest. am 10. II. 1888 in Leipzig
Prof. der Orientalistik
(1. VII. 1846 als o. Mitgl.)
Nachruf in: Jub.-Bd 1896, S. XXXI

Gustav F l ü g e l

geb. am 18. II. 1802 in Bautzen
gest. am 5. VII. 1870 in Dresden
Prof. der Arabistik
(1. VII. 1858 als o. Mitgl.)

Max F ö r s t e r

geb. am 8. III. 1869 in Danzig
gest. am 10. XI. 1954 in Wasserburg (Inn)
Prof. der englischen Philologie, zuletzt in München
(14. XI. 1912 als o. Mitgl.)

Friedrich F r a n k e

geb. am 20. V. 1805 in Weimar
gest. am 23. I. 1871 in Meißen
Klassischer Philologe,
Rektor der Fürstenschule St. Afra zu Meißen
(31. XII. 1853 als o. Mitgl.)

Hans Conon von der Gabelentz

geb. am 13. X. 1807 in Altenburg
gest. am 3. IX. 1874 auf Gut Lemnitz (Thür.)
Sprachwissenschaftler, Geheimer Regierungs- und Kammerrat,
Präsident des Altenburger Landtages
(1. VII. 1846 als o. Mitgl.)
Nachruf in: Jub.-Bd 1896, S. XXX–XXXI

Hans Georg Conon von der Gabelentz

geb. am 16. III. 1840 in Schloß Poschwitz b. Altenburg
gest. am 11. XII. 1893 in Berlin
Prof. der ostasiatischen Sprachen
(2. II. 1885 als o. Mitgl.)
Nachruf in: Jub.-Bd 1896, S. XXXI

Oskar von Gebhardt

geb. am 22. VI. 1844 in Wesenberg (Estland)
gest. am 9. V. 1906 in Leipzig
Theologe, Direktor der Universitätsbibliothek
(13. I. 1896 als o. Mitgl.)
Nachruf in: Sitzgsber. Bd 58, S. 179–190

Heinrich Gelzer

geb. am 1. VII. 1847 in Berlin
gest. am 11. VII. 1906 in Jena
Prof. der klassischen Philologie und alten Geschichte
(25. VII. 1894 als o. Mitgl.)
Nachruf in: Sitzgsber. Bd 58, S. 199–205

Karl Gotthelf Gersdorf

geb. am 2. XI. 1804 in Tautendorf (Altenburg)
gest. am 5. I. 1874 in Leipzig
Theologe, Oberbibliothekar an der Universitätsbibliothek
(20. IV. 1864 als o. Mitgl.)

Carl Wilhelm Göttling

geb. am 19. I. 1793 in Jena
gest. am 20. I. 1869 in Jena
Prof. der klassischen Philologie
(1. VII. 1846 als o. Mitgl.)

Georg G o e t z

geb. am 3. XI. 1849 in Gompertshausen (Meiningen)
gest. am 1. I. 1932 in Jena
Prof. der klassischen Philologie
(15. X. 1888 als o. Mitgl.)
Nachruf in: Sitzgsber. Bd 84, H. 7, S. 1–7

Walter G o e t z

geb. am 11. XI. 1867 in Leipzig
gest. am 30. X. 1958 in Gräfelfing
Prof. der mittleren und neueren Geschichte, zuletzt in München
(1. VII. 1930 als o. Mitgl.)

Hermann Alfred v o n G u t s c h m i d

geb. am 1. VII. 1831 in Loschwitz b. Dresden
gest. am 2. III. 1887 in Tübingen
Prof. der klassischen Philologie und Geschichte des alten Orients
(24. VII. 1861 als o. Mitgl.)
Nachruf in: Jub.-Bd 1896, S. XXIX–XXX

Gustav H ä n e l

geb. am 5. X. 1792 in Leipzig
gest. am 18. X. 1878 in Leipzig
Prof. des römischen Rechts
(1. VII. 1846 als o. Mitgl.)
Nachruf in: Jub.-Bd 1896, S. XXV

Ferdinand H a n d

geb. am 15. II. 1786 in Plauen (Vogtl.)
gest. am 14. III. 1851 in Jena
Prof. der klassischen Philologie
(1. VII. 1846 als o. Mitgl.)

Gustav H a r t e n s t e i n

geb. am 18. III. 1808 in Plauen
gest. am 2. II. 1890 in Jena
Prof. der Philosophie, zuletzt in Leipzig
als Emeritus Leiter der Universitätsbibliothek Jena
(1. VII. 1846 als o. Mitgl.)
Nachruf in: Jub.-Bd 1896, S. XXXIV

Friedrich Christian August H a s s e

geb. am 4. I. 1773 in Rehfeld b. Herzberg
gest. am 6. II. 1848 in Leipzig
Prof. der historischen Hilfswissenschaften
(1. VII. 1846 als o. Mitgl.)

Albert H a u c k

geb. am 9. XII. 1845 in Wassertrüdingen (Mittelfranken)
gest. am 7. IV. 1918 in Leipzig
Prof. der Kirchengeschichte
(2. II. 1891 als o. Mitgl.)
Nachruf in: Sitzgsber. Bd 70, H. 7, S. 17*–28*

Moritz H a u p t

geb. am 27. VII. 1808 in Zittau
gest. am 5. II. 1874 in Berlin
Prof. der germanischen Philologie
(1. VII. 1846 als o. Mitgl.)
Nachruf in: Jub.-Bd 1896, S. XXVI–XXVII

Georg H e i n r i c i

geb. am 14. III. 1844 in Karkeln (Ostpr.)
gest. am 29. IX. 1915 in Leipzig
Prof. der Theologie
(24. V. 1909 als o. Mitgl.)
Nachruf in: Sitzgsber. Bd 67, S. 121–130

Max H e i n z e

geb. am 13. XII. 1835 in Prießnitz (Sachsen-Mein.)
gest. am 17. IX. 1909 in Leipzig
Prof. der Philosophie
(15. XII. 1877 als o. Mitgl.)
Nachruf in: Sitzgsber. Bd 61, S. 209–234

Richard H e i n z e

geb. am 11. VIII. 1867 in Naumburg
gest. am 22. VIII. 1929 in Bad Wiessee (Obb.)
Prof. der klassischen Philologie, zuletzt in Leipzig
(17. VI. 1907 als o. Mitgl.)
Nachruf in: Sitzgsber. Bd 81, S. 13–27

Gottfried H e r m a n n

geb. am 28. XI. 1772 in Leipzig
gest. am 31. XII. 1848 in Leipzig
Prof. der klassischen Philologie
(1. VII. 1846 als o. Mitgl.)
Nachruf in: Jub.-Bd 1896, S. XXV

Paul H e r r m a n n

geb. am 14. XII. 1859 in Halle (Saale)
gest. am 10. IX. 1935 in Dresden
Prof. der Archäologie
Direktor der Staatlichen Skulpturensammlung in Dresden
(15. XI. 1924 als o. Mitgl.)

Johannes H e r t e l

geb. am 13. III. 1872 in Zwickau
gest. am 27. X. 1955 in Leipzig
Prof. der Indologie
(1. VII. 1921 als o. Mitgl.)
Nachruf in: Jb. 1954–1956, S. 259–264

Theodor H e t z e r

geb. am 16. VII. 1890 in Charkow
gest. am 27. XII. 1946 in Überlingen (Bodensee)
Prof. der mittleren und neueren Kunstgeschichte, zuletzt in Leipzig
(26. II. 1936 als o. Mitgl.)
Nachruf in: Jb. 1949–1953, S. 49

Rudolf H i r z e l

geb. am 20. III. 1846 in Leipzig
gest. am 30. XII. 1917 in Jena
Prof. der klassischen Philologie
(13. I. 1896 als o. Mitgl.)
Nachruf in: Sitzgsber. Bd 70, H. 7, S. 3*–14*

Friedrich H u l t s c h

geb. am 22. VII. 1833 in Dresden
gest. am 6. IV. 1906 in Dresden
Klassischer Philologe, zuletzt Rektor der Kreuzschule in Dresden
(2. II. 1885 als o. Mitgl.)
Nachruf in: Sitzgsber. Bd 58, S. 191–198

Johannes I l b e r g

geb. am 10. VII. 1860 in Magdeburg
gest. am 20. VIII. 1930 in Leipzig
Klassischer Philologe, Gymnasialdirektor
(11. VI. 1923 als o. Mitgl.)
Nachruf in: Sitzgsber. Bd 82, H. 2, S. 21–30

Friedrich J a c o b s

geb. am 6. X. 1764 in Gotha
gest. am 30. III. 1847 in Gotha
Klassischer Philologe,
Oberbibliothekar der Herzoglichen Bibliothek in Gotha
(1. VII. 1846 als o. Mitgl.)

Otto J a h n

geb. am 16. VI. 1813 in Kiel
gest. am 9. IX. 1869 in Göttingen
Prof. der klassischen Philologie und Archäologie, zuletzt in Bonn
(10. VII. 1847 als o. Mitgl.)
Nachruf in: Jub.-Bd 1896, S. XXVII–XXVIII

Hubert J a n i t s c h e k

geb. am 30. X. 1846 in Troppau
gest. am 21. VI. 1893 in Leipzig
Prof. der Kunstgeschichte
(21. XII. 1892 als o. Mitgl.)

Bruno K e i l

geb. am 8. VII. 1859 in Havelberg
gest. am 27. III. 1916 in Leipzig
Prof. der Altphilologie
(22. II. 1915 als o. Mitgl.)
Nachruf in: Sitzgsber. Bd 68, H. 6, S. 3–15

Friedrich K l u g e

geb. am 21. VII. 1856 in Köln
gest. am 21. V. 1926 in Freiburg (Breisgau)
Prof. der deutschen Philologie
(13. VI. 1892 als o. Mitgl.)
Nachruf in: Sitzgsber. Bd 79, H. 2, S. 7*–13*

Reinhold K ö h l e r

geb. am 24. VI. 1830 in Weimar
gest. am 15. VIII. 1892 in Weimar
Klassischer Philologe,
Oberbibliothekar an der Großherzoglichen Bibliothek
(2. V. 1886 als o. Mitgl.)

Alfred K ö r t e

geb. am 9. IX. 1866 in Berlin
gest. am 6. XI. 1946 in Leipzig
Prof. der klassischen Philologie
(15. VII. 1918 als o. Mitgl.)
Nachruf in: Jb. 1949–1953, S. 49

Albert K ö s t e r

geb. am 7. XI. 1862 in Hamburg
gest. am 29. V. 1924 in Leipzig
Prof. der neueren Literaturgeschichte
(16. V. 1904 als o. Mitgl.)

Karl Rudolf K ö t z s c h k e

geb. am 8. VII. 1867 in Dresden
gest. am 3. VIII. 1949 in Leipzig
Prof. der Landesgeschichte
(5. VI. 1935 als o. Mitgl.)
Nachruf in: Jb. 1949–1953, S. 49

Sten K o n o w

geb. am 17. IV. 1867 in Söndre Aurdal (Norwegen)
gest. am 29. VI. 1948 in Oslo
Prof. der Indologie
(18. II. 1933 als korresp. Mitgl.)

Paul K o s c h a k e r

geb. am 19. IV. 1879 in Klagenfurt
gest. am 1. VI. 1951 in Basel
Prof. des römischen Rechts, zuletzt in Ankara
(31. VII. 1917 als o. Mitgl.)
Nachruf in: Jb 1949–1953, S. 54–55

Ludolf K r e h l

geb. am 29. VI. 1825 in Meißen
gest. am 15. V. 1901 in Leipzig
Prof. der Orientalistik
(24. IV. 1869 als o. Mitgl.)
Nachruf in: Sitzgsber. Bd 53, S. 63–74

Johannes K r o m a y e r

geb. am 31. VII. 1859 in Stralsund
gest. am 23. IX. 1934 in Berlin
Prof. der Alten Geschichte
(22. II. 1915 als o. Mitgl.)
Nachruf in: Sitzgsber. Bd 87, H. 3, S. 1–9

Felix K r u e g e r

geb. am 10. VIII. 1874 in Posen
gest. am 25. II. 1948 in Basel
Prof. der Philosophie und Psychologie, zuletzt in Leipzig
(17. XI. 1923 als o. Mitgl.)
Nachruf in: Jb. 1949–1953, S. 49

Karl L a m p r e c h t

geb. am 25. II. 1856 in Jessen (Elster)
gest. am 10. V. 1915 in Leipzig ▭ Schulpforta
Prof. der Geschichte
(21. XII. 1892 als o. Mitgl.)
Nachruf in: Sitzgsber. Bd 67, S. 93–104

Ludwig L a n g e

geb. am 4. III. 1825 in Hannover
gest. am 18. VIII. 1885 in Leipzig
Prof. der klassischen Philologie
(25. XI. 1871 als o. Mitgl.)
Nachruf in: Jub.-Bd 1896, S. XXIX–XXX

Hans L e i s e g a n g

geb. am 13. III. 1890 in Blankenburg
gest. am 5. IV. 1951 in Berlin
Prof. der Philosophie
(1. VII. 1948 als o. Mitgl.)

Otto L e n e l

geb. am 13. XII. 1849 in Mannheim
gest. am 7. II. 1935 in Freiburg (Breisgau)
Prof. des römischen und bürgerlichen Rechts
(19. XI. 1932 als korresp. Mitgl.)

August L e s k i e n

geb. am 8. VII. 1840 in Kiel
gest. am 20. IX. 1916 in Leipzig
Prof. der Slawistik
(15. XI. 1875 als o. Mitgl.)
Nachruf in: Sitzgsber. Bd 68, H. 6, S. 16*–30*

Martin L i n t z e l

geb. am 28. II. 1901 in Magdeburg
gest. am 15. VII. 1955 in Halle (Saale)
Prof. der mittleren und neueren Geschichte
(1. VII. 1948 als o. Mitgl.)
Nachruf in: Jb. 1954–1956, S. 254–256

Julius L i p s

geb. am 8. IX. 1895 in Saarbrücken
gest. am 21. I. 1950 in Leipzig
Prof. der Völkerkunde und Vergleichenden Rechtssoziologie
(14. II. 1949 als o. Mitgl.)
Nachruf in: Jb. 1949–1953, S. 51–53

Hermann L i p s i u s

geb. am 9. V. 1834 in Leipzig
gest. am 5. IX. 1920 in Leipzig
Prof. der klassischen Philologie
(2. II. 1895 als o. Mitgl.)
Nachruf in: Sitzgsber. Bd 73, H. 2, S. 41*–50*

Erich M a r c k s

geb. am 17. XI. 1861 in Magdeburg
gest. am 22. XI. 1938 in Berlin
Prof. der neueren Geschichte
(1. VIII. 1898 als o. Mitgl.)

David Samuel M a r g o l i o u t h

geb. am 17. X. 1858 in London
gest. am 22. III. 1940 in London
Prof. der arabischen Sprache, zuletzt in Oxford
(19. XI. 1932 als korresp. Mitgl.)

Carl Joachim M a r q u a r d t

geb. am 19. IV. 1812 in Danzig
gest. am 30. XI. 1882 in Gotha
Altertumswissenschaftler, Gymnasiallehrer
(15. XI. 1875 als o. Mitgl.)

Friedrich M a r x

geb. am 22. IV. 1859 in Darmstadt
gest. am 17. X. 1941 in Bonn
Prof. der klassischen Philologie
(26. II. 1900 als o. Mitgl.)
Nachruf in: Jb. 1949–1953, S. 50

Wilhelm M a u r e n b r e c h e r

geb. am 21. XII. 1838 in Bonn
gest. am 6. XI. 1892 in Leipzig
Prof. der mittleren und neueren Geschichte
(2. II. 1885 als o. Mitgl.)

Richard M e i s t e r

geb. am 27. VII. 1848 in Dresden
gest. am 30. XI. 1912 in Leipzig
Klassischer Philologe, Gymnasiallehrer
(3. VIII. 1891 als o. Mitgl.)
Nachruf in: Sitzgsber. Bd 65, S. 221–228

Herbert M e y e r

geb. am 10. II. 1875 in Breslau
gest. am 6. III. 1941 in Berlin
Prof. der deutschen Rechtsgeschichte,
des bürgerlichen und Handelsrechts
(31. VII. 1934 als korresp. Mitgl.)

Wilhelm Meyer-Lübke

geb. am 30. I. 1861 in Dübendorf (Schweiz)
gest. am 4. X. 1936 in Bonn
Prof. der romanischen Philologie
(1. VII. 1930 als korresp. Mitgl.)

August von Miaskowski

geb. am 26. I. 1838 in Pernau (Livland)
gest. am 22. XI. 1899 in Leipzig
Prof. der Nationalökonomie
(21. XII. 1892 als o. Mitgl.)
Nachruf in: Sitzgsber. Bd 52, S. 351–358

Victor Michels

geb. am 3. VII. 1866 in Staßfurt
gest. am 4. II. 1929 in Jena
Prof. der deutschen Philologie
(23. II. 1925 als o. Mitgl.)
Nachruf in: Sitzgsber. Bd 81, H. 2, S. 1–9

Andreas Ludwig Jacob Michelsen

geb. am 31. V. 1801 in Satrup (Sundewitt)
gest. am 11. II. 1881 in Schleswig
Prof. des Staats- und Völkerrechts, zuletzt in Jena
(12. IV. 1855 als o. Mitgl.)

Ludwig Mitteis

geb. am 17. III. 1859 in Laibach (Krain)
gest. am 26. XII. 1921 in Leipzig
Prof. des römischen Rechts
(3. VI. 1901 als o. Mitgl.)
Nachruf in: Sitzgsber. Bd 74, H. 2, S. 21*–29*

Eugen Mogk

geb. am 19. VII. 1854 in Döbeln
gest. am 5. V. 1939 in Leipzig
Prof. der nordischen Philologie
(30. VII. 1900 als o. Mitgl.)

Theodor M o m m s e n

geb. am 30. XI. 1817 in Garding (Schleswig)
gest. am 1. XI. 1903 in Berlin
Prof. der römischen Geschichte und des römischen Rechts
(24. II. 1849 als o. Mitgl.)
Nachruf in: Sitzgsber. Bd 55, S. 155–173

Matija M u r k o

geb. am 10. II. 1861 in St. Urban (Südsteiermark)
gest. am 11. II. 1952 in Prag
Prof. der slawischen Philologie
(15. VII. 1918 als o. Mitgl.)
Nachruf in: Jb. 1949–1953, S. 57–58

Percy Edward N e w b e r r y

geb. am 23. IV. 1869
gest. am 7. VIII. 1949
Prof. für alte Geschichte und Archäologie,
zuletzt in Kairo
(19. XI. 1932 als korresp. Mitgl.)

Carl N i p p e r d e y

geb. am 13. IX. 1821 in Schwerin
gest. am 2. I. 1875 in Jena
Prof. der klassischen Philologie
(7. II. 1852 als o. Mitgl.)

Carl v o n N o o r d e n

geb. am 11. IX. 1833 in Bonn
gest. am 25. XII. 1883 in Leipzig
Prof. der neueren Geschichte
(14. VI. 1880 als o. Mitgl.)

Johannes Adolf O v e r b e c k

geb. am 27. III. 1826 in Antwerpen
gest. am 8. XI. 1895 in Leipzig
Prof. der klassischen Archäologie
(17. VIII. 1859 als o. Mitgl.)
Nachruf in: Jub.-Bd 1896, S. XXVIII

Josef P a r t s c h

geb. am 4. VII. 1851 in Schreiberhau
gest. am 22. VI. 1925 in Bad Brambach
Prof. der Geographie, zuletzt in Leipzig
(25. V. 1906 als o. Mitgl.)

Wilhelm P e r t s c h

geb. am 19. IV. 1832 in Koburg
gest. am 17. VIII. 1899 in Gotha
Indologe, Bibliotheksdirektor der Friedensteinschen Sammlungen
(15. X. 1888 als o. Mitgl.)
Nachruf in: Sitzgsber. Bd 51, S. 235–237

Oscar Ferdinand P e s c h e l

geb. am 17. III. 1826 in Dresden
gest. am 31. VIII. 1875 in Leipzig
Prof. der Geographie
(30. XII. 1874 als o. Mitgl.)

Hermann P e t e r

geb. am 7. IX. 1837 in Meiningen
gest. am 16. II. 1914 in Meißen
Klassischer Philologe, Gymnasiallehrer,
zuletzt Rektor der Fürstenschule St. Afra zu Meißen
(14. VI. 1897 als o. Mitgl.)
Nachruf in: Sitzgsber. Bd 66, S. 111–118

Wilhelm P i n d e r

geb. am 25. VI. 1878 in Kassel
gest. am 13. V. 1947 in Berlin
Prof. der Kunstgeschichte
(1. VII. 1922 als o. Mitgl.)
Nachruf in: Jb. 1949-1953, S. 50

Ludwig P r e l l e r

geb. am 15. IX. 1809 in Hamburg
gest. am 21. VI. 1861 in Weimar
Prof. der klassischen Philologie und Archäologie,
zuletzt in Jena
(10. VII. 1847 als o. Mitgl.)
Nachruf in: Jub.-Bd 1896, S. XXVIII

Sextil P u s c a r i u

geb. am 4. I. 1877 in Kronstadt (Siebenbürgen)
gest. am 5. V. 1948 in Bran (Rumänien)
Prof. der rumänischen Sprachwissenschaft
(20. II. 1937 als korresp. Mitgl.)

Friedrich R a t z e l

geb. am 30. VIII. 1844 in Karlsruhe
gest. am 9. VIII. 1904 in Ammerland (Starnberger See)
Prof. der Geographie, zuletzt in Leipzig
(21. XII. 1886 als o. Mitgl.)
Nachruf in: Sitzgsber. Bd 56, S. 259–269

Karl R e i n h a r d t

geb. am 14. II. 1886 in Detmold
gest. am 9. I. 1958 in Frankfurt (Main)
Prof. der klassischen Philologie
(20. VI. 1942 als o. Mitgl.)

George Andrew R e i s n e r

geb. am 5. XI. 1867 in Indianapolis (USA)
gest. am 6. VI. 1942 in Boston (USA)
Prof. der Ägyptologie, zuletzt in Cambridge (USA)
(1. VII. 1929 als korresp. Mitgl.)

Otto R i b b e c k

geb. am 23. VII. 1827 in Erfurt
gest. am 18. VII. 1898 in Leipzig
Prof. der klassischen Philologie
(15. XII. 1877 als o. Mitgl.)
Nachruf in: Sitzgsber. Bd 50, S. 177–196

Friedrich Wilhelm R i t s c h l

geb. am 6. IV. 1806 in Großvargula b. Erfurt
gest. am 9. XI. 1876 in Leipzig
Prof. der klassischen Philologie
(2. VIII. 1865 als o. Mitgl.)
Nachruf in: Jub.-Bd 1896, S. XXVI

Erwin R o h d e

geb. am 5. X. 1845 in Hamburg
gest. am 11. I. 1898 in Heidelberg
Prof. der klassischen Philologie
(2. V. 1886 als o. Mitgl.)

Wilhelm R o s c h e r

geb. am 21. X. 1817 in Hannover
gest. am 4. VI. 1894 in Leipzig
Prof. der Nationalökonomie
(24. II. 1849 als o. Mitgl.)
Nachruf in: Sitzgsber. Bd 46, S. 203–222

Wilhelm Heinrich R o s c h e r

geb. am 12. II. 1845 in Göttingen
gest. am 9. III. 1923 in Dresden
Klassischer Philologe, Gymnasiallehrer,
zuletzt in Wurzen
(2. II. 1891 als o. Mitgl.)

Sophus R u g e

geb. am 26. III. 1831 in Dorum (Kr. Wesermünde)
gest. am 23. XII. 1903 in Klotzsche b. Dresden
Prof. der Geographie und Ethnographie, zuletzt in Dresden
(25. VII. 1894 als o. Mitgl.)

Hermann S a u p p e

geb. am 9. XII. 1809 in Wesenstein b. Dresden
gest. am 16. VIII. 1893 in Göttingen
Prof. der klassischen Philologie
(18. V. 1850 als o. Mitgl.)
Nachruf in: Jub.-Bd 1896, S. XXIX

August S c h l e i c h e r

geb. am 19. II. 1821 in Meiningen
gest. am 6. XII. 1868 in Jena
Prof. der vergleichenden Sprachwissenschaft
(1. VII. 1863 als o. Mitgl.)
Nachruf in: Jub.-Bd 1896, S. XXX

August S c h m a r s o w

geb. am 26. V. 1853 in Schildfeld (Mecklenburg)
gest. am 19. I. 1936 in Baden-Baden
Prof. der Kunstgeschichte, zuletzt in Leipzig
(25. VII. 1894 als o. Mitgl.)

Ludwig S c h m i d t

geb. am 16. VII. 1862 in Dresden
gest. am 10. III. 1944 in Dresden
Prof. der Geschichte,
Oberbibliothekar an der Sächsischen Landesbibliothek
(20. VI. 1942 als o. Mitgl.)
Nachruf in: Jb. 1949–1953, S. 49

Richard S c h m i d t

geb. am 19. I. 1862 in Leipzig
gest. am 31. III. 1944 in Leipzig
Prof. des Straf-, Zivilprozeß- und Staatsrechts,
der Rechts- und Staatslehre
(31. VII. 1917 als o. Mitgl.)
Nachruf in: Jb. 1949–1953, S. 49–50

Ferdinand Josef S c h n e i d e r

geb. am 6. XII. 1879 in Mariaschein b. Teplitz
gest. am 4. XI. 1954 in Halle (Saale)
Prof. der neueren deutschen Sprache und Literatur
(12. XI. 1949 als o. Mitgl.)
Nachruf in: Jb. 1954–1956, S. 247–252.

Eberhard S c h r a d e r

geb. am 5. I. 1836 in Braunschweig
gest. am 3. VII. 1908 in Berlin
Prof. der alttestamentlichen Theologie und der Assyriologie
(30. XII. 1874 als o. Mitgl.)
Nachruf in: Sitzgsber. Bd 60, S. 195–205

Theodor Schreiber

geb. am 13. II. 1848 in Strehla (Elbe)
gest. am 13. III. 1912 in Leipzig
Prof. der Archäologie
(3. VIII. 1891 als o. Mitgl.)
Nachruf in: Sitzgsber. Bd 64, S. 187–200

Alfred Schultze

geb. am 25. II. 1864 in Breslau
gest. am 2. VII. 1946 in Leipzig
Prof. des deutschen Rechts und Kirchenrechts
(1. VII. 1920 als o. Mitgl.)
Nachruf in: Jb. 1949–1953, S. 50

Claudius Freiherr von Schwerin

geb. am 2. IX. 1880 in Passau
gest. am 13. VI. 1944 in München
Prof. der Rechtsgeschichte, des deutschen Rechts, deutschen bürgerlichen Rechts und Handelsrechts
(31. VII. 1934 als korresp. Mitgl.)
Nachruf in: Jb. 1949–1953, S. 51

Gerhard Seeliger

geb. am 30. IV. 1860 in Biala (Österr.)
gest. am 24. XI. 1921 in Leipzig
Prof. der historischen Hilfswissenschaften
(26. II. 1900 als o. Mitgl.)

August Seidler

geb. am 16. IV. 1779 in Osterfeld b. Zeitz
gest. am 14. XII. 1851 in Leipzig
Prof. der klassischen Philologie, zuletzt in Halle
(1. VII. 1846 als o. Mitgl.)

Woldemar von Seidlitz

geb. am 1. VI. 1850 in Petersburg
gest. am 16. I. 1922 in Dresden
Kunsthistoriker, Vortragender Rat in der Generaldirektion der „Kgl. Sammlungen für Kunst und Wissenschaft" Dresden
(31. VII. 1917 als o. Mitgl.)
Nachruf in: Sitzgsber. Bd 74, H. 2, S. 7*–20*

Gustav S e y f f a r t h

geb. am 13. VII. 1796 in Übigau b. Torgau
gest. am 17. XI. 1885 in New York
Prof. der Archäologie mit ägyptologischer Lehrtätigkeit, zuletzt in Leipzig
(1. VII. 1846 als o. Mitgl.)

Heinrich S i b e r

geb. am 10. IV. 1870 in Ihleburg b. Magdeburg
gest. am 23. VI. 1951 in Leipzig ▭ Mittenwald (Obb.)
Prof. des römischen Rechts und deutschen bürgerlichen Rechts
(22. II. 1932 als o. Mitgl.)
Nachruf in: Jb. 1949–1953, S. 55–56

Eduard S i e v e r s

geb. am 25. XI. 1850 in Lippoldsberg (Hessen)
gest. am 30. III. 1932 in Leipzig
Prof. der germanischen Philologie
(13. VI. 1892 als o. Mitgl.)
Nachruf in: Sitzgsber. Bd 85, S. 1–56

Albert S o c i n

geb. am 13. X. 1844 in Basel
gest. am 25. VI. 1899 in Leipzig
Prof. der Orientalistik
(2. II. 1891 als o. Mitgl.)
Nachruf in: Sitzgsber. Bd 51, S. 225–233

Rudolph S o h m

geb. am 29. X. 1841 in Rostock
gest. am 16. V. 1917 in Leipzig
Prof. des deutschen und römischen Rechts
(13. VI. 1892 als o. Mitgl.)
Nachruf in: Sitzgsber. Bd 69, H. 8, S. 15*–34*

Adolf S p a m e r

geb. am 10. IV. 1883 in Mainz
gest. am 26. VI. 1953 in Dresden-Bühlau
Prof. der germanischen Philologie und Volkskunde
(14. II. 1949 als o. Mitgl.)
Nachruf in: Jb. 1949–1953, S. 58–60

Anton S p r i n g e r

geb. am 13. VII. 1825 in Prag
gest. am 31. V. 1891 in Leipzig
Prof. der Kunstgeschichte
(15. XI. 1875 als o. Mitgl.)
Nachruf in: Jub.-Bd 1896, S. XXXIV

Walter S t a c h

geb am 1. XI. 1890 in Pieschen b. Dresden
gest. am 9. IX. 1955 in Ringingen b. Ulm
Prof. der mittellateinischen Sprache und Literatur,
zuletzt in Freiburg (Breisgau)
(14. II. 1938 als o. Mitgl.)
Nachruf in: Jb. 1954–1956, S. 256–258

Carl Bernhard S t a r k .

geb. am 2. III. 1824 in Jena
gest. am 12. X. 1879 in Heidelberg
Prof. der klassischen Philologie und Archäologie
(12. XII. 1854 als o. Mitgl.)

Georg S t e i n d o r f f

geb. am 12. XI. 1861 in Dessau
gest. am 28. VIII. 1951 in Hollywood (USA)
Prof. der Ägyptologie in Leipzig bis zur Emigration
(1. VIII. 1898 als o. Mitgl.)
Nachruf in: Jb. 1949–1953, S. 56–57

Wilhelm S t i e d a

geb. am 1. IV. 1852 in Riga
gest. am 21. X. 1933 in Leipzig
Prof. der Nationalökonomie
(16. V. 1904 als o. Mitgl.)
Nachruf in: Sitzgsber. Bd 85, H. 3, S. 1–12

Johann Ernst Otto S t o b b e

geb. am 28. VI. 1831 in Königsberg
gest. am 19. V. 1887 in Leipzig
Prof. der deutschen Rechtsgeschichte und des Privatrechts
(3. III. 1879 als o. Mitgl.)

Wilhelm S t r e i t b e r g

geb. am 23. II. 1864 in Rüdesheim
gest. am 19. VIII. 1925 in Leipzig
Prof. der indogermanischen Sprachwissenschaft
(1. VII. 1921 als o. Mitgl.)
Nachruf in: Sitzgsber. Bd 78, H. 4, S. 7*–11*

Franz S t u d n i c z k a

geb. am 14. VIII. 1860 in Jaslo (Galizien)
gest. am 4. XII. 1929 in Leipzig
Prof. der klassischen Archäologie
(19. XII. 1896 als o. Mitgl.)
Nachruf in: Sitzgsber. Bd 82, H. 2, S. 1–20

Hans S t u m m e

geb. am 3. XI. 1864 in Mittweida
gest. am 16. XII. 1936 in Dresden
Prof. der Orientalistik, zuletzt in Leipzig
(24. V. 1909 als o. Mitgl.)

Reinhold T r a u t m a n n

geb. am 16. I. 1883 in Königsberg
gest. am 4. X. 1951 in Jena
Prof. der slawischen Sprachen und Literaturen
(20. III. 1940 als o. Mitgl.)
Nachruf in: Jb. 1949–1953, S. 57

Georg T r e u

geb. am 16. III. 1843 in Petersburg
gest. am 5. X. 1921 in Dresden
Prof. der klassischen Archäologie und Kunstgeschichte
(1. VIII. 1898 als o. Mitgl.)
Nachruf in: Sitzgsber. Bd 73, H. 2, S. 51*–62*

Friedrich T u c h

geb. am 17. XII. 1806 in Quedlinburg
gest. am 12. IV. 1867 in Leipzig
Prof. der alttestamentlichen Theologie und Orientalistik
(11. II. 1860 als o. Mitgl.)

Friedrich August U k e r t

geb. am 28. X. 1780 in Eutin
gest. am 18. V. 1851 in Gotha
Geograph, Oberbibliothekar an der Herzoglichen Bibliothek
(1. VII. 1846 als o. Mitgl.)

Georg V o i g t

geb. am 5. IV. 1827 in Königsberg
gest. am 18. VIII. 1891 in Leipzig
Prof. der Geschichte
(24. IV. 1869 als o. Mitgl.)
Nachruf in: Jub.-Bd 1896, S. XXXIII

Moritz V o i g t

geb. am 10. IX. 1826 in Leipzig
gest. am 7. XI. 1905 in Leipzig
Prof. des römischen Rechts
(11. II. 1871 als o. Mitgl.)
Nachruf in: Sitzgsber. Bd 57, S. 299–304

Johannes V o l k e l t

geb. am 21. VII. 1848 in Lipnik (Galizien)
gest. am 8. V. 1930 in Leipzig
Prof. der Philosophie
(21. II. 1910 als o. Mitgl.)
Nachruf in: Sitzgsber. Bd 82, H. 1, 14 S.

Curt W a c h s m u t h

geb. am 27. IV. 1837 in Naumburg
gest. am 8. VI. 1905 in Leipzig
Prof. der alten Geschichte und klassischen Philologie
(2. V. 1886 als o. Mitgl.)
Nachruf in: Sitzgsber. Bd 57, S. 287–297

Wilhelm W a c h s m u t h

geb. am 28. XII. 1787 in Hildesheim
gest. am 23. I. 1866 in Leipzig
Prof. der Geschichte
(1. VII. 1846 als o. Mitgl.)

Carl Georg von Wächter

geb. am 24. XII. 1797 in Marbach (Neckar)
gest. am 15. I. 1880 in Leipzig
Prof. des römischen Rechts und Strafrechts
(12. XII. 1854 als o. Mitgl.)

Anton Westermann

geb. am 18. VI. 1806 in Leipzig
gest. am 24. XI. 1869 in Leipzig
Prof. der klassischen Philologie
(1. VII. 1846 als o. Mitgl.)
Nachruf in: Jub.-Bd 1896, S. XXIX

Ulrich Wilcken

geb. am 18. XII. 1862 in Stettin
gest. am 10. XII. 1944 in Baden-Baden
Prof. der alten Geschichte, zuletzt in Berlin
(28. VII. 1906 als o. Mitgl.)
Nachruf in: Jb. 1949–1953, S. 51

Ernst Windisch

geb. am 4. IX. 1844 in Dresden
gest. am 30. X. 1918 in Dresden
Prof. des Sanskrit, zuletzt in Leipzig
(11. VI. 1863 als o. Mitgl.)
Nachruf in: Sitzgsber. Bd 73, H. 2, S. 9*–24*

Moritz Wlassak

geb. am 20. VIII. 1854 in Brünn
gest. am 24. VI. 1939 in Wien
Prof. der römischen Rechtsgeschichte
(31. VII. 1934 als korresp. Mitgl.)

Karl Woermann

geb. am 4. VII. 1844 in Hamburg
gest. am 4. II. 1933 in Dresden
Prof. der Kunstgeschichte,
Direktor der Dresdner Gemäldegalerie
(31. VII. 1917 als o. Mitgl.)
Nachruf in: Sitzgsber. Bd. 85, H. 3, S. 15–24

Richard Paul W ü l k e r

geb. am 29. VII. 1845 in Frankfurt (Main)
gest. am 8. II. 1910 in Leipzig
Prof. der Anglistik
(15. X. 1888 als o. Mitgl.)
Nachruf in: Sitzgsber. Bd 62, S. 493–500

Friedrich Z a r n c k e

geb. am 7. VII. 1825 in Zahrenstorf (Mecklenb.)
gest. am 15. X. 1891 in Leipzig
Prof. der deutschen Philologie
(12. XII. 1854 als o. Mitgl.)
Nachruf in: Jub.-Bd 1896, S. XXXII

Heinrich Z i m m e r n

geb. am 14. VII. 1862 in Graben b. Karlsruhe
gest. am 17. II. 1931 in Leipzig
Prof. der Assyriologie
(30. VII. 1900 als o. Mitgl.)

BIBLIOTHEK UND ARCHIV

Bibliothekar im Nebenamt: Rolf Trauzettel (bis 28. II. 1959 Dr. Adalbert Plott) wissenschaftlicher Bibliothekar an der Universitätsbibliothek Leipzig, Leipzig C 1, Beethovenstraße 6, Tel. 30823, 32431, App. 24

Magazinverwalter: Max Damies

KASSE

Leiter im Nebenamt: Herbert Kaesehagen, Leiter der Abteilung Haushalt an der Karl-Marx-Universität Leipzig, Leipzig C 1, Ritterstraße 26, Tel. 7771

Buchhaltung: Lea Zimmermann

Gehaltsrechnerin: Inge Gröbe

VERWALTUNG UND SEKRETARIAT

Leipzig C 1, Universitätsstraße 3–5, Tel. 26090

Verwaltungsleiterin: Ilse Stohmann

Bibliothekarin: Gertrud Lindemann

Dipl.-phil. Elisabeth Lea, wiss. Assistentin

Angestellte: Frieda Lehmann, Edwin Gollmann, Heinz Kunze

VERLAG DER AKADEMIE

Akademie-Verlag GmbB, Berlin W 8, Leipziger Straße 3–4, Tel. 220441

KOMMISSIONEN UND UNTERNEHMUNGEN

Mathematisch-naturwissenschaftliche Klasse

Kommission für Poggendorff's biographisch-literarisches Handwörterbuch der exakten Naturwissenschaften

Leipzig C 1, Universitätsstraße 3–5, Tel. 26090

Vorsitzender: bis 31. XII. 1958 H ö l d e r , seit 1. I. 1959 A r l a n d

Mitglieder: Mothes, Simon, Strack, Prof. Dr. Hans Salié und Prof. Dr. Rudolph Zaunick als außerakademische Mitglieder

Redaktion (Leipzig C 1, Beethovenstraße 6, Tel. 30823 u. 32431, App. 12): Prof. Dr. Hans Salié, Prof. Dr. Rudolph Zaunick.

Mitarbeiter: Wissenschaftliche Oberassistenten: Dr. Maria Schwarzburger, Dr. Lebrecht Weichsel; wissenschaftliche Assistentin Dipl. phil. Lili Schneyer; Bibliothekarinnen: Dr. Hildegard Delling, Dorothea Johow, Luise Lützenberg, Martha Thon; bibliothekar. Hilfskräfte: Gertrud Lindemann (bis 31. X. 1959), Margot Mohs (seit 1. XI. 1959); wissenschaftliche Sekretärin: Ella Kandtler

Kommission für größere Forschungsangelegenheiten der mathematisch-naturwissenschaftlichen Klasse

Leipzig C 1, Universitätsstraße 3–5, Tel. 26090

Vorsitzender: bis 31. XII. 1958 B r e d t , seit 1. I. 1959 A r l a n d

Mitglieder: Schwabe, Simon, Strack

Düngung der Pflanzen nach erfolgtem Anbau

Leipzig O 5, Johannisallee 19
Leiter: A r l a n d
Wissenschaftliche Hilfskräfte: Annette Röllig, Christiane Springer
Technische Hilfskraft: Ernst Neumann

Laboratorium für Alternsforschung

Leipzig C 1, Johannisallee 32
Leiter: B ü r g e r
Technische Hilfskraft: Heimo Harnisch

Versuche zur Verbesserung der Synthese von Phenylchromverbindungen

Jena, August-Bebel-Straße 2
Leiter: H e i n
Wissenschaftliche Hilfskraft: Hans-Peter Schröer

Beiträge zur angewandten Mathematik

Leipzig C 1, Talstraße 35
Leiter: H ö l d e r
Wissenschaftliche Hilfskräfte: Günther Eisenreich, Werner Gähler

Erweiterte Regionalbibliographie von Mitteldeutschland

Leipzig C 1, Schillerstraße 6
Leiter: N e e f
Wissenschaftliche Hilfskraft: Ernst Benedict

Reinigung von Abwässern mit Hilfe von Adsorbentien

Halle (Saale), Schloßberg 2
Leiter: R u n g e
Wissenschaftliche Hilfskräfte: Werner Faulmann, Werner Hülsmann

Untersuchungen zur Frauenheilkunde

Leipzig C 1, Philipp-Rosenthal-Straße 55
Leiter: S c h r ö d e r †
Medizinisch-technische Assistentin: Helma Schmidt

Kristallstruktur und Katalyse. Holzimprägnierung

Dresden A 27, Mommsenstraße 6
Leiter: S i m o n
Wissenschaftliche Hilfskräfte: Dipl. chem. Christian Oehme, Klaus-Bernd Börner, Brigitte Karschunke, Gisela Schneider

Arbeiten an der Herausgabe der Briefe Alexander von Humboldts der Deutschen Akademie der Wissenschaften zu Berlin

Leipzig C 1, Universitätsstraße 3–5
Dr. Adalbert P l o t t (bis 31. XII. 1958)
Dipl. phil. Elisabeth L e a (bis 31. Januar 1959)
seit 1. II. 1959 Winnifred S c h e n k

Althochdeutsches Wörterbuch

Leipzig C 1, Beethovenstraße 6, Tel. 30823 u. 32431, App. 21
Leiter: Frings und Karg-Gasterstädt
Wissenschaftliche Mitarbeiterinnen: Dr. Gertraud Müller, Dr. Elfriede Ulbricht
Wissenschaftliche Oberassistenten: Dr. Heinrich Götz, Dr. Gerhard Wolfrum
Wissenschaftliche Assistenten: Dr. Siegfried Blum, Dr. Christa Kandler
Wissenschaftliche Hilfskraft: Hildegard Schellenberg

Altnordisches Wörterbuch

Leipzig C 1, Universitätsstraße 3–5
Leiter: Baetke
Wissenschaftlicher Oberassistent: Dr. Rolf Heller
Wissenschaftliche Assistentin: Dipl. phil. Gudrun Berner
Wissenschaftliche Hilfskräfte: Dipl. phil. Gisela Mövius, Dipl. phil. Lothar Wezel, Inge Benath

Neuausgabe des Chariton-Romans

Leipzig C 1, Peterssteinweg 8
Leiter: Dornseiff
Bearbeiter: Dr. Franz Zimmermann

Erschließung der Handschriftenbestände des Hauptarchivs der Franckeschen Stiftungen in Halle

Halle (Saale), Universitätsplatz 8–9
komm. Leiter: Eißfeld
Bearbeiter: Dr. Wilhelm Schäfer
Wissenschaftliche Hilfskraft: Rolf Sieber (bis 31. 12. 1958)

Paläographisches Wörterbuch der chineschischen Sprache

Leipzig C 1, Moschelesstraße 7
Leiter: Erkes †
Wissenschaftliche Hilfskräfte: bis 28. II. 1959 Dr. Martin Piasek, Dipl. phil. Gisela Meltzer

Wörterbuch der obersächsischen Mundarten

Leipzig C 1, Universitätsstraße 3–5

Leiter: F r i n g s , als Vertreter Dr. Rudolf Große

Wissenschaftliche Hilfskräfte: Dipl. phil. Gunter Bergmann, Dipl. phil. Joachim Göschel

Wissenschaftliche Hilfskräfte: Dipl. phil. Lieselotte Flechsig, Dipl. phil. Dagmar Helm, Dipl. phil. Horst Weber

Bibliographie zur Vor- und Frühgeschichte Mitteldeutschlands

Halle (Saale), Richard-Wagner-Straße 9–10

Leiter: J a h n

Bearbeiter: Prof. Dr. Walther Schulz

Wissenschaftliche Hilfskraft: Liddy Bierbaum

Untersuchungen zu den Beziehungen Ägyptens, Syriens und Griechenlands

Leipzig C 1, Schillerstraße 6

Leiter: M o r e n z

Wissenschaftliche Hilfskraft: Dr. Dieter Müller

Neubearbeitung der Weimarer Lutherausgabe

(Gemeinschaftsunternehmen der Deutschen und der Sächsischen Akademie der Wissenschaften)

Lutherstadt Wittenberg, Lutherhalle

Wissenschaftlicher Oberassistent: Dr. Hans-Ulrich Delius (1. I. 1958–31. I. 1959)

Historische Kommission

Leipzig C 1, Peterssteinweg 2–8, Tel. 34206

Vorsitzender: K r e t z s c h m a r

Stellv. Vorsitzender: Prof. Dr. Walter Markov

Beisitzer: Prof. D. Franz Lau

Mitglieder: Dr. Friedrich Beck, Prof. Dr. F. Behn, Prof. Dr. K. Bischoff, Dr. Karlheinz Blaschke, Dr. Hans Eberhardt, Prof. Dr. R. Fischer, Prof. Dr. W. Flach †, Dr. Hanns Gringmuth-Dallmer, Prof. Dr. G. Harig, Dr. Gerhard Heitz, Prof. Dr. W. Hentschel,

Dr. Otto Korfes, Kurt Krenz, Prof. Dr. Dr. E. Lehmann, Dr. Ernst Müller, Dr. Paul Nowottny, Dr. Horst Schlechte, Prof. Dr. F. Schneider, Prof. Dr. G. Schubart-Fikentscher, Prof. Dr. L. Stern, Prof. Dr. Dr. H. Weidhaas

Wissenschaftlicher Sekretär: Dr. Hans Walther

Verwaltung: Inge Schilbach

Deutsch-Slawische Forschungen (in Verbindung mit dem Staatssekretariat für Hochschulwesen)

Leiter: Frings und Fischer

Mitarbeiter: hauptamtlich: Dr. Hans Walther (zugleich als Geschäftsführer), Dr. Ernst Eichler, Dr. Horst Naumann
nebenamtlich: Dr. Karl Elbracht, Dr. Rudolf Große, Dr. Erhard Müller

Bibliographie zur Sächsischen Geschichte

Leiter: Kretzschmar
Nachtragsbände
Bearbeiter: Dorothea Denecke
Band Karl-Marx-Stadt (in Verbindung mit der Stadtverwaltung)
Bearbeiter: Dr. Werner Rust
Band Leipzig (in Verbindung mit der Stadtverwaltung)
Bearbeiter: Dr. Edith Rothe, Hildegard Heilemann

Korrespondenz des Herzogs Georg von Sachsen
Leiter: Kretzschmar und Prof. D. Franz Lau
Bearbeiter: Dr. Elisabeth Werl

Korrespondenz des Kurfürst Moritz von Sachsen
Leiter: Kretzschmar und Prof. D. Franz Lau
Bearbeiter: Siegfried Seifert, Johannes Herrmann

Sächsisch-polnische Beziehungen zur Zeit Augusts des Starken
Leiter: Kretzschmar
Bearbeiter: Johannes Kalisch

Ostmitteldeutsche Wirtschaftsgeschichte
Leiter: Kretzschmar
Bearbeiter: Erich Wild

Historischer Atlas von Sachsen
Leiter: Kretzschmar und Lehmann
Bearbeiter: Dr. Karlheinz Blaschke, Walther Hofmann

Sächsische Wüstungskarte und sächsisches Wüstungsverzeichnis
Leiter: Kretzschmar und Lehmann
Bearbeiter: Dr. Karlheinz Blaschke

Codex Diplomaticus Saxoniae
Leiter: Kretzschmar
Bearbeiter: N. N.

ZUSCHÜSSE

werden geleistet für die Veröffentlichungen
der Monumenta Germaniae Historica
des Thesaurus Linguae Latinae
der Gesammelten Abhandlungen von Sophus Lie.

Für die Unternehmungen der deutschen Akademien der Wissenschaften innerhalb der Union Académique Internationale ist je eine wissenschaftliche Hilfskraft eingesetzt:
für das Corpus Vasorum Antiquorum: Dipl. phil. Werner Müller (bis 28. II. 1959), Dr. Eberhard Paul (seit 1. III. 1959)
für das Mittellateinische Wörterbuch: Dr. Anneliese Grau.

VERTRETER DER AKADEMIE

Vertreter der Akademie in der Zentraldirektion
der Monumenta Germaniae Historica
Theodor Frings

Vertreter der Akademie bei der Internationalen Thesaurus-Kommission
Friedrich Klingner

Vertreter der Akademie im Vorstandsrat des Deutschen Museums
Theodor Frings,
im Verwaltungsausschuß: Wolfgang Langenbeck, Arthur Simon

Vertreter der Akademie im Redaktionsausschuß der Deutschen Literaturzeitung
Walter Baetke

Vertreter der Akademie im Redaktionsausschuß der Forschungen und Fortschritte
Franz Dornseiff, Ernst Hölder (bis 31. X. 1959)
Ott-Heinrich Keller (seit 1. XI. 1959)

Vertreter der Akademie bei der Kommission für die Herausgabe einer Encyklopädie der mathematischen Wissenschaften

Ernst Hölder

Vertreter der Akademie bei den Unternehmungen der deutschen Akademien der Wissenschaften innerhalb der Union Académique Internationale

Corpus Vasorum Antiquorum

Herbert Koch, Siegfried Morenz

Mittellateinisches Wörterbuch

Friedrich Klingner

SITZUNGSKALENDER FÜR DIE JAHRE 1957—1959

Die Vorträge werden nacheinander gehalten und vom Plenum entgegengenommen. Im Anschluß an die Vorträge finden getrennte Geschäftssitzungen der Klassen statt, an diese anschließend Gesamtsitzungen.

1957

		Mathematisch naturwissenschaftliche Klasse	Philologisch-historische Klasse
Montag,	21. Januar	Treibs	Fischer
Montag,	11. Februar	Runge	Straub
Montag,	11. März	Frenzel	Hempel
Sonnabend,	13. April	Öffentliche Gesamtsitzung zur Erinnerung an den Geburtstag von Leibniz	Korff
Montag,	6. Mai	Arland/Spackeler	Karg-Gasterstädt
Montag,	16. September	Prell	Jacobi
Montag,	14. Oktober	Schwabe	Dornseiff
Sonnabend,	16. November	Öffentliche Gesamtsitzung zur Erinnerung an den Todestag von Leibniz	Bredt
Montag,	9. Dezember	Strack	Bischoff

1958

Montag,	27. Januar	Neef	Hempel
Montag,	10. Februar	Leutwein	Eißfeld
Montag,	10. März	Staude	Kretzschmar
Sonnabend,	12. April	Öffentliche Gesamtsitzung zur Erinnerung an den Geburtstag von Leibniz	Zucker
Montag,	12. Mai	Deubel	Erkes
Montag,	15. September	Lissner	Barwick
Montag,	13. Oktober	Kähler	Flach
Sonnabend,	15. November	Öffentliche Gesamtsitzung zur Erinnerung an den Todestag von Leibniz	Köhler
Montag,	8. Dezember	Schröder	Baetke

1959

		Mathematisch naturwissenschaftliche Klasse	Philologisch-historische Klasse
Montag,	26. Januar	Peiper	Fischer
Montag,	23. Februar	Langenbeck	Zucker
Montag,	9. März	Bürger	Fück
Sonnabend,	18. April	Öffentliche Gesamtsitzung zur Erinnerung an den Geburtstag von Leibniz	Hertwig
Montag,	4. Mai	Hein	Kretzschmar
Montag,	14. September	Simon	Morenz
Montag,	12. Oktober	Fromme	Korff
Sonnabend,	14. November	Öffentliche Gesamtsitzung zur Erinnerung an den Todestag von Leibniz	Fischer
Montag,	7. Dezember	Schmalfuß	Dornseiff

ANSPRACHE DES PRÄSIDENTEN, HERRN FRINGS

bei den öffentlichen Gesamtsitzungen am 18. April und 14. November 1959

18. April 1959

Die Sächsische Akademie der Wissenschaften gedenkt in ihrer diesjährigen öffentlichen Frühjahrssitzung des 313. Geburtstages von Gottfried Wilhelm Leibniz und ihres eigenen 113. Geburtstages. Nach altem Brauch wird anläßlich der Frühjahrssitzung Bericht erstattet über den Fortgang der Arbeiten. Über die Tätigkeit der Akademie im abgelaufenen Jahr wird der Sekretar der mathematisch-naturwissenschaftlichen Klasse, Herr Arland, einen Überblick geben.

[Es folgen kurze Nachrufe auf die Herren Friedrich Adolf Willers, Karl Kegel, Walter Goetz und die Bekanntgabe von Zuwahlen in die Akademie.]

Am 6. Mai 1959 wird nicht nur in Deutschland des 100. Todestages Alexander von Humboldts gedacht. Obwohl nicht Mitglied unserer Akademie, war Alexander von Humboldt[1] durch sein Studium an der Bergakademie Freiberg und die in dieser Zeit und später entstandenen Verbindungen mit Studenten und Gelehrten Freibergs bis in sein hohes Alter mit Sachsen verbunden. Alexander von Humboldt wurde 1791 an der Bergakademie Freiberg immatrikuliert und von Professor Abraham Gottlob Werner, dem führenden Geologen seiner Zeit, freundlich aufgenommen. Freiberg wurde zu einer wichtigen Station auf dem Wege zur Vorbereitung der großen Forschungsreisen und der umfassenden wissenschaftlichen Arbeit des Geologen und Vulkanologen, des Morphologen und Klimatologen, des Ozeanographen und Pflanzengeographen. Seine Freiberger Studienzeit war vor allem der Beobachtung, dem Lernen und der Herbeischaffung des zur Aufklärung der damaligen wissenschaftlichen Streitfragen dienenden Materials gewidmet. Ein Zeichen ungewöhnlicher Vielseitigkeit des Geistes sind mehrere selbständige Abhandlungen des erst Zweiundzwanzigjährigen. Das Manuskript der „Flora subterranea Fribergensis" hat er im wesentlichen in Freiberg verfaßt, in Bayreuth und Berlin wurde es vollendet. In den Schäch-

[1] Vgl. Walter Schellhas, Alexander von Humboldt und Freiberg in Sachsen. = Freiberger Forschungshefte. Kultur u. Technik D 33: Alexander von Humboldt. Seine Bedeutung für den Bergbau und die Naturforschung. Berlin 1960. S. 29–113. Das Manuskript wurde freundlicherweise im Auszug zur Verfügung gestellt.

ten und Stollen des damals stark aufstrebenden Freiberger Silberbergbaus wurde er „Bergmann vom Leder“ und betrachtete sich mit Stolz fortan immer den Männern des Schlägels und Eisens zugehörig. Mit voller Hingabe, keine körperliche Anstrengung scheuend, betrieb er seine praktische Arbeit und seine technischen Studien über und unter Tage. Die Bibliothek der Bergakademie Freiberg besitzt von der Hand Alexander von Humboldts eine „Fahrt-Beschreibung von der auf Neu-Beschert-Glück in der Stadt am 5ten Jul. gemachten Befahrung“. Obwohl Alexander von Humboldts Freiberger Studienzeit, die seine akademische Ausbildung abschloß, nur von kurzer Dauer war – rund 9 Monate –, so war sie doch grundlegend für die weitere Entwicklung zum Begründer der wissenschaftlichen Erforschung der Erde.

Staat und Wissenschaft feiern 1958 und 1959 in kurzen Abständen drei deutsche Männer: Max Planck, Alexander von Humboldt, Friedrich Schiller. Jeder von Geist und Sittlichkeit geprägt, bezwang jeder in seiner Art die Welt. Indem wir ihrer gedenken und sie feiern, sollten wir nicht die Pflicht vergessen, die uns damit auferlegt ist: stark sein im Geiste, klar in der Welt, fest im Dienst an unserem Volk.

14. November 1959

Nach altem Brauch hält die Sächsische Akademie der Wissenschaften ihre öffentliche Novembersitzung zur Erinnerung an den Todestag ihres Patrons, des Philosophen und Forschers Gottfried Wilhelm Leibniz. Er ist am heutigen Tag, am 14. November 1716, vor 243 Jahren gestorben.

Auf der Höhe seines Ruhmes und Einflusses hat Leibniz den Plan verfolgt, an den Mittelpunkten politischer Macht und geistigen Lebens staatlich unterstützte gelehrte Gesellschaften zu gründen, so in Berlin, Dresden und Wien. Zusammen mit dem ihm befreundeten Mathematiker und Physiker Ehrenfried Walter von Tschirnhaus[1], dem Sproß eines sächsischen Adelsgeschlechtes, das in der Oberlausitz begütert war, bemühte er sich bereits 1693 in Dresden um die Gründung einer Sächsischen Akademie der Wissenschaften. Den Plan gab er bis 1705 nicht auf, erst die politischen Wirren verhinderten die Verwirklichung. Dresden war am Anfang des 18. Jahrhunderts in schwierigerer Lage als Berlin, wo 1700 die heutige Deutsche Akademie der Wissenschaften gegründet werden konnte. Der Gedanke an Leipzig als Sitz einer Akademie der Wissenschaften war besonders bei Tschirnhaus lebendig. Er sah gerade Leipzig als geeigneten Ort für eine internationale Organisation der Wissenschaft durch Kongresse. In einem Brief an Leibniz stehen die Worte: „Die Kaufleute kommen ihrer zeitlichen vergänglichen Dinge wegen zu Leipzig auf der Messe zusammen; könnten nicht auch gelehrte Leute aus wichtigen Ursachen einmal allda

[1] Vgl. Eduard Winter, E. W. v. Tschirnhaus (1651–1708). Ein Leben im Dienste des Akademiegedankens. = Sitzgsber. d. Dt. Akad. d. Wissenschaften zu Berlin. Kl. f. Philosophie, Geschichte, Staats-, Rechts- u. Wirtschaftswissenschaften. Jg 1959, Nr. 1, 16 S., Berlin 1959.

zusammen kommen". Die Gedanken der beiden Freunde Leibniz und Tschirnhaus bekamen Gestalt erst in der ersten Hälfte des 19. Jahrhunderts. Zwanzig Professoren der Universität Leipzig, darunter der Physiker Wilhelm Weber, einer der Göttinger Sieben, richteten zu Beginn des Jahres 1846 an die Sächsische Regierung den Antrag auf Begründung einer Societät der Wissenschaften in Leipzig. Am 1. Juli, dem 200. Geburtstag von Leibniz, konnte sie bereits mit der Zusage einer staatlichen Unterstützung eröffnet werden, ein Jahr vor Begründung der Österreichischen Akademie der Wissenschaften im Jahr 1847. Wilhelm Weber stiftete die ihm aus dem Fonds der Göttinger Sieben überwiesenen 1400 Taler als Grundkapital einer Förderung naturwissenschaftlicher Arbeiten.

[Es folgen ein Nachruf auf Herrn Robert Schröder und die Bekanntgabe von Zuwahlen in die Akademie.]

Mitglieder und Freunde der Akademie, indem wir heute, am 14. November, des Todestages von Gottfried Wilhelm Leibniz gedenken, vergessen wir nicht den 10. November und den 200. Geburtstag Friedrich Schillers.

Wer seit früher Jugend die Worte, Verse, Gedanken und Gestalten des Dichters, Historikers und Ästhetikers mit sich trägt, wer ein Leben lang an der Seite bedeutender Erforscher des klassischen Zeitalters der deutschen Literatur verbracht hat, mag in einer stillen Stunde des besinnlichen Alters das Bedürfnis haben, die Hand auszustrecken nach diesem oder jenem der vielen Deuter Schillers, mit denen er gelebt hat. – Es ist schön, von einem Vertrauten zu einem Großen geführt zu werden. – Aber er steht dann, selbst ein Erfahrener im Bereich kritischer Wissenschaft, doch wie der Wanderer vor einem Wegweiser nach allen Himmelsrichtungen. Soll er dann gar aus seiner Besinnung heraus ein Wort sagen im Ausklang der feierlichen Stunden, in denen die Welt den Dichter ehrte, so fällt ihm in die Seele ein Wort von Thomas Mann: „Wer bin ich, daß ich das Wort führen soll zu seinem Preis, – huldigen soll diesem in Lichtesspuren wandelnden Beglückergeist, – vor meinen Augen die Gebirge kundiger Würdigungen und Ehrungen seines Lebens und Bildens, welche in anderthalb Jahrhunderten die gelehrte Forschung aufgetürmt hat?"

Verweilen wir einen Augenblick bei dem liebevollen Versuch des Romanciers Thomas Mann über den Dichter Friedrich Schiller. Nur wie am Rande erscheint der Dichter des Volkes, der Freiheit, des Völkerglücks. Was Schiller einem Volke ist, habe ich vor Jahren tief empfunden, als ich in der Akademie der Wissenschaften des armenischen Volkes, in Eriwan, an den Südhängen des Kaukasus, die armenische Übersetzung Schillers zum Geschenk erhielt. Ich meinte aus dem Geschenk und den Menschen, die es überreichten, etwas Eigenes herauszuhören: den Dank eines alten Kulturvolkes, das im Schutz der Sowjetunion, geschirmt vor seinen Verfolgern, Freiheit und Menschlichkeit und ein eigenes kulturelles Leben zurückerlangt hatte; den Dank an den Verkünder der Menschenwürde, den die Besten dieses Volkes, seine Lehrer und Führer im Herzen tragen; den Dank an den großen Menschen, der um die Tragik der Geschichte wußte, aber auch den Weg zu den Sternen kannte. Dies, das Ewig-Menschliche ist's, was auch Thomas Mann in der schillernden Feinsinnigkeit seiner vielfältigen Beobachtungen aufklingen läßt: die hochfliegende und emporreißende Großheit, wie sie Goethes weisere Natur-Majestät nicht bietet: ‚ihr seid alle zu armselig und irdisch für ihn‘, sagte dieser selbst; ‚ich kann, ich kann den Menschen nicht vergessen.‘

Lassen Sie mich, indem ich in das Persönliche der einleitenden Sätze zurückbiege, die Hand des Deuters ergreifen, dessen Geist der Goethezeit ich habe wachsen sehen in einem langen, gemeinsamen Wirken an dieser Stätte hoher Bildung. Was bei Thomas Mann mehr wie ein Wetterleuchten am Horizont aufzuckt, das tritt in der letzten Schillerrede von Hermann August Korff mit voller Wucht nach vorne. Er begreift den Dichter ganz aus dem Grunde seiner inneren Menschengröße. Mit einem geheimnisvoll wirkenden dramatischen Organ, das mehr ihn besitzt, als daß er es besäße, sucht, vom Sturm und Drang bis zur hohen Tragödie, der große Mensch den großen Menschen. Große Menschen, mit allem Menschlichen behaftet, bestehen die Tragödie ihres Lebens als Glied oder Symbol der Tragik, die das Wesen der Geschichte macht. Der Weltgeschichte als Welttragödie vermögen gerade die Großen nicht zu entfliehen. Größe im Untergang ist ihr besonderes Los. Der Redner des Abends, Herr Rudolf Fischer, wird darauf weisen können, daß Schiller aus seinem Wissen um Menschenschicksal die Tragik Wallensteins begreifen konnte, ohne die Methoden späterer exakter Geschichtsforschung. Schillers Weg über das Studium der Geschichte und Philosophie war kein Abweg, es war ein Weg des Fleißes und der Besinnung, der den jugendlichen Revolutionär zum reifen Verkünder erhabener menschlicher Wirklichkeit machte.

Im Umbruch der Welt, den wir merkwürdig bewußt erleben, in der Entfaltung des Willens der Völker, nicht mehr des Einzelnen, mögen Schillers Helden einmal verbleichende Erinnerungen werden. Ist es eine Utopie zu meinen, daß Weltgeschichte als Welttragödie im Begriff ist zu schwinden?

Bleiben aber wird der Mensch, der aus der Größe der eigenen Brust alle Größe begriff, so gebunden sie sein mag an das Verhängnis des Seins. Danken wir ihm mit Thomas Mann für die Arbeit am Geist der Nation, ihrer Moral und Bildung, für seine Arbeit an der Menschheit, und begreifen wir ihn nicht als Flüchtigen aus der Wirklichkeit ins Reich des Müßig-Schönen, sondern in dem bewahrenden Dienst am Leben, in seinem Wirken zu heilen von Angst und Haß durch seelische Befreiung.

Wie bei der Feier des 100. Geburtstages im Jahre 1859 fühle sich das zweigeteilte Deutschland eins in Schillers Namen. Von seinem gewaltigen Wirken gehe in uns ein die rettende Ehrfurcht des Menschen vor sich selbst.

BERICHT DES SEKRETARS
DER MATHEMATISCH-NATURWISSENSCHAFTLICHEN KLASSE,
HERRN ARLAND, ÜBER DEN STAND DER ARBEITEN DER AKADEMIE

Erstattet in der öffentlichen Gesamtsitzung am 18. April 1959

Der zu erstattende Bericht umfaßt die Zeit vom 1. April 1958–31. März 1959 und betrifft zunächst die mathematisch-naturwissenschaftliche Klasse. Das Unternehmen „Düngung der Pflanzen nach erfolgtem Anbau" wurde mit Untersuchungen zum Thema ‚Düngung und Plasmaresistenz' bei Hafer fortgesetzt. An Hand von jungen Pflanzen, die auf gleichbleibende Umwelt eingestimmt waren, ermittelte man unter anderem den Gehalt an Eiweißstickstoff sowie den osmotischen Wert und die Anwelktranspiration. Durch Anzucht der Pflanzen zu verschiedenen Jahreszeiten war es möglich, den jeweiligen Plasmazustand unter natürlichen ökologischen Bedingungen nachweisen zu können. Im Hinblick auf die osmotischen Werte stellte sich ein Optimalbereich ein. In diesem war der höchste Ertrag zu verzeichnen. Unter Langtagbedingungen fiel das Transpirationsminimum mit dem Hydraturoptimum zusammen. Bei entsprechendem Einsatz von Licht und Temperatur läßt sich der den Ertrag maßgeblich bestimmende Plasmazustand bereits im 4-Blattstadium an Hand der Anwelktranspiration testen. – Herr B ü r g e r setzte die Untersuchungen über die chemischen Alternswandlungen des menschlichen Gehirns fort. Sie hatten die Hirnlipoide zum Gegenstand, speziell die Sterine und Steroide. Unter anderem befaßte man sich mit der quantitativen vergleichenden Aufschlüsselung der Gerüstsubstanzen. Die Untersuchungen ergaben, daß die Gerüstsubstanz des Gehirns reichlicher Aminosäuren mit hoher Verbrennungswärme besitzt als die der peripheren Nerven. Zum Abschluß gelangte eine Arbeit über die „Biomorphose des Glaskörpers". In Fortführung dieser Untersuchungen unternahm man es, nähere Aufschlüsse über die Natur der in Glaskörperflüssigkeit von Rindern vorkommenden reduzierenden Substanzen zu gewinnen. Es zeigte sich, daß es sich bei dem größten Teil der reduzierenden Stoffe um Glucose handelt. Der Ammoniakgehalt wies statistisch gesicherte Unterschiede zugunsten der jüngeren Tiere auf. Damit konnten hinsichtlich des Ammoniaks ähnliche Verhältnisse wie im Blut des Menschen festgestellt werden, das bei Kindern höhere Ammoniakwerte aufweist. Antibiotische Eigenschaften waren in der Glaskörperflüssigkeit von Rindern weder bei jungen noch bei alten Tieren nachzuweisen. – Herr H e i n setzte seine „Untersuchungen über den Bildungsmechanismus der Chromorganoverbindungen" fort. Zur Aufklärung der Wechselwirkung zwischen Phenylmagnesiumbromid und Chromchlorid in Äther wurden verschieden dosierte Ansätze nach dem Durchreagieren mit Brombenzol nachbehandelt. Dies hatte zwar eine Ausbeutenverminderung zur Folge, gleichzeitig wurde aber auch eine bemerkenswerte Veränderung des Mengenverhältnisses der resultierenden Chrom-Aromaten-Komplexe und außerdem chromatographisch die Bildung einer neuen Komponente festgestellt. Diese scheint auf Grund ihres Verhaltens und nach Vergleichsversuchen einen Komplex des Chroms mit Terphenyl als Liganden darzustellen. Eine befriedigende Deutung dieses Befundes kann noch nicht gegeben werden. – Herr Schröder hat sich auch weiterhin der Erforschung von Stoffwechselveränderungen in der normalen und pathologischen Schwangerschaft, insbesondere bei Spätschwangerschaftstoxikosen gewidmet. In Fortsetzung früherer Untersuchungen wurden die enzymatischen Milchsäurebestimmungen im Blut zu Ende geführt. Sie betreffen mütterliches Blut, Nabelschnurblut und Fruchtwasser. Unter der Geburt steigt die Milchsäure im mütterlichen Blut signifikant an, im Nabelschnurblut sind die Werte etwa doppelt so hoch wie im mütterlichen Blut unter der Geburt. Die höchsten Werte wurden im Fruchtwasser gefunden. Des weiteren gelangten die chemischen Untersuchungen über die Zitronensäure im Serum zum Abschluß. Bei Spätschwangerschaftstoxikose zeigte sich eine Erhöhung der Zitronensäurekonzentration im Plasma, die bei Entlastung des Stoffwechsels auf den Normalstand gebracht werden konnte. Weitere Untersuchungen wurden eingeleitet. – Herr Simon setzte seine Untersuchungen zum Thema „Spinellbildung und Katalyse der Isopropanspaltung" durch Messungen an Spinell-Katalysatoren fort. In die Arbeiten wurden das dehydrierende ZnO und das dehydratisierende Al_2O_3 einbezogen. Im einzelnen galt es, Fragen der Aktivität und Selektivität zu klären, wenn beide Kontakte, im vorliegenden Falle ZnO und Al_2O_3, gleichzeitig, vor allem aber bei beginnender Spinellbildung katalytisch eingesetzt werden. Es ergab sich, daß der bei 600° C aus Mischhydroxyden entstehende Zn/Al-Spinell besonders aktiv ist. Er befindet sich in einem „Zwischenzustand", der bei der nächst höheren Temperaturstufe aufgehoben wird. Im Gegensatz zu den bei höheren Temperaturen (700 bis 1000° C) sich bildenden Spinellen dehydriert er nicht, sondern dehydratisiert, eine Besonderheit, die auf strukturelle Vorbedingungen zurückzuführen ist. Ein weiteres Vorhaben des Herrn Simon hat die „Holzimprägnierung" zum Gegenstand. Die Feststellung der Diffusionsgeschwindigkeit der Präpariersalze in den Versuchshölzern erfolgte in der neu eingerichteten Klimaanlage unter für das Pilzwachstum optimalen Bedingungen. Unter anderem zeigte sich, daß die Eindringfähigkeit eines Tränkstoffes eine Verringerung erfahren kann, wenn es z. B. zur Bildung schwerlöslicher Verbindungen kommt und wenn Verstopfung der Diffusionswege durch Fixierungsprodukte von Tränkungspartnern eintritt. Es konnte ferner nachgewiesen werden, daß nach Beendigung der Imprägnierung eine Nachdiffusion in die inneren Holzpartien erfolgt. Hierbei gilt es Entmischungen zu beachten, die eine Änderung der Toxizität zur Folge haben. Wird kein genügender Schutzmittelüberschuß eingebracht, so besteht die Möglichkeit, daß die Randpartien des Holzes an Tränkstoff verarmen. Sie sind dann einer stärkeren Befallsgefährdung durch Holzschädlinge ausgesetzt. – Herr Staude befaßte sich mit „Untersuchungen über Oberflächenvorgänge an Halbleiterkristallen". Im einzelnen gelangte die Wirkung von Licht auf Adsorption und Leitfähigkeit zur Untersuchung. Besonders eingehend wurde die Adsorption von Chinon untersucht. Im allgemeinen zeigte sich, daß an belichteten Ionenkristallen, die keinen Anionenüberschuß enthalten, Chinon adsorbiert wird, an unbelichteten dagegen nicht. Leitfähigkeitsmessungen erfolgten in konstanten Temperaturbereichen, und zwar sowohl bei Dunkelheit als auch bei Belichtung. Im Temperaturbereich von 20 bis 120° C war außer bei Nickeloxyd (NiO) und Quecksilbersulfid (HgS) bei allen in die Prüfungen einbezogenen Sustanzen ein deutlicher Photoeffekt festzustellen, der bei Cadmiumsulfid und Thalliumbromid gegenüber der Dunkelleitfähigkeit besonders groß war. Interessante Ergebnisse zeigten ferner die Untersuchungen an dotierten Einkristallen sowie die über den Einfluß monochromatischen Lichtes. – Auf mathematischem Gebiet arbeiteten wissenschaftliche Nachwuchskräfte weiter an den Untersuchungen über „Mechanik und Variationsrechnung". Forschungen galten der von Herrn Kähler definierten Zetafunktion von Gebilden auf einer algebraischen Mannigfaltigkeit, insbesondere im Beweis der von ihm ausgesprochenen Vermutung über die Konvergenz dieser Funktion. Weiterhin wurden Versuche angestellt, mit dem Ziele, die metrische Theorie eindimensionaler Variationsprobleme auf den zweidimensionalen Fall zu verallgemeinern. – Die redaktionellen Arbeiten zum VII. Band der Gesammelten Abhandlungen von Sophus Lie, den unsere Akademie gemeinsam mit dem Norwegischen Mathematischen Verein, Oslo, herausgibt, sind abgeschlossen. Es ist anzunehmen, daß der Band zum Herbst dieses Jahres in Druck geht. – Von Poggendorffs biographisch-literarischem Handwörterbuch der exakten Naturwissenschaften konnten im Berichtsjahr 5 Lieferungen erscheinen, und zwar die 1. bis 5. Lieferung von Band VIIa, 3. Teil. Die 6. Lieferung ist imprimiert, die 7./8. (Schlußlieferung) von VIIa, 3 befindet sich in der Bogenrevision. Die Manuskripte des 4. Teilbandes (S–Z) sind in Arbeit. Die beiden ersten Lieferungen befinden sich im Satz. – Unsere Akademie ist ferner an einer von der Deutschen Akademie der Wissenschaften zu Berlin geplanten historisch-kritischen Gesamtausgabe der Briefe Alexander von Humboldts beteiligt. Diese soll anläßlich der 200. Wiederkehr seines Geburtstages am 14. September 1969 erfolgen. Im Berichtsjahr wurden rund 2000 Originalbriefe Humboldts aus deutschen Bibliotheken, Archiven und aus Privathand transkribiert und bearbeitet, darunter Briefe an Arago, Bessel, Bonpland, Du Bois Reymond, Ehrenberg, Goethe, die Brüder Grimm, Karl Gustav Jacobi, Mitscherlich und die zahlreichen Jugendbriefe an Freiesleben. Die Bearbeitung geschieht nach feststehenden Editionsgrundsätzen. Nebenher läuft die Suche nach weiteren Originalbriefen Humboldts. Leipziger Mitarbeiter werden in Kürze mit der Transkription von 304 Originalbriefen beginnen, die im Deutschen Zentralarchiv Merseburg aufgefunden wurden.

In der philologisch-historischen Klasse wird unter der Leitung von Herrn Baetke am Unternehmen des „Altnordischen Wörterbuches" weitergearbeitet. Im Berichtsjahr konnte die Aufnahme des Wortmaterials des größten historischen Sammelwerkes, der Sturlunga saga, sowie der ausgewählten Bischofssagas und der ausgewählten Fornaldarsagas zum

Abschluß gelangen. Zur Zeit wird von einem Mitarbeiter die Sammlung noch an einem wichtigen historischen Text des 12./13. Jahrhunderts, der Sverrissaga, fortgesetzt. Die Arbeiten an der Festlegung der Bedeutungen machten große Fortschritte. Im Dezember vergangenen Jahres begannen die drei älteren Mitarbeiter mit der Ausarbeitung der Artikel. Da das Wörterbuch als einbändiges Werk erscheinen soll, müssen im Vergleich mit den vorhandenen Wörterbüchern eigene Wege für die Artikelausarbeitung gesucht werden. – Am „Wörterbuch der Obersächsischen Mundarten" unter der Leitung von Herrn F r i n g s und seinem Mitarbeiter, Herrn Dr. Rudolf Große, wurde im vergangenen Jahr vor allem die Erfassung des volkssprachlichen Wortschatzes im obersächsischen Raum weiterbetrieben. Neben den üblichen Methoden der Sammlung mit Fragebogen und der „freien" Zettelsammlung von zufällig Gehörtem ist ein neuer Weg beschritten worden. Nach diesem werden unter Zugrundelegung des vorliegenden Materials zunächst vom Buchstaben L die Wörterbuchartikel im Rohentwurf zusammengestellt und an die besten Mitarbeiter im Land (60–70 an der Zahl) zur Ergänzung für ihren Ort und ihre Gegend versandt. Auf diese Weise ist viel neues Wortgut zusammengekommen. Viele neue Belege konnten eingebracht werden. Die Fragebogen-Aktionen wurden im gleichen Umfang wie in den zwei zurückliegenden Jahren weitergeführt. – Im Hinblick auf die „Bibliographie zur Vor- und Frühgeschichte Mitteldeutschlands" unter der Leitung von Herrn J a h n sei mitgeteilt, daß die Arbeiten im letzten Jahre so gefördert worden sind, daß vom Schluß des Bandes „Sachsen-Anhalt und Thüringen" ein 700 Seiten starkes Heft in den nächsten Monaten herauskommen wird. Der Abschluß dieses Bandes kann Anfang 1960 erreicht werden. Die Vorarbeiten für den Schlußteil des Bandes „Sachsen" sind so weit gediehen, daß im Jahre 1960 mit ihrer Beendigung gerechnet werden kann. – Im Rahmen der von Herrn M o r e n z geleiteten Forschungen über die „Untersuchungen zu den Beziehungen Ägyptens, Syriens und Griechenlands" wurden die griechischen Isishymnen auf ägyptische Elemente hin untersucht, die Rolle des Schicksalsbegriffes in der ägyptischen Religion im Vergleich zur semitischen und griechischen Welt bearbeitet und das 64. Kapitel des Totenbuches in Angriff genommen. – Zu einem vorläufigen Abschluß gebracht wurde ein Teil der „Arbeiten am Archiv der F r a n c k e s c h e n S t i f t u n g e n in Halle". Der 40000 Karteikarten umfassende Katalog des Verzeichnisses aller im Archiv vorhandenen Handschriften und Handschriftenstücke wurde in eine alphabetische und innerhalb derselben in eine chronologische Ordnung gebracht. Die zur Zeit noch laufende Arbeit ist als Grundlage einer geplanten Katalog-Edition gedacht. Bearbeitet werden Kurzbiographien, die – soweit möglich – jedem der in der Kartei vertretenen Namen vorangestellt und auch mit ausführlichen Literaturangaben versehen werden sollen. – Die Arbeit am „Paläographischen Wörterbuch des Chinesischen" ist so weit fortgeschritten, daß in der Berichtsperiode die Übertragung des handschriftlichen Manuskriptes des verstorbenen Herrn E r k e s auf für den Druck geeignete Karteikarten beendet werden konnte. Sämtliche bearbeiteten Zeichen sind mit den Belegstellen der chinesischen Quellen versehen worden. Etwa die Hälfte der Zeichen wurde außerdem für die Schriftzeichentafeln gezeichnet. Künftig wird die Deutsche Akademie der Wissenschaften zu Berlin die Weiterführung der Arbeiten übernehmen. – Die Arbeit am „Althochdeutschen Wörterbuch“ unter der Leitung von Frau Karg-Gasterstädt und Herrn Frings ist in der Berichtszeit gleichmäßig fortgesetzt worden. Die 10. Lieferung konnte im September druckfertig erklärt und ausgegeben werden, die 11. steht kurz vor dem Umbruch. Mit ihr wird der Buchstabe B anfangen. Das Manuskript für die 12. Lieferung ist nahezu abgeschlossen. An den verschiedenen Karteien wird laufend gearbeitet. – Die Historische Kommission unter der Leitung ihres Vorsitzenden, Herrn Kretzschmar, hat die Bearbeitung der Bibliographien der drei sächsischen Großstädte Leipzig, Dresden und Karl-Marx-Stadt planmäßig fortgesetzt. Der Band „Chemnitz/Karl-Marx-Stadt“ geht seiner Vollendung entgegen. Von der Leipzig-Bibliographie erschien der erste Band, „Die Leipziger Messe“, im April 1958; der zweite, „Die Leipziger Universität“, soll bis zum Universitätsjubiläum (8. Oktober 1959) ausgeliefert werden. Der dritte und letzte Band, „Leipzig als Buch- und Bibliotheksstadt“, soll bis Ende des Jahres druckfertig vorliegen. Die Dresden-Bibliographie steht unmittelbar vor dem Abschluß; die Arbeit an der sächsichen Gesamtbibliographie ging normal weiter. Die Bearbeitung der Korrespondenz des Kurfürsten Moritz wurde fortgesetzt; der dritte Band der Korrespondenz des Herzogs Georg kann demnächst zum Druck gegeben werden. An Stelle des noch nicht druckreifen Manuskriptes „Regesten zur Wirtschaftsgeschichte des Vogtlandes“ wird das älteste Stadtbuch von Dresden (15. Jahrhundert) veröffentlicht werden. Vor dem Abschluß steht die Überarbeitung und Druckvorbereitung des nachgelassenen Manuskriptes von H. Beschorner „Die Wüstungen Sachsen“. Am Historischen Atlas von Sachsen wurden die Arbeiten weitergeführt.

An den Unternehmen der Union Académique Internationale sind wir beteiligt mit Arbeiten am Corpus Vasorum Antiquorum und am Mittellateinischen Wörterbuch. Im vergangenen Jahr wurden die Korrekturarbeiten an dem im Druck befindlichen ersten Faszikel von Band 1, Leipzig (Deutschland, Band 14) des Corpus Vasorum Antiquorum beendet. Auslieferung erfolgt in Kürze. Nunmehr soll mit der Veröffentlichung von Beschreibungen und Abbildungen der im Besitz des Archäologischen Institutes der Karl-Marx-Universität Leipzig befindlichen schwarzfigurigen Gefäße begonnen werden. Diese Gattungen schließen sich zeitlich unmittelbar an die im ersten Faszikel behandelten an und werden gerade einen Band füllen. Erst danach werden die rotfigurigen Gefäße, die nicht in einem Band unterzubringen sind und deren Herausgabe wesentlich langwieriger ist, bearbeitet. – Die Arbeit am Mittellateinischen Wörterbuch stand im Berichtsjahr ganz im Zeichen der Exzerpierung neuerer Literatur. Es wurden zahlreiche Werke, hauptsächlich aus dem Gebiete der Rechtsgeschichte und der Philosophie des Mittelalters, studiert. Die Exzerpte der ersten Serie wurden an die Zentrale des Mittellateinischen Wörterbuchs nach München, die der zweiten an die Berliner Arbeitsstelle gesandt; die dritte Serie verblieb in Leipzig.

BERICHT DES HERRN MORENZ ÜBER RÜCKGEFÜHRTE KUNSTSCHÄTZE DES LEIPZIGER ÄGYPTISCHEN MUSEUMS

(Entstehung und heutiger Stand der Sammlung)

Erstattet in der öffentlichen Gesamtsitzung am 15. November 1958

Im Zuge der Rückgabe ausgelagerten Kunstgutes mitteldeutscher Museen durch die Regierung der UdSSR gelangten im September 1958 auch die im Frühjahr 1943 nach Schloß Mutzschen verbrachten Schätze des Leipziger Ägyptischen Museums in den Besitz ihres Eigentümers zurück. Damit verfügt die dem Ägyptologischen Institut ihrer Heimatuniversität angeschlossene Sammlung wieder über alle Bestände, die – an mehreren Orten rechtzeitig und sorgfältig sichergestellt – den Brand ihrer Heimstätte in der Bombennacht zum 4. Dezember 1943 überdauert haben. Wir wollen das zum Anlaß nehmen, um uns auf Geschichte und Bedeutung dieser Institution in gebotener Kürze zu besinnen. Die Ägyptologie wurde in Leipzig von der klassischen Altertumswissenschaft her frühzeitig betrieben[1]. Zwar gingen der schon dreißigjährig verstorbene W. Spohn († 1824) und sein Schüler G. Seyffahrt (ao. Professor der Archäologie 1829–1854) auf dem Gebiet von Schrift und Sprache gänzlich in die Irre, doch baute der letztere zielbewußt und erfolgreich einen „ägyptologischen Apparat“ und damit den Grundstock des nachmaligen Museums auf. Zur Keimzelle wurde der spätzeitliche anthropoide Holzsarg des *Ḥd-b'śt. t-(i)r.w*, der 1842 zu Triest im Handel erworben war, übrigens für den Spottpreis von 289 Talern. Das Stück verdient und empfängt noch heute die Bewunderung des Betrachters, weil seine bis in die kleinsten Details (Haare, Nägel, Gewandfalten usw.) durchgearbeiteten und in erhabenem Relief geschnittenen Hieroglyphen ein eindrucksvolles Zeugnis zugleich von dem Bildcharakter der ägyptischen Schriftzeichen wie vom Niveau des damaligen Handwerks ablegen[2]. Ankäufe kleinerer Stücke kamen hinzu, und die Sammlung wurde durch Gipsabgüsse bedeutender Originale zu Kairo, Paris, London, Leiden und Berlin in geschickter Weise ergänzt; die letzteren – durchweg nicht ausgelagert – sind leider in der Bomben-

[1] Zur Geschichte der ägyptologischen Einrichtungen in Leipzig vgl. G. Steindorff, Das Ägyptologische Institut = Festschrift zur Feier des 500jährigen Bestehens der Universität Leipzig IV, 1, 1909, S. 65ff.

[2] G. Ebers, Der geschnitzte Holzsarg des Haṭbastru im ägyptologischen Apparat der Universität zu Leipzig = Abh. d. Kgl. Sächs. Ges. d. Wiss. 9 Nr. 3, 1884; für den Namen ist m. E. die Form *Ḥdb-b'śt. t.-(i) r. w* „das Niederwerfen der Bastet sei gegen sie (d. h. die Feinde)“ anzusetzen. Dieser polemisch-historische Namenstyp der Fluchform begegnet uns in der Spätzeit häufig und scheint für deren politische Umstände charakteristisch zu sein (H. Ranke, Die ägyptischen Personennamen II, 1952, S. 224; S. Morenz, Orient. Lit Ztg. 53, 1958, Sp. 538). Die Namensform mit *ḥdb* ist bezeugt (Ranke aaO. I, 1935, S. 261, Nr. 9); ihr gegenüber liegt Haplographie vor, offenbar durch Kontaktstellung der beiden b in der Sprache veranlaßt (so auch Ranke aaO. II, S. 380, als Zusatz zu I 261,7).

nacht sämtlich zugrunde gegangen. Dieses Wachstum wird zum größeren Teile freilich erst G. Ebers verdankt, der nach 16jähriger Unterbrechung, jetzt aber als regelrechter Professor der Ägyptologie (dafür habilitiert in Jena) 1870 die Pflege der inzwischen verselbständigten Wissenschaft vom alten Ägypten in Leipzig wieder aufnahm und sie, als Schüler von R. Lepsius und H. Brugsch, zugleich in die rechten Bahnen lenkte (seit 15. 12. 77 war er Mitglied unserer Akademie). Ebers ist ein vielseitig anregender und geschätzter Lehrer gewesen; A. Erman, Ed. Meyer, A. Wiedemann und U. Wilcken zählten zu seinen Schülern. Mit seinen historischen Ägyptenromanen begeisterte er darüber hinaus ein breites Publikum für den Gegenstand seiner Forschung[3]. Sein Name ist überdies für immer mit der Erwerbung der umfangreichsten medizinischen Handschrift verbunden, die wir bis heute kennen und die als „Papyrus Ebers" der Leipziger Universitäts-Bibliothek einverleibt wurde[4]. Aber erst G. Steindorff, der 1893 die Nachfolge des 1889 emeritierten Ebers antrat (seit 1. 8. 1898 Mitglied unserer Akademie, 1904 zum oö. Professor ernannt), brachte die ägyptische Sammlung entscheidend voran. Jetzt war das Zeitalter der Ausgrabungen gekommen, und mit Umsicht und Wagemut ging auch er, gefördert von öffentlichen Stellen (darunter der Leipziger Akademie), hauptsächlich aber gegründet auf die Munifizenz privater Geldgeber (besonders des Stuttgarter Industriellen E. [v.] Sieglin), bald nach der Jahrhundertwende an eigene Kampagnen in Ägypten und Unternubien zugunsten seines Instituts heran. Sie führten ihn und seine Mitarbeiter nach Gîza (1903/11), ins unternubische Anîba (1912, 1914, 1930/1) und nach Qâw, der Hauptstadt des 10. oberägyptischen Gaues (1913, 1928/9); außerdem wurde von Gîza aus ein frühgeschichtliches Gräberfeld bei Abusîr freigelegt (1910). Die Ergebnisse dieser Unternehmungen sind zum größten Teil von Steindorff und seinen Helfern publiziert worden[5]. Was sie dem Museum

[3] Die Tätigkeit von Ebers schilderte A. Erman, Mein Werden und mein Wirken, 1929, S. 110f, etwas boshaft auch S. 255/7.

[4] Ausgabe des (hieratisch, also in der für Handschriften entwickelten Kursive geschriebenen) Textes: Ebers, Papyros Ebers (mit hieroglyphisch-lateinischem Glossar von L. Stern), 2 Bde., 1875. Hieroglyphische Umschrift: W. Wreszinski, Der Papyrus Ebers I, 1913. Inhaltsübersicht und Analyse jetzt bei H. Grapow, Grundriß der Medizin der alten Ägypter II, 1955, S. 114ff. Übersetzung der Einzelabschnitte, nach Sachgruppen geordnet, ebd. IV, 1958. Beschreibung der Handschrift: Grapow, Zeitschr. f. ägypt. Sprache u. Altertumskunde 84, 1959, S. 38ff.

[5] Nur für Gîza ist leider eine Einschränkung zu machen. Zwar wurden die Ergebnisse der Ernst von Sieglin-Expedition zur Pyramidenanlage des Chefren durch Steindorffs Mitarbeiter U. Hölscher vorgelegt: Das Grabdenkmal des Königs Chefren = Veröffentlichungen der Ernst von Sieglin-Expedition in Ägypten I, 1912. Über das Material der Privatgräber dagegen sind Berichte nicht erschienen. Es war geplant, daß H. Junker, an den Steindorff 1911 die Grabungskonzession zugunsten der Wiener Akademie abgegeben hatte, nach der großen Publikation der Wiener Grabungen (Gîza. Bericht über die ... Grabungen auf dem Friedhof des Alten Reiches bei den Pyramiden von Gîza, 1. Band 1929) anschließend auch das Leipziger Material (zusammen mit W. Wolf) veröffentliche, doch fanden sich nach dem zweiten Weltkrieg die nötigen Unterlagen nicht mehr vor. Die Titel der übrigen Publikationen lauten: G. Steindorff, Aniba I, 1935; II, 1937. – H. Steckeweh, Die Fürstengräber von Qâw = Veröffentlichungen der Ernst von Sieglin-Expedition in Ägypten VI, 1936. – H. Bonnet, Ein frühgeschichtliches Gräberfeld bei Abusir = ebd. IV, 1928.

selbst einbrachten, mag im folgenden, unterstützt durch neue Aufnahmen, an einigen Beispielen sichtbar gemacht werden. Dabei wählen wir die zeitliche Folge der Dinge im Laufe der ägyptischen Geschichte.

Die Grabungen in Abusîr, nur eben abgezweigt von einer der Gîza-Kampagnen, legten ein frühgeschichtliches Gräberfeld frei und brachten eine reiche Ausbeute namentlich an herrlichen Steingefäßen verschiedener Formen von flachem Teller und ebener Platte bis zum tiefen Krug hauptsächlich aus sog. Alabaster, daneben auch aus Schiefer, Breccia, Granit und Diorit. Wir bilden eines dieser Gefäße ab, eine knapp 20 cm hohe Alabastervase mit niedrigem Hals, der in leichter Schwingung Schulter und Lippe verbindet. Die ausgewogene Formgebung ist von klassischer Schönheit, und eine in nahezu horizontalen bräunlichen und weißen Streifen verlaufende Maserung des Gesteins verleiht dem Stück ein prachtvolles natürliches Dekor. Die Fülle dieser Schätze, durchweg Beigaben zu privaten Bestattungen, drängt uns zu dem Schlusse, daß die ägyptische Formkraft in historischer Frühzeit (1./2. Dyn.) mit einem von breiten Kreisen getragenen Fortissimo des Könnens einsetzte[6]. Die weit umfangreicheren Unternehmungen in Gîza richteten sich zunächst auf Privatgräber der 5. und 6. Dyn. westlich der Cheops-Pyramide, später auf die Grabanlage des Königs Chefren. Dem Leipziger Museum erbrachten sie einen vielfältigen Bestand an Plastiken und Reliefs des Alten Reiches, die alle wesentlichen Typen dieser Hochblüte der ägyptischen Bildkunst in zwar ganz überwiegend durchschnittlichen, aber eben kennzeichnenden Exemplaren vor Augen stellen. Das bedeutendste Stück ist der Dioritkopf von einer kleinen Statue des Chefren, der so oft abgebildet wurde, daß wir auf seine Wiedergabe hier verzichten wollen[7]. Statt dessen bieten wir den oberen Teil der Kalksteingruppe eines Ehepaares. Die Frau steht – wie oft, aber nicht immer – zur Rechten des Mannes und legt ihre Linke auf seine linke Schulter. Sie trägt eine schwarze Strähnenperücke, ihr Gatte eine solche von Löckchen. Die in den Hauptflächen trefflich erhaltenen Farben zeigen in der üblichen Weise die hellere Haut der Frau durch Gelb, die dunklere des Mannes durch Rotbraun bezeichnet. Das eng anliegende Trägerkleid der Frau und der auf unserem Bilde im Ansatz noch sichtbare Schurz des Mannes sind weiß gemalt, außerdem ist der Halsschmuck bei beiden in schwachen Farbresten eben noch zu erkennen[8]. Zu solchen Plastiken von Grabinhabern der Feudalzeit (5./6. Dyn.) gesellt sich in deren späterer Phase die rundplastische Wiedergabe von Dienern hinzu, die ursprünglich ins Relief gebannt waren und im einen wie im anderen Falle den Grabherren und seine Familie zu versorgen hatten. Diese Auswirkung eines in der Verlängerung des Diesseits mit seinen Notwendigkeiten und Wünschen in alle Ewigkeit hinein befangenen Glaubens hat uns eine große Anzahl von höchst anschaulichen Arbeitsdarstellungen beschert, wie sie min-

[6] Tafel I a, Inv.-Nr. 3215, aus Grab 11 C-2; im Schnitt abgebildet bei Bonnet aaO. T. 11, Nr. 85; ebd. S. 17 Darlegungen über das Verfahren der Herstellung.

[7] Erstveröffentlichung durch L. Borchardt bei Hölscher aaO. S. 92, später z. B.: Kurzer Führer durch das ägyptische Museum der Universität Leipzig, 1938, T. 1.

[8] Tafel II a, Inv.-Nr. 2559.

a) Alabastervase der Frühzeit

b) Nubische Ritzmusterschalen (sog. C-Gruppe)

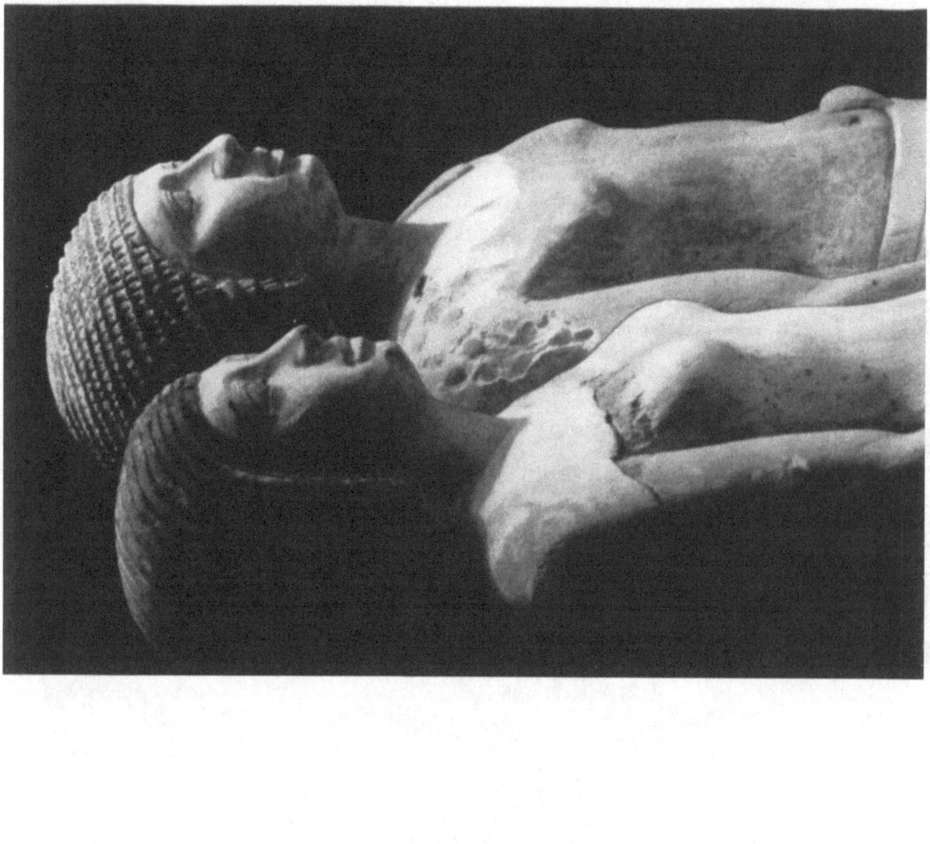

a) Ehepaar aus dem späteren AR

b) Koch bei der Arbeit (6. Dyn.)

a

b

c

d

a–d) Kelchförmiges Oberteil eines bronzenen Schalenuntersatzes (18. Dyn.)

TAFEL IV

a) Kalksteinsplitter: Betender vor Amun als Bock (20. Dyn.)

b) Krugscherbe: Mädchen, einen Ofen anblasend (20. Dyn.)

destens für so frühe Zeit (etwa ab 2350 v. Chr.) ohne Beispiel sind auf Erden. Daß hier vom Bildner statt der strengen Rechtwinkligkeit beim Grabherren eine zu den verschiedensten Winkeln führende Bewegtheit gewählt worden ist, zeigt unsere Abbildung eines Koches, der – ebenfalls aus Kalkstein – hinter seiner auf einem Kohlenfeuer stehenden Schüssel hockt und in der Linken einen Wedel zum Anfachen der Glut hält[9]. Ein weiter Sprung führt uns von da aus nach dem unternubischen Ort Anîba, wo von der Leipziger Grabung einerseits die nubische Siedlung *Mj'm* und die später angelegte ägyptische Stadt (im 14. Jh. Sitz der Provinzialverwaltung), anderseits ägyptische Bestattungen ebenso wie solche der einheimischen Bevölkerung freigelegt wurden. Aus dem Bereich des ägyptischen Friedhofs traten dabei zwei bronzene Schalenuntersätze zutage, die bisher fast einzigartig geblieben sind und in ihrer Formenfülle den Gestaltungsdrang des ägyptischen Barock vertreten, wie er sonst vor allem in den kunsthandwerklichen Schätzen des unseren Stücken ungefähr gleichzeitigen Tutanchamun-Grabes sinnenfällig wurde. Wir bringen den oberen (kelchförmigen) Rundfries eines dieser in durchbrochener Arbeit mittels des Wachsausschmelzverfahrens geschaffenen Exemplare (Gesamthöhe 17 cm) und zeigen, der Reihe nach abgewickelt, die dargestellte Szene eines Gastmahls mit Tafelmusik: das auf einer Bank sitzende Ehepaar mit dem kahlköpfigen Diener dahinter, das vor dem Paar stehende Mädchen mit der Schale und die sechs Musikantinnen, die Gesang mit Instrumentalbegleitung (Harfen, Leier, Flöte) darbringen[10]. Älter sind die für die einheimische Kultur kennzeichnenden Tongefäße, die wir nach der Herstellungsweise ihrer Ornamente Ritzmusterschalen zu nennen pflegen. Wir bilden hier zwei Exemplare aus der Fülle unserer Schätze ab, die uns regelrechte Typenreihen aufzustellen erlauben und unserem Museum zusammen mit den Steingefäßen aus Abusîr noch heute über den lokalen Bereich hinaus Gewicht geben. In jedem Falle handelt es sich um geometrische Muster, die auf schwarzem Grund angebracht und deren Ritzungen allermeist mit weißer Farbe ausgefüllt sind. Links sehen wir gestrichelte Quadrate mit ausgesparten Segmenten, rechts liegende Rauten. Die ganze Ware stammt aus den zum größten Teil mit Steinkreisen überbauten Gräbern der sog. nubischen C-Gruppe, die sich über das reichliche halbe Jahrtausend von der ersten ägyptischen Zwischenzeit bis zum Beginn des Neuen Reiches erstreckt; die linke Schale dürfte dem Anfang der Entwicklung nahestehen[11]. Wir wären noch Proben aus den Grabungen zu Qâw schuldig und könnten hier den durch seine kräftigen, wohlerhaltenen Farben ausgezeichneten Grabstein des Wersu (*Wr-św*), wohl vom Beginn der 18. Dyn., oder den anthropoiden Steinsarg eines Petosiris aus der letzten Ptolemäerzeit nennen, der sich dem

[9] Tafel IIb, Inv.-Nr. 2562; veröffentlicht von J. H. Breasted jr., Egyptian Servant Statues, 1948, T. 42c und 43 sowie S. 45.

[10] Tafel IIIa/d, Inv.-Nr. 4803; veröffentlicht: Steindorff, Aniba II T. 96/7 und S. 147 (Beschreibung des Grabes und Datierungsfrage ebd. S. 198/200); zur Herstellung von Bronzen im Wachsausschmelzverfahren vgl. G. Möller, Die Metallkunst der alten Ägypter, 1924, S. 16 u. 24f sowie G. Roeder, zuletzt in: Ägyptische Bronzefiguren, 1956, §§ 701ff.

[11] Tafel Ib, Inv.-Nrn. 4232 bzw. 4206; veröffentlicht von R. Heidenreich bei Steindorff, Aniba I, T. 33,7 und S. 67 bzw. T. 46,7 und S. 80.

Betrachter durch das von einem Brustschild zusammengefaßte ornamental wirkende Inschriftenband in der Mittelachse des Oberteiles empfiehlt[12]. Doch haben wir es vorgezogen, statt dessen wenigstens zwei Zeugen der großen Gruppe des durch Ankauf, Tausch oder Schenkung in die Leipziger Sammlung gelangten Materials vorzustellen[13], die zugleich eine ebenso reizvolle wie bedeutsame Übung der Ägypter vertreten. Es sind Zeichnungen, die auf Kalksteinsplitter oder Tonscherben, beide herkömmlich Ostraka genannt, gesetzt wurden. Die eine ist, ihrem Gegenstand entsprechend, im strengen Stil gehalten und stellt einen knieenden Beter vor dem Reichsgott und Nothelfer Amun in seiner Gestalt als Ziegenbock unter einem mächtigen Fächer dar. Die andere gibt ein Mädchen wieder, das einen kegelförmigen Ofen anbläst, und nimmt uns durch die Freiheit und Leichtigkeit ein, mit der die Alltagsszene so überaus realistisch skizziert worden ist. Beide Stücke, die den Zusammenklang von Stil und Inhalt eindrucksvoll kundmachen, gehören ans Ende der Ramessidenzeit. Das erstere läßt sich durch die inschriftlich bezeichneten und anderweit bekannten Personen, das andere in erster Linie durch den Ductus der jetzt stark verblaßten und auf die Handlung bezüglichen hieratischen Beischrift (u. a.: „in den Ofen blasen") datieren[14]. Wir müssen abbrechen. Das Gesamturteil lautet: Wir haben nicht mehr alles, aber wir haben noch vieles, und nicht weniges davon ist gut. Eine Auswahl der schönsten Stücke, dem Freund altägyptischer Kultur in gefälliger Form dargebracht, findet man jetzt in dem Bildband „Die Schatzkammer, Band 3: Ägypten", 1960 (mit Aufnahmen von H. Etzoldt). An wissenschaftlichen Veröffentlichungen einzelner Gegenstände ist noch mancherlei zu tun – bis hin zur römischen Zeit, die u. a. durch einen guten Kopf spätsullanischer (oder frühcäsarischer) Zeit aus schwarzem Stein vertreten wird[15]. Zunächst einmal aber sollten trotz allen objektiven und subjektiven Schwierigkeiten dem noch immer trefflichen Museum im 17. Nachkriegsjahr ein paar bescheidene, von der Institutsleitung längst bis ins Detail projektierte Räume verfügbar gemacht werden, damit die volkserzieherischen Möglichkeiten der Sammlung wahrgenommen und die wissenschaftlichen Aufgaben, die sie stellt, erfüllt werden können. Erst die Basis, dann der Überbau!

[12] Veröffentlicht bei Steckeweh aaO. T. 17b und S. 53 bzw. T. 27 und S. 59 (dort Bearbeitung des Textes durch H. Grapow); zur Datierung des späten Friedhofs: W. Wolf bei Steckeweh aaO. S. 63.

[13] Hier ist im übrigen hauptsächlich auf die Grabausstattung des Herischef-hotep aus dem Anfang des Mittleren Reiches (Schenkung der Deutschen Orient-Gesellschaft; veröffentlicht von H. Schäfer, Priestergräber ... vom Totentempel der Ne-user-rê = 8. Wiss. Veröffentlichung der DOG, 1908, S. 42ff) sowie auf Funde aus der ägyptischen Handelsfaktorei in Kerma am 3. Katarakt hinzuweisen – vor allem zarte Tonbecher und anderwärts unbekannte Schnitzereien aus Marienglas, die aus den Grabungen G. Reisners (Boston) im Austausch mit Anîba-Ware erworben wurden. Die 1906 im Austausch gewonnenen meroitischen Reliefs, die heute durch das neuerwachte Interesse an diesem Bereich (Butana-Expedition Hintze) besonders willkommen wären, hatten nicht ausgelagert werden können und sind im Brande zugrunde gegangen.

[14] Tafel IV a/b, Inv.-Nrn. 1657 bzw. 1894; letzte und gründlichste Behandlung durch E. Brunner-Traut, Die altägyptischen Scherbenbilder (Bildostraka) etc., 1956, T. 29 und S. 79 bzw. T. 24 und S. 65f.

[15] Abgebildet von Fr. Poulsen, Archäol. Anzeiger 53, 1938, Sp. 243 Abb. 3.

AUS DEN PROTOKOLLEN ÜBER DIE SITZUNGEN DER JAHRE 1957—1959

Mathematisch-naturwissenschaftliche Klasse

1957

Sitzung am 21. Januar

Vortrag des Herrn T r e i b s: „Entwicklungslinien der organischen Chemie". – A. Die sachliche Entwicklung: Die Chemie zählt als Wissenschaft, seit die Frage nach Wesen und Ursache gestellt wurde, etwa seit Paracelsus. Die Synthese des Harnstoffs durch Wöhler bedeutet den Anfang der ungeheueren Entwicklung der organisch-chemischen Forschung und Technik zum modernen organisch-chemischen Zeitalter. Die Theorie des organisch-chemischen Moleküls führt von Liebig und Wöhler über Kekulé und Butlerow, Van't Hoff und Pasteur zur modernen elektrischen Ausdeutung der organischen Bindung auf der gesicherten Grundlage des natürlichen Systems der Elemente. In den einzelnen Ländern wurde die wissenschaftliche und technische Entwicklung durch die wichtigsten Rohstoffe – vor allem Kohle und Erdöl – entscheidend beeinflußt. Die Ausweitung des Stoffgebietes führte zum Spezialistentum, zur teilweisen Trennung von Lehre und Forschung und zur Bildung von Forschungsgemeinschaften. – B. Die richtungsweisenden Persönlichkeiten dieser Entwicklung waren teils systematisch arbeitende Chemiker mit relativ beschränkten Zielsetzungen (Klassiker nach Ostwald) wie Wöhler und E. Fischer, teils universale, für jedes Ziel begeisterte Forscher (Romantiker nach Ostwald) wie J. v. Liebig und A. W. v. Hofmann. – Erschienen in den „Berichte(n)" Bd 102 (1957), Heft 7. – Herr Prell legt seine Arbeit „Die Vorstellungen des Altertums von der Erdumfangslänge" vor, die zum Druck in den „Abhandlungen" angenommen wird (erschienen in Bd 46, Heft 1 1959). – Vorgelegt werden Veröffentlichungen der Herren Anton Arland, Karl Kegel und Kurt Mothes. – Vgl. auch DLZ (Akademieberichte) 78. Jg, Heft 5, Sp. 465 (1957).

Sitzung am 11. Februar

Vortrag des Herrn R u n g e: „Über die Polymerisation ungesättigter organischer Verbindungen". – Für die Eigenschaften der fertigen Polymerisation ist die Art und Weise, wie man die Polymerisation in Gang gesetzt hat, maßgeblich. Wir unterscheiden zwei Methoden der Polymerisation: 1. die radikalische Polymerisation, 2. die ionische Polymerisation, wobei man bei der letzteren noch die kationische vor der anionischen gesondert betrachten kann. Jede Polymerisation hat drei Phasen des Reaktionsgeschehens: 1. die Startreaktion, 2. das Kettenwachstum (evtl. mit Übertragungsreaktion), 3. die Abbruchreaktion. Bei der Radikalpolymerisation reagiert das Monomere mit einem freien Radikal, wobei ein neues Radikal entsteht, das ein weiteres Grundmolekül heranzieht usw. Das Kettenwachstum läuft ziemlich ohne Übertragungsreaktion ab, so daß nur geringe Verzweigungen und Anomalien im Aufbau des Hochpolymeren vorkommen. – Anders ist es bei der kationischen Polymerisation, wo die verschiedenartigen Übertragungsreaktionen eine große Rolle spielen und z. B. aus Äthylen nicht nur stark verzweigte Makromoleküle, sondern auch Moleküle mit ungerader Zahl von Kohlenstoffatomen und cyclische Kohlenwasserstoffe entstehen. Die anomalen Verbindungen waren früher in einer umfangreichen Experimentalarbeit nachgewiesen worden. Für ihr Entstehen werden jetzt die theoretischen Deutungen gegeben. – Von der anionischen Polymerisation ist bisher wenig bekannt. Sie kann zu sehr großen, regelmäßig gebauten Makromolekülen führen, offenbar weil Übertragungsreaktionen nicht vorkommen. – Erschienen in den „Berichte(n)“ Bd 102 (1957), Heft 3. – Vorgelegt wird von Poggendorffs Biographisch-literarischem Handwörterbuch der exakten Naturwissenschaften Bd VII a, T. 2: F-K, Lfg 1.2 (Berlin 1957). – Vgl. auch DLZ (Akademieberichte) 78. Jg, Heft 6, Sp. 561f (1957).

Sitzung am 11. März

Vortrag des Herrn Prell (anstelle von Herrn Frenzel): „Abgasgefahren“. – Auf Grund seines selbstbewußten Herrschaftsanspruches über die Natur hält sich der Mensch für berechtigt, nach Belieben Gifte in der Natur auszustreuen. Dies geschieht planmäßig im Rahmen des Pflanzenschutzes und fahrlässig durch die Freigabe von Industrieabgasen. Der Mensch sucht selbstverständlich den aus diesem Vorgehen erwachsenden unbeabsichtigten Schäden vorzubeugen. Im Pflanzenschutz liegt dies weitgehend in seiner Hand, indem er Mißgriffe abstellt und ganz allgemein seine Maßnahmen verbessert (z. B. Übergang zu gezielter technischer oder zu biologischer Schädlingsbekämpfung). – Hinsichtlich der Industrieabgase ist Erstaunliches geleistet worden, um gelegentlich wahrhaft ungeheuerliche Giftausstoßungen (z. B. Tagesabgabe von rund 26,9 Tonnen Arsenik, 203,2 Tonnen Schwefelsäure und 2184,7 Tonnen Schwefliger Säure seitens der Anaconda Copper Mines in Montana USA [1908]) zu vermindern. Ebenso Wichtiges bleibt aber noch zu leisten übrig. Von einer Fülle von Giftstoffen, welche in Industrieabgasen auftreten können (z. B. Fluor-, Chlor-, Blei- und anderen Verbindungen), spielen wegen ihrer Verbreitung die Schweflige Säure (SO_2) und die Arsenige Säure (As_2O_3) die wichtigste Rolle, da S und As nicht nur in vielen Erzen, sondern auch in manchen Kohlen reichlich vorkommen. Die Schweflige Säure ist in erster Linie ein Pflanzengift, das durch Assimilationsstörung die Pflanzen zum Kränkeln und Absterben bringt. Die chronischen Rauchschäden im Walde stellen beim Aufblühen der Industrie eine von dieser meist unterschätzte Gefahr dar. Die Arsenige Säure, als Arsenik das seit Jahrtausenden zu planmäßigen Morden meistverwandte Gift, ist als Abgasbestandteil in erster Linie für Mensch und Tier gefährlich. Eigene Studien klärten die schwere und oft tödliche Schädigung von Bienen und von Nutzwild durch den auf Pflanzen abgelagerten Arsenikstaub auf, von der zuvor im Schrifttum nichts bekannt war. Die Bienen erwiesen sich dabei als ideale Merktiere für die Ermittlung von Arsengefahr und sind daher als solche planmäßig einzusetzen. – Als wirksame Schutzmaßnahme gegen Abgasgefahren kommt ausschließlich eine Verbesserung der Abgasreinigung in Betracht, wie sie im Kontaktverfahren der Schwefelsäuregewinnung aus dem SO_2, und durch Abfangen des bei Abkühlung als Staub ausfallenden As_2O_3 mit leistungsfähigen Elektrofiltern und Kammersystemen bereits in Anwendung sind. Der Wissenschaft sollte die Möglichkeit geboten werden, der Industrie bei der Entwicklung besserer Verfahren hilfreich zu sein. Wegen der schwadenweise erfolgenden Verteilung der Abgase muß die absolute Menge der zugestandenen Giftausstoßung je Tag festgesetzt werden, nicht die relative. Das Gefühl für den Charakter der Giftausstreuung durch Industrieabgase als Ursache fahrlässiger Gesundheitsgefährdung oder gar fahrlässiger Tötung von Mensch und Tier sowie von Baum und Kraut muß wachgerufen und vom Gesetze wachgehalten werden. Schadenvergütung entlastet nicht von Schadenverhütung. – Angenommen zum Druck in den „Berichte(n)". – Vorgelegt werden Veröffentlichungen von Herrn Erich Strack. – Vgl. auch DLZ (Akademieberichte) 78. Jg, Heft 7, Sp. 653ff (1957).

Sitzung am 6. Mai

Vortrag des Herrn Spackeler „Über die Möglichkeit einer Lieferung von Magnesiumsulfat als Düngemittel seitens des Kalibergbaus der Deutschen Demokratischen Republik". – Untersuchungen über die Bedeutung des Mg-Sulfates als Düngemittel mit dem Ziel seiner vermehrten Verwendung haben nur Zweck, wenn die benötigten Mengen dieses Salzes auch bereitgestellt werden können. Mg-Sulfat in Form des Kieserits ($MgSO_4 \cdot H_2O$) ist ein Nebenprodukt des Kalibergbaus. Der einleitende Vortrag prüfte daher die Frage, ob im Gebiet der DDR oder wo sonst greifbare Mengen dieses Minerals vorhanden sind und wo die Möglichkeit des Ausbaus der Erzeugung gegeben ist. Die Kalilagerstätten der Welt enthalten hauptsächlich 3 Rohsalzarten, Carnallit, ein Gemenge des Minerals Carnallit ($KCl \cdot MgCl_2 \cdot 6H_2O$) mit Steinsalz und Kieserit, etwa 8–9 % K_2O enthaltend, Hartsalz, in welchem der Carnallit durch Wegführung die $MgCl_2$ durch Sylvin (KCl) ersetzt ist, mit 10–14 % K_2O und Sylvinit, ein kieseritfreies Gemenge von Sylvin und Steinsalz mit 15–22 % K_2O. Die ausländischen Lagerstätten bestehen zum großen Teil aus Sylvinit. Wir müssen uns in Deutschland mit Hartsalzen und Carnalliten begnügen. Eine fühlbare Förderungssteigerung zwecks erhöhter Ausnutzung des Kieserits werden wir nur noch aus Carnalliten durchführen können, von denen wir dafür aber sehr große Vorräte besitzen. Es würde daher ein Ausgleich gegenüber den günstigeren Erzeugungsbedingungen des Auslandes sein, wenn wir den Kieserit nutzen könnten. Ein Überblick über die Lagerstätten ergibt, daß die Bundesrepublik nur in beschränktem Maße ihre Kieseritlieferung steigern kann, während das Ausland überhaupt kaum in der Lage sein wird, Kieserit zu liefern. Es liegt daher im Interesse der Volkswirtschaft der DDR nicht nur zum Besten der eigenen Landwirtschaft, sondern um wertvolle Exportware zu schaffen, den Wert der Düngung mit $MgSO_4$ nachzuweisen und den Absatz daran zu fördern.

Vortrag des Herrn A r l a n d „Magnesium im Landbau". – Vor gar nicht langer Zeit schrieb man dem Magnesium im Rahmen der Düngung nur in seltenen Fällen größere Bedeutung zu. In den letzten Jahren wurden jedoch immer mehr Erscheinungen bekannt, die für ungenügende Versorgung vieler unserer Böden mit Magnesium sprechen. Oft liegt Magnesiummangel vor, ohne daß sichtbare Zeichen zu erkennen sind. In jedem Falle bedeutet dies eine Beeinträchtigung des Ernteertrages, sowohl mengenmäßig als auch qualitativ. Versuche ergaben, daß es sehr darauf ankommt, die Pflanzen je nach Umwelt, insbesondere aber je nach Boden und Art mit ganz bestimmten Mengen Magnesium zu versorgen. Die Bemühungen, den Bedarf der Pflanzen an Magnesium auf Grund von Ergebnissen chemischer Bodenanalysen zu ermitteln, sind insofern mit Schwierigkeiten verbunden, als es keineswegs leicht sein wird, allgemein gültige Regeln aufzustellen und Grenzzahlen festzulegen. Eine besondere Erschwernis ist gerade beim Magnesium insofern gegeben, als sich Magnesium-Mangel-Erscheinungen bei recht verschieden hohen Gehaltszahlen des Bodens wie auch bei unterschiedlichem Magnesiumgehalt der Pflanze zeigen. Das rührt daher, daß sich das Magnesium mit anderen Ionen in engen Wecheslbeziehungen befindet und nicht isoliert betrachtet werden darf. Auch bei der Düngung mit Magnesium kommt es auf Schaffung von Gleichgewichten zwischen allen Faktoren an, wobei es gilt, auch die Klimafaktoren zu berücksichtigen. Diese Gleichgewichte zu ermitteln ist nach u. E. nur mit Hilfe pflanzenphysiologischer Methoden möglich, vor allem solcher, die es gestatten, einen Einblick in den Stoffwechsel der Pflanzen zu gewähren. Nach vorliegenden Versuchen erwies sich die Transpirationsintensität auch im Hinblick auf Magnesium als Indikator für optimale Versorgung der Pflanzen. Bei Handhabung der Anwelkmethode ist es möglich, den jeweiligen Bedarf der betreffenden Pflanzenart auf dem jeweils vorhandenen Boden kurzfristig festzustellen und auch das Düngemittel anzugeben, das sich am besten bewährt. Hierbei wird es im Rahmen all dieser Versuche ganz besonders darauf ankommen, die Technik zu erarbeiten, die insbesondere im Hinblick auf die Einstimmung der Pflanzen auf besondere umweltbedingte Zustände einzuhalten ist. – Erschienen in den „Berichte(n)" Bd 103 (1958), Heft 1. – Vorgelegt werden Veröffentlichungen der Herren Walter Frenzel, Georg Spackeler, Herbert Staude sowie von Poggendorffs Biographisch-literarischem Handwörterbuch der exakten Naturwissenschaften Bd VII a. T. 2: F–K, Lfg 3 (Berlin 1957). – Vgl. auch DLZ (Akademieberichte) 78. Jg, Heft 9, Sp. 847 ff (1957).

Sitzung am 16. September

Vortrag des Herrn F r e n z e l (anstelle von Herrn Prell): „Die Spindel in ihrer Entwicklung". – Die Spinnspindel gehört zu den ältesten Werkzeugen des Menschen; sie ist auch das wichtigste Element in der mechanischen Spinnerei. Es ist unbekannt, wer die Handspindel zuerst gebrauchte. Ägyptische Grabdenkmäler von 2000 v. Chr., Pfahlbaufunde, alte Sagen weisen auf dieses älteste Spinngerät hin. Der technologische Vorgang beim Spinnen mit der Handspindel, mit dem Hand- und dem Trittrade wird erklärt, anschließend die Entwicklung der ersten Spinnmaschine von J. Hargreaves geschildert und derjenigen von R. Arkwright, S. Crompton, R. Roberts und H. de Girard, um auf die Entwicklung der Glocken- und Ringspinnmaschine überzugehen. Von der anfangs starr gelagerten Rabbeth-Spindel ging man zur flexiblen Spindel mit Dämpfungsorgan über, mit der durch Spannrollenantrieb höhere Drehzahlen (9–13 000) erzielt wurden. Mit Selfaktorspindeln suchte man weichgedrehte Garne auf der Ringspinnmaschine herzustellen. Die Freund-Spindel vermeidet den Fadenballon. Mit der Perfektspindel wird der Fadenballon gleich und die Drehzahl exakt konstant gehalten. Der rotierende Fadenführer „Hegemax" vermindert die Fadenbruchgefahr. Mit dem „Gwaltney-Frame" werden die Fadenspannungen beim Spinnen ausgeglichen. Die Vorteile des Zentrifugenspinnens liegen in gesteigerten Drehzahlen (16–20 000) und in der niedrigen Spinnspannung, die fadenbruchfreies Arbeiten und Herstellung weichgedrehter Garne zuläßt. Meimbergs Kammspinnverfahren sucht ohne Spindel auszukommen. – Angenommen zum Druck in den „Berichte(n)". – Vorgelegt werden Veröffentlichungen der Herren Wolfgang Langenbeck, Friedrich Leutwein, Anton Lissner. Georg Spackeler sowie von Poggendorffs Biographisch-literarischem Handwörterbuch der exakten Naturwissenschaften Bd VII a, T. 2: F–K, Lfg 4 (Berlin 1957). – Vgl. auch DLZ (Akademieberichte) 78. Jg, Heft 12, Sp. 1144f (1957).

Sitzung am 14. Oktober

Vortrag des Herrn Schwabe: „Aziditätsmaße". – Nachdem die verschiedenen Definitionen für Säuren miteinander verglichen worden sind, werden die Methoden zur Messung der aktuellen Azidität behandelt. Es wird gezeigt, daß diese Methoden, die zunächst für wäßrige Lösungen und damit für die Arrhenius'sche Säuredefinition entwickelt wurden, schon in solchen Lösungen nicht zu den gleichen Ergebnissen, insbesondere nicht zur gleichen Abhängigkeit des Aziditätswertes von der potentiellen Säurekonzentration führen. – Ein Aziditätsvergleich zwischen wäßrigen und wasserfreien Medien mit Hilfe potentiometrischer Methoden ist prinzipiell unmöglich. Mit Hilfe der Mediumfaktoren kann man nur mittlere Aktivitäten von Elektrolyten in verschiedenen Lösungsmitteln vergleichen, sie sind eine Funktion von Art und Konzentration des Lösungsmittels sowie des Elektrolyten, so daß für jedes Lösungsmittel eine andere Aziditätsskala gilt, die zudem noch mit der Art der Säure variieren kann. Azititätsvergleiche in verschiedenen Solventien mit Hilfe der Hammett-Funktion oder der Katalysenkonstanten gestatten auch keine eindeutigen Aussagen über die Azidität in einem bestimmten Solvens, bezogen auf den wäßrigen Aziditätswert. In wasserhaltigen organischen Lösungsmitteln (Minimalgehalt an H_2O: 5–8 %) erhält man mit der Glaskette die gleichen pH-Werte, die sich aus der Verschiebung des polarographischen Halbstufenpotentials reversibler Depolarisatoren beim Übergang von Wasser zu dem betr. Medium ergeben. Dadurch wird die auch theoretisch begründete Annahme gestützt, daß in solchen wasserhaltigen Medien Säuren (im Brönstedschen Sinne) hydratisierte Protonen liefern und wie in wäßrigen Lösungen mit der Glaskette gemessen werden können. – Erschienen in den „Abhandlungen" Bd 46 (1959), Heft 2. – Vorgelegt werden Veröffentlichungen der Herren Albert Fromme, Erich Kähler, Wolfgang Langenbeck, Friedrich Leutwein, Anton Lissner, Kurt Schwabe, Arthur Simon. – Vgl. auch DLZ (Akademieberichte) 79. Jg, Heft 1, Sp. 80 (1958).

Sitzung am 9. Dezember

Vortrag des Herrn S t r a c k : „Betaine als Wirkstoffe im Tierkörper". – Auf der Dipolnatur der Zellbaustoffe gründet sich das Leben. Stoffe mit ausgeprägtem Dipolcharakter sind zudem wichtige Wirkstoffe im Haushalt der Zelle. In den letzten Jahren sind die niedermolekularen, aliphatischen Stickstoff-Betaine eingehender beforscht worden. Diese Trimethyl-Betaine wirken einmal durch ihre starke Dipolnatur und weiterhin durch ihre quartäre Stickstoffgruppe, deren Wirkungsweise die Struktur der Säuregruppe variiert. Glykokollbetain ist ein guter Methyldonator, Carnitin nicht, trotz ähnlicher Struktur und trotz möglicher Umwandlung ineinander. Die Wirkungsmöglichkeiten des Carnitins $(CH_3)_3N$-CH_2-CHOH-CH_2-COO-) sind an der quartären Stickstoff-Gruppe, an der sekundär alkoholischen Gruppe und an der leicht substituierbaren Carboxylgruppe gebunden. Carnitin kommt in allen tierischen Organen vor. Zugeführtes D,L-Carnitin wird von den Organen sehr unterschiedlich gestapelt. Z. B. von Milz sehr gut, von quergestreiftem Muskel nicht. Carnitin kann das Wachstum besonders sich schlecht entwickelnder Tiere fördern, die also irgendwie stoffwechselgehemmt sind. Kaulquappen werden durch Carnitin echt im Wachstum gefördert. Bei wachsenden Ratten wird nach Carnitinzufuhr das Gewicht sichtbar vermehrt, jedoch kaum das Längenwachstum. Wird einer tragenden Ratte Carnitin gespritzt, so sind die geworfenen Jungen kleiner und wachsen anfangs schlechter als Kontrollen. Carnitin ist für Ratten kein Vitamin. Carnitin ist ein allgemein stimulierender Faktor für die Zellen von noch unbekannter Wirkungsweise. Es steigert den Appetit und die Futteraufnahme beträchtlich. Bicarnesin = Dicarnitin hat andere Wirkungen als Carnitin. – Erschienen unter dem Titel „Umsatz und Wirkung des Carnitins im Tierkörper" (zus. m. W. Rotzsch) in: Suppl. to Int. Abstracts of Biological Sciences, 1958, S. 100ff. – Vorgelegt werden Veröffentlichungen der Herren Walter Frenzel, Anton Lissner, Kurt Mothes, Franz Runge, Arthur Simon sowie die Ludwig-Weickmann-Festschrift zum 75. Geburtstag. – Vgl. auch DLZ (Akademieberichte) 79. Jg, Heft 4, Sp. 368f (1958).

1958

Sitzung am 27. Januar

Vortrag des Herrn N e e f : „Über die ökologische Varianz geographischer Komplexe". – Um über die erklärende Beschreibung geographischer Zusammenhänge hinauszukommen, ist es notwendig, die einzelnen Komponenten geographischer Komplexe mit Maß und Zahl zu erfassen. Das ist nur an stofflich einheitlichen Komplexen möglich, an den Physiotopen. Mehrjährige Beobachtungsreihen des Geographischen Instituts der Karl-Marx-Universität Leipzig an verschiedenen Standorten im Osten von Leipzig auf verschiedenen Bodenarten und Bodentypen werden ausgewertet. Ausgehend vom Bodenwasser, dessen Verteilung über das Jahr und bis 80 cm Tiefe in Isoplethen für drei Physiotopentypen dargestellt wird, werden Beziehungen zu den übrigen Komponenten der untersuchten Standorte aufgedeckt. – Die Beispiele zeigen, daß im Wechsel der Witterungsverhältnisse die Typen charakteristische Abweichungen (Varianz) der ökologischen Wertigkeit zeigen, am stärksten die gleyartigen Böden. Die Standardreihen geben Hinweise auf verschiedene Zusammenhänge, aus denen Testverfahren für großflächige Aufnahmen abgeleitet werden sollten. Die Bodendynamik spielt für die ökologische Wertigkeit eine dominante Rolle. – Die pflanzensoziologischen Aufnahmen geben vielfach Varianten der Physiotope, die auf die beständigeren Physiotope als ökologische Grundlage zurückgeführt werden können. – Der Wasserhaushalt für das Jahr (Bodenwasserregime) zeigt in kalten Wintern Abweichungen vom Grundwasserregime. Während der Grundwasserspiegel über das Winterhalbjahr ansteigt, erfolgt im Boden unter Einfluß des Frostes eine Wanderung der Bodenfeuchte nach oben. Erst das Frühjahr gibt mit der entstehenden Sickerwasserfront die Basis für die Bodenfeuchteverhältnisse des folgenden Jahres. – Neben der ökologischen Varianz der Physiotopen treten in längeren Zeiträumen Veränderungen auf, die zu neuen und andersartigen ökologischen Komplexen führen können. Maß und Geschwindigkeit dieser Veränderungen sind offenbar bereits in historischer Zeit von Bedeutung. – Angenommen zum Druck in den „Abhandlungen". – Herr Hölder legt eine Arbeit von Dr. Hans Wußing „Über Einbettungen endlicher Gruppen" vor, die zum Druck in den „Berichte(n)" angenommen wird (erschienen in Bd 103 [1958], Heft 3). – Vorgelegt werden Veröffentlichungen von Herrn Kurt Schwabe. – Vgl. auch DLZ (Akademieberichte) 79. Jg, Heft 5, Sp. 463 (1958).

Sitzung am 10. Februar

Vortrag des Herrn L e u t w e i n: „Das Alter der erzgebirgischen Uranvorkommen. Ein Beitrag zur Methodik geochronologischer Arbeiten". – Nach einem Überblick über die älteren Auffassungen über die Uranvererzung im Erzgebirge wurde eine kurze Schilderung der modernen Auffassung über die verschiedenen Erzabfolgen und die für sie charakteristischen Paragenesen gegeben. Es wurde festgestellt, daß kristallisierter Uraninit im Erzgebirge überhaupt nicht vorkommt. Die Uranführung ist an kollomorphe Pechblende geknüpft, die zum erstenmal in der sogen. Eisen-Baryt-Formation (eba) vorkommt. Sie ist zweifellos aus sulfidfreien Hydrothermen abgesetzt worden, die ein etwas höheres Oxydationspotential hatten, als das normalerweise der Fall ist, da hier Uran zwar 4wertig, Eisen aber stets 3wertig vorliegt. Alle anderen Vererzungsphasen enthalten nur Pechblende, die aus dieser ersten mobilisiert wurden. Da Pechblende sehr leicht mobilisierbar ist, war von vornherein zu erwarten, daß jede spätere hydrothermale Beanspruchung der Gänge zu einer Wanderung dieses Minerals führen würde. Aus einer sehr großen Zahl von Pechblendeproben wurde mit äußerster Sorgfalt eine Reihe von Mustern gewonnen, die frei von Verwitterung durch gewöhnliches Blei waren. Die nach der Uran-Blei-Methode durchgeführten Altersbestimmungen zeigten, daß die älteste Vererzung etwa 260 Mill. Jahre alt ist, daß aber Mobilisationen bis herunter in das Tertiär, 30 bis 40 Mill. Jahre, nachweisbar sind. – Angenommen zum Druck in den „Berichte(n)". – Vorgelegt werden Veröffentlichungen von Herrn Kurt Schwabe sowie von Poggendorffs Biographisch-literarischem Handwörterbuch der exakten Naturwissenschaften Bd VII a, T. 2: F–K, Lfg 7. 8 (Berlin 1958). – Vgl. auch DLZ (Akademieberichte) 79. Jg, Heft 6, Sp. 563f (1958).

Sitzung am 10. März

Vortrag des Herrn S t a u d e : „Versuche zur Theorie des photographischen latenten Bildes". – I. Untersuchungen an Bromsilber-Gelatine-Emulsionen (unsensibilisiert). Das latente photographische Bild wird durch passend gewählte Belichtung einer photographischen Schicht erzeugt. Zur Herstellung einer solchen Schicht soll dabei nur eine reine Bromsilber-Gelatine-Emulsion verwendet werden, die sich von den handelsüblichen Schichten nur graduell, nicht prinzipiell unterscheidet. Eine solche Schicht verhält sich nach der Belichtung wie folgt: 1. Geeignet zusammengesetzte Lösungen (Entwicklerlösungen), die ein bestimmtes Redoxpotential haben, reduzieren bevorzugt die vom Licht geeigneter Wellenlänge getroffenen Bromsilberkörner der Schicht. Es findet dabei eine Verstärkerwirkung von etwa $1:10^8$ statt. 2. Das latente Bild wird durch Oxydationsmittel (Salpetersäure, Kaliumpersulfat, Kaliumpermanganat, Kaliumferricyanid) völlig zerstört, ohne daß in der Lösung eine neue Substanz (Ag^+) nachweisbar wäre. 3. Das latente Bild kann durch Belichtung mit rotem Licht ($\sim$700 mμ) weitgehend abgebaut werden (Herscheleffekt). 4. Behandelt man die belichtete Schicht zunächst mit einem Oxydationsmittel, bestrahlt anschließend mit rotem Licht, so ist wieder ein latentes Bild nachweisbar (Debot-Effekt). Verfährt man bei der Behandlung in vertauschter Reihenfolge, also zunächst Belichtung und dann Oxydationsmittel, so ist kein latentes Bild mehr vorhanden. II. Untersuchungen an Einkristallen: 1. Beim Belichten steigt die Leitfähigkeit mit Einschalten des Stromes unmittelbar auf den $2^1/_2$fachen Wert an und sinkt bei währender Belichtung auf einen konstanten Wert ab (Gleichgewichtsstrom). Sowohl das Maximum als auch der Gleichgewichtswert hängen von der Intensität des bestrahlenden Lichtes ab. Nach Abschalten des Lichtes stellt sich der ursprüngliche Dunkelwert mit einer Verzögerung ein. Eine Wiederholung der Belichtung ergibt dieselben Werte. Gegenüber dem elektrischen Strom ist also der Kristall nach Belichtung wieder in dem gleichen Zustand wie vorher. Voraussetzung dabei ist: niedrige Spannung, Zimmertemperatur, beschränkte Lichtmenge. Dieser Verlauf der Kurve gilt für den Bromkörper. Beim Silberkörper tritt bei Einschalten des Lichtes kein Maximum auf. 2. Durch Belichten entsteht eine zusätzliche Absorption im langwelligen Gebiet (F-Bande), deren Maximum sich mit zunehmender Belichtungszeit nach längeren Wellen verschiebt. Es wird ein Grenzwert in bezug auf die Höhe der Absorption erreicht. Der Silberkörper unterscheidet sich vom Bromkörper durch höhere Extinktionswerte. Einstrahlen von Licht, dessen Wellenlänge um das Maximum der Bande herum liegt, bewirkt einen Abbau der Bande (Herscheleffekt). Die Absorptionsmessungen zeigen, daß eine dauernde Veränderung durch Belichtung stattfindet. III. Untersuchungen an gefälltem, bindemittelfreiem Bromsilber: Da die unter II angegebenen Effekte Volumeneffekte sind, der für die Photographie wichtige Entwicklungsprozeß unter Einfluß des latenten Bildes aber an der Oberfläche der Bromsilberkörner beginnt, wurde versucht, ob es möglich ist, Veränderungen an der Oberfläche nachzuweisen, wenn man sich mit der Belichtung in derselben Größenordnung bewegt, wie sie zur Herstellung eines normalen latenten Bildes nötig ist. Es wurde gefunden, daß Chinon zwar an belichtetes Bromsilber absorbiert wird und daß die Abhängigkeit der absorbierten Menge von der Belichtung eine der Schwärzungskurve analoge Kurve mit Solarisation ergibt. Ferner ließ sich auch der Herscheleffekt durch Absorption von Chinon nachweisen: Belichtet man mit Chinon beladenes Bromsilber mit rotem Licht, so findet Desorption statt. Weiterhin zeigte sich, daß ein mit Chinon versetztes, belichtetes Bromsilbersol paramagnetisch ist, ein unbelichtetes dagegen bleibt diamagnetisch, wie es auch die Komponenten im einzelnen sind. IV. Deutung: Alle diese Erscheinungen, besonders aber das Verhalten bei den Leitfähigkeitsmessungen und bei der Adsorption von Chinon, lassen sich erklären, wenn man annimmt, daß durch Licht befreite Elektronen an Störstellen der Oberfläche – besonders an Bromionenlücken – eingefangen werden. Diese Farb-(F-)-Zentren sind das latente Bild. Sobald aus den F-Zentren atomares Silber (kolloidales Silber) entsteht, setzt Solarisation ein. Mit der Annahme, daß das latente Bild aus atomarem Silber besteht, lassen sich die angegebenen Erscheinungen nicht oder nur durch Zusatzannahmen teilweise deuten. – Angenommen zum Druck in den „Berichte(n)". – Herr Hölder legt eine Arbeit von Dr. Maria Schwarzburger „Zusammenstellung der Mathematiker an der Universität Leipzig 1409–1945" vor, die zum Druck in den „Berichte(n)" angenommen wird (erschienen unter dem Titel „Die Mathematikerpersönlichkeiten der Universität Leipzig" in: Karl-Marx-Universität Leipzig 1409–1959. Beiträge zur Universitätsgeschichte 1. Bd [1959], S. 350–373). – Vorgelegt werden Veröffentlichungen der Herren Max Bürger, Wolfgang Langenbeck, Anton Lissner, Kurt Schwabe. – Vgl. auch DLZ (Akademieberichte) 79. Jg, Heft 9, Sp. 828f (1958).

Sitzung am 12. Mai

Vortrag des Herrn Deubel: „Über die Gewinnung von Erdgas und über unterirdische Gasspeicherung". – In dem Vortrag wurde ausgeführt, daß es in den nächsten 5 Jahren darauf ankommt, die gegenwärtige Gaserzeugung im Gebiet der DDR zu erhöhen. Die erforderliche Steigerung der Gasproduktion ist möglich durch eine verstärkte Erzeugung von Industriegas und durch eine Erhöhung der Erdgasproduktion. Es wurde besonders darauf hingewiesen, daß sich die Situation in der Gasversorgung voraussichtlich in etwa 5 Jahren wesentlich ändert. Bis zu diesem Zeitpunkt sind große Braunkohlen-Industriewerke in der Lage, Gasmengen abzugeben, die – jahreszeitlich bedingt – nur in größeren unterirdischen Speichern aufgenommen werden können. Gegenwärtig werden die Vorarbeiten für eine unterirdische Industriegasspeicherung in größerem Rahmen durchgeführt. – Angenommen zum Druck in den „Berichte(n)". – Vorgelegt werden Veröffentlichungen der Herren Gustav Hertz und Arthur Simon. – Vgl. auch DLZ (Akademieberichte) 79. Jg. Heft 10, Sp. 932 (1958).

Sitzung am 15. September

Vortrag des Herrn Lissner: „Charakteristische Eigenschaften der Braunkohlen". – Da die Deutsche Demokratische Republik mit ihrer jährlichen Braunkohlenförderung an erster Stelle steht, wurde den Wissenschaftlern unseres Landes die Leitung einer Fachexpertengruppe „Braunkohle" der ECE in Genf übertragen, und den Freiberger Forschungsinstituten wurden Braunkohlenproben aus der ganzen Welt zur Ermittlung ihrer charakteristischen Eigenschaften zur Verfügung gestellt. – Aus den erzielten Untersuchungsergebnissen teilte der Vortragende mit, daß weder Farbe und äußere Struktur noch die Hygroskopizität als typisch anzusehen sind. Auch mikroskopische Untersuchungen und die physikalischen Eigenschaften der Braunkohlen, wie Brikettierfähigkeit, Verbrennungswärme und Festigkeit, sind nicht eindeutig genug. – Aus der chemischen Elementaranalyse, die übrigens noch mit zu viel Fehlern behaftet ist, ließen sich keine sicheren Schlüsse ziehen. Es mußte deshalb versucht werden, aus den Braunkohlen charakteristische Stoffgruppen zu isolieren. Ihre in Benzol-Alkohol löslichen Bitumina stehen in einem direkten Verhältnis zu den Teerausbeuten. Demgemäß kann darin eine typische Eigenschaft erkannt werden. Die mit brauner Farbe in Laugen löslichen Huminstoffe sprechen nicht eindeutig genug für Braunkohlen, doch sind Kohlen mit mehr als 10 % alkalilöslichen Huminsäuren unter die Braunkohlen einzureihen. Verläßlicher hat sich die quantitative Auswertung der Salpetersäurereaktion nach Donath und Ditz erwiesen. Die Braunkohlen ergeben mit 1:9 verdünnter Salpetersäure orangerote Lösungen, die in geeigneten Kolorimetern das Licht bis zu höchstens 70 % durchlassen. Die Lichtdurchlässigkeit von Salpetersäureextrakten der Steinkohlen liegt stets über 70 bis 100 %. Ein weiteres Bestimmungsverfahren wurde auf die Fluoreszenzintensität von Benzolextrakten gegründet. Die Intensität wird im Vergleich zu der einer benzolischen Perylenlösung festgestellt. Die Fluoreszenzwerte für alle Braunkohlen liegen stets unterhalb 35 %, während sie sich für Steinkohlen über 42 bis 135 % bewegen. – Weitere chemische und physikalisch-chemische Untersuchungen haben keine bessere Charakterisierung erbringen können. Bestimmt man aber die Fluoreszenzintensität und außerdem die Lichtdurchlässigkeit der bei der Salpetersäure- und Laugenreaktion erhaltenen Lösungen, so kann in allen Fällen eindeutig festgestellt werden, ob eine untersuchte Kohlenprobe unter die Braunkohlen einzureihen ist. – Erschienen in den „Berichte(n)" Bd 104 (1960), Heft 2. – Vorgelegt werden Veröffentlichungen der Herren Karl Kegel, Anton Lissner, Albrecht Peiper, Kurt Schwabe, eine Würdigung anläßlich des 70. Geburtstages von Heinrich Schmitthenner von Ernst Plewe sowie von Poggendorffs Biographisch-literarischem Handwörterbuch der exakten Naturwissenschaften Bd VII a, T. 3: L–R, Lfg 1. 2 (Berlin 1958). – Vgl. auch DLZ (Akademieberichte) 79. Jg, Heft 12, Sp. 1122f (1958).

Sitzung am 13. Oktober

Vortrag des Herrn Kähler: „Bemerkungen zur Monadologie von Leibniz". – Angenommen zum Druck in den „Berichte(n)". – Herr Bürger legt seine Arbeit „Die chemische Biomorphose des menschlichen Gehirns in ihren Beziehungen zu den Proteolipoiden (PLP)" vor, die zum Druck in den „Abhandlungen" angenommen wird (erschienen in Bd 46 [1959], Heft 5). – Vorgelegt werden Veröffentlichungen der Herren Walter Frenzel, Franz Runge, Kurt Schwabe, Herbert Staude. – Vgl. auch DLZ (Akademieberichte) 80. Jg, Heft 6, Sp. 557ff (1959).

Sitzung am 8. Dezember

Vortrag des Herrn Schröder: „Über die Plazenta". – Die Absicht des Vortragenden bestand darin, die sehr komplizierte Verbindung zwischen der wachsenden Frucht und der Mutter während der Zeit der Schwangerschaft aufzuzeigen. Es wurde nach einigen allgemeinen Bemerkungen über die Implantation und die Anatomie der Frühschwangerschaft, über die Entwicklung der Plazenta bei den Plazentaliern berichtet und gezeigt, daß die Verbindung zwischen Frucht und Mutter mit aufsteigender Entwicklungsreihe dauernd enger wird, so daß bei den Primaten die Chorionzotten der Frucht unmittelbar in einen Blutraum, der vom mütterlichen Blut durchspült wird, hineinreichen. Über die Einzelheiten dieses Plazentabaues wird an Hand von Abbildungen gesprochen. – Das Schema von Spanner wird als das richtige angesehen. Danach fließt mütterliches Blut vom Uterus her in die Plazenta ein und wird seitlich am Rand der Plazenta in der Vene wieder abgeleitet. Die Zirkulation in der Plazenta wird für die kindlichen und die mütterlichen Teile je für sich genauer besprochen mit vielerlei Einzelheiten. – Um den Eigenbau der Plazenta näher zu charakterisieren, werden die sehr gründlichen Untersuchungen von Mischel, die in der Universitäts-Frauenklinik durchgeführt wurden, im einzelnen besprochen. Vor allem der Mineraliengehalt, aber auch die Werte für Wasser, Trockensubstanz und Asche werden berücksichtigt. Die Plazenta ist Ersatz für Lunge, Darm und Niere. Es wird der Gasstoffwechsel, insbesondere der Sauerstoffbedarf und die Kohlensäureabfuhr, näher erörtert. Der Kohlehydratstoffwechsel, die Fette und die Lipoidsubstanzen, ebenso der Eiweißstoffwechsel, werden einer genauen Erörterung unterzogen. Für das Verständnis der Regelung all dieser Vorgänge ist es von Wichtigkeit, festzustellen, daß die Plazenta völlig frei von Nerven ist, daß also nervöse Regulationen hier nicht stattfinden. Fermente spielen eine große Rolle. Der Salzstoffwechsel, die Vitamine und vor allem die Hormone werden einem genauen Bericht unterworfen. Über die Oestrogene werden Zahlen angegeben, ebenso über die Chorionhormone, und ihre Bedeutung erörtert. – Wichtig ist sodann die Plazenta als Schranke zwischen Mutter und Kind für nützliche und schädliche Stoffe. Viele Einzelheiten werden darin gebracht. Die Plazenta ist trotz ihrer nur 280 Tage währenden Lebenszeit ein äußerst kompliziertes und viele wichtige Funktionen umfassendes Organ. Es ist vom Kinde selbst gebildet. Es vermittelt sein Leben und sein Wachstum und zwingt den mütterlichen Körper zu allen dafür nötigen Funktionen. – Angenommen zum Druck in den „Berichte(n)". – Vorgelegt werden Veröffentlichungen der Herren Karl Kegel, Kurt Schwabe sowie von Poggendorffs Biographisch-literarischem Handwörterbuch der exakten Naturwissenschaften Bd VII a, T. 3: L–R, Lfg 3 (Berlin 1958). – Vgl. auch DLZ (Akademieberichte) 80. Jg, Heft 3, Sp. 274f (Berlin 1959).

1959

Sitzung am 26. Januar

Vortrag des Herrn Peiper: „Indienreise eines Kinderarztes". – 1957 wurden auf Einladung der indischen Regierung 3 Monate in Indien Vorlesungen abgehalten, Aussprachen mit indischen Kinderärzten herbeigeführt und dem Ministerium für Gesundheitswesen eine Kritik der Beobachtungen erstattet. Besucht wurden Trivandrum, Heiderabad, Madras, Bombay und New Delhi. – Das 1947 selbständig gewordene Indien hat etwa 370 Millionen Einwohner mit etwa 150 Millionen Kindern. Die Säuglingssterblichkeit beträgt nach der amtlichen Statistik 12 %, nach Angabe der befragten Sachverständigen könnte sie bei 17 % liegen. – Die rasche Bevölkerungszunahme, in 10 Jahren etwa 40 Millionen, stellt die Regierung vor schwierigste Aufgaben in der Ernährung der Bevölkerung. Nur etwa ein Drittel der Gesamtbevölkerung Indiens kann sich satt essen, ein Zustand, der noch nicht als Hungersnot bezeichnet wird. – Das häufigste Leiden der Kinder ist die Unterernährung (Malnutrition). Viele indische Familien können täglich nur eine Mahlzeit zu sich nehmen. So ist die asketische Gestalt Mahatma Gandhis so recht ein Sinnbild des indischen Volkes. – Es gibt in Indien etwa 50 Kinderärzte, z. T. im Auslande ausgebildet, die aber nicht alle in ihrer Tätigkeit auf Kinder beschränkt sind. Zum Vergleich sei bemerkt, daß es dort etwa 400 Augenärzte gibt. – Seit 1947 ist die indische Regierung mit großem Eifer bestrebt, die gesundheitliche Lage des Volkes zu bessern. Sie hat eine Reihe neuer Medical Colleges und Kinderkrankenhäuser errichtet und bemüht sich, durch Aufklärung der Mütter die gesundheitliche Lage der Kinder zu bessern. Alles in allem hat sie eine große Aufgabe vor sich, die sie aber erkannt und angegriffen hat. – Erschienen in Ärztliche Wochenschrift Jg 12 (1957), S. 825–829. – Vorgelegt wird von Poggendorffs Biographisch-literarischem Handwörterbuch der exakten Naturwissenschaften Bd VII a, T. 3: L–R, Lfg 4 (Berlin 1959). – Vgl. auch DLZ (Akademieberichte) 80. Jg, Heft 6, Sp. 559 (Berlin 1959).

Sitzung am 23. Februar

Vortrag des Herrn Langenbeck: „Zur Biochemie der Spurenmetalle". – Eine Reihe von Metallen sind in kleinster Menge für das Gedeihen von Tier und Pflanze unentbehrlich. Es handelt sich vor allem um Eisen, Kupfer, Magnesium, Mangan, Zink, Kobalt und Molybdän. Man bezeichnet diese Metalle als Spurenmetalle oder auch als „anorganische Vitamine". Man weiß heute mit Sicherheit, daß die Spurenmetalle deshalb von den Organismen benötigt werden, weil sie zum Aufbau von Fermenten dienen. Otto Warburg hat vor etwa 30 Jahren zum erstenmal gezeigt, daß Eisen einen wesentlichen Bestandteil seines Atmungsfermentes ausmacht. Später hat man auch in zahlreichen Apofermenten wirksame Metallionen gefunden, und zwar gerade diejenigen, die auch als Spurenmetalle bekannt sind. Je nach der Festigkeit, mit der die Metallionen gebunden sind, unterscheidet man Metallenzyme von Enzym-Metall-Komplexen. Der Vortragende beschrieb seine Versuche, die er gemeinsam mit K. A. Müller und K. Lange angestellt hat, um durch Dialyse gegen Metallsalz- und Phosphatpuffer-Lösungen den Metallgehalt der Schweineleber-Esterase festzustellen. Die Esterase wird durch die Austauschdialyse gegen Phosphatpuffer-Metallsalzlösungen inaktiviert, nur Kobalt, Nickel und Silber erhalten die Aktivität. Danach ist wahrscheinlich das Kobalt das enzymeigene Metall. Nach derselben Methode wurde der Zinkgehalt der Alkohol-Dehydrogenase bestätigt. Es wird darauf hingewiesen, daß es für die Medizin von Bedeutung sein könnte, den Metallbedarf normaler und pathogener Zellen und Gewebe quantitativ festzustellen. Auch werden Modellversuche mit Chelaten des Kobalts und Zinks beschrieben, die eine Koordinationslücke enthalten und dadurch katalytisch besonders aktiv sind. – Erschienen in den „Berichte(n)" Bd 103 (1959), Heft 5. – Vorgelegt werden Veröffentlichungen von Frau Paula Hertwig und der Herren Wolfgang Langenbeck, Anton Lissner, Arthur Simon. – Vgl. auch DLZ (Akademieberichte) 80. Jg, Heft 6, Sp. 560ff (Berlin 1959).

Sitzung am 9. März

Vortrag des Herrn Bürger: „Sexualdifferente Biomorphose des Menschen". – Unter Biomorphose versteht der Vortragende alle Wandlungen des menschlichen Körpers von der Konzeption bis zum physiologischen Tode unter Hinweis auf die Heraklitische Vorstellung des Panta rhei. Nach einleitenden Vorbemerkungen über die längere Lebensdauer des weiblichen Geschlechts im Tierreich und die Tatsache, daß bei manchen Insekten, z. B. bei der Gottesanbeterheuschrecke und gewissen Spinnen, die männlichen Individuen von den Weibchen nach Erfüllung ihrer sexuellen Aufgabe verspeist werden, werden die Einrichtungen erörtert, welche die Lebensdauer der Tiere und des Menschen begrenzen. Sicher spielt dabei die Organisation der Vielzelligen eine Rolle, denn entnimmt man ihnen Gewebe, so lassen sich diese Explantate lange über die Lebensdauer des Spenders hinaus in Kulturen züchten. Am Menschen lassen sich die Alternsvorgänge am überzeugendsten an den kapillarfreien, bradytrophen Geweben studieren. Sie verdichten sich mit zunehmendem Alter und dienen als Schlackenfänger. Das gilt auch für die Gefäße. Die mittlere Lebensdauer der Frau beträgt gegenwärtig 75 Jahre und die des Mannes 71. Die besondere Struktur der weiblichen Zellen wird an ihren Drumsticks erkannt, welche als Kernanhangsgebilde außer beim Menschen auch bei bestimmten Tieren gefunden werden. Sie sind ein zuverlässiges zelluläres Determinativ des weiblichen Geschlechts. Der Vortragende berichtet über geschlechtsdifferente Funktionen der Hand, der Muskulatur, der Lungen und der Bestleistungen der Sportler, die bereits nach 22 Jahren beim 100-m-Lauf abnehmen. Auch der Sauerstoffverbrauch beim Treppensteigen ist geschlechtsunterschiedlich. Es folgen chemische Sexualdifferenzen in der Organzusammensetzung und der Funktion des Herzens, der Lunge und der Gefäße. Auch das menschliche Gehirn zeigt chemische Sexualdifferenzen. Schließlich wird eine Hypothese über die lebensbegrenzenden Vorgänge an den Kapillaren entwickelt, die mit zunehmendem Alter sich laufend verdichten, was mit der Landis- und der manuvolumetrischen Methode wahrscheinlich gemacht wird. Auch das Isotop Na^{24} passiert die Kapillarmembran mit zunehmendem Alter immer langsamer. Die Kapillarverdichtung wird mit einer Filterverstopfung ihres Grundhäutchens verglichen. Der physiologische Tod ist ein Hirntod: Der Rezeptorenapparat der Höchstbetagten, sein Gesicht, Gehör, Geschmack, Gefühl versagt allmählich seine Dienste. Dem Effektorenapparat kommen daher keine Befehle mehr zu. Der alte Mensch stirbt nicht, sondern hört auf zu leben. – Angenommen zum Druck in den „Abhandlungen". – Vorgelegt werden Veröffentlichungen der Herren Kurt Mothes, Herbert Staude. – Vgl. auch DLZ (Akademieberichte) 80. Jg, Heft 6, Sp. 563f (1959).

Sitzung am 4. Mai

Vortrag des Herrn H e i n: „Über neuere Entwicklungen in der Chemie des Chroms". – Nach der Wandlung der Auffassung über den Bau der Chromorganoverbindungen, derzufolge diese nicht Metallorganoverbindungen im üblichen Sinn, sondern Aromatenkomplexe darstellen, erhob sich die Frage nach dem Entstehungsweg bei der Einwirkung von Grignardreagenz auf Chromchlorid. Zur Aufklärung mit Lithiumohenyl unternommene Versuche führten zur Isolierung eines Komplexes des echten Triphenylchroms, nämlich des $(C_6H_5)_3Cr \cdot 3\,LiC_6H_5 \cdot 2{,}5\,Ae$, womit die primäre Bildung regelrechter Chromorganoverbindungen bei der Entstehung der Aromatenkomplexe sehr wahrscheinlich geworden war (Fr. Hein und Ri. Weiss). – Inzwischen veröffentlichte Versuche von H. H. Zeiss und W. Herwig bestätigten diese Auffassung, denn sie erhielten durch Grignardierung in Tetrahydrofuran das $(C_6H_5)_3Cr \cdot 3$ THF, das leicht auf noch unbekannte Weise in die Aromatenkomplexe übergeht. – Überraschend ist die Reaktion des $Li_3Cr(C_6H_5)_6$ mit mol. H_2, wobei ohne Erwärmen in rascher Reaktion $(C_6H_5)_3Cr \cdot LiH(LiC_6H_5)_2$Lyc.$Li_3Cr_2H_3(C_6H_5)_6$ gebildet wird. – Einwirkung von $Al(C_6H_5)_3$ auf $CrCl_3$ führte zur Entstehung des $C_6H_5CrCl_2 \cdot 3$ THF (E. Kurras). – Die am $[Cr(Dipy)_3]J_2$ erstmalig mit G. Bähr beobachtete und zur Entdeckung der Chrom(I)-Komplexe leitende Valenzdisproportionierung von Chrom(II)-Verbindungen (Fr. Hein und S. Herzog) regte zu weiteren diesbezüglichen Studien (mit G. Herzog) an. Dabei ergab sich eine merkwürdige Abhängigkeit vom Medium und Anion. – Die Verhältnisse beim Chrom(II)-Acetat wurden durch S. Herzog untersucht, dem es mit Cl. Renner gelang, daraus mit Dipyridyl das $Cr^\circ(Dipy)_3$ zu gewinnen, das ein Gegenstück zum $Cr^\circ(CNC_6H_5)_6$ darstellt, welches Malatesta ebenfalls aus Chrom(II)-Acetat mit C_6H_5NC erhielt. – Chrom(II)-Halogenide reagieren mit aromatischen Isonitrilen ohne Disproportionierung. Es entstehen Komplexe $X_2Cr(CNAr)_4$, die z. T. sehr luftbeständig sind und beim Erhitzen in $X_2Cr(CNAr)_2$ übergehen. Anlagerung von Halogen liefert u. a. auch Chrom(IV)-Komplexe wie $Br/Cr(CNAr)_4$ mit koordinativ 8-zähligem Chrom (Fr. Hein und W. Kleinwächter). – Angenommen zum Druck in den „Berichte(n)". – Herr Kähler legt die Arbeit von Herrn Prof. Dr. Hans Schubert und Dr. Erich Schincke „Die Berechnung einer zirkulationslosen Unterschallströmung um den Kreiszylinder mit der Hodographenmethode" vor, die ebenfalls zum Druck in den „Berichte(n)" angenommen wird (erschienen in Bd 103 [1959], Heft 6). – Vorgelegt werden Veröffentlichungen der Herren Arthur Simon, Kurt Täufel sowie von Poggendorffs Biographisch-literarischem Handwörterbuch der exakten Naturwissenschaften Bd VII a, T. 3: L–R, Lfg 5.6 (Berlin 1959). – Vgl. auch DLZ (Akademieberichte) 80. Jg, Heft 9, Sp. 852f (1959).

Sitzung am 14. September

Wegen Erkrankung des Redners wurde ein Vortrag nicht gehalten. – Vorgelegt werden Veröffentlichungen der Herren Anton Arland, Walter Frenzel, Erich Rammler, Karl Schmalfuß, Kurt Schwabe, Fritz Stather, Kurt Täufel sowie von Poggendorfs Biographisch-literarischem Handwörterbuch der exakten Naturwissenschaften Bd VII a, T. 3: L–R, Lfg 7.8 (Berlin 1959); außerdem von Heinrich-Karl Gräfe: Carl Arthur Scheunert. Forscher, Mensch, Werk (Berlin 1954). – Vgl. auch DLZ (Akademieberichte) 80. Jg, Heft 12, Sp. 1139f (1959).

Sitzung am 19. (statt 12.) Oktober

Vortrag des Herrn F r o m m e: „Die Funktionen des Bindegewebsorgans (Mesenchyms) in physiologischer und pathologischer Hinsicht und die Beziehungen zur Geschwulstentstehung". – Der Vortrag stellt eine Fortsetzung der Vorträge vom 7. 5. 51 „Die Bedeutung der Entwicklungsgeschichte, besonders des Mesenchyms für die Klinik", veröffentlicht in den Berichten der math.-nat. Kl. d. Sächs. Akad. d. Wiss. zu Leipzig Bd 99, H. 4, und eines am 12. 10. 53 gehaltenen, bisher ungedruckten Vortrages „Über die Gegensätzlichkeit zwischen Zellteilung und Funktion (Petersches Gesetz) und die Auswirkungen auf unser klinisches Denken" dar. Dieser Vortrag erscheint in Kürze in derselben Schriftenreihe. – Zunächst wird unter Hinweis auf die schweren Folgen einer Eiweißvergiftung, auch von eigenem Eiweiß, das ohne Infektion endogen im Körper gebildet werden kann, auf das Crush-Syndrom Bezug genommen und ein Fall angeführt, bei dem es nach einer kleinen orthopädischen Operation in Äthernarkose und unter Blutleere in einer Orthopädischen Klinik zum Schocktode kam. Die Abnahme der v. Esmarchschen Blutleerbinde war im Drange der Arbeit zunächst unterblieben, so daß sie an einem Bein fast 3 Stunden liegen blieb. Am 6. Tage erfolgte der Tod in einem plötzlichen Kollaps bei einer sonst gesunden 39jährigen Patientin. Die Sektion (Chefarzt Dr. Scheid, Patholog. Institut Friedrichstadt) zeigte die Symptome des Crush: Nekrose von Teilen der Oberschenkelmuskulatur, die nekrotischen Teile waren blaß und sahen wie Fischfleisch aus und eine sogenannte Crush-Niere, die zum Versiegen der Urinabsonderung geführt hatte. – Nach heutiger Auffassung ist das schwere Krankheitsbild des Crush eine Folge von Veränderungen des Eiweißstoffwechsels, die zu einer Störung der Blutmorphologie, der Blutgerinnung, der Serumproteine, Veränderungen des Elektrolyt- und Wasserhaushaltes, der Nierenfunktion etc. als Folge einer Vergiftung durch artfremd gewordenen eigenen Eiweißes führen. Auch dem Nervensystem kommt eine gewisse Rolle zu. – Die Auswirkungen sind deshalb so schwerwiegend, weil sich die Vorgänge im gesamten mesenchymalen Gewebe abspielen, diesem im Innern des Körpers vorhandenen, erhebliche Prozente des Gesamtkörpers ausmachenden Gewebe. Dieses findet sich auch in allen parenchymatösen Organen als „Keimzentren" und ist der Träger der dauernden Regeneration des Körpers (Ausnahme: Zentralnervensystem). – Das mesenchymale Organ wird in der sowjetischen Literatur auch als Gewebe des inneren Mediums bezeichnet. Da es stets im Verborgenen bleibt und durch eine epitheliale Schutzhülle gegen die Außenwelt abgeschlossen ist, ist dieses Abwehrorgan des Körpers nicht nur gegenüber jeder von außen oder innen kommenden Infektion, sondern auch gegen die Ausbildung von Geschwülsten außerordentlich empfindlich; denn es besteht aus embryonalen Zellen mit außerordentlicher Lebens- und Regenerationskraft. Das mesenchymale Organ ist als eine Einheit aufzufassen. Durch Infektion von außen kann es nur nach Schädigung der Epitheldecke oder von kleinen Wundflächen in Rachen-Nasenhöhle oder Nase erreicht werden, auch durch die übrigen Verbindungen des Körpers mit der Außenwelt, z. B. Urogenitalsystem, da hier an vielen Stellen die epitheliale Schutzhülle in eine endotheliale Schutzhülle (mesenchymale Bildung) übergeht. – Jeder Infekt und jede Schädigung, z. B. durch Gifte, auch kanzerogene Stoffe, bedingen Reaktionen des gesamten Mesenchyms. – Das Crush-Syndrom wird auch unter der Gesamtbezeichnung „Autolyse-Krankheiten" geführt. Erinnerungen an die Verhältnisse bei der Verbrennung. – Das mesenchymale Organ ist normalerweise an der Eiweißverdauung beteiligt: parenterale

Verdauung, Erinnerung an die alten Untersuchungen von Metschnikoff und seiner Schule, Aschoff und seiner Schule, Schittenhelm und seiner Schule usw. – Da zum mesenchymalen Organ die Kupfferschen Sternzellen der Leber, das subkutane Bindegewebe und vieles anderes, vor allem aber die rein mesenchymal entstandene Nebennierenrinde gehört, können alle Erscheinungen – entsprechend den Versuchen von Selye – häufig sehr akut auftreten (Adaptationssyndrom). – Eine chronische Schädigung wird regelmäßig bedingt, wenn eine Speicherung von Fremdstoffen in den mesenchymalen Zellen stattfindet (Aufnahme mit dem zu verdauenden Eiweiß, vergl. Untersuchungen von Jancsö). – Diese chronischen Schädigungen durch Stapelung resp. Speicherung geben die Grundlage für eine Schwächung der Abwehr ab. Daher stärkere Neigung zu Infektionen und zur Ausbildung von Tumoren. – Da auch falsche Ernährung (denaturierte Nahrungsmittel) zu einer Schwächung der Abwehr führt, werden hierdurch die sogenannten Zivilisationskrankheiten erklärt. Die gleichen Schädigungen treten nach Röntgenbestrahlungen, durch Cortisonpräparate, durch Gifte und Farbstoffe auf, ebenso nach großen Operationen, bei denen durch Abbindungen unernährtes Gewebe zurückbleibt (Postoperative Krankheit Lériche). Auf die Gefahren für die gesamte zivilisierte Welt wird hingewiesen. – Angenommen zum Druck in den „Berichte(n)“. – Vorgelegt wird eine Veröffentlichung von Herrn Kurt Täufel. – Vgl. auch DLZ (Akademieberichte) 81. Jg, Heft 2, Sp. 182f (1960).

Sitzung am 7. Dezember

Vortrag des Herrn S i m o n (anstelle von Herrn Schmalfuß): „Gitteraufbau und Katalyse bei der Gasentschwefelung“. – Aus der Praxis der trockenen Gasentschwefelung ist bekannt, daß die verschiedenen Reinigungsmassen unterschiedliche Wirksamkeit gegenüber H_2S-haltigem Leuchtgas zeigen. Insbesondere ist die „künstliche Lux- oder Lauta-Masse“ in ihrem Reinigungseffekt dem natürlichen Raseneisenerz eindeutig überlegen. Für dieses Verhalten findet man in der Literatur sehr verschiedene, z. T. widersprechende Erklärungen. Auf Grund dieser Tatsachen haben wir bei unseren Untersuchungen den Vorgang der trockenen Gasentschwefelung sowohl vom chemischen als auch katalytischen Standpunkt aus betrachtet. – Wir haben auf Grund dieser Anschauung die von Raney bisher nur für Metalle angewandte Herstellung von oberflächenaktiven Katalysatoren auf oxydische Systeme übertragen. Dabei erschien es für unsere Untersuchungen zweckmäßig, Skelettkontakte aus Natriumferrit-Natriumaluminat-Mischkristallen zu verwenden, da diese Verbindungen auch beim halbtrockenen Bauxitaufschluß eine Rolle spielen. Die durch Absorptionsmessungen an den Skeletten gewonnenen Ergebnisse zeigten dann auch, daß die Verhältnisse bei der Herstellung der Lux-Masse jenen Verfahrensweisen analog sind, die der Gewinnung von Raney-Kontakten entsprechen. Es besteht also die Möglichkeit, die hohe Aktivität der Lux-Masse als eine Folge der durch die Skelettstruktur bedingten Aktivierung aufzufassen. Daraus würde sich nun eine viel zwanglosere und einfachere Erklärung für die unterschiedliche Wirksamkeit künstlicher und natürlicher Massen ergeben. – Die röntgenographischen Untersuchungen der Lux-Masse und der aus den Mischkristallen gewonnenen Skelette zeigten, daß es sich um nahezu amorphe, stark gittergestörte Produkte handelt. Wir verwendeten deshalb zu unseren weiteren Arbeiten a- und y-Hydroxyde als Modellsubstanzen. Geht man außerdem von der Voraussetzung aus, daß der aktive Zustand zumindest vom strukturellen Aufbau mitbestimmt wird, so ist es naheliegend, die Verhältnisse in der kleinsten Struktureinheit, der Elementarzelle, röntgengenographisch näher zu charakterisieren. Vergleicht man dabei den Verlauf der gemessenen Gitterkonstanten mit den entsprechenden Absorptionskurven, so erkennt man eine auffallende Übereinstimmung dieser Meßgrößen. Liegen Gitterschrumpfungen vor, so zeigen die Präparate gute Entschwefelungseigenschaften, während bei Gitterdehnungen ein geringeres Reaktionsvermögen gegenüber H_2S zu beobachten ist. Für die ebenfalls von uns gemessenen Gitterstörungen und Teilchengrößen trifft ein solcher Gleichlauf nur sehr bedingt zu. Außerdem wirkt Alkali einer Versäuerung der Massen infolge Schwefeloxydation zu Sulfat entgegen. Man hat also hierin eine Erklärung für die Tatsache, daß man in der Praxis in der Lage ist, Reinigungsmassen durch NH_3-Wasser wiederzubeleben. Spielt außerdem, wie wir einwandfrei feststellen konnten, das Vorhandensein von HS'-Ionen bei der Beschwefelung eisenhaltiger Massen eine Rolle, so muß sich auch ein Einfluß des Wassergehaltes der Kontakte auf die Absorptionsfähigkeit ergeben. An Hand entsprechender Untersuchungen läßt sich dieser Zusammenhang auch messen. Die Ergebnisse zeigen deutlich, daß das Wasser in günstigen Fällen die Absorptionsfähigkeit beträchtlich erhöhen kann. – Bei der Wirkung, die die Oberfläche auf das Reaktionsvermögen der Präparate ausübt, liegen die Verhältnisse ähnlich wie bei den Gitterstörungen. Eine große Oberfläche wird sich zwar im allgemeinen günstig auf die Reaktionsfähigkeit auswirken, aber ein direkter Zusammenhang zwischen beiden Größen besteht nicht. Faßt man die Ergebnisse zusammen, so kommt man in bezug auf die Verwendbarkeit eisenhaltiger Gasentschwefelungsmassen zu folgender Anschauung: Um die vorhandenen günstigen strukturellen Eigenschaften von Gasreinigungsmassen voll auszunutzen, muß durch genügend Wasser und Alkali dafür gesorgt werden, daß sich die für die Reaktion nötigen HS'-Ionen bilden können. Eine große Oberfläche unterstützt diese Bestrebungen, da sie auftretende Transportphänomene positiv beeinflussen kann. – Angenommen zum Druck in den „Abhandlungen". – Vgl. auch DLZ (Akademieberichte) 81. Jg, Heft 4, Sp. 372f (1960).

Philologisch-historische Klasse

1957

Sitzung am 21. Januar

Vortrag des Herrn Fischer: „Schillers Widerhall in der russischen Literatur". – Schillers Jugenddramen, die für die gesellschaftliche Situation im despotischen Zarenreich wie geschaffen waren, wurden trotz Zensurschwierigkeiten auf den russischen Bühnen sehr bald heimisch. Namhafteste russische Schriftsteller waren es, die bereits vor Shukowski aus Schillers Lyrik übersetzten: Karamsin, Dershawin, Wostokow und andere. An Schiller entzündete sich auch der junge Puschkin, wiewohl dieser unter die eigentlichen Übersetzer nicht einzureihen ist. Allerdings vermittelten die Übersetzer, in der Auswahl und in der Wiedergabe jeweils von ihren eigenen Anschauungen bestimmt, zunächst ein mehr oder weniger verändertes Schillerbild. Schillers größtes Meisterwerk, die Wallenstein-Trilogie, blieb allzusehr und allzulange im Hintergrund. Besonders Shukowskis Übersteigerung des Sentimentalen in der Lyrik und seine Übersetzung der „Jungfrau von Orleans" verursachten, daß Schiller auf einer Seite als „Romantiker im Sinne des Mittelalters" bezeichnet und entsprechend kritisiert wurde. Schon Tschernyschewski weist jene Kritiker zurück, die „manchmal von oben herab" über Schiller als einen „Idealisten" sprechen. Schillers Dichtung wolle durch ihre Ideale tatsächlich eine bessere Wirklichkeit herbeiführen. – Schillers Botschaft – „Männerstolz vor Königsthronen" wurde in der Übertragung von Tjutschew zur Forderung nach bürgerlicher Redefreiheit und Mitbestimmung – aktivierte die Dekabristen und die revolutionären Demokraten. Herzen benannte 1857 das Kampforgan, mit dem er von London aus für die Befreiung der russischen Bauern wirkte, nach Schillers „Glocke" „Kolokol". Und wie A. Tolstoi und K. Fedin in Romanen bezeugen, entfachte der Sturm und Drang in Schillers Jugenddramen die Begeisterung der für die sozialistische Revolution kämpfenden Rotarmisten. – Daß russische Dichter an Schiller sich maßen und mit Übersetzungen die in der ersten Hälfte des 19. Jahrhunderts mächtig sich entfaltende neue russische Literatursprache in Wort und Form bereicherten, läßt erahnen, welch vielfältiges Bildungsgut von Schiller her in Rußland fruchtbar wurde. Unter den Dichtern von Rang, denen die Gestaltung der russischen Literatursprache zu danken ist, finden wir kaum einen, dessen Beziehungen zu Schiller nicht untersucht zu werden verdienten. – Das Ringen um Schiller wurde Sache vieler Generationen, und es hört auch heute nicht auf. – Erschienen in den „Berichte(n)" Bd 103 (1958), Heft 5. – Herr Frings legt die Arbeit von Herrn Prof. Dr. Herbert Grundmann, Münster, „Vom Ursprung der Universität im Mittelalter" vor, die zum Druck in den „Berichte(n)" angenommen wird (erschienen in Bd 103 [1957], Heft 2). – Vorgelegt werden Veröffentlichungen der Herren Kurt Aland, Franz Dornseiff, Otto Eißfeldt. – Vgl. auch DLZ (Akademieberichte) 78. Jg, Heft 5, Sp. 465f (1957).

Sitzung am 11. Februar

Wegen Erkrankung des Redners wurde ein Vortrag nicht gehalten.

Sitzung am 11. März

Vortrag des Herrn Straub (anstelle von Herrn Hempel): „Über Ausdruck und Ausdruckswirkung". – Angenommen zum Druck in den „Berichte(n)". – Vorgelegt werden

Veröffentlichungen der Herren Kurt Aland, Friedrich Behn, Eberhard Hempel. – Vgl. auch DLZ (Akademieberichte) 78. Jg, Heft 9, Sp. 847 (1957).

Sitzung am 6. Mai

Vortrag der Frau Karg-Gasterstädt: „Althochdeutsch thing – neuhochdeutsch Ding". – Der Vortrag ging auf Grund aus dem Althochdeutschen Wörterbuch zur Verfügung stehenden Materials dem Weg nach, auf dem neuhochdeutsch Ding sich aus althochdeutsch thing entwickelt hat, und entkräftete damit die Angabe des Trübnerschen Wörterbuches (Bd 2, S. 60), daß dies heute nicht mehr möglich sei. Die ältesten Belege lassen noch deutlich die Vorstellung des germanischen Tinges in seinen drei Formen, des echten, des gebotenen und des Notgerichtes, erkennen. Die Auflösung des Begriffes vollzieht sich in zwei Etappen. In der ersten, am Anfang der althochdeutschen Überlieferung bereits voll entwickelten Periode kann thing auf einzelne im Ting beschlossene Teilvorstellungen eingeschränkt werden. Es heißt dann soviel wie Gerichtstermin, Gerichtsverhandlung, deren Ergebnis und deren Gegenstand. Als die zur Verhandlung kommende Sache übersetzt es lat. causa, negotium und res. Unter ihrem Einfluß weitet es sich in einer zweiten, mit Otfrid einsetzenden Periode zur reinen Sach- und Vorgangsbezeichnung aus. Sein Sinngehalt wird fortan durch die ihm beigegebenen Adjektive und die Verben, deren Subjekt oder Objekt es ist, bestimmt. Er reicht von den Angelegenheiten und Vorgängen des alltäglichen, äußeren Lebens bis zu den Inhalten geistig-seelischer Betätigung, eine Entwicklung, die sich bei Notker Schritt für Schritt verfolgen läßt, bis in die Welt der platonischen Ideen hinein. Die weite Anwendungsmöglichkeit steht im umgekehrten Verhältnis zur sprachschöpferischen Formkraft. Den 4 Weiterbildungen (3 Komp., 1 Abl.), die Ding als Sachbezeichnung aus sich zu entwickeln vermag, stehen 50 im Bezirk des Gerichtswortes gegenüber (26 Komp., 24 Abl.). Sie vermehren sich im Mittelhochdeutschen noch einmal beträchtlich, vgl. die Fülle der Komposita im Deutschen Rechtswörterbuch Bd 2, Sp. 944–1008 (daneben allerdings nur 2 neue Abteilungen). In ihnen spricht sich die zunehmende Spezialisierung des mittelalterlichen Gerichtswesens und die Ablösung des Lateins durch die deutsche Sprache in den Rechtsaufzeichnungen seit dem 13. Jahrh. aus. Mit dem Sieg des römischen Rechts im 15./16. Jahrhundert verklingt Ding als Gerichtswort. Es lebt noch fort in dingen und verteidigen samt ihren Weiterbildungen (gerichtlich Ausgeding, Verteidiger). Ding selbst ist nur noch Sach- und Vorgangsbezeichnung und mußte im Sinne von Volksversammlung in Anlehnung an die alte Schreibweise durch Ting ersetzt werden. – Erschienen in den „Berichte(n)" Bd 104 (1958), Heft 2. – Herr Hempel legt seine Arbeit „Unbekannte Skizzen von Wolf Caspar von Klengel (1630–91)" vor, die zum Druck in den „Abhandlungen" angenommen wird (erschienen in Bd 49 [1958], Heft 4). – Vorgelegt werden Veröffentlichungen der Herren Willy Flach, Hellmut Kretzschmar, Friedrich Zucker. – Vgl. auch DLZ (Akademieberichte) 78. Jg, Heft 9, Sp. 849 (1957).

Sitzung am 16. September

Vortrag des Herrn Jacobi: „Die Richtlinien des Obersten Gerichts der Deutschen Demokratischen Republik". – Die Richtlinien des Obersten Gerichts der Deutschen Demokratischen Republik sind durch das Gerichtsverfassungsgesetz der DDR vom 2. 10. 1952 im Anschluß an das sowjetische Recht eingeführt und bereits wiederholt praktisch gehandhabt worden. Sie können gemäß GVG § 58 durch das Plenum des OG „im Interesse der einheitlichen Anwendung und Auslegung der Gesetze durch die Gerichte der DDR mit bindender Wirkung für alle Gerichte" auf allen Gebieten des Rechts der DDR erlassen werden, die gerichtlicher Rechtsprechung zugänglich sind. An Hand der Grundbegriffe von Gesetzgebung und Rechtsprechung werden die Richtlinien inhaltlich als Akte der Rechtsanwendung, nicht der Rechtsetzung klargestellt, deren Rechtswirkung nicht die volle Gesetzeskraft hat, sondern dieser nur angenähert ist. Die Richtlinien sind also keine Rechtsquellen. Hieraus werden praktisch bedeutsame Folgerungen abgeleitet für Umfang, Beginn und Ende der Rechtswirkung von Richtlinien, für die Rechtsfolgen eines Verstoßes gegen Richtlinien und für die Nachprüfbarkeit der Richtlinien durch den Richter. Den Richtlinien vergleichbar sind im Recht der Bundesrepublik bestimmte Entscheidungen des Bundesverfassungsgerichts gemäß § 67 Satz 3 des Gesetzes über das Bundesverfassungsgericht vom 12. 3. 1951. Hier wie dort handelt es sich um die Bindung der Gerichte an vom Obersten Gericht festgelegte Rechtsauffassungen und damit um eine Einengung der richterlichen Rechtsanwendung zwecks einheitlicher Anwendung und Auslegung der Gesetze durch die Gerichte. Dieses Ziel läßt sich aber auch ohne rechtliche Bindung der Richter durch die tatsächliche Präjudizwirkung der Urteile von Obersten Gerichten erreichen: Ein disziplinierter Richter wird nicht ohne zwingende Gründe von einer höchstrichterlichen Entscheidung abweichen. Es ist deshalb zu wünschen, daß das Oberste Gericht der DDR von den Richtlinien einen sparsamen Gebrauch macht. – Erschienen in Festschrift für Willibalt Apelt (München–Berlin 1958), S. 203–218. – Vorgelegt werden Veröffentlichungen der Herren Eduard Erkes, Johann Fück, Erwin Jacobi, Herbert Koch, Friedrich Weller sowie die Festschrift zum 75. Geburtstag von Hermann August Korff hrsg. von Joachim Müller. – Vgl. auch DLZ (Akademieberichte) 78. Jg, Heft 12, Sp. 1145f (1957).

Sitzung am 14. Oktober

Vortrag des Herrn Dornseiff: „Die ‚Göttliche' bei Pindar". – Pindar liebt es, seine Gedichte mit prunkenden feierlichen Anrufungen an Gottheiten, an personifizierte Dinge und Begriffe zu eröffnen und steht damit in der Chorlyrik nicht allein. Auch in der Tragödie ist dieses Motiv häufig. Unter diesen Anfängen fällt in Isthmia 5 die Theia auf, die als Mutter der Sonne (Helios) zuständig sei für das Schöne als Sichtbares. Der Wortsinn von Theia als ‚die Göttliche' ist in diesem Zusammenhang nicht verständlich – alle dgl. Personifikationen sind irgendwie göttlich. – v. Wilamowitz, Pindaros, 1922, S. 200f. hat sprachliche Verbindung von θεία mit θεᾶσθαι ‚schauen' als Torheit bezeichnet. Damit bagatellisierte er zugleich die Quelle Pindars dafür, nämlich Hesiodos Theogonie 135 und 371, wo gesagt ist, daß die Titanin Theia Mutter von Sonne, Mond und Morgenröte sei. Sie sei dort „ein leerer Name, den sich Hesiod ausgedacht hatte, um dem Helios eine Mutter zu geben". Aber sollte erst Pindar diese Theia zu der Bedeutung ‚belebende, belichtende, verklärende Leuchtkraft' präzisiert und vertieft haben und ohne an θέα ‚das Schauen' zu denken? Das Scholion sagt: „von Θεία lassen sie den Helios stammen, weil er für uns Urheber der θέα und ὄψις ist. – Des Rätsels Lösung ist, daß Θεία schon bei Hesiodos metrische Dehnung von θέα ist. Des Reimes und des Metrums wegen erscheint sie ebenso wie ihre Schwester Rhea als Θείαν τε Ῥείαν τε. Solche metrische Dehnungen sind nicht auf die von Wilhelm Schulze, Quaestiones epicae 1892 zusammengebrachten beschränkt, es kommen immer noch neue zum Vorschein. So hat P. von der Mühll, Mus. Helv. 13, 1956, 193f. in dem in Hesiods Schildbeschreibung des Herakles V. 212 überlieferten ἐφοίβον ein gedehntes ἐφόβουν erkannt: ‚die Delphine setzen die (andern?) Fische in Furcht'. – Vor allem aber ist es dank neuen Funden überholt, wesentliche bei Hesiod berichtete Fakten als von Hesiod ausgedacht zu interpretieren. Die Theogonie des Hesiod hat als Ganzes eine genaue Parallele bekommen durch eine chorritische Göttergeschichte, wonach am Anfang der Welt drei Götterdynastien stehen Allalu Anu Kumarbi und als spätere Drangsal der riesenhafte steinerne Ullikummi, die einander sehr rauh ablösen, genau wie bei Hesiod die Generationen Uranos Kronos Zeus einander folgen, und dem Ullikummi entspricht genau als letzte Gefahr Typhon. Hesiod steht vom II. Jahrtausend her in großer kosmogonischer Tradition und Topik. – Für die Entstehung unserer Welt ist die Entstehung des Lichtes wichtig. Da findet sich nun die Entstehung einer Art Urlicht, das erst später durch die Gestirne verstärkt wird, als kosmogonisches Motiv nicht nur bei Hesiod (bei ihm genealogisch besorgt), sondern als Schöpfungsaktion am Beginn des Pentateuchs auch in Genesis 1, wo Elohim als Erstes das Licht ins Dasein ruft, sozusagen als indirekte Beleuchtung eingeschaltet. Der Gegensatz des Lichtes, die Finsternis, ist auch schon da, ebenso die Wasser, augenscheinlich mit den frisch erschaffenen Himmel und Erde gegeben. Die leuchtenden Himmelskörper, Sonne, Mond und Sterne, hängt Elohim erst am 4. Schöpfungstag am Firmament auf. An Genesis 1 hat schon theologische Interpretation ohne Vergleichsmaterial zeigen können, daß Umbildung von bereits vorhandener Kosmogonie vorliegt. Man darf wohl schließen, daß die Hauptsache in diesem Kapitel die Einführung des Sabbats war. Sie dürfte zu dem Pentateuch-Unternehmen des judäischen Königs Josaphat etwa 868 gut passen, das den jungen etwas kirchenstaatlichen Reststaat Juda literarisch unterbauen wollte (vgl. 2. Chron. 17, Dtn 17, dazu Verf., Freundesgabe für Ernst Robert Curtius, Bern 1956, 61. Antike und Alter Orient, Leipzig 1956, 295ff.). Eine Paraphrase der 1. Seite des Pentateuchs mit genauer Berücksichtigung der erwähnten Lichteinzelheiten gibt im Buch Hiob Jahwe in seiner naturwissenschaftlichen Lektion an den beschwerdeführenden Menschen Hiob: 38, 19 hat das Licht schlechthin seinen Ort; ebenso wie die Finsternis (freundlicher Hinweis meines Kollegen Bardtke). – Es folgt daraus, daß Θεία nicht nur bei Pindar, sondern auch schon bei Hesiod metrische Dehnung aus θέα

= ‚die Schau' ist und gar nicht mit die Göttliche übersetzt werden darf. Ebenso luftig personifizierend ist ihr Gemahl Hyperion ‚der obendrüber'. – Eine weitere Quelle von Pindar aus der Zeit um 600 v. Chr. ist ein Gedicht der großen Dichterin Sappho, fr. 27 a Diehl: „Manche finden, ein Heer von Reitern, manche von Fußsoldaten, manche von Schiffen sei auf der schwarzen Erde das Schönste. Ich aber das, was einer liebt. (Das ist leicht begreiflich zu machen; denn) so war es bei Helene, die auf Paris hereinfiel, und so kommt es auch, daß ich mir jetzt Anaktorias Anblick wünsche. Sie mag vielleicht nicht das Letzte an Schönheit sein, aber." Die einzelnen Glieder dieser Priamelreihe kehren bei Pindar Isthmia 5 wieder. Ähnlich in Bau und Gedanken auch Theognis V. 255/56: „Das schönste ist die Gerechtigkeit, das beste die Gesundheit, das erfreulichste: zu erhalten, was man begehrt." – Angenommen zum Druck in den „Berichte(n)". – Vorgelegt werden Veröffentlichungen der Herren Kurt Aland, Hellmut Kretzschmar, Siegfried Morenz. – Vgl. auch DLZ (Akademieberichte) 79. Jg, Heft 1, Sp. 81f (1958).

Sitzung am 9. Dezember

Vortrag des Herrn Bischoff: „Schichten und Beziehungen der Wortlandschaften an der mittleren Elbe." – An Hand von dreißig Karten wurde versucht, den Aufbau der Wortlandschaften an der mittleren Elbe darzulegen. Das Gebiet zwischen Harz und Ohre steht in Verbindung mit der ostfälischen Nachbarschaft, der nahen und der bis zur Weser reichenden fernen. Die Beziehungen können weiter führen, das Westfälische und auch noch das östliche Niederländische einschließen. Andere gehen, ohne immer bis zur Weser zu reichen, an die Küste, ins Nordseegermanische, oder über Schleswig-Holstein ins Skandinavische. Im Süden werden durch sie Verbindungen nach Thüringen geknüpft. Niederländisch wird vor die Ostgrenze des altländischen Niederdeutschen gesetzt, mit ihm mischt sich östlich der Elbe und nördlich der Ohre Ostfälisches, vom Magdeburgischen her wirkt ostfälische Herrensprache ein. Unter beiden hält sich Wendisches der Bevölkerung. Im späten Mittelalter bilden sich im Bereich der Stadtspraehen Beziehungen zwischen dem wieder vom Westfälischen abgesetzten Ostfälischen und dem Brandenburgischen, zwischen dem Südländischen und dem Thüringischen heraus. Die dadurch verstärkten älteren, auf Siedlungsgrundlage ruhenden niederdeutsch-mitteldeutschen Gemeinsamkeiten werden ausgebaut durch kräftige, vom Mitteldeutschen kommende oder übers Mitteldeutsche führende Wortvorbrüche, die z. T. späte, vom rheinischen Westen ausgehende und weit in den Osten hineinwirkende Wortausstrahlungen überlagern. Auch die nächste mitteldeutsche Nachbarschaft beeinflußt den Südrand. Im Rückstoß legt sich ostelbisches Wortgut über altländisches, greift nach Westen mehr oder weniger weit ins Ostfälische aus, teilweise schon bis an die Weser, und nach Süden ins Mitteldeutsche. Alt- und Neuland, Mitte und Norden werden so doppelt oder dreifach verklammert und verzahnt. Einheitliche Wortlandschaften gibt es an der mittleren Elbe selten, der Wortschatz dieses Gebietes ist ein außerordentlich vielschichtiges und beziehungsreiches Gebilde. – Angenommen zum Druck in den „Berichte(n)". – Vorgelegt werden Veröffentlichungen der Herren Kurt Aland, Willy Flach. – Vgl. auch DLZ (Akademieberichte) 79. Jg, Heft 4, Sp. 369 (1958).

1958

Sitzung am 27. Januar

Vortrag des Herrn Hempel: „Unbekannte Skizzen von Wolf Caspar von Klengel (1630–91), dem Begründer des sächsischen Barock". – Der Vortrag bot einen Überblick, inwieweit sich das bisher nicht recht faßbare Werk des kursächsischen Oberlandbaumeisters Wolf Caspar von Klengel durch seine zahlreichen, bisher noch nicht veröffentlichten Skizzen der Landesbibliothek in Stuttgart klären läßt. Es ist dies um so wichtiger, als Klengel in der noch vielfach nicht aufgehellten, aber doch für die Entstehung des sächsischen Barock grundlegenden Zeit der 2. Hälfte des 17. Jahrhs an entscheidender Stelle stand. Dr. Walter Boll, der jetzige Direktor des Stadtmuseums in Regensburg, hatte die wissenschaftliche Bearbeitung der Stuttgarter Skizzen schon nach dem ersten Weltkrieg begonnen, seine Ergebnisse und Aufnahmen aber jetzt dankenswerterweise der Dresdner Forschung übergeben, da nur hier die Voraussetzungen für einen Abschluß seiner Arbeit gegeben sind. – Im einzelnen wurde ausgeführt, inwieweit die Skizzen nicht nur Reiseerinnerungen festhalten, sondern auch seine künstlerischen Absichten zeigen, so daß sie vielfach einen Entwurfscharakter annehmen. Darüber hinaus liefern sie mannigfache Beiträge und Ergänzungen zum Werke Klengels, so seine Entwürfe für ein Mausoleum der Wettiner und für die Innenausstattung des Dresdner Schlosses. Klengel ist durchaus ein Vertreter der italienischen Richtung des deutschen Barocks und fand in der Arbeit des genialen, leider früh verstorbenen Marcus Dietze eine direkte Fortsetzung, die zum Bau des Dresdner Zwingers führte. – So kann ihm die Bezeichnung eines Begründers des sächsischen Barocks, die Ernst Sigismund ihm gab, mit Recht zugebilligt werden. Der Umschwung von manieristischen zu barocken Formen setzte um 1655 ein. Besonders hervorzuheben ist, daß Klengel bereits 1664 in seinem Komödienhaus in Dresden im Emporenbau die freistehende Säule brachte, was dann Bähr im Kirchenbau viel später verwirklichte. Erstaunlich ist auch der Entwurf eines Lusthauses, der einen freistehenden mittleren Ovalsaal verbunden mit zwei Flügeltrakten bringt, ein Motiv, das erst 1795 bei Fischer von Erlach und Zuccalli auftaucht. Klengels Einfluß wirkte auch insofern weiter, als er August den Starken im Zeichnen unterrichtete. – Erschienen in den „Abhandlungen" Bd 49 (1958), Heft 4. – Herr Kretzschmar legt seine Arbeit „Die Zeit König Johanns von Sachsen 1854 bis 73" vor, die zum Druck in den „Berichte(n)" angenommen wird, ebenso die von Herrn Frings vorgelegte Arbeit des Herrn Prof. Dr. Dr. h. c. Karl Kurt Klein, Innsbruck, „Zur Siedlungsgeschichte und Sprachgeographie Siebenbürgens" (beide Arbeiten erschienen in Bd 105 [1960], Heft 4 und Bd 104 [1959], Heft 3). – Vorgelegt werden Veröffentlichungen der Herren Kurt Aland, Siegfried Morenz, die Festschrift für Erwin Jacobi (Berlin

1957) sowie vom Althochdeutschen Wörterbuch die 9. Lfg (1957). – Vgl. auch DLZ (Akademieberichte) 79. Jg. Heft 5, Sp. 463f (1958).

Sitzung am 10. Februar

Vortrag des Herrn Eißfeldt: „Psalm 78". – Psalm 78, der in v. 1–8 die von einem älteren, erfahrenen Manne – nach der Überschrift „Maskil von Asaph" von Asaph, dem Zeitgenossen Davids – an sein Volk gerichtete Mahnung enthält, seiner Erzählung von den vergangenen Tagen aufmerksam zuzuhören und sich dadurch zu treuem Festhalten an Gottes Geboten leiten zu lassen, und in v. 9–72 einen von Israels Auszug aus Ägypten bis zur Bestellung Davids als König reichenden Ausschnitt aus Israels Geschichte bringt, wird von der überwiegenden Mehrheit der Erklärer ziemlich später Zeit zugewiesen. Kittel (1914), Gunkel (1926) und Hans Schmidt (1934) leiten ihn aus der Zeit der deuteronomischen Reform König Josias (621 v. Chr.) oder den folgenden Jahrhunderten, in denen die Gedanken dieser Reform weiterleben, her, und Duhm (1899) läßt ihn gar erst im 2. Jahrh. v. Chr. entstanden sein. Begründet wird diese Ansetzung einmal mit der Meinung, der Psalm weise deutlich deuteronomische Ideen auf oder setze – so Duhm – die mit dem 3. Jahrh. v. Chr. anhebende Spannung zwischen den Samaritanern und den Juden voraus, sodann mit der Behauptung, er sei nicht nur von den uns vorliegenden Pentateuchquellen J, E und P, sondern auch von ihrer erst im 5. Jahrh. v. Chr. vollendeten Zusammenarbeitung abhängig. Beide Argumente sind hinfällig. Die als deuteronomisch in Anspruch genommenen Ideen sind älter und viel älter, und die Anspielungen an die vom Auszug aus Ägypten bis zu David reichende Geschichte Israels, die vielfach von unseren Pentateuchquellen abweichen, setzen wohl die vor diesen liegende mündliche oder auch schon schriftliche Überlieferung voraus, aber nicht die Form, die sie in ihnen erhalten hat. Da der von dem Psalm gebotene Rückblick bis David reicht, ist die nächstliegende Annahme die, daß er unter David oder unter Salomo, jedenfalls vor der um 930. v. Chr. eingetretenen Reichstrennung, d. h. dem Bruch der israelitischen Nordstämme mit der Dynastie Davids, entstanden ist, und dieser Annahme steht auch kein ernsthaftes Hindernis im Wege. Stützen läßt sie sich aber auch durch einen Vergleich unseres Psalms mit dem 5. Buch Mose 32, 1–43 stehenden „Mose-Lied", mit dem er formal und inhaltlich allerlei gemein hat. Dieses Lied führt den von ihm gebrachten Rückblick auf Israels Geschichte bis auf die Bedrückung der Israeliten durch die Philister, die in der ersten Hälfte des 11. Jahrhs v. Chr. ihren Höhepunkt erreicht hat, herab, verheißt, daß Jahwe seinem Volke trotz aller seiner Mängel gegen diesen seinen Erbfeind beistehen werde, und bereitet damit die von Saul begonnene Auflehnung Israels gegen die philistäische Oberherrschaft vor (vgl. DLZ 76, 1955, Sp. 388). Unser Psalm blickt auf diese von Jahwe trotz aller ihm von Israel erwiesenen Untreue gewirkte Rettungstat zurück und stellt fest, daß die Führung des befreiten Israel nun nicht mehr wie früher bei einem der Nordstämme, sondern bei dem Südstamm Juda liegen soll, wie der Norden mit der von den Philistern vorgenommenen Zerstörung des Heiligtums von Silo auch seinen kultischen Mittelpunkt verloren hat und nun Jerusalem an Silos Stelle getreten ist. Wenn das Mose-Lied um die Mitte des 11. Jahrhs v. Chr. anzusetzen sein wird, so gehört Psalm 78 in das Ende dieses oder den Anfang des folgenden, des 10. Jahrhs. – Erschienen in den „Berichte(n)" Bd 104 (1958), Heft 5. – Vgl. auch DLZ (Akademieberichte) 79. Jg, Heft 6, Sp. 564 (1958).

Sitzung am 10. März

Vortrag des Herrn Kretzschmar: „Karl von Weber (1806–79)". – Karl von Weber war weder gelernter Archivar noch Historiker, ist aber durch die Zeitentwicklung und die Auswirkung seiner persönlichen Interessen auf beide Bahnen gelenkt worden. Daneben hat er als dauernder geheimer Referent des Gesamtministeriums einen bedeutsamen Einfluß auf die Politik seiner Zeit genommen. Von seinem Posten aus stellte er die Vermittlung zwischen den Fachministerien einerseits und dem Könige (von 1854–73 Johann) dar. Für die Probleme der Zeit weit aufgeschlossen, hat er durch Jahrzehnte quellenmäßig höchst interessante Tagebücher geführt, die für die allgemeine Geschichte, für die Milieuschilderung des Dresdener Hofes und der Dresdener Behördenwelt aufschlußreich sind. Durch seine engen Freundschaftsbeziehungen zu dem Minister Friedrich Ferdinand v. Beust, aber auch zu Männern wie Robert Schumann, Ludwig Richter, zahlreichen Künstlern und Schriftstellern erhält das Zeitbild, das seine Tagebücher bieten, eine breite Grundlage. Die sozialen und wirtschaftlichen Verhältnisse sind in vielen Einzelzügen festgehalten. Der Höhepunkt der Bedeutsamkeit seiner Berichterstattung fällt in die Jahre von vor 1864 bis nach 1871, wobei die Revolutionsepochen 1830/31 und 1848/49 eine aufschlußreiche Einleitung abgeben. Im Kriege 1866 war er Sekretär der vom sachkundigen König eingesetzten Landeskommission. Seine Beobachtungen geben ein besonderes Bild von dem preußisch-sächsischen Verhältnis. Die historischen Arbeiten Webers sind heute inhaltlich zumeist überholt. Vieles noch methodisch aus dem Geiste des 18. Jahrhs schöpfend, haben sie vorzugsweise biographischen Charakter. Kurfürstin Maria Antonie, der Herzog Moritz von Sachsen und die Kurfürstin Anna sind die Gegenstände seiner stofflich gut fundierten Lebensberichte. Bei diesen Studien begegnen sich Archivar und Historiker in ihm auf engem Raume. Auch als Zeitschriftenherausgeber, des „Archivs für Sächsische Geschichte", hat er sich betätigt. Aber sein Hauptverdienst ist doch, zumindest für die heutigen Bedürfnisse, in der Reichhaltigkeit und Vielseitigkeit seiner Tagebücher zu suchen. Nur gelegentlich in Teilabschnitten sind sie bisher von der Wissenschaft benützt worden. – Erschienen in den „Berichte(n)" Bd 104 (1958), Heft 4. – Vorgelegt werden Veröffentlichungen von Herrn Eduard Erkes und die Festschrift Eberhard Hempel zum 70. Geburtstag. – Vgl. auch DLZ (Akademieberichte) 79. Jg, Heft 9, Sp. 829f (1958).

Sitzung am 12. Mai

Vortrag des Herrn F i s c h e r (anstelle von Herrn Erkes): „Aufgaben der slawistischen Namenforschung". – Daß die Arbeit der Slawisten auch anderen wissenschaftlichen Disziplinen zugute kommt, ist aus germanistischen, geschichtswissenschaftlichen und landeskundlichen Publikationen zu ersehen, in denen Ergebnisse der slawistischen Namenforschung verwendet werden. Dazu gehören insbesondere Abhandlungen, die aus den slawisch-deutschen Ersatzlautverhältnissen Aufschlüsse für die Chronologie des Lautwandels gewisser Mundarten gewinnen wollen. In fruchtbarer Wechselwirkung erhielten die Slawisten wiederum von den anderen Wissenschaften Hilfe und Anregung. Dies bezeugen die Bände der Schriftenreihe „Deutsch-Slawische Forschungen zur Namenkunde und Siedlungsgeschichte", hrsg. im Auftrag der Historischen Kommission der Sächs. Akad. der Wiss. zu Leipzig. Es geht um mehr als bloße Namen. Es geht hier um die Verpflichtung, die Geschichte des Landes in einem entscheidenden Abschnitt aufzuhellen und die Beziehungen des deutschen Volkes zu seinen Nachbarn tiefer zu ergründen. Es geht um die Klärung des Verhältnisses der Deutschen zu den Slawen, um die Betrachtung der mittelalterlichen „Kolonisation" unter gesellschaftlichem Aspekt und um die Würdigung des gemeinsamen Werkes slawischer und deutscher Bauern in den Gebieten östlich der Saale. Auch im sprachlichen Bereich ist Slawisches und Deutsches oft kaum zu scheiden, wie R. Fischer bereits in seiner Schrift „Probleme der Namenforschung" dargetan hat. Erforderlich ist auch eine gründlichere Untersuchung der Familiennamen, die gegenüber den Orts- und Flurnamen bisher noch zurückstanden. Urkundenbücher und andere Quellen beinhalten ein reiches Material an Belegen, das planmäßig gesammelt und geordnet werden muß. An den Familiennamen, die oft verändert und in großer Zahl in andere Landschaften getragen wurden, zeichnen sich die Schicksale der einzelnen Familien ab, doch auch die Umgestaltungen in der Struktur des ganzen Volkes. Viele Deutsche haben Namen slawischer Herkunft, wie umgekehrt viele Slawen Namen deutscher Herkunft besitzen. Kulturgeschichtlich auszuwerten sind besonders jene Familiennamen, die Benennungen für ehemals ausgeübte Berufe und Gewerbe darstellen. So vermag die Namenforschung auch gesellschaftswissenschaftlichen Studien zu dienen, und dies in weitestem Ausmaß. – Erschienen in den „Berichte(n)" Bd 105 (1959), Heft 1. – Herr Jacobi legt die Arbeit von Dr. Gertraud Müller und Herrn Frings „Die Entstehung der deutschen daß-Sätze" vor, die zum Druck in den „Berichte(n)" angenommen wird (erschienen in Bd 103 [1959], Heft 6). – Vorgelegt werden Veröffentlichungen der Herren Kurt Aland, Karl Barwick, Hellmut Kretzschmar. – Vgl. auch DLZ (Akademieberichte) 79. Jg, Heft 10, Sp. 932ff (1958).

Sitzung am 15. September

Vortrag des Herrn B a r w i c k: „Martial und die zeitgenössische Rhetorik". – In seinen „Zerstreuten Anmerkungen über das Epigramm" fordert Lessing von einem guten Epigramm 2 Teile, die er „Erwartung" und „Aufschluß" nennt; am besten habe Martial dieser

Forderung genügt. Den geschichtlichen Ursprung der beiden Teile sucht Lessing aus der Verwendung des Epigramms als Aufschrift zu erklären: Das die Aufschrift tragende Denkmal entspreche der Erwartung, die Aufschrift auf diesem Denkmal dem Aufschluß. Diese Erklärung ist mit Recht allgemein – und schon von Herder – abgelehnt worden; aber bisher hat es niemand unternommen, sie durch eine andere zu ersetzen. – Eine erneute Untersuchung hat davon auszugehen, daß nur Martial die Zweiteilung der Epigramme mit fast konsequenter Regelmäßigkeit durchgeführt hat und daß sie vor ihm häufiger nur bei Epigrammatikern der ersten Kaiserzeit begegnet. Das erklärt sich aus der Tatsache, daß seit der augusteischen Zeit unter dem Einfluß der damaligen Rhetorik in der Beredsamkeit und Literatur ein neuer Stil aufkommt, der durch eine Fülle von Sentenzen charakterisiert ist. Dabei verstand man damals unter Sentenzen nicht nur, wie früher, Sinnsprüche (Gnomai), sondern darüber hinaus auch Gedanken, die inhaltlich und vielfach auch formal pointiert sind. Diese Sentenzen wurden mit Vorliebe an dem Schluß eines gedanklichen Abschnittes angebracht. Beide, der gedankliche Abschnitt und die ihn beschließende Sentenz, entsprechen den 2 Teilen in den Epigrammen Martials, deren Aufschluß nur aus Sentenzen neuerer Art besteht. Die Zweiteilung seiner Epigramme ist daher offenbar in Anlehnung an den sentenziösen Modestil seiner Zeit durchgeführt. Es mag sein, daß Martial daneben auch an gewisse Vorgänger angeknüpft hat, die ebenfalls schon von jenem Stil beeinflußt waren. Aber entscheidend dürfte sein, daß er selbst im Banne des neumodischen Stiles stand und so sich eine eigene feste Form für seine Epigramme geschaffen hat, wobei er bewußt noch über die schon von seinen Vorgängern durchgeführte Zweiteilung der Epigramme hinausgegangen ist. – Erschienen in den „Berichte(n)“ Bd 104 (1959), Heft 1. – Vorgelegt werden Veröffentlichungen der Herren Johann W. Fück, Erwin Jacobi, Paul Thieme, Friedrich Zucker. – Vgl. auch DLZ (Akademieberichte) 79. Jg, Heft 12, Sp. 1123f (1958).

Sitzung am 13. Oktober

Vortrag des Herrn J a h n (anstelle von Herrn Flach): „Der älteste Bergbau in Europa“. – Die erste bergmännische Betätigung in Europa baute nicht Metalle ab, sondern hochwertigen Feuerstein. In der jüngeren Steinzeit und frühen Bronzezeit, also rund um 2000 v. d. Ztr., gewann der Mensch den für ihn wichtigsten Werkstoff an primärer Lagerstätte, da der bergfrische Feuerstein besser zu bearbeiten ist als das ausgetrocknete, an der Erdoberfläche aufgesammelte Gestein. In der fortgeschrittenen Wirtschaftsform der Jungsteinzeit war außerdem der Bedarf an Feuerstein viel größer als unter den primitiveren wirtschaftlichen Verhältnissen früherer Epochen. Über die Arten der Feuersteingewinnung ist die Forschung durch erfolgreiche Grabungen gut unterrichtet. Kennzeichnende Beispiele aus Dänemark, Belgien, England und Polen lassen den Abbau von Strandwällen an den Kreidesteilküsten der Ostsee, den einfachen Mardellen-Grubenbau nach flachliegenden Feuersteinschichten und schließlich den entwickelten Untertagebau mit bis zu 20 m tiefen Schächten und ganzen Systemen von Stollengängen klar erkennen. Nicht nur die technische

Entwicklung des Bergbaues in so früher Zeit ist beachtenswert, sondern auch der beträchtliche Umfang dieses Großgewerbes. – Angenommen zum Druck in den „Abhandlungen". – Vorgelegt wird eine Veröffentlichung von Herrn Eißfeldt.

Sitzung am 8. Dezember

Vortrag des Herrn Baetke: „Skaldenstrophen religiösen Inhalts". – Während der mythologische Stoff, der in der Skaldendichtung steckt, von jeher das Interesse der Forschung auf sich gelenkt hat, ist das, was sie an Material für die praktische und institutionelle Religon der norrönen Völker enthält, wenig beachtet worden. Unter diesem Gesichtspunkt sind vor allem einige Gedichte des 10. Jahrhs von Wichtigkeit, die nicht, wie die der ältesten Schicht, Götterfabeln erzählen oder mythologische Bilder beschreiben, sondern sich im Fürstenpreis ergehen. Ihr historisch-politischer Inhalt ist der Grund dafür, daß sie auch etwas über die politische Seite der Religion aussagen. Sie setzen die Taten und Erfolge der Fürsten, die sie besingen, in Beziehung zu dem Walten der göttlichen Mächte und eröffnen Einblicke in die religiöse Stellung der Häuptlinge, insbesondere der Könige. Sieg, gute Herrschaft, Wohlstand und Friede werden den „guten" Herrschern zugeschrieben, allerdings nicht weil sie im Besitze eines magischen „Königsheils" wären, sondern weil sie die Heiligtümer schützen und die öffentlichen Kulte nach Gesetz und Sitte wahrnehmen. In der Vellekla preist Einar Skálaglamm den Jarl Hakon von Lade, daß er durch die Wiederherstellung der von den Eirikssöhnen zerstörten Kultstätten Fruchtbarkeit und Friede gegeschaffen habe, und auch die Hákonarmál von Eyvind skáldaspillir rühmen König Hakon den Guten als Wohltäter des Landes, weil er die Heiligtümer geschont hatte. Beide Gedichte sind Schöpfungen der Übergangszeit; sie legen ein Bekenntnis für die heidnische Kultreligion ab. Als politische Kampflieder richten sich beide – direkt und indirekt – gegen die (christlichen) Eirikssöhne, die als Verderber des Landes gelten, aber sie kleiden die politische Polemik in das religiöse Gewand. – Terminologisch ist beachtenswert, daß in den Skaldenstrophen religiösen Inhalts für die göttlichen Mächte fast ausschließlich anonyme Kollektiva wie goð, bǫnd, hǫpt, rǫgn (neutra pluralis) gebraucht werden, während die Götter als persönliche Gestalten in den mythologischen Gedichten auftreten. Darin drückt sich der Unterschied zwischen zwei Erscheinungsformen der Religion aus, die wir als die kultische und die mythische bezeichnen können. Quellen für die Kultreligion haben wir außer in den Fürstenpreisliedern in einigen Gelegenheitsstrophen (lausavísur) der Übergangs-(Bekehrungs-)zeit. Auf diesen beiden Gruppen – wobei wir verlorene Gedichte in Rechnung stellen müssen – basieren auch die Mitteilungen der Geschichtsschreiber über religiöse Dinge. – Angenommen zum Druck in den „Berichte(n)". – Vorgelegt werden Veröffentlichungen der Herren Herbert Koch, Richard Meister, Siegfried Morenz sowie vom Althochdeutschen Wörterbuch die 10. Lfg (1958). – Vgl. auch DLZ (Akademieberichte) 80. Jg, Heft 3, Sp. 275f (1959).

1959

Sitzung am 26. Januar

Vortrag des Herrn Fischer: „Schiller und Böhmen". – Fand Goethe in seinem „lieben Böhmen" durch viele Jahre „Genuß und Unterricht", heitere Geselligkeit und aufmerksame Huldigung, so war Schillers einmaliges Kommen nach Karlsbad von einem qualvollen Leiden bestimmt. Die Reise des Sommers 1791 war keine Erholungsreise, sie war Transport eines Schwerkranken, ja eines Totgesagten. Und in diesem Jahre 1791, als nach ärztlichem Urteil die Pathologie begann, der Schillers Willensstärke noch durch vierzehn Jahre tapfersten Widerstand leistete, keimte im Dichter der Plan zu dem großen Trauerspiel, zum „Wallenstein". – Im übrigen ist es beschämend, wie wenig Zuverlässiges uns über Schillers Kuraufenthalt überliefert wird. Wie über des Dichters verschollenen Manuskripten, so waltet auch über biographischen Einzelheiten ein rätselhaftes Fatum. – Wiewohl Schillers Beziehungen zu Böhmen bei weitem nicht in solchem Maße durch persönliches Erleben fundiert erscheinen wie die Goethes, möchte man doch nicht voreilig der Behauptung beipflichten, daß sie weniger tiefgehend gewesen wären. Gewiß entbehrte Schiller der vielfältigen Anschauungen, die Goethe von Land und Leuten auf seinen ausgedehnten Wanderungen und in Gesprächen mit Angehörigen aller gesellschaftlichen Klassen gewann. Gewiß war es Schiller nicht mehr vergönnt, sich an den Blüten der Poesie zu erfreuen, die im Frühling der nationalen Wiedergeburt Goethe noch begrüßen konnte. Und dennoch: Beschäftigte sich Goethe in Eger mit der Nachdichtung eines anmutigen Liebesliedes aus der „Königinhofer Handschrift", so stieß Schiller hier aufs tiefste in schicksalsschwere böhmische Geschichte, in ungelöste Geheimnisse um Wallensteins Untergang, in dunkle und ruhelose Fluten, die weiterbrandeten durch Jahrhunderte. – Allerdings: Wie Schiller schon als Historiker auch Dichter und insbesondere Dramatiker blieb, wovon die Studie zur Geschichte des Dreißigjährigen Krieges zeugt, so leistete umgekehrt der Dichter und Dramatiker, der mit einem umfangreichen historischen Sujet rang, auch Historikerarbeit. Mag Schiller aus seiner protestantischen Sicht die „Glaubensverbesserung" auch überschätzen, in seiner Bewertung des Böhmischen Aufstandes, der 1618 zum Fanal des Dreißigjährigen Krieges wurde, trifft er das Wesentliche. Sympathien bekundet Schiller dem Hussitentum, und zwar entsprechend der Mentalität tschechischer Patrioten der Aufklärungsepoche. – Geschichte Böhmens, von Schiller auf die Bühne gestellt, ist Geschichte der Menschheit. Schillers Anteilnahme für Böhmen verbündet sich mit seiner Anteilnahme für alle Menschen, die einer verpflichtenden Sache das letzte Opfer zu bringen bereit sind. – Erschienen in den „Berichte(n)" Bd 105 (1959), Heft 3. – Vorgelegt werden Veröffentlichungen der Herren Walter Baetke, Karl Barwick, Erwin Jacobi. – Vgl. auch DLZ (Akademieberichte) 80. Jg, Heft 6, Sp. 559f (1959).

Sitzung am 23. Februar

Vortrag des Herrn Z u c k e r: „Authentisch". – Ausgehend von zwei Briefstellen Ciceros, in denen ‚αὐθεντικῶς narrare, nuntiare' genau in der heutigen Bedeutung von ‚authentisch erzählen, berichten' begegnet, wird die Bedeutungsgeschichte des Substantivs αὐθέντης entwickelt, von dem das Adjektiv αὐθεντικός abgeleitet ist, um am Schluß wieder zum Adjektiv zurückzukehren. Die Bedeutungsgeschichte des Substantivs ist sachlich und zeitlich gespalten. Das Wort bedeutet ‚Verwandtenmörder' im 5. Jh. v. Chr., weitaus überwiegend in der attischen Tragödie, in Verflachung zuletzt allgemein ‚Mörder', und ist in dieser Bedeutung nur in diesem Jh. und etwas darüber hinaus in wirklich lebendigem Gebrauch, um erst in der attizistischen Literatur der Kaiserzeit repristiniert zu werden. Von der hellenistischen Zeit an, aus der das Belegmaterial spärlich ist, und in der Koine der Kaiserzeit erscheint das Wort in den zwei eine Grundbedeutung repräsentierenden Hauptbedeutungsrichtungen ‚Urheber' und ‚Herr(scher)', in welch letzterer Bedeutung es im neugr. ἀφέντης und im Türkischen in der Entlehnung ‚Efendi' fortlebt. – Die wahrscheinlichste Erklärung dieses merkwürdigen Tatbestandes ist die, daß in αὐθέντης zwei Wörter ganz verschiedener Herkunft eine und dieselbe Form gewonnen haben: einerseits αὐτο-θέν-της, mit Silbendissimilation >αὐθέν-της, der (einen) der ihm Angehörigen erschlägt, (θείνω (er)schlage) – Zusammensetzungen mit αὐτός in reflexiver (und reziproker) Bedeutung werden in einem späteren Abschnitt des Vortrages nach der grammatischen Seite erörtert – und andrerseits αὐτο-hέν-της ‚der selbst vollbringt' (Wz.* hεν-, attisch ἀνύω ai. sanómi, bestätigt durch συνέντης, antik erklärt mit συνεργός ‚Mittäter'). Aus dieser letzteren so gut wie allgemein angenommenen Etymologie leiten sich die Bedeutungen ‚Urheber' und ‚Herr(scher)' ohne weiteres ab; die übliche Weise, auch die Bedeutung ‚Mörder' als Spezialbedeutung ebendaher abzuleiten, mit Unterstützung der Analogie von αὐτόχειρ ‚wo die eigene Hand dabei ist', öfter geradezu ‚Mörder', ist nicht unmöglich, aber nicht eigentlich überzeugend. – Die Entfaltung der Bedeutungen ‚Urheber' und ‚Herr(scher)' hat Wichtiges hervorgebracht. Besonders ist daraus zu betonen, daß am ‚Urheber' der Begriff der Verantwortlichkeit hervortritt. So bezeichnet in Urkunden der Kaiserzeit αὐθέντης den dauernd in einer Stellung Verantwortlichen, den verantwortlichen Beamten, mit und ohne Titel, im ersten Fall also in adjektivischem Gebrauch. Αὐθέντης ist aber auch und zuerst der verantwortliche Urheber einer geschehenen Tat. – An dieser Entfaltung haben auch die Ableitungen von αὐθέντης teil, vor allem das Adjektiv αὐθεντικός, womit die Rückkehr zum Ausgangspunkt erreicht ist. Αὐθεντικός ist alles, was von αὐθέντης als dem verantwortlichen Urheber ausgeht, und damit sind wir im Bereich des Authentischen im Sinn des uns geläufigen Fremdworts. Αὐθεντικά sind Schriftstücke aller Art im Gegensatz zur Abschrift, sind Nachrichten, schriftlich oder mündlich übermittelt, die auf einen verantwortlichen Urheber zurückgehen. In allem dem klingt der Begriff des Echten und Wahren an, und so ist z. B. der authentische Name der echte, wahre, eigentliche; der αὐθέντης ist dabei nicht der verantwortliche Urheber, sondern der Herr über die Sache. – Angenommen zum Druck in den „Berichte(n)". – Frau Karg-Gasterstädt legt die Arbeit von Herrn Prof. Dr. Werner Schröder „Grenzen und Möglichkeiten einer althochdeutschen Literaturgeschichte" vor, die zum Druck in den „Berichte(n)" angenommen wird (erschienen in Bd 105 [1959], Heft 2). – Vorgelegt wird eine Veröffentlichung von Herrn Hermann Junker. – Vgl. auch DLZ (Akademieberichte) 80. Jg, Heft 6, Sp. 562 (1959).

Sitzung am 9. März

Vortrag des Herrn Fück: „Eine Apologie des sunnitischen Islam aus dem X. Jahrhundert". – Der Asch'arit al-Bāqillānī, gest. 1013 n. Chr., bisher vornehmlich durch sein Buch über die Unnachahmlichkeit des Koran bekannt, hat in seinem neuerdings zweimal veröffentlichten Kitāb at-tamhīd eine Apologie des sunnitischen Islam geschrieben, die den Lesern auf alle Einwände, die ihnen in Diskussionen mit Gegnern der sunnitischen Orthodoxie und des Bagdader Abbasidenkalifats gemacht werden können, die im Sinne der asch'aritischen Theologie korrekte Antwort erteilt. Deswegen wählt der Verf. für seine Ausführungen gewöhnlich die Form von Frage und Antwort (z. B. gleich in § 5 „Wenn einer fragt, wie wir das Wissen definieren, so antworten wir" usw.). Nach einer kurzen Einleitung über die Grundbegriffe der scholastischen Methode wendet sich Bāqillānī zunächst gegen die Gottesleugner, also die Naturphilosophen und Astrologen, dann gegen die Dualisten, die Gut und Böse als Urprinzipien anerkennen, sowie gegen die Christen und deren Trinitätslehre und rechtfertigt darauf die Prophetie Muhammeds gegen ihre Leugner. Im zweiten, den islamischen Sekten gewidmeten Teil widerlegt B. zunächst den Anthropomorphismus der Altgläubigen, sodann ausführlich den Rationalismus der Mu'taziliten und schließt mit der Lehre vom Imamat, wobei er vor allem die Schiiten befehdet. – Die Ausgabe von M. al-Khodeiry und Abū Rīda, Cairo 1947, beruht auf einer Pariser Handschrift, die eine große Lücke aufweist. Diese Textlücke wird in der von P. J. McCarthy besorgten Neuausgabe (Beyrouth 1957) auf Grund von zwei Stambuler Hss. geschlossen. Dafür ist in ihr der Schlußteil absichtlich ausgelassen, weil der Hrsg. nicht erkannt hat, daß bei der engen Verflechtung von Religion und Politik im Islam die Lehre vom Imamat ein wesentlicher Bestandteil des theologischen Systems ist. – Angenommen zum Druck in den „Berichte(n)". – Vgl. auch DLZ (Akademieberichte) 80. Jg, Heft 6, Sp. 564 (1959).

Sitzung am 4. Mai

Vortrag des Herrn Kretzschmar: „König Johann von Sachsen 1801–1873". – Die 1958 im Druck erschienenen Lebenserinnerungen Johanns geben Anlaß zu Betrachtungen zu vier Problemen: 1. Die Frage nach dem Nationalgefühl Johanns. Ist das nationale Empfinden älteren Datums und ist es dynastisch begründet oder wird es unter den Zeiteinflüssen der Jahrhundertwende (Ausstrahlung der Französischen Revolution und der

Wirksamkeit Napoleons in Mitteleuropa) erst eigentlich geweckt, bildet das Beispiel König Friedrich Augusts I. ein Vorbild für die sich bildenden Anschauungen des jungen Prinzen. – 2. In welchem Sinne nimmt Johann an der Erörterung der nationalen Frage in Deutschland und speziell in Sachsen über die Verfassungskrise von 1831 teil. – 3. Wie steht Johann zur parteipolitischen Entwicklung in Deutschland, besonders in Sachsen. Reformkatholizismus und Lichtfreunde als politische Zeiterscheinungen. Johanns Parteinahme in den Kammerverhandlungen und seine aktive Bundespolitik. Übernahme des Königtums und Verhältnis zu Beust auf dem Wege von 1849 über 1854 zu 1866. – 4. Johanns Verhältnis zu den Lösungsversuchen der deutschen Frage, insbesondere zu Bismarck. Sachsens Weg durch den Konflikt von 1866 zur Entstehung des Norddeutschen Bundes und zur Gründung des Deutschen Reiches. Unterschied der Ideale Johanns für die Lösung der deutschen Frage von den Ergebnissen Bismarcks, Verhältnis der Dynastien Preußens und Sachsens zueinander. Bismarck und Johann. Ausklang des Lebens Johanns nach der Reichsgründung. – Erschienen in den „Berichte(n)" Bd 105 (1960), Heft 4. – Vorgelegt werden Veröffentlichungen der Herren Iorgu Iordan, Siegfried Morenz. – Vgl. auch DLZ (Akademieberichte) 80. Jg, Heft 9, Sp. 853 (1959).

Sitzung am 14. September

Vortrag des Herrn M o r e n z : „Die Rolle des Schicksals in der ägyptischen Religion". – Der Ursprung des ägyptischen Schicksalsglaubens liegt im Dunkeln, doch darf er versuchsweise mit der Welt der vorgöttlichen „Mächte" in Verbindung gebracht werden. In historischer Zeit findet er sich der Sache nach bereits im AR, wenn auch die Begriffe erst in der 18. Dyn. aufzukommen scheinen. Seine älteste zur Zeit greifbare Form ist die Determinierung von Wesen und Charakter (Lehre des Ptahhotep). Ihr nahe verwandt ist die des Berufes (Lehre des Cheti, MR). Doch auch über das Schicksal im engeren Sinne von Geschehnissen werden Aussagen gemacht, lange bevor die entsprechenden Begriffe nachgewiesen werden können. So wird der katastrophale Zusammenbruch des AR auf eine Bestimmung der mythischen Frühzeit zurückgeführt (Mahnworte des Ipu-Wer). In anderen Fällen wird nicht von Vorausbestimmung, wohl aber von Vorauswissen und Voraussagen geredet. Das geschieht bei außerordentlichen oder negativen Ereignissen in den Mahnworten, der Lehre für Merikare, der Weissagung des Neferti, der Erzählung von Schiffbrüchigen. Es betrifft aber ebenso Fakten, die in der Ordnung und von positivem Werte sind (Bestimmung eines Königs zu seinem Amte, besondere Qualifikation eines einzelnen Herrschers). Das fragliche Material rückt stets das Moment der Zeit in den Blickpunkt, in deren Dimension sich Geschichte und Menschenleben abspielen. Destination stellt sich teilweise als Prädestination dar usw. Darum muß nach der Bindung der Zeit an einen höheren Willen gefragt werden; es zeigt sich, daß es die Gottheit ist, die die Zeit in Händen hat (Weisheitslehren und Hymnen). – In der 18. Dyn. tritt das von dem šj „festsetzen", „bestimmen" abgeleitete Begriffspaar *š'·w – š'. jt* in Erscheinung. Die Belege häufen sich mit der Amarnazeit, und es ist anzunehmen, daß der Schicksalsglaube damals aus der Volksreligion aufstieg und literarisch wie theologisch verfestigt wurde. Die fraglichen Begriffe haben primär einen zeitlichen Aspekt und beziehen sich zunächst auf die Festsetzung der Lebenszeit, damit zugleich aber auf das Todesgeschick einschließlich der Todesart. Offenbar haben sowohl *š'·w* wie *š'·jt* passivischen Sinn („Bestimmung" bzw. „Bestimmtes"), denn sie zeigen sich in aller Regel von einem logischen Subjekt abhängig. Dieses logische Subjekt sind die Götter, die demnach in Ägypten als Herren des Schicksals erscheinen. Das bleibt so bis zum Ausgang der ägyptischen Geschichte, und noch in griechischen und lateinischen Zeugnissen wird die Macht ägyptischer Gottheiten (Sarapis, Isis) über das Schicksal gepriesen. Damit steht Ägypten an der Seite Vorderasiens gegen die griechische Position, in der das Schicksal den Göttern auf einer eigenen Ebene gegenübertritt und an Macht ständig zunimmt. Anderseits gleicht die ägyptische Grundkonzeption des Schicksals als einer Bestimmung der Lebenszeit und Festsetzung des Todes der griechischen, der es um die gleichen Dinge geht. – Erschienen in den „Abhandlungen" Bd 52 (1960), Heft 1. – Vorgelegt werden Veröffentlichungen der Herren Joseph Aistleitner, Otto Eißfeldt, Heinz Ladendorf, Rudolf Meyer, Siegfried Morenz sowie vom Althochdeutschen Wörterbuch die 11. Lfg (1959). – Vgl. auch DLZ (Akademieberichte) 80. Jg, Heft 12, Sp. 1140f (1959).

Sitzung am 19. (statt 12.) Oktober

Vortrag des Herrn K o r f f: „Geistesgeschichte der Goetheschen Lyrik". – In dem Vortrag wird versucht, eine geistige Entwicklungsgeschichte der Goetheschen Lyrik zu geben. Diese gliedert sich in drei von einander sehr verschiedene Stufen: die ganz persönliche, voritalienische Lyrik, die überpersönliche Lyrik der klassischen Zeit, die Zeit von Goethes dritter Jugend, wie sie vor allem im West-östlichen Divan zum Ausdruck kommt. – Die erste dieser Stufen ist vorzugsweise und zunächst Liebeslyrik, die als Anakreontik beginnt, zu den Sesenheimer Liedern emporsteigt, um mit den tiefsinnigen Gedichten an eine verheiratete Frau der Hofgesellschaft, die das Ewig-Weibliche repräsentiert, ein vorläufiges Ende zu finden. – Indessen ist das nur die eine Hälfte von Goethes Sturm-und-Drang-Lyrik, die sogleich von den so ganz anders gearteten, aus dem Geiste Pindars und Klopstocks geborenen sturmatmenden „Rhapsodien" überflutet wird, in denen das „Geniegefühl" sowie der Lebensglaube Goethes nach Ausdruck sucht. Sie sind das Sinnbild des Genius auf der vollen Götterhöhe seiner strahlenden Jugend. Doch bald schon folgen die Gedichte einer ernsten Einkehr: Ilmenau, Grenzen der Menschheit, das Göttliche, vor allem aber die erste Fassung des Mondliedes: „Selig, wer sich vor der Welt ohne Haß verschließt..." – Kurz darauf erfolgt die erste große Wendung, die Goethes Lyrik genommen hat und die mit den Römischen Elegien, also einer völlig anders gearteten Form von Gedichten beginnt, die nicht mehr lyrischen, sondern episch-epigrammatischen Charakter hat. Auch sie scheinbar noch Liebeslyrik, aber einer ganz anderen Art von Liebe, die auch eine ganz andere Art von Lebensgesinnung atmet. Der Zustand der Sehnsucht hat aufgehört, er ist in dem klassischen Zustand der Erfüllung untergegangen, und die Gedichte verlieren eine Zeitlang ganz den persönlichen Charakter, wofür als Beispiel besonders die klassischen Balladen gelten können. – Man meint, daß Goethes Lyrik damit am natürlichen Ende ihrer Bahn angekommen sei. Erst jetzt aber bereitet sich das große Wunder von Goethes Geistesgeschichte vor: das Erwachen zu einer dritten Jugend – in Gestalt eines neuen Liederfrühlings, dessen großes Denkmal der in den Jahren 1814/15 entstandene West-östliche Divan ist. In ihm zieht Goethe sich aus der verworrenen Welt der Gegenwart in das Phantasiereich des Morgenlandes, d. h. das Ewig-Menschliche, zurück. Infolgedessen ist der Höhepunkt des Divans ein neuer Liebesfrühling, mit dem dieser zum Höhepunkt von Goethes gesamter Liebeslyrik wird. Der Divan insgesamt aber ist der Durchbruch des alten Goethe zu einem neuen Dichtertum, mit dem dieses endlich zur vollen Höhe der ihm eingeborenen Idee gelangt: zu einem religiösen Dichtertum und einer religiösen Dichtung – aber einer von jeder dogmatischen Gebundenheit vollkommen freien und über alle Religionen erhabenen Religiosität. Und wie die Welt der kultische Gegenstand dieser Religion, ist dieser Kultus selbst nichts anderes als – die Dichtung, die für den Divan-dichter den Charakter des Gottesdienstes gewinnt. Sie wird zu jenem „irdischen Vergnügen in Gott", das in ganz anderem Sinne schon der alte Brockes gepriesen hatte. – Angenommen zum Druck in den „Berichte(n)". – Herr Besseler legt eine Arbeit von Herrn Dr. Ernst Rohloff „Neidharts Sangweisen" vor, die zum Druck in den „Abhandlungen" angenommen wird. – Vgl. auch DLZ (Akademieberichte) 81. Jg, Heft 2, Sp. 183f (1960).

Sitzung am 7. Dezember

Vortrag des Herrn Dornseiff: „Beziehungen zwischen Platon, Isokrates, Xenophon". – Den athenischen Philosophen Sokrates, der nichts geschrieben hat, kennen wir durch seine Jünger Platon und Xenophon. Xenophon bringt eine gewisse Ergänzung zu Platon, aber der Xenophontische Sokrates verhält sich zum Platonischen wie Xenophon zu Platon. Dafür läßt Platon seinen Sokrates in den zahlreichen von ihm verfaßten Dialogen manches sagen, was ausschließlich platonisch ist, z. B. die Ideenlehre. Über das gleiche Thema sprechend, bringen beide ihren großen Meister nur einmal, und zwar über die Liebe, in ihren Symposien. Die beiden „Gelage" stehen sich sehr nahe, gemeinsam sind ihnen folgende Motive: Eros als großer Dämon, zwei Aphroditen und zwei Erotes, d. h. die sinnliche Pandemos und die seelische himmlische, Pausanias als Liebhaber des Dichters Agathon und Lobredner der Knabenerotik, Päderastenheere der Thebaner und Elier, Stellung der Spartaner zur Knabenliebe, Achilleus und Patroklos als Liebespaar. Der eine Autor muß den andern vor sich gehabt haben. Aber wer wen? Diese Prioritätsfrage ist verschieden beurteilt worden. Xenophon hielten für den Früheren Boeckh, Hug, Rettig, Schöne, Hopffner, Wimmel; Platon für den Früheren K. F. Hermann, Schanz, v. Wilamowitz, v. Arnim, Körte, Pohlenz, Martin, Bruns, Gemoll, Geffcken. Es ist äußerst unwahrscheinlich, daß Platon „Xenophontische Anregungen ausgebaut, sublimiert und vertieft" haben sollte (so Wimmel, Gymnasium 64, 1957). – Im einzelnen z. B. Xenophon VIII § 9 etwas unwirsch: „Ob es eine Aphrodite gibt oder zwei, Urania und Pandemos, weiß ich nicht. Denn auch Zeus, der derselbe zu sein scheint, hat viele Beinamen" kritisiert sichtlich eine Zweiteilung, die ihm schon vorliegt und mit der er nicht viel anfangen kann. Soll nun Platon auf Grund dieser Xenophonstelle seinen Pausanias p. 180 die Entdeckung von zwei Aphroditen, die eine die Tochter des Uranos, die andere die Tochter des Zeus und der Dione, mühsam haben zustande bringen lassen? Oder Xenophon VIII § 32: Pausanias, der Liebhaber des Dichters Agathon, hat gesagt, ein aus παιδικά und ἐρασταί bestehendes Heer werde auch am stärksten sein, so dächten die Thebaner und Eleer (wogegen Xenophon § 35 einwendet, die Lakedaimonier trennten derartige Pärchen und machten sie gerade dadurch zu guten Soldaten). Da genau dies von Pausanias im Platonsymposion p. 182 b und unmittelbar vorher von Phaidros p. 178 e gesagt wird, so zitiert eben Xenophon mit dieser Stelle nicht etwa eine sonst verlorene Schrift irgendeines Pausanias „Über die Liebe", sondern den Pausanias als Gesprächsperson im Symposion des Platon. So ist Platon bei Xenophon außer Memorab. VII 6,1 noch ein zweites Mal (versteckt) erwähnt, umgekehrt Xenophon bei Platon nie. – Daß es schöner und höher ist, jemanden wegen seiner Seele als wegen des jugendlichen Körpers zu lieben, das erfährt Sokrates in Platons Symposion p. 209 von Diotima, und daß dabei die herrlichsten geistigen Zeugungen stattfinden. Beweise: Homers und Hesiods Dichtungen, Lykurgs und Solons Gesetze. Bei Xenophon hat Sokrates schon vergessen, woher er das hat, und bringt in seiner Mahnrede nichts von Homer, Hesiod, Lykurgos, sondern hält sich mehr an parainetische Motive, die dem Fassungsvermögen des schönen Knaben Autolykos näher liegen, wie politischen und Heldenruhm, Herakles, Dioskuren, Freundespaare. – In Diotimas Rede bei Platon wird Zuneigung eines älteren Freundes zu einem Knaben oder Jüngling unter der Voraussetzung, daß sie ohne sinnliche Note ist, rein idealistisch gefeiert. In Erinnerung an diese Stelle ist in der französischen Renaissance die seelische Liebe eines Schüchternen amour platonique getauft worden. Bei Xenophon VIII sind aber auch die konkreten Vorteile solchen reinen, eventuell auch pädagogischen Interesses hervorgehoben. § 13ff.: „Unter denen, die nach dem Leib verlangen, tadeln viele und hassen Art und Verhalten der Geliebten. Die Blüte der Jugendschönheit welkt und damit auch die φιλία. Beim Genuß der Körperschönheit stellt sich κόρος ein, wie wenn man sich etwas übergegessen hat." § 19: „Warum sollte der Knabe den, der an dem Leibe hängt, wiederlieben? Der hat ihn ja nur gekauft wie eine Ware auf dem Markt." § 21: „Der Knabe nimmt ja auch nicht teil gleich dem Weibe an den Freuden des Liebesgenusses, sondern nüchtern schaut er den von Aphrodite Berauschten." § 22: „Daraus entsteht Verachtung gegenüber dem Liebhaber." § 23: „Dieser naht sich dem Knaben mit der Zeit wie ein Bettler" – § 27. Davon steht in Platons Symposion nichts. Um so realistischer aber in Platons Dialog „Phaidros". Dort wird p. 231 e–242 e eine Rede des Lysias über die Liebe von Phaidros dem Sokrates vorgelesen und dann von beiden erörtert. Diese Rede will als sophistisches Paradoxon beweisen, daß ein Knabe, der einen Partner, Gönner, Patron sucht, nur einen Nichtliebenden suchen soll, aber ja keinen, der ihn der Schönheit wegen liebt. Denn das bringe nur Konfliktstoffe und Peinlichkeiten. Phaidros ist von dem Lysiasschen Opus ganz hingerissen, und Sokrates geht ihm zu Ehren auch zunächst darauf ein, dann aber schlägt ihm das Gewissen, und er bereut seine eben gesprochenen gegenüber dem Gott Eros schamlos lästerlichen Sätze. Dem darauf folgenden Widerruf dient dann ein Lob des schöpferischen Wahns. Verstand sei nicht alles. Der Wahn, die μανία steht hinter aller Weissagung und auch hinter der dichterischen Inspiration. Die Seele, ihre Unsterblichkeit, die 3 Seelenteile werden erörtert. Irgendwann sieht die Seele den großen Cortège der Götter vorbeiziehen und schaut so die höchste, reinste Schönheit an sich. Die Erinnerung an dieses Metaerlebnis rekriminiert beim Erblicken eines schönen Knaben. Damit sind wir bei der Ästhetik angelangt. p. 259 Frage: Hat die Fähigkeit des guten Schreibens etwas mit all dem zu tun, ferner die Dialektik p. 266? Die Prominenten der Literatur werden durchgegangen, Literaturtheorie angestrebt, das Schreiben überhaupt angezweifelt (Theutgeschichte). Schließlich kommt noch eine Huldigung an den aufsteigenden Stern Isokrates p. 279. – Daß Xenophon im Sympos. Kap. VIII die seelische Liebe mitsamt den Vorbehalten der Lysiasrede aus Platons Phaidros in das Ideal des gutbürgerlichen Liebeslebens, wie es ihm vorschwebt, einbauen will, ist klar. Dann eilt Kap. 9 zum Schluß. Die Gäste des reichen Kallias bekommen noch eine kleine Voyeurfreude serviert, einen erotischen Nacktpantomimos von Teenagers und reiten darob befeuert und beschleunigt heim zu ihren harrenden Gattinnen. So hat nach Xenophon Liebe auszusehen und nicht zu so abwegigen Verstiegenheiten zu führen wie bei Platon. – Damit ist dem Platonischen Phaidros ein evidenter Terminus ante quem gesetzt: vor dem Symposion des Xenophon. Dieses kann nicht lange nach dem Gelage des Platon verfaßt worden sein, Xenophons Zerechtrückung der Platonischen Erotik hätte sonst keinen Spitz, keine Pointe und kein Interesse mehr gehabt. Platons Symposion liegt auf 385 oder bald darnach fest und Xenophons Symposion auch nicht nach 379, denn schon da hatte das boiotische Paiderastenheer, der ἱερὸς λόχος des Pelopidas, den Spartanern so mitgespielt, daß VIII § 35 nicht mehr geschrieben werden konnte. Ein Buch, das vor 379 schon da war, kann nicht erst 350 verfaßt sein. Dahin ungefähr hat Regenbogen vor einiger Zeit[1] den Phaidros datiert. Sein Heranziehen von Spätwerken wie Nomoi, Philebos, Timaios zur Interpretation des Phaidros ist nunmehr dahin umzustellen, daß dort immer an den 30 Jahre älteren Phaidros angeklungen werden sollte. Aber manches ist auch fragwürdig, z. B. Phaidros p. 245 sei der Start zum Beweis, daß die Seele unsterblich sei, unverständlich. Wieso? Erlaubt R. Platon nicht die einfachsten Gedankengänge wie: nur die Seele trägt das Leben, Leben ist Bewegung, Ruhe der Tod? R. meint, man versteht das erst, wenn man die in den Nomoi Buch X p. 893ff. gegebene sehr breite Darlegung dieses Sachverhaltes gelesen hat, der Phaidros müsse daher aus der Zeit der Nomoi stammen. Nach dieser Logik müssen wir künftig auch die Erzählungen über Prometheus bei Hesiod in die Zeit des Aischylos um 460 setzen. Solche radikale Herunterdatierung des Phaidros

[1] Miscellanea academica Berolinensia II,1, Berlin 1950, 198–219.

ist nun widerlegt, aber es war dem greisen Platon um 350 jederzeit unbenommen, seinen Dialog Phaidros von etwa 380 zu zitieren oder anklingen zu lassen. – Was den Schluß des Phaidros betrifft, wo Sokrates von dem jungen Isokrates das Größte erhofft, weil er Sinn für Philosophie habe, so liegt hier eine Konstante in beider Leben vor. Isokrates wie Platon hatten um 390 beide ihre Schulen in Athen eröffnet. Was in der dazu gehörigen Programmschrift des Isokrates κατὰ τῶν σοφιστῶν wie Stiche gegen Platon aussieht, scheint nichts derartiges zu sein, jedenfalls hat Platon in den häufigen Ausfällen gegen die Rhetorik nie Isokrates angegriffen. Man kann sehen, daß die Hoffnung Platons am Schluß des Phaidros, Isokrates werde noch zur Philosophie hinfinden, bei diesem auf fruchtbaren Boden gefallen ist, er hat in der Rede über den Vermögenstausch sein Leben und Schicksal mit dem des Sokrates verglichen (30–32) und huldigt Platon durch Anwendung der Sokratischen Dialogform ebd. 140–166 und Panathenaikos 266–272. Besonders an der letztgenannten Stelle hat der Übergang vom Ich zum Wir in dem Testament des 98jährigen, der damit vom Leitmotiv seines Lebens Sparta-Erbfeind abläßt, etwas vom Übergang zum Chorsatz in der IX., wenigstens wenn man ihn wie Richard Wagner interpretiert. – Angenommen zum Druck in den „Berichte(n)". – Herr Frings legt die Arbeit von Dr. Rudolf Große und Dr. Claus Jürgen Hutterer „Hochsprache und Mundart in Gebieten mit fremdsprachigen Bevölkerungsteilen" vor, die ebenfalls zum Druck in den „Berichte(n)" angenommen wird. – Vorgelegt werden Veröffentlichungen der Herren Friedrich Behn, Johannes Leipoldt, Rudolf Meyer. – Vgl. auch DLZ (Akademieberichte) 81. Jg, Heft 4, Sp. 373ff (1960).

Öffentliche Gesamtsitzungen

13. April 1957

Ansprache des Präsidenten, Herrn F r i n g s. – Bericht des Sekretars der mathematisch-naturwissenschaftlichen Klasse, Herrn A r l a n d, über den Stand der Arbeiten der Akademie. – Vortrag des Herrn K o r f f: „Die Religion der Faustdichtung". – Die Religiosität des abendländischen Menschen ist nicht einfach identisch mit dem Christentum, vielmehr eine nie ganz zu Ende kommende innere Auseinandersetzung mit dem Christentum – was seinen Grund darin hat, daß das Christentum kein Eigenerzeugnis des germanischen Geistes, sondern eine Religion ist, zu der der Germane in der Frühzeit seiner geistigen Entwicklung „bekehrt" worden ist und die zweifellos eine Religion darstellt, die der Natur des germanischen Menschen in entscheidenden Zügen widerspricht. Als das klassische Zeugnis für diese innere Spannung zwischen Germanentum und Christentum muß Goethes Faust betrachtet werden, die tiefsinnige Gestaltung jener christlichen Sage vom Teufelsbündner, in dem, was gezeigt werden soll, eine germanische und eine christliche Seele miteinander im Streite liegen – und doch unauflöslich miteinander verbunden sind. – Zunächst scheint Faust ein schlechtweg gegenchristlicher Mensch zu sein. Von der Zweiweltenvorstellung der christlichen Religion, einem Diesseits und einem Jenseits, will Faust nichts wissen. Für ihn ist das irdische Leben keine Vorbereitung auf ein himmlisches. Sein ganzes Sinnen und Trachten ist auf die irdische Welt gerichtet, in der sich das Leben für ihn erfüllen muß. „Ich fühle Mut, mich in die Welt zu wagen, der Erde Weh, der Erde Glück zu tragen" ist darum eines der Grundworte faustischen Menschentums. Was hier als Gegenchristlichkeit erscheint, ist aber in Wahrheit nichts anderes als der innerste Grundzug des Germanentums, das, wie seine ganze Geschichte beweist, immerdar auf die Welt und ihre Eroberung gerichtet gewesen ist. Das aber ist darum auch der Inhalt von Fausts Teufelspakt: es sind die Höhen und Tiefen der Welt, die Faust vom Teufel verlangt und wofür er ihm seine Seele verschreibt. – Allerdings ist alles das nur die Voraussetzung von Goethes Faustdichtung, nicht ihr letztes Wesen. Denn das, was ihren Helden überhaupt erst zu einem faustischen Menschen macht, das ist die fundamentale Tatsache, daß Faust von diesem Weltleben, diesem sozusagen germanischen Leben, unbefriedigt bleibt. „Er unbefriedigt jeden Augenblick": mit diesem Wort stehen wir im Mittelpunkt der faustischen Seele. Und genau das ist der Inhalt auch der großen Wette, in die Goethe den einfachen Teufelspakt verwandelt hat. Der Pakt bezieht sich auf den Genuß der Welt. Die Wette aber, in die Faust ihn kleidet, bringt seine pessimistische Überzeugung zum Ausdruck, daß diese Welt den Lebensdrang einer faustischen Menschenseele zu befriedigen nie vermag. Und diese Wette wird Faust gewinnen – dieser Faust, der noch am Ende seines langen reichen Lebens die Worte sprechen wird: „im Weiterschreiten find' er Qual und Glück, er unbefriedigt jeden Augenblick." – So erweist sich Faust als der Mensch, der entgegen dem Christenmenschen sein Heil in der Welt sucht: das ist seine germanische Komponente. Aber er ist auch der durch das Christentum hindurchgegangene Mensch, der sein Heil in der Welt nicht findet und nie finden kann. Denn in ihm ist durch das Christentum etwas aufgeweckt worden, was der auf die Erde gerichtete germanische Naturmensch noch nicht kannte: die Unruhe des Geistes, die unendliche Sehnsucht des geistigen Menschen. – Dieser Faust mit all seiner germanischen Weltleidenschaft und seiner doch geheimen Christlichkeit: er ist daher ein durchaus tragischer Menschentyp, so daß Goethe mit vollem Recht seine Dichtung eine Tragödie genannt hat – obwohl sie ihren Helden äußerlich in den Himmel führt. – Daß sie das aber so überraschend tat, das kann nichts anderes bedeuten, als daß der Goethesche Gott – den der Dichter nur im christlichen Gewande erscheinen lassen kann – mit dem faustischen Menschen, diesem mit dem christlichen Geiste geschlagenen Germanen, einverstanden ist: und zwar nach Beendigung seiner Erdenfahrt ebenso wie im Prolog im Himmel, wo er ihn vertrauensvoll einen „guten Menschen in seinem dunklen Drange" nennt, der sich „des rechten Weges wohl bewußt" sei. Dieser rechte Weg aber ist nach der Überzeugung des Dichters jener germanische, der die innere Kraft des Menschen zeigt, das Leben auf sich zu nehmen und zu bestehen, obgleich es nach seiner letzten Tiefe für einen zum höheren Geiste erwachten Menschen eine Tragödie ist und bleibt. – Angenommen zum Druck in den Sitzungsberichten. – Vgl. auch DLZ (Akademieberichte) 78. Jg, Heft 8, Sp. 758f (1957).

16. November 1957

Ansprache des Präsidenten, Herrn F r i n g s. – Bemerkungen des Herrn H e r t z : „Zur Physik des künstlichen Erdtrabanten". – Vortrag des Herrn B r e d t : „Über den Tod. Eine naturwissenschaftliche Betrachtung". – Einleitend wird der allgemeine menschliche, psychologische und gefühlsmäßige Hintergrund geschildert, vor dem sich die naturwissenschaftliche Erforschung des Todes abspielt. Alle Bedenken und Hemmungen, die der Wahl eines solchen Themas entgegenstehen, werden durch das Ziel des Vortrages abgewehrt, das in einer Vorstellung vom Tode besteht, an den ohne Furcht gedacht werden kann. Dem natürlichen Stufenbau naturwissenschaftlicher Methoden, nämlich der Beschreibung, der Zusammenordnung, der Ursachenforschung und der zeitlichen Einordnung, wird ausführlich Beachtung geschenkt. An den Beobachtungen der Laien wird die Kenntnis der hinweisenden und sicheren Merkmale des Todes entwickelt und die Frage des Scheintodes behandelt. Der Abbau der lebenden Substanz bis zur anorganischen Phase hin erfolgt nach sehr bestimmten Regeln, indem in systematisierter Art die einzelnen Strukturen der lebenden Substanz aufgelöst werden. So tritt die Eigenheit des Bauplanes bei der geweblichen Nekrose mitunter klarer hervor. – Eine Dreiteilung Leben – Tod – Verwesung existiert nicht. Leben und Tod sind komplementäre Begriffe, die sich gegenseitig begrenzen und erläutern. Im Organismus gibt es niemals eine Phase, in der das vollständig Lebendige plötzlich in das vollständig Tote übergeht. Vielmehr sieht man eine sich überdeckende Änderung der Teilkörper und der Teilfunktionen, so daß – bildhaft gesprochen – ein lebender Mensch „vom Tode gezeichnet" sein kann. Der Begriff des Partialtodes wird erläutert. – Der Tod ist notwendig mit den Vorgängen des Lebens verbunden. Änderungen dieser letzteren können auf den Zeitpunkt des Todes Einfluß nehmen. Eingehend wird in dieser Hinsicht die Art und Ursache der Krankheiten besprochen, die nach historischem Überblick auf die Unterbrechung bestimmter Funktionskreise des Lebendigen zurückgeführt werden. Beispiele für solche Funktionskreise sind u. a. Atmung, Stoffwechsel, Fortpflanzung, Wachstum. Krankheit und Tod werden am Begriff der Atmung erläutert, die in ihren verschiedenen Stellen gestört sein kann. Unterbrechung oder Schließung eines Funktionskreises entscheidet über Leben und Tod. Funktionskreise sind meist nach Art eines Kettensystems verbunden, können sich in ihrer gleichsinnigen Wirkung übergipfeln. Immer ist aber der ganze Mensch krank, und das tritt besonders beim Vorgang des Sterbens zutage, der an den Funktionskreisen sich ausprägt, die Repräsentanten der Gesamtpersönlichkeit sind, d. i. Herztätigkeit und Funktionen des Zentralnervensystems. Im Sterben erfolgt ein Abbau stammesgeschichtlich jüngerer Hirnleistungen und Hervortreten ältester funktioneller Bahnungen. Sterben ist ein Schichtenabbau der biologischen Persönlichkeit, ist den allgemeinen Regeln des Lebendigen zugeordnet. – Die Todeszeit wird neben den unendlich vielen gestörten Regulationen des Körpers auch von der Wetterlage, also der Umwelt, bestimmt. Beispiele dafür werden behandelt. Eine Voraussage der Todeszeit ist zur Zeit nicht möglich. Die Ursache des Todes kann in einer Hinsicht beantwortet werden, wenn nämlich die Frage gekoppelt ist mit einem sinnvoll definierten Sachverhalt, z. B. Begriffen der Rechtsfindung oder der öffentlichen Gesundheitsführung. Solche Erhebungen der Todesursachenstatistik sind von größter Bedeutung. Sie sind aber kein Ersatz für die allgemeine Frage nach der Ursache des Todes. An Hand von Beispielen wird gezeigt, daß – von Katastrophen abgesehen – keine einheitliche Ursache vorliegt, sondern meist eine ganze Perlenkette sich überschneidender Teilergebnisse, die zu einer Fülle von Teilursachen aufgegliedert werden können. Aufgabe der naturwissenschaftlichen Forschung ist es, derzeit übersehbare Teilvorgänge zu kausalen Relationen zusammenzuschließen, deren geistige Zusammenordnung sehr wahrscheinlich zu neuen Wortfindungen führen wird. Die Ursachenforschung gleicht derzeit einem großen Bauplatz, dessen Grundmauern erst ausgeschachtet sind. – Das Problem des Alterns und des physiologischen Todes wird dahin ausgeführt, daß die Alternsforschung erst in einer elementaren Grundlagenforschung die aufeinanderfolgenden Phasen des Menschen von der befruchteten Eizelle bis zum physiologischen Tod nachzeichnen muß. Die Zusammenordnung all dieser Befunde wird später erst uns erkennen lassen, wie das Altern als kardinale Erscheinungsform des Lebendigen aufzufassen ist. – Der Lehre vom Leben eine Lehre vom Tod gegenüberzustellen, wird abgelehnt, da jeder Gedanke, der dem Tode gewidmet ist, ein Bekenntnis zum Leben selbst sein soll. – Erschienen in den „Berichte(n)" math.-nat. Kl. Bd 103 (1958), Heft 2. – Vorgelegt wurde von Poggendorffs Biographisch-literarischem Handwörterbuch der exakten Naturwissenschaften Bd VII a, T. 2: F–K, Lfg 5. 6 (Berlin 1957). – Vgl. auch DLZ (Akademieberichte) 79. Jg, Heft 2, Sp. 175f (1958).

12. April 1958

Ansprache des Präsidenten, Herrn F r i n g s. – Bericht des Sekretars der mathematisch-naturwissenschaftlichen Klasse, Herrn A r l a n d, über den Stand der Arbeiten der Akademie. – Vortrag des Herrn Z u c k e r: „Ägypten im römischen Reich." – Das vielseitige Thema wurde unter dem Aspekt der Verwaltung des Landes in der Kaiserzeit mit Beschränkung auf die ersten drei Jahrhunderte behandelt, und zwar in der Form der Vorführung charakteristischer Einzelerscheinungen mit der besonderen Absicht, das Niveau der Verwaltungstechnik und gewisse Rechtsverfahren erkennen zu lassen. Ihrem Wesen nach wurde die römische Verwaltung gekennzeichnet als das Bestreben, im rücksichtslosen Fiskalismus einen größtmöglichen Betrag aus dem Land herauszuwirtschaften, ohne das geringste Risiko einzugehen; ihrer Methode nach eine despotische Bürokratie, die von den einheimischen Pharaonen geschaffen und von den Ptolemäerkönigen verfeinert, von den Römern übernommen und in besonderer Weise ausgestaltet wurde. Die wichtigste Leistung Ägyptens ist die Getreideversorgung von Rom. – Der Vorführung der Einzelerscheinungen werden zwei Hinweise vorausgeschickt: einmal der auf die Quellen unserer vielfach bis in letzte Details gehenden Kenntnis, nämlich in die Tausende gehende Papyrusurkunden und Inschriften in griechischer Sprache als Hauptquellen, neben denen die in lateinischer

Sprache zahlenmäßig weit zurückstehen, während Urkunden in einheimischer ägyptischer Sprache für die Verwaltung gerade der römischen Zeit wenig ausgeben. Zweitens der Hinweis auf Hauptpunkte der allgemeinen von den Römern getroffenen Ordnungen, betreffend die Beamten der Zentralregierung und die Einteilung des Landes und der Bevölkerung. – Folgende Einzelerscheinungen dienten zur Charakterisierung der Verwaltungstechnik: Organisation des Getreidetransportes von den staatlichen Dorfmagazinen zu den Verladehäfen am Nil und den Kanälen und des Transports bis zu den großen Hafenmagazinen in Alexandria; das Ackerland in seiner Aufteilung auf verschiedene Verwaltungsressorts der Zentralregierung und die Bewirtschaftungsformen, mit hauptsächlicher Berücksichtigung des Königslandes, des Staatslandes, die dem Fiskus unterstehen, und der Patrimonialgüter des Kaisers; die Förderung der Entstehung und Erweiterung von Privateigentum an Ackerland, eine Neuerung der römischen Verwaltung; der Kataster; Intensität und Vielseitigkeit des Gundstücksverkehrs und überhaupt des Geschäftsverkehrs; Evidenzhaltung der Rechtsverhältnisse des privaten Grundbesitzes durch die als Grundbuch zu bezeichnende Besitzbibliothek; die behördliche Ordnung des Verfahrens der Vollstreckung in die zwei Arten der Hypothek; die Liturgie, d. h. das staatliche und kommunale Zwangsbeamtentum: Haftung, genauer konkurrierende Haftung, Gliederung, Einsetzungsverfahren. – Erschienen in den „Berichte(n)" phil.-hist. Kl. Bd 104 (1958), Heft 7. – Vgl. auch DLZ (Akademieberichte) 79. Jg, Heft 9, Sp. 830f (1958).

15. November 1958

Ansprache des Präsidenten, Herrn F r i n g s. – Kurzer Bericht des Merrn M o r e n z: „Über rückgeführte Kunstschätze des Leipziger Ägyptischen Museums". – Er skizzierte einleitend die Geschichte des Museums, zu dem in der Mitte des vorigen Jahrhunderts durch zunächst gelegentliche, später systematisch betriebene Ankäufe der Grund gelegt wurde. Von der Jahrhundertwende an unternahm das Museum unter Leitung Georg Steindorffs eigene Ausgrabungen in Ägypten (Gîsa, Abusir, Qâw) und Nubien (Anîba); es gewann dadurch beträchtlich an Umfang und innerer Bedeutung. Anschließend berichtete der Vortragende über das Schicksal des Museums im zweiten Weltkrieg und der Folgezeit: Das Museumsgebäude wurde im Krieg vollständig zerstört, sein Bestand an Originalen war aber in der Hauptsache an mehreren Plätzen Leipzigs und Mittelsachsens ausgelagert worden. Etwa die Hälfte davon, vornehmlich Funde aus Gîsa, stand nach Kriegsende sofort zur Verfügung und wurde 1950/51 in Verbindung mit dem Ägyptologischen Institut zu einer Schausammlung geordnet. Der andere Teil, der im Felsenkeller des Schlosses Mutzschen ausgelagert war, wurde dort von der Roten Armee sichergestellt und ist im September 1958 von der Regierung der UdSSR zurückgegeben worden. Eine Wiederaufstellung des Ganzen wird vorbereitet; geeignete Räume sind zum Ausbau beantragt. – Der Vortragende zeigte dann in Farbaufnahmen einen Querschnitt durch das zurückgekehrte Gut. Es handelt sich in erster Linie um die Funde in Abusir (namentlich die herrlichen Steingefäße der

Frühzeit) und in Anîba (vor allem die große Kollektion der sog. Ritzmusterschalen). Aber auch um die Schätze aus Kerma, die aus den Grabungen Reisners im Austausch in das Leipziger Museum gelangten (hochwertige Tonware, Schnitzereien aus Marienglas u. a. m.). Dazu kommen zahlreiche Einzelerwerbungen, wie z. B. spätminoische Bügelkannen von ägyptischen Fundplätzen und ein guter Bildniskopf römischer Zeit (Mitte 1. Jh. v. Chr.). – Vgl. S. 126 ff. – Vortrag des Herrn N e e f (anstelle von Herrn Köhler †): „Über die Veränderlichkeit unserer geographischen Umwelt". – Die weitverbreitete Auffassung, daß man gegenüber dem bunten Wechsel historischer Ereignisse und der raschen Umgestaltung der Landschaft durch Landeskultur und Bautätigkeit die Naturverhältnisse eines geographischen Gebietes für historische Zeiten als konstant ansehen könne, erweist sich als unzutreffend. Denn für die Landschaft als komplexes, stoffliches System ist die Veränderlichkeit ein notwendiges Wesensmerkmal. Selbst in verhältnismäßig kurzen Zeiträumen ist das geographische Milieu Veränderungen unterworfen. Nicht mehr die Frage nach Konstanz oder Veränderlichkeit der geographischen Umwelt, sondern die Ermittelung von Maß und Geschwindigkeit, von Erscheinungsformen, Wirkungen und schließlich Ursachen dieser Veränderlichkeit zu klären, ist heute die Aufgabe der Forschung. – Zwei verschiedene Gruppen verändernder Prozesse können unterschieden werden: 1. solche, die auf der Veränderung von Naturelementen ohne Zutun des Menschen beruhen, wie sie in tektonischen Bewegungen oder in Klimaschwankungen vorliegen, 2. solche, die durch Eingriffe des Menschen in den stofflichen Haushalt hervorgerufen werden, dessen quasi-stationären Gleichgewichtszustand stören und oft zu irreversiblen Umstellungen führen, die meist sehr rasch verlaufen und daher vielfach in ökonomischer Wertung als schädlich beurteilt werden müssen. Am deutlichsten läßt sich die Veränderlichkeit in Grenzgebieten nachweisen, wie im Küstenbereich, an der Trockengrenze und an der Schneegrenze, da dort kleine Veränderungen schon große und deutlich sichtbare Wirkungen zeitigen können. – Als Beispiel der ersten Gruppe von Veränderungen wurden die Klimaschwankungen der historischen Zeit an Hand der Gletscherschwankungen und der Erwärmung des Nordmeergebietes für die Gegenwart, des Klimacharakters des Mittelalters, der Klimaverschlechterung am Beginn der subatlantischen Periode nach dem postglazialen Klimaoptimum zur Zeit des Neolithikums behandelt. Die Beziehungen zwischen Gletscherhaushalt und Gesamtwasserhaushalt der Erde, die sich in Meeresspiegelschwankungen äußern müssen, wurden hierbei gestreift. – Die durch den Menschen ausgelösten verändernden Prozesse wurden demonstriert am Aulehmproblem, das eine auch für die Vor- und Frühgeschichtsforschung bedeutsame Veränderung des geographischen Milieus in unseren Talauen behandelt. Die durch die modernen technischen Eingriffe der Wasserwirtschaft hervorgerufenen Veränderungen lassen die Wirkungen jener bis in das vergangene Jahrhundert anhaltenden Sedimentationsvorgänge heute nicht mehr deutlich ins Bewußtsein treten. Kurze Ausblicke auf die Folgen der Entwaldung im Mittelmeergebiet während der Römerzeit, die Bodenzerstörung in den Steppengebieten und die entscheidenden Probleme der Erhaltung der tropischen Bodenfruchtbarkeit führten zu der Schlußfolgerung, daß in der Erforschung der Veränderlichkeit der geographischen Umwelt nicht nur bei uns, sondern im weltweiten Maßstab eine zentrale Aufgabe der geographischen Forschung gesehen werden muß. – Erschienen in den „Berichte(n)", math.-nat. Kl. Bd 103 (1959), Heft 4. – Vgl. auch DLZ (Akademieberichte) 80. Jg, Heft 3, Sp. 272ff (1959).

18. April 1959

Ansprache des Präsidenten, Herrn Frings. – Bericht des Sekretars der mathematisch-naturwissenschaftlichen Klasse, Herrn Arland, über den Stand der Arbeiten der Akademie. – Vortrag der Frau Hertwig: „Anpassung, Vererbung und Evolution". – Die Frage der Anpassung der Organismen an die Umwelt hat in der „Philosophie zoologique" von Lamarck (1809) und in der „Entstehung der Arten" von Darwin (1859) eine wichtige Rolle bei der Erörterung der Evolutionsfragen gespielt. Auch heute wird noch lebhaft über die Ursachen der Anpassung debattiert, wenn auch auf einer gehobeneren Ebene, die sich die Wissenschaft unserer Tage durch zähe Spezialforschung erobert hat. – Man kann Anpassungserscheinungen in drei Gruppen einordnen: Die erste Gruppe umfaßt die aktiven regulatorischen Erscheinungen, d. h. Umformungen, die das Einzelindividuum befähigen, mit den sich verändernden Umweltbedingungen besser fertig zu werden. Solche als Modifikationen bezeichneten Anpassungen zeigen, daß dem betreffenden Organismus eine breite Reaktionsfähigkeit zuzusprechen ist. Erblich ist nicht die jeweilige Anpassungsform, sondern die Fähigkeit zur plastischen Reaktion auf Umweltsveränderungen. – Als zweite Gruppe seien „pseudo-exogene" Anpassungen besprochen und an Beispielen veranschaulicht. Hier reagiert der Organismus nur noch teilweise, z. T. sogar nur scheinbar auf äußere Einwirkungen. Die Zweckmäßigkeit der Form und der Funktionsbefähigung ist in Wirklichkeit ererbt. Dadurch wird das Individuum zum großen Teil oder ganz unabhängig von den Umweltseinflüssen. Pseudoexogene Anpassungen verführen, sie im Neo-Lamarckistischen Sinn als Vererbung erworbener Eigenschaften zu deuten. Nähere Einsicht zeigt, daß noch kein Beweis dafür vorliegt, daß ein Merkmal auf dem Wege individueller Anpassung erblich geworden ist. – Zu der dritten Gruppe gehören Anpassungen, die kurz als „geographische Anpassungen", „Schutzfärbungen" etc. zusammengefaßt werden. Sie sind sicher kein Produkt einer aktiven physiologischen Anpassung des Individuums an seine Umgebung. Man zweifelt wenig daran, daß sie durch die Wirkung der Auslese zustande gekommen sind. – Eine umfassende Erklärung der eben skizzierten Anpassungserscheinungen unter den Gesichtspunkten der heutigen Genetik kann im Rahmen dieses Vortrages nicht gegeben werden. – Es soll dafür an einem Sonderfall, an den Anpassungserscheinungen der Mikroorganismen, erörtert werden, wie die Genetiker heute zu ihren Schlußfolgerungen gelangen. – Dieses Thema dürfte auch deswegen von allgemeinerem Interesse sein, weil wir dabei erfahren, wie sich z. B. Bakterien an Antibiotika anpassen. – Nach einigen einführenden Worten über die Biogenetik der Mikroorganismen wird die sogenannte „enzymatische Adaptation" besprochen. Als Beispiel wird die Gewöhnung von Hefe an eine ungewöhnliche Zuckerart (Galactose) im Nährsubstrat gewählt. Die Hefezelle „lernt" unter bestimmten Bedingungen, das Ferment „Galactosidase" zu produzieren, verliert freilich diese Fähigkeit rasch, wenn sie in normale Nährlösungen zurückgebracht wird. – Wichtiger ist die Fähigkeit der Mikroorganismen, sich mutativ-selektionistisch anzupassen. Besonders viel wurde begreiflicherweise über die für uns unerwünschte Anpassung von Bakterien an Antibiotika gearbeitet. Es stellte sich heraus, daß unter den zahllosen Bakterien, die sich auf einer Agar-Kultur-Platte entwickeln, immer einige wenige Mutanten existieren, die durch Penicillin, Streptomycin usw. nicht vernichtet werden, wie die Mehrzahl der „normalen", nicht mutierten Bakterien. Durch die Antibiotika und andere Bakteriengifte werden also aus der Masse der Zellen erblich resistente Stämme herausselektioniert. Im Gegensatz zu der phänotypischen Anpassung ist die Anpassung durch eine selektionierte Mutation erbbeständig und daher von höherem Wert für den Evolutionsvorgang. Die Anpassung der Mikroorganismen an abweichende Lebensbedingungen läßt uns erkennen, wie groß die Bedeutung ist, die auch heute noch der von Darwin aufgestellten Selektionstheorie zukommt. – Erschienen in den „Berichte(n)" math.-nat. Kl. Bd 103 (1959), Heft 7. – Vgl. auch DLZ (Akademieberichte) 80. Jg, Heft 9, Sp. 851 f (1959).

14. November 1959

Ansprache des Präsidenten, Herrn F r i n g s. – Vortrag des Herrn F i s c h e r : „Schiller und Böhmen". (Erweiterung des in der phil.-hist. Klasse am 26. Januar 1959 gehaltenen Vortrages.) – Während von Goethes Reiseerlebnissen vieles bekannt ist und über jeden bedeutenderen Tag ausreichend Informationen vorliegen, ist von Schillers Tagen in Böhmen die Spur weithin wie weggefegt. Um so notwendiger ist es, daß die wenigen Angaben der Überlieferung, die einander noch zum Teil widersprechen, einmal kritisch geprüft und in Ordnung gebracht werden. Die von einigen Autoren bis in die Gegenwart kolportierte Mär, wonach der kranke Dichter von Karlsbad aus einen Abstecher nach Prag, Nachod und Dux unternommen hätte, ist eine Erfindung des Schriftstellers Alfred Meißner. Wenn Schiller in seinem oft mißdeuteten Distichon auf den Gesundbrunnen zu Karlsbad einen Mangel an Geschmack beklagt, meint er wohl den literarischen Geschmack in den Kreisen des damaligen Bürgertums. Die Schätze der Volkspoesie, die von dem künstlerischen Geschmack des Volkes zeugen, waren damals noch nicht gehoben. – Weder in Karlsbad noch in Eger, das er wohl gelegentlich auf seiner Rückreise besuchte, hatte Schiller einen kundigen Führer zur Seite, der ihn so zu instruieren vermochte, wie später Goethe durch den Bohemisten Dobrovský und durch Rat Grüner unterrichtet wurde. So folgt er dann in Einzelheiten den Verwechslungen anderer, wenn er die zwei letzten Akte seines Wallensteindramas zu Eger in „des Bürgermeisters Hause" spielen läßt und wenn er dem Bürgermeister den Namen Pachhälbel verleiht. Das Haus, in welchem der Feldherr 1634 ermordet wurde, war damals noch nicht Rathaus, und es amtierte 1634 in Eger kein Bürgermeister Pachhälbel. – Die Anschauungen von böhmischer Geschichte, die Schiller in seinem Drama durch den Mund des Kellermeisters und Wallensteins selbst äußert, gewann er aus der ihm zugänglich gewordenen Literatur, insbesondere auch aus dem Buche, das er im September 1796 durch Vermittlung Goethes aus der Weimarer Bibliothek erhielt: aus der „Kurzgefaßten Geschichte der Böhmen“ von Franz Martin Pelzel, einem tschechischen Historiker und patriotischen Aufklärer. Im ganzen jedoch bleibt erstaunlich, wie Schiller ohne eigentliche Quellenstudien und ohne die Methoden der exakten Forschung der neueren Zeit mit genialer Eingebung die wesentlichen Triebkräfte des großen Geschehens erahnte und in packender Weise gestaltete. Dabei zeichnet der Dichter den kaiserlichen Generalissimus überzeugender, als es die Geschichtsschreiber konnten. Aus Schillers Drama ist nicht nur die Tragik des Feldherrn vernehmbar, sondern auch das Raunen des geknechteten Volkes und die Tradition des Hussitentums. Geschichte eines Landes, das für viele terra incognita war, wird in Schillers Dramatisierung zu einem nie verhallenden Ruf an alle. – Erschienen in den „Berichte(n)“ phil.-hist. Kl. Bd 105 (1959), Heft 3. – Vgl. auch DLZ (Akademieberichte) 81. Jg, Heft 2, Sp. 184ff (1960).

Aus einigen Protokollen der Plenarsitzungen

21. Januar 1957

Wahl des Herrn Prof. Dr. Dr. h. c. Richard Meister, Wien, Präsident der Österreichischen Akademie der Wissenschaften, zum Ehrenmitglied.

Herr Frings legt eine Arbeit von Herrn Prof. Dr. Herbert Grundmann, Münster, „Vom Ursprung der Universität im Mittelalter“ vor, die zum Druck in den „Berichte(n)“ angenommen wird. – Erschienen in den „Berichte(n)“ der phil.-hist. Klasse Bd 103 (1957), Heft 2.

11. Februar 1957

Wahl der Herren Professoren Dr. Fritz Deubel, Jena und Dr. Anton Lissner, Freiberg, zu ordentlichen Mitgliedern der mathematisch-naturwissenschaftlichen Klasse, des Herrn Prof. Dr. Herbert Grundmann, Münster, zum korrespondierenden Mitglied der philologisch-historischen Klasse.

6. Mai 1957

Herr Hölder legt eine Arbeit von Herrn Prof. Dr. Victor Vâlcovici, Bucureşti, „Une extension des liaisons non holonomes et des principes variationnels“, und eine Arbeit von Herrn Dr. Rolf Klötzler, Leipzig, „Beiträge zur Theorie mehrdimensionaler Variationsprobleme mit geknickten Extremalen“ vor, die zum Druck in den „Berichte(n)“ angenommen werden. – Erschienen in den „Berichte(n)“ der math.-nat. Klasse Bd 102 (1958), Hefte 4 und 5.

16. November 1957

Wahl des Herrn Prof. Dr. Dr. h. c. Hermann Junker, Trier, zum korrespondierenden Mitglied der philologisch-historischen Klasse.

9. Dezember 1957

Der Sitzungskalender und die Rednerliste für das Jahr 1958 werden angenommen.

27. Januar 1958

Herr Hölder legt eine Arbeit von Herrn Dr. Hans Wussing, Leipzig, „Über Einbettungen endlicher Gruppen" vor, die zum Druck in den „Berichte(n)" angenommen wird. – Erschienen in den „Berichte(n)" der math.-nat. Klasse Bd 103 (1958), Heft 3.

Herr Frings legt eine Arbeit von Herrn Prof. Dr. Dr. h. c. Karl Kurt Klein, Innsbruck, „Zur Siedlungsgeschichte und Sprachgeographie Siebenbürgens" vor, die zum Druck in den „Berichte(n)" angenommen wird. – Erschienen in den „Berichte(n)" der phil.-hist. Klasse Bd 104 (1959), Heft 3.

10. März 1958

Wahl der Herren Professoren Dr. Iorgu Iordan, Vizepräsident der Akademie der Rumänischen Volksrepublik, București, und Dr. Dr. h. c. Paul Kahle, Oxford, zu korrespondierenden Mitgliedern der philologisch-historischen Klasse.

12. Mai 1958

Wahl des Herrn Prof. Dr. Dr.-Ing. E. h. John Eggert, Zürich, zum korrespondierenden Mitglied der mathematisch-naturwissenschaftlichen Klasse.

15. September 1958

Wahl der Herren Professoren Dr. Ott-Heinrich Keller, Halle (Saale), Dr. Dr.-Ing. E. h. Erich Rammler, Freiberg, Dr. Fritz Stather, Freiberg, zu ordentlichen Mitgliedern der mathematisch-naturwissenschaftlichen Klasse, der Herren Professoren Dr. Gerhard Buchda, Jena, Dr. D. theol. h. c. Johannes Leipoldt, Leipzig, Dr. D. theol. h. c. Rudolf Meyer, Jena, zu ordentlichen Mitgliedern der philologisch-historischen Klasse.

13. Oktober 1958

Wahl der Herren Professoren Dr. Benno Landsberger, Chicago, Dr. Julius Németh, Budapest, zu korrespondierenden Mitgliedern der philologisch-historischen Klasse.

15. November 1958

Herr Peiper legt eine Arbeit „Die Schwerkraftreflexe des Säuglings“ vor, die zum Druck in den „Abhandlungen“ angenommen wird. – Erschienen in den „Abhandlungen“ der math.-nat. Kl. Bd 46 (1959), Heft 4.

8. Dezember 1958

Der Sitzungskalender und die Rednerliste für das Jahr 1959 werden angenommen.

23. Februar 1959

Wahl der Herren Professoren D. Dr. rer. nat. h. c. Kurt Täufel, Berlin, zum korrespondierenden Mitglied der mathematisch-naturwissenschaftlichen Klasse, Dr. Hugo Siebenschein, Praha, zum korrespondierenden Mitglied der philologisch-historischen Klasse.

Frau Karg-Gasterstädt legt eine Arbeit von Herrn Prof. Dr. Werner Schröder „Grenzen und Möglichkeiten einer althochdeutschen Literaturgeschichte“ vor, die zum Druck in den „Berichte(n)“ angenommen wird. – Erschienen in den „Berichte(n)“ der phil.-hist. Klasse Bd 105 (1959), Heft 2.

9. März 1959

Herr Kähler legt eine Arbeit der Herren Prof. Dr. Hans Schubert und Dr. Erich Schincke „Die Berechnung einer zirkulationslosen Unterschallströmung um den Kreiszylinder mit der Hodographenmethode“ vor, die zum Druck in den „Berichte(n)“ angenommen wird. – Erschienen in den „Berichte(n)“ der math.-nat. Klasse Bd 103 (1959), Heft 6.

Wahl des Herrn Prof. Dr. Dr. rer. nat. h. c. Carl Wagner, Göttingen, zum korrespondierenden Mitglied der mathematisch-naturwissenschaftlichen Klasse.

4. Mai 1959

Wahl des Herrn Prof. Dr. Joseph Aistleitner, Budapest, zum korrespondierenden Mitglied der philologisch-historischen Klasse.

19. Oktober 1959

Wahl des Herrn Prof. Dr. Dr. h. c. Friedrich Baethgen, München, Präsident der Bayerischen Akademie der Wissenschaften, zum Ehrenmitglied, der Herren Professoren Dr. Jaroslav Böhm, Praha, Dr. Kurt Tackenberg, Münster, zu korrespondierenden Mitgliedern der philologisch-historischen Klasse.

Herr Besseler legt eine Arbeit von Herrn Dr. Ernst Rohloff „Neidharts Sangweisen" vor, die zum Druck in den „Abhandlungen" der phil.-hist. Klasse angenommen wird.

Der Sitzungskalender und die Rednerliste für das Jahr 1960 werden angenommen.

7. Dezember 1959

Wahl der Herren Professoren Dr. Franz Wolfgang Buchheim, Freiberg, Dr. Horst Hanson, Halle (Saale), Dr. Fritz Obenaus, Dresden, Dr. Egbert Schwarz, Erfurt, zu ordentlichen Mitgliedern der mathematisch-naturwissenschaftlichen Klasse, Dr. Richard Hauschild, Jena, Dr. Dr. h. c. Edgar Lehmann, Leipzig, Dr. Joachim Müller, Jena, Dr. Werner Peek, Halle (Saale), Frau Prof. Dr. Gertrud Schubart-Fikentscher, Halle (Saale), zu ordentlichen Mitgliedern der philologisch-historischen Klasse.

Herr Frings legt eine Arbeit der Herren Dr. Rudolf Große und Dr. Claus Jürgen Hutterer „Hochsprache und Mundart in Gebieten mit fremdsprachigen Bevölkerungsteilen" vor, die zum Druck in den „Berichte(n)" der phil.-hist. Klasse angenommen wird.

BERICHTE

ÜBER DIE ARBEITEN DER AKADEMIE

Mathematisch-naturwissenschaftliche Klasse

J. C. Poggendorff, Biographisch-literarisches Handwörterbuch der exakten Naturwissenschaften

Über die Bedeutung des „Poggendorff", wie dieses Werk meist kurz genannt wird, und über die Grundsätze seiner Bearbeitung ist im Jahrbuch 1954–1956 ausführlich berichtet worden. Band VII mußte auf Grund der durch die Kriegs- und Nachkriegsverhältnisse bedingten Erschwerungen gleichmäßiger Quellenbeschaffung in mehrere Teile aufgegliedert werden. Band VII a, mit dessen Drucklegung 1954 begonnen wurde, enthält die Biobibliographien von Gelehrten aus Deutschland, Österreich und der Schweiz ab 1932. Der Supplementband VII a wird systematische Bibliographien der Literatur über Leben und Werk älterer Naturforscher und Techniker enthalten. Die Gelehrten des nicht deutschsprachigen Auslandes werden in Band VII b enthalten sein.

Von Band VII a sind bisher die drei Teilbände A–E (1956, 547 S.), F–K (1958, 977 S.) und L–R (1959, 870 S.) erschienen. Von den elf Lieferungen des letzten Teilbandes S–Z, dessen Manuskript im Druck ist, sind zwei erschienen. Nach Ablauf des langen Korrekturganges (es werden 2 Fahnen- und 2 Bogenkorrekturen gelesen, um ein Höchstmaß von Zuverlässigkeit zu garantieren) wird Band VII a im Laufe des Jahres 1962 vollständig vorliegen. In den vier Teilbänden VII a sind mehr als 7000 Vertreter der exakten Naturwissenschaften aufgenommen worden.

Die Redaktion des Bandes VII a befindet sich in den Händen von Prof. Dr. Hans Salié, Professor mit vollem Lehrauftrag für Mathematik an der Karl-Marx-Universität Leipzig, und seines Leipziger Mitarbeiterstabes. Die zur Verfügung stehenden Planstellen (1 Oberassistent, 1 Assistent, 2 Bibliothekare, 1 bibliothekarische Hilfskraft und 1 wissenschaftliche Sekretärin) waren während der Berichtszeit besetzt durch Fräulein Dr. Maria Schwarzburger, Herrn Dr. Lebrecht Weichsel, Fräulein Dr. Hildegard Delling, Frau Lili Schneyer, Fräulein Martha Thon, Frau Luise Lützenberg, Fräulein Gertrud Lindemann, Frau Ella Kandtler.

Die Bearbeitung des Supplementbandes VII a liegt in der Hand von Herrn Prof. Dr. Rudolph Zaunick, em. Professor mit Lehrstuhl für Geschichte und Dokumentation der Naturwissenschaften an der Universität Halle und Director Ephemeridum der Deutschen Akademie der Naturforscher „Leopoldina" zu Halle, deren „Archiv für Geschichte der Naturforschung und Medizin" er leitet. Damit ist eine enge Verbindung und Zusammenarbeit mit der Deutschen Akademie der Naturforscher, auch im Interesse des „Poggendorff", gewährleistet. Von der Sächsischen Akademie der Wissenschaften wurde Herrn Prof. Dr. Zaunick in den Berichtsjahren eine Bibliothekarin, Fräulein Dorothee Johow, Halle, zur Verfügung gestellt.

Der Kreis, der für den Supplementband vorgesehenen Autoren umfaßt die in den Bänden I–VI aufgeführten verstorbenen Gelehrten, die auf Grund ihrer wissenschaftlichen Leistungen bis heute literarische Beachtung gefunden haben. Zu diesen „Alt-Poggendörfflern" sind nicht wenige Naturwissenschaftler getreten, die inzwischen Bedeutung erlangt haben. Insgesamt beträgt die Zahl der für die biobibliographische Bearbeitung ausgewählten Namen rund 900.

Die Bearbeitung des Supplementbandes VIIa bereitet insofern nicht unerhebliche Schwierigkeiten, als Dokumentalistik früher nicht bekannt war, und daher viele in der Literatur umlaufende bibliographische Angaben unvollständig und inkorrekt sind. Vielfach wurden nicht die Originalquellen, sondern sekundäre und tertiäre Zitate verwendet. Zu einem gewissen Teile führen die dubiosen Zitate überhaupt nicht mehr zur Quelle. Das Prinzip der *autoptischen Bibliographierung*, das heute für die Bearbeitung des „Poggendorff" generell gilt, ist hier von besonderer Bedeutung. Daher wird jeder auftauchende Titel zunächst in der Universitätsbibliothek Halle, bzw. in der Leopoldina-Bibliothek, am Original gesucht und, wenn nachweisbar, aufgenommen. Anderenfalls werden die Originalien in den beiden Leipziger Bibliotheken und in der Landesbibliothek Dresden gesucht. Die Leitungen der übrigen deutschen Bibliotheken, sowie einiger ausländischer, unterstützen die Arbeit dadurch, daß sie dubiose Titel durch ihre Fachkräfte in ihren Beständen genau bibliographieren lassen. Im Supplementband wird hinter jedem Titel durch eine entsprechende Bibliotheksangabe ein Standort nachgewiesen werden.

Angesichts der zeitraubenden Bearbeitung und der geringen personellen Ausstattung der Arbeitsstelle in Halle konnte die Arbeit am Supplementband trotz der Mithilfe von Leopoldina-Mitarbeitern nur verhältnismäßig langsam fortschreiten.

Gleiche und wegen der nicht einfachen Beschaffung der Originalunterlagen eher noch größere Schwierigkeiten stehen der Bearbeitung des Bandes VIIb (Gelehrte des nichtdeutschsprachigen Auslandes) gegenüber. Vorarbeiten hierfür wurden von der Leipziger Redaktion unter Leitung von Prof. Dr. S a l i é geleistet. Sie werden im Laufe des Jahres 1960 zur offiziellen Übertragung der Bearbeitung an Herrn Prof. Dr. Salié führen. Die zügige Weiterführung des „Poggendorff VII" ist sichergestellt.

„Poggendorffs biographisch-literarisches Handwörterbuch" wird auch in der 7. Bearbeitung ein wertvolles Hilfsmittel für die Geschichte der Naturwissenschaften darstellen. Die Zuverlässigkeit der Angaben bürgt für eine sichere Information und erhöht das Gewicht des Werkes um so mehr, als einerseits mit dem gewaltigen Anschwellen der Naturwissenschaften die Übersicht verloren zu gehen droht, andererseits allenthalben das Interesse an der Geschichte der Naturwissenschaften bedeutend zugenommen hat.

Poggendorff-Kommission

Düngung der Pflanzen

Die im Institut für Acker- und Pflanzenbau zur Durchführung gelangten Versuche hatten Fragen der Düngung zum Gegenstande. Im einzelnen ging es um das Studium der Wechselwirkungen zwischen den Faktoren der Ernährung und den Veränderungen der Umwelt im Tagesgang im Hinblick auf die Wasserbilanz der Haferpflanze, insbesondere auf die „wasserhaltende Fähigkeit ihrer Gewebe". Die Untersuchungen erstreckten sich auf das Studium der Veränderungen der Zellsaftkonzentration, des freien und des gesamtgebundenen Wassers sowie der Anwelktranspiration, wobei alle Untersuchungen in Schönwetterperioden zur Durchführung gelangten. Aus der Differenz der Befunde, die jeweils um 7 Uhr und um 14 Uhr erzielt wurden, konnten Rückschlüsse auf die Plasmaeigenschaften gezogen werden, insbesondere auf die Fähigkeit, Wasser in die Gewebe aufzunehmen und unter Welkebedingungen zurückzuhalten. Es zeigte sich, daß das Vorhandensein von freiem Wasser durch Stickstoffdüngung gefördert wird. Es erklärt sich so die oft beobachtete zeitweilige Erscheinung der Steigerung der Transpiration durch Stickstoff. Das Verhältnis von freiem zu gebundenem Wasser ändert sich im Tagesgang. Je nach den Umweltbedingungen und in Abhängigkeit von der zuteil gewordenen Ernährung verlieren die Pflanzen mehr oder weniger das freie Wasser, das ihnen für den Betriebsstoffwechsel zur Verfügung steht. Im Sinne der Anwelkmethode niedrig transpirierende Pflanzen verfügen unter angespannten meteorologischen Verhältnissen über eine gute Plasmaqualität, d. h. sowohl über eine gute kolloidale als auch osmotische Bindung des Wassers, eine Besonderheit, die im Tagesgang im Transpirationsverhalten zeitlich unterschiedlich in Erscheinung tritt.

Mit Hafer zur Durchführung gebrachte Gefäßversuche (Sandkultur) hatten zum Gegenstande, den Einfluß der Magnesiumgrunddüngung auf die Ertragshöhe bei variierter Stickstoff-Kaliumdüngung zu prüfen. Durch Veränderung des Kalium-Magnesium-Verhältnisses von 1 : 4 auf 1 : 8 sowie des Verhältnisses NH_4–N : Mg von 1 : 5 auf 1 : 10 blieben Anwelktranspiration und Höchstertrag unbeeinflußt.

Im Hinblick auf die große Bedeutung des fünften Pflanzenhauptnährstoffes Magnesium wurde das Wirken dieses Elementes in Pflanze und Boden einem eingehenden Studium unterworfen. Zunächst ergab sich an Hand von 830 chemischen Untersuchungen von Böden verschiedener Art des Kreises Torgau, daß etwa $^1/_3$ arm an pflanzenverfügbarem Magnesium ist. Des weiteren zeigte sich auch im vorliegenden Falle die sehr starke korrelative Abhängigkeit des Magnesiumversorgungsgrades zur Bodenart, zur p_H-Zahl und zur Art der Entstehung des Bodens. Leichte und saure diluviale Böden wiesen zu etwa 90% einen ungenügenden Gehalt an diesem Nährstoff auf.

Erneut konnte festgestellt werden, daß mit Hilfe der Anwelkmethode eine kurzfristige Vorprüfung des Magnesiumbedarfes der Pflanzen möglich ist. Im Rahmen von 113 Magnesiumbedarfsermittlungen konnten Art und Menge des zu verabreichenden Magnesiumdüngers ganz speziell für die anzubauende Pflanzenart mit Erfolg ermittelt werden. Bei schlechter Versorgung des Bodens erwies sich die Verabreichung von etwa 40–80 kg/ha

MgO, bei mäßiger Versorgung von 20–40 kg/ha MgO zweckmäßig. Auf eine eventuell notwendige Verbesserung des Kalkzustandes ist zu achten, um das Magnesium wirksam werden zu lassen.

Im Rahmen von 40 in dem Trockenjahr 1959 durchgeführten Feldversuchen traten auf leichten, magnesiumarmen Böden Mehrerträge infolge Magnesiumzufuhr in Höhe von 20–25% auf. Auf Mittelböden mit ausreichendem Gehalt an Magnesium ergab sich im Durchschnitt ein Mehrertrag von $4^1/_2$%.

Wenn auch nach nur einjähriger Versuchsdauer eine Einschätzung von Feldversuchsergebnissen, insbesondere aus einem Jahr mit so extremen Witterungsbedingungen, sehr schwer möglich ist, so besteht doch kein Zweifel, daß mit einer Magnesiumdüngung in richtiger Form und Menge beträchtliche Ertragssteigerungen zu erzielen sind.

Anton Arland

Laboratorium für Alternsforschung

1. Die Gefriertrocknung und die Kaltextraktion der menschlichen Hirntrockensubstanz in ihren Ergebnissen bezüglich der Proteolipoide

Nach Bewilligung einer Gefriertrocknungsanlage haben wir die Bemühungen um die Isolierung der sogenannten Proteolipoide (PLP) aus der getrockneten Hirnsubstanz unter günstigeren experimentellen Bedingungen fortgesetzt. Um die chemische Denaturierung des Materials zu vermeiden, wurde mit je 50 g gefriergetrockneten Gehirns in verschiedenen Altersstufen eine Kaltextraktion durchgeführt, und zwar in der Stufenfolge:

1. mit Methanol-Chloroform 3 : 1
2. mit Äther-Methanol 1 : 1
3. mit Methanol-Chloroform 1 : 3.

(bei 20°)

Schon bei der 1. Extraktion gingen 75% der Gesamtlipoide in Lösung. Es zeigte sich, daß beim vorsichtigen Verdampfen des Lösungsmittels aus den Kaltextrakten, also o h n e d e n a t u r i e r e n d e chemische Einwirkung, Produkte zurückbleiben, die sich in dem g l e i c h e n Lösungsmittel, aus dem sie gewonnen wurden, n i c h t w i e d e r l ö s e n. Diese „unwiederlöslichen" Substanzen (UWL) erwiesen sich auf Grund ihrer chemischen Zusammensetzung als P r o t e o l i p o i d e, also als Verbindungen aus Eiweiß und Lipoid. Durch Hydrolyse mit konzentrierter Salzsäure wurde ihr Eiweißanteil in die einzelnen Aminosäuren aufgespalten. Diese wurden durch Elektrophorese zunächst in saure, neutrale und basische Aminosäuren getrennt und weiter durch quantitative papierchromatographische Methoden mengenmäßig bestimmt, so daß ein Vergleich der in den einzelnen Altersstufen vorhandenen Eiweißsubstanzen, bzw. ihrer Aminosäuren, ermöglicht wurde.

Im Lipoidanteil dieser UWL wurden Cholesterin (7–10%), Phosphor (0,5–1%) und reduzierende Substanzen (6–12 %, als Galaktose berechnet), gefunden. Mengenmäßig betragen diese Lipoproteide 0,8–1,1 g, also ca. 2 % des Ausgangsmaterials.

Nach Abtrennung dieser UWL-Substanzen wurden die Reextraktlösungen wieder zur Trockne gebracht und mit kaltem Petroläther behandelt. Dabei blieben Substanzen als Rückstand, die in Petroläther nicht löslich waren. Die Menge dieser Substanzen nahm mit zunehmendem Alter der untersuchten Gehirne zu. Diese Substanzen sind von ungleichmäßiger Zusammensetzung, ihr Zuckergehalt (als Galaktose) schwankt je nach der Altersstufe von 1,8–7,4 %, ihr Stickstoffgehalt von 1,0–1,3 % und der Phosphorgehalt von 0,3–1,1 %. Diese petrolätherlöslichen Substanzen gehören z. Teil in die Reihe der Proteolipoide, z. Teil zu den Galaktosiden.

2. *Die Steroide des menschlichen Gehirns*

Unsere weiteren Bemühungen gingen der Frage nach, ob in den Lipoidsubstanzen der Gehirne sich außer Cholesterin noch andere Sterine bzw. Steroide nachweisen lassen. Zu diesem Zwecke wurden die petrolätherlöslichen Anteile der Kaltextrakte über eine Kieselgelsäule von 40 cm Höhe gegeben. Der Durchlauf (Petrolätherlösung) enthielt in der Hauptsache Phosphatide; er war sterinfrei. Die Sterine waren an das Kieselgel adsorbiert geblieben. Durch Elution mit Alkohol in verschiedenen Stufen wurden diese Sterine herausgewaschen. Aus den alkoholischen Lösungen kristallisierten sie zum Teil schon in reiner Form aus (FP. 147°). Bei der Papierchromatographie dieser kristallisierten Substanzen, die wir auf präpariertem Papier mit dem Lösungsmittel Propanol-Methanol-Wasser aufsteigend vornahmen, ergaben sich nach der Entwicklung sowohl mit Phosphorwolframsäure wie mit Essigsäureanhydrid + H_2SO_4 zwei deutlich voneinander getrennte Streifen mit den Rf-Werten von 0,6 bzw. 0,9. Die Streifen waren bei der Entwicklung mit Pho.-Wo.-Säure rötlich bzw. braun gefärbt, bei der Entwicklung mit Essigsäureanhydrid blau bzw. grün. Die mit Essigsäureanhydrid erhaltenen Färbungen sind unbeständig. Der „Grünstreifen" tritt bei der Entwicklung zuerst auf, verschwindet aber früher als der „Blaustreifen". Somit ist erstmalig das Vorkommen von verschiedenen Sterinen im menschlichen Gehirn erwiesen. Beide Substanzen sind gegen Verseifung beständig und scheinen im Altersgang nicht gleichmäßig verteilt zu sein. Bei dem heutigen Stand unserer Erkenntnisse ist das Vorkommen mehrerer Sterine bzw. Steroide im menschlichen Gehirn gesichert. Das Auffinden dieser Tatsache verdanken wir den Ergebnissen der Papierchromatographie und der Adsorption der Sterine an Kieselgel.

Bürger und Seidel fanden bei vergleichenden chemischen Untersuchungen des menschlichen Gehirns und des menschlichen peripheren Nervs u.a. Differenzen zwischen dem Brennwert der wasser- und lipoidfreien Gerüstsubstanz des Gehirns und demjenigen des Nervs. Durch papierchromatographische Trennung der eiweißartigen Gerüstsubstanzen in einzelne Aminosäuren konnte nachgewiesen werden, daß die kalorisch hochwertigen Aminosäuren im Gehirn reichlicher vorhanden sind als im Nerv. Diese unterschiedliche Zusammensetzung der Aminosäuren des Gehirns und des Nervs ist wohl u. a. auch für die differente chemische Affinität verschiedener Viren (Organotropismus) zum Gehirn und Nerv verantwortlich zu machen.

Max Bürger

Versuche zur Verbesserung der Synthese von Chromaromaten-Komplexen mittels der Grignardreaktion

Nachdem die Versuche mit Chromylchlorid als Ausgangschromverbindung keine Verbesserung der Ausbeutenverhältnisse gebracht hatten, wurde wieder auf das wasserfreie Chrom(III)chlorid zurückgegriffen und versucht, nach der eigentlichen Hauptreaktion durch Zusätze von Halogenbenzol die Zusammensetzung und die Quantität des bei der Aufarbeitung anfallenden Gemisches von Chromaromaten-Komplexen zu verbessern. Im einzelnen haben sich dabei folgende Beobachtungen ergeben.

1. Umsatz von $CrCl_3$ mit C_6H_5MgBr in Äthyläther im Molverhältnis 1 : 6 und nachträglicher Zusatz von 3 Mol C_6H_5Br.

Die Gesamtausbeute an „Rohjodid" vermindert sich etwa um ein Drittel! Gleichzeitig steigt aber der Anteil an Bisdiphenylchromjodid auf Kosten des Benzol-diphenyl-chromjodides um rund 100%. Außerdem ließ die chromatographische Untersuchung erkennen, daß neben diesen bekannten Chromaromatenkomplexen eine neue Verbindung entstanden war, die auf Grund der hohen Wanderungsgeschwindigkeit größere Komplexliganden enthalten mußte. Dazu paßte auch die vergleichsweise geringere Löslichkeit, die bei der Anthranilabtrennung eine Anreicherung in der Bisdiphenylchrom-Fraktion zur Folge hatte.

Die geringe Löslichkeit zeigte sich auch nach der Überführung des Rohjodides in das Basengemisch durch die leichte Abscheidung eines halogenfreien „Basenrückstandes", der sich in bekannter Weise in ein Jodid verwandeln ließ, das auf Grund des chromatographischen Verhaltens im wesentlichen aus Bisterphenylchrom(I)-jodid zu bestehen scheint.

2. Umsatz von $CrCl_3$ mit C_6H_5MgBr wie oben im Molverhältnis 1 : 6, dann aber Zusatz von 6 Mol C_6H_5Br.

Die Ausbeute an „Rohjodid" sinkt auf ca. 60%, gleichzeitig steigt der in Methanol unlösliche Anteil auf rund 80%. Dem Chromatogramm zufolge werden dabei sogar 2 neue Substanzen gebildet.

3. Umsatz von $CrCl_3$ und C_6H_5MgBr im Molverhältnis 1 : 6 und hierauf Zusatz von 3 Mol Jodbenzol.

Der Effekt besteht merkwürdigerweise in einer weiteren beträchtlichen Abnahme der Ausbeute an Rohjodid auf nur ca. 30%. Gleichzeitig hat sich die Beschaffenheit wesentlich geändert, was u. a. an der Schwerlöslichkeit in 70%igem Methanol erkennbar ist.

4. Nachträglicher Zusatz von p-Dibrombenzol zum Grignardansatz aus $CrCl_3$ und C_6H_5-MgBr führte zu analogen Veränderungen. Wichtig erschien, daß hier im üblich bereiteten Basengemisch nicht ionogen gebundenes Halogen (Brom) nachgewiesen werden konnte.

Die Bedeutung dieser Feststellung ist darin zu sehen, daß daraus die zusätzliche Bildung von Aromatenchrom-Komplexen etwa des Typs $[BrC_6H_4C_6H_5CrC_6H_5C_6H_5]$ X gefolgert werden mußte, an deren Aufbau halogenhaltige Aromatenmoleküle beteiligt sind. Die beachtliche Abnahme des Chromgehaltes des Rohjodides fügte sich der so notwendig gewordenen Annahme der Anwesenheit schwererer Komplexliganden (bedingt durch den Bromgehalt) durchaus ein.

Eine einleuchtende Erklärung all der geschilderten Befunde unter einem einheitlichen Gesichtspunkt läßt sich z. Z. schwerlich geben. So ist z. B. schlecht einzusehen, weshalb die Zusätze der verschiedenen Halogenbenzole die Gesamtausbeute an Rohjodid herabdrücken und weshalb diese Wirkung beim Jodbenzol so besonders große Ausmaße annimmt. Verständlich wäre das vielleicht unter der Voraussetzung zu machen, daß in dem primären Grignardansatz auch nach dem Durchreagieren noch beträchtliche Anteile an echten Chromorganoverbindungen enthalten sind, die bei der anschließenden Einwirkung der Halogenbenzole im wesentlichen zersetzt werden. Auf der anderen Seite führt die Begünstigung bzw. Neubildung schwererer Aromatenchromkomplexe und zwar sogar mit halogenhaltigen Aromatenliganden auf den Gedanken, daß entsprechend einer von H. Zeiss geäußerten Ansicht doch auch u. a. Zwischen-komplexe des Typs $ClCr(C_6H_5MgBr)_2$ auftreten, die mit den Halogenbenzolen dann die schweren Aromatenkomplexe liefern. Es handelt sich bei diesen Erörterungen aber um Mutmaßungen, die noch einer eingehenden Überprüfung bedürfen.

Franz Hein

Beiträge zur Mathematik

In der Zeit vom 1. 10. 1956 bis 31. 12. 1958 war ich als wissenschaftlicher Mitarbeiter von Herrn Prof. Hölder an der Sächsischen Akademie der Wissenschaften zu Leipzig tätig. In der ersten Zeit habe ich bei Ausarbeitungen über Variationsrechnung und Mechanik mitgewirkt. Meine Aufgabe bestand weiterhin darin, das Engelsche handgeschriebene Manuskript des für den 7. Band der Gesammelten Mathematischen Abhandlungen vorgesehenen mathematischen Nachlasses von Sophus Lie für den Druck vorzubereiten. Außerdem war ich mit Arbeiten redaktioneller Art beschäftigt.

Meine Hauptaufgabe bestand jedoch in der Erforschung der von Herrn Prof. Dr. E. Kähler definierten Zetafunktion von Gebilden auf einer algebraischen Mannigfaltigkeit, insbesondere im Beweis der von ihm ausgesprochenen Vermutung über die Konvergenz dieser Funktionen. Die Schwierigkeit liegt hierbei nicht auf globalem, sondern auf lokalem Gebiete. Daher konzentrierte ich mich auf die Untersuchung der Stellenringe s eines rein algebraischen Körpers k der arithmetischen Dimension n mit dem Ziel, eine Übersicht und Klassifizierung der Ideale in s zu gewinnen. Es gelang mir, eine Reihe von Beziehungen im Verband der Ideale $\mathfrak{a}$ endlicher Norm in s aufzustellen, die auf der Einführung zweier Invarianten $\underline{\mu}(\mathfrak{a}) = \left(\frac{\mathfrak{a} \cdot \mathfrak{p}}{\mathfrak{a}}\right)$ und $\overline{\mu}(\mathfrak{a}) = \left(\frac{\mathfrak{a}}{\mathfrak{a} : \mathfrak{p}}\right)$ beruhen und es im Falle eines regulären

Stellenrings s mit der arithmetischen Dimension $n = 2$ erlauben, auf rekursivem Wege eine vollständige Übersicht über alle Ideale von endlicher Norm in s zu erhalten, die von den individuellen Eigenschaften der Ideale unabhängig ist. Der größte Teil der hierbei benutzten Beziehungen ist auch im nichtregulären Falle und für $n > 2$ gültig; im Gegensatz zum Falle $n = 2$ existiert jedoch hierbei keine Beziehung mehr, die einen eindeutigen Übergang zwischen den beiden Invarianten erlaubt, wodurch die Untersuchung wesentlich erschwert wird. Ich bemühe mich, für diesen Fall wenigstens eine Art „gemittelte" Beziehung aufzustellen, durch die es möglich sein würde, die Überlegungen für $n = 2$ auf den allgemeinen Fall zu übertragen.

Dipl.-Math. Günther Eisenreich

Meine Tätigkeit als wissenschaftlicher Mitarbeiter bei der Sächsischen Akademie der Wissenschaften zu Leipzig erstreckte sich auf den Zeitraum vom 1. 10. 1956 bis 31. 12. 1956 und 1. 4. 1957 bis 31. 12. 1958. Die Anweisungen erhielt ich von Herrn Prof. Dr. Hölder. Ich arbeitete über Variationsrechnung und Mechanik und half bei der Drucklegung verschiedener wissenschaftlicher Arbeiten.

Die mir und meinem als wissenschaftlichen Mitarbeiter bei der Deutschen Akademie der Wissenschaften zu Berlin tätigen Bruder gestellte Hauptaufgabe war, die metrische Theorie eindimensionaler Variationsprobleme von Menger und Pauc auf den zweidimensionalen Fall zu verallgemeinern. Da keine Anhaltspunkte zu einer solchen Verallgemeinerung vorlagen, war es uns nicht möglich, von vornherein eine Abgrenzung unserer Arbeiten vorzunehmen. Um die Untersuchungen nach Möglichkeit in metrischen Räumen durchführen zu können, mußte in solchen Räumen eine 2-Metrik eingeführt werden. Zur Definition geeigneter φ-Integranden in linearen normierten Räumen war es notwendig, in solchen Räumen Bivektoren und Bivektorsysteme einzuführen und näher zu untersuchen. Um in sehr allgemeinen Räumen mit einer 1- und einer 2-Metrik Flächeninhaltsberechnungen anstellen zu können, wurde von uns eine geeignete Definition eines Polyeders als Menge endlich vieler Punkte und eine Definition des Abstandes zweier solcher Polyeder und des Abstandes zwischen einem solchen Polyeder und einer Fläche aufgestellt, und es wurden Aussagen über Polyeder und Flächen bewiesen, u. a. Dreiecksungleichungen bezüglich der eingeführten Abstände. Auf Grund der erwähnten Polyederdefinition läßt sich ein Flächeninhalt und ein Flächenintegral in ähnlicher Allgemeinheit einführen, wie das nach Menger und Pauc im eindimensionalen Fall für die Bogenlänge und das Weierstraß-Integral möglich ist. Unter ähnlichen Voraussetzungen wie in der metrischen Theorie und einer zusätzlichen Voraussetzung konnte ich einen Existenz- und einen Unterhalbstetigkeitssatz für Flächenintegrale beweisen. Ich konnte ferner eine sehr allgemeine Definition einer Polyederfläche geben und zeigen, daß der „Elementarinhalt dieser Fläche" mit dem von uns eingeführten Flächeninhalt übereinstimmt. Um geeignete Aussagen über die Existenz von Flächen machen zu können, für die ein Flächenintegral ein Minimum annimmt, fehlen noch Untersuchungen über in sich kompakte Flächenfamilien.

Bei der Untersuchung über zweidimensionale Variationsprobleme war es ständig nötig, sich an dem eindimensionalen Fall zu orientieren. Es ergab sich dabei, daß auch in diesem Falle allgemeinere Aussagen möglich sind. Eventuell wird diese Verbesserung helfen, auch im zweidimensionalen Falle weitere Resultate zu erreichen. Die Arbeiten sind noch nicht abgeschlossen. Mein Bestreben wird es sein, diese in der folgenden Zeit fortzuführen und bis zum Ende zu bringen.

Dipl.-Math. Werner Gähler

Erweiterte Regionalbibliographie von Mitteldeutschland

Die landeskundliche Forschung in Mitteldeutschland ist alt und hat bedeutsame Ergebnisse gezeitigt, aber sie leidet unter einer überaus großen Zersplitterung der Quellen und literarischen Grundlagen. Da sich die landeskundlichen Arbeiten verschiedenster Richtung über mehr als hundert Jahre erstrecken, beruhen sie zum Teil auf einem überholten Kenntnisstand, was bei der Auswertung vielfach nicht berücksichtigt wird. Schließlich sind die einzelnen Teilgebiete Mitteldeutschlands sehr unterschiedlich erforscht. Einige Gebiete sind wiederholt bearbeitet, andere völlig vernachlässigt. Dieser Zustand bringt für die landeskundliche Forschung große Erschwerungen mit sich. Bedeutsamer noch erscheint die Tatsache, daß ihre Auswertung für die Praxis der Planung meist sehr unvollkommen geschieht, da eine Übersicht über das bisher Erarbeitete fehlt. Die Regionalbibliographie von Mitteldeutschland hat daher folgende Aufgabe: 1. Zusammenstellung der bibliographischen Angaben, 2. Überprüfung der Gültigkeit nach dem gegenwärtigen Stand der Forschung. Es ist also eine Erweiterung der üblichen bibliographischen Nachweisungen erforderlich, was in dem Arbeitstitel Erweiterte Regionalbibliographie zum Ausdruck gebracht wird. Dadurch, daß ein Bild des Forschungsstandes erarbeitet wird, wird nicht nur das bisher Erreichte sichtbar gemacht, sondern auch die offenen Probleme und Lücken der landeskundlichen Forschung werden nachgewiesen.

Durch Herrn Dipl.-Geogr. Ernst Benedict, der unter Leitung des Unterzeichneten arbeitet, wird die seit 1958 erscheinende Literatur planmäßig ausgewertet. Für die ältere Zeit werden die bibliographischen Hilfsmittel verschiedener Art nachgewiesen. Die einzelnen Regionen werden von verschiedenen Wissenschaftlern, die durch ihre Arbeiten mit der Literatur und dem Forschungsstand gut vertraut sind, bearbeitet, wobei Literaturnachweis und Forschungsstandbericht Hand in Hand gehen.

Als erste Abschnitt der erweiterten Regionalbibliographie von Mitteldeutschland liegt eine Zusammenstellung aller für den Gesamtraum wichtigen Standardwerke, Bibliographien, versteckten Bibliographien sowie der urschriftlichen Quellen zur landeskundlichen Forschung vor. Sie wird im Jahre 1961 zum Druck gelangen können. Literatur- und Forschungsstandberichte sind für einzelne Teilgebiete Mitteldeutschlands in Angriff genommen worden, so z. B. für das Elbsandsteingebirge, die Nordwestlausitz, das nordwestsächsische Braunkohlengebiet, die Dahlener Heide und andere.

Ernst Neef

Reinigung von Abwässern mit Hilfe von Adsorbentien

Die Reinigung der Abwässer und damit der Flußläufe wird bei der zunehmenden industriellen Entwicklung eine immer dringendere Notwendigkeit. Die automatisch funktionierende biologische Reinigung des Wassers wird weitgehend dadurch verhindert, daß giftige Stoffe in die Abwässer geraten. Darüber hinaus verarmen unsere Flußläufe an Fischen, und teilweise findet auch schon eine direkte Geruchsbelästigung durch Flußläufe in bewohnten Gegenden statt, wie z. B. in Leipzig durch die Pleiße.

Man kann für unser Gebiet im wesentlichen 3 hauptsächliche Verunreinigungen der Abwässer unterscheiden:

a) Phenole (Braunkohle-Verarbeitung)
b) Magnesiumchlorid (Kaliindustrie)
c) Schaumstoffe (synthetische Waschmittel, Erzeuger und Verbraucher)

Unsere Forschungsarbeiten beschäftigen sich zunächst nur mit Punkt a).

Die Phenole (Phenol, Kresole, Xylenole, 2- und 3wertige Phenole) sind gut wasserlöslich und gelangen in verschiedener Zusammensetzung hauptsächlich aus den Braunkohlenschwelereien in die Abwässer. Die Phenole stellen starke Gifte für die Mikroben dar, weswegen diese in den Flüssen für eine biologische Reinigung nicht mehr wirksam sein können.

Es sind schon verschiedene Vorschläge gemacht worden, die Phenole aus den Abwässern zu entfernen. Das einfachste Mittel ist, die Abwässer über Asche von Abstichgeneratoren rieseln zu lassen (Leuna). Dabei werden die Phenole adsorbiert und gleichzeitig durch den Luftsauerstoff oxydiert und damit vernichtet. Auch in einem biologischen Verfahren (Ruhr-Emscher-Kanal-Verein) werden die Phenole vernichtet, während sie doch als wertvolle Chemikalien gewonnen werden sollten.

Es existieren 2 Vorschläge für die Gewinnung von Phenolen aus Abwässern:

1. Extraktion mit Lösungsmitteln
   (z. B. Butylacetat im Phenosolvan-Verfahren[1])
2. Adsorption der Phenole an Ionenaustauschern
   (WEV, Verfahren des Weiß-Elster-Verbandes[2])

Wir beschäftigen uns hier ausschließlich mit dem Vorschlag 2, der begründete Erfolgsaussichten hat, obgleich das WEV-Verfahren technisch versagt hat. Das dort verwandte Wofatit P nämlich, das an sich Phenole gut adsorbiert, sollte durch Wasserdampf oder Natronlauge regeneriert werden. Wasserdampf erweist sich als unmöglich, da bei dem Ausblasen das Wofait P einen zu starken Abrieb erfährt. Die Desorption mit Natronlauge ist nicht angängig, da dieses Austauschharz sich weitgehend in alkalischen Medien löst. Andere Lösungsmittel haben Quellungen des Harzes und Lösungsmittelverluste im Gefolge.

Aus früheren bei uns durchgeführten Untersuchungen wissen wir, daß bei der Adsorption von Phenolen an Ionenaustauschern kaum ein I o n e n a u s t a u s c h stattfindet, sondern in erster Linie eine N e u t r a l a d s o r p t i o n statt hat,[3] wie das auch von anderer Seite bestätigt wurde.[4]

Es müssen deshalb ganz allgemein hochporöse makromolekulare Verbindungen für solch eine Neutraladsorption geeignet sein. Wir haben uns zur Aufgabe gestellt, eine Reihe von Kunstharzen herzustellen und diese auf ihre Fähigkeit zur Phenoladsorption zu untersuchen.

Dabei sollten zur näheren Charakterisierung der Kunstharze festgestellt werden, wie die Phenoladsorption abhängt:

1. von dem chemischen Aufbau des Harzes
2. von dessen Polymerisationsgrad
3. von dem Grad der Vernetzung.

Weiterhin sollte untersucht werden:

4. die Adsorptionsgröße der verschiedenen Phenole
5. die Geschwindigkeit der Adsorption.

ad 1) Es wurden zunächst eine Reihe hochpolymerer Verbindungen hergestellt, wie z. B. Polyvinylacetat, Polymethacrylsäuremethylester, Alkyd-Harze, Polyamide, Polyurethane, Polyacrylnitril, Polyvinylchlorid u. a. m.

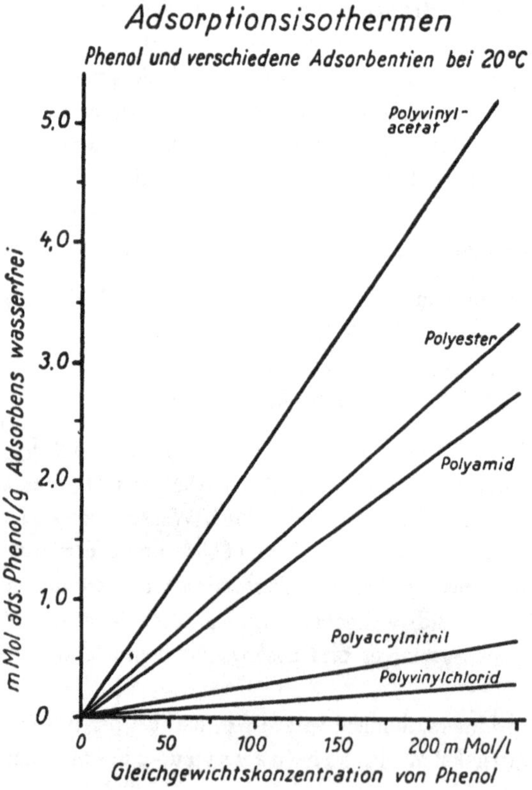

Abb. 1

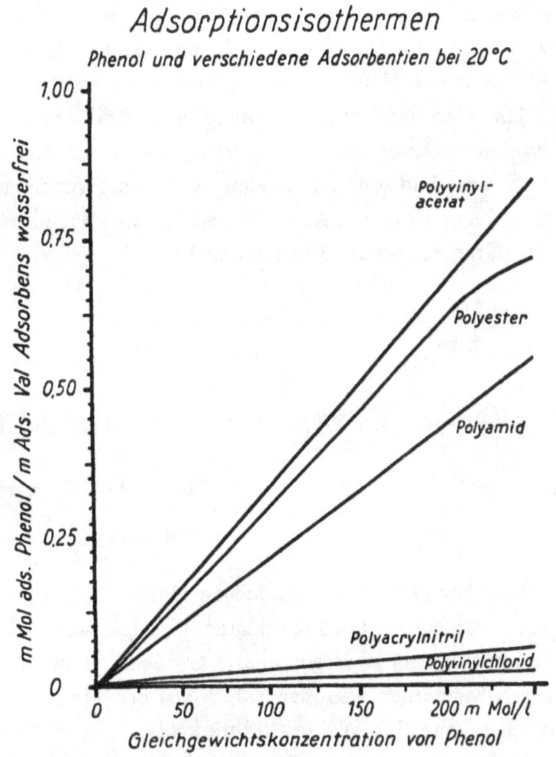

Abb. 2

Wir haben nicht vorhandene Handelsprodukte benutzt, um genau zu wissen, wie unsere Produkte zusammengesetzt sind.

Diese Harze wurden nun auf ihre Phenoladsorptionsfähigkeit, hauptsächlich unter statischen Bedingungen quantitativ geprüft, indem die jeweilige Adsorptionsisotherme aufgenommen wurde. Diese gibt für die jeweilige Konzentration die Verteilung des Phenols im Wasser und im festen Harz an. Wir haben die Bestimmung meist aus der Differenz des gelösten Phenols vor und nach der Adsorption durchgeführt.

Als Beispiel solcher Adsorptionsisothermen seien folgende angeführt: Abbildung 1

Bemerkenswert bei diesen Kurven ist ihr linearer Verlauf. Das bedeutet, daß sich das Phenol zwischen Wasser und Harz gemäß des Nernst'schen Verteilungssatzes verteilt. Die Reihenfolge der Adsorptionsgröße ist hier Polyvinylacetat, Polyester, Polyamid, Polyacrylnitril, Polyvinylchlorid. Es liegen hier schon Beobachtungen vor, daß die Korngröße und das Quellungsvermögen eine Rolle spielen, doch soll darauf noch nicht eingegangen werden.

Nun hatte es sich aus unseren vorläufigen Versuchen schon ergeben, daß eigentlich nur Harze mit solchen Gruppen in Frage kommen, die im Stande sind, Wasserstoffbrückenbindungen einzugehen. Aus diesem Grunde ist es bei der graphischen Darstellung zweckmäßig, als Gewichtseinheit nicht das Gramm, sondern das Adsorptionsäquivalent zu verwenden, indem gemäß unserer Theorie zugrunde gelegt wurde, daß sich ein Äquivalent Phenol an eine Wasserstoffacceptor-Gruppe im Hochpolymeren anlagert. Abbildung 2

Eine Wasserstoffbrückenbindung bildet sich dann aus, wenn ein Protonendonator und als Protonenacceptor basisch reagierende Atome mit einsamen Elektronenpaaren, z. B. Sauerstoff oder Stickstoff, vorhanden sind. Der Protonendonator ist hier das Phenol C_6H_5-O···H, und Protonenacceptoren stellen die folgenden Gruppen dar, unter denen die Carboxyl-Gruppe besondere Bedeutung hat:

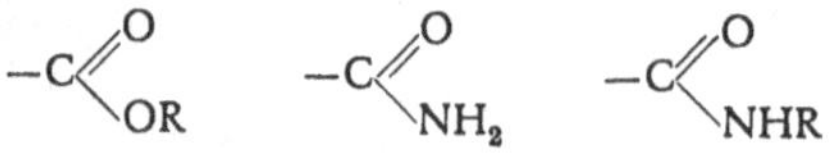

$-C{\equiv}N$, $-OH$, $-CH_2Cl$

Als Beispiel einer Wasserstoffbrückenbindung sei folgende Formel gegeben:

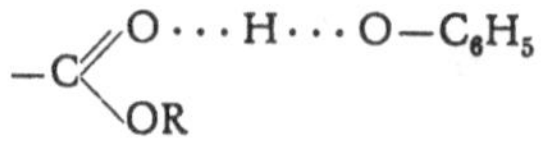

Jetzt konnten wir die graduellen Unterschiede in der Größe der Phenoladsorption bei den verschiedenen Harzen erklären. Es zeigte sich, daß alle Hochpolymeren mit Carboxyl-Gruppen Phenol in vergleichbarer Größenordnung adsorbieren. Das Polyamid steht demgegenüber zurück, was man jedoch aus der Theorie der Wasserstoffbrückenbindung entnehmen kann. Die Wasserstoffbrückenbindung ist nämlich um so stärker, je elektronegativer die CO-Gruppe ist. Dieser wird durch den benachbarten Sauerstoff mit seinen beiden freien Elektronenpaaren eine größere Elektronennegativität induziert als durch die NH-Gruppierung im Polyamid.

Allerdings kommt ganz allgemein noch ein anderer Effekt hinzu, der sich über längere Zeit hinweg zeigt. Das Hochpolymere erweist sich nämlich geradezu als ein Lösungsmittel für Phenole. Jedenfalls wird vor allem beim Polyamid mit der Zeit sehr viel mehr Phenol aufgenommen, als mengenmäßig der theoretischen Wasserstoffbrückenbildung entspricht. Das Polyamid löst sich schließlich in Phenol auf und gibt mit ihm eine flüssige Phase.

Schließlich sei noch auf die geringe Adsorptivkraft von Polyacylnitril und Polyvinylchlorid hingewiesen, die offenbar auf das Unvermögen dieser Harze hinweist, stabile Wasserstoffbrücken auszubilden.

ad 2 u. 3) Weiterhin wurde der Einfluß des Vernetzungsgrades und der Größe des Mol.-Gew. der Harze untersucht. Je größer der Vernetzungsgrad, desto geringer die Phenoladsorption. Andererseits scheint die Größe des Mol-Gew. ohne entscheidenden Einfluß zu sein.

ad 4) Was die Adsorptionsgröße der verschiedenen Phenole anbelangt, so nimmt Phenol selber eine Mittelstellung ein. Kresole und Alkylphenol werden etwas besser, mehrwertige Phenole (Resorcin, Pyrogallol) schlechter adsorbiert, was auf Steigerung der Affinität zum Adsorbens und bei den Polyphenolen auf sterische Verhältnisse zurückzuführen ist, da nur eine OH-Gruppe eine Wasserstoffbrücke ausbilden kann, während die andere stört.

ad 5) Schließlich interessiert auch die Geschwindigkeit, mit der die einzelnen Harze die einzelnen Phenole adsorbieren. Wir hatten früher schon festgestellt,[5] daß die Adsorptionsgeschwindigkeit nicht nach der Gleichung einer Reaktion erster Ordnung bestimmt werden kann, wie es der Fall sein müßte, wenn es sich um einen reinen Diffusionsvorgang handelt. Offenbar sind aber andere Vorgänge, wie Quellung usw., übergelagert. Wird die Quellung durch starke Vernetzung oder durch das besonders enge Gitter von Polyvinylacetat und Polymethacrylat behindert, so tritt größere Verminderung der Adsorptionsgeschwindigkeit mit der Zeit ein. Bei höheren Temperaturen ist die Adsorptionsgeschwindigkeit größer als bei niederen.

Zusammenfassung

1. Die Adsorption von Phenolen an Ionenaustauschern ist eine Neutraladsorption.
2. Die Adsorption findet über Wasserstoffbrückenbindungen statt.
3. Auf Grund dieser Erkenntnisse werden Hochpolymere dargestellt, die keine Ionenaustauscheigenschaften mehr haben, aber Gruppen enthalten, zu denen die Phenole Wasserstoffbrücken ausbilden.
4. Erste quantitative Messungen der Adsorptionsgröße und der Adsorptionsgeschwindigkeit von verschiedenen Phenolen an verschiedenen Hochpolymeren werden durchgeführt.

Ausblick

Die vorläufigen Ergebnisse sollen einmal in der Richtung erweitert werden, daß hochpolymere Diphenyl-disulfimide, die Oxy-Gruppen tragen, mit in den Kreis der Untersuchungen gezogen werden. Die Synthese solcher Harze ist bereits geglückt. Des weiteren sollen die Adsorbentien als Membranen hergestellt und eingesetzt werden. Es liegen hier bereits größere Erfahungen auf dem Gebiet der Ionenaustauscher als Membranen vor, und wir haben begonnen, unsere Erfahrungen auf Phenoladsorbentien zu übertragen.

Literaturverzeichnis

1. A. Dierichs R. Kubicka	Phenole und Basen (Berlin 1958)
2. G. Schulz	Wasserwirtschaft-Wassertechnik *12*, 410 (1952)
3. F. Wolf	Dissertation, Halle (1953)
L. Zölch	Diplomarbeit, Halle (1955
M. Frank	Diplomarbeit, Halle (1956)
G. Frank	Diplomarbeit, Halle (1958)
D. Kutzschbach	Dissertation, Halle (1958)

4. W. Grassman Makrom. Chem. *21*, 37 (1956)
A. Hörmann
A. Hartl
5. L. Zölch Diplomarbeit, Halle (1955)

Franz Runge

Untersuchungen zur Frauenheilkunde

Die Sächsische Akademie der Wissenschaften unterstützte auch in den Jahren 1957 bis 1959 Forschungsarbeiten auf dem Gebiet der Frauenheilkunde, die von dem am 13. 10. 1959 unerwartet verstorbenen ordentlichen Mitglied der mathematisch-naturwissenschaftlichen Klasse, Herrn Prof. Dr. R. Schröder, geleitet und nach seinem Tode in seinem Sinne weitergeführt wurden. Diese Untersuchungen erstreckten sich auf das bis heute ungeklärte Krankheitsbild der Spätschwangerschaftstoxikose. Dabei wurden aetiologische und differential-diagnostische Fragen, die Symptomatologie bei Mutter und Kind und klinisch-statistische Probleme behandelt.

1. Untersuchungen über die Fermentaktivität der Toxikoseplacenta.

Bei diesen Analysen wurde darauf geachtet, makroskopisch noch normale Placentateile als Untersuchungsmaterial zu gewinnen, da infolge der Mangeldurchblutung des Uterus und der Placenta bei Toxikosen mit einer sekundären Schädigung der Placenta zu rechnen ist. Die einzelnen Untersuchungsergebnisse lassen sich wie folgt zusammenfassen: Die endogene Atmung, die aerobe und die anaerobe Glykolyse wurden in der Toxikoseplacenta unverändert gefunden. Ebenfalls keine wesentlichen Differenzen ergaben sich aus den Bestimmungen der Cytochromoxydase, des Cytochrom a und Cytochrom c, der echten Cholinesterase, der Succinatdehydrogenase und Diaminooxydase, sofern noch scheinbar normale Placentazotten zur Untersuchung gelangten. Es wurden somit keine sicheren Anhaltspunkte für eine „Schädigung" der gesamten Placenta bei Toxikosen oder einer primär bestehenden fermentativen Dysfunktion der Toxikoseplacenta gefunden. Verschiedene experimentelle Untersuchungen mit normalem Placentagewebe in vitro ergaben, daß die Placentazotten relativ wenig empfindlich gegenüber einem alleinigen O_2-Mangel sind.

Cholinoxydase, Xanthinoxydase und D-Aminosäureoxydase konnten in der Placenta nicht nachgewiesen werden.

Der Glykogengehalt der Toxikoseplacenta wies keinen wesentlichen Unterschied gegenüber normalen Placenten auf (chemische Bestimmung). Auch histochemisch (Best'sche Karmin- und PAS-Färbungen) war keine wesentliche Abnahme des Glykogengehaltes zu finden. Die Fähigkeit der Toxikoseplacenta zur Fruktosebildung in vitro aus Glukose entsprach etwa der normaler Placenten.

Inkubationsversuche mit Placenta-Homogenat unter Zusatz von Progesteron sprachen dafür, daß die Placentazotten imstande sind, NNR-Steroide (chemischer Nachweis) aus Progesteron zu bilden.

Der hohe Harnstoffgehalt einiger weniger Toxikoseplacenten konnte durch die gleichzeitige Bestimmung des Blutharnstoffes bei Mutter und Kind sowie durch Nieren-Clearance-Untersuchungen auf eine Harnstoffretention im mütterlichen Organismus zurückgeführt werden.

2. Eine sichere Differentialdiagnose zwischen echten Spättoxikosen (Praeeklampsien) und sogenannten chronischen (praeexistenten) Gefäß-Nierenschäden in der Schwangerschaft ist oft nicht möglich. Auch der Harnstoff-Harnsäure-Quotient im Blut, der infolge der Harnsäureerhöhung bei echten Toxikosen als Differentialdiagnostikum herangezogen wurde, versagt bei der Differentialdiagnose der sogen. Aufpfropftoxikose. Zur Abgrenzung entzündlicher Nierenerkrankungen (Pyelonephritis) legen wir neuerdings Wert auf die verfeinerten quantitativen Harnsedimentuntersuchungen (A d d i s-Sediment).

3. Viele Einzeluntersuchungen von Zwischenstoffen und Fermenten im mütterlichen und Nabelschnurblut dienten der weiteren Aufklärung der Symptomatologie des ungeklärten Krankheitsbildes der Toxikosen. Dabei wurden folgende Untersuchungsergebnisse erzielt: Im Nabelschnurblut von Toxikose-Neugeborenen fanden sich höhere Hgb-, Erythrocyten- und Reticulocystenwerte sowie ein höherer prozentualer Anteil an fetalem Hgb gegenüber gleichaltrigen Neugeborenen normaler Schwangerer. Diese Ergebnisse sind ebenso wie die verschlechterten Uterus- und Placenta-Clearancewerte (Na^{24}-Injektion) als Ausdruck einer wahrscheinlich sekundär bedingten Mangeldurchblutung des Uterus bei Toxikosen zu werten.

Blutdruckmessungen mit Hilfe der F l u s h-Methode ergaben bei Toxikose-Neugeborenen normale Werte. Auch die Nierenfunktion der Toxikose-Neugeborenen scheint nicht gegenüber normalen verändert zu sein, wie Untersuchungen der Eiweiß-, Harnstoff- und Harnsäureausscheidung ergaben. Der Fruktosegehalt im Nabelschnurblut wurde höher als im mütterlichen Blut gefunden, während die Glukosewerte tiefer liegen. Unterschiede zwischen Toxikosen und normalen Schwangerschaften bestanden nicht.

Die Ergebnisse der enzymatischen Bestimmungen der Brenztraubensäure, α-Ketoglutarsäure und Milchsäure im Blut sowie der chemisch bestimmten Zitronensäure im Plasma (Tab. 1 u. 2) ließen keine signifikanten Differenzen zwischen Nichtschwangeren und normalen Spätschwangeren erkennen. Auch bei den Spättoxikosen wurden die enzymatisch

Tab. 1. Brenztraubensre., α-Ketoglutarsre. u. Milchsre. im Blut sowie Citronensre. im Plasma in mg%

	Spätschwang. o. Wehen	Mutter sub partu	Nabelschnurblut	Fruchtwasser
Brenztraubensre.	0,652 (32)	2,580 (10)	1,914 (10)	0,970 (18)
α-Ketoglutarsre.	0,165 (22)	0,179 (16)	0,486 (16)	0,464 (10)
Milchsre.	9,3 (22)	18,4 (12)	28,2 (12)	38,6 (20)
Citronensre.	2,02 (34)	2,73 (22)	2,21 (22)	4,58 (20)

() = Anzahl der Fälle

bestimmten 3 Zwischenstoffe nicht signifikant verändert gefunden, außer der chemisch bestimmten Zitronensäure-Konzentration, die bei Spättoxikosen im Plasma erhöht war. Es dürfte demnach kaum zu erwarten sein, durch Untersuchungen der Zwischenstoff-Konzentrationen im Blut Aufschlüsse über die Ätiologie der Toxikosen zu erhalten.

Tab. 2. Brenztraubensre., α-Ketoglutarsre. u. Milchsre. im Blut sowie Citronensre. im Plasma in mg %

	Nichtschwang.	Spätschwang.	Hyp. gravid.	Spättoxikose
Brenztraub.-Sre.	0,640 (46)	0,652 (32)	0,671 (20)	0,692 (40)
α-Ketoglutar-Sre.	0,154 (20)	0,165 (22)	0,140 (15)	0,170 (25)
Milchsre.	9,8 (21)	9,3 (22)	8,0 (24)	8,9 (36)
Citronensre.	1,81 (32)	2,02 (34)	1,66 (10)	2,76 (31)

( ) = Anzahl der Fälle

Manometrische und volumetrische Diaminoxydase-Bestimmungen im Blutserum bei Toxikosen und normalen Schwangeren ergaben keine wesentlichen Differenzen. Die Katalase-Aktivität des Blutes war bei Toxikosen etwas erniedrigt. Die Aktivität der Glutamat-Oxalat-Transaminase wurde im Serum bei Toxikosen nur bei Leberparenchymschäden erhöht gefunden.

4. Mit Unterstützung der Akademie wurde eine statistische Bearbeitung des gesamten Toxikosematerials der Univ.-Frauenklinik Leipzig sowie eine Eklampsie-Sammelstatistik aus über 70 großen Frauenkliniken Deutschlands durchgeführt. Die Auswertung der Eklampsie-Statistik der Jahre 1957 und 1958 umfaßt 527 Fälle mit einer Müttersterblichkeit von 4 % und einer Kindersterblichkeit von 19 %. Die Müttersterblichkeit der konservativ behandelten Eklampsien (Spontangeburt, Zange u. a.) entsprach etwa der bei aktivem Vorgehen (abdominale und vaginale Schnittentbindung), während die Kindersterblichkeit bei aktiver niedriger als bei konservativer Behandlung lag.

Prof. Dr. Helmut Kyank

Kristallstruktur und Katalyse

Im Rahmen dieses Forschungsauftrages wurde das Thema „Spinellbildung und Katalyse der Isopropanolspaltung" bearbeitet und zu einem vorläufigen Abschluß gebracht.

I. Einleitung und Problemstellung

Am Institut für anorg. u. anorg.-techn. Chemie der Technischen Hochschule Dresden werden bevorzugt zwei oxydische Katalysatoren untersucht:
Das auf Alkohol d e h y d r i e r e n d wirkende ZnO und das d e h y d r a t i s i e r e n d e

Al_2O_3. Als katalytische Testreaktion wird deshalb die Isopropanolspaltung benutzt, die diese zwei Reaktionsrichtungen zu studieren gestattet.

Im Sinne dieses Forschungsauftrages über Kristallstruktur und Katalyse und als Beitrag zum Problem Aktivität-Selektivität (Verhältnis von Dehydrierung zu Dehydratisierung) geeignet erschien uns die Fragestellung wie sich Aktivität und Selektivität ändert, wenn beide Kontakte (ZnO und Al_2O_3) gleichzeitig, vor allem mit beginnender Spinellbildung eingesetzt werden – sind doch die zwei verschieden spaltenden Oxyde gleichzeitig die Ausgangskomponenten für einen Spinell.

Einerseits wären die „Aktiven Zwischenzustände" der Spinellbildung, die mit steigender Temper-Temperatur durchlaufen werden, von festkörperchemischem und katalytischem Interesse (Änderung von Aktivität und Selektivität), andererseits interessierte ebenso das katalytische Verhalten des fertig gebildeten Spinells.

Im Spinell sind ja die spezifischen strukturellen Verhältnisse des γ-Al_2O_3 ($Al_8(Al_{12}H_4)$-O_{32}(H^+ als Gitterstabilisator, Al-Ionen auf Tetraederplätzen), die sich aus dem Normalspinell $Zn_8(Al_{16})O_{32}$ ableiten lassen, wieder aufgehoben.

Es ist aber auch zu erwarten, daß der Prozeß der Spinellbildung, das Einwandern des ZnO in das γ-Aluminiumoxydspinellgitter, das Aufheben des strukturell bedingten Dehydratisierungszustandes (s. später) durch das dehydrierende ZnO Fragen aufwirft und ev. Lösungen zuläßt, die u. U. geeignet sind, die Probleme der Aktivität und Selektivität des Zink- und Aluminiumoxyds klären zu helfen. Daher sollten auch die unter gleichen Bedingungen hergestellten reinen Ausgangsoxyde (ZnO u. Al_2O_3) mit untersucht werden.

Vor allem die Zinkoxyde sollten unter dem Gesichtspunkt bearbeitet werden, ob nicht deren Aktivität und Selektivität einer metallischen Zinkphase zuzuschreiben sind, die sich durch Reduktion während des Reaktionsverlaufes zunehmend aus dem natürlichen Zinküberschuß (n-Leiter) bildet. Eine sich neu bzw. stärker ausbildende metallische Phase könnte man nämlich auch grundsätzlich für das Dehydrierungsvermögen von Oxyden mit einer 18-Elektronenschale (ZnO, CdO, Ga_2O_3), die daher leicht reduzierbar sind, verantwortlich machen. Schwerer zu reduzierende Oxyde mit einer 8-ter Schale (Al_2O_3, Seltene Erden) sollten dehydratisieren. Diese Annahmen konnten schon früher von uns experimentell gestützt werden. Das reine Al_2O_3 war hinsichtlich einer zu erwartenden Änderung der Spaltungsrichtung (Selektivität) bei der γ/α-Umwandlung zu untersuchen. Bei dieser Umwandlung wird der spezifische Dehydratisierungszustand des γ-Al_2O_3, den man mit dem natürlichen Fehlbau (Leerstellen bzw. Gitter-H^+-Ionen) oder auch mit der unterschiedlichen Koordination der Al-Ionen (Al^{3+} auf Tetraederplätzen) begründen kann, dadurch aufgehoben, daß bei ca. 900–1000 °C das hexagonale α-Al_2O_3 entsteht, das keine Leerstellen bzw. H^+-Ionen als Stabilisator aufweist und wo die Al-Ionen durchgehend gleichmäßig von O-Ionen umgeben sind, also keine unterschiedlichen Koordinationen zu finden sind. Die Umwandlung des γ-Al_2O_3 in Korund müßte katalytisch von einem Sinken der Dehydratisierungstendenz begleitet werden. Der gleiche Effekt müßte aber auch aus ähnlichen Gründen bei der Spinellbildung zu erwarten sein, da hierbei die tetraedrischen Al-Ionen ($Al_8(Al_{12}H_4)O_{32}$) auf die Oktaederplätze ($Zn_8(Al_{16})O_{32}$) verdrängt werden.

In diesem Zusammenhang erschien es angebracht, jene Befunde, die aus der Untersuchung der Zn-Al-Spinellbildung in katalytischer und festkörperchemischer Hinsicht zu erwarten waren, auf eine breitere und vertiefte Grundlage zu stellen.

Dies könnte dadurch geschehen, daß als Parallele andere, zur Spinell- bzw. Aluminatbildung neigende Oxydsysteme zum Vergleich herangezogen werden. Geeignet hierfür erschienen die Systeme a) $MgO \cdot Al_2O_3$, b) $CdO \cdot Al_2O_3$, c) $Li_2O \cdot 5\,Al_2O_3$, wobei vorausgeschickt und vorausgesetzt sei, daß sich die Darstellung der Ausgangsoxyde mit der des Zn-Al-Systems deckte.

Insbesondere der Li-Spinell $Al_8(Al_{12}Li_4)O_{32}$ ist deshalb von Interesse, weil er als „Salz" des sauren γ-Al_2O_3 (= Hydrogenspinell) $Al_8(Al_{12}H_4)O_{32}$ angesehen werden kann. Formal und strukturell entsprechen sich diese beiden Verbindungen, von dem einen Standpunkt der Dehydratisierungskatalyse (Leerstellen bzw. Gitter-H^+-Ionen) müßten sie sich aber entgegengesetzt verhalten.

Der Schwerpunkt der Untersuchungen galt aber auf jeden Fall der Zn-Al-Spinellbildung mit ihren katalytischen Konsequenzen. Besonders interessierten etwa auftretende „Aktive Zwischenzustände", weil zu hoffen war, daß aus intermediären strukturellen Anomalien sich entsprechende katalytische ergäben (Selektivität/Aktivität) und somit die Zusammenhänge zwischen Kristallstruktur und Katalyse offensichtlicher und möglicherweise deutbarer hervortreten.

II. Experimenteller Teil

a) Präparate:

Bei der präparativen Darstellung der Katalysatoren sind zwei Typen zu unterscheiden.

1. Mischoxydreihen, in denen die Spinellkomponenten aus Oxyden gemischt „nebeneinander" liegen (ZnO/Al_2O_3, MgO/Al_2O_3, CdO/Al_2O_3, Li_2O/Al_2O_3).

2. Mischhydroxydreihen, in denen die Spinellkomponenten aus Mischsalzlösungen mittels Piperidin gefällt „ionendispers" ineinander vorliegen (Zn/Al-Doppelhydroxyd). Diese Reihen wurden im Temperaturbereich von 300–1000 °C (von 100 zu 100°) jeweils 8 h durch Vorerhitzen hergestellt.

b) Meßmethoden:

Um Zusammenhänge zwischen katalytischem Verhalten und der Struktur bzw. Textur der Katalysatoren aufzuzeigen, sind folgende Meßverfahren angewandt worden:

1. Katalytische Messung der Aktivität und Selektivität an einer quasistatischen Apparatur, wobei jeder Kontakt dreimal hintereinander gemessen wurde (Einfahreffekt).

2. Qualitative und quantitative Röntgenanalyse (Gittertyp, Gitterstörungen, Teilchengrößen, Gitterkonstanten).

3. Pyknometrische Bestimmung der Dichte.

4. Messungen der Oberflächengröße und Bestimmung der Makroporenradien nach dem Verfahren der Gasdurchlässigkeit.

5. Bestimmung der Oberflächengröße und der Mikroporenradien sowie deren Verteilungskurven aus BET-Messungen.

6. Messungen der Azidität von Katalysatoroberflächen durch Adsorption von p_H-abhängigen Farbstoffindikatoren aus benzolischer Lösung: vor und nach der Katalyse, vor und nach der Vergiftung mit einer n/10-Sodalösung.

7. Messung der Azidität von Katalysatoroberflächen durch Adsorption von Ammoniak aus der Gasphase.

8. Ultrarotuntersuchungen zum Gittertyp und zur Beschaffenheit der Oberfläche (Hydroxylgruppen).

9. Differentialthermoanalyse.

10. Messung der Hygroskopizität.

11. Chemisch-analytische Bestimmung der Spinellbildung.

III. Zusammenfassung der Hauptergebnisse

1. Wir stellten fest, daß alle sich röntgenographisch als Spinelle ausweisende Katalysatoren (ZnO-, MgO-, Li_2O-/Al_2O_3) dehydrieren, weil die für eine Dehydratisierung ausschlaggebenden protonenaktiven Hydroxylgruppen des γ-Al_2O_3, die ihre Ursache wiederum in der Struktur hatten (Leerstellen bzw. Al^{3+} auf Tetraederplätzen), durch einwanderndes $Me^{II}O$ (z. B. ZnO) aufgehoben werden. Unsere Annahme, daß hauptsächlich die Al^{3+} auf Tetraederplätzen im γ-Al_2O_3 für die Dehydratisierungskatalyse bestimmend sind ($Al_8(Al_{12}H_4)O_{32}$) wird somit gestützt, da bei der Spinellbildung die tetraedrischen Al^{3+} auf die Oktaederplätze verdrängt werden ($Zn_8(Al_{16})O_{32}$). In dem Maße wie Spinellbildung einsetzt, verschwindet nicht nur die Wirkung, katalytisch zu dehydratisieren, sondern auch gleichsinnig die Hygroskopizität und die Azidität der Oberfläche, wie durch p_H-Farbstoffindikatoren u n d NH_3-Adsorption sichergestellt werden konnte. Es sind demnach beim reinen γ-Al_2O_3 Hygroskopizität, Azidität und dehydratisierende Wirkung auf die tetraedrischen Al^{3+} zurückzuführen. Offensichtlich liegt das in der ungenügenden Vierer-Koordination dieser Al-Ionen begründet, woraus eine Abschirmungstendenz folgt, die sich in einer Anlagerung von HOH äußert (Hygroskopizität). Darüber hinaus wird das chemisorbierte Wasser (als OH-Gruppe vorliegend) durch das Al^{3+} im Sinne erhöhter Protonenaktivität polarisiert (Azidität) und somit die Voraussetzungen für die Dehydratisierungskatalyse (H^+-Austauschkatalyse) geschaffen.

2. Im gleichen Zusammenhang konnte nachgewiesen werden, daß beim hexagonalen α-Al_2O_3, wo alle Al^{3+} oktaedrisch koordiniert vorliegen, die Dehydratisierung stark nachläßt.

Ebenfalls der Li-Spinell $(LiAl_5O_8)_4$, das „Salz" des γ-Al_2O_3 (Hydrogenspinell $(HAl_5O_8)_4$), dehydriert, weil der Wasserstoff ersetzt ist und für eine Wasserstoffaustauschkatalyse (Dehydratisierung) entfällt.

3. Ein im aktiven Zwischenzustand befindlicher Zn/Al-Spinell (Mischhydroxydreihe) dehydratisiert verhältnismäßig stark, scheinbar im Gegensatz zur bisherigen Feststellung und Auffassung, daß Spinelle nicht mehr dehydratisieren sollten. Gemäß seiner höheren Dehydratisierungstendenz, die sich beim Einfahren (2. u. 3. katalytische Belastung) verstärkt (60 % Dehydratisierung!), müßte dieser Spinell „sauer" sein und saurer werden, was durch Anfärben mit pH-Farbstoffindikatoren und Belegen mit basischen Molekeln (NH_3) bestätigt werden konnte. Neutralisiert man diesen Spinell mit alkalischen Lösungen (Soda), so dehydriert er einwandfrei wie die anderen höher getemperten Spinellkatalysatoren, wobei der Einfahreffekt nicht mehr auftritt und keine sauren Zentren mehr nachzuweisen sind. Die Ursache für das saure Verhalten dieses Spinells im Zwischenzustand waren unregelmäßige Gitterstörungen (Gitteraufrauhungen), die röntgenographisch und UR-spektroskopisch nachgewiesen wurden. Bekanntermaßen sind solche Gitterstörungen als eine Deplacierung der Ionen aufzufassen, wobei die Vorstellung besteht, daß Al-Ionen an der Oberfläche um ein Weniges aus ihrer Normallage herausgedrückt, somit ungenügend abgeschirmt sind und dazu neigen, sich durch Adsorption von HOH, besonders aus und während der Katalysereaktion (Einfahreffekt) zu stabilisieren und diese chemisorbierten OH-Gruppen im Sinne gesteigerten Protonenaktivität zu polarisieren. Die Neigung, sich mit Wasser abzusättigen, äußert sich auch in einem ausgeprägten Hygroskopizitätsmaximum. Durch Erhitzen dieses sauren Spinells bei höheren Temperaturen oder über längere Zeit bei niederen heilten die Gitterstörungen aus, die sauren Zentren sowie die Hygroskopizität waren nicht mehr nachweisbar und der Spinell dehydrierte.

4. Die Untersuchungen über die Textur der Katalysatoren (BET- und Permeabilitäts-Oberfläche, Makro- und Mikroporen und deren Verteilungskurven, Teilchengrößen) wiesen nur Zusammenhänge mit der Aktivität auf. Die Selektivität änderte sich ausschließlich mit der Primärstruktur der Kontakte bzw. mit der Qualität (Azidität) ihrer Oberflächen.

5. Die Vorstellung von Eucken-Wicke über den Mechanismus der Dehydratisierung (Wasserstoffaustauschkatalyse durch Rest-OH-Gruppen) konnte gestützt und ermittelt werden insofern als die Dehydratisierungszentren durch Alkali ausgeschaltet und somit indirekt, aber auch direkt durch Farbstoff- und NH_3-Adsorptionen nachgewiesen werden konnten. Gleichzeitig wird dadurch unterstrichen, daß die Protonenaktivität einer MeOO-H-Gruppierung (Polarisation) das bestimmende Moment ist. Demgemäß ließen sich Erscheinungen bei der Spinellbildung durch Zwischenzustände deuten.

6. Den Annahmen von Eucken-Wicke über den Mechanismus der Dehydrierung wurden Überlegungen zur Seite gestellt, wonach es auf das Verhältnis bestimmter Dehydrierungs- zu Dehydratisierungsfaktoren ankommt, welche Spaltungsrichtung von einem Oxyd bevorzugt wird.

Diese Faktoren stellen sich nach unserer Auffassung wie folgt dar, wobei aber betont und vorausgesetzt werden soll, daß die Dehydrierungskatalyse einem ganz anderen Mechanismus gehorcht (Wasserstoffaktivierung, elektronischer Mechanismus) als die Dehydratisierungskatalyse (H^+-Austauschkatalyse, Säure-Basen-Mechanismus).

Als Faktoren, die die Dehydrierung begünstigen, erkannten wir: Leicht reduzierbare Oxyde (Me-MeO-Kontakt). Basischer Charakter des Oxydes, d. h. großes Kation und damit geringe Tendenz einer Polarisierung von Rest-OH-Gruppen im Sinne einer gesteigerten Protonenaktivität.

Als Faktoren, die eine Dehydratisierung begünstigen, fanden wir: Schwer reduzierbare Oxyde. Saurer Charakter des Oxyds, d. h. hochgeladene oder kleinvolumige Kationen hoher Ladungsdichte mit ausgeprägter Absättigungs- bzw. Abschirmungstendenz. Demzufolge Bindung von HOH zu OH-Gruppen und Polarisierung dieser und schon vorhandener im Sinne gesteigerter Protonenaktivität (Stärkung der Me-O-Bindung).

IV. *Schlußfolgerungen*

Aus allen Ergebnissen geht hervor, daß ein innerer Zusammenhang zwischen Kristallstruktur und Dehydratisierungskatalyse besteht in der Weise, daß das Vorhandensein von sauren Zentren auf der Katalysatoroberfläche das katalytisch dehydratisierende Verhalten eines Oxydes bestimmt.

Vermittels der Untersuchungen der Zn-Al-Spinellbildung wie auch der γ/α-Umwandlung des Al_2O_3 konnte wahrscheinlich gemacht werden, daß das ausgeprägte und hochaktive Dehydratisierungsvermögen des γ-Al_2O_3 in seiner speziellen Struktur begründet und letztlich auf die tetraedrischen Al-Ionen zurückzuführen ist.

Es ist festzustellen, daß das bewußte Hervorrufen von „Aktiven Zwischenzuständen" der Spinellbildung durch die Präparationsmethode in der Mischhydroxyd-Reihe einen vertieften Einblick in die Zusammenhänge zwischen Kristallstruktur und Katalyse ermöglicht.

Arthur Simon

Holzimprägnierung

Die fortgesetzten Versuche über die Entwicklung von giftigen, gasförmigen Arsen-Verbindungen durch den Schimmelpilz Scopulariopsis brevicaulis im Zusammenhang mit UA-Salz-imprägnierten Hölzern führten zu folgenden Ergebnissen.

Die Normklötzchen aus Kiefern-, Buchen- und Fichtensplintholz wurden nach dem DIN-Verfahren 52 176 mit den Tränklösungen:

Chromarsenat (Na_2HAsO_4, $K_2Cr_2O_7$)
1,0 und 0,5%ig
Thanalith U (Na_2HAsO_4, $K_2Cr_2O_7$, NaF, Dinitrophenol)
1,5; 1,0 und 0,5%ig
Thanalith (As_2O_3, NaF, Dinitrophenol)
1,0 und 0,5%ig

imprägniert und ihr Verhalten gegenüber Scop. brev. in Anlehnung an das Klötzchen-Prüfverfahren von Holzschutzmitteln untersucht.

Das entstehende Arsin wurde in salzsaurer Quecksilber(II)-chlorid-Lösung aufgefangen und das Arsen aus der abgeschiedenen Additionsverbindung $(CH_3)_3As \cdot 2\,HgCl_2$ analytisch bestimmt. Analytisch nicht erfaßbare Arsenmengen konnten mit Hilfe der Geruchsprobe (knoblauchartiger Geruch) nachgewiesen werden. Dieser sogen. biologische Arsen-Nachweis dient als qualitativer Nachweis für Arsenmengen bis zu 1 γAs.

Die Klötzchenversuche zeigten, daß bei 1%iger Chromarsenat-Lösung als Tränklösung noch Pilzwachstum vom Pilzboden her über die Glasbänke auf dem imprägnierten Holz und damit verbunden eine Entwicklung des giftigen Trimethylarsins zu beobachten war. Die Voraussetzungen für ein gutes Pilzwachstum, nämlich große Feuchtigkeit, eine Mindesttemperatur von + 20 °C und ein kohlenhydrathaltiges Nährsubstrat müssen jedoch stets gegeben sein. Da bei einer 1%igen $CrAsO_4$-Lösung schon der Grenzwert an Na_2HAsO_4 für holzzerstörende Pilze und Holzschädlinge pro m^3 Holz überschritten wurde, lohnte es sich nicht, die Konzentration zu erhöhen und es erschien somit dieses Imprägniermittel für Innenausbauten als ungeeignet.

Das Buchen- und Fichtenholz verhielt sich bei den Versuchen ähnlich wie das Kiefernholz. Das Auftreten geringer Abweichungen war auf die verminderte Aufnahme an Imprägnierlösung zurückzuführen.

Beim Auftragen der Sporenaufschwemmung von Scop. brev. ohne jeglichen Nährboden auf das Holz beobachtete man bei Kiefernholz einen leichten Pilzbefall ohne Knoblauchgeruch, bei Buchenholz weder Pilzbefall noch Knoblauchgeruch und bei Fichtenholz infolge der geringeren Aufnahme an Schutzsalz bei gleicher Konzentration der Imprägnierlösung Pilzbefall und Knoblauchgeruch.

Thanalith U zeigte auf Grund der starken Fixierung dieses UA-Salzes im Holz kaum Auslaugung des Tränkmittels durch die über die Glasbänke herangewachsenen und zum Teil das imprägnierte Holz überziehenden Pilzhyphen. Jedoch kam es bei Anwendung von 0,5%iger Tränklösung sogar zur Trimetylarsin-Entwicklung. Nur die mit 1,5%iger Lösung imprägnierten Hölzer blieben frei von Pilzbefall und Knoblauchgeruch.

Die mit Sporenaufschwemmung beimpften imprägnierten Hölzer verhielten sich ebenso wie die der Klötzchen-Versuche.

Die mit Thanalith-Lösung getränkten Hölzer unterlagen einer starken Auslaugung, da die Arsenige Säure nicht im Holz fixiert wird. Das dreiwertige Arsen gelangte dadurch auf den Pilzboden, wo eine relativ starke Arsin-Entwicklung einsetzte.

Das Beimpfen der mit Thanalith-Lösung getränkten Hölzer mit Sporenaufschwemmung fiel negativ aus. Das Auskeimen der Pilzsporen wurde wahrscheinlich durch den hohen Natriumfluorid-Gehalt des Imprägniermittels verhindert.

Um das Verhalten von Scop. brev. gegenüber stark fungiziden Stoffen wie NaF und $HgCl_2$ zu untersuchen, wurden die Nährböden und die voll ausgereiften Pilzböden mit verschiedenen Mengen an NaF und $HgCl_2$ versetzt.

Natriumfluorid verhinderte bei 1%iger Vergiftung des Nährbodens völlig das Auskeimen der Sporen. Geringere Konzentrationen führten nur eine Wachstumshemmung herbei. Sobald jedoch Pilzmycel entstanden war, war es fähig, aus Arsen-Verbindungen, d. h. Na_2HAsO_4 und As_2O_3, Trimethylarsin zu produzieren.

Auf voll ausgereiften Pilzböden bewirkte ein Zusatz von NaF-Lösung jedoch nur eine Hemmung der Trimethylarsin-Entwicklung, besonders nach Zugabe von fünfwertigem Arsen in Form von Na_2HAsO_4.

Zur Vergiftung der Nährböden mit Quecksilberchlorid genügten 0,005 % $HgCl_2$, um jegliches Pilzwachstum zu vermeiden.

Bei voll ausgereiften Pilzböden reichte erst eine 0,2%ige Vergiftung an $HgCl_2$ aus, um die Entwicklung von Arsin bei Anwesenheit von Na_2HAsO_4, jedoch nicht bei As_2O_3, zu unterbinden.

Die fungizide Wirkung von Quecksilber(II)-chlorid wurde noch durch Komplexbildung mit Natriumchlorid verstärkt, wodurch eine 0,2%ige $HgCl_2$-Vergiftung (+ 50 % NaCl) auch bei Zusatz von As_2O_3 kein $(CH_3)_3As$ entstehen ließ.

Die Meinungen über die Zusammensetzung des durch Scop. brev. bei Anwesenheit von anorganischen Arsen-Verbindungen entstehenden Arsins widersprachen sich. Um die widersprechenden Angaben über das vom Pilz produzierte Arsinprodukt zu klären, sollte mit Hilfe von IR- und Röntgenaufnahmen eine Entscheidung getroffen werden.

Die spektroskopischen Aufnahmen der Quecksilberchlorid-Additionsverbindungen von synthetisch hergestelltem Trimethylarsin und der des Pilzgases, das durch Zugabe von Na_2HAsO_4 und auch As_2O_3 entwickelt worden war, waren identisch, so daß die Entscheidung zugunsten der Auffassung von F. Challenger ausfiel, der mit Hilfe von Mischschmelzpunktbestimmungen Trimethylarsin festgestellt hatte.

Arthur Simon

Philologisch-historische Klasse

Althochdeutsches Wörterbuch

Der letzte Bericht über die Arbeit am Althochdeutschen Wörterbuch, der sich über neun Jahre erstreckte, war bestimmt durch den mit dem Ende des Krieges und mit dem Übergang unsres Forschungsauftrages an die Sächsische Akademie der Wissenschaften zu Leipzig bedingten Neuaufbau. Die während der Kriegsjahre auf drei zusammengeschmolzene Zahl der Mitarbeiter war wieder auf acht angewachsen, vor allem aber hatte der Druck des Werkes begonnen, und wir hatten das Erscheinen von bereits acht Lieferungen melden können. Von solchen sichtbar in die Augen fallenden Fortschritten kann diesmal nicht berichtet werden, wohl aber von einem nicht minder intensiven und ständigen Fortgang des Begonnenen.

Im Mittelpunkt unsrer Arbeit stand auch diesmal die Herausgabe des Druckes, für die nicht nur die Manuskripte noch einmal überprüft und dem Ganzen eingepaßt, die Verweise vervollständigt und in die alphabetische Ordnung eingefügt, sondern vor allem auch die mühsamen und zeitraubenden Korrekturen gelesen werden müssen. Es war möglich, in jedem Jahr eine Lieferung herauszubringen: 1957 Lfg. 9 (Sp. 593–672, *ânu–asc)*, 1958 Lfg. 10 (Sp. 673–752, *asc–âuuerf)*, 1959 Lfg. 11 (Sp. 753–824, *âuuerfîg–irbarôn)*. Der 11. Lieferung, mit der der Buchstabe A abgeschlossen ist, wurde eine vorläufige Ergänzung des Abkürzungsverzeichnisses (S. I–III) beigegeben, die diesem in der endgültigen Fassung des Vorwortes zum ersten Band eingearbeitet werden soll.

Parallel neben der Veröffentlichung läuft die Sorge für die Vorbereitung neuer Lieferungen. Es galt, zunächst den Buchstaben B aufzufüllen und die Lücken zu schließen, die unsre Arbeit nach Wortsippen gelassen hat. Nachdem das erreicht war, ist das gleiche für das D (Th) in Angriff genommen und bereits weitgehend gefördert worden. Einschließlich der ausgearbeiteten Eigennamen, deren Veröffentlichung einem besonderen Band zugedacht ist, sind damit 900 (899) neue Manuskripte hergestellt worden. Dazu kommen noch die syntaktischen Neubearbeitungen der materialreichen Kleinwörtchen, des *bi* (noch in Arbeit), der Konjunktion *thaz* als einem ersten Ausschnitt aus dem demonstrativen *ther*, zuzüglich des *avur* in Lfg. 10, des *az* in Lfg. 11. Die Ergebnisse des *thaz* sind inzwischen in den Berichten über die Verhandlungen der Sächsischen Akademie der Wissenschaften zu Leipzig, Phil.-hist. Kl. Bd 103, Heft 6, 1958, erschienen (‚Die Entstehung der deutschen daß-Sätze') und unter dem gleichen Titel als Beitrag zur Festschrift für Leo Weisgerber (S. 167–175) in kurz zusammenfassender Form noch einmal bekannt gegeben worden. Vorarbeit hat auch das für die Neuauflage der Germania Romana von Theod. Frings geplante Register geleistet, indem für die etwa 300 im Text vorkommenden althochdeutschen Vokabeln Ansatz und Formenbestand aufgenommen und die Bedeutung im Umriß festgelegt worden ist, so daß die spätere Ausarbeitung nur noch eine kleine Mühe sein wird.

Das dritte Gebiet, dessen Förderung uns obliegt, ist das Bereitstellen der für uns nötigen Literatur. Für diesen Zweck wurden die von der Unesco herausgegebene Bibliographie linguistique der Jahrgänge 1952–1955 titelmäßig ausgezogen, die wichtigsten germanistischen und sprachwissenschaftlichen Zeitschriften, so weit sie uns zugänglich waren, abgelesen und ältere und neue Abhandlungen (z. B. Betz, Bischoff, Kaspers, Oksaar, E. Rooth, Wißmann u. a.) für die Wort- und Sachkartei verzettelt. Wir bekommen auf diese Weise allmählich ein wirklich brauchbares Hilfsmittel, das uns Zugang verschafft zu bereits geleisteten Untersuchungen, die wir damit für unser Wörterbuch auswerten können. Außerdem mußte für eine umfangreichere Sammlung von Sonderabzügen, die dem Wörterbuch geschenkt worden ist, ein Verfasser- und Stichwortverzeichnis angelegt werden.

Mit dem Jahr 1958 konnten auch die ‚Berichte aus der Werkstatt des Althochdeutschen Wörterbuches' in den Beiträgen zur Geschichte der deutschen Sprache und Literatur, die seit zehn Jahren ins Stocken geraten waren, wieder aufgenommen werden. Es war uns vor allem darum zu tun, die vielfachen Ergebnisse der Arbeit an den syntaktischen Untersuchungen der Kleinwörtchen, die im Rahmen eines Wörterbuchartikels nicht unterzubringen sind, der wissenschaftlichen Welt zugänglich zu machen. So wurde in Band 80 der Beiträge über Wortgeschichte und Syntax von ahd. *also*, in Band 81 über *avur* berichtet. Mehrfach konnten strittige Fragen zur Bedeutung einzelner Vollwörter (*gebâren, baneken, billi* im Hildebrandslied) zur Diskussion gestellt und die im Wörterbuch vorzunehmende Entscheidung eingehend begründet werden. Eine Zuordnung von 14 hochdeutschen und niederdeutschen Glossen, deren Textgrundlage bisher unbekannt war, zum Pentateuch-Prolog des Hieronymus und zum 55. Psalm der Wachtendonck'schen Psalmen bildet den Schluß dieser ersten Ergänzung unsrer Werkstattberichte. Ihre Reihe soll laufend fortgesetzt werden. Material und Einblick in die Bedeutungsentwicklung des ahd. *thing* sind, dem Wörterbuch vorgreifend, in einem Bericht über die Verhandlungen der Sächsischen Akademie der Wissenschaften, Phil.-hist. Kl. Bd. 104, Heft 2, dem Benützer vollständig vorgelegt worden. Auch noch auf andre Weise haben wir versucht, das langsame Vorrücken des Druckes ein wenig auszugleichen und unser Material ernster Forschung zur Verfügung zu stellen, indem wir in bestimmten Grenzen auf Fragen, die uns aus aller Welt zugegangen sind, Auskunft gegeben haben. Meist waren es Ergänzungen und Berichtigungen zu den Angaben des Graff, Unterlagen zu den Artikeln des Deutschen Wörterbuches, kleine Probleme der Wortbildung, zuweilen aber auch Fragen nach schwer deutbaren Formen etymologisch dunkler Wörter, mit denen sich schon jetzt auseinanderzusetzen uns spätere Arbeit erspart. Allzu umfangreiche Forderungen von Wortmaterial zu Dissertationen mußten wir freilich ablehnen und den Bittstellern nahelegen, sich das Gewünschte selbst bei uns zusammenzusuchen, was auch verschiedentlich getan worden ist.

Elisabeth Karg-Gasterstädt

Altnordisches Wörterbuch

1. *Abschluß der Exzerpierungsarbeit*

In den Jahren der Berichtsperiode wurde die Sammlung des lexikalischen Materials fortgeführt. Bearbeitet wurden die wichtigsten Konungasögur, ausgewählte Fornaldarsögur, die beiden bedeutenden Heldenromane des Nordens, Völsungasaga und Piðrekssaga, sowie die Prosateile der Poetik von Snorri Sturluson, der sog. Snorra-Edda. Ferner wurde das Wortmaterial der für die historische, kultur- und literarhistorische Forschung wichtigen zeitgenössischen Quellen des 12. und 13. Jahrhunderts aufgenommen: der umfangreichen Sturlungasaga sowie der wichtigsten Biskupasögur. Dabei zeigte es sich, daß die Sturlungasaga besonders wertvolle Aufschlüsse gibt über den isländischen Wortschatz und Stil im 12. und 13. Jahrhundert. Sie hat die Materialsammlung um zahlreiche in der sonstigen Literatur selten verwendete Wörter und Redewendungen bereichert, die von den vorhandenen Wörterbüchern vielfach nicht berücksichtigt worden sind.

Nachdem gegen Ende des Jahres 1958 diese Arbeiten im wesentlichen abgeschlossen waren, wurde noch die historisch bedeutsame Sverrissaga bearbeitet, die ebenfalls viel seltenes Wortmaterial lieferte. Die Zahl der Perikopen betrug am Ende der Exzerpierungsarbeit 78 750.

2. *Arbeitsbesprechungen zur Artikelausarbeitung, Prinzipien und Verfahrensweise*

Im Dezember 1958 wurde mit der Ausarbeitung der Probeartikel begonnen. Bedauerlicherweise erlitten die Arbeiten gerade zu diesem Zeitpunkt vorübergehend einen Rückschlag durch das unerwartete Ausscheiden eines älteren Mitarbeiters. Für ihn wurde zunächst eine Aushilfskraft eingestellt, bis dann eine neue ständige Kraft eingearbeitet werden konnte.

Auf der Grundlage der Probeartikel wurden in zahlreichen Arbeitsbesprechungen vorläufige Richtlinien für die Artikelbearbeitungen festgelegt. Es waren dabei besonders folgende Gesichtspunkte zu beachten.

Es galt, einen Weg zu finden, der das schnellstmögliche Voranschreiten der Arbeiten gewährleistete. Dabei mußte berücksichtigt werden, daß es sich bei den jetzigen Mitarbeitern mit einer Ausnahme um jüngere Kräfte handelt, die erst gegen Ende oder sogar erst nach Abschluß der Exzerpierungsarbeiten eingestellt worden sind. Eine laufende Kontrolle der Artikelentwürfe mußte daher wenigstens für die nächste Zeit eingeplant werden.

Grundlage der Artikelausarbeitung soll das eigene gesammelte Material sein. Weil aber das Wörterbuch den Wortschatz der Íslendinga- und Konungasögur möglichst vollständig wiedergeben soll, aus Zeitgründen jedoch von der zweiten Sagagruppe nur die wichtigsten und im Studienbetrieb am häufigsten benutzten Werke exzerpiert werden konnten, muß unser Zettelmaterial mit Hilfe der anderen Wörterbücher im Laufe der Ausarbeitungen ständig ergänzt werden. Besonders die Lexika von Cleasby-Vigfússon und Fritzner leisten hierzu gute Dienste, da sie für die meisten Zitate die Textstelle angeben. Es stellte sich jedoch heraus, daß ein beträchtlicher Prozentsatz der in ihnen enthaltenen Hinweise und Angaben falsch ist, und machte eine ständige Nachprüfung erforderlich. Es kam hinzu, daß viele der den alten Ausgaben entnommenen Textstellen in den jetzt benutzten Ausgaben einen anderen Wortlaut bieten. Häufig sind die Sagas im vorigen Jahrhundert nach Handschriften herausgegeben worden, deren geringer textgeschichtlicher Wert inzwischen von der Forschung erkannt worden ist. Diese Beobachtungen konnten uns nur in dem Entschluß bestärken, in unser Wörterbuch keine Stellenangaben aufzunehmen. Zugleich lieferten sie den Beweis dafür, daß es wissenschaftlich nicht vertretbar ist, ein neues Wörterbuch durch Übersetzung eines älteren oder durch Zusammenarbeiten mehrerer vorhandener Wörterbücher zu schaffen. Ein solches Verfahren würde dazu führen, daß Irrtümer, Ungenauigkeiten und Fehler übernommen und über ein Jahrhundert fortgeschleppt würden.

Um ein Einfließen von Fehlern bei der gelegentlichen Benutzung älterer Wörterbücher zu vermeiden, wurde grundsätzlich festgelegt, ihr Wortmaterial nur dann zu verwerten, wenn es jeweils am Text geprüft und mit den modernen Ausgaben verglichen werden kann.

Für unsere Zwecke können uns die vorhandenen Wörterbücher wohl Anregungen geben, jedoch nicht als direktes Vorbild dienen. Das neue Altnordische Wörterbuch soll vor allem hinsichtlich der Verbindungen von Verb und Präposition vollständiger sein als die vorhandenen Lexika. Aus raumtechnischen Gründen (das Wörterbuch ist als einbändiges Werk für die Hand des Studenten geplant) sind wir gezwungen, jede überflüssige Ansetzung zu vermeiden und nur solche Belege aufzunehmen, die der Verdeutlichung oder der Nuancierung der Bedeutungen dienen. Aus demselben Grunde soll Doppelansetzung von Redewendungen möglichst vermieden werden. Redewendungen werden unter das den Sinn tragende Lemma gestellt, nötigenfalls werden Verweise angebracht, deren Zahl jedoch gleichfalls tunlichst zu beschränken ist.

Eine unerläßliche Forderung an ein hauptsächlich für den Studienbetrieb bestimmtes Wörterbuch ist Übersichtlichkeit der Artikel. Zu diesem Zwecke sollen umfangreiche Artikel, wie die von gewissen Verben oder Präpositionen, so weit wie möglich entlastet und Redewendungen nur dann in sie aufgenommen werden, wenn sie zur Veranschaulichung der angesetzten Bedeutung unerläßlich sind oder unter keinem anderen Lemma aufgenommen werden können.

3. *Die Arbeit an den Artikeln*

Auf Grund der Arbeitsbesprechungen und der Kritik der Probeartikel wurde Anfang des Jahres 1959 die Ausarbeitung der Artikel in Angriff genommen. Es wurde eine Arbeitsordnung für alle Mitarbeiter aufgestellt, die den gleichmäßigen Fortgang der Arbeiten bei Berücksichtigung der notwendigen Kontrollen und der Klärung schwieriger Einzelfälle sichert. Das Material wird gemäß der Erfahrung und dem Leistungsvermögen der einzelnen Mitarbeiter an sie verteilt. Lemmata, bei denen mit größeren Schwierigkeiten zu rechnen ist, werden hauptsächlich von dem Oberassistenten und der Assistentin bearbeitet.

Von jedem Lemma wird ein Artikelentwurf angefertigt und dem Oberassistenten zur Durchsicht vorgelegt; die vorkorrigierten Entwürfe gehen dem Leiter der Arbeiten zu. Die von diesem vermerkten Verbesserungen werden in einer erneuten Besprechung des Oberassistenten mit dem jeweiligen Bearbeiter in die Artikel eingearbeitet und strittige Stellen nochmals überprüft. Noch offen bleibende Fragen – besonders auch solche methodischer Art – werden in den wöchentlich oder alle zwei Wochen stattfindenden Arbeitsbesprechungen geklärt und danach die Artikel endgültig fertiggestellt.

Auf diese Weise wurden bisher die Artikel zu den Buchstaben A bis E vollständig ausgearbeitet; die Artikel unter F werden in Kürze ebenfalls fertiggestellt sein.

Walter Baetke

Neuausgabe des Chariton-Romans

Die Formulierung des griechischen Textes wurde für die Drucklegung endgültig fertiggestellt, wobei die Folio-Seiten des Codex Florentinus sowie die entsprechenden Seitenzahlen der Hercher'schen Ausgabe jeweils an den Rändern vermerkt wurden. Des weiteren wurde die Ausarbeitung der Anmerkungen unter der Übersetzung, die vornehmlich der sachlichen Erklärung dienen, abgeschlossen. Bei einer letzten sorgfältigen Analyse des Zusammenhanges der Erzählung ergab sich die Feststellung mehrerer Lücken in unserer Florentiner Überlieferung, auf die man bislang noch nicht gestoßen war. Die Sammlung der Similia und Parallelen, die unter den griechischen Text zu stehen kommen, wurde zu Ende geführt. Eine Spezialuntersuchung über ‚Chariton und die Geschichte', die anläßlich der Tagung der Althistoriker in Altenburg im Herbst 1959 fertiggestellt wurde, verdeutlicht den Wert des Chariton-Romans für die geschichtliche Forschung. Sie wird in einem Protokollband, der die Vorträge dieser Tagung umfaßt, im Oktober 1961 erscheinen. Die wichtigsten Ergebnisse konnten der Neuausgabe noch dienstbar gemacht werden. Nachdem die Akademie den Druck des ersten Teiles – und gleichzeitig auch in großzügiger Weise denjenigen des zweiten – genehmigt hatte, konnte im Frühjahr 1959 bereits ein Probedruck einiger Seiten von Text und Übersetzung nebst Apparaten, der für die Druckgestaltung des Ganzen maßgebend war, vorgenommen werden. Die Zahl der Lichtdrucktafeln wurde durch das Entgegenkommen der Akademie von mir auf sechs erhöht, um die Deutung der spätgriechischen Schriftzeichen, die sich auf Fol. 64 Recto und Fol. 74 Recto des Codex Florentinus finden, für eine Spezialuntersuchung, die Herr Professor Franz Dölger, München, in dankenswerter Weise in Gestalt eines Exkurses beigesteuert hat, sichtbar zu machen. Es sei hervorgehoben, daß der Deutungsversuch der Schriftzüge auf Fol. 64 Recto, den Warren E. Blake in seiner Ausgabe Oxford 1938, S. 90 vorgelegt hat, nicht überzeugend schien und ein solcher die Schriftzüge von Fol. 74 Recto noch gar nicht unternommen worden ist. Es muß mit Dank hervorgehoben werden, daß die Biblioteca Medicea-Laurenziana zu Florenz die Genehmigung zur Veröffentlichung auch dieser Seiten des Codex erteilt hat.

Um den geographischen Bereich des gesamten Geschehens unseres Romans zu veranschaulichen, wurde eine Landkarte entworfen. Für die zeichnerische Gestaltung bin ich Herrn Dr. Gottfried Härtel, Assistent am Institut für Alte Geschichte an der Karl-Marx-Universität Leipzig, zu Dank verpflichtet.

Eine Liste der poetischen und – wesentlich weniger – prosaischen Zitate, die von der Belesenheit des Autors eine Vorstellung erwecken soll, wurde dem Band beigegeben. Desgleichen wurde ein eingehendes Verzeichnis aller Eigennamen ausgearbeitet, das den Inhalt der gesamten Erzählung nach den verschiedensten Gesichtspunkten erschließen soll. Es bildet den Abschluß des ersten Teils.

Die Einreichung des Manuskriptes des ersten Teils an den Akademie-Verlag erfolgte Anfang September 1959. Seitdem wird der Druck vorbereitet. Mit der Fertigstellung der ersten Fahnen ist zu Beginn des Jahres 1960 zu rechnen. Es steht zu hoffen, daß dieser erste Teil Ende des Jahres 1961 der Öffentlichkeit übergeben werden kann.

Prof. Dr. Franz Zimmermann

Arbeiten an der Erschließung der Handschriftenbestände in der Hauptabteilung des Archivs der Franckeschen Stiftungen

1. *Listenmäßige Erfassung des Bestandes*

Es wurde eine alphabetische Liste der Korrespondenten und Autoren anderer Handschriften aufgestellt. Diese über 6450 Namen umfassende Liste zeigt die außerordentliche Bedeutung des Archivmaterials sowohl in bezug auf den Personenkreis als auch auf die räumliche Verteilung. Um zunächst von letzterem eine Vorstellung zu vermitteln, weise ich darauf hin, daß außer den verschiedensten Gegenden des alten Deutschen Reiches fast alle Länder Europas vertreten sind: Rußland (vgl. die Arbeiten von Eduard Winter), die nordischen Länder, Dänemark und England im Zusammenhang mit der Mission, aber auch Frankreich, Italien, die Schweiz, Ungarn, Siebenbürgen, an außereuropäischen Ländern die Türkei und Indien mit der Tranquebar-Mission, auch Amerika (Philadelphia). Unter den Korrespondenten finden wir natürlich in erster Linie Theologen vom Konsistorialrat bis zum Landpfarrer und Studenten der Theologie, daneben aber auch Mediziner, Juristen, Stadtschreiber, Vertreter der verschiedensten bürgerlichen Berufe: es begegnet ein Großkaufmann aus Italien, daneben finden wir den Apotheker, Buchdrucker, Schuster, Fischer, Türmer, Schafhirt, um nur einige herauszugreifen. Kaiser und Könige sind vertreten, und die Duodezfürsten von Stolberg und Reuß fehlen nicht; Angehörige verschiedener Armeen vom Generalmajor bis zum einfachen Soldaten, endlich schwärmerisch veranlagte Frauen so gut wie würdige Äbtissinnen. Zeitlich gehört der bei weitem größte Teil dem 17. und 18. Jahrhundert an; doch ist auch das 16. mit Melanchthonbriefen und Kopien nach Luther und Reuchlin vertreten, das 19. u. a. mit einem Briefwechsel zwischen Goethe und dem Mineralogen Keferstein.

2. *Erweiterung der Kartei*

Eine Reihe von Handschriften-Konvoluten war bisher nur pauschal verkartet; das gilt vor allem für die 36 Bände des Callenbergschen Institutum Judaicum, die sehr viel briefliches Material enthalten. Dieses wurde im einzelnen aufgeschlüsselt, wodurch die Kartei um einige tausend Karten vermehrt wurde.

3. *Kurzbiographien*

Die von Herrn Sieber für die Buchstaben A bis E begonnene Erstellung von Kurzbiographien wurde fortgesetzt, und zwar wurden zunächst die Namen mit den Anfangsbuchstaben F bis Z, an Zahl etwa 5080, durchgearbeitet, soweit sie in der Allgemeinen Deutschen Biographie verzeichnet sind. Danach wurden für den ersten Teil, Buchstabe A bis E – etwa 1370 Namen – die infolge der oben erwähnten Erweiterung der Kartei hinzukommenden Kurzbiographien der wichtigsten Briefschreiber, wiederum in der Hauptsache nach der Allgemeinen Deutschen Biographie eingearbeitet. Weiterhin wurde eine Übersicht über die umfangreiche neben der Allgemeinen Deutschen Biographie in Frage kommende biographische Literatur erarbeitet; neben allgemeinen lexikalischen Werken wurden spezielle Arbeiten für die wichtigsten Bildungszentren erfaßt und nach den Ortsnamen alphabetisch geordnet. Die weitere Bearbeitung von Kurzbiographien auf Grund der so erschlossenen Literatur wurde in Angriff genommen.

4. *Berichtigungen und Ergänzungen*

Bei allen diesen Arbeiten konnten Lücken und Irrtümer sowohl in den Namen als auch in den Angaben über den Beruf der Briefschreiber oder der Adressaten bzw. über Ort und Zeit der einzelnen Schriftstücke festgestellt und bereinigt werden.

Dr. Wilhelm Schäfer

Meine Mitwirkung vom 15. 10. 1957 bis 31. 12. 1958 bezog sich auf zwei Vorhaben:

I. Meine Mitarbeit an dem Verzeichnis aller vorhandenen Handschriften und Handschriftenstücke. Es sollte der gesamte Bestand erfaßt werden, um ihn der Geschichtsforschung im einzelnen bekanntzumachen. Jeder Brief, jedes Tagebuch, jede Predigt usw. sollte mit genauer Angabe der Signatur, des Verfassers, des Datums, des Abfassungsortes und bei Briefen des Empfängers in diesem alphabetisch nach Verfassern angelegten Verzeichnis aufgeführt werden; ferner sollten unter jedem Namen (bzw. Sachstichwort) Verweise zu finden sein, wo er als Mitverfasser, Adressat oder dergleichen noch auftaucht oder wo biographische Notizen über ihn zu finden sind. Begonnen wurde dabei mit der Haupt- oder auch Europa-Abteilung genannt, die im wesentlichen den Bestand der ehemaligen Hauptbibliothek der Franckeschen Stiftungen umfaßt und wertvollstes Material besonders aus der Zeit der Entstehung und der Blüte der Franckeschen Stiftungen enthält, das nicht nur über den halleschen Pietismus, sondern über das Europa des 17. und 18. Jahrhunderts überhaupt manchen äußerst wertvollen Aufschluß geben könnte. Bei meinem Eintritt in die Arbeit war die Aufnahme dieser Abteilung in ca. 40000 Karteikarten nahezu abgeschlossen und auch die Verweiskarten sind inzwischen zur Hälfte fertiggestellt. Meine Mitarbeit bezog sich nun darauf, bei der Druckvorbereitung dieses ersten Teiles des genannten Verzeichnisses behilflich zu sein. So wurden diese rund 40000 Karteikarten zunächst erst einmal von mir in eine alphabetische und innerhalb derselben in eine chronologische Ordnung gebracht. Ferner wurden die als erste Lieferung vorgesehenen Buchstaben A–E, die ca. 1150 Autoren und etwa 5000 Karteikarten umfassen, bis auf die Verweise und einige Nachträge druckfertig gemacht. Ich hatte einen ersten Vergleich der Karteikarten mit den Handschriften vorzunehmen, wobei manche anonyme Schriften identifiziert und viele schwer leserliche Namen und Daten entziffert werden konnten. Meine Hauptarbeit bestand jedoch in der Ermittlung biographischer und bibliographischer Nachrichten über diese 1150 Verfasser, wodurch ebenfalls noch eine große Anzahl von Fragezeichen beseitigt werden konnte. Hierzu wurden außer den üblichen biographischen Nachschlagewerken wie Allgemeine Deutsche Biographie, Jöcher, Adelung und Meusel besonders zeitgenössische und spätere Ausgaben von Pfarrerbüchern und -verzeichnissen, Schriftstellerlexika einzelner Fürstentümer und Disziplinen, Leichenpredigtsammlungen sowie Bildnissammlungen und -kataloge herangezogen. Das ergab, daß für rund 40% dieser Namen teils mehr, teils weniger biographische Nachrichten gesammelt werden konnten. Für die restlichen 60% würde eine geplante, aber nicht mehr zur Ausführung gekommene Durcharbeitung von Bürger- und Adreßbüchern der in Frage kommenden Städte sicher noch manches Material liefern.

II. Meine Mitarbeit an der Ausgabe des Briefwechsels Heinrich Melchior Mühlenbergs. Als erste größere Veröffentlichung war die Herausgabe der den wesentlichen Bestand der Abteilung IV der Missionsabteilung ausmachenden Korrespondenz des Begründers der deutschen evangelisch-lutherischen Mission in Nordamerika, Heinrich Melchior Mühlenberg, mit dem damaligen Direktor der Franckeschen Stiftungen, Gotthilf August Francke, geplant. Dieses ca. 3000 Schreibmaschinenseiten umfassende Manuskript aus den Jahren 1741–1787 wurde von mir nach einer genauen Durchsicht in die chronologische Ordnung gebracht, in der es zum Abdruck gelangen sollte, und etwa zwei Drittel des gesamten Materials nahezu druckfertig gemacht. Die zahlreichen im mir vorgelegenen Schreibmaschinenmanuskript gar nicht oder falsch datierten Briefe sowie die oft fehlenden Namen der Absender oder Empfänger konnte ich durch Heranziehung von anderen zeitgenössischen Archivalien des Archivs und Drucken in den meisten Fällen genau und in einigen Fällen annähernd bestimmen; die zahllosen schwer leserlichen Stellen, die in dem Schreibmaschinenmanuskript entweder ausgelassen oder falsch abgeschrieben waren, konnte ich durch genaueres Einlesen in die betreffenden Handschriften in fast allen Fällen einwandfrei auflösen; ferner oblag mir die Aufgabe, eventuelle frühere Drucke der vorliegenden Briefe festzustellen und ein Register über die in ihnen enthaltenen Orts- und Personennamen anzulegen. Meine Hauptaufgabe bestand dann aber darin, den völlig ohne jedes System abgeschriebenen Text nach den im Korrespondenzblatt des Gesamtvereins deutscher Geschichts- und Altertumsvereine 78, 1930, Sp. 37–45, veröffentlichten „Grundsätzen für die äußere Textgestaltung bei der Herausgabe von Quellen zur neueren Geschichte" in eine Form zu bringen, in der eine Veröffentlichung überhaupt erst möglich gewesen wäre. Das ist für den Zeitraum von 1741–1764, der wie gesagt etwa zwei Drittel des gesamten Materials umfaßt, vollständig geschehen.

Dipl. Theol. Rolf Sieber

Paläographisches Wörterbuch der chinesischen Sprache

Am 2. April 1958 starb Prof. Dr. Eduard E r k e s. Unter seiner Leitung wurde von der Sächsischen Akademie der Wissenschaften zu Leipzig die Herausgabe eines paläographischen Wörterbuches des Chinesischen vorbereitet. Nach dem Tode des Leiters dieses Unternehmens wurde die Arbeit noch bis Ende Februar 1959 weitergeführt und dann an die

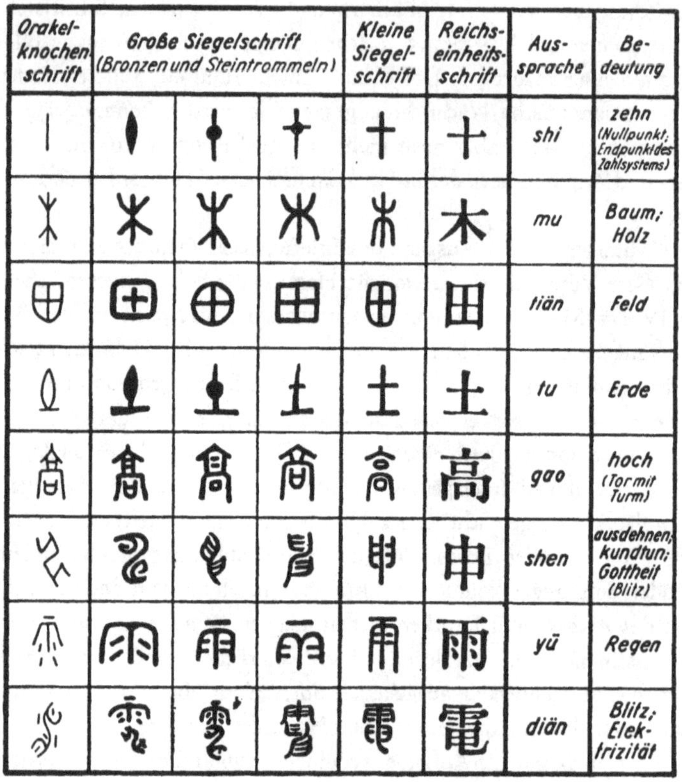

Darstellung nach dem Paläographischen Wörterbuch
von Prof. Dr. Eduard Erkes

Deutsche Akademie der Wissenschaften zu Berlin überwiesen, weil in der Sächsischen Akademie für das Fach Sinologie kein Vertreter mehr da ist. Über die Bedeutung der chinesischen Paläographie und über die am Paläographischen Wörterbuch des Chinesischen durchgeführten Arbeiten soll hier ein abschließender Bericht vorgelegt werden.

Die Beschäftigung mit der chinesischen Paläographie ist ein besonders in Leipzig gepflegtes Gebiet der Sinologie. 1878 war Georg von der Gabelentz auf den neugegründeten Lehrstuhl für ostasiatische Sprachen an der Universität Leipzig berufen worden. Er hatte in seiner Chinesischen Grammatik (1881, Neudruck 1953, Deutscher Verlag der Wissenschaften, Berlin), der ersten im Weltmaßstab, auch einen Abschnitt über die Schriftlehre aufgenommen. Hier hatte er zur chinesischen Schrift grundsätzliche Auffassungen geäußert, die sich kurz folgendermaßen beschreiben lassen. Die chinesische Schrift ist eine Wortschrift oder Begriffsschrift. Das heißt, jedes Zeichen gibt den Begriff eines Wortes wieder. Es ist ein Begriffszeichen oder Ideogramm. Dieses Zeichen ist verständlich, gleichgültig wie es in den verschiedenen Provinzen Chinas oder in Japan und anderen Ländern ausgesprochen wird. Ja, auch ohne Kenntnis der Aussprache gibt das Schriftzeichen eindeutig und klar die Bedeutung des Wortes wieder. Diese grundsätzliche Erkenntnis, die auf älteste chinesische Auffassungen zurückgeht, ist der traditionelle Ausgangspunkt aller Leipziger Studien zur chinesischen Paläographie geworden.

Die chinesische Paläographie ist nicht ausschließlich eine Beschäftigung mit alten Schriftformen, sondern auch eine schriftgeschichtliche Deutung der modernen Zeichen.

Die schriftgeschichtlichen Entwicklungsstufen der chinesischen Schrift sind:

1. Orakelknochenschrift, etwa 1500–1100 v. Chr.
2. Große Siegelschrift, etwa 1100–200 v. Chr.
3. Kleine Siegelschrift, um 200 v. Chr.
4. Nationale Einheitsschrift, 200 v. Chr. bis zur Gegenwart.

Es sei hier bemerkt, daß infolge der Vorliebe des Chinesen für altertümliche schöne Formen auf bestimmten Gebieten bis in die Gegenwart noch immer auch ältere Schriftstufen in Gebrauch geblieben sind. So wird z. B. die Kleine Siegelschrift auch in der Gegenwart noch für Siegel, Firmenzeichen und kunstschriftliche Inschriften weiterbenutzt.

Die Orakelknochenschrift ist erst 1899 durch Ausgrabungen entdeckt worden. Vorgeschichtler und Archäologen erwarten, daß eine noch ältere Stufe der Schrift, die Hsia-Schrift, entdeckt wird, von der die chinesische Überlieferung berichtet.

Auch der Nachfolger Georgs von der Gabelentz auf dem Leipziger Lehrstuhl, August Conrady, beschäftigte sich mit der chinesischen Paläographie. Er suchte die Schriftzeichen im Zusammenhang mit völkerkundlichen Beobachtungen zu erklären. Er hatte erkannt, daß eine richtige Deutung der Schriftzeichen, insbesondere der alten, nur möglich sei, wenn man sie in Verbindung bringt mit den von den Völkerkundlern beobachteten Tatsachen aus dem wirklichen Leben des Volkes. Diese zusammenhängende Behandlung von chinesischer Paläographie und Völkerkunde wurde von Conradys Schüler Eduard Erkes methodisch und systematisch ausgebaut. Bei ihm war eine völkerkundliche Vorlesung über China und Asien gleichzeitig eine paläographische und die Vorlesung über chinesische Paläographie war gleichzeitig eine Einführung in die Völkerkunde. In dieser Vorlesung brachte er einen Querschnitt durch den nach den 214 Klassenzeichen geordneten Wortschatz. Jedes behandelte Schriftzeichen wurde mit seinen alten Formen und allen wichtigen Bedeutungen erläutert. Das Manuskript dieser paläographischen Vorlesung wurde dann zur Grundlage des „Paläographischen Wörterbuchs der chinesischen Sprache". Dessen Ausarbeitung und Vorbereitung zum Druck wurde von der Sächsischen Akademie der Wissenschaften übernommen.

Der sprachwissenschaftliche Standpunkt, von welchem aus die Leipziger Studien zur chinesischen Paläographie betrieben wurden, ist also folgender:

1. Die chinesische Schrift ist eine Begriffsschrift. Die Form des Zeichens und sein Bedeutungsinhalt hängen miteinander gesetzmäßig zusammen.
2. Das Zeichen ist zu erklären in Verbindung mit Tatsachen und Vorgängen der wirklichen Welt, wie sie aus Völkerkunde und Geschichte bekannt sind.
3. Die Erlernung der chinesischen Schrift ist zu erleichtern durch eine schriftgeschichtliche Erklärung der Zeichen. Hierbei ist nach und nach ein Überblick über den gesamten Wortschatz zu geben. Die ständige Anwendung dieser Unterrichtsmethode war eine Eigenart des Lehrvortrages von Prof. Erkes.

Diese Grundsätze und Methoden der paläographischen Forschung und Lehre haben in der Fachwelt Beachtung gefunden. Sie haben aber auch oft Widersprüche hervorgerufen. Die wichtigsten Gegenmeinungen sollen hier kurz erwähnt werden.

„Das Schriftzeichen ist eine willkürliche Vereinbarung für einen Laut oder eine Silbe. Die Forschung nach einem gesetzmäßigen Zusammenhang zwischen Form und Bedeutung, wie sie die Paläographen betreiben, ist wegen der Willkürlichkeit der Wahl der Zeichen zwecklos." Das ist die Ansicht der phonetischen Schule in der Sinologie.

„Die Sprache entwickelt sich in der geistigen Welt. Sie hat keinen inneren und gesetzmäßigen Zusammenhang mit der wirklichen Welt." So sagen die vom platonischen Idealismus beeinflußten sprachwissenschaftlichen Schulen.

„Ein Wort, oder wie man im Chinesischen sagen muß, ein Schriftzeichen, über mehrere Stufen der Entwicklung im Zusammenhang zu betrachten, muß abgelehnt werden, denn jede Stufe folgt eigenen Regeln, die mit der vorhergehenden oder mit der folgenden keinen Zusammenhang haben." Das ist die Auffassung der im Zeitalter des Imperialismus mächtig gewordenen Schule der Strukturalisten.

Die Auffassungen und Arbeitsmethoden der chinesischen Paläographie stehen in einem tiefen Gegensatz zu den eben geschilderten Meinungen, die sich alle leicht als dem philosophischen Idealismus verwandt nachweisen lassen. Es war notwendig, diese grundsätzlichen Betrachtungen anzustellen. Ohne sie kann man nicht zu einem richtigen Urteil kommen über die Angriffe, die häufig offen und versteckt gegen die Paläographie geführt werden und auch oft Entscheidungen beeinflussen, welche die paläographischen Arbeiten betreffen.

Es muß der Sächsischen Akademie der Wissenschaften hoch angerechnet werden, daß sie die paläographischen Arbeiten gefördert hat in kritischen Jahren der Auseinandersetzungen zwischen den sprachwissenschaftlichen Schulen, die dem philosophischen Idealismus hörig sind und den Schulen, die, wie die chinesische Paläographie, eine Verbindung suchen zwischen der Sprachwissenschaft des 19. Jahrhunderts und den vom dialektischen Materialismus übernommenen und weiterentwickelten Grundsätzen dieser klassischen Schule der deutschen Philosophie und Sprachforschung.

Das Paläographische Wörterbuch des Chinesischen soll für eine ausgewählte Anzahl von Schriftzeichen die wesentlichen Formen der oben erwähnten Entwicklungsstufen enthalten. Viele der Zeichen, die Prof. Erkes ausgewählt hat, sind wichtig für die Kultur des chinesischen Altertums. Ohne deren richtige Deutung ist es nicht möglich, ein wahrheitsgetreues Geschichtsbild der ältesten Zeiten Chinas zu gewinnen. Das sind z. B. die Namen der Götter, die Zeichen für Kulthandlungen und andere weltanschaulich und kulturgeschichtlich bedeutsame Wörter. Die Beschäftigung mit den hierher gehörenden Zeichen war ein von Prof. Erkes besonders gepflegtes Gebiet.

Das Wörterbuch hat zu jedem Zeichen zwei Teile. Einmal die auf Tafeln gezeichneten alten Formen und zweitens eine wissenschaftliche Erklärung der Bedeutungsentwicklung des Zeichens.

Die Formen der Schriftzeichen werden mehreren chinesischen und einem japanischen Wörterbuch entnommen. Das japanische ist das große Werk Ku chou pien von Takada Chushu, 1918. Die Zeichen der Orakelknochenschrift wurden einem Spezialwerk entnommen, dem Yin hsü wen tzǔ lei pien von Lo Chen-yü, 1923. In diesem chinesischen Werk werden viele der Orakelknochen entziffert und deren Bedeutung erklärt. Diese Erklärungen können aber nur kritisch verwertet werden.

Lo Chen-yü stand unter dem Einfluß westlicher idealistischer Sprachwissenschaft und hat versucht, in übertrieben einseitiger Weise die klassischen chinesischen Wörterbuchverfasser herabzusetzen. Vor allem kritisiert er vorurteilsvoll viele Erklärungen des grundlegenden Werkes der chinesischen Paläographie, des berühmten Shuo wen chie tzǔ von Hsü Shen, 121 n. Chr.

Bis in die jüngsten Veröffentlichungen hinein nimmt aber jeder Paläograph bei der Erklärung eines Schriftzeichens die Erklärung des Shuo wen als Grundlage. Prof. Erkes hatte erkannt, daß es nach der Entdeckung der Orakelknochenschrift und nach dem Aufschwung der archäologischen und völkerkundlichen Forschungen notwendig wurde, die Erklärung der Schriftzeichen neu zu untersuchen, und er hatte in dem Manuskript zum Wörterbuch und in seinen paläographischen Vorlesungen viele neue Deutungen vorgeschlagen.

Doch wurde die von Lo Chen-yü in die Schriftzeichendeutung eingeführte Überheblichkeit gegenüber den älteren klassischen Wörterbuchverfassern abgelehnt. Insbesondere hat die verächtliche Behandlung des Shuo wen zu fehlerhaften und übereilten Schlußfolgerungen geführt. Dieses Buch ist für die Paläographie besonders wertvoll. Erstens ist dieses klassische Werk chinesischer Philologie geschrieben im Geiste der altchinesischen Dialektik mit ihrer Erklärung der Welt als Kampf zwischen Yin und Yang, dem weiblichen und dem männlichen Prinzip. Durch diese weltanschauliche Einstellung des Verfassers ist die Erklärung der Zeichen auch für die moderne Dialektik höchst wichtig.

Es ist auch heute unmöglich, Erklärungen von chinesischen Schriftzeichen zu geben, ohne von diesem grundlegenden Werk auszugehen. Zur Klärung der hier beschriebenen Streitfragen in der chinesischen Paläographie wurde im Rahmen der Arbeiten am paläographischen Wörterbuch zu einem der umstrittensten Zeichen, dem Zeichen „Siegel" eine Monographie verfaßt: Martin Piasek, Form und Bedeutung des chinesischen Schriftzeichens „Siegel" und Betrachtungen zu den Versuchen, dieses Zeichen neu zu deuten.

In dieser Abhandlung werden die zu diesem Zeichen nach der Entdeckung der Orakelknochenschrift veröffentlichten Arbeiten untersucht. Die klassische und die neue Deutung werden vom sprachwissenschaftlichen und philosophischen Standpunkt aus beleuchtet. Es wird nachgewiesen, daß die Entdeckung der Orakelknochenschrift bei diesem Zeichen keineswegs dazu berechtigt, die älteren Deutungen zu verwerfen, und daß die neuen Deutungen tendenziös beeinflußt sind von zeitgebundenen sprachwissenschaftlichen Schulen, die unter dem Einfluß des philosophischen Idealismus stehen. Diese Abhandlung wurde nach Beendigung der Arbeiten bei der Sächsischen Akademie der Deutschen Akademie der Wissenschaften in Berlin zur Veröffentlichung übergeben.

Für die Behandlung der hier angedeuteten Streitfragen und für die Aussprache über paläographische Deutungen der chinesischen Schriftzeichen hatte Prof. Erkes am Ostasiatischen Unstitut der Karl-Marx-Universität das paläographische Seminar eingerichtet. In Referaten und Diskussionen wurden hier Schriftzeichen des paläographischen Wörterbuches behandelt und kritisch untersucht. So war hier eine ständige Verbindung zwischen Lehre und Forschung hergestellt. Hier erweiterte sich auch der Kreis der für die Paläographie in Betracht kommenden Hilfswissenschaften. Außer Völkerkunde und Kulturgeschichte wurden naturwissenschaftliche Gebiete herangezogen, wie Botanik, Zoologie und Medizin. Aus dieser Arbeit gingen auch Veröffentlichungen hervor, z. B. Gottfried Schramm, Schriftzeichenanalysen medizinischer Termini technici in der chinesischen Sprache, VEB Otto Harrassowitz Leipzig, 1958.

Das palöographische Wörterbuch enthält, nach den 214 Klassenzeichen der Normalschrift geordnet, den von Prof. Erkes ausgewählten Wortschatz. Die Zeichen der Kleinen Siegelschrift werden neben den Zeichen der Normalschrift als Hilfsmittel bei der Benutzung besonders herausgestellt. Die älteren Zeichen, also die der Großen Siegelschrift und der Orakelknochenschrift, sollen auf besonderen Tafeln mit allen wichtigen Abweichungen zusammengestellt werden. Die Erklärungen werden die innere Logik der Entwicklung von Form und Bedeutung erkennen lassen. Zu jedem Zeichen wird außerdem die Aussprache angegeben. Hier sei allerdings darauf hingewiesen, daß der phonetische Teil entsprechend dem Charakter der chinesischen Schriftsprache gegenüber der Untersuchung der Form des Zeichens und seiner, ohne Kenntnis der Aussprache begreifbaren Bedeutung zurücktritt. Außerdem gibt es auf diesem Gebiet bereits die hervorragenden Arbeiten von Karlgren, z. B. Karlgren, Bernhard, Grammata serica, Stockholm, 1940.

Unter Leitung von Prof. Erkes hatte sich für die Arbeit am paläographischen Wörterbuch eine Arbeitsgemeinschaft herausgebildet:

Dr. phil. Martin Piasek befaßte sich hauptsächlich mit der Deutung der Schriftzeichen, insbesondere mit der Frage der Gesetzmäßigkeit ihrer Entwicklung und den grundsätzlichen sprachwissenschaftlichen Auseinandersetzungen.

Fräulein Diplom-Sinologin Gisela Meltzer führte die technischen Hilfsarbeiten aus.

Frau Anna-Babette Erkes zeichnete für die Tafeln die alten Formen aus den chinesischen und japanischen Vorlagen ab.

Außer diesem ständigen Mitarbeiterstab unterstützte Fräulein Dr. Käte Finsterbusch die Arbeiten durch Ratschläge aus ihren Spezialgebieten Kunstgeschichte und Archäologie.

Das handschriftliche Manuskript von Prof. Dr. Erkes ist jetzt zur Vorbereitung des Druckes vollständig auf Karteikarten übertragen und die dazu gehörigen alten Schriftzeichen sind auf besonderen Blättern gezeichnet worden. Nach der vorläufigen Beendigung der Arbeiten im Februar 1959 hat Frau Erkes das Manuskript des paläographischen Wörterbuches in Verwahrung genommen.

Das paläographische Wörterbuch des Chinesischen soll vier Aufgaben lösen helfen:

1. Dem Lehrer des Chinesischen dient es als Hilfsmittel für den Unterricht in der chinesischen Schrift.
2. Den Archäologen und Historikern soll es die Entzifferung von alten Inschriften ermöglichen.
3. Es soll Material liefern für die Entscheidung der Streitfrage, ob sich Sprache und Schrift gesetzmäßig und logisch entwickeln.
4. Das Wörterbuch wird eine wichtige Quelle für Schriftwissenschaft und Schriftgeschichte. Auf diesem Gebiet wird die chinesische Schrift die wichtigste Rolle aller Schriften spielen. Sie allein ist in ununterbrochener Entwicklung seit dreieinhalb Jahrtausenden in Gebrauch.

Möge das wissenschaftliche Erbe, das Prof. Eduard Erkes auf dem Gebiet der chinesischen Paläographie hinterlassen hat, durch die Fortsetzung und Vollendung der Arbeiten bei den zuständigen Stellen der Deutschen Akademie der Wissenschaften in Berlin dasselbe Verständnis finden wie bei der Sächsischen Akademie der Wissenschaften zu Leipzig

Dr. Martin Piasek

Wörterbuch der obersächsischen Mundarten

Seit 1957 ist die Belegsammlung für das Obersächsische Wörterbuch mit allen Kräften weitergeführt worden. Da die wirtschaftliche und gesellschaftliche Entwicklung auch auf dem Land viel altes Wortgut verdrängt, ist Eile geboten bei der Erfassung des Materials aus der gesprochenen Sprache.

Die freie Zettelsammlung, bei der die fast 400 Helfer für ihre Heimat Wörter aufzeichnen, die ihnen zufällig begegnen oder bei gelenkter Beobachtung eines begrenzten Sachbereichs auffallen, hat bisher einen breiten Raum eingenommen. Für einige Ortschaften sind uns schon mehrere Tausend Einzelbelege zugegangen, das Material ganzer Dorfwörterbücher. Dabei waren Männer und Frauen aus allen Bevölkerungsschichten beteiligt. 75000 Zettel sind auf diese Weise bis jetzt zusammengekommen, 57000 davon seit 1957.

Um den Belegeingang noch zu beschleunigen und systematischer zu gestalten, ist in den vergangenen Jahren daneben noch ein neuer Weg beschritten worden. Es kam darauf an, eine Konzentration auf die Wörter mit den Anfangsbuchstaben zu erreichen, für die die Wörterbuchartikel zuerst ausgearbeitet werden sollen. In acht Lieferungen sind zunächst für die Buchstaben L- und M- Rohentwürfe der Wortartikel an etwa 60 befähigte Mitarbeiter ausgeschickt worden. Sie bestätigen für ihre Heimat die einzelnen Wörter nach Lautung, Bedeutungen und Gebrauch in geläufigen Sätzen, oder sie ergänzen, bringen Änderungen vor oder melden uns bei Nichtvorhandensein eines aufgeführten Wortes die entsprechenden Synonyme[1]. Das alles schreiben sie uns auch gleich auf die Zettel, die nach Durchsicht und Lemmatisierung in die Kästen eingeordnet werden. So sind zusätzlich 45000 Zettel eingegangen, wodurch sich bei den Anfangsbuchstaben L- und M- die Zettelkästen im Verhältnis stark gefüllt haben.

Die Vielzahl der gemeldeten Ergänzungen und Abänderungen hat einige Beschränkungen im Verfahren veranlaßt: um Doppelarbeit zu vermeiden, werden nicht mehr ganze Entwürfe der Wörterbuchartikel angefertigt, sondern nur noch ausführliche Stichwortlisten mit den Bedeutungen, feststehenden Redewendungen und, wo nötig, den Lautformen. Außerdem bleiben Wörter weg, die schon reichlich belegt sind.

Von großer Bedeutung ist auch die Verzettelung des Materials aus dialektologischen Monographien und Zeitschriftenaufsätzen und aus der mundartlichen Literatur. Diese Arbeit, die in der Wörterbuchstelle geleistet wird, hat bisher einen Zugang von 84000 Zetteln ergeben, 68000 davon seit 1957.

Einschließlich der bei der Durchsicht ausgeschriebenen Verweiszettel beläuft sich danach der Gesamtbestand auf 212000 Einzelbelege (1957 etwa 40000). Davon sind allerdings erst 96000 Zettel revidiert, lemmatisiert und alphabetisch geordnet.

In der Berichtszeit ist außerdem eine erweiterte Synonymenkartei angelegt worden, die jetzt ca. 9000 Zettel (= Wörter) umfaßt. Unter etwa 700–800 Stichwörtern ist hier der Wortbestand nach Sachgruppen geordnet, um ihn für onomasiologische Forschungen aufzuschließen. Dabei konnte vorerst, was wohl verständlich ist, keine systematische Ordnung angestrebt werden; die Gruppierung um die Stichwörter hat sich zunächst aus dem Material ergeben.

Die Fragebogenaktionen wurden gleichmäßig fortgeführt. Sechs Fragebogen sind seit 1957 ausgesandt worden, drei davon über die Kreisvolksbildungsämter. Der Rücklauf der beantworteten Fragebogen ist in letzter Zeit schwächer geworden; das hängt zum Teil damit zusammen, daß sich die Fragestellung Bereichen zuwenden mußte, für die spezielle Kenntnisse erforderlich sind. Während von den ersten Fragebogen 1500 und 1600 Exemplare beantwortet zurückgeliefert wurden (das Arbeitsgebiet hat etwa 3000 Gemeinden), wird in den letzten Jahren kaum noch die Zahl 1000 erreicht. Die zweiten Fragebogen in jedem Jahr, die direkt an die Helfer hinausgehen, kommen in 600–700 Exemplaren zurück.

[1] Vgl. darüber ausführlicher R. Große, Zu den Methoden der Materialsammlung für Mundartwörterbücher, in: Forschungen und Fortschritte 32. Jg., Heft 10, Oktober 1958.

Die bisher ausgefüllt zurückgegebenen Fragebogen enthalten schätzungsweise weitere 680000 Einzelbelege. Diese noch einzeln zu verzetteln, ist kaum möglich. Das Material wird auf Karten im Maßstab 1 : 300000 übertragen, und die Wörter, die in der Kartenlegende erscheinen, werden auf einem Zettel ausgeschrieben, der dann (mit Verweis auf die Karte) für mehrere Orte und für ganze Teilgebiete steht.

Bis jetzt sind 12 Karten ausgezeichnet worden, seit 1957 ‚die Miete auf dem Acker zur Aufbewahrung von Feldfrüchten', ‚der weibliche Hund', ‚das Gerät zum Umgraben des Gartenlandes', ‚der Rechenstiel/Harkenstiel', ‚die beim Dreschen abfallende Spreu' und die Bedeutungskarte *Mauke*. Die kartographische Arbeit hat bisher darunter zu leiden gehabt, daß keine geeignete Grundkarte zur Verfügung stand. Deshalb ist eine neue vorbereitet und in Auftrag gegeben worden. Nach ihrer Fertigstellung wird das Auszeichnen der Karten schneller vonstatten gehen.

Durch den Verkehr mit den Mitarbeitern und Helfern im Land ist ein umfangreicher Briefwechsel entstanden. Zum 7. Juli 1959 sind die eifrigsten und erfahrensten unter ihnen zu einer Konferenz eingeladen worden; 66 nahmen daran teil. Es war uns daran gelegen, Zweck und Aufgaben des Mundartwörterbuchs zu erläutern, erste Ergebnisse vorzulegen und ihnen die Arbeitsweise der Wörterbuchstelle zu erklären. Es entspann sich anschließend eine rege Diskussion, die von dem großen Interesse bei allen Mitarbeitern Zeugnis ablegte.

Dr. Rudolf Große

Bibliographie zur Vor- und Frühgeschichte Mitteldeutchlands

Die Bibliographie, auf deren Ziele und Aufgaben bereits im Jahrbuch 1954–1956 auf S. 137ff. hingewiesen wurde, ist in den Berichtsjahren von den Bearbeitern aufs kräftigste gefördert worden. Im Jahre 1957 konnten die Teile 1 und 2 des Bandes 2, der dem Lande Sachsen gewidmet ist, erscheinen. Teil 1 umfaßt das älteste Schrifttum und schließt mit dem Jahre 1841 ab; er konnte noch von Dr. Georg Bierbaum herausgebracht werden. Dagegen mußte Teil 2, der die Zeit von 1842–1883 behandelt, wegen des Todes Dr. Bierbaums von dessen Schwester und Mitarbeiterin Liddy Bierbaum vollendet werden. Beide Teile zusammen umspannen ungefähr den gleichen Zeitraum, den der von Professor Walther Schulz 1955 veröffentlichte Teil 1 des Bandes 1 für Sachsen-Anhalt und Thüringen erschlossen hat.

Die sächsischen Teile sind mit derselben Genauigkeit und Sorgfalt durchgeführt worden, die schon bei dem 1955 herausgekommenen Teil von Sachsen-Anhalt und Thüringen hervorgehoben werden konnten. Ist von Professor W. Schulz das älteste Schrifttum in der Hauptsache chronologisch nach dem Zeitpunkt des Erscheinens geordnet worden, so hat Dr. Bierbaum eine sachliche Gliederung nach dem Inhalt der einzelnen Schriften vorgezogen und sie auf die Hauptgruppen Land, Bewohner, Kultur und Denkmalpflege aufgeteilt. Im 2. Teil des Bandes Sachsen ist ein weiteres Kapitel: Zeitabschnitte eingeschoben worden, in welchem die Schriften noch einmal nach dem Alter der von ihnen behandelten Funde (Ältere Steinzeit bis zum Mittelalter) geordnet aufgeführt werden. Im Bande 1 (Sachsen-Anhalt und Thüringen) ist diese Gliederung nach der Zeitstellung der Funde im Anhange in Form eines Registers vorgenommen worden, wodurch das mehrfache Aufführen von Schriften in verschiedenen Abschnitten desselben Bandes vermieden wird, wie überhaupt der Band 1 straffer gefaßt ist, ohne dem Leser dadurch die Benutzung schwieriger zu gestalten.

Mit den beiden, 1955 und 1957 herausgekommenen Heften der Bibliographie liegen die Bearbeitungen des vor- und frühgeschichtlichen Schrifttums Mitteldeutschlands vom 16. Jahrhundert bis zur zweiten Hälfte des 19. Jahrhunderts vor. Damit ist das Gesamtwerk bis zu den Anfängen einer nach wissenschaftlichen Methoden arbeitenden Vorgeschichtsforschung gelangt, deren nunmehr rund 75 Jahre währende Tätigkeit nicht nur eine viel größere Menge von Veröffentlichungen hervorgebracht hat als die 3 Jahrhunderte vor Begründung einer Vorgeschichtswissenschaft, sondern deren Schriften auch einen weit bedeutenderen wissenschaftlichen Wert besitzen. Die weiteren Teile der beiden Bibliographiebände werden daher an Umfang und Gehalt die bisher erschienenen um ein Vielfaches übertreffen.

Dies zeigt schon in aller Klarheit der 1959 herausgekommene Teil 2a des Bandes 1, in dem Walther Schulz die Bibliographie von Sachsen-Anhalt und Thüringen bis zum Jahre 1953 fortführt. Wegen seiner Stärke mußte dieser Teil 2 noch einmal geteilt werden. Der bisher vorliegende Teil 2a enthält auf 652 Seiten 10606 Schrifttitel, von denen die im 1955 erschienenen Teil 1 bekanntgegebenen 1085 Titel abzuziehen sind. Der gewaltige bearbeitete Stoff mußte sachlich. landschaftlich und chronologisch gegliedert werden, um seine Benutzung möglichst zu erleichtern. Ein sehr genaues Inhaltsverzeichnis, eine aufklärende Einleitung und mehrere ausführliche Register, welche letzteren im Schlußteil 2b des Bandes 1 erscheinen sollen, werden dem Benutzer der Bibliographie wertvolle Dienste leisten. Die Hauptmenge der Titel ist nach dem Alter der in den Schriften behandelten Funde geordnet. Außerdem hat es sich als günstig herausgestellt, das recht umfangreiche Gebiet von Sachsen-Anhalt und Thüringen in 12 Räume unterzugliedern, die sich geographisch und kulturell als mehr oder weniger geschlossene, kleine Landschaftseinheiten herausschälen ließen. Die große Zahl der Hilfswissenschaften wie Geologie, Zoologie, Botanik, Anthropologie u. a. sind in ihren einschlägigen Veröffentlichungen sorgfältig verwertet worden. Der noch ausstehende Schlußteil wird die historische Literatur der frühgeschichtlichen Zeit (bis etwa um 1000), die Ortsnamenkunde und die volkskundliche Überlieferung, ferner die Gesamtdarstellungen zur Vor- und Frühgeschichte enthalten. So bietet diese Veröffentlichung – ein schönes Zeugnis langjährigen, selbstlosen deutschen Gelehrtenfleißes – für die weitere Forschung eine sichere Grundlage, die nach dem Abschluß eine unentbehrliche Quelle und ein bequem benutzbares Nachschlagewerk von dauerndem Wert darstellen wird.

Mit dem Ende der Bearbeitung des Bandes 1 der Bibliographie ist im Jahre 1960 zu rechnen. Ebenso sind die Arbeiten am Band 2 der Bibliographie durch Fräulein Liddy Bierbaum soweit gefördert worden, daß das Manuskript zu dem gleichfalls sehr umfangreichen Teil 3a 1961 fertiggestellt werden wird.

Martin Jahn

Untersuchungen zu den Beziehungen Ägyptens, Syriens und Griechenlands

In der modernen Altertumsforschung nimmt die Frage nach den Beziehungen, die die verschiedenen Völker der Alten Welt miteinander verbinden, einen breiten Raum ein. In diesem Rahmen hat besonders das Problem der Lebenszusammenhänge zwischen dem Alten Orient und der Klassischen Antike, die im Werden des Christentums ihren sinnfälligsten Ausdruck gefunden haben, in den letzten Jahren weiter an Interesse gewonnen. Die Sächsische Akademie der Wissenschaften hat diesen Tatsachen durch die Erteilung eines entsprechenden Forschungsauftrages Rechnung getragen.

Seit 9. VIII. 1958 arbeitet Herr Dipl. phil. Dieter Müller unter Leitung des Unterzeichneten an den „Untersuchungen zu den Beziehungen Ägyptens, Syriens und Griechenlands". Als erstes Thema wurde die Untersuchung von Werden und Wirken des ägyptischen Schicksalsbegriffs in Angriff genommen, zu der Herr Müller die entsprechenden ägyptischen Belege sammelte und die Bearbeitung der Ausstrahlungen von ägyptischen Vorstellungen besonders auf das griechisch-lateinische Sprachgebiet übernahm. Im Gegensatz etwa zu Griechenland, wo bereits bei Homer das Schicksal als Begriff vorliegt und Vorstufen nur erschlossen werden können, vollzieht sich in Ägypten die Konzeption im hellen Licht der Geschichte. Nur wenige Belege reichen in die 18. Dyn. zurück; erst in der Amarnazeit kommt die wohl dem Volksglauben entsprossene Idee wirklich zum Durchbruch. Als charakteristisch für Ägypten, aber auch die anderen Kulturvölker Vorderasiens erweist sich die Vorstellung von der Schicksalsüberlegenheit Gottes, der in Griechenland die Macht der Moira über Gott gegenübersteht; in der in griechischen und lateinischen Texten bezeugten Beherrschung des Schicksals durch ägyptische Gottheiten wie Isis und Sarapis spiegelt sich ägyptischer Einfluß. Die Ergebnisse dieser Arbeit waren Gegenstand eines Vortrages auf der Sitzung der phil.-hist. Klasse der Sächsischen Akademie der Wissenschaften vom 14. IX. 1959 und werden 1960 im Rahmen der Abhandlungen der Sächsischen Akademie der Wissenschaften im Druck erscheinen.

Schon bei den Arbeiten zum ägyptischen Schicksalsbegriff zeigte sich mehrfach die große Bedeutung, die den in griechischer Sprache erhaltenen Isis-Aretalogien für das Studium der hellenistischen Religiosität und des Wechselverhältnisses zwischen ägyptischem und griechischem Glauben zukommt. Herr Müller hat sie daher im Rahmen des von der Akademie erteilten Forschungsauftrages zum Gegenstand einer eigenen Untersuchung gemacht. Im Vordergrund stand dabei die Frage nach dem Verhältnis dieser griechischen Texte zu den Schriftdenkmälern der ägyptischen Religion. Dabei zeigte sich schon bald, daß diese Aretalogien nicht, wie verschiedentlich angenommen, Übersetzungen ägyptischer

Inschriften darstellen. Obwohl einige der Formulierungen sachlich und z. T. auch sprachlich auf ägyptische Wendungen zurückgehen, basiert die große Masse der Aussagen auf unverkennbar griechischem Denken. Dementsprechend läßt sich auch nur ein kleiner Teil der Aretalogien einigermaßen wörtlich ins Ägyptische rückübersetzen. Auch die Form der Texte stellt einen Kompromiß griechischer und ägyptischer Aussageweise dar: während die Rede im „Ich-Stil" eine Anleihe an orientalisches Formgut darstellt, erfolgt die Gliederung nach den von griechischer Hymnentechnik formulierten Regeln. Die Art und Weise, in der hier Griechisches mit Ägyptischem vermischt wird, ist typisch für die Wechselwirkung zwischen beiden Kulturen und die offenbar zielstrebige Propaganda, mit der das Vordringen der ägyptischen Kulte im griechischen Sprachgebiet gefördert wurde. – Die Arbeit von Herrn Müller wurde vom Plenum der Akademie zum Druck in den Abhandlungen der Sächsischen Akademie der Wissenschaften angenommen.

Die im Rahmen des Forschungsauftrages geleisteten Arbeiten, insbesondere die in reichem Maße zusammengetragenen Materialien zu Einzelfragen der ägyptischen Religionsgeschichte, konnten zugleich auch für die Arbeit an einem Buche des Unterzeichneten über ägyptische Religion nutzbringend verwendet werden. Hier sind Herrn Müller, wiederum neben der Sammlung von Belegen, die Vorarbeiten zu dem Fragenkomplex „Die Ägyptische Religion – ihre Beeinflussung von außen und ihre Wirkung nach außen" übertragen worden.

Siegfried Morenz

Einige Bemerkungen zur Weimarer Lutherausgabe

Seit dem Jahre 1883 erscheint die „Kritische Gesamtausgabe der Werke Martin Luthers" im Verlag Hermann Böhlau in Weimar (im folgenden kurz WA = Weimarer Ausgabe genannt). Es war seinerzeit nicht vorauszusehen, daß die auf wenige Jahre geplante Ausgabe sich bis in unsere Zeit hinziehen würde, fehlen doch heute noch einige Bände bis zur Vollendung. Inzwischen sind jedoch die weitaus meisten Bände nicht mehr verfügbar. Dies ist eine Tatsache, die bei dem wachsenden Interesse – z. B. der nordischen Länder – an der Lutherforschung um so schwerwiegender ist, da dieser Kritischen Gesamtausgabe auf der Welt bisher nichts auch nur annähernd gleichwertiges entgegenzusetzen ist. Auswahlausgaben der Werke Luthers gibt es zur Genüge, im Augenblick erscheint gerade in den USA eine umfangreiche Übersetzung ins Englische.

Die Deutsche Akademie der Wissenschaften zu Berlin beschloß deshalb – wie schon 1883 – in Verbindung mit der Sächsischen Akademie der Wissenschaften zu Leipzig und in Zusammenarbeit mit der „Kommission zur Herausgabe der Werke Martin Luthers", die WA erneut zu drucken. Es war von vornherein anzunehmen, daß wegen der immensen Kosten des Neusatzes einer so komplizierten Ausgabe nur ein fotomechanischer Nachdruck in Frage kommt. Diese Lösung ist – aufs Ganze gesehen – keineswegs als glücklich zu betrachten – bleibt doch die Unordnung, die leider nun einmal in der WA besteht, auf diese Weise erhalten. Die einzige Möglichkeit, das Chaos zu mildern, besteht darin, an jeden unverändert nachgedruckten Band einen Anhang zu heften. Dieser Anhang gibt dann die historischen und philologischen Ergänzungen und Verbesserungen zu dem vorliegenden Band. Unpraktisch und für die Benutzung erschwerend wäre es, diese Anhänge nicht den einzelnen Bänden beizugeben, sondern gesondert als einen eigenen Band erscheinen zu lassen. Der Vorteil wäre hier allerdings, daß die Ausgabe durch schnellen, unveränderten Nachdruck bald greifbar wäre, wenn auch die modernen Erkenntnisse der Forschung erst nach längerer Zeit benutzt werden könnten. Außerdem müßte man dann immer mindestens zwei Bände der WA zusammen benutzen – ein Nachteil, der eigentlich keiner ist. Aus den folgenden Beispielen wird sich nämlich ergeben, daß die WA sowieso nur als Gesamt-Corpus benutzt werden kann. Es hängt dies mit der bereits eingangs erwähnten Unordnung in der Kritischen Ausgabe der Werke Martin Luthers zusammen.

Es war deshalb die erste Aufgabe der neugegründeten Arbeitsstelle, zunächst in Wittenberg in den Jahren 1957/8 von der Sächsischen Akademie unterstützt, dann in der DAW in Berlin mit einer Arbeitsstelle in Göttingen zusammenarbeitend, eine Kartei der vagierenden Stücke in der WA aufzustellen. Diese Kartei enthält zunächst einmal grundsätzlich alle in der WA vorhandenen Stücke in der Aufschlüsselung der Seitenzahlen nach Vorwort und Text. Auch für jede Predigt oder Postille wurde eine eigene Karte angelegt. Nicht erfaßt wurden die Briefe, die Tischreden und die Bibel, da ein Nachdruck dieser Unterabteilungen der WA zunächst nicht geplant ist. Zu jedem Stück wurden etwaige Nachträge notiert, in deren äußerlicher Bezeichnung zwischen einem echten Nachtrag und einem kleineren Additum, also etwa einer Korrektur, unterschieden wurde. Diese Kartei umfaßt insgesamt 3129 Stücke. Diese Zahl ist jedoch nur relativ, da als eigene Titel auch z. B. Unterabteilungen größerer Stücke notiert werden mußten, da für diese ebenso Nachträge zu erwarten waren, wie für die großen Sammeltitel (Poliander-Sammlung oder Predigten des Jahres xyz). Ein Beispiel sei gegeben: „Auslegung deutsch Vaterunser" WA 2 (74) 80–130 mit Zusätzen in WA 9,789 und WA 10 II (366 Nr. 9) 429–432. Aus diesem Stück wurden extra karteimäßig erfaßt: „Christus Ablaßbrief" WA 2 (74) 117 Zeile 26–118 Zeile 26 und „Ein kurzer Begriff und Ordnung aller vorgeschriebenen Bitten (Materien)" WA 2 (74) 128–130. (In der Klammer nach der Bandzahl der WA wird die jeweils erste Seite des Vorwortes genannt.)

Besonders gekennzeichnet wurden die Stücke, die in der sonst chronologischen Ordnung der WA am falschen Platz stehen. Zur Erläuterung ist hier zu sagen, daß es z. B. mehrmals vorkommt, daß in einem frühen Band der WA ein Werk Luthers nach einem Druck veröffentlicht wird und in einem späteren Band dann die Handschrift – ebenfalls in extenso – desselben Werkes gedruckt wird. Dies war möglich, weil man erst später die Handschrift in einem Archiv entdeckt hatte. Historisch und chronologisch gehören beide Stücke in einen Band – wie auch die WA in den Fällen, in denen zwei oder sogar mehr

Überlieferungen vorhanden sind, den doppelten Text in zwei Spalten oder auch untereinander wiedergibt. Ein ganz krasses Beispiel dieser Art sei hier aufgeführt: „Ein Sermon und Eingang in das 1. Buch Mose, das ist in das Buch der Schöpfung" vom 22. März 1523. Der Druck stammt aus dem Jahre 1524. In WA 12 (435) 438–452 steht nun der Druck und die Nachschrift Stephan Roth's. Eine Nachschrift Rörers und eine andere des gleichen Stückes von Roth steht jedoch WA 14,92.94.97–102. Der Druck zu den letzteren Nachschriften steht dann in WA 24,16–33 Zeile 29. Es ist dies zwar ein besonders verwirrender Fall, die Beispiele einfacherer Art für derartige Unordnungen in der Lutherausgabe ließen sich aber beliebig vermehren. Es wurden allein 111 Stücke dieser Art gezählt, an denen etwas nachgetragen wird und damit chronologisch und sachlich an den falschen Platz kommt. Daß dabei manchmal Unrichtigkeiten mit unterlaufen mußten, sei nur am Rande bemerkt. So steht z. B. WA 15 (179) 293–322 mit einem Nachtrag auf Seite 813f. Luthers „Von Kaufshandlung und Wucher" von 1524. Daraus sind die Seiten 314–320 Varianten zum (Großen) „Sermon von dem Wucher", der WA 6 (33) 36–60 mit einem Nachtrag auf Seite 630 steht. Der „Sermon von dem Wucher" gehört zu „Von Kaufshandlung ...", ist jedoch in WA 15 nicht noch einmal abgedruckt. Irrtümlicherweise wird aber der Urdruck in WA 15 mit „A", WA 6 jedoch mit „M" bezeichnet.

Durch Nachträge, die in andere Zusammenhänge und damit in andere Bände gehören, zeichnen sich folgende Bände der WA besonders aus, wobei die Anzahl der Nachträge, die hier am falschen Platz stehen, in Klammern gestellt sind: WA 9 (12 ×); 10 II (5 ×); 12 (36 × !); 15 (2 ×); 17 I (4 ×); 22 (4 ×); 28 (1 ×); 30 II (3 ×); 30 III (4 ×); 31 I (1 ×); 31 II (1 ×); 32 (4 ×); 34 II (6 ×); 39 II (4 ×); 41 (4 ×); 46 (1 ×); 48 (17 ×); 53 (2 ×). –

Unter den insgesamt 3129 Stücken besitzen 1133 einen Nachtrag, der sich häufig in anderen Bänden befindet, meist jedoch am Schluß des gleichen Bandes. Unter den 1133 gibt es jedoch eine große Anzahl von Werken, für die ein zweiter oder gar dritter Nachtrag verzeichnet werden mußte. Besonders kraß ist hier ein Fall mit fünf Nachträgen. Es handelt sich um die „Heidelberger Disputation", die in WA 1 (350) 353–374 steht. Die Nachträge finden sich an folgenden Stellen: WA 9 (160) 161–169; 9 (170) 170; 9,779; 9,804 und 39 II (X) Nr. 4. – Hier sind 9,160ff. und 9,170 echte, zum Stück gehörende Ergänzungen und keine kleineren Nachträge oder Korrekturen, wie es bei den anderen drei Stücken der Fall ist. Das Kuriosum an der Sache ist hier, daß 9,804 einen Nachtrag zu 9,170 gibt, es sich also um einen Nachtrag zum Nachtrag handelt. – Zwei Stücke sind zu verzeichnen, die vier Nachträge aufzuweisen haben: Die „Dictata super Psalterium" in WA 3 (1) 11–652 und WA 4,1–462 haben echte Nachträge in WA 9 (116) 116–121 und WA 31 I (462) 464–480 sowie kleinere Berichtigungen in WA 9, 793–795 und in WA 4, VII. – „Von den guten Werken" WA 6 (196) 203–276 hat folgende Nachträge: 1) 6, 631; 2) 9, 799f.; 3) 9, 805; 4) 9 (226) 229–301 mit Faksimile. – Nicht registriert können hier die fünfzehn Stücke werden, die drei Nachträge besitzen und die über hundert Werke, für die zwei notiert werden mußten.

Es soll nicht unerwähnt bleiben, daß bei der Aufstellung der Kartei der vagierenden Stücke in der WA viele festgestellt wurden, die revisionsbedürftig erscheinen. Dazu gehören Stücke, die nachgewiesen nicht von Luther stammen und deshalb nicht in eine kritische Ausgabe gehören oder aber andererseits Werke Luthers, die wohl in der Erlanger Lutherausgabe vorhanden sind, nicht aber in der WA. Entgegen der sonstigen Gepflogenheit der WA, alle Stücke nur einmal abzudrucken, auch wenn sie z. T. in einem anderen Stück erneut vorkommen, wird teilweise doppelt gedruckt. So steht der gleiche Text von WA 6 (9) 11–19 z. B. WA 7, 220–229 und 10 II (366 Nr. 2 c) 395–340. – Einleitungen und Predigtübersichten – letztere fehlt z. B. in WA 28,1 ff. – stehen nicht immer an analogen Stellen in den Bänden. Verschieden ist auch die Anordnung von Druck und Handschrift: Manchmal bietet man einen doppelten Text in synoptischer Form – manchmal gibt man dem Text in zwei aufeinander folgenden Stücken den Vorzug. Schwerwiegender ist es, wenn das Sigel-Verzeichnis uneinheitlich ist. So bezeichnet bei den Predigten ein Antiqua-R die Nachschriften Rörers und ein Fraktur-R die von Roth. WA 12, 436 ist jedoch das Antiqua-R die Bezeichnung für Roth. Ebenso ist es mit den Abkürzungen für die Bibliotheksnamen: Z kann Zerbst, meist jedoch wird es Zwickau heißen. –

Sollte es trotz der eingangs erwähnten Bedenken in späteren Jahren zu einem Neudruck kommen, ist zu erwägen, ob man nicht das sonst chronologische Prinzip der WA zugunsten des historischen bei gewissen Gebieten durchbrechen sollte. So wäre es z. B. besser, die Disputationen, die jetzt auf mehrere Bände – chronologisch durchaus nicht immer einwandfrei – verteilt sind, zusammenzufassen. Wie es eine Unterabteilung WA Briefe oder Tischreden gibt, könnte man andererseits ohne weiteres eine Abteilung Predigten und eine für die Postillen schaffen. Die große Anzahl der über 2000 erhaltenen Predigten Luthers ist jetzt genau wie die der über 400 Postillen über die verschiedensten Bände der WA verteilt und erschweren so die Benutzung der Ausgabe. Eine Herausnahme aus dem Corpus der Gesamtwerke Luthers würde die bis jetzt 68 Bände umfassende WA (ohne die Unterabteilungen Briefe – 11 Bd –; Tischreden – 6 Bd – und Bibel – z. Z. 14 Bd –) erheblich entlasten und ihren Gebrauch erleichtern. – Auch bei anderen Titeln müßte dann eine Umordnung erfolgen. So verteilen sich jetzt z. B. die frühen Sermone von 1514–1520 auf die Bände 1, 4 und 9. Oder: Die erste Bearbeitung der Bußpsalmen steht WA 1, die zweite WA 18 – wohl chronologisch richtig, aber das chronologische Prinzip müßte hier zugunsten des sachlichen aufgehoben werden.

Auf jeden Fall müssen bei jedem Band – ob im Anhang oder bei einem Neudruck – die naturgemäß weithin veralteten Literaturangaben ergänzt werden. Daß für viele Titel eine germanistisch-philologische Überarbeitung notwendig ist, versteht sich ganz von selbst, hat doch die Wissenschaft hier beträchtliche Fortschritte zu verzeichnen. Einer Revision bedürfen auch die Angaben über die Aufbewahrungsorte der Lutherdrucke. Hier muß nachgefragt werden bei den einzelnen Bibliotheken und Archiven, was den Krieg überstanden hat. Die Angaben in der WA sind auch hierüber weithin unvollständig, wächst doch die Zahl der registrierten Bibliotheken von Band zu Band, je jünger der betreffende

Band ist. Die Lückenhaftigkeit der damaligen Umfragen (vgl. dazu WA 11, XXXIVff.) zeigt sich auch darin, daß in einzelnen Bänden Bibliotheken auftauchen, die vorher oder nachher nicht wieder genannt werden, obwohl sie im Besitze verschiedener anderer Drucke sind. Es wäre falsch, von hier aus auf die Verbreitung der Drucke zu schließen.

Ein Beispiel soll wieder genügen, um die Revisionsbedürftigkeit der damaligen Umfragen aufzuzeigen, wobei offen bleiben mag, ob die Lückenhaftigkeit nicht sogar beabsichtigt war oder wegen Zeitmangel eine vollständige Umfrage nicht durchgeführt werden konnte: Die Ortsangaben in WA 12 beschränken sich auf wenige, große Orte (Berlin, Dresden, Breslau). Es fehlt z. B. gänzlich Wittenberg, das jedoch auch von Band 12 verschiedene Drucke besitzt. Es finden sich hier meist nur zwei Ortsangaben, doch läßt ein dabeistehendes „z. B." offen, daß man in anderen Bibliotheken noch mehr Erstdrucke aus diesem Band finden kann.

Es mag nicht uninteressant sein, eine Aufzählung der Bibliotheken vorzunehmen, die im Besitz von Lutherdrucken sind. Einschränkend muß jedoch bemerkt werden, daß lediglich die Angaben der ersten fünfzehn Bände herangezogen wurden. Aus Platzgründen wurden Bibliotheken unter hundert Drucken nicht mehr registriert: Berlin, Deutsche Staatsbibliothek (bzw. Westdeutsche Bibliothek Marburg) 574; Sammlung Knaake, jetzt in Wittenberg, Lutherhalle 408; München, Staatsarchiv 386; Dresden 299; Wolfenbüttel 292; Wittenberg 251; Weimar 211; London, Brit. Museum 194; Hamburg 188; München, Universitätsbibliothek 175; Nürnberg 173; Stuttgart 155; Halle 154; Wien 142; Straßburg 135; Heidelberg 128; Zwickau 121; Gotha 120; Arnstadt 111; Zürich 103; Göttingen 100. – Aus den gleichen fünfzehn Bänden ergibt sich ein aufschlußreicher Querschnitt über die Orte, an denen Luther die meisten seiner Werke drucken ließ (also nur bis 1546): Wittenberg 474; Augsburg 320; Leipzig 150; Straßburg 133; Erfurt 122; Basel 119; Nürnberg 118.

Da auch verschiedene nicht von Luther stammende Drucke in den historischen Einleitungen in der WA biliographisch erfaßt werden, mußten diese ebenfalls notiert werden. Nur so kann man feststellen, inwieweit sie die Jahre überstanden haben. Folgende Bibliotheken sind am reichsten mit derartigen Drucken versehen: Berlin 86; Wolfenbüttel 46; München, Staatsarchiv 42; Dresden 34; Breslau 27; Sammlung Knaake 26; London 22; Stuttgart 21; Nürnberg 20. – Interessant ist hier, daß Wittenberg nur 12 derartige Drucke besitzt.

Abschließend sei auch noch ein kurzer Blick auf die Druckorte dieser nicht von Luther stammenden – besser gesagt: meist gegen ihn gerichteten – Drucke geworfen. Naturgemäß ist die Reihenfolge hier eine andere als bei den Lutherdrucken; auch tauchen ganz neue Namen auf, wenn man nur wie bei den vorigen Aufzählungen die wichtigsten Städte heranzieht: Straßburg 74; Wittenberg 54; Leipzig 50; Basel 28; Nürnberg 26; Augsburg 18; Antwerpen 13; Köln 12; Erfurt 11; Rom 8; Paris 6.

Auf Grund der hier aus einer Vielzahl herausgegriffenen Beispiele ergibt sich bereits die Notwendigkeit einer Überarbeitung der Kritischen Lutherausgabe, obwohl bei eingehender Beschäftigung mit der Materie und tieferem Eindringen in die einzelnen Stücke gewiß noch andere Beispiele angeführt werden könnten. Diese würden vielleicht noch überzeugender wirken. Sieht man jedoch einmal von der Notwendigkeit ab, die WA auf den modernen Stand der Forschung zu bringen, so erfordert doch die Tatsache, daß diese für den Historiker, Theologen oder Germanisten so wichtige Ausgabe seit Jahren vergriffen ist, unbedingt einen baldigen Nachdruck. Es ist zu hoffen, daß die Zusammenarbeit der „Kommission zur Herausgabe der Werke Martin Luthers" und der Deutschen Akademie der Wissenschaften zu Berlin Luthers Werke bald wieder erschließen wird.

Dr. Hans-Ulrich Delius

Das Corpus Vasorum Antiquorum Leipzig

Im ersten Bericht über das Corpus Vasorum Antiquorum Leipzig wurde von der Geschichte der Vasensammlung des Archäologischen Institutes der Karl-Marx-Universität gehandelt, von der Sichtung und Ordnung des durch Kriegseinwirkung stark zerstörten Sammlungsbestandes und schließlich von den seit 1950 laufenden Arbeiten am ersten Faszikel. Nach Überwindung verschiedener Schwierigkeiten und Verzögerungen (Neusatz des Textes infolge umfangreicher nachträglicher Korrekturen) konnte das erste Faszikel des Corpus Vasorum Antiquorum Leizpig 1959 ausgeliefert werden. Es enthält zu 94 Gefäßen der bronzezeitlich und eisenzeitlich kyprischen, attisch-geometrischen und korinthischen Gattungen (und deren italischen, etruskischen und ostgriechischen Nachahmungen) einen beschreibenden Text von 59 Seiten und 222 fotografischen Aufnahmen auf 47 Tafeln.

Ende Februar 1959 schied der bisherige Bearbeiter des Corpus der Leipziger Vasen aus. Mit der Weiterführung der Arbeit wurde der Assistent am Archäologischen Institut der Karl-Marx-Universität Dr. Eberhard Paul betraut. Nach Übernahme der Vorarbeiten zum 2. Faszikel wurde in einer Besprechung mit Herrn Koch eine Planänderung festgelegt. Von der rotfigurigen Gattung war bisher nur ein geringer Teil der ganzen Gefäße nach der Beazleyschen Klassifikation eingeordnet worden, während die Bearbeitung von Hunderten von Scherben noch nicht in Angriff genommen war. Auch waren die schriftlichen Ausarbeitungen so fragmentarisch, daß allein auf Grund dieser Vorarbeiten ein baldiger Abschluß der Bearbeitung der rotfigurigen Gefäße nicht möglich gewesen wäre. Es schien daher Herrn K o c h und dem Bearbeiter sinnvoll, mit der Bearbeitung der schwarzfigurigen Gefäße zu beginnen, die sich chronologisch unmittelbar an die im ersten Faszikel veröffentlichten anschließen.

Kurz nach dem Beginn der Arbeiten an den schwarzfigurigen Gefäßen übernahm Herr Morenz die Leitung des Corpus Vasorum Antiquorum Leipzig.

Das zweite Faszikel soll nach Möglichkeit den gesamten Bestand der schwarzfigurigen Gefäße des Archäologischen Institutes behandeln. Im Gegensatz zum ersten sollen für die weitere Bearbeitung die allgemeinen Gepflogenheiten der Corpus Vasorum-Veröffentlichungen stärker berücksichtigt werden. Das gilt in erster Linie für die Zahl der veröffentlichten Gefäße; sie wird im neuen Band etwa das Doppelte betragen. Mit der Erhöhung der Abbildungszahl auf gleichem Tafelraum ergibt sich zwangsläufig eine stärkere Ausnützung der Tafelseiten und eine Verkleinerung der einzelnen Abbildungen entsprechend ihrer Bedeutung. Es soll in Zukunft vermieden werden, daß Dutzendware in mehreren Ansichten und übermäßigem Format abgebildet wird. Auch der beschreibende Text und die Literaturangaben sollen knapper gehalten werden.

Die fotografischen Aufnahmen und die Restaurierungsarbeiten liegen weiterhin in den Händen des Konservators Max Etzoldt. Ein großer Teil der Gefäße ist in dem alten Zustand nicht fotografierbar, da die ergänzten Stellen mit Ölfarbe überstrichen sind. Um die langwierige Neurestaurierung der Gefäße zu umgehen, werden die ergänzten Partien mit Temperafarbe bemalt, so daß sie sich auf der Fotografie in sichtbarer, aber nicht störender Weise von den originalen Teilen abheben. Bei einigen Gefäßen und vor allem bei den zahllosen noch nicht zusammengesetzten schwarzfigurigen Scherben macht sich eine vollständige oder teilweise Restaurierung allerdings notwendig. Eine vom Archäologischen Institut neu angeschaffte Spezialkamera wird sich auf die Qualität der Aufnahmen günstig auswirken.

Unter den schwarzfigurigen Gefäßen der Leipziger Sammlung nimmt die attische Keramik naturgemäß den breitesten Raum ein. Von den großartigen attischen Gefäßen sind leider einige den Kriegs- bzw. Nachkriegsverhältnissen zum Opfer gefallen. Von den außerattischen schwarzfigurigen Gattungen sind in Leipzig vor allem die lakonische, chalkidische, böotische, italische und etruskische vertreten.

Bericht über die Arbeiten für das Mittellateinische Wörterbuch

Im Laufe der vergangenen Jahre hat sich die Aufgabe, die in Leipzig der Mitarbeit am Mittellateinischen Wörterbuch gestellt war, wesentlich geändert: Die Arbeit an den althochdeutschen Glossen wurde zu einem gewissen Abschluß gebracht und darnach zur Exzerpierung neuerer Literatur übergegangen.

Um diesen Abschluß zu erreichen, war es vor allem nötig, zunächst noch gewisse Teile der Steinmeyer-Sieversschen „Althochdeutschen Glossen“ zu verzetteln, so besonders die Mehrfachglossen der letzten Bibelglossen, wie die der sog. Hrabanischen Glossen der Abroganssippe aus dem I. Band dieses Werkes, dann die Mehrfachglossen und die Althochdeutschen Gespräche aus dem V. Band. Dieses neue Material wurde ebenso wie das früher ausgeschriebene, aber bisher ohne Lemma gebliebene des IV. Bandes (S. 274 ff.) lemmatisiert und endlich der gesamte, noch hier befindliche Kartenbestand – über 14000 Stück – alphabetisch zusammengeordnet. Im Anschluß hieran wurden aus den „Berichtigungen und Nachträgen“, die Steinmeyer selbst im V. Band des Glossenwerkes (S. 87 ff.) zu dessen ersten vier Bänden zusammengestellt oder auf die er hier verwiesen hat, die neu beigebrachten Glossen und die neuen Belege für schon bekannte Glossen ausgezogen und lemmatisiert.

Es folgte die Verzettelung der Veröffentlichungen über neue Glossenfunde oder über Verbesserungen älterer Funde, die – mit wenigen Ausnahmen – nach Abschluß der Steinmeyerschen Sammlung erschienen sind.[1] Diese verschiedenen Nachträge lieferten noch einmal rd. 2350 Karten, die wiederum lemmatisiert und alphabetisch geordnet werden mußten.

Bevor nun das ganze, seit Ende 1953 angesammelte Glossenmaterial, nämlich über 16 500 Karten, in mehreren Lieferungen an die Leitung des Mittellateinischen Wörterbuches nach München gesandt wurde, wurde noch jede einzelne Belegstelle in knappster Form unter ihrem Lemma notiert, um damit für Leipzig die Grundlage eines Verzeichnisses vor allem der Mehrfachglossen zu gewinnen, das den Sieversschen Index in gewisser Hinsicht ergänzen könnte.[2]

Neben den letzten Arbeiten an den ahd. Glossen lief bereits die Exzerpierungstätigkeit her, zu der Herr Dr. Prinz bei einem persönlichen Besuche in Leipzig im Frühjahr 1957 die nötigen Anweisungen und Erklärungen gegeben hatte. Inzwischen ist sie hier zur einzigen Aufgabe geworden.

Auf Grund von Vorschlägen der Münchener und der Berliner Arbeitsstelle des Mittellateinischen Wörterbuches wurden bisher rd. siebzig deutsche und fremdsprachige Arbeiten – in der Mehrzahl Bücher, nur verhältnismäßig wenige Aufsätze – gelesen und fünfundsechzig von ihnen ausgezogen. Sie lieferten über 5600 Exzerpte. Die durchgearbeiteten Werke gehörten den verschiedensten Wissensgebieten an: der mittellateinischen Philologie, der Musikgeschichte, der Geschichte der Pädagogik, der Volkskunde, der Geschichte der Philosophie usw.; der größte Teil aber entstammte der Rechtsgeschichte des Mittelalters.

Die äußere Form der Exzerptzettel, die maschinenschriftlich in dreifacher Ausfertigung hergestellt werden, liegt fest und bleibt sich immer gleich. Der Inhalt, der Umfang und die sprachliche Form der Exzerpte jedoch muß sich der Eigenart jedes der auszuziehenden Werke anpassen und läßt sich daher nicht in gleicher Weise von vornherein bestimmen. Kurze Hinweise von wenigen Zeilen wechseln mit ausführlichen Auszügen; neben zusammenfassender, nur sinngemäßer Wiedergabe der Meinung des Verfassers steht – und das ist die Regel – die wörtliche Anführung seiner Worte. Angaben über das zeitlich erste Auftreten eines Ausdrucks oder über sein Verschwinden, über das Vorkommen in einer

[1] Es handelt sich um die Arbeiten, die als „Nachträge" zu den „Althochdeutschen Glossen" auf S. I der ersten Lieferung des von E. Karg-Gasterstädt und Th. Frings herausgegebenen „Althochdeutschen Wörterbuchs" (Berlin 1952) verzeichnet sind – soweit sie nicht, wie die Arbeiten von Starck und Thoma, schon früher verzettelt worden waren –, und um den größten Teil der Titel, die an entsprechender Stelle auf S. I der der 11. Lieferung desselben Werkes (1959) beigegebenen „Ergänzungen zum Verzeichnis der Abkürzungen" vermerkt sind. Einige der letzteren wurden vom Büro des Ahd. Wörterbuchs freundlicherweise als Photokopien zur Verfügung gestellt.

[2] In München ist ein entsprechendes Verzeichnis des 1953 dorthin gesandten Glossenmaterials hergestellt worden, das zur Vereinigung mit dem hiesigen gedacht ist.

bestimmten Gegend oder einem bestimmten Denkmal treten neben knappe Übersetzungen dieser oder jener Quellenstelle. Bemerkungen eines Autors – vielleicht nur beiläufig gemacht – über die Form eines Wortes, seine Beugungs- oder Konstruktionsweise u. dgl. werden ebenso festgehalten wie ausführliche kritische Erörterungen zu einem Text. Wandlungen in der Bedeutung eines einzelnen Wortes sind ebenso wichtig wie die Ausdrücke, die für diesen oder jenen Begriff neben- oder nacheinander angewendet wurden. Es interessiert aber nicht nur das Wort selbst in seinen verschiedenen Erscheinungsweisen und Bezügen, sondern auch die Sache oder Einrichtung und deren Entwicklung, die sich in den Wörtern widerspiegelt und auswirkt. Damit hängt es zusammen, daß gelegentlich in den Exzerpten auch das Problem einer Arbeit – ihr Gesamtinhalt oder doch ein Teilanliegen – knapp umrissen werden muß, weil sich nur so ein Verständnis der Ansicht des Verfassers in dem besonderen, für das einzelne Wort wichtigen Punkte erreichen läßt.

Diese Andeutungen dürften genügen, zu zeigen, daß die Mannigfaltigkeit der Exzerpte groß ist; sie muß das auch sein, wenn die Exzerpte für den Bearbeiter des einzelnen Stichwortes eine Interpretationshilfe sein sollen.

Die Exzerptzettel werden in kurzen Zeitabständen im Original an die Leitung des Mittellateinischen Wörterbuches nach München gesendet, die zweite Serie, d. h. der erste Durchschlag, geht an die Arbeitsstelle nach Berlin, und die dritte Serie, der zweite Durchschlag also, bleibt als Reserveserie, alphabetisch geordnet, bis auf weiteres in Leipzig.

Die gelesenen Werke werden in doppelter Weise, listenmäßig und auf einzelnen Zetteln, bibliographisch, zusammen mit der Zahl der aus ihnen gewonnenen Exzerpte, erfaßt, wobei die Zettel, ähnlich wie die Exzerpte selbst, auf die Arbeitsstellen des Wörterbuches verteilt werden.

Dr. Anneliese Grau

Historische Kommission

Entsprechend dem der Sächsischen Akademie der Wissenschaften verliehenen neuen Statut erhielt auch die ihr angegliederte Historische Kommission eine neue Arbeitsordnung, durch welche gleichzeitig ihr Verhältnis zur Akademie neu geregelt wurde. Ursprünglich eine nachgeordnete Behörde der Sächsischen Landesregierung, deren Weiterbestehen mit der Auflösung im Jahre 1952 in Frage gestellt war, hatte die Kommission eine Möglichkeit zur Fortführung der ihr anvertrauten Arbeiten im Rahmen der Sächsischen Akademie der Wissenschaften erhalten. Nunmehr wurde sie dieser rechtlich voll eingegliedert und Prof. Dr. Hellmut Kretzschmar durch den Präsidenten zu ihrem Leiter berufen. In den engeren Vorstand wurden außerdem Prof. Dr. Walter Markov als stellvertretender Vorsitzender und Prof. D. Franz Lau als Beisitzer gewählt. Wie bisher gehören der Kommission außer den Lehrstuhlinhabern der historischen Fächer an den Universitäten Halle/Wittenberg, Jena und Leipzig die Direktoren der Landeshauptarchive Dresden, Magdeburg, Weimar und Potsdam sowie Vertreter der Germanistik, Slawistik und Historischen Geographie der genannten Universitäten, des Museumswesens und der Denkmalspflege, der Domowina und des Instituts für Sorbische Volksforschung in Bautzen an. In der Berichtszeit verlor die Kommission durch den Tod ihre Mitglieder Theodor Dobrucki (1957) und Prof. Dr. Willy Flach (1958), durch Weggang aus ihrem Arbeitsbereich Prof. Dr. Heinrich Sproemberg (1958) und Prof. Dr. Karl Bischoff (1959). Als neue Mitglieder berief die Akademie die Herren Dr. Friedrich Beck (Potsdam), Dr. Karlheinz Blaschke (Dresden), Dr. Hans Eberhardt (Weimar), Dr. Gerhard Heitz (Leipzig), Prof. Dr. Walter Hentschel (Dresden), Dr. Ernst Müller (Leipzig), Dr. Horst Schlechte (Dresden).

Schwerpunkte der Arbeit der Kommission bildeten wie bereits in den vergangenen Jahren (vgl. den Bericht 1945–1956 im Akademiejahrbuch 1957) die Zuendeführung älterer und die Planung und Inangriffnahme neuer Vorhaben (bibliographische und historisch-geographische Arbeiten, Quelleneditionen), wobei ihr Spielraum infolge eines für größere Unternehmungen noch zu beschränkten Etats relativ begrenzt blieb. Über künftige dringliche Aufgaben wurden eingehende Beratungen gepflogen, so etwa über die Organisation und Anleitung für stadtgeschichtliche Forschungen (Veröffentlichung stadtgeschichtlicher Quellen), für Forschungen zur Geschichte der unteren Klassen und für die Erforschung der sächsisch-polnischen bzw. deutsch-polnischen und sächsisch-böhmischen bzw. deutsch-tschechischen Beziehungen.

Fortgang der Arbeiten auf den einzelnen Gebieten (1957–1959):

I. Bibliographie der Sächsischen Geschichte

Mit dem Abschluß der restlichen Bände der Gesamtbibliographie (Nachträge und Register) kann 1960/61 gerechnet werden. Die Bibliographien der drei sächsischen Großstädte wurden für Chemnitz/Karl-Marx-Stadt nahezu beendet, für Dresden planmäßig weitergeführt. Nachdem Anfang 1958 der Vorausband „Bibliographie der Leipziger Messe" im Druck erscheinen konnte, verzögerte sich die Drucklegung bei der „Bibliographie der Leipziger Universität" und der „Bibliographie Karl-Marx-Stadt/Chemnitz" durch erforderlich gewordene Umgestaltungen bzw. Ergänzungen der Abschnitte über die jüngste Vergangenheit.

II. Quellenpublikationen

Das Manuskript zum 3. Band der „Akten zur Kirchenpolitik Herzog Georgs" wurde 1958 fertig vorgelegt. Vorläufig kann die sehr umfangreiche Arbeit nicht im Druck veröffentlicht werden. Mit der Herstellung einer kleinen Anzahl maschinenschriftlicher Exemplare wurde begonnen, der Druck der Kopfregesten ins Auge gefaßt.

Die Regestenbearbeitung der „Politischen Korrespondenz des Kurfürsten Moritz" war Ende 1959 auf rund 3000 Regesten gediehen, womit der Hauptteil der Arbeit als bewältigt bezeichnet werden darf. Mit einem Druck derselben ist auch hier vorerst nicht zu rechnen; die Kommission hat u. a. eine fotomechanische Vervielfältigung erwogen.

Da die Fortführung des Codex diplomaticus Saxoniae arbeitskräftemäßig und arbeitszeitmäßig zunächst erheblichen Schwierigkeiten begegnet, wurden die Regesten der Urkunden des Sächsischen Landeshauptarchivs von 1200–1300 bearbeitet. Sie werden 1960/61 als Veröffentlichung des Sächsischen Landeshauptarchivs zum Druck kommen.

Eine Publikation des ältesten Stadtbuches von Dresden (von 1480) wurde von der Kommission befürwortet und unterstützt. Die der Kommission zur Drucklegung angebotene Arbeit „Regesten zur Wirtschaftsgeschichte des Vogtlandes" wurde von ihr in der vorgelegten Form nicht für druckreif erachtet und dem Autor zurückgegeben.

III. Historisch-geographische Arbeiten

1. Das von Dr. K. Blaschke in verkürzter Form vorläufig zu Ende geführte „Historische Ortsverzeichnis von Sachsen" erschien 1957 im Druck.

2. Die Arbeiten am „Historischen Atlas von Sachsen" gingen planmäßig weiter. Eine 1. Lieferung mit 9 Themen (= 12 Karten) zur Bevölkerungsgeschichte wurde für die Herstellung vorbereitet. Eine Grundkarte für den Atlas befindet sich seit 1959 in der Herstellung und wird voraussichtlich 1960 gedruckt werden können.

3. Das ergänzte und durch Kartenskizzen bereicherte von H. Beschorner hinterlassene Manuskript „Die Wüstungen Sachsens" wird 1960 druckfertig vorgelegt werden können.

4. Das von der Kommission geförderte Forschungsunternehmen „Deutsch-slawische Forschungen zur Namenkunde und Siedlungsgeschichte" führte seine Arbeiten zügig fort. In der gleichnamigen Schriftenreihe konnten bis Ende 1959 9 Bände, in der Schriftenreihe „Mitteldeutsche Studien" 3 Bände veröffentlicht werden.

Hellmut Kretzschmar

VERÖFFENTLICHUNGEN DER AKADEMIE IN DEN BERICHTSJAHREN

Jahrbuch 1954–1956. 1958. 271 S., 7 Taf. u. 7 S. Beilage.

Mathematisch-naturwissenschaftliche Klasse

Abhandlungen

Band 45

Heft 4: Heinrich Brandt/Oskar Intrau: Tabellen reduzierter positiver ternärer quadratischer Formen. 1958. XIV, 261 S.

Heft 6: Max Bürger: Die chemische Biomorphose des menschlichen Gehirns. 1957. 62 S., 12 Abb. u. 42 Tab. im Text.
Titelblatt und Register.

Band 46

Heft 1: Heinrich Prell: Die Vorstellungen des Altertums von der Erdumfangslänge. 1959. 94 S., III Tab. im Text.

Heft 2: Kurt Schwabe: Über Aziditätsmasse. 1959. 24 S., 15 Figuren u. 3 Tab. im Text.

Heft 3: Anton Arland: „Tyrannei der Erde". Ein Problem des modernen Landbaues. 1959. 73 S., 10 Kunstdrucktafeln.

Heft 4: Albrecht Peiper: Die Schwerkraftreflexe des Säuglings. 1959. 16 S., 24 Abb. im Text.

Heft 5: Max Bürger: Die chemische Biomorphose des menschlichen Gehirns in ihren Beziehungen zu den Proteolipoiden (PLP). 1959. 44 S., 12 Abb. u. 21 Tab. im Text.
Titelblatt und Register.

Berichte

Band 101

Heft 3: Joachim Focke: Asymptotische Entwicklungen mittels der Methode der stationären Phase. 2. unveränderte Auflage. 1957. 48 S.

Band 102

Heft 1: Paul Günther: Über einige spezielle Probleme aus der Theorie der linearen partiellen Differentialgleichungen zweiter Ordnung. 1957. 50 S.

Heft 2: Hans Schubert/Erich Schincke: Zum Konturproblem der Hodographenmethode im Unterschall. 1957. 25 S.

Heft 3: Franz Runge: Über die Polymerisation ungesättigter organischer Verbindungen. 1957. 13 S.

Heft 4: Victor Vâlcovici: Une extension des liaisons non holonomes et des principes variationnels. 1958. 39 S.

Heft 5: Rolf Klötzler: Beiträge zur Theorie mehrdimensionaler Variationsprobleme mit geknickten Extremalen. 1958. 72 S.

Heft 6: Paula Hertwig: Strahlenschäden und Strahlenschutz im zellulären Bereich. 1957. 43 S., 14 Abb. u. 6 Tab. im Text.

Heft 7: Wilhelm Treibs: Entwicklungslinien der organischen Chemie. 1957. 25 S.
Titelblatt und Register.

Band 103

Heft 1: Georg Spackeler: Über die Möglichkeit einer Lieferung von Magnesiumsulfat als Düngemittel seitens des Kalibergbaus der Deutschen Demokratischen Republik.
Anton Arland: Magnesium im Landbau. 1958. 38 S., mit Diskussionsbeiträgen, 3 Abb. im Text.

Heft 2: Heinrich Bredt: Über den Tod. Eine naturwissenschaftliche Betrachtung. 1958. 26 S.

Heft 3: Hans Wussing: Über Einbettungen endlicher Gruppen. 1958. 38 S.

Heft 4: Ernst Neef: Über die Veränderlichkeit unserer geographischen Umwelt. 1959. 19 S.

Heft 5: Wolfgang Langenbeck: Zur Biochemie der Spurenmetalle. 1959. 16 S., mit Diskussionsbeiträgen, 4 Tab. im Text.

Heft 6: Hans Schubert/Erich Schincke: Die Berechnung einer zirkulationslosen Unterschallströmung um den Kreiszylinder mit der Hodographenmethode. 1959. 42 S., 12 Abb. u. 4 Tab. im Text.

Heft 7: Paula Hertwig: Anpassung, Vererbung und Evolution. 1959. 35 S., 14 Abb. im Text.
Titelblatt und Register.

Philologisch-historische Klasse

Abhandlungen

Band 49

Heft 1: Heinrich Götz: Leitwörter des Minnesangs. 1957. 189 S.

Heft 2: Wolfgang Hessler: Mitteldeutsche Gaue des frühen und hohen Mittelalters. 1957. 162 S., 1 Faltkarte.

Heft 3: Karl B a r w i c k: Probleme der stoischen Sprachlehre und Rhetorik. 1957. 111 S.
Heft 4: Eberhard H e m p e l: Unbekannte Skizzen von Wolf Caspar von Klengel. 1958. 16 S., 40 Abb. auf 24 Taf.
Titelblatt und Register.

Band 50

Heft 1: Bibliographie zur Vor- und Frühgeschichte Mitteldeutschlands. Hrsg. v. Martin J a h n. Band 1: Walther S c h u l z, Bibliographie zur Vor- und Frühgeschichte von Sachsen-Anhalt und Thüringen. Teil 2 a: I. Allgemeiner Teil. II. Archäologie und Ergänzungswissenschaften: Umwelt, Mensch, Archäologie 1866–1953. 1959. XXI, 652 S.

Band 51

Heft 1: Erich N e u s s: Entstehung und Entwicklung der Klasse der besitzlosen Lohnarbeiter in Halle. Eine Grundlegung. 1958. 344 S.

B e r i c h t e

Band 102

Heft 4: Rückläufiges Wörterbuch der griechischen Eigennamen, im Auftrag der Sächsischen Akademie der Wissenschaften zu Leipzig unter Leitung ihres ordentlichen Mitgliedes Franz D o r n s e i f f ausgearbeitet von Bernhard H a n s e n. 1957. 320 S.
Heft 6: Karl B i s c h o f f: Zur Geschichte des Niederdeutschen südlich der ik/ich-Linie zwischen Harz und Saale. 1957. 47 S., 10 Abb. im Text.
Titelblatt und Register.

Band 103

Heft 1: Erwin J a c o b i: Freie Wahlen und geheime Abstimmung in der bürgerlichen Demokratie. 1958. 50 S.
Heft 2: Herbert G r u n d m a n n: Vom Ursprung der Universität im Mittelalter. 1957. 66 S.
Heft 3: Friedrich B e h n: Die Entstehung des deutschen Bauernhauses. 1957. 77 S., Abb. auf 42 Taf.
Heft 4: Karl B i s c h o f f: Sprachliche Beziehungen zwischen niederdeutschem Altland und Neuland im Bereich der mittleren Elbe. 1958. 53 S., 20 Abb. im Text.
Heft 5: Rudolf F i s c h e r: Schillers Widerhall in der russischen Literatur. 1958. 26 S.
Heft 6: Gertraud M ü l l e r und Theodor F r i n g s: Die Entstehung der deutschen daß-Sätze. 1959. 55 S.
Titelblatt und Register.

Band 104

Heft 1: Karl B a r w i c k: Martial und die zeitgenössische Rhetorik. 1959. 48 S.

Heft 2: Elisabeth Karg-Gasterstädt: Althochdeutsch *thing* – neuhochdeutsch *Ding*. Die Geschichte eines Wortes. 1958. 31 S.

Heft 3: Siebenbürgische Mundarten. Beiträge von Karl Kurt Klein, Helmut Protze und Hellmut Klima. 1959. 143 S.

Heft 4: Hellmut Kretzschmar, Karl von Weber. 1958. 19 S.

Heft 5: Otto Eissfeldt: Das Lied Moses Deuteronomium 32 1–43 und das Lehrgedicht Asaphs Psalm 78 samt einer Analyse der Umgebung des Mose-Liedes. 1958. 54 S.

Heft 6: Heinrich Besseler: Das musikalische Hören der Neuzeit. 1959. 80 S., 15 Notenbeispiele im Text.

Heft 7: Friedrich Zucker: Ägypten im römischen Reich. 1958. 23 S.
Titelblatt und Register.

Band 105

Heft 1: Rudolf Fischer: Erkenntnisse und Aufgaben der slawistischen Namenforschung. Mit einer Bibliographie der Leipziger namenkundlichen Arbeitsgruppe. 1959. 34 S.

Heft 2: Werner Schröder: Grenzen und Möglichkeiten einer althochdeutschen Literaturgeschichte. 1959. 59 S.

Heft 3: Rudolf Fischer: Schiller und Böhmen. 1959. 27 S.

WEITERE VERÖFFENTLICHUNGEN

Mathematisch-naturwissenschaftliche Klasse

J. C. Poggendorffs

biographisch-literarisches Handwörterbuch der exakten Naturwissenschaften, herausgegeben unter Mitwirkung der Akademien der Wissenschaften zu Berlin, Göttingen, Heidelberg, München und Wien von der Sächsischen Akademie der Wissenschaften zu Leipzig
Band VII a. 2. F–K. 1932–1953. 1958. 977 S. } [Gelehrte Deutschlands, Österreichs
3. L–R. 1932–1953. 1959. 870 S. } und der Schweiz.]

Philologisch-historische Klasse

Althochdeutsches Wörterbuch

Auf Grund der von Elias von Steinmeyer hinterlassenen Sammlungen im Auftrag der Sächsischen Akademie der Wissenschaften zu Leipzig bearbeitet und herausgegeben von Elisabeth Karg-Gasterstädt und Theodor Frings

Lfg 9. 1957. Sp. 593–672.
10. 1958. Sp. 673–752.
11. 1959. Sp. 753–824.

Corpus Vasorum Antiquorum

Deutschland, Band 14: Leipzig, Archäologisches Institut der Karl-Marx-Universität, Band 1. Leitung: Prof. Dr. Herbert Koch, bearbeitet von Dipl. phil. Werner Müller. Gedruckt mit Unterstützung der Sächsischen Akademie der Wissenschaften zu Leipzig. 1959. 59 S., 256 Abb. auf 53 Lichtdrucktafeln.

Historische Kommission
bei der Sächsischen Akademie der Wissenschaften zu Leipzig

„Mitteldeutsche Studien", herausgegeben von Th. Frings und K. Bischoff

Heft 19 Theodor Frings: Sprache und Geschichte IV. Germania Romana. In Vorbereitung. (Die Neuauflage wird eine Einleitung von Theodor Frings und einen Anhang von Gertraud Müller enthalten, in dem in vier Registern die wissenschaftliche Literatur der letzten 25 Jahre verarbeitet und das althochdeutsche Wortmaterial aus den Sammlungen des Althochdeutschen Wörterbuches ergänzt wird.)

20 Helmut Protze: Das Westlausitzische und Ostmeissnische. Dialektgeographische Untersuchungen zur lausitzisch-obersächsischen Sprach- und Siedlungsgeschichte. Halle 1957. XV, 291 S., 30 Abb., 39 zweifarbige Ktn, 2 durchsichtige Einstecktafeln.

21 Helmut Schönfeld: Die Mundarten im Fuhnegebiet. Halle 1958. XXIII, 297 S., 16 Abb., 19 zweifarbige Ktn, 1 durchsichtige Einstecktafel.

22 Gerhard Kettmann: Die Sprache der Elbschiffer. I. Halle 1959. VIII, 272 S., 48 Abb. im Text.

23 Gerhard Kettmann: Die Sprache der Elbschiffer. II. In Vorbereitung.

24 Claus Jürgen Hutterer: Das ungarische Mittelgebirge als Sprachraum. Historische Lautgeographie der deutschen Mundarten in Mittelungarn. Im Druck.

25 Karl Spangenberg: Deutsche Mundartlandschaft zwischen Rhön und Eichsfeld. In Vorbereitung.

26 Hans Joachim Schädlich: Zur Phonologie der ostvogtländischen Mundart von Neudorf. In Vorbereitung.

27 Walter Krug: Laut- und wortgeographische Untersuchungen im Heidegebiet zwischen Mulde und Elbe nördlich vom Meißnischen. In Vorbereitung.

„Deutsch-Slawische Forschungen zur Namenkunde und Siedlungsgeschichte", herausgegeben von Theodor Frings und Rudolf Fischer

Band 2 Elfriede Ulbricht: Das Flußgebiet der Thüringischen Saale. Eine namenkundliche Untersuchung. Halle 1957. VIII, 283 S.

3 Hans Walther: Die Orts- und Flurnamen des Kreises Rochlitz. Ein Beitrag

zur Sprach- und Siedlungsgeschichte Westsachsens. Halle 1957. VI, 308 S., 1 Grundkte, 10 durchsichtige Ktn.

4 Ernst Eichler: Die Orts- und Flußnamen der Kreise Delitzsch und Eilenburg. Studien zur Namenkunde und Siedlungsgeschichte im Saale-Mulde-Gebiet. Halle 1958. VII, 252 S., 1 Grundkte, 2 durchsichtige Ktn.

5 Leipziger Studien. Theodor Frings zum 70. Geburtstag. Halle 1957. IV, 257 S., 7 Ktn, 3 Abb. im Text.

6 Erhard Müller: Die Ortsnamen des Kreises Heiligenstadt. Halle 1958. 168 S., 1 Grundkarte, 6 durchsichtige Ktn.

7 Winnifried Schenk: Die Ortsnamen der Kreise Werdau und Zwickau. Halle 1958. 132 S., 1 Grundkarte, 4 durchsichtige Ktn.

8 Ernst Eichler, Elisabeth Lea, Hans Walther: Die Ortsnamen des Kreises Leipzig. Halle 1960. 175 S., 1 Grundkte, 7 durchsichtige Ktn.

9 Lothar Hoffmann: Die slawischen Flurnamen des Kreises Löbau. Halle 1959. 97 S., 1 Grundkarte, 2 durchsichtige Ktn.

10 R. Fischer und K. Elbracht: Die Ortsnamen des Kreises Rudolstadt, Halle 1959. 131 S., 1 Grundkarte, 2 durchsichtige Ktn.

11 Wolfgang Fleischer: Namen und Mundart im Raum von Dresden. Ein Beitrag zur Siedlungsgeschichte der Kreise Dresden-Altstadt und Freital. I. Im Druck.

12 Wolfgang Fleischer: Namen und Mundart im Raum von Dresden. II. In Vorbereitung.

13 Horst Naumann: Die Orts- und Flurnamen der Kreise Grimma und Wurzen. In Vorbereitung.

14 Dietrich Freydank: Ortsnamen der Kreise Bitterfeld und Gräfenhainichen. In Vorbereitung.

15 Albert Richter: Die Ortsnamen des Saalkreises. In Vorbereitung.

Historisches Ortsverzeichnis von Sachsen. Bearbeitet von Karlheinz Blaschke. Aus den Schriften der Historischen Kommission bei der Sächsischen Akademie der Wissenschaften zu Leipzig. Leipzig 1957. XVI, 481 u. 63 S.

Bibliographie zur Geschichte der Stadt Leipzig. Sonderband I. Die Leipziger Messe. Herausgegeben von der Historischen Kommission bei der Sächsischen Akademie der Wissenschaften mit Unterstützung des Stadtarchivs und des Messeamtes. Bearbeitet von Edith Rothe unter Mitwirkung von Werner Rust. (Aus den Schriften der Historischen Kommission bei der Sächsischen Akademie der Wissenschaften zu Leipzig Band 23.) Leipzig 1957. 213 S.

VERÖFFENTLICHUNGEN VON AKADEMIEMITGLIEDERN IN DEN JAHREN 1957–1959

(Nach eigenen Angaben)

(Verzeichnis der Abkürzungen s. S. 287f.)

Mathematisch-naturwissenschaftliche Klasse

Arland, Anton, „Tyrannei der Erde." Ein Problem des modernen Landbaues. Berlin 1959. 73 S., 10 Tafeln. (Abh. d. Sächs. Akad. d. Wissenschaften zu Leipzig. Math.-nat. Kl. Bd 46, H. 3.)

– Die staatliche Förderung der Forschungsarbeit. In: Festschr. z. 550-Jahr-Feier der Karl-Marx-Universität. Leipzig 1959. S. 45–47.

– Magnesium im Landbau. In: Ber. über d. Verhandlungen d. Sächs. Akad. d. Wissenschaften zu Leipzig. Math.-nat. Kl. Bd 103. 1958. H. 1. S. 21–35.

– u. K. Christoph, E. Röhlig: Adolf Zade. Direktor des Institutes für Pflanzenbau und Pflanzenzüchtung der Universität Leipzig (1919–1933). In: Karl-Marx-Universität Leipzig. 1409–1959. Bd 2. Leipzig 1959. S. 249–261.

– Die Landwirtschaftliche Fakultät der Karl-Marx-Universität Leipzig im Studienjahre 1956/57. In: Wiss. Zs. d. Karl-Marx-Univ. Leipzig. Math.-nat. R. Jg 8, 1958/59, S. 623–628.

– Der Transpirationstest. In: Hodowla Roślin Aklimatyzacja i Nasiennictwo. T. 3, 1959, S. 569 bis 595.

– u. E. Röhlig: Ein Beitrag zum Problem der Sortenberatung auf transpirationsphysiologischer Grundlage. In: Zs. f. Acker- u. Pflanzenbau. Bd 108, 1959, S. 20–30.

– u. R. Zwicker: Anwelktranspiration und Hydratur verschieden mit Kalium ernährter Haferpflanzen unter Berücksichtigung des Jahresrhythmus. In: Ebda. S. 449–472.

– u. E. Röhlig: Ein Beitrag zum Problem der Sortenberatung auf transpirationsphysiologischer

– u. R. Zwicker: Anwelktranspiration und Hydratur verschieden mit Kalium ernährter Haferpflanzen unter besonderer Berücksichtigung des Jahresrhythmus. In: Ebda. S. 449–472.

Blaschke, Wilhelm: Euler und die Kinematik. In: Sammelband zu Ehren d. 250. Geburtstages Leonhard Eulers. Berlin 1959. S. 35–41.

– Über affine Kinematik. In: Ebda. S. 42–48.

– Anwendung dualer Quarternionen auf Kinematik. In: Annales Academiae Scientiarum Fennicae. Ser. A. I. Mathematica. Nr. 250, 3, 1958, S. 1–13.

– Zur Kinematik. Emil Artin zum 60. Geburtstag. In: Abh. aus d. Math. Sem d. Univ. Hamburg. Bd 22, 1958, S. 171–175.

– [Bespr.] Die deutsch-russische Begegnung und Leonhard Euler. Beiträge zu den Beziehungen zwischen der deutschen und russischen Wissenschaft und Kultur im 18. Jahrhundert. Bd 1. Berlin 1958. In: DLZ. Jg 80, 1959, Sp. 444.

– [Bespr.] J. Favard: Cours de géométrie différentielle locale. Paris 1957. In: Ebda. Jg 79, 1958, Sp. 454.

- [Bespr.] Wolfgang Haack: Elementare Differentialgeometrie. Basel-Stuttgart 1955. In: Ebda. Jg 78, 1957, Sp. 75.
- [Bespr.] Eduard Winter: Der böhmische Vormärz in Briefen B. Bolzanos an F. Příhonský (1824 bis 1848). Berlin 1956. In: Ebda. Sp. 816–817.

Buchheim, Wolfgang: Theoretische Grundlagen für die Messung von elektrischem Gesteinswiderstand und Gesteins-D.-K. in Bohrlöchern durch Induktion nach dem Rückwirkungsverfahren. Berlin 1959. 67 S. (Freiberger Forschungshefte. C 62.)
- Die elektrischen Aufschlußverfahren. In: Lehrbuch der angewandten Geophysik. Hrsg. v. H. Haalck. Bd 2. Berlin 1958. S. 1–82.
- Geophysikalische Methoden zur Erforschung des Spannungszustandes des Gebirges im Steinkohlen- und Kalisalzbergbau. Vortrag, gehalten auf d. Int. Gebirgsdrucktagg 1958 in Leipzig. In: Tagungsheft d. Int. Gebirgsdrucktagg, Leipzig 14.–16. Okt. 1958. Berlin 1958. S. 119–125/XCIX–CX.
- Umrisse einer phänomenologischen Theorie der elastischen Nachwirkung und Plastizität isotroper Gesteine. In: Freiberger Forschungshefte. C 45. Berlin 1958. S. 68–82.
- Anwendungen der Methode der induzierten Polarisation an schwedischen Erzlagerstätten. In: Zs. f. Geophysik. Jg 23, 1957, S. 26–33.
- Die Spannungs-Dehnungs-Beziehungen von Nakamura als Ausgangspunkt für ein allgemeines phänomenologisches Stoffgesetz für isotrope Körper. In: Archiwum Górnictwa. T. 4, 1959, S. 245 bis 267.
- u. D. Malmqvist: Anwendungen der Methode der induzierten galvanischen Polarisation an Sulfiderzvorkommen des Skelleftebezirkes in Nordschweden. In: Geologie. Jg 7, 1958, S. 3–13.

Buchner, Paul: Giulio Jasolino, medico Calabrese del Cinquecento. Milano 1958. 133 S., 15 Tafeln.
- Storial degli stabilimenti termali di Porto d'Ischia. Roma 1959. 35 S.
- Il termalismo sociale a Casamicciola agli arbori des Seicento. In: Lettera da Ischia. No 1–3,5. 1957/1958.
- Die harmonische Einbürgerung pflanzlicher Mikroorganismen in den tierischen Körper. In: Verh. d. Dt. Ges. f. inn. Med. 63. Kongr., 1957. S. 32–55.
- Endosymbiosestudien an Schildläusen. IV. Hippeococcus, eine myrmekophile Pseudococcine. In: Zs. f. Morphologie u. Ökologie d. Tiere. Bd 45, 1957, S. 379–410.
- Endosymbiosestudien an Schildläusen. V. Die Gattung Rastrococcus Ferris. In: Ebda. Bd 46, 1957, S. 111–148.
- Endosymbiosestudien an Schildläusen. VI. Die nicht in Symbiose lebende Gattung Apromorpha und ihre ungewöhnliche Embryonalentwicklung. In: Ebda. S. 481–528.

Bürger, Max: Altern und Krankheit. 3. Aufl. Leipzig 1957. 684 S. m. 348 Abb.
- Die chemische Biomorphose des menschlichen Gehirns. Berlin 1957. 62 S. (Abh. d. Sächs. Akad. d. Wissenschaften zu Leipzig. Math.-nat. Kl. Bd 45, H. 6).
- Die chemische Biomorphose des menschlichen Gehirns in ihren Beziehungen zu den Proteolipoiden (PLP). Berlin 1959. 44 S. (Abh. d. Sächs. Akad. d. Wissenschaften zu Leipzig. Math.-nat. Kl. Bd 46, H. 5).
- Geschlecht und Krankheit. München 1958. VI, 516 S. m. 182 Abb. u. 151 Tab.
- Pathologische Physiologie. 6. Aufl. Leipzig 1958. 787 S. m. 291 Abb.
- m. D. Michel: Funktionelle Engpässe des Kreislaufs. München 1957. 250 S. m. 91 Abb. u. 28 Tab.
- Diabetische Angiopathie. In: Diabetes Mellitus. 3. Kongr. d. Int. Diabetes Federation Düsseldorf, 21.–25. Juli 1958. Verhandlungen. Stuttgart 1959. S. 124–139.

- Das Alter in der Großstadt (Gerontologie). In: Medizin u. Städtebau. Ein Handbuch f. gesundheitl. Städtebau. München-Berlin-Wien [1957]. S. 669–683.
- Die chemische Biomorphose des menschlichen Gehirns. In: Jb. d. Sächs. Akad. d. Wissenschaften zu Leipzig 1954–1956. Berlin 1958. S. 111–117.
- Biomorphose oder Gerontologie? In: Fourth Congr. of Int. Association of Gerontology Merano, 14–19 July 1957. Atti.
- Die Biomorphose oder die Lebenswandlungen des Herzens und der Gefäße. In: Jahreskongr. 1957 f. ärztl. Fortbildung. Berlin 1958. S. 85–91.
- Die Rehabilitation im Lichte der Biomorphose. In: Kongreßber. d. int. Arbeitstagung über Fragen d. Rehabilitation, Dispensairebetreuung und Prämorbidität vom 16. bis 19. Juni 1958 in Leipzig. S. 120–141.
- Die körperlichen Vorgänge beim Altern. In: Der alte Mensch in unserer Zeit. Stuttgart 1958. S. 41–54.
- u. F.-H. Schulz: Ernährungslehre und -therapie. Ernährung alter Menschen. In: Almanach f. d. ärztl. Fortbildung 1958. München 1958. S. 161–172.
- u. F.-H. Schulz: Geriatrie. Die Beratung und Behandlung alternder Menschen. In: Ebda. 1957. München 1957. S. 107–116.
- u. K. Seidel: Die Biomorphose des Endokriniums. In: 5. Symposion d. Dt. Ges. f. Endokrinologie Freiburg, den 7. bis 9. März 1957 über „Hormone und Psyche. Die Endokrinologie des alternden Menschen". Berlin-Göttingen-Heidelberg 1958. S. 97–110.
- Das Altern des Auges. In: Klin. Monatsbl. f. Augenheilkunde. Bd 135, 1959, S. 609–632.
- Chemische Alternsveränderungen der menschlichen Hirnlipoide. In: Fette, Seifen Anstrichmittel. Jg 60, 1958, S. 253–259.
- Die physiologische und nosologische Bedeutung der Biomorphose. In: Die Medizinische. Nr. 50, 1959, S. 2427–2432.
- Die konservative Behandlung der diabetischen Gangrän. In: Médecine et Hygiène. Jg 15, 1957, S. 133–135.
- Die allgemeine Biomorphose. In: Dt. Stomatologie. Jg 9, 1959, S. 244–265.
- Die Biomorphose des Endokriniums. In: Endokrinologie. Bd 34, 1957, S. 343–344.
- Die Biomorphose des menschlichen Gehirns im Lichte seines wechselnden Nukleinsäure- und Gangliosidgehalts. In: Zs. f. Alternsforschg. Bd 10, 1957, S. 283–288.
- Biomorphose oder Gerontologie? In: Ebda. S. 279–283.
- Biomorphose oder Gerontologie? In: Münch. Med. Wschr. Jg 100, 1958, S. 42–47.
- Biomorphose, Gerontologie und Geriatrie. In: Wissen u. Praxis. Schriften f. d. Arzt. H. 7, 1959, S. 3–11.
- Die sexualdifferente Biomorphose als Grundlage einer geschlechtsunterschiedlichen Krankheitslehre. In: Hippokrates. Jg 29, 1958, S. 677–682.
- The Sexual-Different Biomorphosis as a base of a Sex-Different Doctrine of Diseases. In: The Indian Practitioner. Vol. 12, 1959, S. 577–584.
- Die Biomorphose der Skelettmuskulatur. In: Der Dt. Badebetrieb. Jg 50, 1959, S. 1–4.
- Der Desoxyribonukleinsäure- und Ribonukleinsäuregehalt des menschlichen Gehirns im Laufe des Lebens. In: Zs. f. Alternsforschg. Bd 12, 1958, S. 133–139.
- Zur Frage der bevorzugten Metastasierung in die Leber. Untersuchungen über den Nukleinsäuregehalt von Primärtumoren und ihren Metastasen. In: Dt. Zs. f. Verdauungs- u. Stoffwechselkrankheiten. Bd 19, 1959, S. 263–268.
- Funktion und Struktur. In: Münch. Med. Wschr. Jg 100, 1958, S .1809–1813.
- Die Kollagenosen im Rahmen der Biomorphose. In: Med. Klinik. Jg 54, 1959, S. 884–887.
- Zum Problem der Fettsucht. In: Münch. Med. Wschr. Jg 100, 1958, S. 258 ff.

– Die Rehabilitation im Rahmen der Biomorphose. In: Zs. f. ärztl. Fortbildg. Jg 52, 1958, S. 71–80.
– Die Transmineralisation der menschlichen Gewebe als Ausdruck ihrer Biomorphose. In: Dt. Med. Journal. Jg 9, 1958, S. 189–194.
– Ursachen und Häufigkeit klinischer Fehldiagnosen. In: Ebda. Jg 8, 1957, S. 381–384.
– Ursachen, die zum physiologischen Tode führen. In: Med. Mitt. d. Fa Schering. Jg 20, 1959, S. 78 bis 82.
– Die körperlichen Vorgänge beim Altern. In: Universitas. Jg 13, 1958, S. 739–745.
– u. W. Friedel: Zur Biomorphose des Glaskörpers. In: Zs. f. Alternsforschg. Bd 12, 1959, S. 313 bis 325.
– u. G. Hevelke: Unterschied zwischen Physiosklerose und Arteriosklerose als Krankheit. In: Hippokrates. Jg 28, 1957, S. 599–603.
– u. H. Knobloch: Die Biomorphose der Hand, dargest. nach den Ergebnissen manuvolumetrischer Messungen. In: Zs. f. Alternsforschg. Bd 11, 1957, S. 149–161.
– u. H. Knobloch: Antiphlogistische Ernährung. In: Münch. Med. Wschr. Jg 101, 1959, S. 309–314.
– u. H. Knobloch: The Hand as an aid to diagnosis. In: Medical and Biological Illustration. Vol. 9, 1959, S. 4–11.
– u. H. Knobloch: Physiologischer Wert und nosologische Bedeutung der Manuvolumetrie. In: Münch. Med. Wschr. Jg 99, 1957, S. 581–587.
– u. F.-H. Schulz: Bedeutung der Biomorphose für Altern, Krankheit und Verjüngung. In: Die Therapiewoche. Jg 8, 1957, S. 24ff.
– u. F.-H. Schulz: Stoffwechsel und Ernährungstherapie im hohen Alter. In: Ebda. Jg 9, 1959, S. 304ff.
– u. K. Seidel: Vergleichende Betrachtungen über die Biomorphose der Aminosäuren des menschlichen Gehirns und peripheren Nervs. In: Med. Klinik. Jg 54, 1959, S. 2103–2108.
– u. K. Seidel: Die chemische Biomorphose des menschlichen Gehirns und Ischiasnervs. In: Zs. f. Alternsforschg. Bd 12, 1958, S. 52–79.
– u. K. Seidel: Diagnose, Fehldiagnose und Therapie rheumatischer Erkrankungen. In: Ärztl. Praxis. Jg. 9, 1957, Nr. 16 u. 17.
– u. K. Seidel: Rheumatism of the Hand. In: Rheumatism. Vol. 14, 1958, S. 43–48.
– u. K. Seidel: Innere Sekretion. In: Münch. Med. Wschr. Jg 99, 1957, S. 461–463, 1514–1517; Jg 100, 1958, S. 598–601, 1580–1582; Jg 101, 1959, S. 345–348, 1858–1861.
– u. G. Wüst: Der unterschiedliche Nukleinsäuregehalt von Geschwulstgewebe und Mutterboden als Hinweis auf die Stoffwechselautonomie des Krebsgewebes. In: Ebda. Jg 101, 1959, S. 1941ff.

Clara, Max: Die arterio-venösen Anastomosen. 2. Aufl. In italien. Übers. v. S. B. Curri. Milano 1959. 455 S.
– Das Nervensystem des Menschen. 3. Aufl. Leipzig 1959. 808 S.
– Kisirlik Kitabindaki. Symposium über die Sterilität bei der Frau. 1. Die Entwicklung der Gonaden und der ovarielle Zyklus. 2. Der Endometriumzyklus und die Implantation. 3. Die Regulation der Sexualfunktionen. In: Fakülteler Matbaasi. Istanbul 1958. S. 22–147. In türk. u. dt. Sprache.
– Portal siroz symposumu (Portale Cirrhose-Symposium). Bau der Leber und des Pfortadersystems. In: Squibb Teşvik Fonu. Istanbul 1959. S. 9–20. In türk. Sprache.
– Talamencefalo. In: Enciclopedia medica italiana. Bd 9. 1957. S. 220–236.
– Beiträge zur Kenntnis der Sekretgranula in enzymproduzierenden Drüsenzellen des Menschen. In: Biol. lat. 11, 1958, S. 17–32.
– Morphobiologische Beiträge zu dem Problem der Blut-Hirnschranke. In: Quad. Anat. prat. Ser. XII. N. 1–4, 1957, S. 92–101.
– Über das Chondriom. In: Med. Mschr. Jg 12, 1958, S. 806–812.

- Die Entwicklung des Menschen während der ersten zehn Tage. In: Medizin heute f. d. Praxis morgen. Jg 6, 1957, S. 471–480.
- Über die Morphologie und Histochemie der basalgekörnten Zellen. In: Acta neurovegetativa, Bd 16, 1957, S. 294–312.
- Untersuchungen über die sogenannte Nervenscheide. In: Ebda. Bd 20, 1959, S. 1–18.

Debye, Peter: Angular Dissymmetry of the Critical Opalescence in liquid Mixtures. In: Journal of Chemical Physics. Vol. 31, 1959, S. 680–687.
- Röntgenstreuung in Körpern mit regelloser Struktur. In: Zs. f. Physik. Bd 156, 1959, S. 255–264.
- u. H. R. Anderson jr., H. Brumberger: Scattering by an Inhomogeneous Solid. II. The Correlation Function and its Application. In: Journal of Applied Physics. Vol 28, 1957, S. 679–683.
- u. L. K. H. van Beck jr.: Effekt of Adsorbed Water in the Optical Transmission Properties of Isotropic Powders. In: Journal of Chemical Physics. Vol 31, 1959, S. 1595–1597.
- und H. Brumberger: Low-Angle Scattering of X-rays by Glasses. In: The Journal of Physical Chemistry. Vol. 61, 1957, S. 1623–1624.
- u. R. L. Cleland jr.: Flow of Liquid Hydrocarbons in Porous Vicor. In: Journal of Applied Physics. Vol. 30, 1959, S. 843–849.
- u. N. T. Notley: Dimensions of Linear Polystyrene Molecules in Solution. Molecular Weight Dependence for Low Molucular Weights. In: Journal of Polymer Science. Vol. 24, 1957, S. 275 bis 281.
- u. P. Doreyfuss, N. T. Notley: Polymerization of Isopropenylstyrene. In: Ebda. Vol. 28, 1958. S. 611–613.
- u. Prins: Micellar Dispersion of α-Monoglycerides in Benzene and Chlorobenzene. In: Journal of Colloid Science. Vol. 13, 1958, S. 86–98.

Deubel, Fritz: Nachruf auf Serge von Bubnoff. In: Jb. d. Dt. Akad. d. Wissenschaften zu Berlin 1958. Berlin 1959. S. 114–115.
- Nachruf für Serge von Bubnoff. In: Geologie. Jg 7, 1958, S. 100–101.
- Über die Grenze Vorpaläozoikum/Paläozoikum in Böhmen und Thüringen. In: Ebda. Jg 8, 1959, S. 818–827.

Eggert, John: Karl Friedrich Bonhoeffer. 13. 1. 1899–15. 5. 1957. In: Jb. d. Bayer. Akad. d. Wissenschaften zu München 1958. S. 189–196.
- Die Photographie als Wissenschaft und als Technik. In: Jahresheft 1956/57 der Heidelberger Akad. d. Wissenschaften. Heidelberg 1958. S. 49–56.
- Stand der photographischen Entwicklung in Theorie und Praxis. In: Wiss. Photographie. Ergebnisse d. Int. Konf. f. wiss. Photographie, Köln 24.–27. Sept. 1956. Darmstadt 1958. S. 357–367.
- u. A. Büchler: Weitere Versuche über den Weigert-Effekt. II. In: Ebda. S. 145–154.
- Nuovi aspetti della fotografia nel campo della scienza e della tecnica. In: Rivista Ferrania. 1958.
- Louis Philippe Clerc †. In: Schweizer. Photo-Rdsch. Jg 24, 1959, S. 436–439.
- Zur spektralen Empfindlichkeit photographischer Schichten. Herrn Prof. Dr. Walther Gerlach z. 70. Geburtstag gewidmet. In: Annalen d. Physik. F. 7, Bd 4, 1959, S. 140–144.
- Prof. Dr. Emanuel Goldberg zur Vollendung des 75. Lebensjahres. In: Camera. Jg 35, 1956, S. 608ff.
- The Ignition of Explosives by Radiation: In: Journal of Physical Chemistry. Vol. 63, 1959, S. 11 bis 15.
- The initiation of explosion by light. In: Proc. of the Royal Soc. of London. Ser. A. Vol. 246, 1958, S. 240ff.

– 2. Radioaktive Konferenz in Zürich, 13. u. 14. Nov. 1958. In: Physikal. Blätter. Jg 15, 1959, S. 40–41.
– Prof. Dr. Walter Noddack zur Vollendung seines 65. Lebensjahres. In: Camera. Jg 37, 1958, S. 435ff.
– Ist Photographie als Kunst oder Technik zu werten? In: Photo-Amateur. Jg 1957, S. 135ff.
– Die Photographie als Wissenschaft und als Technik. In: Physikal. Blätter. Jg 13, 1957, S. 486–493.
– Nachrufe auf Ernst Rüst und Rudolf Fischer. In: Camera. Jg 36, 1957, S. 362ff.
– The present status of photographic development in theory and practice. In: Phot. Sci. and Eng. 1, 1958, S. 93ff.
– Die Stabilität des latenten Bildes und des photolytischen Silbers. In: Zs. f. Elektrochem. Bd 62, 1958, S. 48–49.
– Teaching Experiments on the Correlations between the Density Curves of Photographic Layers of Negatives and Positives. In: Bull. of the Research Council of Israel. Vol. 5 C, 1957, S. 299–305.
– Ein Unterrichtsversuch über die gegenseitigen Beziehungen der Schwärzungskurven von photographischen Negativ- und Positivschichten. In: Zs. f. wiss. Photogr., Photophysik u. Photochem. Bd 52, 1957, S. 57–63.
– Die internationalen photographischen Veranstaltungen im Herbst 1956. In: Camera. Jg 36, 1957, S. 34ff.
– u. H. Fischer: Über die Konvertierung photographischer Schichten, insbes. bei Anwesenheit eines latenten Bildes. In: Zs. f. Elektrochem. Bd 62, 1958, S. 230–235, 293–400.
– u. H. Fischer: Sur le mécanisme de la sensibilisation par l'or. Remarques sur un travail de même titre du Dr. P. Faelens. In: Science et Industries Photographiques. Ser. 2 T. 28, 1957, S. 190–191.
– u. H. Hopff: Über den Angriff von Polystyrol durch Insektenlarven. In: Kunststoffe. Jg 49, 1959, S. 323.
– U. Y. Ohyama: Weitere Versuche über den Weigert-Effekt. III. In: Zs. f. Elektrochem. Bd 62, 1958, S. 520–529.
– u. K. Pfister: Entwicklung mit „Phenidon". In: Schweizer. Photo-Rdsch. Jg 22, 1957, S. 370, 393, 413.
– u. R. v. Wartburg: Sensitometrische Studien in weiten Belichtungsbereichen. IX. Über das Verhalten einer Silberbromidemulsion bei Variation der Fällungs- und Reifzeiten sowie des Silberjodidgehaltes. In: Zs. f. Elektrochem. Bd 61, 1957, S. 693–715.
– u. Y. Yücelen: Über das Verhalten photographischer Schichten bei Einwirkung von Wasserstoffperoxyd-Dampf. In: Ebda. Bd 63, 1959, S. 18–29.

Hanson, Horst u. W. Blech: Die Lokalisierung von Di- und Aminopeptidaseaktivitäten in den Zellbestandteilfraktionen von Leber und Niere der Ratte. In: Hoppe-Seylers Zs. f. physiol. Chem. Bd 315, 1959, S. 191–200.
– u. W. Blech, P. Hermann, R. Kleine: Vorkommen und quantitative Erfaßbarkeit proteolytischer Enzymaktivitäten in Zellbestandteilen von Leber und Niere der Ratte. In: Ebda. S. 181–190.
– u. S. Fittkau: Über Peptide im menschlichen Harn. In: Ebda. Bd 313, 1958, S. 152–165.
– u. R. J. Haschen: Zur Charakteristik der Aminopeptidasen des Blutserums. In: Ebda. Bd 310, 1958, S. 213–220.
– u. R. J. Haschen: Eiweißzufuhr und Serumpeptidaseaktivität gegenüber Leucyl-glycil-glycin. In: Ebda. S. 227–331.
– u. R. J. Haschen: Die Peptidaseaktivität des Blutplasmas aus verschiedenen Hauptgefäßstämmen, des Harns und der Galle gegenüber Leucyl-glycyl-glycin. In: Ebda, S. 221–226.
– u. P. Hermann: Über die Bildung eines Reaktionsproduktes aus Cystein und Chloracetyltyrosin

und sein Verhalten gegenüber proteolytischen Fermenten. In: Bull. de la Soc. de Chim. Biologique. 40, 1958, S. 1835–1847.
– u. P. Hermann, W. Blech: Acylase- und katheptische Carboxypeptidase-Wirkung in Leber und Niere der Ratte und in den Zellbestandteilen dieser Organe. In: Hoppe-Seylers Zs. f. physiol. Chem. Bd 315, 1959, S. 201–207.
– u. R. Kleine: Untersuchungen zur Frage des Vorkommens und der Differenzierung von Dipeptid- und Aminosäureesterspaltenden Fermenten in Leber, Niere und Serum der Ratte. In: Ebda. S. 208 bis 221.
– u. R. Kleine, W. Blech: Die Spaltung von Kathepsin C- und Chymotrypsin-Substraten sowie Hämoglobin durch tierische Organe und ihre Zellbestandteile. In: Ebda. Bd 316, 1959, S. 127 bis 136.
– u. Joh. Methfessel: Zur Spezifität der Peptidaseaktivität der Rinderlinse. In: Acta biologica et medica germanica. Bd 1, 1958, S. 414–421.
– u. H. Schmidt: Über die Einwirkung proteolytischer Enzyme auf die organische Zahnsubstanz. In: Dt. Zahn-, Mund- u. Kieferheilkunde. Bd 28, 1958, S. 435–447.

Helferich, Burckhardt: Die Entwicklung der Deutschen Chemischen Gesellschaft und des Vereins Deutscher Chemiker. Eröffnungsvortrag anläßl. d. Hauptversammlung d. Ges. Dt. Chemiker in Berlin am 3. 10. 1957. o. O. 1958. 13 S.
– Organische Chemie. In: Aufgaben deutscher Forschung. Köln u. Opladen 1957. S. 82–90.
– Zur Chemiker-Ausbildung. Vortrag bei der Festsitzung der Hauptversammlung d. Ges. Dt. Chemiker, Berlin 1958.
– Zur Kenntnis des Süßmandel-Emulsins. In: Mitteilungsbl. d. Chem. Ges. in d. Dt. Demokr. Rep. Sonderheft 1959 Katalyse. S. 46–48.
– Schultagung der Gesellschaft Deutscher Naturwissenschaftler und Ärzte. In: Die Naturwiss. Jg 44, 1957, S. 73–74.
– u. A. Berger: Über die Synthese von Glucuroniden. In: Chem. Ber. Jg 90, 1957, S. 2492–2498.
– u. H. Böshagen: Synthese einiger Peptide aus Histidin, Valin und Leucin. In: Ebda. Jg 92, 1959, S. 2813–2827.
– u. M. Burgdorf: Über Derivate der D-Xylose. In: Tetrahedron. Vol. 3, 1958, S. 274–278.
– u. G. Duve: Zur Synthese von Glykosiden. II. In: Chem. Ber. Jg 91, 1958, S. 1790–1793.
– u. K.-H. Jung: Zur Spezifität von Glykosidasen. Verschiedenheit der β-D-Glucosidase und der β-D-Galactosidase des Süßmandelemulsins bei Adsorption durch Poly-(hydroxystyraol-glykoside). In: Hoppe-Seylers Zs. f. physiol. Chem. Bd 311, 1958, S. 54–62.
– u. D. V. Kashelikar: Über eine neue Methode zur Synthese von α-Glykosiden. In: Chem. Ber. Jg 90, 1957, S. 2094, 2096.
– u. T. Kleinschmidt: Über die Hemmung der ß-D-Glucosidase des Süßmandel-Emulsins durch Mistelextrakt. In: Hoppe-Seylers Zs. f. physiol. Chem. Bd 315, 1959, S. 34–37.
– u. D. Nachtsheim: Über die Gewinnung freier Zucker aus ihren p-Tosylhydrazonen. In: Liebigs Ann. d. Chem. Bd 604, 1957, S. 26–28.
– u. D. Nachtsheim: Über das Pikraminsäure-N-Glucosid und einige seiner Derivate. In: Mh. f. Chem. Bd 88, 1957, S. 460–463.
– u. W. Piel: Zur Synthese von α-Glykosiden einiger Disaccharide. In: Liebigs Ann. d. Chem. Bd 623, 1959, S. 124–128.
– u. P. Schellenberg, J. Ullrich: Die Synthese einiger Oligopeptide aus l-Glutaminsäure und Glycin. In: Chem. Ber. Jg 90, 1957, S. 700–711.
– u. K.-G. Schmidt: Ester u. Polyester von Phosphorsäure und Cycloalkylphosphonsäuren mit Phenolen. In: Ebda. Jg 92, 1959, S. 2051–2056.

– u. K.-H. Schmidt, D. Nachtsheim: N-Tosyl-Glykosylamine und Nitroso-Tosyl-Zuckerhydrazone. In: Liebigs Ann. d. Chem. Bd 605, 1957, S. 182–191.
– u. R. Steinpreis: Darstellung von Acetylzuckern mit freiem Lactol-Hydroxyl und Synthese von einigen Disacchariden. In: Chem. Ber. Jg 91, 1958, S. 1794–1798.

Hertwig, Paula: Anpassung, Vererbung und Evolution. Berlin 1959. 35 S. (Ber. über d. Verhandlungen d. Sächs. Akad. d. Wissenschaften zu Leipzig. Bd 103, H. 7).
– Strahlenschäden und Strahlenschutz im zellulären Bereich. Berlin 1957. 43 S. (Ber. über d. Verhandlungen d. Sächs. Akad. d. Wissenschaften zu Leipzig. Bd 102, H. 6).
– Zur Geschichte der strahlenbiologischen Forschung und ihre Bedeutung für die Gegenwart. In: In Memoriam Methodi Popoff. Papers on selected Problems of Biology and Medicine. Sofia 1958. S. 97–106. Auch in: Wiss. Zs. d. Martin-Luther-Univ. Halle-Wittenberg. Math.-nat. R. Jg 6, 1956/57, S. 405–412.
– Die genetischen Auswirkungen von energiereichen Strahlen. In: FuF. Jg 33, 1959, S. 65–69.

Keller, Ott-Heinrich: Analytische Geometrie und lineare Algebra (Lehrbuch). Berlin 1957. XI, 442 S.

Leutwein, Friedrich: Anregungsbedingungen von Lichtquellen für die spektrochemische Emissionsanalyse. In: Fünf Vorträge für Spektroskopie. Berlin 1959.
– Alter und paragenetische Stellung der Pechblende erzgebirgischer Lagerstätten. In: Geologie. Jg 6, 1957, S. 797–805.
– Über die Anwendbarkeit geochemischer Untersuchungen zur stratigraphischen Einordnung von Kieselschiefern. In: Neues Jb. f. Mineralogie. Abh. Bd 91, 1957, 257–270.
– Zur Ausbildung von Fachkräften für spektrochemische Arbeiten – ein Diskussionsbeitrag. In: Bergakademie. Jg 9, 1957, S. 161–163.
– Geochemische Prospektion. In: Zs. f. angew. Geologie. Bd 3, 1957, S. 178–182.
– u. R. Starke: Über die Möglichkeit der geochemischen Prospektion auf Selenmineralien, untersucht am Beispiel des Kupferschiefers und des Tilkeröder Erzbezirkes. In: Geologie. Jg 6, 1957, S. 349 bis 378.
– [Hrsg.] A. G. Betechtin: Lehrbuch der speziellen Mineralogie. 2. Aufl. Berlin 1957.
– [Hrsg.] Saidel, Prokofjew u. Raiski: Spektraltabellen. Berlin 1957. Dt.-engl.-franz. Ausg.

Lissner, Anton u. W. Göbel: Stand der chemischen Erforschung der Xylitkohlen einschl. d. Xylitbestimmungsmethoden. In: Freiberger Forschungshefte. A 148. 1959. S. 34–39.
– u. W. Göbel: Untersuchungen zur Charakterisierung von Braunkohlen, insbesondere von Schwelkohlen. In: Ebda. A 80. 1958. S. 88–116.
– u. E. Preu: Über die chemische Zusammensetzung einiger Xylite. In: Ebda. A 148. 1959. S. 50–57.
– u. E. Rammler: Aufgaben und Ziele des Deutschen Brennstoffinstitutes. In: Ebda. A 87. 1958. S. 7–18.
– u. E. Rammler: Edelkoks aus Braunkohlen. In: Ebda. A 119. 1958. S. 47–60.
– u. E. Rammler: Zur Kenntnis der Brikettiereigenschaften der Braunkohle. V. Beitrag zum Fragenkomplex der Wasserbeständigkeit der Briketts. In: Ebda. A 153. 1959. S. 5–25.
– u. E. Rammler, E. Bilkenroth: Zum Salzkohleproblem. In: Ebda. A 87. 1958. S. 28–45.
– Die Beziehungen D. J. Mendelejeffs zur Bergakademie Freiberg. Zum 50. Todestag des großen russischen Gelehrten. In: Bergakademie. Jg 9, 1957, S. 380–382.
– Alfred Dierichs †. In: Ebda. Jg 10, 1958, S. 654–656.
– u. H. Bastius: Bildung flüchtiger Selenverbindungen in Flammengasen bei Röstprozessen. In: Chem. Technik. Jg 11, 1959, S. 82–86.

– u. H. Bastius: Die Bindungsformen des Selens in Anodenschlamm der Kupferelektrolyse. In: Zs. f. physik. Chem. Bd 207, 1957, S. 111–117.
– u. D. Claus: Über Hexacyanomanganate (I) und Hexacyanorhenat (I). In: Zs. f. anorg. u. allg. Chem. Bd 297, 1958, S. 300–310.
– u. E. Rammler: Das Deutsche Brennstoffinstitut in Freiberg. In: Bergbautechnik. Jg 7, 1957, S. 57–58.
Ferner zahlreiche Tagungsberichte und Buchbesprechungen in den Zeitschriften „Bergakademie" und „Chemische Technik".

Mothes, Kurt: Biochemie und Physiologie der Alkaloide. Arbeitstagung vom 8.–12. Oktober 1956. Berlin 1957. VIII, 251 S. (Abh. d. Dt. Akad. d. Wissenschaften zu Berlin. Kl. f. Chem., Geol. u. Biol. Jg 1956, Nr. 7).
– Alkaloids in the Plant. In: Manske: Alkaloids. New York 1959. S. 1–24.
– Ammoniakentgiftung und Aminogruppenvorrat. In: Hb. d. Pflanzenphysiologie. Bd 8. Berlin–Göttingen–Heidelberg 1958. S. 716–762.
– Bemerkungen über die physiologischen Voraussetzungen der Eiweißsynthese in isolierten Blättern. In: 10. Colloquium d. Ges. f. Physiol. Chem. am 9./12. 4. 1959 in Mosbach. Berlin 1959. S. 72 bis 81.
– Einführung und Übersicht. In: Hb. d. Pflanzenphysiol. Bd 8. Berlin–Göttingen–Heidelberg 1958. S. 1–4.
– Einführung und Übersicht über „Die Heterotrophie". In: Ebda. Bd 11. 1959. S. XIX–XXV.
– Erwerb und Assimilation des Stickstoffs, Übersicht. In: Ebda. S. 5–8.
– The Role of Kinetin in Accumulation Processes of Exised Leaves. In: IX. Int. Botanical Congr., Montreal. Proc. Vol. 2. 1959. S. 273.
– Über die Stellung der Alkaloide im Gesamtstoffwechsel unter besonderer Berücksichtigung der biochemischen Differenzierung der pflanzlichen Organe. In: Festschr. f. Arthur Stoll. Basel 1957. S. 814–823.
– Urea and Ureides. In: IX. Int. Botanical Congr., Montreal. Proc. Vol. 2. 1959. S. 273.
– Über den Verjüngungs- und Alterungsstoffwechsel von Blattstecklingen. In: Suppl. to Int. Abstracts of Biological Sciences. 1958. (11–19).
– Die Wirkung der Cyphomandra-Unterlage auf ein Datura-Reis. In: Studies in Plant Physiology. Praha 1958. S. 79–83.
– u. A. Romeike: Die Alkaloide. In: Hb. d. Pflanzenphysiol. Bd 8. 1958. S. 989–1049.
– Studies on honey-dew. In: Symposium Allahabad, Plant Metabolism. 1958. S. 139–140.
– Ansprache anläßl. der Jahresversammlung der Leopoldina, gehalten am 8. 6. 1957 in Schweinfurt. In: Nova Acta Leopoldina. N. F. Bd 19, 1957, S. 14–25.
– Über neue Arbeiten zur Biosynthese der Alkaloide. In: Die Pharmazie. Jg 14, 1959, S. 121–132, 177–190.
– Begrüßungsworte des Präsidenten. Schlußworte des Präsidenten. Antibiotica-Tagung 1957. In: Nova Acta Leopoldina. N. F. Bd 19, 1957, S. 5–6.
– Einführung in die Diskussion über chemische Rassen. In: Pharmaceut. Weekblad. Vol. 92, 1957, S. 817–820.
– Entwicklungsphysiologische Bedingungen der Alkaloidsynthese. In: Planta Medica. Jg 6, 1958, S. 99–102.
– Fortschritte auf dem Gebiete der Biochemie und Physiologie der Solanaceenalkaloide. In: Dt. Apotheker-Ztg. Jg 97, 1957, S. 228–230.
– Fragen der Entstehung des Lebens auf der Erde. In: Mitteilungsbl. f. d. Mitarbeiter d. Dt. Akad. d. Wissenschaften zu Berlin. Jg 3, 1957, S. 186–188.

- Das Institut für Kulturpflanzenforschung im Jahre 1957. Abt. chemische Physiologie. In: Die Kulturpflanze. Bd 6, 1958, S. 20–26.
- Jahresbericht für 1956. In: Ebda. Bd 5, 1957, S. 15–20.
- Konferenz über Heil- und Nutzpflanzen im Institut für Gartenpflanzenzüchtung in Wageningen 9.–11. 9. 57. In: Die Pharmazie. Jg 12, 1957, S. 847–848.
- Die vergleichende biochemische Methode. Dargestellt am Problem der Ammoniakentgiftung. In: FuF. Jg 31, 1957, S. 70–76.
- Neues über den Honigtau. In: Forstw. Cbl. Jg 77, 1958, S. 105–108. Auch in: Leopoldina. (3) Bd 3, 1959, S. 63–65.
- New Perspectives in the Biosynthesis of Alkaloids. In: Symposia of the Soc. for experim. Biology. Nr. 13, 1959, S. 258–282.
- Physiology of Alkaloids. In: The Journal of Pharmacy and Pharmacology. Vol. 11, 1959, S. 193 bis 210.
- D. N. Prjanischnikow 1865–1948. In: Ber. d. Dt. Bot. Ges. Bd 68a, 1957, S. 311–313.
- u. W. Baudisch: Untersuchungen über die Reversibilität der Ausbleichung grüner Blätter. In: Flora. Bd 146, 1958, S. 521–531.
- u. I. Böttger, R. Wollgiehn: Untersuchungen über den Zusammenhang zwischen Nukleinsäure- und Eiweißstoffwechsel in grünen Blättern. In: Die Naturwiss. Jg 45, 1958, S. 316.
- u. L. Engelbrecht: Die Bedeutung einiger äußerer Faktoren für die Nikotinbildung durch Nicotiana rustica. In: Planta Medica. Jg 6, 1958, S. 317–348.
- u. L. Engelbrecht: Über Blatthonigtau. In: Flora. Bd 145, 1957, S. 132–145.
- u. L. Engelbrecht: Kinetin und das Problem der Akkumulation löslicher Stickstoff-Verbindungen. In: Monatsber. d. Dt. Akad. d. Wissenschaften zu Berlin. Bd 1, 1959, S. 367–375.
- u. L. Engelbrecht, O. Kulajewa: Über die Wirkung des Kinetins auf Stickstoffverteilung und Eiweißsynthese in isolierten Blättern. In: Flora. Bd 147, 1959, S. 445–464.
- u. L. Engelbrecht, K.-H. Tschöpe, G. Hutschenreuter-Trefftz: Wurzelaktivität und Nicotinbildung. In: Ebda. Bd 144, 1957, S. 518–536.
- u. D. Gröger, H. J. Wendt, F. Weygand: Untersuchungen zur Biosynthese der Mutterkornalkaloide. In: Zs. f. Naturforschg. Bd 14b, 1959, S. 355–358.
- u. G. Kleinschmidt: Zur Physiologie und Biosynthese der Alkaloide von Papaver somniferum. In: Ebda. S. 52–56.
- u. G. Kleinschmidt: Zur Züchtung eines Arzneimohns (Papaver somniferum). In: Die Pharmazie. Jg 13, 1958, S. 357–360.
- u. H. R. Schütte, H. Simon, F. Weygand: Die Bildung von Anabasin aus Cadaverin [1,5-^{14}C] mit Hilfe von Extrakten aus Erbsenkeimlingen. In: Zs. f. Naturforschg. Bd 14b, 1959, S. 49–51.
- u. F. Weygand, D. Gröger, H. Grisebach: Untersuchungen zur Biosynthese der Mutterkorn-Alkaloide. In: Ebda. Bd 13b, 1958, 41–44.

Myrberg, Pekka Juhana: Eine Anwendung der Differenzengleichungen auf gewisse automorphe Funktionen zweier Variablen, deren Gruppe kommutativ ist. Helsinki–Wiesbaden 1958. 10 S. (Annales Acad. Sci. Fennicae. Ser. A Nr. 248).
- Iteration der reellen Polynome zweiten Grades. I. II. Helsinki–Wiesbaden 1958/59. 10, 13 S. (Annales Acad. Sci. Fennicae. Ser. A. Nr. 256, 268).
- Iteration von Quadratwurzeloperationen. Helsinki–Wiesbaden 1958. 16 S. (Annales Acad. Sci. Fennicae. Ser. A. Nr. 259).
- Über eine Klasse von automorphen Funktionen mehrerer Variablen, die vermittels periodischer Funktionen darstellbar sind. Erster Teil: Kommutative Gruppen. Helsinki–Wiesbaden 1957. 10 S. (Annales Acad. Sci. Fennicae. Ser. A. Nr. 235).

– Über eine Klasse von automorphen Funktionen mehrerer Variablen, die vermittels periodischer Funktionen darstellbar sind. Zweiter Teil: Die nichtkommutativen Gruppen. Helsinki–Wiesbaden 1957. 16 S. (Annales Acad. Sci. Fennicae. Ser. A. Nr. 238).

– Reduktion der Verzweigungspunkte Riemannscher Flächen durch konforme Abbildung. Helsinki–Wiesbaden 1959. 7 S. (Annales Acad. Sci. Fennicae. Ser. A. Nr. 261).

– Eine Verallgemeinerung des arithmetisch-geometrischen Mittels. Helsinki–Wiesbaden 1958. 19 S. (Annales Acad. Sci. Fennicae. Ser. A. Nr. 253).

– Sure une généralisation de la moyenne arithmétique-géométrique de Gauss. In: Comptes rendus hebdomadaires des séances de l'Académie des Sciences. T. 246, Paris 1958, S. 3201–3204.

– Funktionaaliyhthälön $\varphi(u + v) + \varphi(u - v) = R(\varphi(u), \varphi(v))$ ratkaiseminen tapauksessa, jolloin R on rationaalinen. In: Arkhimedes. 1959, S. 13–16.

Neef, Ernst: Über die Veränderlichkeit unserer geographischen Umwelt. Berlin 1959. 19 S. (Ber. über d. Verhandlungen d. Sächs. Akad. d. Wissenschaften zu Leipzig. Math.-nat. Kl. Bd 103, H. 4).

– Die Mathematisch-naturwissenschaftliche Fakultät auf neuen Wegen. In: Karl-Marx-Universität. Festschr. z. 550-Jahrfeier. Leipzig 1959. S. 101–106.

– Vogtland. Sächs.-Böhmisches Kreidesandsteingebiet. Oberlausitz. Sächs. Hügelland. In: Hb. d. naturräumlichen Gliederung Deutschlands. Hrsg. v. E. Meynen. Remagen 1959. S. 648–657, 670 bis 677, 678–689, 701–721.

– Wirtschaftsgeographische Gliederung und ökonomische Rayonierung. In: Przeglad geograficzny. T. 30, 1958, S. 46–58.

– Zum Inhalt der politischen und ökonomischen Geographie. Diskussionsbemerkungen zu H. Sanke „Über Inhalt, Stellung und Gliederung der politischen und ökonomischen Geographie". In: Geogr. Ber. Jg 2, 1957, H. 4, S. 22–27.

– II. Wissenschaftliche Konferenz der Wirtschaftsgeographen in der Tschechoslowakei. In: Petermanns Mitt. Jg 101, 1957, S. 274.

– Das Museum für Länderkunde zu Leipzig. In: Ebda. Jg 102, 1958, S. 100–103.

– Nordostbrasilien. Ber. v. d. Exkursion Nr. 7 d. XVIII. Int. Geographenkongresses 1956 in Rio de Janeiro. In: Geogr. Ber. Jg 2, 1957, S. 109–122.

– Ostsee-Tagung der Geogr. Gesellschaft in der Deutschen Demokratischen Republik. In: Petermanns Mitt. Jg 102, 1958, S. 204.

– u. H. Carol: Zehn Grundsätze über Geographie und Landschaft. In: Ebda. Jg 101, 1957, S. 97–98.

– u. W. Horn: 31. Deutscher Geographentag Würzburg 1957. In: Ebda. S. 273–274.

– [Bespr.] Friedrich Mager z. 70. Geburtstag. Wiss. Zs. d. Ernst-Moritz-Arndt-Univ. Greifswald. Jg 4, 1954/55. Math.-nat. R. H. 6/7. In: Ebda. S. 30.

– u. W. Neef [Bespr.] Atlas der Volksrepublik China. Peking u. Shanghai 1957. In: Ebda. Jg 103, 1959, S. 233.

Peiper, Albrecht: Chronik der Kinderheilkunde. 3. Aufl. Leipzig 1958.

– Krankheiten der Neugeborenen. Leipzig 1958. IX, 131 S. m. 54 Abb. (Abh. aus d. Geb. d. prakt. Kinderheilkunde. Bd 3).

– Die Schwerkraftreflexe des Säuglings. Berlin 1959. 16 S. m. 24 Abb. (Abh. d. Sächs. Akad. d. Wissenschaften zu Leipzig. Math.-nat. Kl. Bd 46, H. 4).

– Leipziger Beiträge zur Kinderheilkunde. In: Karl-Marx-Universität 1409–1959. Beiträge z. Universitätsgesch. Bd 1. Leipzig 1959. S. 518–526.

– Frühgeborene. In: Pädiatrie. Ein Lehrbuch für Studierende u. Ärzte. Hrsg. v. Hans Opitz u. Bernhard de Rudder. Berlin-Göttingen-Heidelberg 1957. S. 199–210.

– Die Bedeutung der Milch für die Ernährung des Säuglings. In: Das dt. Gesundheitswesen. Jg 12, 1957, S. 105–108.
– Die Bekämpfung der Säuglingssterblichkeit. In: Ebda. Jg 14, 1959, S. 879–887.
– The fight against children's diseases in the German Democratic Republik. In: Inform. Bull. by the Trade Representation of the German Dem. Rep. 12, 1957, S. 21 ff.
– Jivaka, der erste Kinderarzt. In: Kinderärztl. Prax. Jg 25, 1957, S. 34–43.
– Jivaka, the first Pediatrician. In: The Indian Practitioner. Vol. 11, 1958, S. 301 ff.
– Indienreise eines Kinderarztes. In: Ärztl. Wschr. Jg 12, 1957, S. 825–829.
– Über die Kinder: Aus einer unbeachteten Schrift Galens: In: Monatsschr. f. Kinderheilkunde. Bd 105, 1957, S. 138–140.
– Eine Mütterberatung aus dem 15. Jahrhundert. In: Kinderärztl. Prax. Jg 25, 1957, S. 136–139.
– Die Nahrungsaufnahme des Säuglings. In: Münch. med. Wschr. Jg 100, 1958, S. 249–253.
– Old India, the medical science. In: The Indian Practitioner. Vol. 11, 1958, S. 430 ff.
– Unbedingte und bedingte Reflexe der Nahrungsaufnahme. In: Kinderärztl. Prax. Jg 26, 1958, S. 507–516.
– Der unbekannte Säugling. In: Ärztl. Wschr. Jg 14, 1959, S. 297–303.
– Die Sorge für die Kinder werktätiger Mütter. In: Das dt. Gesundheitswesen. Jg 12, 1957, S. 420 bis 429.
– Die Verhütung der interstitiellen Pneumonie der Frühgeborenen. In: Ann. Pediatr. fenn. Vol. 3, 1957.
– u. H.-C. Hempel, W. Wünscher: Der Gampersche Verbeugungsreflex. In: Monatsschr. f. Kinderheilkunde. Bd 107, 1959, S. 393–397.
– u. H. Thomas: Die Grenze der Lebensfähigkeit Frühgeborener. In: Ärztl. Wschr. Jg 12, 1957, S. 103–105.
– [Bespr.] Charlotte Bühler u .Josephine Bilz: Das Märchen und die Phantasie des Kindes. Mit einer Einführung hrsg. v. Hildegard Hetzer. München 1958. In: DLZ. Jg 80, 1959, Sp. 434–435.
– [Bespr.] Das Kind in unserer Zeit. Eine Vortragsreihe mit Beiträgen von Richard Bamberger [u. a.]. Stuttgart 1958. In: Ebda. Sp. 162.
– [Bespr.] René A. Spitz: Die Entstehung der ersten Objektbeziehungen. Stuttgart 1957. In: DLZ. Jg 79, 1958, Sp. 157.

Prell, Heinrich: Die Vorstellungen des Altertums von der Erdumfangslänge. Berlin 1959. 94 S. (Abh. d. Sächs. Akad. d. Wissenschaften zu Leipzig. Math.-nat. Kl. Bd 46, H. 1).
– Beta, Gamma und Epsilon. Die Kurznamen dreier Mathematiker des Altertums. In: Wiss. Zs. d. TH Dresden. Jg 7, 1957/58, S. 133–143.
– Industrieabgase als Schädiger der Tierwelt. In: Wiss. Zs. d. Martin-Luther-Univ. Halle-Wittenberg. Math.-nat. R. Jg 6, 1957/58, S. 1086–1087.
– Die Stadienmaße des klassischen Altertums in ihren wechselseitigen Beziehungen. In: Wiss. Zs. d. TH Dresden. Jg 6, 1956/57, S. 549–563.

Rammler, Erich u. H.-J. v. Alberti: Braunkohlenschwelung – Braunkohlenverkokung. Eine empfehlende Bibliographie. Leipzig 1957. 138 S.
– u. H.-J. v. Alberti, R. Braune: Entwerfen von Braunkohlenschwelereien. 1. Lehrbrief. Freiberg 1959. 65 S.
– u. R. Braune: Entwerfen von Brikettfabriken. 1. Lehrbrief. Freiberg 1959. 82 S.
– u. R. Braune: Verbrennungs- und Vergasungslehre. 2. Lehrbrief. Freiberg 1957. 104 S. 3. Lehrbrief. Freiberg 1958. 82 S. 4. Lehrbrief. Freiberg 1958. 60 S. 5. Lehrbrief. Freiberg 1959. 118 S.

– u. K. Kegel: Brikettieren für Bergleute und Aufbereiter. 1. Lehrbrief. 2. Aufl. Freiberg 1957. 70, VI S. 2. Lehrbrief 2. Aufl. Freiberg 1959. 82 S. 10. Lehrbrief. Freiberg 1957. 76 S.
– Zu den Aufgaben des Arbeitsausschusses „Energie". In: Freiberger Forschungshefte. A 138. 1959. S. 66–71.
– Beitrag zum Vergleich der Brikettierung von Braunkohlen mit und ohne Bindemittel. In: Ebda. A 99. 1958. S. 105–123.
– Feste Brennstoffe. In: H. Witte: Hb. der Energiewirtschaft. Bd 1. Berlin 1957. S. 95–219.
– Zur Frage der Veränderung des Anfalles an Schwelprodukten bei Wechsel des Teergehaltes der Schwelkohle. In: Freiberger Forschungshefte. A 72. 1957. S. 50–59.
– Zur Geschichte der Theorie der bindemittellosen Brikettierung von Braunkohle. In: Ebda. A 60. 1957. S. 127–150.
– Zur Geschichte der Theorie der bindemittellosen Brikettierung von Braunkohle. In: 100 Jahre Braunkohlenbrikettierung. Halle 1958. S. 111–128.
– Zum Stand und zur zukünftigen Entwicklung der Bearbeitung der Xylitprobleme. In: Freiberger Forschungshefte. A 148. 1959. S. 151–159.
– Typen von Braunkohlenbrikettfabriken. In: Ebda. A 137. 1959. S. 5–89.
– u. H.-J. v. Alberti: Zum Begriff der teer- oder koksbetonten Schwelerei. In: Ebda. A 121. 1959. S. 5–14.
– u. H. Baumgärtel: Pioniere der Brikettierung. In: 100 Jahre Braunkohlenbrikettierung. Halle 1958. S. 21–33.
– u. S. Beeger: Ein Versuch zur Kennzeichnung fazieller Unterschiede in Braunkohlenflözen durch Jodadsorptionsmessungen. In: Freiberger Forschungshefte. A 153. 1959. S. 26–32.
– u. K. Breitling: Vergleichende Untersuchungen an Fliehkraftentstaubern. In: Ebda. A 56. 1957, S. 5–36.
– u. W. Fischer: Über die Kornzusammensetzung von Mischkollektiven von aus den der RRS-Exponentialformel gehorchenden Gekörnen. In: Ebda. A 62. 1957. S. 97–114.
– u. G. Gerlach: Zur Mahlbarkeit von Braunkohlenschwelkoks. In: Ebda. A 56. 1957. S. 37–67.
– u. G. Gerlach: Schwelung unter mechanischem Druck. In: Ebda. A 62. 1957. S. 5–32.
– u. E. Glöckner: Beiträge zur Methodik der Untersuchungen von Trockenkohlen-Kühlanlagen. In: Ebda. A 73. 1957. S. 32–79.
– u. E. Glöckner: Über den Einfluß der Gestaltung der Austragssiebe bei Schlägermühlen auf die Kornzusammensetzung des Mahlgutes. In: Ebda. A 73. 1957. S. 5–31.
– u. P. Göhler: Zum Begriff des Kohlenstoffvergasungsgrades. In: Ebda. A 121. 1959. S. 44–55.
– u. P. Göhler: Beiträge zur Vergasung von Koks mit Kohlensäure und Sauerstoff als Vergasungsmitteln. In: Ebda. A 82. 1957. S. 49–79.
– u. P. Göhler: Über die Einflüsse des Dampfzusatzes zur Vergasungsluft und der Wärmeverluste der Reaktionszone auf die Ergebnisse der Vergasung von Koks in Festbettgeneratoren. In: Ebda. A 82. 1957. S. 20–48.
– u. P. Göhler: Rechnerische Untersuchungen über den Ersatz des Wasserdampfzusatzes zur Vergasungsluft durch Kohlensäure bei der Vergasung von Koks im Festbettgenerator. In: Ebda. A 112. 1959. S. 124–152.
– u. K. Heide: Über den Einfluß der Eigenschaften der Schwelkohle auf die Ofenstandfestigkeit der Schwelbriketts. In: Ebda. A 73. 1957. S. 80–117.
– u. K. Heide: Nomogramme für die Leistungen von Ringwalzenpressen. In: Ebda. A 62. 1957. S. 76–91.
– u. K. Heide, R. Bork: Vergasungsversuche mit Braunkohlenbriketts im Drehrostgenerator. In: Ebda. A 112. 1959. S. 37–61.

– u. K. Heide, A. Scheinpflug: Brikettieren und Verkoken von Xylit. In: Ebda. A 148. 1959. S. 125–142.
– u. K. Heide, K. Wagner: Laboratoriumsversuche über die Auswirkung der Erhitzungsgeschwindigkeit und der Temperaturführung auf die Qualität der Schwelprodukte bei der Brikettschwelung. In: Ebda. A 72. 1957. S. 5–49.
– u. K. Heide, A. Wilke: Eigenschaften von Schwel- und Mitteltemperaturkoks aus Niederlausitzer Braunkohle, bes. im Hinblick auf seine Verwendbarkeit zur Schwefelkohlenstofferzeugung. In: Ebda. A 82. 1957. S. 80–103.
– u. K. Heide, A. Wilke: Untersuchung über die Eignung von Torfkoks für die Schwefelkohlenstoffherstellung. In: Ebda. A 72. 1957. S. 60–86.
– u. K. Hofmann: Über die erste Braunkohlenbrikettfabrik. In: 100 Jahre Braunkohlenbrikettierung. Halle 1958. S. 42–61.
– u. K. Hofmann: Hundert Jahre Braunkohlenbrikettierung. In: Ebda. S. 13–20.
– u. H. Jacob: Beiträge zur petrologischen Charakteristik von Torf und Torfkoks im Hinblick auf die Torfkoksherstellung. In: Freiberger Forschungshefte. A 72. 1957. S. 87–108.
– u. H. Jacob: Zur Kenntnis der Brikettiereigenschaften der Braunkohle. 1. Untersuchungen an Kohle aus dem Tagebau Domsdorf (Niederlausitz). In: Ebda. A 99. 1958. S. 81–104.
– u. H. Jacob: Zur Kenntnis der Brikettiereigenschaften der Braunkohle. 2. Untersuchungen an Kohle aus dem Tagebau Plessa (Niederlausitz). In: Ebda. A 102. 1958. S. 99–128.
– u. E. Klose: Über die Einflüsse auf Zusammensetzung und Heizwert des Schwelgases bei der Spülgasschwelung. In: Ebda. A 139. 1959. S. 44–67.
– u. E. Knopfe: Über Beziehungen zwischen den Analysendaten von Braunkohlen und den Festigkeiten hieraus hergestellter Laboratoriumsbriketts. In: Ebda. A 90. 1958. S. 29–54.
– u. H. Krug: Die Feinheitsordnung des Prallspalters. In: Ebda. A 90. 1958. S. 87–95.
– u. H. Krug: Nomogramm für die spezifische Durchgangsleistung von Siebkettenförderern. In: Ebda. A 153. 1959. S. 36–41.
– u. H. Krug: Untersuchung eines mechanischen Probeteils mit rotierender Verteilertrommel. In: Ebda. A 62. 1957. S. 115–148.
– u. H. Krug, S. Wagner-Beeger: Versuche zur Zerkleinerung von Braunkohle im Prallspalter. In: Ebda. A 74. 1957. S. 88–107.
– u. A. Lissner: Aufgaben und Ziele des Deutschen Brennstoffinstitutes. In: Ebda. A 87. 1958. S. 7–18.
– u. A. Lissner: Edelkoks aus Braunkohlen. In: Ebda. A 119. 1958. S. 47–60.
– u. A. Lissner: Zur Kenntnis der Brikettiereigenschaften der Braunkohle. 5. Beitrag zum Fragenkomplex der Wasserbeständigkeit der Briketts (am Beispiel einer bulgarischen Braunkohle). In: Ebda. A 153. 1959. S. 5–25.
– u. A. Lissner, G. Bilkenroth: Zum Salzkohleproblem. In: Ebda. A 87. 1958. S. 28–45.
– u. D. Marvan: Zur Kenntnis der Brikettiereigenschaften der Braunkohle. 3. Laboratoriumsmäßige Untersuchungen von Kohle des Tagebaues Spreetal (Niederlausitz) auf Brikettierfähigkeit und Briketteigenschaften. In: Ebda. A 137. 1959. S. 112–145.
– u. H. Metzner: Über den Nutzen von Schlitzprobenuntersuchungen zur Beurteilung der Schwankungen der Veredlungseigenschaften von Braunkohlenflözen. In: Ebda. A 90. 1958. S. 5–27.
– u. H. Metzner, G. Bilkenroth: Auswirkung der Kornverteilung der Brikettierkohle auf die Eigenschaften von Feinstkorn- und Staubbriketts und auf ihre Verkokungsgüte. In: Ebda. A 62. 1957. S. 34–74.
– u. J. Michel: Zur Mahlbarkeit von Braunkohlenschwelkoks. II. In: Ebda. A 139. 1959. S. 68–84.
– u. J. Michel: Zerkleinerung von oberflächenfeuchter Braunkohle auf F-Brikettkörnung in einer beheizten Hammermühle. In: Ebda. A 130. 1959. S. 53–76.

– u. G. Peetz: Zur Anwendung radioaktiver Isotope für Brikettierungsuntersuchungen. In: Ebda. A 98. 1958. S. 79–93.

– u. G. Peetz. Elektrisch beheizte Siebe im Naßdienst von Brikettfabriken. In: Ebda. S. 50–76.

– u. G. Peetz, G. Graefe, K. Heide: Zur Kenntnis der Brikettiereigenschaften der Braunkohle. 4. Untersuchungen von Schlitzproben des Tagebaues Kleinleipisch-Koyne auf Brikettier- und Verkokungseigenschaften. In: Ebda. A 139. 1959. S. 85–119.

– u. R. Schmidt: Beitrag über das brikettiertechnische Verhalten von mit Feuergasen getrockneter Braunkohle, insbes. hinsichtlich der Wasserbeständigkeit der Briketts. In: Ebda. A 72. 1957. S. 109–124.

– Hundert Jahre Braunkohlenbrikettierung. In: Bergakademie. Jg 10, 1958, S. 471–480.

– Despre utilizarea rationala a lignitilor inferiori. In: Studii si Cercetari de Energetica. Vol. 7, 1957, S. 341–351.

– Prof. em. Dipl.-Berging. Dr.-Ing. e. h. Karl Kegel †. In: Bergakademie. Jg 11, 1959, S. 446–452.

– u. R. Bauerfeind: Staubmessungen in Brikettfabriken. In: Staub. Jg 19, 1959, S. 134–139.

– u. K. Breitling: Neuere Entwicklung der Flugstaubmengenmessung in technischen Gasen. In: Chem. Technik. Jg 9, 1957, S. 636–645.

– u. K. Heide: Vergleichende Laboratoriumschwelversuche mit Briketts verschiedener Schwelwerke. In: Bergbautechnik. Jg 7, 1957, S. 59–72.

Renner, Otto: Führer durch die Gewächshäuser des Botanischen Gartens München-Nymphenburg. 2. Aufl. München 1957.

– Botanik. In: Geist und Gestalt. Biogr. Beiträge z. Gesch. d. Bayer, Akad. d. Wissenschaften vornehml. im zweiten Jahrhundert ihres Bestehens. Bd 2. München 1959. S. 256–269.

– Samatic conversion in the heredity of the cruciata character in Oenothera. In: Heredity. Vol. 13, 1959, S. 283–288.

– Pro domo in Sachen Gasvacuolen. In: Ber. d. Dt. Botan. Ges. Bd 72, 1959, S. 159–165.

– Über den Erbgang des cruciata-Merkmals der Oenotheren. VI. In: Zs. f. Vererbungslehre. Bd 89, 1958, S. 14–35.

– Über den Erbgang des cruciata-Merkmals der Oenotheren. VII. In: Flora. Bd 145, 1958, S. 339 bis 373.

– Über den Erbgang des cruciata-Merkmals der Oenotheren. VIII. In: Zs. f. Vererbungslehre. Bd 89, 1958, S. 377–396.

– Auch etwas über F. Moewus, Forsythia und Chlamydomonas. In: Zs. f. Naturforschg. Bd 13 b, 1958, S. 399–403.

– Zur Kenntnis des Farnsporangiums. In: Ebda. Bd 14 b, 1959, S. 404–410.

– Paralipomena zur Genetik von Oenotheren. In: Zs. f. Vererbungslehre. Bd 90, 1959, S. 132–147.

– u. J. Muskat: Über zwei neue Arten von Absidia aus Tunesien, A. parricida und A. tuneta. In: Planta. Bd 51, 1958, S. 786–802.

– [Bespr.] R. R. Gates: Taxonomy and Genetics of Oenothera. Den Haag 1958. In: Zs. f. Botanik. Bd 47, 1959, S. 532–535.

Schwabe, Kurt: Über Aziditätsmaße. Berlin 1959. 24 S. m. 15 Fig. u. 3 Tab. (Abh. d. Sächs. Akad. d. Wiss. zu Leipzig. Math.-nat. Kl. Bd 46, H. 2).

– Fortschritte der p_H-Meßtechnik. 2. überarb. u. erw. Aufl. Berlin 1958. VIII, 280 S.

– p_H-Fibel. Berlin 1958. 57 S.

– u. H. J. Bär, G. Dietz, R. Tümmler: Polarographie und chemische Konstitution organischer Verbindungen. Berlin 1957. X, 447 S. (Scientia Chimica. Bd 8).

– [Bearb. d. Übersetzg. a. d. Russ.] L. M. Batuner u. M. Je. Posin: Mathematische Methoden in der chemischen Technik. Teil I. Berlin 1958. 257 S.
– Über den Einfluß organischer Lösungsmittel auf die polarographische Halbstufenpotentiale und Stufenhöhe organischer Depolarisationen. In: XV Congresso Int. de Quimica pura et applicada. Actas do Congresso. Vol. 1. Lisboa 1957. 15 S.
– Das Institut für Elektrochemie und physikalische Chemie an der TH Dresden. In: Achema-Jb. Jg 1956/58. Frankfurt a. M. 1958. S. 273–275.
– Weitere Untersuchungen über den Einfluß organischer Lösungsmittel auf das polarographische Verhalten und die p_H-Wert-Verschiebung. In: Zs. f. physikal. Chem. Sonderheft. Leipzig 1958. S. 289–302.
– u. H. Hasselbach, D. Jahn: Experimentelle Untersuchungen über polarographische Maxima. In: Ebda. S. 17–27.
– u. E. Schmidt: Beitrag zur Polarographie kondensierter aromatischer Kohlenwasserstoffe. In: Ebda. S. 278–288.
– u. R. Tümmler: Reaktionsgeschwindigkeitsmessungen mit dem Polarographen. IV. Einfluß des Lösungsmittels auf die Geschwindigkeit der Reduktion von Meldolablau mit Phenylhydrazinchlorhydrat. In: Ebda. S. 224–234.
– Die Dissoziation des Wassers zwischen 100 und 300 °C. In: Chem. Technik. Jg 11, 1959, S. 554 bis 555.
– Über den Einfluß organischer Lösungsmittel auf Stufenhöhe und Halbstufenpotential organischer Depolarisatoren. In: Zs. f. Elektrochemie. Bd 61, 1957, S. 484–489.
– Dass. [in russ. Spr.] o. A.
– Elektroden zur p_H-Messung unter extremen Bedingungen. In: Chemiker-Ztg. Jg 82, 1958, S. 347 bis 354.
– Über neue Elektrodengläser. In: Wiss. Zs. d. TH Dresden. Jg 6, 1956/57, S. 851–854.
– Über einige Fragen der Passivität und Korrosion. In: Ebda. Jg 8, 1958/59, S. 240–244.
– Die $Hg/Hg_2(CH_3COO)_2$-Elektrode für nichtwässrige Lösungen. In: Die Naturwiss. Jg 44, 1957, S. 350.
– Radioaktive Isotope als Helfer für Wissenschaft und Technik. In: Zellstoff u. Papier. Jg 8, 1959, S. 212–221.
– Radioaktive Isotope als Helfer in Wissenschaft und Technik. In: Urania. Jg 22, 1959, S. 470–475.
– New Methods of p_H-Measurements under Extreme Conditions. In: Monthly Technical Review. Vol. 3, 1959, S. 13–14.
– Zur Passivität des Galliums. In: Zs. f. physikal. Chem. Bd 211, 1959, S. 170–179. Auszug in: Elechtrochimica Acta. Vol. 1, 1959, S. 357.
– Elektrometrische p_H-Messungen unter extremen Bedingungen. In: Dechema-Monographien. Bd 31, Nr. 426–50, 1959, S. 151–166.
– Elektrometrische p_H-Messungen unter extremen Bedingungen. I. Messung der Wasserstoffionen-Konzentration in stark sauren und alkalischen Lösungen. In: Chemie-Ingenieur-Technik. Jg 29, 1957, S. 656–660.
– Elektrometrische p_H-Messungen unter extremen Bedingungen. II. Messung des p_H-Wertes bei hohen Temperaturen und Drucken sowie bei tiefen Temperaturen. In: Ebda. Jg 30, 1958, S. 228 bis 235.
– Elektrometrische p_H-Messungen unter extremen Bedingungen. III. Messung des p_H-Wertes in nichtwässrigen Flüssigkeiten. In: Ebda. Jg 31, 1959, S. 109–117.
– p_H-Messungen in $MgCl_2$-Lösungen bei Temperaturen bis 154 °C. In: Monatsber. d. Dt. Akad. d. Wissenschaften zu Berlin. Bd 1, 1959, S. 534–541.
– Der p_H-Wert als Aziditätsmaß. In: Chimia. Vol. 13, 1959, S. 385–396.

– Über Potentialmessungen an Metallkatalysatoren in wässriger Lösung. In: Zs. f. Elektrochem. Bd 61, 1957, S. 744–752.
– Über periodische Stromstärkeschwankungen bei der anodischen Auflösung des Zinks. In: Metalloberfläche. Jg 11, 1957, S. 1–6, 37–40.
– Ein neues Universal-Elektrodenglas zur p_H-Messung. In: Chem. Technik. Jg 9, 1957, S. 594–596.
– Untersuchungen über Ionenadsorption und Korrosion mit Hilfe von radioaktiven Indikatoren. In: Ebda. Jg 10, 1958, S. 469–473.
– Neuere polarographische Untersuchungen. In: Ebda. Jg 9, 1957, S. 129–139. Auch in: Wiss. Zs. d. TH Dresden. Jg 6, 1956/57, S. 1–10.
– Physikalisch-Chemische Untersuchungen an Alkanolaminen. In: Zs. f. physikal. Chem. N.F. Bd 20, 1959, S. 68–82.
– u. H. Dahms: Versuche zur Frage der Durchlässigkeit von Glaselektroden für Wasserstoffionen mit Hilfe von Tritium-Markierung. In: Monatsber. d. Dt. Akad. d. Wissenschaften zu Berlin. Bd, 1959, S. 279–282.
– u. G. Dietz: Zur Passivität des Nickels. In: Zs. f. Elektrochem. Bd 62, 1958, S. 751–759.
– u. W. Eibisch: Untersuchungen bei der Umkehrelektrolyse des cyanidischen Glanzkupferbades. In: Dt. Elektrotechnik. Jg 13, 1959, S. 180–184.
– R. Hertzsch: Über die Kette: Pt, H_2(1 atm)/HCl, Hg_2Cl_2(s)/Hg in organischen Lösungsmitteln und ihren Gemischen mit Wasser. III. Pt, H_2(1 atm)/HCl(m), Glykol(x)/H_2O(100–x) Hg_2Cl_2(s)/Hg. In: Zs. f. Elektrochem. Bd 63, 1959, S. 445–447.
– u. U. Mai: Über den Einfluß einwertiger Alkohole auf polarographische Maxima 1. Art. In: Journal of electroanalytical Chem. Vol. 1, 1959/60, S. 54–60.
– u. W. Möhler: Der gegenwärtige Stand der p_H-Regelung. In: Zs. f. Messen, Steuern, Regeln. Jg 2, 1959, S. 116–122.
– u. G. le Petit: Eine verbesserte mechanische Unterbrechermethode zur Potentialmessung an stromdurchflossenen Elektroden. In: Zs. f. Elektrochem. Bd 63, 1959, S. 480–483.
– u. H. Schmidt, Oxydation und Trennung von Ligninsulfonsäuren. In: Zellstoff u. Papier. Jg 8, 1959, S. 3–8.
– u. W. Schwenke: Über die Kette Pt,H_2(1 atm)/HCl,Hg_2Cl_2(s)/Hg in organischen Lösungsmitteln und ihren Gemischen mit Wasser. II. Pt,H_2(1 atm)/HCl(m), Dioxan(x), H_2O(100–x), Hg_2Cl_2(s)/Hg. In: Zs. f. Elektrochem. Bd 63, 1959, S. 441–445.
– u. H. Sonntag: Über die periodischen Stromstärkeschwankungen bei der anodischen Auflösung des Zinkes. In: Ebda. Bd 62, 1958, S. 344–348.
– u. K. Wagner, Ch. Weißmantel: Untersuchung der Adsorption von Anionen an Metalloberflächen mit Hilfe radioaktiver Indikatoren. In: Zs. f. physikal. Chem. Bd 206, 1957, S. 309–320.
– u. W. Wagner: Verbrennungs- und Bildungswärmen von Fumar- und Maleinsäure. In: Chem. Ber. Jg 91, 1958, S. 686–689.
– u. S. Ziegenbalg: Über die Kette: Pt, H_2(1 atm)/HCl, Hg_2Cl_2(s)/Hg in organischen Lösungsmitteln und ihren Gemischen mit Wasser. In: Zs. f. Elektrochem. Bd 62, 1958, S. 172–178.

Schwarz, Egbert: Die Knochenbrüche und Verrenkungen und ihre Behandlung. Ein Lehrbuch für Studierende und Ärzte. Jena 1958. XV, 370 S. m. 355 Abb.
– Über die akuten chirurgischen Erkrankungen des Abdomens. In: Beiträge zur modernen Therapie. Jena 1959. S. 277–290.
– Über Kunstfehler und die ärztliche Sorgfaltspflicht in der Behandlung Unfallverletzter. In: Jahreskongreß 1957 für ärztliche Fortbildung. Berlin. S. 235–243.
– Über die Wiederherstellung und Nachbetreuung vom Standpunkte der Chirurgie. In: Ebda. S. 278 bis 287.

– Zur Behandlung der Colitis ulcerosa und Papillomatose des Dickdarmes. In: Zentralbl. f. Chirurgie. Jg 84, 1959, S. 761.
– Über die Entwicklung der Medizinischen Akademie in Erfurt. In: Das Volk. 1957.
– Die Gründung und Entwicklung der Medizinischen Akademie in Erfurt. In: Erfurter Rad. Monatsschr. d. Kulturbundes. 1957.
– Das Magencarcinom .In: Das Dt. Gesundheitswesen. Jg.12, 1957, S. 98–105.
– Prof. Dr. Fritz Partsch 70 Jahre. In: Zentralbl. f. Chirurgie. Jg 82, 1957, S. 889–891.
– u. M. Baumann: Die antibiotische und chemotherapeutische Vor- und Nachbehandlung bei chirurgischer Therapie der Lungentuberkulose. In: Das Dt. Gesundheitswesen. Jg 13, 1958, S. 705–710.

Simon, Arthur u. H. Scheibe: Metallurgie. Berlin 1958. (Lehrbrief 4.)
– u. E. Steger: Spezielle anorganische Chemie. Berlin 1957. (Lehrbrief 3.)
– Ramanspektroskopische und Ultrarot-Untersuchungen zum Tautomerieproblem bei der schwefligen Säure, den sauren Sulfiten sowie den Alkylsulfiten und Alkylsulfonsäuren. In: Mitteilungsbl. d. Chem. Ges. i. d. Dt. Demokr. Rep. Sonderheft 1957. S. 11–12.
– u. M. Lang: Untersuchungen zur Aufklärung des Problems der trockenen Gasentschwefelung (Auszug). In: Freiberger Forschungshefte. A 103. 1958. S. 7–9.
– u. E. Lichtner, A. Schmidt: Zusammenhänge zwischen der Geschwindigkeit der katalytischen Isopropanolspaltung, der Oberflächengröße und der Gitteraufrauhung bei aktiven Zinkoxyden. In: Mitteilungsbl. d. Chem. Ges. i. d. Dt. Demokr. Rep. Sonderheft 1959 „Katalyse". S. 288–291.
– u. H. Scheibe: Beziehungen zwischen Ausgangsstruktur und katalytischer Aktivität bei Aluminium-Oxyden. In: Ebda. S. 292–295.
– Farben und Textilien aus der Retorte. (Zum 80. Geburtstag des Dresdner Chemikers Prof. Dr. Ing. Walter König.) In: Neue Zeit. Nr. 224 v. 26. 9. 1958, S. 4.
– Ein Leben im Dienste der Wissenschaft. (Zum 80. Geburtstag Prof. Dr. Dr. h. c. Walter König.) In: Die Union. Nr. 225 v. 27. 9. 1958, S. 3.
– u. G. Ackermann: Untersuchungen am Magnetogrammträger. VI. Systematische Untersuchungen über die Zusammenhänge zwischen Darstellungsbedingungen und magnetischen sowie elektroakustischen Eigenschaften von γ-Eisen(III)-oxyden. In: Journal f. prakt. Chem. R. 4. Bd 7, 1958, S. 216–240.
– u. H. Arnold: Präparative und spektroskopische Untersuchungen an Silylperoxyden. In: Ebda. Bd 8, 1959, S. 241–255.
– u. H.-H. Emons: Untersuchungen an Magnetogrammträgern. VII. Über die Bedeutung der Menge und der Art des Oxydationsmittels bei der Fällung von Magnetiten bezüglich der magnetischen Eigenschaften. In: Ebda. Bd 9, 1959, S. 7–15.
– u. H. Hamann: Beiträge zur Verbesserung der ramanspektroskopischen Aufnahmetechnik. III. Vergleichende spektralphotometrische Untersuchungen an Filtern zur Isolierung des blauen bzw. violetten Tripletts des Hg-Spektrums. In: Zs. f. physikal. Chem. Bd 209, 1958, S. 222–254.
– u. G. Heintz: Anwendung der Ramanspektroskopie für den Nachweis zwischenmolekularer Kräfte in Hochpolymeren. In: Wiss. Zs. d. TH Dresden. Jg 8, 1958/59, S. 217–220.
– u. B. Jentzsch, I. Menzel: Untersuchungen am Cumylhydroperoxyd hinsichtlich Explosionsverhalten und Raman-Spektrum. In: Chem. Ber. Jg 90, 1957, S. 1023–1030.
– u. N. Kaniß, G. Müller u. a.: Neuere Auffassung über Festkörperreaktionen. In: Wiss. Zs. d. TH Dresden. Jg 8, 1958/59, S. 208–210.
– u. H. Kriegsmann: Über den Charakter der SO-Bindung. In: Wiss. Zs. d. TH Dresden. Jg 6, 1956/57, S. 405–415.
– u. H. Kriegsmann, E. Steger: Die Entwicklung von neuen Quecksilberbrennern zur Verbesserung der ramanspektroskopischen Aufnahmetechnik. In: Ebda. S. 217–221.

– u. D. Kunath: Spektroskopische Untersuchungen an Derivaten der Thioschwefelsäure. Zur Darstellung des Thioschwefelsäure-dimethylesters. In: Die Naturwiss. Jg 46, 1959, S. 203–204.
– u. M. Lang: Eine Methode zur photometrischen Auswertung von Seemann-Bohlin- und Guinier-Röntgenaufnahmen. In: Ebda. Jg 44, 1957, S. 7.
– u. M. Lang, M. Seidel: Kristallisationsbeeinflussung des α-FeOOH in Gegenwart von Aluminium-Ionen. In: Chemické Zvesti. Roc. 13, Císlo 11, 1959, S. 33–36.
– u. M. Mücklich, D. Kunath, G. Heintz: Über raman-ultrarotspektroskopische Untersuchungen an Hochpolymeren. In: Journal of Polymer Science. Vol. 30, 1958, S. 201–226.
– u. R. Paetzold: Das Raman-Spektrum der festen selenigen Säure. In: Die Naturwiss. Jg 44, 1957, S. 108.
– u. R. Paetzold: Raman- und IR-spektroskopische Untersuchungen an H_2SeO_3. In: Angew. Chem. Jg 70, 1958, S. 376.
– u. R. Paetzold: Raman- und ultrarotspektroskopische Untersuchungen an Hydrogen- und Pyroseleniten. In: Wiss. Zs. d. TH Dresden. Jg 8, 1958/59, S. 215.
– u. R. Paetzold: Untersuchungen an Selen-Sauerstoff-Verbindungen. I. Die Struktur der selenigen Säure. In: Zs. f. anorg. allg. Chem. Bd 301, 1959, S. 246–260.
– u. H. Rabowsky: Quantitative und qualitative Bestimmung von Imprägniersalzen im Holz. In: Chem. Techn. Jg 9, 1957, S. 600–601.
– u. W. Reche u. a.: Prinzipielles zu Festkörperreaktionen speziell in Säureplatzwechselreaktionen. In: Monatsber. d. Dt. Akad. d. Wissenschaften zu Berlin. Bd 1, 1959, S. 116–118.
– u. D. Reichelt: Untersuchungen an Eisensulfiden und deren Oxydationsprodukten. In: Chemické Zvesti, Roč. 13, Císlo 11, 1959, S. 731.
– u. H. Richter: Die Raman-Spektren des Peroxydisulfat- und des Peroxydiphosphatanions. In: Die Naturwiss. Jg 44, 1957, S. 178.
– u. H. Richter: Ramanspektroskopische Studien am System Nitrosylschwefelsäure/Schwefelsäure/Wasser im Hinblick auf die Denitrierung hochkonzentrierter Schwefelsäure. In: Journal f. prakt. Chem. R. 4, Bd 5, 1957, S. 68–78.
– u. H. Richter: Spektroskopische Untersuchungen an kondensierten Phosphaten und Phosphorsäuren. VI. Die Struktur des Pyrophosphations in Lösung. In: Zs. f. anorg. allg. Chem. Bd 301, 1959, S. 154–160.
– u. H. Richter: Ultrarotspektroskopische Untersuchungen an Alkalisalzen der Pyrophosphorsäure und der Peroxydiphosphorsäure. In: Wiss. Zs. d. TH Dresden. Jg 8, 1958/59, S. 216.
– u. H. Richter: Viskositätsmessungen an wäßrigen Perchlorsäurelösungen. In: Zs. f. anorg. allg. Chem. Bd 297, 1958, S. 137–138.
– u. W. Schulze. Ramanspektroskopische Untersuchungen über die Tautomerie der Phosphite. In: Zs. f. anorg. allg. Chem. Bd 296, 1958, S. 287–304.
– u. N. Serdaroglu: Untersuchungen zur maßanalytischen Bestimmung von Methylalkohol, Formaldehyd, Ameisensäure und Wasserstoffperoxyd nebeneinander in Gegenwart von Eisensalzen. In: Wiss. Zs. d. TH Dresden. Jg 7, 1957/58, S. 1093–1102.
– u. E. Steger: Raman-spektroskopische Untersuchungen an kondensierten Phosphaten und Phosphorsäuren. II. Raman-Spektrum und Struktur des Tetrametaphosphat-Ions. In: Zs. f. anorg. allg. Chem. Bd 291, 1957, S. 76–88.
– u. E. Steger: Spektroskopische Untersuchungen an kondensierten Phosphaten und Phosphorsäuren. III. Die Raman-Spektren kristallisierter Tetrametaphosphate. In: Ebda. Bd 294, 1958, S. 1–9.
– u. C. Stölzer: Äthylester einer Fluor-diphosphorsäure. In: Die Naturwiss. Jg 44, 1957, S. 314 bis 315.
– u. C. Stölzer: Derivate und Fluor-diphosphorsäuren. In: Ebda. Jg 46, 1959, S. 377–378.

– u. K. Waldmann: Die Konstruktion wässriger, saurer Sulfitlösungen des Magnesiums, Calciums, Strontiums und Bariums. In: Ebda. Jg 45, 1958, S. 128.
– u. K. Waldmann: Über die sauren Sulfite des Rubidiums und Cäsiums. In: Ebda. Jg 44, 1957, S. 33–34.
– u. H. Weise: Der Einfluß der Sekundärteilchengröße homogener Praktionen von γ-Al_2O_3 auf Porenstruktur und katalytische Aktivität. In: Mitteilungsbl. d. Chem. Ges. i. d. Dt. Demokr. Rep. Jg 5, 1958.

Stather, Friedrich: Gerbereichemie und Gerbereitechnologie. 3. Aufl. Berlin 1957. XXVI, 948 S.
– Leder und Kunstleder. 3. Aufl. Berlin 1959, VI, 139 S.
– u. H. Herfeld: Untersuchung und Gütebewertung von wässrigen Eiweiß-Lederdeckfarben. In: Ges. Abhandlungen d. Dt. Lederinst. Freiberg H. 15. 1959. S. 145–156.
– u. H. Herfeld, H. Moser, K. Härtewig: Über das Färben von Schweins-Velourleder. In: Ebda. H. 14. 1959. S. 61–76.
– u. H. Herfeld, M. Moser, K. Härtewig: Über die Herstellung von Schweins-Handschuhleder. In: Ebda. S. 87–102.
– u. H. Herfeld, H. Moser, K. Härtewig. Über das Lüstern von Schweins-Velourleder. In: Ebda. S. 77–86.
– u. H. Herfeld, G. Reich, H. Moser: Über die Verbesserung der Schweißbeständigkeit von Rinds- und Schweins-Brandsohlleder. In: Ebda. S. 5–26.
– u. H. Herfeld, S. Walther, U. Stather: Über die Schwarzfärbung von Persianerfellen. In: Ebda. S. 115–129.
– u. G. Reich: Chrom-Syntan-Einbadgerbung. In: Ebda. H. 15, 1959. S. 137–144.
– u. G. Reich, J. Überla: Über die Herstellung von Unterleder unter Verwendung hoher Anteile synthetischer Gerbstoffe. In: Ebda. S. 5–15.
– u. G. Reich, J. Überla, W. Barthel: Über das unterschiedliche Verhalten von Syntanen und Pflanzengerbstoffen im kontinuierlichen Einsatz bei der Grubengerbung. In: Ebda. S. 16–33.
– u. G. Reich, J. Überla, H. Moser: Über die Verkürzung der Gerbdauer von Unterleder durch Chromvorgerbung und pflanzlich-synthetischer Flottengerbung bei erhöhter Temperatur. In: Ebda. H. 14. 1959. S. 53–59.
– u. G. Reich, S. Walther: Über eine einfache Methode zur Messung der Komplexaffinität aromatischer Gerb- und Farbstoffe gegenüber Chrom(III)-Salzen. In: Ebda. H. 15. 1959. S. 50–53.
– u. G. Reich, S. Walther: Über beschleunigte Unterledergerbung durch Vorgerbung mit Metallkomplexgerbstoffen. In: Ebda. S. 40–49.
– u. G. Reich, M. Wassiljew: Über die Abhängigkeit der Diffusionsgeschwindigkeit aromatischer Gerbstoffe in Blöße von Gerbstoffkonzentration und Art der Vorgerbung. In: Ebda. S. 93–104.
– u. G. Reich, S. Wünsch: Über die Adsorption aromatischer Syntane und deren Vor- und Zwischenprodukte an Hautsubstanz und Polyamid. In: Ebda. S. 112–128.
– u. G. Reich, G. Zimmermann: Über die Anwendung aromatischer Syntane bei der Gerbung bei erhöhter Temperatur. In: Ebda. S. 34–39.
– u. G. Wiegand: Zur Bindungsfähigkeit aromatischer Gerbstoffe. In: Ebda. S. 86–92.
– u. G. Wiegand: Über die Untersuchung und Beurteilung von Fettlickerprodukten und Lederhilfsmitteln. In: Ebda. H. 14. 1959. S. 103–113.
– u. G. Wiegand, H. Nebe: Untersuchungen zur Leistungsprüfung und Beurteilung von Leder-, Textil- und Gummi-Treibriemen. In: Ebda. H. 15. 1959. S. 157–173.
– Der Ledernarben, künstlich verändert. In: Dt. Schuh- und Lederzs. 1957, S. 147–150.
– Schneckenfässer als Mittel der Mechanisierung in der Lederindustrie. In: Das Leder. Jg 8, 1957, S. 145–147.

– Schweinshaut und Schweinsleder. In: Ebda. Jg 9, 1958, S. 35–39. Auch in: Revue Technique des Industries du Cuir. 1957, S. 263.
– u. G. Reich: Über die Fällung von synthetischen Gerbstoffen mit aromatischen Aminen. In: Das Leder. Jg 10, 1959, S. 1–4. Auch in: Cuio Pelli Materie Concianti. 1959.
– u. G. Reich: Neue Methoden und Ergebnisse der Wertbeurteilung vegetabilischer und synthetischer Gerbstoffe. In: Das Leder. Jg 9, 1958, S. 178–182.
– u. G. Reich: Über den Wasserhaushalt vegetabilisch-synthetisch gegerbter Leder. In: Ebda. S. 249 bis 253.
– u. S. Walther: Backsteinblattern als Schweinshautschaden. In: Ebda. Jg 10, 1959, S. 73–74.

Staude, Herbert: Wilhelm Ostwald und die physikalische Chemie. In: Karl-Marx-Universität Leipzig. 1409–1959. Bd 1. Leipzig 1959. S. 481–491.
– u. E. Brauer: Nachweis der durch Licht bewirkten Veränderungen an Silberbromid und Thalliumbromid. In: Zs. f. Elektrochem. Bd 62, 1958, S. 355–361.
– u. K. Bornkessel: Über die Oberflächenbeschaffenheit von Bromsilber-Niederschlägen unter verschiedenen Fällungsbedingungen. In: Ebda. S. 404–411.
– u. R. Danneberg: Einfluß von Sulfit auf die Entwicklungsgeschwindigkeit belichteter photographischer Schichten. In: Photogr. Korrespondenz. Bd 93, 1957, S. 179–190.
– u. J. Hayn, G. Langhammer: Adsorption von Reif- und Hemmkörpern an bindemittelfrei gefälltem Bromsilber. In: Ebda. Bd 93, 1957, S. 83–89.
– u. J. Hayn, G. Langhammer: Reactions d'accélérateurs et retardateurs sur lames de AgBr. In: Science et Industries Photographiques. T. 28, 1957, S. 71.
– u. L. Hayn, G. Langhammer: Reaktion von Reif- und Hemmkörpern an Bromsilberkristallfolien. I. II. In: Photograph. Korrespondenz. Bd 94, 1958, S. 69–73, 83–91.
– u. K. H. Rüfer: Mesures d'adsorption et de diffusion dans les cristaux. In: Science et Industries Photographiques. T. 28, 1957, S. 118.
– u. M. Teupel: Einfluß des p_H-Wertes auf die Spektren von Hydrochinonderivaten in wässeriger Lösung. In: Zs. f. Elektrochem. Bd 61, 1957, S. 181–187.
– u. U. Treichel: Untersuchungen über das Verhalten vom Brom- und Silberkörper des Silberbromids. In: Ebda. Bd 62, 1958, S. 948–952.

Strack, Erich: Carnitin – Teil des animal protein-factors. Vortrag z. Wiss. Kongr. d. Dt. Ges. f. Ernährung Mainz, April 1958. In: Ernährungswirtschaft. Jg 5, 1958, S. 65–66.
– u. H. Aurich, D. Mücke: Über den Aminosäuregehalt des Leipziger Abwassers. In: Städtehygiene. 1958, S. 128–133.
– u. D. Biesold: Die Bestimmung von Glycerin im Blut. In: Hoppe-Seylers Zs. f. physiol. Chem. Bd 311, 1958, S. 115–120.
– u. D. Biesold: Umsatz und Blutspiegel des Glycerins beim Kaninchen. In: Zs. f. d. ges. exp. Med. Bd 130, 1959, S. 547–555.
– u. D. Biesold, H. Theile: Die gegenseitige Beeinflussung von Glycerin und Glucose unter kontinuierlicher Dauerinfusion. Vortrag auf d. IV. Int. Kongr. f. Biochemie Wien. In: Suppl. to Int. Abstracts of Biological Sciences. 1958, S. 150.
– u. W. Kunz, W. Friedel, F. Müller, Pham van So: Über die Wirkung von Äthylendiamin-tetraessigsäure auf isolierte Lebermitochondrien. In: Hoppe-Seylers Zs. f. physiol. Chem. Bd 310, 1958, S. 265–274.
– u. W. Kurz, R. Noack: Zur Bestimmung von 4-Carboxy-1.3-thiazan. In: Ebda. Bd 313, 1958, S. 201–211.
– u. I. Lorenz: Darstellung des D- und L-Carnitins und über ergiebige Synthesen für Markierung mit

Isotopen. Vortrag auf d. IV. Int. Kongr. f. Biochemie Wien. In: Suppl. to Int. Abstracts of Biological Sciences. 1958, S. 11–12.
– u. L. Lorenz: Reizwirkung einiger Nitrile und Amine vom Typ des Carnitins auf den Froschmuskel. In: Acta biologica medica germanica. Bd 1, 1958, S. 556–564.
– u. W. Rotzsch: Umsatz und Wirkung des Carnitins im Tierkörper. Vortrag auf d. IV. Int. Kongr. f. Biochemie Wien. In: Suppl. to Int. Abstracts of Biological Sciences. 1958, S. 100.
– u. W. Rotzsch: Die Wirkung des Carnitins im Stoffwechsel. In: Die Naturwiss. Jg 46, 1959, S. 328.
– u. W. Rotzsch: Wirkungen des Carnitins auf den Stoffwechsel der Ratte. Vortrag auf d. Int. Kongr. f. Klin. Chemie. Stockholm, Aug. 1957. In: Scand. Journal clin. laborat. invest. Vol. 10, 1957, Suppl. 31, S. 312–314.
– u. W. Rotzsch, I. Lorenz: Über die Toxizität des Carnitins und einiger verwandter Stoffe. In: Acta biologica medica germanica. Bd 3, 1959, S. 28–35.
– u. H. Theile, D. Biesold: Über den Einfluß von Glycerin auf den Blutzucker und von Glucose auf den Glycerinumsatz. In: Zs. f. d. ges. exp. Med. Bd 131, 1959, S. 105–117.
– u. H. Theile, D. Biesold: Zur Kinetik und Verteilung von zugeführtem Glycerin beim Kaninchen. In: Ebda. S. 419–429.
– u. H. Theile, H. Richter: Der Blutzuckerspiegel in verschiedenen Gefäßgebieten beim Kaninchen. In: Ebda. Bd 130, 1958, S. 24–33.
– u. G. Woratz, W. Rotzsch: Wirkungen von Carnitin bei Überfunktion der Schilddrüse. In: Endokrinologie. Bd 38, 1959, S. 218–225.

T ä u f e l , Kurt: Die ernährungsphysiologische Bedeutung der Eiweißpflanzen und Pflanzeneiweiße. In: Hb. d. Pflanzenphysiol. Bd 3. Berlin–Göttingen–Heidelberg 1958. S. 415–430.
– Die Hilfe der Lebensmittelchemie und Ernährungsphysiologie zur rationellen Optimal-Verpackung. In: Lebensmittel-Industrie. Sonderheft „Verpackung“. Jg 4, 1957, S. 45ff.
– Die Untersuchung der Speisefette mit Ausnahme von Molkereiprodukten und Kakaobutter. In: H. P. Kaufmann: Analyse der Fette und Fettprodukte. Bd 2. Berlin–Göttingen–Heidelberg 1958. S. 1146–1217.
– Verhütung des Fettverderbs. In: Wiss. Veröff. d. Dt. Ges. f. Ernährung. Bd 1. Darmstadt 1958. S. 128–149.
– Aus der Arbeit des Bereiches „Verarbeitung der Lebensmittel“ im Jahre 1957. In: Ernährungsforschg. Bd 3, 1958, S. 161–171.
– Zur Ausrichtung der Volksernährung. In: Ebda. S. 353–357.
– Zum 10jährigen Bestehen der Deutschen Demokratischen Republik. In: Ebda. Bd 4, 1959, H. 3, Vorsatzbl.
– Ungewöhnliche Bausteine der Nahrungsfette. In: Umschau. Jg 59, 1959, S. 558–560.
– Einige grundsätzliche Fragen zur Chemie und Physiologie der Citronensäure. In: Ernährungsforschg. Bd 2, 1957, S. 233–247.
– Wenn der „Grundumsatz“ nur noch 1300 beträgt. In: National-Ztg. Ausg. Berlin. Nr. 156 v. 8. 7. 1959, S. 6.
– Oskar Keller, Jena, zum 80. Geburtstag. In: Die Nahrung. Jg 1, 1957, S.105–106.
– Läßt sich unsere Ernährung durch „Eiweiß-Ausgleich“ verbessern? In: Umschau. Jg 57, 1957, S. 242–244.
– Hochwertige Nahrung aus dem Meer. In: Neues Dtschl. Nr. 163/164 v. 13./14. 7. 1957, Beil.
– Der Peroxyd-Test bei der statischen und dynamischen Fettanalyse. In: Fette, Seifen, Anstrichmittel. Jg 59, 1957, S. 87–90.

- Die Peroxydzahl bei Fetten und ihre Ermittlung im colorimetrischen Schnelltest. In: Mitteilungsbl. GDCh-Fachgruppe Lebensmittelchem. u. gerichtl. Chem. Jg 11, 1957, S. 131–133.
- Polyöle als Nahrungsfette. In: Ebda. S. 225.
- Carl Arthur Scheunert zum Gedenken. In: Ebda. S. 95–96.
- Nachruf für Prof. Dr. Dr. h. c. Arthur Scheunert. In: Die Nahrung. Jg 1, 1957, S. 3.
- In memoriam Carl Arthur Scheunert. Gedenkrede. In: Ernährungsforschg. Bd 2, 1957, S. 173–179.
- In memoriam Carl Arthur Scheunert. In: Zs. f. Lebensmittel-Unters. u. -Forschg. Bd 106, 1957, S. 229–230.
- Artfremde Substanzen als Lebensmittelzusätze in der Sicht des Lebensmittel-Chemikers und Technologen. In: Die Nahrung. Jg 1, 1957, S. 23–39.
- Prof. Dr. habil. Max Ulmann zum 60. Geburtstag. In: Ebda. S. 215–216.
- Das Verhalten von normalen bzw. von angekeimten Cerealien bei der Lagerung. In: Getreide u. Mehl. Jg 8, 1958, S. 79–80.
- Über die Verwendung von Chemikalien bei Lebensmitteln. In: Lebensmittel-Ind. Jg 4, 1957, S. 156 bis 157.
- Die Vitamine in Nahrung und Ernährung. In: Ernährungsforschg. Bd 3, 1958, S. 230–236.
- Volkswirtschaft und Lebensmittelchemie. In: Ebda. Bd 4, 1959, S. 277–292.
- Über die Wertprüfung der Backhefe. In: Mitteilungsbl. GDCh-Fachgruppe Lebensmittelchem. u. gerichtl. Chem. Jg 12, 1958, S. 57–58.
- u. M. Achtzehn, Cl. Franzke: Über die Einesterung niederer Fettsäuren in natürliche Fette und Öle. In: Die Nahrung. Jg 2, 1958, S. 178–192.
- u. K. Barthel: Über den emissionsspektrographischen Nachweis von Spurenmetallen in Fetten. In: Fette, Seifen, Anstrichmittel. Jg 60, 1958, S. 534–536.
- u. U. Behnke: Beiträge zur Analytik der Citronensäure. II. In: Ernährungsforschg. Bd 3, 1958, S. 52–57.
- u. U. Behnke: Citronensäurebilanz bei der Teiglockerung durch Sauerteig bzw. durch Hefe. In: Zs. f. Lebensmittel-Unters. u. -Forschg. Bd 105, 1957, S. 274–283.
- u. U. Behnke, R. Friese: Milchsäurebakterien und Citronensäure. In: Ernährungsforschg. Bd 2, 1957, S. 590–598.
- u. F. Berschneider: Zur Quellung der Kartoffelstärke in Gegenwart von Dehydratationsmitteln. In: Die Nahrung. Jg 2, 1958, S. 683–696.
- u. F. Berschneider: Die Rolle der Dehydratationsmittel bei der Gelbildung der Pektinstoffe. In: Ebda. Jg 3, 1959, S. 228–237.
- u. F. Berschneider: Zur Viscositätsmessung von Pektinlösungen mit Hilfe des Rheoviscometers nach F. Höppler. In: Ebda. Jg 2, 1958, S. 1037–1044.
- u. G. Feldmann: Die Bedeutung der Polyhydroxyverbindungen für die Gelbildung hochveresterter Pektinstoffe. In: Ebda. Jg 1, 1957, S. 217–243.
- u. G. Feldmann: Zum Geliermechanismus hochveresterter Pektinstoffe. In: Ernährungsforschg. Bd. 3, 1958, S. 91–92.
- u. Cl. Franzke, M. Achtzehn: Über die Umesterung unter Acyl-Austausch bei natürlichen Fetten und gehärteten Fetten sowie bei Fett-Mischungen. In: Fette, Seifen, Anstrichmittel. Jg 60, 1958, S. 456–461.
- u. Cl. Franzke. G. Gehlert: Beitrag zur Wirkungsweise der natürlichen Fettantioxydantien: In: Die Nahrung. Jg 2, 1958, S. 853–867.
- u. Cl. Franzke, H. Hoppe: Zur chemischen Physiologie und Analytik polymerisierter Fette. In: Dt. Lebensmittel-Rdsch. Jg 54, 1958, S. 245–252.
- u. Cl. Franzke, E. Leske: Studien über thermische Einflüsse auf die Oxydationsanfälligkeit olefinischer Fette. In: Die Nahrung. Jg 3, 1959, S. 270–291.

– u. Cl. Franzke, J. Vogel: Untersuchungen über den Einfluß der Sorbinsäure auf die Autoxydation von Fetten. In: Ebda. S. 134–152.
– u. B. Gassmann: Über die chemische Bestimmung des Antipellagra-Vitamins in Lebensmitteln. I. Die Grundlagen der Bromcyan-Methodik. In: Ebda. Jg 2, 1958, S. 371–387.
– u. B. Gassmann: Über die chemische Bestimmung des Antipellagra-Vitamins in Lebensmitteln. II. Die Extraktbereitung. In: Ebda. S. 421–443.
– u. B. Gassmann: Über die chemische Bestimmung des Antipellagra-Vitamins in Lebensmitteln. III. Das Analysenverfahren. In: Ebda. S. 525–531.
– u. B. Gassmann: Über die chemische Bestimmung von Riboflavin (Vitamin B_2) in Lebensmitteln. I. Das analytische Prinzip. In: Die Nahrung. Ebda. S. 450–463.
– u. H.-K. Gräfe: Prof. Dr. Dr. Karl Lohmann 60 Jahre alt. In: Ernährungsforschg. Bd 3, 1958, S. 147–148.
– u. H. Iwainsky, M. Liermann: Zur mikroanalytischen Bestimmung von Sacchariden mittels der Luff'schen Lösung. In: Die Nahrung. Jg 1, 1957, S. 126–134.
– u. K. Müller: Zur oxydimetrischen Bestimmung von Sorbit im Wein unter Heranziehung der papierchromatographischen Arbeitsweise. In: Zs. f. Lebensmittel-Unters. u. -Forschg. Bd 106, 1957, S. 123–128.
– u. K. Müller: Analytische und papierchromatographische Untersuchungen über die Saccharide von Honig und Kunsthonig. In: Ernährungsforschg. Bd 2, 1957, S. 70–82.
– u. G. Müller, Cl. Franzke: Über die Adduktbildung langkettiger Fettsäuren mit Harnstoff. In: Die Nahrung. Jg 2, 1958, S. 255–267.
– u. A. Pisarzewski, A. Graffi: Einfluß der Gewebe-Konzentration auf die Citronensäure-Synthese in vitro. In: Acta biologica et medica germanica. Bd 3, 1959, S. 136–141.
– u. Pisarzewski, A. Graffi: Untersuchungen über die Citronensäure-Synthese in vitro in normalen und bösartigen Geweben. In: Ebda. Bd 2, 1959, S. 303–312.
– u. K. Rauscher: Dr. H. Baumgärtner zum 60. Geburtstage. In: Ernährungsforschg. Bd 3, 1958, S. 343–344.
– u. K. Romminger, W. Hirschfeld: Oligosaccharide von Getreide und Mehl. In: Zs. f. Lebensmittel-Unters. u. -Forschg. Bd 109, 1959, S. 1–12.
– u. K. Romminger, I. Rudolph: Zur quantitativen Bestimmung von Glucosamin und N-Acetylglucosamin. In: Die Nahrung. Jg 2, 1958, S. 408–413.
– u. K. Romminger, I. Rudolph: Analytische und chromatographische Studien zur „Maillard-Reaktion". V. Das Verhalten von Glucosamin sowie Acetylglucosamin gegenüber Ammoniak, Aminen und Aminosäuren. In: Ernährungsforschg. Bd 3, 1958, S. 373–385.
– u. H. Ruttloff: Beiträge zum Intermediärstoffwechsel von Aspergillus niger in der Sicht des Citronensäure-Cyclus. In: Die Nahrung. Jg 3, 1959, S. 597–616.
– u. H. Ruttloff: Physiologisch-chemische Betrachtungen über Aspergillus niger im Hinblick auf seinen Einsatz bei der technischen Herstellung von Citronensäure. In: Monatsber. d. Dt. Akad. d. Wissenschaften zu Berlin. Bd 1, 1959, S. 44–50.
– u. H. Ruttloff: Citronensäure und Essigsäuregärung. In: Zs. f. Lebensmittel-Unters. u. -Forschg. Bd 106, 1957, S. 301–304.
– u. H. Ruttloff: Citronensäure-Bilanz bei verschiedenen Schimmelpilzen. In: Die Nahrung. Jg 1, 1957, S. 303–308.
– u. H. Ruttloff: Über die Grenzen der metabolischen Adaptationsfähigkeit von Aspergillus niger. In: Experientia. Vol. 15, 1959, S. 422–426.
– u. H. Ruttloff: Zur Hydrolyse von Oligosacchariden im Hinblick auf ihre reduktometrische Bestimmung. In: Ernährungsforschg. Bd 4, 1959, S. 44–52.

– u. H. Ruttloff: Über den Intermediärstoffwechsel von Aspergillus niger. In: Experientia. Vol. 14, 1958, S. 276–277.
– u. H. Ruttloff: Reversion der Saccharide und Transglycosidierung im sauren Milieu. III. Transglycosidierung zwischen ausgewählten Mono- und Disacchariden. In: Die Nahrung. Jg 2, 1958, S. 631–638.
– u. H. Ruttloff: Über das Schicksal der Citronensäure beim Altern organisch-organisierter Substanz. In: Die Naturwiss. Jg 44, 1957, S. 403–404.
– u. H. Ruttloff: Zum derzeitigen Stand der Kenntnisse über die Stellung der Citronensäure im Intermediärstoffwechsel von Tier und Pflanze. In: Ernährungsforschg. Bd 4, 1959, S. 459–483.
– u. H. Ruttloff: Physiologisch-chemische Untersuchungen zur Wertprüfung der Preßhefe. In: Zs. f. Lebensmittel-Unters. u. -Forschg. Bd 108, 1958, S. 163–169.
– u. H. Ruttloff: Stoffwechselchemische Untersuchungen an Preßhefe. In: Die Nahrung. Jg 2, 1958, S. 1091–1103.
– u. H. Ruttloff, R. Friese: Studien zur „nichtenzymatischen Bräunungsreaktion“ unter dem Einfluß kinetischer und thermischer Energie. In: Ernährungsforschg. Bd 3, 1958, S. 536–545.
– u. H. Ruttloff, B. Orlob: Zur Beurteilung von Obsterzeugnissen aufgrund ihres Gehaltes an Sorbit. In: Die Nahrung. Jg 2, 1958, S. 781–788.
– u. R. Serzisko: Antioxydantien in fetthaltigem Dauergebäck. In: Ernährungsforschg. Bd 3, 1958, S. 93–99.
– u. R. Serzisko: Zur Anwendung des „Erhitzungstestes“ für Schweineschmalz auf Butter und Margarine. In: Ebda. Bd 2, 1957, S. 121–126.
– u. R. Serzisko: Zur Arbeitsweise bei der colorimetrischen Bestimmung der Peroxyde in autoxydierten Fetten. In: Fette, Seifen, Anstrichmittel. Jg 59, 1957, S. 827–830.
– u. R. Serzisko: Zur Frischhaltung von Dauergebäck mittels Sojapräparaten. In: Ernährungsforschg. Bd. 2, 1957, S. 454–459.
– u. Serzisko: Zur Wirkung von Metallspuren in fetthaltigem Dauergebäck mit besonderer Berücksichtigung des Kupfers. In: Ebda. Bd 3, 1958, S. 100–107.
– u. R. Serzisko: Wirkungsweise und Nachweis natürlicher Fettantioxydantien. In: Ebda. Bd 4, 1959, S. 484–499.
– u. J. Steinbach: Über die Vergärung von Inulin und Inulinhydrolysaten mit Preßhefe. In: Die Nahrung. Jg 2, 1958, S. 925–932.
– u. K. J. Steinbach: Zur Analytik von Inulin. In: Ebda. Jg 3, 1959, S. 701–711.
– u. K. J. Steinbach: Glucose als Konstituent von Inulin. In: Ebda, S. 457–463.
– u. K. J. Steinbach: Zum Mechanismus der selektiven Inulinhydrolyse. In: Ebda. S. 464–488.
– u. B. Thomas: Aus der Arbeit des Bereiches „Verarbeitung der Lebensmittel“ im Jahre 1958. In: Ernährungsforschg. Bd 4, 1959, S. 145–155.
– u. I. Weißflog: Zur Verbreitung der Glutaminsäure in den Preß- und Extraktionsschroten einiger Ölsaaten. In: Die Nahrung. Jg 3, 1959, S. 76–84.
– u. R. Zimmermann: Zur analytischen Bestimmung des Oxydationszustandes olefinischer Fette. In: Fette, Seifen, Anstrichmittel. Jg 61, 1959, S. 836–841.
– u. R. Zimmermann: Über die Bildung von Carbonylverbindungen bei der Autoxydation olefinischer Fette. In: Ernährungsforschg. Bd 4, 1959, S. 325–336.

Treibs, Wilhelm: Entwicklungslinien der organischen Chemie. Berlin 1957. 24 S. (Ber. über d. Verhandlungen d. Sächs. Akad. d. Wissenschaften zu Leipzig. Math.-nat. Kl. Bd 102, H. 7).
– Zur Geschichte der Entwicklung der Chemie an der Universität Leipzig. In: Karl-Marx-Universität Leipzig. 1409–1959. Bd 1. Leipzig 1959. S. 464–480.

– Die chemischen Institute. I. Das Institut für organische Chemie. In: Karl-Marx-Universität Leipzig. Festschr. z. 550-Jahr-Feier. Leipzig 1959. S. 117–122.
– Das Agropyren, ein Phenyldiin mit breiter antibiotischer Wirksamkeit. In: Monatsber. d. Dt. Akad. d. Wissenschaften zu Berlin. Bd 1, 1959, S. 696–697.
– Über Azpentalene. In: Die Naturwiss. Jg 46, 1959, S. 170–171.
– Über bi- und polycyclische Azulene. XXVII. Mono- und Dicarbonsäuren des Azulens und 1,2-Benzazulens. In: Liebigs Ann. d. Chem. Bd 603, 1957, S. 145–154.
– Über bi- und polycyclische Azulene. XXVIII. Oxydationsreaktionen an Azulenen. In: Chem. Ber. Jg 90, 1957, S. 761–764.
– Über bi- und polycyclische Azulene. XL. Azulenglyoxylsäuren und Azulencarbonsäuren, ihre Darstellung und Reduktion mit Lithiumalanat. In: Ebda. Jg 92, 1959, S. 2152–2163.
– Über elektrophile Substitutionen am Azulen. In: Die Naturwiss. Jg 45, 1958, S. 336.
– u. G. Bach, E.-J. Poppe: Darstellung von stickstofffreien Azulenmonomethin-Farbstoffen. In: Ebda. S. 517.
– u. J. C. Craig, R. E. Lack: Structure of Agropyren. In: Chemistry and Industry. 1959, S. 952–953.
– u. P. Grossmann: Über Cycloheptanone. II. Zur Chlorierung des Cycloheptanons. In: Chem. Ber. Jg 92, 1959, S. 267–273.
– u. P. Grossmann: Über Cycloheptanone. III. Zur Isomerisation von Diaryliden-cycloheptanonen zu Troponen. In: Ebda. S. 273–277.
– u. P. Grossmann: Einige Hydroxyderivate des Cycloheptanons. In: Ebda. Jg 90, 1957, S. 103–106.
– u. Kl. Gründel: Über bi- und polycyclische Azulene. XXX. Synthese von siliciumhaltigen Azulenen. In: Ebda. Jg 91, 1958, S. 143–148.
– u. S. Hauptmann: Versuche zur Synthese von Pentalenen. In: Liebigs Ann. d. Chem. Bd 622, 1959, S. 74–78.
– u. R. Helbig: Synthesen mit Dicarbonsäuren. XXVI. Dialdehyde aus Dibrom-dicarbonsäuren nach Curtius. In: Chem. Ber. Jg 92, 1959, S. 1559–1563.
– u. G. Herdmann: Über polycyclische Tropolone. IV. 1.2-Naphth-Tropolon. In: Liebigs Ann. d. Chem. Bd 609, 1957, S. 70–74.
– u. J. Herrmann, W. Gerhardt: Synthesen mit Dicarbonsäuren. XXIII. Über die Tetrabromierung von Dicarbonsäuren und Dicarbonsäuredinitrilen. In: Chem. Ber. Jg 91, 1958, S. 290–296.
– u. A. Hiebsch, H.-J. Neupert: Über Azulen-aldehyde und -nitrile. In: Die Naturwiss. Jg 44, 1957 S. 352–353.
– u. J. Hiebsch, H.-J. Neupert: Über bi- und polycyclische Azulene. XXXVIII. Synthesen von Azulencarbonsäurenitrilen. In: Chem. Ber. Jg 92, 1959, S. 606–615.
– u. G. Kempter: Über Pseudo-Azulene. I. Synthesen in der Reihe des N-Methyl-azulens (1-Aza-1-methyl-bicyclo-[0.3.4]-nonatetraens-(2.4.5.7). In: Ebda S. 601–605.
– u. E. Lippmann: Notiz zur Darstellung von Naphtho-2'.3':4.5-troponen-(1). In: Ebda. Bd 91, 1958, S. 1999–2000.
– u. D. Merkel: Über die Gurjunene. II. α-Gurjunen. In: Liebigs Ann. d. Chem. Bd 617, 1958, S. 129–134.
– u. G. Möbius: Über Methylpyrene. I. Der Einfluß der Methylgruppe in 4-Stellung auf die direkte Substitution. In: Ebda. Bd 619, 1958, S. 122–136.
– u. M. Mühlstädt: Über polycyclische Tropolone. III.6.7–(Indolo-2.3)-Tropolon. In: Ebda. Bd 608, 1957, S. 38–43.
– u. M. Mühlstädt, K.-D. Köhler: Die Aminomethylierung der Azulene. In: Die Naturwiss. Jg 45, 1958, S. 336–337.
– H.-J. Neupert, J. Hiebsch: Über bi- und polycyclische Azulene. XXXVII. Synthesen und Eigenschaften von Azulen-aldehyden. In: Chem. Ber. Jg 92, 1959, S. 141–154.

- u. H.-J. Neubert, J. Hiebsch: Über bi- und polycyclische Azulene. XXXIX. Carboxychlorierung von Azulenen. In: Ebda. S. 1216–1223.
- u. H. Orttmann: Über Caroxylierungen mit Oxalylbromid. In: Die Naturwiss. Jg 45, 1958, S. 85 bis 86.
- u. H. Orttmann: Synthesen mit Dicarbonsäuren. XXIV. Über die „Carbobromierung" von Mono- und Dicarbonsäuren. In: Chem. Ber. Jg 91, 1958, S. 297–301.
- u. E.-J. Poppe: Darstellung von Azulenstyryl-Farbstoffen. In: Die Naturwiss. Jg 45, 1958, S. 517 bis 518.
- u. M. Scholz: Kurze Mitteilung über die Fluoreszenz des Azulenium-Ions. In: Zs. f. physikal. Chem. Bd 212, 1959, S. 118–121.
- u. W. Schroth: Derivate des 4-(8)-Azazulens. In: Angew. Chem. Jg 71, 1959, S. 71.
- u. K.-H. Segel: Über einige Peroxydammoniakate von α, β-ungesättigten Cyclohexenonen. In: Chem. Ber. Jg 90, 1957, S. 99–102.
- u. K. Bournot: [Hrsg.] E. Gildemeister u. Fr. Hoffmann: Die ätherischen Öle. 4. Aufl. Teil B Bd 5: Die Öle d. Dikotyledonen. Berlin 1959. XIII, 766 S.
- [Bespr.] W. Karrer: Konstitution und Vorkommen der organischen Pflanzenstoffe (exclusive Alkaloide). Basel, Stuttgart 1958. In: DLZ. Jg 80, 1959, Sp. 356–357.

Wagner, Carl: Die Korrosion von Metallen und Legierungen bei höheren Temperaturen. In: Jb. 1959 d. Max-Planck-Ges. Göttingen 1959. S. 186–201.
- Contribution to the Theory of Cathodic Protection. II. In: Journal of the Electrochemical Soc. Vol. 104, 1957, S. 631–637.
- Current Distribution in Galvanic Cells Involving Natural Convection. In: Ebda. S. 129–131.
- Kinetik und Mechanismus von Umsetzungen zwischen flüssigen Legierungen und Schlacken. In: Zs. f. Elektrochem. Bd 62, 1958, S. 386–389.
- Passivity during the Oxidation of Silicon at Elevated Temperatures. In: Journal of Applied Physics. Vol. 29, 1958, S. 1295–1297.
- Reaktionstypen bei der Oxydation von Legierungen. In: Zs. f. Elektrochem. Bd 63, 1959, S. 772 bis 790.
- Thermodynamics of Phase Diagrams of Binary Systems Involving Compounds. In: Acta Metallurgica. Vol. 6, 1958, S. 309–319.
- u. J. D. Herrison: The Attack of Solid Alloys by Liquid Metals and Salt Melts. In: Ebda. Vol. 7, 1959, S. 722ff.
- u. B. R. Ilschner: The Electrical Conductivity of Liquid Magnesium-Bismuth Alloys. In: Ebda. Vol. 6, 1958, S. 712–713.
- u. Ch. Ilschner-Gensch: Local Cell Action during the Scaling of Metals. I. In: Journal of the Electrochem. Soc. Vol. 105, 1958, S. 198–200.
- u. K. Kiukkola: Galvanic Cells for the Determination of the Standard Molar Free Energy of Formation of Metal Halides, Oxids, and Sulfides at Elevated Temperatures. In: Ebda. Vol. 104, 1957, S. 308–316.
- u. K. Kiukkola: Measurements on Galvanic Cells Involving Solid Electrolytes. In: Ebda. S. 379 bis 387.
- u. Kobayashi: Investigations on the Reduction of Silver Sulfide and Cuprous Sulfide by Hydrogen. In: Journal of Chemical Physics. Vol. 26, 1957, S. 1609–1614.
- u. G. Lorenz: Investigations on Cuprous Selenide and Copper Tellurides. In: Ebda. S. 1607 bis 1608.
- u. A. G. Verduch: Contributions to the Thermodynamics of the Systems $PbS-Sb_2S_3$, $Cu_2S-Sb_2S_3$, $Ag_2S-Sb_2S_3$ and Ag-Sb. In: Journal of Physical Chem. Vol. 61, 1957, S. 558–562.

– u. J. B. Wagner: Determination of the Standard Free Energy of Formation of Cuprous Sulfide at 300° C. In: Journal of the Electrochem. Soc. Vol. 104, 1957, S. 509–511.
– u. J. B. Wagner: Electrical Conductivity Measurements on Cuprous Halides. In: Journal of Chem. Physics. Vol. 26, 1957, S. 1597–1601.
– u. J. B. Wagner: Investigations on Cuprous Sulfide. In: Ebda. S. 1602–1606.

Philologisch-historische Klasse

Aebischer, Paul: Elucubrations bachiques et étymologiques sur les noms des vieux cépages valaisans. In: Les propos de l'Ordre de la Channe. Savièse [Sion] 1959. 32 S.
– Une étymologie de Namur donnée par la Karlamagnús saga. In: Marche romane. Cahiers de l'Association des romanistes de l'Université de Liège. T. 6, 1956. S. 67–72.
– Gruyère. In: Etymologica. Walther von Wartburg zum siebzigsten Geburtstag. Tübingen 1958. S. 1–12.
– Italiano. In: Ioanni Dominico Serra ex munere laeto inferiae. Raccolta di studi linguistici in onore de G. D. Serra. Napoli 1959. S. 39–50.
– Le titre originaire de la Chanson de Roland. In: Studi in onore di Angelo Monteverdi. T. 1. Modena 1959. S. 33–47.
– Un nouveau cas génois du couple „Roland et Olivier". In: Cultura neolatina. T. 18, 1958, S. 59 bis 60.
– L'entrée de Roland et d'Olivier dans le vocabulaire onomastique de la Marca Hispanica d'après le Liber Feudorum Maior et d'autres recueils de chartes catalanes et françaises. In: Estudis romànics. T. 5, 1956, S. 55–76.
– L'expédition de Charlemagne en Espagne jusqu'à la bataille de Roncevaux. In: Revue suisse d'histoire. T. 7, 1957, S. 28–43.
– Le Fragment de La Haye. Les problèmes qu'il pose et les enseignements qu'il donne. In: ZfrPh. Bd 73, 1957, S. 20–37.
– Le gab d'Olivier. In: Revue belge de philologie et d'histoire. T. 34, 1957, S. 659–679.
– Héraldique et linguistique. L'emblème national de la Rébublique de Saint-Marin: Les trois plumes, et ses origines. In: Etudes de lettres. Bulletin de la Faculté des lettres de l'Université de Lausanne. Sér. 2, T. 2, 1959, S. 41–60.
– Karlamagnús saga, Keiser Karl Krønike danoise et Karl Magnus suédois. In: Studia neophilologica. T. 29, 1957, S. 145–179.
– Le manuscrit Supersaxo 97bis de la Bibliothéque cantonale du Valais: Le roman de „Ponthus et la belle Sidoine". Textes en vers. In: Vallesia. T. 14, 1959, S. 245–269.
– Quatre mots du latin médiéval saint-marinais. In: Archivum latinitatis mediiaevi. T. 28, 1958, S. 103–118.
– Sur les noms de lieux d'origine en -acum et en -anum du canton de Fribourg. In: Annales fribourgeoises. T. 43, 1958, S. 69–81.
– Les origines du nome de „Liège". In: Revue belge de philologie et d'histoire. T. 35, 1958, S. 643 bis 682.
– Nyon: Noviodonum. In: Revue historique vaudoise. T. 66, 1958, S. 61–66.
– Raimbaud et Hamon. Une source perdue de la Chanson de Roland. In: Le Moyen Age. T. 43, 1957, S. 23–54.
– Le rôle de Pampelune lors de l'expédition franque de 778 en Espagne d'après l'histoire et l'épique médiévale. In: Revue suisse d'histoire. T. 9, 1959, S. 305–333.

- Le suffixe italien -igiano. In: Revue de linguistique romane. T. 32, 1959, S. 169–192.
- Le type toponymique fr. Montjardin, Montgardin, it. Mongiardino, Mongardino. In: Etudes de lettres. Bulletin de la Faculté des lettres de l'Université de Lausanne. Sér. 2, T. 1, 1958, S. 33–51.
- Le zebro „âne sauvage" de la Péninsule ibérique et Brunetto Latini. In: Boletin de filologia. T. 16, 1957, S. 165–175.

Aistleitner, Josef: [Hrsg.] Die mythologischen und kultischen Texte aus Ras Schamra. Budapest 1958. 113 S. (Bibliotheca Orientalis Hung. 8.)
- Studien zur Frage der Sprachverwandtschaft des Ugaritischen. I. II. In: Acta Orientalia Hung. T. 7, 1957, S. 251–307; T. 8, 1958, S. 51–98.

Aland, Kurt: Die Arbeiten der Deutschen Akademie der Wissenschaften auf dem Gebiet der Religionsgeschichte. 2. Aufl. Berlin 1957. (Dt. Akad. d. Wissenschaften zu Berlin. Vorträge u. Schriften. H. 58.)
- u. E. O. Reichert, G. Jordan: Hilfsbuch zum Lutherstudium. 1. Aufl. Berlin 1957; 2. Aufl. 1958. 366 S.
- [Vorwort] Adolf Harnack: Geschichte der altchristlichen Literatur bis Eusebius. 2. Aufl. Bd 1–4. Leipzig 1958.
- Der Abbau des Herrscherkultes im Zeitalter Konstantins. In: The Sacral Kingship (La Regelità Sacra). Contributions to the central theme of the VIIIth Int. Congr. for the History for Religion (Rom, April 1955). Leiden 1959. S. 493–512.
- Akademien der Wissenschaften. In: RGG. 3. Aufl. Bd 1. Tübingen 1957, Sp. 195–203.
- Clemens I. In: Ebda. Sp. 1830–1831.
- Dogmengeschichte. In: Ebda. Bd 2. Tübingen 1958. Sp. 230–234.
- Eusebius von Cäsarea. In: Ebda. Sp. 739–740.
- August Hermann Francke. In: Via Humana. München-Wien 1958, S. 7–27.
- Die religiöse Haltung Kaiser Konstantins. In: Studia Patristica. Vol. 1. Berlin 1957. S. 549–600.
- Helena III. In: RGG. 3. Aufl. Bd 3. Tübingen 1959, Sp. 207–208.
- Jakobus (1. Sohn des Alphäus. 2. Sohn des Zebedäus. 3. Bruder Jesu). In: Ebda. Sp. 525–528.
- Jakobusbrief. In: Ebda. Sp. 526–528.
- Kaiser und Kirche von Konstantin bis Byzanz. In: Aus der byzantinistischen Arbeit der Deutschen Demokratischen Republik. 1. Berlin 1957. S. 123–140.
- Altchristliche Kirche. In: RGG. 3. Aufl. Bd 1. Tübingen 1957. Sp. 269–276.
- Kommission für spätantike Religionsgeschichte. In: Dt. Akad. d. Wissenschaften zu Berlin. Sekt. f. Altertumswissenschaft. H. 8. Berlin 1957, S. 123–140.
- Konstantin der Große. In: RGG. 3. Aufl. Bd 3. Tübingen 1959. Sp. 1785.
- Altchristliche Literaturgeschichte (nach H. v. Soden). In: Ebda. Bd 1. Tübingen 1957. Sp. 280–288.
- Neue neutestamentliche Papyri. In: New Testament Studies. Jg 3. 1957. S. 261–286.
- The Present Position of New Testament Textual Criticism. In: Studia Evangelica. Berlin 1959. S. 717–731. (Texte u. Untersuchungen z. Gesch. d. altchristl. Lit. Bd 73.)
- Vorschläge zur Neugestaltung des Textes des Griechischen Neuen Testaments. In: 1. Rundschreiben z. Neugestaltung d. Novum Testamentum Graece von Nestle (24. Aufl.). Stuttgart 1959. S. 3–32.
- Das Johannesevangelium auf Papyrus. Zum neu veröffentlichten Papyrus Bodmer II. In: FuF. Jg 31, 1957, S. 50–55.
- Zur Liste der neutestamentlichen Handschriften. VI. In: ZNW. Bd 48, 1957, S. 141–191.
- Luther als Exegete. In: Expository Times. Vol. 69, 1957, S. 123–140.

– Der 31. Oktober 1517 gilt zu Recht als Tag des Thesenanschlages Martin Luthers. In: Dt. Pfarrblatt Essen. Jg 58, 1958, S. 241–245.
– Papyrus Bodmer II. Ein erster Bericht. In: ThLZ. Jg 82, 1957, Sp. 161–184.
– Petrus in Rom: In Hist. Zs. Bd 183, 1957, S. 479–516.
– Petrus in Rom – Eine notwendige Bemerkung. In: Dt. Pfarrblatt Essen. Jg 58, 1958, S. 79–81.
– Das Neue Testament auf Papyrus. Zur Entdeckung der ältesten größeren Handschrift. In: Universitas. Jg 12, 1957, S. 585–590.
– Wessenberg-Studien, III: Das Schrifttum I. H. v. Wessenbergs. In: Zs. f. d. Gesch. d. Oberrheins. Bd 105, 1958, S. 475–511.
– [Hrsg.] Hans Lietzmann: Kleine Schriften. I: Studien zur spätantiken Religionsgeschichte. II: Studien zum Neuen Testament. Berlin 1958. (Texte u. Untersuchungen z. Gesch. d. altchristl. Lit. Bd 67, 68.)
– [Hrsg.] Friedrich Loofs: Leitfaden zum Studium der Dogmengeschichte. 6. Aufl. Tübingen 1959.
– [Hrsg.] Lutherlexikon. Stuttgart 1957. (Luther Deutsch Erg. Bd 3.)
– [Hrsg.] Luthers Werke in Auswahl . . . Hrsg. v. O. Clemen. 5. Aufl. Bd 1–4. Berlin 1959.
– [Hrsg.] Martin Luther: Die Briefe. Stuttgart 1959. (Luther Deutsch Bd 10.)
– [Hrsg.] Martin Luther: Die Hauptschriften. 3. Aufl. Berlin 1959.
– u. F. L. Cross: [Hrsg.] Studia evangelica. Papers presented to the Int. Congr. on „The Four Gospels in 1957" held at Christ Church, Oxford 1957. Berlin 1959. (Texte u. Untersuchungen z. Gesch. d. altchristl. Lit. Bd 73.)
– u. a.: [Hrsg.] Studia Patristica. Papers presented to the Second Int. Conference on Patristic Studies held at Christ Church Oxford 1955. Vol. 1. 2. Berlin 1957. (Texte u. Untersuchungen z. Gesch. d. altchristl. Lit. Bd 63, 64.)
– u. Erwin Nestle: [Hrsg. u. Bearb.] Novum Testamentum Graece. Ed. vicesima tertia. Stuttgart 1957.
– u. Erwin Nestle: [Hrsg. u. Bearb.] Novum Testamentum Graece et Germanice. Stuttgart 1957.
– u. Erwin Nestle: [Hrsg. u. Bearb.] Novum Testamentum Graece et Latine. Ed. duodevicesima. Stuttgart 1957.

Baethgen, Friedrich: Die Bayerische Akademie der Wissenschaften 1909–1959. Tradition und Auftrag. Festrede zum Zweihundertjährigen Jubiläum. München 1959. 30 S.
– Monumenta Germaniae Historica. Bericht für das Jahr 1955/56. Berlin 1957. 21 S. (Sitzgsber. d. Dt. Akad d. Wissenschaften zu Berlin, Kl. f. Philos., Gesch., Staats-, Rechts- u. Wirtschaftswissenschaften. Jg 1957, Nr. 1.)
– Monumenta Germaniae Historica. Bericht für das Jahr 1956/57. Berlin 1958. 20 S. (Dass. Jg 1958, Nr. 1.)
– Monumenta Germaniae Historica. Bericht für das Jahr 1957/58. Berlin 1959. 19 S. (Dass. Jg 1959, Nr. 5.)
– Begrüßungsansprache und Bericht in der Feierlichen Jahressitzung der Bayerischen Akademie der Wissenschaften am 7. Dezember 1957. In: Jb. d. Bayer. Akad. d. Wissenschaften 1958. München 1958, S. 31–50.
– Dass. am 6. Dezember 1958. In: Ebda. 1959. München 1959, S. 55–68.
– Die Jahrbücher der Deutschen Geschichte. In: Die Hist. Komm. bei d. Bayer. Akad. d. Wissenschaften 1858–1958. Göttingen 1958. S. 70–81.
– Nachruf auf Walter Goetz. In: Jb. d. Bayer. Akad. d. Wissenschaften 1959. München 1959. S. 137–145.
– Dante und Franz von Mayronis. In: Dt. Arch. f. Erforschg d. Mittelalters. Jg 15, 1959, S. 103 bis 136.

- u. Walther Holtzmann: [Hrsg.] Deutsches Archiv für Erforschung des Mittelalters. Jg 13–15. Köln–Graz 1957–1959.

Baetke, Walter: Die Aufnahme des Christentums durch die Germanen. Darmstadt 1959. 53 S.
- Edda. In: RGG. 3. Aufl. Bd 2. 1958. Sp. 305–307.
- Germanische Religion. In: Ebda. Sp. 1432–1440.
- Die Víga-Glúm-Episode in der Reykœla-Saga. In: Beiträge zur deutschen u. nordischen Literatur (Festgabe f. L. Magon). Berlin 1958. S. 5–21.
- [Bespr.] Wolfgang Lange: 1. Studien zur christlichen Dichtung der Nordgermanen, 1000–1200. 2. Christliche Skaldendichtung. Göttingen 1958. In: DLZ. Jg 80, 1959, Sp. 505–510.
- [Bespr.] Jan de Vries: Altgermanische Religionsgeschichte. 2. Aufl. 2 Bde. Berlin 1956/57. In: Ebda. Jg 78, 1957, Sp. 1062–1069.

Barwick, Karl: Martial und die zeitgenössische Rhetorik. Berlin 1959. 48 S. (Ber. über d. Verhandlungen d. Sächs. Akad. d. Wissenschaften zu Leipzig. Phil.-hist. Kl. Bd 104, H. 1.)
- Probleme der stoischen Sprachlehre und Rhetorik. Berlin 1957. 111 S. (Abh. d. Sächs. Akad. d. Wissenschaften. Phil.-hist. Kl. Bd 49, H. 3.)
- Widmung und Entstehungsgeschichte von Varros De lingua latina. In: Philologus. Bd 101, 1957, S. 298–304.
- Zyklen bei Martial und in den kleinen Gedichten des Catull. In: Ebda. Bd 102, 1958, S. 284–318.

Baumgarten, Arthur: Bemerkungen zur Erkenntnistheorie des dialektischen und historischen Materialismus. Berlin 1957. VIII, 181 S.
- Das Menschenrecht der Völker auf Frieden und ihre Verantwortung für die Erhaltung des Weltfriedens in der Epoche der Atomenergie. In: Atomenergie – wofür? Referate der Tagungen über Probleme der Atomenergie der Vereinigung Demokratischer Juristen Deutschlands am 30. Nov. 1957. Berlin 1958. S. 36–44.

Behn, Friedrich: Aus europäischer Vorzeit. Stuttgart 1957. 140 S., 62 Abb. auf 32 Tafeln (Urban-Bücher. 23.)
- Die Entstehung des deutschen Bauernhauses. Berlin 1957. 77 S., 42 Tafeln. (Ber. über d. Verhandlungen d. Sächs. Akad. d. Wissenschaften zu Leipzig. Phil.-hist. Kl. Bd 103, H. 3.)
- Vorgeschichtliche Kunst in Europa. Zürich, Frankfurt, Innsbruck, Lausanne, Paris, Brüssel 1959. 16 S., 2 Tafeln, 38 Abb. (Illustr. Weltgeschichte d. Kunst. Bd 1.)
- Die Markomannen am Rhein. In: Varia praehistorica. Leipzig 1957. S. 98–111.
- Wagen oder Musikinstrument? In: Festschr. f. Johannes Jahn. Leipzig 1958. S. 13–15.
- Skara Brae, eine möblierte Wohnung der Steinzeit. In: Umschau. Jg 58, 1958, S. 712.
- [Bespr.] Fritz Fremersdorf: Das Fränkische Reihengräberfeld Köln-Müngersdorf. Berlin 1955. In: DLZ. Jg 78, 1957, Sp. 1090–1092.
- [Bespr.] Ders.: Das Römergrab in Weiden bei Köln. Köln 1957. In: Ebda. Jg 79, 1958, Sp. 516 bis 517.
- [Bespr.] V. Grönbech: Der Hellenismus. Göttingen 1953. In: Prähist. Zs. Bd 37, 1959, S. 251 ff.
- [Bespr.] S. J. de Laet: Archeology and its problems. London 1957. In: Umschau. Jg 59, 1959, S. 637.
- [Bespr.] Johannes Maringer: Vorgeschichtliche Religion. Einsiedeln–Zürich–Köln [1956]. In: ThLZ. Jg 83 ,1958, Sp. 18–20.
- [Bespr.] Jacques Moreau: Die Welt der Kelten. Stuttgart 1958. In: DLZ. Jg 80, 1959, Sp. 662 bis 666.

- [Bespr.] Erich Graf Oxenstierna. Die Nordgermanen. Stuttgart 1957. In: Ebda. Jg 79, 1958, Sp. 985–987.
- [Bespr.] Klaus Raddatz: Der Thorsberger Moorfund. Neumünster 1957. In: Ebda. Sp. 791–793.
- [Bespr.] T. T. Rice: Die Skythen. Köln 1957. In: Umschau. Jg 59, 1959, Heft 21.
- [Bespr.] Heinrich Schliemann: Briefwechsel. Berlin 1958. In: Prähist. Zs. Bd 37, 1959, S. 247ff.
- [Bespr.] J. A. Thompson: Archeology and the Old Testament. Michigan [1957]. In: ThLZ. Jg 84, 1959, Sp. 827.

Besseler, Heinrich: Das musikalische Hören der Neuzeit. Berlin 1959. 80 S. (Ber. über d. Verhandlungen d. Sächs. Akad. d. Wissenschaften zu Leipzig. Phil.-hist. Kl. Bd 104, H. 6.)
- [Vorwort u. Hrsg.] Joh. Seb. Bach: Sechs Brandenburgische Konzerte. Neuausgabe im Rahmen der Neuen Bach-Ausgabe, kleine Partitur m. Vorwort. Kassel u. Leipzig 1957.
- Markgraf Christian Ludwig von Brandenburg. In: Bach-Jb. 1956. Berlin 1957. S. 18–35.
- Die Echtheit des neuen Bachbildes um 1740. In: Ebda. S. 65–72.
- Gustav Jacobsthal. In: Die Musik in Gesch. u. Gegenw. Bd 6. Kassel–Basel–London 1957. Sp. 1615–1619.
- Friedrich Ludwig. In: Ebda. Bd 8. 1959. Sp. 1260–1262.
- Mozart und die Deutsche Klassik. In: Ber. über d. Int. Musikwiss. Kongreß, Wien 1956. Graz 1958. S. 47–54.
- Johannes de Muris. In: Die Musik in Gesch u. Gegenw. Bd 7. Kassel–Basel–London 1958. S. 105 bis 115.
- Spielfiguren in der Instrumentalmusik. In: Dt. Jb. d. Musikwissenschaft für 1956. Leipzig 1957. S. 12–38.
- Dufay in Rom. In: Arch. f. Musikwissenschaft. Jg 15, 1958, S. 1–19.
- Das Ergebnis der Diskussion über „Fauxbourdon". In: Acta musicologica. Bd 29, 1957, S. 185 bis 188.
- Zum Problem der Bach-Bildnisse. In: Die Musikforschg. Jg 11, 1958, S. 215–218.
- Eine Silberstiftzeichnung von Joh. Seb. Bach. In: Musica. Jg 12, 1958. S. 5–9.
- Die Silberstiftzeichnung im Urteil der Kenner. In: Ebda. S. 668–671.
- Umgangsmusik und Darbietungsmusik im 16. Jahrhundert. In: Arch. f. Musikwissenschaft. Jg 16, 1959, S. 21–43.

Bischoff, Karl: Sprachliche Beziehungen zwischen niederdeutschem Altland und Neuland im Bereich der mittleren Elbe. Berlin 1958. 53 S., 20 Abb. (Ber. über d. Verhandlungen d. Sächs. Akad. d. Wissenschaften zu Leipzig. Phil.-hist. Kl. Bd 103, H. 4.)
- Zur Geschichte des Niederdeutschen südlich der ik/ich-Linie zwischen Harz und Saale. Berlin 1957. 47 S. (Ber. über die Verhandlungen d. Sächs. Akad. d. Wissenschaften zu Leipzig. Phil.-hist. Kl. Bd 102, H. 6.)
- Martin Lintzel. In: Jb. d. Sächs. Akad. d. Wissenschaften zu Leipzig 1954–56. Berlin 1958. S. 254–256.
- Das Mittelelbische Wörterbuch. In: Dt. Jb. f. Volkskunde. Bd 4, 1958, S. 444–447.
- Niederländisches Reß von der Elbe. In: ZfMaf. Jg 26, 1958, S. 186–192.
- [Hrsg.] Martin Luthers Sendbrief vom Dolmetschen. 2. Aufl. Halle 1957.
- [Bespr.] G. Cordes: Alt- und neuniederdeutsche Literatur und Niederdeutsche Mundartdichtung. Beitr. zu: Dt. Philologie im Aufriß. 2. Aufl. Bd 1. Berlin u. Bielefeld 1957. S. 375–422; 313–352. In: AfdA. Bd 69, 1957, S. 122–131.
- [Bespr.] W. Foerste: Geschichte der niederdeutschen Mundarten. Beitr. zu: Dt. Philologie im Aufriß. 2. Aufl. Bd 1. Berlin u. Bielefeld 1957. S. 1905–2062. In: Ebda. S. 122–131.

- [Bespr.] K. A. Eckhardt: [Hrsg.] Sachsenspiegel. Landrecht. Göttingen, Berlin, Frankfurt/M. 1955. In: Ebda. S. 153–160.
- [Bespr.] ders.: Sachsenspiegel. Lehnrecht. Göttingen, Berlin, Frankfurt/M. 1956. In: Ebda. Bd 70, 1958. S. 22–26.
- [Bespr.] Walther Mitzka. Deutscher Wortatlas. Bd 3. 4. Gießen 1954–55. In: DLZ. Jg 78, 1957, Sp. 513–516.
- [Bespr.] Ludwig Wolff: [Hrsg.] Die Dichtungen Könemanns. Neumünster 1953. In: ZfMaf. Jg 24, 1957, S. 248–250.

Böhm, Jaroslav: L'Art ancien en Tchécoslovaquie. Musée des arts décoratifs. Paris 1957. 12 S.
- Nils Fritiof Åberg, nekrolog. In: Pam. arch. 49, 1958, S. 592–594.
- Archeologický ústav ČSAV. I. Založení a vývoj ústavu. In: Věstník ČSAV. 67, 1958, S. 619–623.
- Archeologický ústav ČSAV. II. Vývoj výzkumné thematiky a metodiky. In: Ebda. 68, 1959, S. 145–150.
- Archeologický ústav ČSAV. III. Přehled nejdůležitějších výskumů. In: Ebda. S. 270–279.
- Archeologický ústav ČSAV. IV. Hodnocení výzkumné a vědecké činnosti. In: Ebda. S. 355–362.
- Archeologie a dnešni společnost. Lidová democracie. Brno, 23. V. 1959.
- V. Gordon Childe, nekrolog. In: Pam. arch. 49, 1958, S. 589–592.
- O edični činnosti ČSAV v letech 1953–1954. In: Věstník ČSAV. 67, 1958, S. 217–222.
- František Prošek, nekrolog. In: Pam. arch. 50, 1959, S. 325–327.
- Paul Reinecke, nekrolog. In: Ebda. S. 329–332.

Buchda, Gerhard: Alfred Brehm als Maurerlehrling in Altenburg. (Brehm-Studien III.) In: Abh. u. Ber. d. naturkundl. Museums „Mauritianum" Altenburg. Bd 1. 1958. S. 31–41.
- Die Rechtsmittel im sächsischen Prozeß. (Vortrag, am 18. Sept. 1956 auf dem 11. Deutschen Rechtshistorikertag in Freiburg i. Br. gehalten.) In: ZSS. Germ. Abt. Bd 75, 1958, S. 274–348.
- Die Stammtafel der Naturforscherfamilie Brehm (Brehm-Studien II). In: Forschgn z. thüring. Landesgesch. Weimar 1958. S. 412–437. (Veröff. d. Thür. Landeshauptarchivs Weimar. Bd 1.)
- [Bespr.] Hans Fehr: Das Recht in den Sagen der Schweiz. Frauenfeld 1955. In: Dt. Jb. f. Volkskunde. Bd 3, 1, 1957, S. 312–315.
- [Bespr.] Hans Jänichen: Der Rechtszug im Spätmittelalter am Oberen Neckar und im pfalzgräflich-tübingischen Bereich. [1956]. In: ZSS. Germ. Abt. Bd 75, 1958, S. 500–502.
- [Bespr.] Hans Patze: Recht und Verfassung thüringischer Städte. Weimar 1955. (Thür. Archivstudien. Bd 6.) In: Ebda. S. 444–450.

Dornseiff, Franz: Antike und Alter Orient. 2. Aufl. Bd 1, Leipzig 1959. VIII, 451 S. (Kleine Schriften. I).
- Rückläufiges Wörterbuch der griechischen Eigennamen. Ausgearb. v. Bernhard Hansen. Berlin 1957. 320 S. (Ber. über d. Verhandlungen d. Sächs Akad. d. Wissenschaften zu Leipzig. Bd 102, H. 4.)
- Der Deutsche Wortschatz nach Sachgruppen. 5. Aufl. Berlin 1959. 922 S.
- Der Hadrianbrief in der frühbyzantinischen Historia Augusta. In: Aus der byzantinistischen Arbeit der Dt. Demokr. Rep. 1. Berlin 1957. S. 39–45.
- Die Verfasser des Pentateuchs. In: Das Altertum. Bd 5, 1959, S. 206–213.
- [Hrsg.] Sext. Propertius. Elegiarum libri IV. Ed. alt. Leipzig 1958. XXXVIII, 252 S.
- [Bespr.] Johann Jakob Bachofen: Gesammelte Werke. Bd 4 u. 6. Basel 1951–1954. In: DLZ. Jg 78, 1957, Sp. 3–4.

- [Bespr.] Alfr. Heubeck: Der Odysseedichter und die Ilias. Erlangen 1954. In: Gnomon. Bd 29, 1957, S. 584–588.
- [Bespr.] Heinz Küpper: Wörterbuch der deutschen Umgangssprache. 2. Aufl. Hamburg 1956. In: DLZ. Jg 80, 1959, Sp. 408–411.
- [Bespr.] Navicula Chiloniensis. Studia philologica Felici Jacoby oblata. Leiden 1956. In: Ebda. Jg 79, 1958, Sp. 498–500.

Eißfeldt, Otto: Die Genesis der Genesis. Vom Werdegang des ersten Buches der Bibel. Tübingen 1958. VIII, 86 S.
- Das Lied Moses Deuteronomium 32, 1–43 und das Lehrgedicht Asaphs Psalm 78 samt einer Analyse der Umgebung des Mose-Liedes. Berlin 1958. 54 S. (Ber. über d. Verhandlungen d. Sächs. Akad. d. Wissenschaften zu Leipzig. Phil.-hist. Kl. Bd 104, H. 5.)
- Enno Littmann gest. am 4. Mai 1958. Tübingen 1958. 28 S., 1 Bild. (Tübinger Universitätsreden. 5.)
- Biblos geneseos. In: Gott und die Götter. Festgabe f. Erich Fascher z. 60. Geburtstag. Berlin 1958. S. 31–40.
- Dura-Europos. In: Reallexikon f. Antike u. Christentum. Stuttgart 1958. Lfg 27. Sp. 338–370.
- Non dimittam te, nisi benedixeris mihi. In: Mélanges Bibliques rédigés en l'honneur de André Robert. Paris 1957. S. 77–81. (Travaux de l'Institut Catholique de Paris. 4.)
- Psalm 121. In: Stat crux dum volvitur orbis. Festschr. f. Landesbischof D. Hans Lilje. Berlin 1959. S. 9–14.
- Silo und Jerusalem. In: Volumen du Congrès Strasbourg 1956. Leiden 1957. S. 138–147. (Vetus Testamentum Supplementum. 4.)
- René Dussaud 1868–1958. In: ZDMG. Bd 109, 1959, S. 1–8.
- Alexander von Humboldts „Kosmos" und der 104. Psalm. In: FuF. Jg 33, 1959, S. 113–117.
- Des Matthäus Aurigallus Hebräische Grammatik von 1523. In: Wiss. Zs. d. Martin-Luther-Univ. Halle-Wittenberg. Ges.- u. sprachw. R. Jg 7, 1957/58, S. 885–889.
- Psalm 132. In: WO. Bd 2, 1959, S. 480–483.
- Die Wandbilder der Synagoge von Dura-Europos. In: FuF. Jg 31, 1957, S. 241–249.
  Ferner zahlreiche Artikel in RGG. Bd 1–3. Tübingen 1957–1959.

Fischer, Rudolf: Erkenntnisse und Aufgaben der slawistischen Namenforschung. Berlin 1959. 34 S. (Ber. über d. Verhandlungen d. Sächs. Akad. d. Wissenschaften zu Leipzig. Phil.-hist. Kl. Bd 105, H. 1.)
- Schiller und Böhmen. Berlin 1959. 27 S. (Ber. über d. Verhandlungen d. Sächs. Akad. d. Wissenschaften zu Leipzig. Phil.-hist. Kl. Bd 105, H. 3.)
- Schillers Widerhall in der russischen Literatur. Berlin 1958. 26 S. (Ber. über d. Verhandlungen d. Sächs. Akad. d. Wissenschaften zu Leipzig. Phil.-hist. Kl. Bd 103, H. 5.)
- u. Karl Elbracht: Die Ortsnamen des Kreises Rudolstadt. Halle 1959. 131 S. (Deutsch-Slawische Forschungen zur Namenkunde und Siedlungsgeschichte. Nr. 10.)
- [Vorwort.] Fahrten nach Weimar. Slawische Gäste bei Goethe. Auswahl aus Briefen, Berichten und Aufzeichnungen. Mit einem Vorwort von R. Fischer und mit Anmerkungen v. P. Kirchner und R. Ziemann. Weimar 1958. 171 S.
- [Vorwort u. Red.] Leipziger Studien. Theodor Frings zum 70. Geburtstag. Halle 1957. 257 S. (Deutsch-Slawische Forschungen zur Namenkunde und Siedlungsgeschichte. Nr. 5.)
- Das Slawische Institut der Karl-Marx-Universität Leipzig. In: Festschr. zur 550-Jahrfeier d. Karl-Marx-Universität Leipzig 1959. S. 84–86.

– Slawische Wissenschaft in Deutschland. Matthias Murkos Leipziger Berufung. In: Karl-Marx-Universität 1409–1959. Beitr. z. Universitätsgeschichte. Bd 2. Leipzig 1959. S. 49–56.
– Zur Erklärung fraglicher Bestimmungswörter in Ortsnamen. In: BNF. Jg 8, 1957, S. 296–301.
– Slavjanskaja filologija v Lejpcige v 1957/1958 g. In: Voprosy jazykoznanija. Jg 7, 1959, S. 143 bis 144.
– Familiennamen der Lausitz. In: ZfSl. Bd 4, 1959, S. 596–603.
– Zur Geschichte slawischer Stämme und Stammesnamen. In: Ebda. S. 424–427.
– Leipzig – Stätte der Vermittlung. In: Börsenbl. f. d. dt. Buchhandel. Jg 126, 1959, S. 355–356.
– Namen des Bezirkes Marienbad. In: Beitr. Bd 79 (Sonderband), 1957, S. 330–348.
– Slawische Namen an der Ilm. In: ZfSl. Bd 2, 1957, S. 386–389.
– Alte Ortsnamen der oberen Saalegegend. In: BNF. Jg 8, 1957, S. 174–179.
– Slawistische Publikationen aus der Tschechoslowakei. In: ZfSl. Bd 2, 1957, S. 253–254.
– Stojan Romanski – Schüler Leskiens. In: Ebda. S. 3–4.
– Schillers Aufenthalt in Böhmen. Zum Schillerjahr 1959. In FuF. Jg 33, 1959, S. 210–214. Auch in: Wiss. Zs. d. Karl-Marx-Univ. Leipzig. Ges.- u. sprachw. R. Jg 8, 1958/59, S. 459–463.
– Stand und Kritik der slawischen Onomastik in Deutschland. In: Slavjanskaja filologija. Sbornik statej Bd 2, 1958, S. 200–216.
– Zur Toponomastik in der Sowjetunion. In: ZfSl. Bd 4, 1959, S. 286–287.
– [Hrsg.] Deutsch-Slawische Forschungen zur Namenkunde und Siedlungsgeschichte. (Hist. Komm. bei der Sächs. Akad. d. Wissenschaften zu Leipzig.) Hrsg. v. Th. Frings u. R. Fischer. Nr. 2–7 u. 9–10. Halle (Saale) 1957–1959.
– [Bespr.] Adolf Bach: Deutsche Namenkunde. Bd 3. Heidelberg 1956. In: ZfSl. Bd 3, 1958, S. 596–603.
– [Bespr.] Hans Bahlow: Namenforschung als Wissenschaft. Neumünster 1955. In: Ebda. Bd 2, 1957, S. 273–274.
– [Bespr.] France Bezlaj: Slovenska vodna imena. Bd 1. Ljubljana 1956. In: Ebda. S. 628.
– [Bespr.] Rudolf Große: Die meißnische Sprachlandschaft. Halle (Saale) 1955. In: Ebda. S. 271 bis 272.
– [Bespr.] Walther Haupt u. Joachim Huth: Das Zinsregister des Klosters Marienstern. Bautzen 1957. In: Ebda. Bd 3, 1958, S. 150–153.
– [Bespr.] Bohuslav Havránek, Josef Hrabáb u. a.: Výbor z české literatury od počátků po dobu Husovu. Praha 1957. In: Ebda. Jg 4, 1959, S. 766–768.
– [Bespr.] Onomastica. Wroclaw 1955. In: Ebda. Bd 2, 1957, S. 629–630.
– [Bespr.] Pravidla českého pravopisu. Praha 1957. In: Ebda. Bd 4, 1959, S. 129–131.
– [Bespr.] Antonín Profous und Jan Svoboda: Místní jména v Čechách. Bd 4, Praha 1957. In: Ebda. Bd 2, 1957, S. 622–626.
– [Bespr.] Heinrich Schuberth: Das Slawenproblem für das nördliche Oberfranken. Hof (Saale) 1956. In: Die Welt der Slaven. Jg 2, 1957, S. 219–220.
– [Bespr.] Ernst Schwarz: Sudetendeutsche Familiennamen aus vorhussitischer Zeit. Köln–Graz 1957. In: BNF. Jg 9, 1958, S. 316–318.
– [Bespr.] F. P. Šiller: Friedrich Schiller. Moskva 1955. In: ZfSl. Bd 2, 1957, S. 151–152.
– [Bespr.] St. Stančev, V. Ivanova, N. Balan u. P. Bojev: Nadpisŭt na čŭrgubilja Mostič. Sofija 1955. In: Ebda. S. 272–273.

Frings, Theodor: Grundlegung einer Geschichte der deutschen Sprache. 3. erw. Aufl. Halle 1957. 174 S., davon 69 Ktn.
– u. Elisabeth Karg-Gasterstädt: Althochdeutsches Wörterbuch. Lfg 9, Sp. 593–672, Lfg 10, Sp. 673–752, Lfg 11, Sp. 753–824. Berlin 1957–1959.

– u. Gertraud Müller: Die Entstehung der deutschen daß-Sätze. Berlin 1959. 55 S. (Ber. über d. Verhandlungen d. Sächs. Akad. d. Wissenschaften zu Leipzig. Phil.-hist. Kl. Bd 103, H. 6.)
– Ansprache bei der öffentlichen Gesamtsitzung der Sächsischen Akademie der Wissenschaften zu Leipzig am 17. November 1956. In: Jb. d. Sächs. Akad. d. Wissenschaften zu Leipzig. 1954–56. Berlin 1958. S. 57–60.
– Bericht des Sekretars der Klasse für Sprachen, Literatur und Kunst. In: Jb. d. Dt. Akad. d. Wissenschaften zu Berlin 1955. Berlin 1957. S. 109–114.
– Bericht des Sekretars der Klasse für Sprachen, Literatur und Kunst. In: Jb. d. Dt. Akad. d. Wissenschaften zu Berlin 1957. Berlin 1959. S. 18–19.
– [Dank.] In: Akademie-Verlag GmbH Berlin 1946–1956. Berlin 1957. S. 85.
– *Erle* und *Aune*. In: Etymologica. Walther von Wartburg zum siebzigsten Geburtstag 18. Mai 1958. Tübingen 1958. S. 239–259.
– Frauenstrophe und Frauenlied in der frühen deutschen Lyrik. In: Festschr. zum 75. Geburtstag von Hermann August Korff. Leipzig 1957. S. 13–28.
– Lex Salica *sunnia*, franzöisch *soin*. In: Festschr. f. Iorgu Iordan zu seinem 70. Geburtstag. București 1958. S. 295–301. Auch in: Beitr. Bd 81, 1959, S. 416–427.
– Walther v. Wartburg: Französisches Etymologisches Wörterbuch. Bd 16, Lfg 57: Germanische Elemente (*chip-lôs*). Mit Beiträgen v. Th. Frings. Basel 1957.
– Walther v. Wartburg: Französisches Etymologisches Wörterbuch. Bd 16, Lfg 60: Germanische Elemente (*lôs-*pokka*). Mit Beiträgen v. Th. Frings. Basel. 1958.
– Zum Geleit. In: Kusch, Horst: Einführung in das lateinische Mittelalter. Bd 1: Dichtung. Berlin 1957. S. VII.
– u. Elisabeth Linke: Ingwäonische Wellen. In: Album Edgard Blancquaert. Tongeren 1958. S. 85 bis 94. Unter dem Titel „Ingwäonische Wellen, Deutsche Wellen, Wellentheorie“ auch in: Beitr. Bd 81, 1959, S. 248–262.
– u. Gertraud Müller: Die Entstehung der deutschen daß-Sätze. In: Sprache – Schlüssel zur Welt. Festschr. f. Leo Weisgerber zum 60. Geburtstag am 25. Februar 1959. Düsseldorf 1959. S. 168 bis 175.
– Nochmals Walthers *vaden* 44, 9. In: Beitr. Bd 79, 1957 Sonderband, S. 307.
– u. Elisabeth Linke: Zwischenvokalisches *-g-* in den Niederlanden und am Rhein. Mit 1 Kte. In: Beitr. Bd 80, 1958, S. 1–32.
– [Bespr.] P. Aebischer: Textes norrois et Littérature française du moyen âge. I. Recherches sur les traditions épiques antérieures à la Chanson de Roland d'après les données de la première branche de la Karla-magnús saga (Genève–Lille 1954). In: ZfrPh. Bd 73, 1957, S. 175–182.
– [Bespr.] P. Aebischer: Rolandiana Borealia (Lausanne 1954). In: ZfrPh. Bd 73, 1957, S. 182–183.
– [Bespr.] K. Wais: Frühe Epik Westeuropas und die Vorgeschichte des Nibelungenliedes. 1. Bd. Mit einem Beitrag von Hugo Kuhn: Brunhild und das Krimhildlied (Tübingen 1953). In: ZfrPh. Bd 73, 1957, S. 183–185.

Fück, Johann: 'Amr ibn Luhayy. In: The Encyclopaedia of Islam. Leiden u. London 1957. Sp. 453.
– 'Arabiyya ('3) Middle Arabic. In: Ebda. Sp. 569–571.
– al – 'Askarī. In: Ebda. 1958. Sp. 712.
– 'Ātika. In: Ebda. Sp. 738.
– al – Azrakī. In: Ebda. Sp. 826–827.
– al – Basīr. In: Ebda. 1959. Sp. 1082.
– al – Basūs. In: Ebda. Sp. 1089.
– Johann Albert Bernhard Dorn. In: NDB. Berlin 1959. S. 78–79.

- Johann Elichman(n). In: Ebda. S. 440.
- Carl Brockelmann. In: al-Majalla. Bd 1. 1957. S. 25–28 (arabisch).
- Carl Brockelmann. In: ZDMG. Bd 108, 1958, S. 1–13.
- Carl Brockelmann als Orientalist. In: Wiss. Zs. d. Martin-Luther-Univ. Halle-Wittenberg. Ges. u. sprachw. R. Jg 7, 1957/58, S. 857–875.
- Zur arabischen Wörterbuchfrage. In: ZDMG. Bd 107, 1957, S. 340–347.
- [Bespr.] Majid Khadduri: War and Peace in Law of Islam. Baltimore 1955. In: DLZ. Jg 78, 1957, Sp. 540–541.
- [Bespr.] Jean-Paul Roux: L'Islam en Asie. Paris 1958. In: Ebda. Jg 80, 1959, Sp. 305–306.

Ferner zahlreiche Rezensionen in Fachzeitschriften.

Grundmann, Herbert: Der Cappenberger Barbarossakopf und die Anfänge des Stiftes Cappenberg. Köln–Graz 1959. 115 S. (Münstersche Forschungen. H. 12.)
- Landgraf Philipp von Hessen auf dem Augsburger Reichstag 1530. Gütersloh 1959. 87 S. (Schriften d. Vereins f. Reformationsgesch. Jg 63, H. 2.) Auch in: Aus Reichstagen des 15. u. 16. Jh. Göttingen 1958. S. 341–423. (Schriftenreihe d. Hist Komm. b. d. Bayer. Akad. d. Wissensch. 5.)
- Vom Ursprung der Universität im Mittelalter. Berlin 1957. 66 S. (Ber. über d. Verhandlungen d. Sächs. Akad. d. Wissenschaften zu Leipzig. Phil.-hist Kl. Bd 103, H. 2.)
- Freiheit als religiöses, politisches und persönliches Postulat im Mittelalter. In: Das Problem d. Freiheit im europ. Denken v. d. Antike bis zur Gegenwart. München 1958. S. 23–53. Auch in: Hist. Zs. Bd 183, 1957, S. 23–53.
- Gottfried von Cappenberg. In: Westfälische Lebensbilder. Münster 1959. S. 1–16.
- Kaisertum und Papsttum. In: RGG. 3. Aufl. Bd 3. 1959. Sp. 1093–1099.
- Kleinere Artikel über Franziskus v. Assisi, Johannes Gerson, Gottesfriede, Heinrich von Gent, Jakob von Vitry, Joachim von Fiore, Johannes von Kastl, Jordan von Giano, Kaland, Konrad von Gelnhausen, Kreuzzüge u. a. In: Ebda.
- Deutsche Reichstagsakten, jüngere Reihe. In: Die Hist. Komm. b. d. Bayer. Akad. d. Wissenschaften 1858–1958. Göttingen 1958. S. 132–157.
- La genesi dell'Università nel Medio Evo. In: Bull. dell'Ist. Storico Italiano per il Medio Evo e Archivio Muratoriano. No 70, 1958, S. 1–18.
- Litteratus – illitteratus. Der Wandel einer Bildungsnorm vom Altertum zum Mittelalter. In: Arch. f. Kulturgesch. Bd 40, 1958, S. 1–65.
- Der hl. Theodor oder Gottfried von Cappenberg im Domparadies zu Münster. In: Westfalen. Bd 37, 1959, S. 160–173.
- [Hrsg. u. Einl.] Valentin von Tetleben: Protokoll des Augsburger Reichstages 1530. Göttingen 1958. (Schriftenreihe d. Hist. Komm. b. d. Bayer. Akad. d. Wissenschaften. 4.) Auch in: Schriften d. Vereins f. Reformationsgesch. Nr. 177, 1958.
- u. H. Heimpel: [Hrsg.] Alexander von Roes: Schriften. Stuttgart 1958. 208 S., 23* S. (MGH. Staatsschriften d. späteren Mittelalters. Bd 1, 1. Stck.).

Ferner Rezensionen in Archiv für Kulturgeschichte u. Deutsche Literaturzeitung.

Haenisch, Erich: [Hrsg.] Der Kienlung-Druck des mongolischen Geschichtswerkes Erdeni yin tobci von Sagang Secen. Wiesbaden 1959. VIII, 271 S. (Akad. d. Wiss u. d. Lit. Veröff. d. Oriental. Komm. Bd 13.)

Hauschild, Richard: [Bearb.] Albert Thumb: Handbuch des Sanskrit. 3. Aufl. T. 1: Grammatik. Heidelberg 1958. XVI, 347 S.
- Dass. T. 2: Formenlehre. Heidelberg 1959. XII, 492 S.

– Die Tirade von der Wagenwettfahrt des Königs Haosravah und des Junkers Nərəmanah (Yašt 5,50). In: Mitt. d. Inst. f. Orientforschg d. Dt. Akad. d. Wissenschaften zu Berlin. Bd 7. 1959. S. 1–78.
– [Bespr.] Ludwig Alsdorf: Vorderindien. Bharat – Pakistan – Ceylon. Braunschweig 1955. In: DLZ. Jg 78, 1957, Sp. 149–150.
– [Bespr.] Fritz Kern. Aśoka – Kaiser und Missionar. Bern 1956. In: Ebda. Sp. 391–395.
– [Bespr.] Arno Lehmann: Es begann in Tranquebar. Die Geschichte der ersten evangelischen Kirche in Indien. Berlin 1955. [Übers.] It began at Tranquebar... Madras 1956. In: Ebda. Sp. 871–877.
– [Bespr.] Th. Simenschy: Antologia sanscrită a lui Coşbue. Publication der Univ. Jaşi. Secţi unea 3, Tomul 2, anul 1956, fas. 1–2, p. 67–140. In: OLZ. Jg 54, 1959, Sp. 521–523.

Heimpel, Hermann: Über Geschichte und Geschichtswissenschaft in unserer Zeit. Göttingen 1959. 26 S. (Vortragsreihe d. Niedersächs. Landesregierung z. Förderung d. wiss. Forschg in Niedersachsen. 13.)
– Kapitulation vor der Geschichte? Gedanken zur Zeit. 2. Aufl. Göttingen 1957. 94 S.
– Der Mensch in seiner Gegenwart. Acht historische Essays. 2. Aufl. Göttingen 1957. 231 S.
– Die Halbe Violine. Wiesbaden 1958 u. 1959. 302 S.
– Regensburger Berichte vom Konstanzer Konzil. Der reichsstädtische Jurist Konrad Duvel von Hildesheim, gest. 1430. In: Festschr. f. Karl Gottfried Hugelmann zum 80. Geburtstag am 26. Sept. 1950. Bd 1. Aalen 1959. S. 213–272.
– Jacob Burckhardt. In: Die Großen Deutschen. Bd 4. Berlin 1957. S. 11–27.
– Friedrich Christoph Dahlmann. In: Ebda. Bd 5. S. 236–248.
– Friedrich Christoph Dahlmann und die moderne Geschichtswissenschaft. In: Jb. d. Max-Planck-Ges. z. Förderung d. Wiss. Göttingen 1957. S. 60–92.
– Deutschland im späteren Mittelalter. 2. Aufl. Konstanz 1957. In: Hb. d. Dt. Gesch. Bd 1, Abschn. 5.
– Dietrich von Nieheim. In: NDB. Bd 3, Berlin 1957. S. 690–693.
– Deutsche Reichstagsakten, ältere Reihe. In: Die Hist. Komm. b. d. Bayer. Akad. d. Wissenschaften 1858–1958. Göttingen 1958. S. 82–117.
– Jacob Burckhardt und Göttingen. Minima academica 1. In: Nachr. d. Akad. d. Wissenschaften in Göttingen. Phil.-hist. Kl. Jg 1958, S. 1–18.
– Geschichte und Geschichtswissenschaft. In: Vierteljahrsh. f. Zeitgesch. Jg 5, 1957, S. 1–17.
– Über den „Pavo“ des Alexander von Roes. In: Dt. Arch. f. Erforschg d. Mittelalters. Jg 13, 1957, S. 171–227.
– u. Herbert Grundmann: [Hrsg.] Alexander von Roes: Schriften. Stuttgart 1958. (MGH. Staatsschriften d. späteren Mittelalters. Bd 1, 1. Stck.)

Hempel, Eberhard: Unbekannte Skizzen von Wolf Caspar von Klengel. Berlin 1958. 16 S. 40 Abb. auf 24 Taf. (Abh. d. Sächs. Akad. d. Wissenschaften zu Leipzig. Bd 49, H. 4.)
– Der Altar der Marienkirche zu Wolfenbüttel. In: Festschr. f. Friedrich Winkler. Berlin 1959. S. 254ff.
– Canaletto. In: NDB. Bd 3, Berlin 1957. S. 115–116.
– Chiaveri. In: Ebda. S. 204.
– Jugendwerke Fischers v. Erlach. In: Kunstchronik. Jg 10, 1957, S. 338– 341.
– Nachruf für Walter Boeckelmann. In: Ebda. Jg 11, 1958, S. 336–338.
– [Bespr.] Anthony Blunt: Art and Architecture in France 1500 to 1700. London 1953. [In Sammelreferat]. In: DLZ. Jg 78, 1957, Sp. 536–539.
– [Bespr.] Nikolaus Pevsner, ed.: The Pelican History of Art. London 1953. In: Ebda.

- [Bespr.] Ders.: Wegbereiter moderner Formgebung. Von Morris bis Gropius. Hamburg 1957. In: Das Münster. Jg 2, 1958, S. 227.
- [Bespr.] Hans Riehl: Österreichische Malerei in Hauptwerken. Wien 1957. In: Ebda. S. 227.
- [Bespr.] John Summerson: Architecture in Britain 1530 to 1830. London 1953. [In Sammelreferat.] In: DLZ. Jg 78, 1957, Sp. 536–539.

Jacobi, Erwin: Die Konfliktkommissionen in der Deutschen Demokratischen Republik. Berlin 1957. 68 S. (Dt. Inst. f. Rechtswissenschaft. Schriftenreihe Arbeitsrecht H. 4).
- Freie Wahlen und geheime Abstimmung. Berlin 1958. 50 S. (Ber. über d. Verhandlungen d. Sächs. Akad. d. Wissenschaften zu Leipzig. Bd 103, H. 1).
- Kirchliches Dienstrecht und staatliches Arbeitsrecht in der Deutschen Demokratischen Republik. In: Festschr. f. Arthur Nikisch. Tübingen 1958. S. 83–108.
- Die Richtlinien des Obersten Gerichts der Deutschen Demokratischen Republik. In: Festschr. f. Willibalt Apelt. München–Berlin 1958. S. 203–218.
- Die Zwangsbeitreibung der Kirchensteuern in der Deutschen Demokratischen Republik. In: Festschr. f. J. Heckel. Köln-Graz 1959. S. 56–85.
- Die Konfliktkommissionen in der Deutschen Demokratischen Republik. In: Das Recht d. Arbeit. Jg 8, 1958, S. 97–99.
- Zur Frage der Anfechtung der Vollstreckbarkeitserklärung eines Beschlusses der Konflikt-Kommission. In: Arbeit u. Sozialfürsorge. Jg 13, 1958, S. 498–499.
- Enthält das Statut einer LPG Rechtssätze? In: Staat u. Recht. Jg 7, 1958, S. 279–287.

Jahn, Martin: Bibliographie zur Vor- und Frühgeschichte Mitteldeutschlands. In: Jb. d. Sächs. Akad. d. Wissenschaften zu Leipzig 1954–56. Berlin 1958. S. 137–142.
- [Hrsg.] Bibliographie zur Vor- und Frühgeschichte Mitteldeutschlands. Bd 2 (Land Sachsen), Teil 1 u. 2. Bearb. v. Georg Bierbaum. Berlin 1957.
- [Bespr.] Ernst Schwarz: Germanische Stammeskunde. Heidelberg 1956. In: DLZ. Jg 79, 1958, Sp. 888–890.
- [Bespr.] Kurt Tackenberg: [Hrsg.] Der Neandertaler und seine Umwelt. Bonn 1956. In: DLZ. Jg 78, 1957, Sp. 712–714.

Junker, Hermann: Der große Pylon des Tempels der Isis in Philä. Wien 1958. XII, 282 S. (Österr. Akad. d. Wissenschaften. Phil.-hist. Kl. Denkschriften – Sonderband).
- Die gesellschaftliche Stellung der ägyptischen Künstler im Alten Reich. Wien 1959. 98 S. (Sitzgsber. d. Österr. Akad. d. Wissenschaften. Phil.-hist. Kl. Bd 233, Abh. 1).
- Weta und das Lederkunsthandwerk im Alten Reich. Wien 1957. 33 S. (Sitzgsber. d. Österr. Akad. d. Wissenschaften. Phil.-hist. Kl. Bd 231, Abh. 1).
- Preis der Isis aus den Tempeln von Philä und Kalâbsa. In: AWAW. 1957, S. 267–276.
- Vorschriften für den Tempelkult in Philä. In: Analecta Biblica. 12, 1959, S. 151–160.

Karg-Gasterstädt, Elisabeth: Althochdeutsch *thing* – neuhochdeutsch *Ding*. Die Geschichte eines Wortes. Berlin 1958, 31 S. (Ber. über d. Verhandlungen d. Sächs. Akad. d. Wissenschaften zu Leipzig. Bd 104, H. 2).
- Abh. *hiuuilôn* ‚jubeln'. In: Beitr. Bd 79, 1957 (Sonderband), S. 88–93.
- Das alte Germanistische Institut. Persönliche Erinnerungen aus meiner Studien- und Bibliothekarszeit. In: Wiss. Zs. d. Karl-Marx-Univ. Leipzig. Jg 8, 1958/59, S. 631–638.
- u. Th. Frings: Althochdeutsches Wörterbuch. Lfg 9, Sp. 593–672, Lfg 10, Sp. 673–752, Lfg 11, Sp. 753–824. Berlin 1957–1959.

– [Hrsg.] Beiträge zur Geschichte der deutschen Sprache und Literatur. Bd 79–81 u. Sonderband. 1957–1959.

Koch, Herbert: Heinrich Karl Abraham Eichstädt (1772–1848) Orator Europae – Demosthenes Alter. Ikonographische Studien. Wilhelm Köhler zur Erinnerung an die Jahre gemeinsamen Wirkens. In: Antike und Abendland. Bd 7. Hamburg 1958, S. 139–157.
– [Bespr.] Heinz Mode u. a.: Das Altertum in Bildern. Berlin 1955. In: Wiss. Zs. d. Martin-Luther-Univ. Halle–Wittenberg. Ges.- u. sprachw. R. Jg 6, 1956/57, S. 488.

Kretzschmar, Hellmut: Karl von Weber. Berlin 1958. 18 S. (Ber. über d. Verhandlungen d. Sächs. Akad. d. Wissenschaften zu Leipzig. Phil.-hist. Kl. Bd 104, H. 4).
– [Hrsg.] Dokumente zur deutschen Geschichte aus dem Sächsischen Landeshauptarchiv Dresden. Berlin 1957. XII, 73 S., Anh. (Schriftenr. d. Sächs. Landeshauptarchivs Dresden. Nr. 4).
– [Hrsg.] Lebenserinnerungen des Königs Johann von Sachsen. Eigene Aufzeichnungen des Königs über die Jahre 1801 bis 1854. Göttingen 1958. 306 S. (Dt. Geschichtsquellen d. 19. u. 20. Jahrhunderts. Bd 42).
– [Bespr.] Urkundenbuch zur Geschichte der Babenberger in Österreich. Vorbereitet v. O. Frh. v. Mitis, bearb. v. H. Fichtenau u. E. Zöllner. Bd 2: Die Siegelurkunden der Babenberger und ihrer Nachkommen von 1216 bis 1279. Bd 3: Die Siegel der Babenberger. Von O. Frh. v. Mitis, erg. u. m. einer Beil. versehen v. Fr. Gall. Wien 1954–1955. (Publ. d. Inst. f. österr. Geschichtsforschg. R 3). In: DLZ. Jg 78, 1957, Sp. 527–528.

Landsberger, Benno: The Series HAR-ra = *hubullu*. Tablets 1–12. Pontificium Institutum Biblicum. Rom 1957–1959. (Materialien zum Sumerischen Lexikon. 5–7).
– Akkadisch *aspu* = „Schleuder", *asukku* = „Schleuderstein". In: AfO. Bd 18, 1957/58, S. 378 bis 379.
– Corrections to the Article „An Old Babylonian Charm against Merhu". In: JNES. Vol. 17, 1958, S. 56–58.
– u. O. R. Gurney: igi-duh-a = *tāmartu*. Short Version. In: AfO. Bd 18, 1957/58, S. 81–88.
– u. O. R. Gurney: Practical Vocabulary of Assur. In: Ebda. S. 328–341.
– u. a. [Hrsg.] The Assyrian Dictionary 4: E. The Oriental Institute. Chicago 1958. – The Assyrian Dictionary 3: D. Chicago 1959.

Lehmann, Edgar: Albrecht Penck. Eine Gedächtnisrede. Berlin 1959. 24 S. (Dt. Akad. d. Wissenschaften zu Berlin. Vorträge u. Schriften. H. 64).
– Weltatlas. Die Staaten der Erde und ihre Wirtschaft. 2. Aufl. Leipzig 1957.
– Diskussionsbeitrag zum Problem „Die Karte als wissenschaftliche Ausdrucksform". In: Dt. Geographentag in Würzburg. Tagungsbericht u. wiss. Abhandlungen. Wiesbaden 1957, S. 280ff.
– Textliche Erläuterungen zur Lieferung „Indien. Entwicklung seiner Wirtschaft u. Kultur". Historisch-Geographisches Kartenwerk. Leipzig 1958. S. 3–12.
– u. a.: Amerikanische Reise. In: Alexander vom Humboldt. Eine Auswahl. Leipzig–Jena 1959. S. 103–190.
– Zur Eröffnung der Museumsabteilung des Deutschen Instituts für Länderkunde. In: Wiss. Veröff. d. Dt. Inst. f. Länderkunde. N.F. Bd 15/16. Leipzig 1958, S. 373–383.
– Günther Köhler in memoriam. In: Geogr. Berichte. Jg 3, 1958, S. 221–223.
– Zur Problematik der Nationalatlanten. In: Petermanns Geogr. Mitt. Jg 103, 1959, S. 300–310.
– Carl Ritters karthographische Leistung. In: Die Erde. Jg 90, 1959, S. 184–222.
– Werden und Wesen der Landkarte. In: Urania. Jg 20, 1957, S. 5–9.

– Historische Züge der Landesentwicklung im südlichen Brasilien. In: Wiss. Veröff. d. Dt. Inst. f. Länderkunde N.F. Bd 15/16, 1958. Leipzig. S. 51–93.

Leipoldt, Johannes: Von Epidauros bis Lourdes. Bilder aus der Geschichte volkstümlicher Frömmigkeit. Leipzig 1957. 313 S., 16 Taf.
– Die Ablösung des frühen Christentums vom Judentume: In: Communis Viatorum. Prag 1959. S. 217–227. (Hromádke-Festschr.)
– Das Bild vom Kriege in der griechischen Welt. In: Gott und die Götter. Festgabe f. Erich Fascher zum 60. Geburtstag. Berlin 1958. S. 16–30.
– Eleusis. In: Reallexikon für Antike und Christentum. Lfg 31. Stuttgart 1959. Sp. 1100–1105.
– Religionsgeschichtliches zur Elevation der Abendmahls-Elemente. In: Aus der byzantinistischen Arbeit der Deutschen Demokratischen Republik. Bd 1. Berlin 1957. S. 213–217.
– Das „Evangelium der Wahrheit". In: ThLZ. Jg 82, 1957, Sp. 825–834.
– Ein neues Evangelium? Das koptische Thomasevangelium übersetzt und besprochen. In: Ebda. Jg 83, 1958, Sp. 481–496.

Lersch, Philipp: Philosophische und psychologische Anthropologie. In: Ber. über d. 21. Kongreß d. Dt. Ges. f. Psychologie, Bonn 1957. Göttingen 1958. S. 13–23.
– Der Mensch als Schnittpunkt von Kraftfeldern. In: „Ist der Mensch meßbar?" Darmstädter Gespräch 1958. Darmstadt 1959. S. 198–210.
– Das Bild des Menschen in der Sicht der Gegenwart. In: Universitas. Jg 13, 1958, S. 1–10.
– Zur Frage nach dem Wesen des Menschen. In: Pensamiento. Revista de Investigacion e Informacion Filosofica. 15, 1959, S. 177–189.
– Möglichkeiten und Grenzen der Testdiagnostik. In: Int. Zs. f. Erziehungswissenschaft. Vol. 4, 1958, S. 306–312.
– Probleme und Ergebnisse der Sozialpsychologie. In: Schweiz. Zs. f. Psychologie u. ihre Anwendungen. Bd 17, 1958, S. 1–21.
– Zur Theorie des mimischen Ausdrucks. In: Zs. f. exp. u. angew. Psychologie. Bd 4, 1957, S. 409 bis 419.

Meister, Richard: Die Geschichte des Doktorates der Philosophie an der Universität Wien. Wien 1958. 158 S., 7 Tafeln (Sitzgsber. d. Österr. Akad. d. Wissenschaften. Phil.-hist. Kl. Bd 232, Abh. 2).
– Paul Kretzschmers Forschungswerk. In: Gedenkschrift Paul Kretzschmer II. Wien 1957, S. VII–XL.
– Handlungen, Taten, Werke als psychische Objektivationen. In: Erkenntnis u. Wirklichkeit. Festschr. f. Richard Strohal. Innsbruck 1958. S. 71–77.
– Internationalität als Idee und Verwirklichung. In: Gemeinschaft des Geistes. Schriftenreihe d. Österr. Unesco-Komm. Bd 14. Wien, S. 31–45.
– Problems of Universities in Austria. In: Year Book of Education. London and New York 1959. S. 5968ff.
– Die denkwürdigen Tage des Hauses der Akademie. Vortrag in der Feierlichen Sitzung d. Österr. Akad. d. Wissenschaften am 27. Mai 1957. In: Almanach d. Österr. Akad. d. Wissenschaften f. d. Jahr 1957. Jg 107. Wien 1958, S. 237–260.
– Varia: 1. Zur Inschrift der Schlangensäule. 2. consoles – consol. In: Wiener Studien. Bd 70. 1957. S. 232–234.
– Hammer-Purgstalls Verdienste um die Gründung der Akademie der Wissenschaften. In: Festschr. Klosterneuburger Kulturtage 1958. S. 21–27.
– Die Begründung der Lehrfreiheit an der Universität Halle. In: AWAW. Jg 96, 1959, S. 45–72.

- Beiträge zur Gründungsgeschichte der mittelalterlichen Universität. In: Ebda. Jg 94, 1957, S. 27 bis 50.
- Ereignis-, Geistes- und Kulturgeschichte. In: Ebda. Jg 95, 1958, S. 8–28.
- Ergänzungen zur Klärung des Begriffes Kultur. [Auszug aus einem Vortrag]. In: Ebda. Jg 96, 1959, S. 277–279.
- Über die Errichtung des Hönigswald-Archivs. In: ZPPP. Bd 6, 1958, S. 252ff.
- Das Hauptproblem der Didaktik. In: Int. Zs. f. Erziehungswissenschaft. Vol. 6, 1958, S. 205–219.
- Die Herkunft der Universitätsterminologie. [Auszug aus einem Vortrag]. In: AWAW. Jg 96, 1959, S. 72–74.
- Die Herkunft der Universitätsterminologie I und II. In: Österr. Hochschulzeitg. Jg 1959, Nr. 4, S. 3; Nr. 5, S. 3.
- Allgemeine Kulturwissenschaft und systematische Ethnologie. In: AWAW. Jg 95, 1958, S. 1–8.
- Lehr- und Lernfreiheit in der Thunschen Universitätsreform und in der Gegenwart. In: Ebda. Jg 94, 1957, S. 207–232.
- Organisationsformen der deutschen Akademien der Wissenschaften. In: Ebda. Jg 95, 1958, S. 8 bis 28.
- Pädagogik und Kultur. In: Unsere Kinder. Fachzeitschrift für Kindergärten, Horte und Heime. Jg 1959, S. 33–35.
- Christoph Semler und die Anfänge der Realschule. In: Erziehung und Unterricht. Jg 14, 1959, S. 1–8.
- Die Stellung der staatsbürgerlichen Erziehung im ganzen des Erziehungszieles (soziale, staatsbürgerliche, sittliche Erziehung). In: Päd. Mitt. Beil. z. VObl. d. Bundesministeriums f. Unterricht. 1957, S. 31–37.
- Wilhelm von Hartels Wirken in der Akademie der Wissenschaften. In: AWAW. Jg 96, 1959, S. 1–30.
- [Bespr.] Deutsche Akademie der Wissenschaften zu Berlin 1946–1956. Berlin 1956. In: DLZ. Jg 79, 1958, Sp. 481–483.
- [Bespr.] W. Dürrheim: Der Philosophieunterricht in der Bildungsschule. Wien 1956. In: ZPPP. Bd 6, 1958, S. 265.
- [Bespr.] A. L. Gabriel u. J. N. Garvin: Texts and Studies in the History of Mediaeval Education. Notre Dame 1957. In: Mitt. d. Inst. f. österr. Geschichtsforschg. Bd 46, 1958, S. 136–137.
- [Bespr.] Geist und Erziehung. Kleine Bonner Festgabe für Th. Litt. Bonn 1955. In: ZPPP. Bd 6, 1958, S. 258.
- [Bespr.] Vilhelm Grönbech: Der Hellenismus, Lebensstimmung – Weltmacht. Göttingen 1955. In: Anzeiger f. d. Altertumswissenschaft. Bd 11, 1958.
- [Bespr.] Herbert Grundmann: Vom Ursprung der Universität im Mittelalter. Berlin 1957. In: DLZ. Jg 78, 1957, Sp. 1057–1058.
- [Bespr.] F. Häußler u. E. Nowotny: Einführung in die Logik und Wissenschaftslehre und in die Grundprobleme der Philosophie. Wien 1957. In: ZPPP. Bd 6, 1958, S. 266ff.
- [Bespr.] Willi Hellpach: Einführung in die Völkerpsychologie. Stuttgart 1954. In: Ebda. S. 144 bis 145.
- [Bespr.] Hochschulprobleme. In: Ebda. S. 268.
- [Bespr.] G. Lehmann: Ein Reinschriftfragment zu Kants Abhandlung „Vom ewigen Frieden". Berlin 1955. In: Ebda. S. 252.
- [Bespr.] G. S. Maridakis: Internationales Privatrecht nach dem in Griechenland geltenden Recht. In: Zs. f. öff. Recht. Jg 1957.
- [Bespr.] W. Strobach: Der Deutschunterricht in der Bildungsschule. Wien 1955. In: ZPPP. Bd 6, 1958, S. 264.

- [Bespr.] R. Strohal: Autorität. Wien 1955. In: Ebda. S. 262.
- [Bespr.] A. Wellek: Ganzheitspsychologie und Strukturtheorie. Bern 1955. In: Ebda. S. 261.
- [Bespr.] O. Wilmann. Didaktik als Bildungslehre. In: Ebda. S. 257.
- [Bespr.] Hans J. Wolf: Die Rechtsgestalt der Universität. In: Juristische Blätter. Jg 1957.
- [Bespr.] Werner Ziegenfuß: Gesellschaftsphilosophie. Stuttgart 1954. In: ZPPP. Bd 6, 1958, S. 253.

Meyer, Rudolf: Hebräisches Textbuch zu G. Beer-R. Meyer: Hebräische Grammatik. Berlin 1959/60. 170 S. (Slg Göschen Bd 769/769a).
- Abraham-Apokalypse. In: RGG. 3. Aufl. Bd 1. Tübingen 1957. Sp. 72.
- Abraham-Testament. In: Ebda. Sp. 73.
- Adambücher. In: Ebda. Sp. 91.
- Auffallender Erzählungsstil in einem angeblichen Auszug aus der „Chronik der Könige von Juda". In: Festschr. f. Friedrich Baumgärtel. Erlangen 1959. S. 114–123. (Erlanger Forschgn, R.A, Bd 10).
- Eschatologie im Judentum. In: RGG. 3. Aufl. Bd 2. Tübingen 1958. Sp. 662–665.
- Himmelfahrt im Alten Testament und Judentum. In: Ebda. Bd 3. 1959. Sp. 334–335.
- Himmelfahrt und Martyrium des Jesaja. In: Ebda. Sp. 336–337.
- Himmfahrt Moses. In: Ebda. Sp. 337–338.
- Hiobtestament. In: Ebda. Sp. 361.
- Das Problem der Dialektmischung in den hebräischen Texten von Chirbet Qumran. In: VT. Bd 7. Leiden 1957. S. 139–148.
- Prophetentum und Propheten im Judentum der hellenistisch-römischen Zeit. In: Theol. Wb. z. NT. Bd 6. Stuttgart 1958. S. 813–828.
- Saddukaios. In: Ebda. Bd 7. 1959. S. 35–54.
- Sprache und Schriftzeichen des Alten Testaments. In: RGG. 3. Aufl. Bd 1. Tübingen 1957. Sp. 1126–1130.
- Spuren eines westsemitischen Präsens-Futur in den Texten von Chirbet Qumran. In: Von Ugarit nach Qumran. Festschr. f. Otto Eißfeldt. Berlin 1958. S. 118–128. (Beih. z. ZAW. Bd 77). Auch in: Akten des 24. Int. Orientalistenkongresses München 1957. Wiesbaden 1959. S. 111–114.
- Bemerkungen zu den hebräischen Aussprachetraditionen von Chirbet Qumran. In: ZAW. Bd 70, 1958, S. 39–48.
- Die Fragmente der Höhle I (Der gegenwärtige Stand der Erforschung der in Palästina neu gefundenen hebräischen Handschriften 37). In: ThLZ. Jg 82, 1957, Sp. 21–26.
- [Bespr.] Nahman Avigad u. Yigael Yadin, ed.: A Genesis Apocryphon. Jerusalem 1956. [In Sammelreferat] In: DLZ. Jg 80, 1959, Sp. 584–596.
- [Bespr.] A. Bertsch: Kurzgefaßte hebräische Sprachlehre. Stuttgart 1955. In: ThLZ. Jg 83, 1958, Sp. 416–417.
- [Bespr.] H. Birkeland: The Language of Jesus. Oslo 1954. In: OLZ. Jg 52, 1957, Sp. 47–50.
- [Bespr.] C. Brockelmann: Hebräische Syntax. Neukirchen/Mörs 1956. In: ThLZ. Jg 83, 1958, Sp. 346–347.
- [Bespr.] Chr. Burchard: Bibliographie zu den Handschriften vom Toten Meer. Berlin 1957. (Beih. z. ZAW. Bd 76). In: Ebda. Jg 84, 1959, Sp. 748.
- [Bespr.] Millar Burrows: Die Schriftenrollen vom Toten Meer. München 1957. [In Sammelreferat.] In: DLZ. Jg 80, 1959, Sp. 584–596.
- [Bespr.] Ders.: Mehr Klarheit über die Schriftenrollen. München 1958. [In Sammelreferat.] In: Ebda.
- [Bespr.] A. Dupont-Sommer: Le Livre des Hymnes découvert près de la Mer morte. Paris 1957. (Semitica. 7). In: ThLZ. Jg 84, 1959, Sp. 659–661.

– [Bespr.] Charles T. Fritsch: The Qumran Community. New York 1956. [In Sammelreferat] In: DLZ. Jg 80, 1959, Sp. 584–596.
– [Bespr.] Hollenberg-Budde: Hebräische Schulgrammatik. 21. Aufl. Basel 1955. In: ThLZ. Jg 83, 1958, Sp. 417–418.
– [Bespr.] L. Koehler u. W. Baumgartner: Lexicon in Veteris Testamenti Libros. Leiden 1953. In: Ebda. Jg 82, 1957, Sp. 424–427.
– [Bespr.] Emil G. Kraeling, ed.: The Brooklyn Museum Aramaic Papyri. London 1953. In: DLZ. Jg 78, 1957, Sp. 587–590.
– [Bespr.] K.-G. Kuhn: Rückläufiges hebräisches Wörterbuch. Göttingen 1958. In: ThLZ. Jg 84, 1958, Sp. 824–825.
– [Bespr.] Jacob Licht, ed.: The Thanksgiving Scroll. Jerusalem 1957. [In Sammelreferat] In: DLZ. Jg 80, 1959, Sp. 584–596.
– [Bespr.] Gerhard Lisowsky: Jadajim. (Hände). Berlin 1956. In: OLZ. Jg 52, 1957, Sp. 354–356.
– [Bespr.] J. B. Payne: Hebrew Vocabularies. Michigan 1956. In: ThLZ. Jg 83, 1958, Sp. 347–348.
– [Bespr.] M. H. Pope: El in the Ugaritic Texts. Leiden 1955. In: Ebda. Sp. 339–342.
– [Bespr.] H. B. Rosén: Ha-'iwrit šae-lanu. Jerusalem 1955. In: OLZ. Jg 53, 1958, Sp. 558–559.
– [Bespr.] K. Schubert: Die Religion des nachbiblischen Judentums. Wien 1955. In: Ebda. Jg 52, 1957, Sp. 142–145.
– [Bespr.] Yigael Yadin, ed.: The Scroll of the War of the Sons of Light against the Sons of Darkness. Jerusalem 1957. [In Sammelreferat]. In: DLZ. Jg 80, 1959, Sp. 584–596.

Morenz, Siegfried: Eid. In: RGG. 3. Aufl. Bd 2. Tübingen 1958, Sp. 347.
– Geist. In: Ebda. Sp. 1268–1270.
– Handauflegung. In: Ebda. Bd 3. Tübingen 1959. Sp. 52–53.
– Hierakas. In: Ebda. Sp. 313.
– Himmel. In: Ebda. Sp. 328–331.
– Himmelfahrt. In: Ebda. Sp. 333–334.
– Das Koptische. In: Hb. d. Orientalistik. Bd I,1. Leiden 1959. S. 90–114.
– Eine „Naturlehre" in den Sargtexten. In: Festschr. f. Hermann Junker. WZKM. Bd 54, 1957, S. 119–129.
– Das Werden zu Osiris. Die Darstellungen auf einem Leinentuch der römischen Kaiserzeit (Berlin 11651) und verwandten Stücken. In: Forschungen und Berichte. Festschr. f. Ludwig Justi. Bd 1. Berlin 1957. S. 52–70.
– Wortspiele in Ägypten. In: Festschr. f. Johannes Jahn. Leipzig 1958. S. 23–32.
– Grußwort an Hermann Junker zum 29. November 1957. In: ÄZ. Bd 82, 1958, S. V–VI.
– Joseph in Ägypten. In: ThLZ. Jg 84, 1959, Sp. 410–416.
– Rechts und Links im Totengericht. In: ÄZ. Bd 82, 1957, S. 62–71.
– Eine weitere Spur der Weisheit Amenopes in der Bibel. In: Ebda. Bd 84, 1959, S. 79–80.
– Zur Vergöttlichung in Ägypten. In: Ebda. S. 132–143.
– Eine Wöchnerin mit Siegelring. In: Ebda. Bd 83, 1958, S. 138–141.
– [Bespr.] C. J. Bleeker: Die Geburt eines Gottes. Leiden 1956. In: ThLZ. Jg 83, 1958, Sp. 750 bis 751.
– [Bespr.] W. Erichsen u. S. Schott: Fragmente memphitischer Theologie in demotischer Schrift. Wiesbaden 1954. In: ZDMG. Bd 108, 1958, S. 181–182.
– [Bespr.] V. v. Gonzenbach: Untersuchungen zu den Knabenweihen im Isiskult der römischen Kaiserzeit. Bonn 1957. In: Bonner Jb. 1957, H. 157, S. 535–537.
– [Bespr.] A. Hermann: Rilkes ägyptische Gesichte. Wiesbaden 1955. In: ZDMG. Bd 108, 1958, S. 184–185.

– [Bespr.] Paul E. Kahle: Bala'izah. Oxford 1954. In: OLZ. Jg 52, 1957, Sp. 410–415.
– [Bespr.] Hermann Kees: Göttinger Totenbuchstudien. Berlin 1954. In: Ebda. Sp. 122–125.
– [Bespr.] Ders.: Der Götterglaube im alten Ägypten. 2. Aufl. 1956. In: ZDMG. Bd 108, 1958, S. 83–84.
– [Bespr.] Jean Leclant: Enquêtes sur les sacerdoces et les sanctuaires égyptiens à l'époque dite „éthiopienne". Le Caire 1954. In: OLZ. Jg 53, 1958, Sp. 536–538.
– [Bespr.] Piankoff-Rambova: Mythological Papyri. 1.2. Toronto 1957. In: Ebda. Jg 54, 1959, Sp. 572–576.
– [Bespr.] Siegfried Schott: Die Bedeutung der Geheimnisse des Rituals für die Abwehr des Bösen. Wiesbaden 1954. In: DLZ. Jg 78, 1957, S. 22–24.
– [Bespr.] U. Schweitzer: Das Wesen des Ka im Diesseits und Jenseits der alten Ägypter. Glückstadt–Hamburg–New York 1959. In: ZDMG. Bd 109, 1959, S. 194–197.
– [Bespr] W. C. Till: Koptische Grammatik. Leipzig 1955. In: Ebda. Bd 108, 1958, S. 185–188.
– [Bespr.] Walther Wolf: Die Kunst Ägyptens. Stuttgart 1957. In: DLZ. Jg 79, 1958, Sp. 1099 bis 1104.

Müller, Joachim: Das Edle in der Freiheit. Schillerstudien. Leipzig 1959. 225 S.
– Adalbert Stifter. Weltbild und Dichtung. Halle 1956/57. 200 S.
– [Nachwort.] Lulu von Strauß und Torney: Lucifer. Rudolstadt 1957.
– Dichten ist ein Übermut. In: ... aber die Welt ist verändert. Ein Almanach. Hrsg. v. Dt. PEN-Zentrum Ost u. West. Berlin 1959. S. 467–473.
– Goethes „Faust" und Hölderlins „Empedokles". In: Goethe-Jahrbuch. Bd 20. Weimar 1958. S. 118 bis 139.
– Laudatio für Thomas Mann. In: Almanach des Greifenverlages auf d. Jahr 1958. Rudolstadt 1957. S. 375–386.
– In memoriam Lulu von Strauß und Torney. In: Ebda. S. 11–16.
– Tageszeit, Jahreslauf, Lebensalter in Goethes Gedichten. In: Goethe-Jahrbuch. Bd 21. Weimar 1959. S. 25–53.
– Goethes Timurgedicht. In: Festschr. f. Leopold Magon. Berlin 1957. S. 249–263.
– Goethes Zeiterlebnis im Westöstlichen Divan. In: Gestaltung – Umgestaltung. Festschr. zum 75. Geburtstag v. Hermann August Korff. Leipzig 1957. S. 139–159.
– Zu Schillers Walleinstein. In: ... daß die Zeit sich wende. Ein Almanach. Hrsg. v. Dt. PEN-Zentrum Ost u. West. Berlin 1957. S. 415–422.
– Atmen, du unsichtbares Gedicht. In: Wirkendes Wort. Jg 9, 1959, S. 286–291.
– Adalbert Stifters Dichtung und Persönlichkeit. In: Universitas. Jg 12, 1957, S. 253–260.
– Zur Entwicklung der deutschen Literatur im 20. Jahrhundert. In: Wiss. Zs. d. Friedr.-Schiller-Univ. Jena. Ges.- u. sprachw. R. Jg 6, 1956/57, S. 281–292.
– Der Held und sein Gegenspieler in Schillers Dramen. In: Ebda. Jg 8, 1958/59. S. 451–469.
– Goethes Hymnen „Prometheus" und „Ganymed". In: Sinn u. Form. Jg 11, 1959, S. 872–889.
– Schillers Jenaer Jahrzehnt. Ansprache bei d. Akad. Feier d. Friedrich-Schiller-Univ. Jena zum 200. Geburtstag d. Dichters am 10. Nov. 1959. In: Wiss. Zs. d. Fried.-Schiller-Univ. Jena. Ges.- u. sprachw. R. Jg 8, 1958/59, S. 407–412.
– Das Liebesgespräch in Stifters Epik. In: Wirkendes Wort. Jg 8, 1957, S. 20–30.
– Literaturgeschichte und Gesellschaftsproblematik. In: Wiss. Zs. d. Friedr.-Schiller-Univ. Jena. Ges.- u. sprachw. R. Jg 7, 1957/58, S. 173–179.
– Eduard Mörike. Erinna an Sappho: In: Ebda. S. 553–558. Auch in: ZfdPh. Bd 77, 1958, S. 396 bis 407.
– Heines Nordseegedichte. In: Ebda. Jg 6, 1956/57, S. 191–212.

– Tiecks Novelle „Der Alte vom Berge". Ein Beitrag zum Problem der Gattung. In: Ebda. Jg 8, 1958/59, S. 475–481.
– Romanze und Ballade. In: Ebda. Jg 7, 1957/58, S. 377–385. Auch in: GRM. NF Bd 9, 1959, S. 140–156.
– Stifters „Zwei Schwestern". In: Adalbert Stifter-Institut d. Landes Oberösterr. Vierteljahresschr. Jg 8, 1959, S. 2–8.
– Dramatisches und episches Theater. Zur ästhetischen Theorie und zum Bühnenwerk Bertolt Brechts. In: Wiss. Zs. d. Friedr.-Schiller-Univ. Jena. Ges.- u. sprachw. R. Jg 8. 1958/59, S. 365–382.
– [Bespr.] Robert Faesi: Thomas Mann. Zürich 1955. [In Sammelreferat.] In: DLZ. Jg 79, 1958, Sp. 222–230.
– [Bespr.] Hölderlin: Sämtliche Werke. Bd 3: Hyperion. Stuttgart 1957. [In Sammelreferat.] In: Ebda. Sp. 643–648.
– [Bespr.] Meta Klopstock geborene Moller. Briefwechsel mit Klopstock, ihren Verwandten und Freunden. Hrsg. v. H. Tiemann. Bd 1–3. Hamburg 1956. In: Weimarer Beiträge. Jg 1958. S. 417–420.
– [Bespr.] Die Schulakten Adalbert Stifters. Hrsg. v. Kurt Vansca. Nürnberg 1955. In: DLZ. Jg 79, 1958, Sp. 1084–1088.
– [Bespr.] Gerhard Storz: Der Dichter Friedrich Schiller. Stuttgart 1959. In: Ebda. Jg 80, 1959, Sp. 1101–1107.
– [Bespr.] Der Streit um den Frieden. Beiträge z. Auseinandersetzung um Hölderlins „Friedensfeier" von Walter Bröcker. Nürnberg 1957. [In Sammelreferat] In: Ebda. Jg 79, 1958, Sp. 643–648.
– [Bespr.] R. Hinton Thomas: Thomas Mann. In: Ebda. [In Sammelreferat] In: Ebda. Sp. 222–230.
– [Bespr.] Benno v. Wiese: Der Mensch in der Dichtung. Düsseldorf 1958. In: Ebda. Jg 80, 1958, Sp. 631–634.
– [Bespr.] Ders: Die deutsche Novelle von Goethe bis Kafka. Düsseldorf 1956. In: Ebda. Sp. 23 bis 28.
– [Bespr.] Ders: Die deutsche Tragödie von Lessing bis Hebbel. 2. Aufl. Hamburg 1952. In: Ebda. Jg 78, 1957, Sp. 805–809.

Peek, Werner: Attische Grabschriften II. Berlin 1957. 67 S. (Abh. d. Dt. Akad. d. Wissenschaften zu Berlin, Kl. f. Sprachen, Lit. u. Kunst. Jg 1956, Nr. 3.)
– Verzeichnis der Gedicht-Anfänge und vergleichende Übersicht zu den Griechischen Vers-Inschriften. Berlin 1957. II, 44 S.
– Griechische Epigramme aus Syrien, Afrika und Italien. In: 'Αρχαολ 'Εφημερίς. Festschr. f. G. P. Oikonomos. Athen 1957. S. 284–300.
– Heiterer Lebensabend. In: Studia in honorem Acad. D. Detschev. Sofia 1958. S. 241–249.
– Die schöne Näherin. In: Festschr. d. Gymnasiums Bielefeld. Bielefeld 1958. S. 87–93.
– Ein delphisches Weihgedicht (und Bakchylides III). In: Philologische Vorträge. Hrsg. v. J. Irmscher u. W. Steffen. Wroclaw 1959. S. 17–33.
– Antipater von Sidon und Antisthenes von Paphos. In: Philologus. Bd 101, 1957, S. 101–112.
– Zum Dyskolos des Menander. In: Wiss. Zs. d. Martin-Luther-Univ. Halle-Wittenberg. Ges.- u. sprachw. R. Jg 8, 1958/59, S. 1201–1217.
– Eine attische Ephebeninschrift. In: Epigraphica (Rivista it. di epigrafia) Anno 19, 1957 (1959), S. 87–92.
– Delische Gedichte. In: Wiss. Zs. d. Martin-Luther-Univ. Halle-Wittenberg. Ges. u. sprachw. R. Jg 6, 1956/57, S. 561–579.
– Thasische Gedichte. In: Ebda. Jg 8, 1958/59, S. 1189–1199.
– Die Nostoi des Stesichoros. In: Philologus. Bd 102, 1958, S. 169–177.

– Pindar, Olympien VI 42. In: Ebda. 319–320.
– Ein delphisches Weihgedicht. In: Ebda. S. 43–59.

Schubart, Wilhelm: Die Schreiber der griechischen Papyri. In: Wiss. Zs. d. Martin-Luther-Univ. Halle-Wittenberg. Ges.- u. sprachw. R. Jg 7, 1957/58, S. 169–171. Auch in: Gottes ist der Orient. Festschr. f. Prof. D. Dr. Otto Eißfeldt DD zu seinem 70. Geburtstag am 1. Sept. 1957. Berlin 1957. S. 139–141.

Schubart-Fikentscher, Gertrud: Dietrich III. v. Bo(u)cksdorf. In: NDB. Bd 3. Berlin 1957. S. 683.
– Decorum Thomasii. In: Wiss. Zs. d. Martin-Luther-Univ. Halle-Wittenberg. Ges. u. sprachw. R. Jg 7, 1957/58, S. 173–182. Auch in: Gottes ist der Orient. Festschr. f. Prof. D. Dr. Otto Eißfeldt DD zu seinem 70. Geburtstag am 1. Sept. 1957. Berlin 1957. S. 142–158.
– [Bespr.] Hermann Conrad: Die geistigen Grundlagen des Allgemeinen Landrechts für die Preußischen Staaten von 1794. Köln–Opladen 1958. In: ZSS. German. Abt. Bd 76, 1959, S. 470–472.
– [Bespr.] Heinrich Mitteis.: Die Rechtsidee in der Geschichte. Weimar 1957. In: DLZ. Jg 79, 1958, Sp. 911–913.
– [Bespr.] Gottfried Partsch: Das Mitwirkungsrecht der Familiengemeinschaft im älteren Walliser Recht. Genf 1955. In: ZSS. German. Abt. Bd 74, 1957, S. 337–340.
– [Bespr.] Die Rechtsquellen der Stadt Eferding. Hrsg. v. Otto Wutzel. Graz, Köln 1954. In: DLZ. Jg 78, 1957, Sp. 339–342.

Schücking, Levin: Der neue Othello. (F. R. Leavis' Othello-Deutung.) In: Wiener Beiträge z. Engl. Philologie. Bd 65, 1957, S. 191–199. (Brunner-Festschr.)
– Die Streichungen in der Othello-Quarto. In: Festschr. f. Franz Rolf Schröder. Heidelberg 1959. S. 196–207.
– Memorabilia. In: Anglia. Bd 76, 1958, S. 1–26.
– [Bespr.] Max Lüthi: Shakespeare's Dramen. Berlin 1957. In: GRM. 39, 1958, S. 97–99.
– [Bespr.] Kenneth Muir: King Lear. London 1952. In: Anglia. Bd 74, 1956, S. 373–380.
– [Bespr.] Gordon N. Ray: Thackeray. The Uses of Adversity (1811–1846). New York 1955. In: Ebda. S. 143–149.
– [Bespr.] John Dover Wilson and J. C. Maxwell: Timon of Athens. In: Ebda. Bd 77, 1959, S. 88 bis 93.
– [Bespr.] John Dover Wilson and Alice Walker: Othello. Cambridge 1957. In: Ebda. Bd 75, 1958, S. 468–471.

Schweitzer, Bernhard: Griechische Porträtkunst. In: Acta Congressus Madvigiani. Proceedings of the Second Int. Congr. of Classical Studies. Vol. 3. 1958. S. 7–41.
– Stiermenschen: In Charites. Studien z. Altertumswissenschaft. Bonn 1957. S. 175–181.
– Neue Wege zu Pheidias. In: Jb. d. Dt. Archäol. Inst. Bd 72. Berlin 1957. S. 1–18.

Siebenschein, Hugo: Deutsch III. Lehr- und Lesebuch für deutsche Kinder des 7. und 8. Jahrgangs an den allgemeinbildenden tschechoslowakischen Schulen. [Mit Autorenkollektiv.] Praha 1958. 247 S.
– Němčina pro devátý postupný ročník. [S kolektívem.] Bratislava 1959. 134 S. (Štátne pedagogické nakladateľstvo.)
– Němčina pro devátý ročník. Pokusná učebnice. [S kolektivem.] Praha 1958. 155 S. (Státní pedagogické nakladatelství.)

– Němčina pro devátý ročník. Pokusná učebnice, 1. část. [S kolektivem.] Praha 1957. 49 S. (Státní pedagogické nakladatelství.)
– Němčina pro devátý ročník. Pokusná učebnice, 2. část. [S kolektivem.] Praha 1957. 85 S. (Státní pedagogické nakladatelství.)
– Němčina pro jedenáctý ročník. Pokusná učebnice. [S kolektivem.] Praha 1959. 157 S. (Státní pedagogické nakladatelství.)
– Metodický průvodce k učebnici Deutsch III pro 7. a 8. ročník všeobecně vzdělávacích škol. [S kolektivem.] Praha 1958. 47 S. (Státní pedagogické nakladatelství.)
– Stručné dějiny německé literatury do roku 1250. [S L. Zatočilem.] Skriptum filologické fakulty Karlovy university. Praha 1958. 261 S. (Státní pedagogické nakladatelství.)
– Základní mluvnice němčiny. [S kolektivem.] Praha 1959. 182 S. (Státní pedagogické nakladatelství.)
– Böhmen. Goethes Erlebnis der Menschen, der Landschaft und der Weltgeschichte in Böhmen. In: Goethe Handbuch. Lfg 9. Stuttgart 1959. Sp. 1301–1324.
– Humor bei Goethe und Thomas Mann. In: Festschr. d. Ungar. Akad. d. Wissenschaften zu Ehren des Prof. Turóczi Trostler. Budapest 1958. S. 677–683.
– Mannův Kouzelný vrch. Doslov k vydání díla. Knihovna klasiků, Spisy Thomase Manna. Praha 1958. S. 442–450. (Státní nakladatelství krásné literatury.)
– Aus Lenins deutscher Lektüre. In: ZfSl. Bd 2, 1957, S. 61–66.
– Básnikovi a uvítanou. Morgenstern. In: Krásná literatura. 1958, H. 1–2. (Státní nakladatelství krásné literatury.)
– Der Doppelbegriff Heinrich und Thomas Mann. In: Philologica. 9, Praha 1957, S. 47–48. (Nakladatelství Československé akad. věd.)
– Goethe und Maria Ludovica. In: Wiss. Zs. d. Friedr.-Schiller-Univ. Ges.- u. sprachw. R. Jg 7, 1957/58, S. 363–375.
– Franz Kafka und sein Werk. Randbemerkungen aus der Sicht eines Prager Germanisten. In: Wiss. Ann. d. Dt. Akad. d. Wissenschaften zu Berlin. Jg 6, 1957, S. 793–811 u. Beih. S. 2–20.
– K novému vydání Fischerova překladu Goethova Fausta. In: Krásná literatura, Praha 1957, H. 5–6.
– Kouzelný vrch. In: Časopis pro moderní filologii. 40, Praha 1958, S. 129–135.
– Christian Morgenstern a jeho dílo. Úvod k. Hiršalovu překladu Šibeničních písní. In: Světová četba. Sv. 162, 1958, S. 7–32. (Státní nakladatelství krásné literatury.)
– Příspěvek k anketě o Světové literatuře. In: Světová literatura. 3, Praha 1958, H. 6 (Státní nakladatelství krásné literatury.)
– [Hrsg.] Heinrich Heine, Básně. Sv. 4. Předmluva [S. 7–21], text [S. 22–336], komentár [S. 337 bis 359]. Knihovna klasiků, Spisy Heinricha Heina v 7 svazcích, v edici, s předmluvami a komentáři. H. Siebenscheina. Praha 1958. (Státní nakladatelství krásné literatury.)
– [Bespr.] Wilhelm Emrich: Franz Kafka. Bonn 1958. In: DLZ. Jg 80, 1959, Sp. 646–649.
– [Bespr.] Rudolf Fischers Tschechisches Lesebuch. In: ZfSl. Bd 1, 1957, S. 128–130.

Vossler, Otto: Croce, Benedetto. In: RGG. 3. Aufl. Bd 1. Tübingen 1957. Sp. 1883.
– Herzog Georg der Bärtige und seine Ablehnung Luthers. In: Hist. Zs. H. 184, 2, 1957, S. 272 bis 291.
– Freiherr vom Stein und der freie Bürger. In: Frankf. Allg. Ztg Nr. 249 v. 26. Okt. 1957.

v. Wartburg, Walther: Evolution et structure de la langue française. 5. Aufl. Bern 1958. 294 S. (Bibliotheca Romanica. Ser. prima Bd. 1.)

– u. Paul Zumthor: Précis de syntaxe du français contemporain. 2. Aufl. Bern 1958. 400 S. (Bibliotheca Romanica. Ser. prima. Bd 2.)
– Drei kleine gruppen galloromanischer wörter germanischen ursprungs. In: Romanica. Festschr. f. Gerhard Rohlfs. Halle 1958. S. 485–490.
– mit – katze. In: Syntactica und Stilistica. Festschr. f. Ernst Gamillscheg z. 70. Geburtstag. Tübingen 1957. S. 667–678.
– Vinea „weinberg; weinstock". In: Omagiu lui Iorgu Iordan cu prilejul implinirii a 70 de ani. Academiei Republicii Populare Romîne. Bucureşti 1958. S. 905–914.
– Die Etymologie von it. *lesto* und die Partizipien auf *-estus*. In: ZfrPh. Bd 73, 1957, S. 268–273.
– Spina – Spinula. In: Bolletino dell'Istituto di Lingue estere. Bd 5, 1957, S. 17–40.
– [Bespr.] Albert Blaise: Dictionnaire latin-français des auteurs chrétiens. In: ZfrPh. Bd 74, 1958, S. 280–281.
– [Bespr.] Trübners Deutsches Wörterbuch. Bd 5–8. Berlin. In: Ebda. S. 281–283.

ABKÜRZUNGEN

ADB	Allgemeine Deutsche Biographie
ÄZ	Zeitschrift für Ägyptische Sprache und Altertumskunde
AfdA	Anzeiger für deutsches Altertum
AfKg	Archiv für Kulturgeschichte
AfO	Archiv für Orientforschung
AO	Der Alte Orient
AWAW	Anzeiger der phil.-hist. Klasse der Österr. Akademie der Wissenschaften
Beitr.	Beiträge zur Geschichte der deutschen Sprache und Literatur
BNF	Beiträge zur Namenforschung
DLZ	Deutsche Literaturzeitung
FuF	Forschungen und Fortschritte
GRM	Germanisch-Romanische Monatsschrift
Hb.	Handbuch
HZ	Historische Zeitschrift
Jb.	Jahrbuch
JNES	Journal of Near Eastern Studies
MGH	Monumenta Germaniae historica
Mh	Monatshefte
NDB	Neue Deutsche Biographie
OLZ	Orientalistische Literaturzeitung
RGG	Die Religion in Geschichte und Gegenwart
Sitzgsber.	Sitzungsberichte
ThLZ	Theologische Literaturzeitung
Umschau	Die Umschau in Wissenschaft und Technik
VT	Vetus Testamentum
WO	Die Welt des Orients
WZKM	Wiener Zeitschrift für die Kunde des Morgenlandes
ZAW	Zeitschrift für die alttestamentliche Wissenschaft
ZDMG	Zeitschrift der Deutschen Morgenländischen Gesellschaft
ZfdPh	Zeitschrift für deutsche Philologie

ZfMaf	Zeitschrift für Mundartforschung
ZfrPh	Zeitschrift für romanische Philologie
ZfSl	Zeitschrift für Slawistik
ZfVk	Zeitschrift für Volkskunde
ZNF	Zeitschrift für Namenforschung
Zs.	Zeitschrift
ZPPP	Wiener Zeitschrift für Philosophie, Psychologie, Pädagogik
ZSS	Zeitschrift der Savigny-Stiftung für Rechtsgeschichte

SCHRIFTENVERZEICHNIS DES HERRN BAETKE, AUSGEWÄHLT UND ZUSAMMENGESTELLT ANLÄSSLICH SEINES 75. GEBURTSTAGES AM 28. MÄRZ 1959 VON DR. ERNST WALTER

1. *Aufsätze zur deutschen Literatur- und Geistesgeschichte*

Raabe. Der Türmer, XIII. Jahrg. 1910/11.

Die religiöse Bewegung der Gegenwart in Jahrhundertbeleuchtung. Der Türmer, XIII. Jahrg. 1910/11.

Geschichtsphilosophie, Soziologie und praktisches Christentum. Der alte Glaube, 12. Jahrg., 1911.

Hegel und die gegenwärtige religiöse Lage. Protestantenblatt, 45. Jahrg., 1912.

Nationale oder soziale Jugendpflege. Preußische Jahrbücher, Band 149, 1912.

Christentum und geschichtliche Weltanschauung. Preußische Jahrbücher, Band 150, 1912.

Mensch und Menschheit. Ein Beitrag zur Kritik der geschichtlichen Religion und Weltanschauung. Religion und Geisteskultur, 6. Jahrg., 1912.

Hans Hoffmanns Erzählung „Der grobe Pommer" und ihre Quelle. Unser Pommerland, 6. Jahrg. 1921; Ausg. mit Einl.: Hans Hoffmann. Auswahl aus seinen Schriften. Bd. 1–2. Berlin 1920.

Der Gegensatz der Welt bei Raabe. Deutsches Volkstum, 1924.

Entsagung und Behauptung [in Wilhelm Raabes Werken]. Deutsches Volkstum, 1931.

Hans Hoffmann. Deutsches Volkstum, 1932.

Die Evchen-Handlung in Kleists ‚Zerbrochenem Krug'. Neue Jahrbücher für Wissenschaft und Jugendbildung, 9. Jahrg., 1933.

Die Gerechtigkeit Gottes und die Tragödie. Zeitschrift für Deutschkunde, Jahrg. 1933.

Ich und Schicksal im Drama Heinrichs von Kleist. In: Vom Geist und Erbe Thules, 1944 (s. u. 3a).

Aufgabe und Struktur der Religionswissenschaft. In: Grundriß des Theologiestudiums, hrsg. v. M. Doerne, III. Teil, Gütersloh 1952.

2. *Ausgaben und Schriften zur niederdeutschen Sprache und Literatur*

Fritz Stavenhagen. Eckart, VII. Jahrg., 1912/13.

Das starke Verbum in Thomas Kantzows niederdeutscher Chronik von Pommern. Niederdeutsches Jahrbuch XLIII, Jahrg. 1917.

Sammelbesprechungen über Plattdeutsche Literatur (für die „Beratungsstelle für Volksbüchereiwesen"), [1921].

Pommerns Anteil an der niederdeutschen Literatur. Stettiner Jahrbuch 1922.

Die niederdeutsche Mundart im Deutschunterricht der Mittel- und Oberstufe. Der deutsche Arbeitsunterricht, Heft 2, 1928.

Die Grabschrift zu Bobbin von Karl Tiburtius. (Hrsg.) Bergen a. Rügen 1927.

Nivellierarbeit der Zeit von Ina Rex. (Hrsg.) Bergen a. Rügen 1934.

De Eikbom. Eine Auswahl niederdeutscher Dichtungen. Halle (Saale) 1953.

3. *Arbeiten zur germanischen und altnordischen Literatur-, Religions- und Rechtsgeschichte*

a) Bücher und Schriften

Christentum und germanische Religion. 1. u. 2. Aufl., Berlin 1934.

Arteigene germanische Religion und Christentum. 2. Aufl., Berlin und Leipzig 1936. (= Der Weg der Kirche, Heft 4; 1. Aufl. 1934.)

Wesenszüge nordischer Frömmigkeit. Gütersloh 1937.

Religion und Politik in der Germanenbekehrung. Leipzig 1937.

Art und Glaube der Germanen. 3. Aufl., Hamburg 1938 (1. Aufl. 1934).

Das Heilige im Germanischen. Tübingen 1942.

Vom Geist und Erbe Thules. Aufsätze zur nordischen und deutschen Geistes- und Glaubensgeschichte. Göttingen 1944.

Die Religion der Germanen in Quellenerzeugnissen. 3. Aufl. Frankfurt a. M. 1944 (1. Aufl. 1937).

Die Götterlehre der Snorra-Edda. (Berichte über d. Verhandl. d. Sächs. Akad. d. Wiss. zu Leipzig, Phil.-hist. Kl., 97. Band, 3. H.) Berlin 1950.

Christliches Lehngut in der Sagareligion. Das Svoldr-Problem. Zwei Beiträge zur Sagakritik. (Berichte über d. Verhandl. d. Sächs. Akad. d. Wiss. zu Leipzig. Phil.-hist. Kl., Band 98, H. 6.) Berlin 1951.

Über die Entstehung der Isländersagas. (Berichte über d. Verhandl. d. Sächs. Akad. d. Wiss. zu Leipzig, Phil.-hist. Kl., Band 102, H. 5.) Berlin 1956.

SAGA. Untersuchungen zur nordischen Literatur- und Sprachgeschichte, hrsg. von W. Baetke, Heft 1 mit einem Vorwort, Halle (Saale) 1956.

b) Aufsätze

Die Jomsburg. Unser Pommerland, 11. Jahrg., 1926.

Zum Erzählstil der Isländersagas. Mitteilungen der Islandfreunde, XVII. Jahrg., 1930.

Was ist uns Island? Zur Tausendjahrfeier des isländischen Allthings. Deutsches Schrifttum, 22. Jahrg., 1930.

Vorpommern und Rügen in germanischer Frühgeschichte und Heldensage. Baltische Studien, N.F. Bd. 33, 1931.

„Hiddensee“ als Zeugnis germanischer Heldensage. Unser Pommerland, 18. Jahrg., 1933.

Germanischer Schicksalsglaube. Neue Jahrbücher für Wissenschaft und Jugendbildung, 10. Jahrg., 1934.

Mythus und Religion der Germanen im Religionsunterricht. Haus und Schule, 31. Jahrg., 1935.

Das objektive Moment in der germanischen Religion. Zeitschrift für Theologie und Kirche, Neue Folge, 17. Jahrg., 1936.

Germanische Religion, Sachsenbekehrung und frühmittelalterliches Christentum. [Forschungsbericht.] Zeitschrift für Kirchengeschichte, Dritte Folge VI, LV. Band, 1936.

Religion, Bekehrung und Frühchristentum der Germanen. [Forschungsbericht.] Zeitschrift für Kirchengeschichte, Dritte Folge VII, LVI. Band, 1937.

Religion und Politik in der Germanenbekehrung. Forschungen und Fortschritte, 14. Jahrg., 1938.

Altgermanische Gottesverehrung und Frömmigkeit. Zeitschrift für Deutschkunde, 53. Jahrg., 1939.

Stufen und Typen in der Germanenbekehrung. Zeitschrift für Missionskunde und Religionswissenschaft, 54. Jahrg., 1939.

Die Götterlieder der Edda und ihre Deutungen. Velhagen und Klasings Monats-Hefte, 53. Jahrg., 1938/39.

Neue Forschungen zum Glauben der Germanen. [Forschungsbericht.] Theologische Literaturzeitung, 64. Jahrg., 1939.

Der Begriff der ‚Unheiligkeit' im altnordischen Recht. Beiträge zur Geschichte der deutschen Sprache und Literatur, 66. Bd., 1942.

Die Aufnahme des Christentums durch die Germanen. Ein Beitrag zur Frage der Germanisierung des Christentums. Die Welt als Geschichte, 9. Jahrg., 1943 (in Buchform: Darmstadt 1959).

Guđ in den altnordischen Eidesformeln. Beiträge zur Geschichte der deutschen Sprache und Literatur, 70. Bd., 1948.

Zur Religion der Skalden. Atti dell'VIII congresso internazionale di storia delle religioni (Roma 1955), Firenze 1956.

Die Víga-Glúm-Episode in der Reykdœla-Saga. In: Beiträge zur deutschen und nordischen Literatur (Festgabe für L. Magon), Berlin 1958.

Artikel „Edda", in: Religion in Geschichte und Gegenwart, 3. Aufl., 1958.

Artikel „Germanische Religion", in: Religion in Geschichte und Gegenwart, 3. Aufl., 1958.

4. Ausgaben altisländischer Texte

Hrafnkels saga freysgođa. Mit Einleitung, Anmerkungen und Glossar herausgegeben. Halle (Saale) 1952. (= Altnordische Textbibliothek. N. F., hrsg. v. W. Baetke, 1. Band.)

Hœnsa-Þóris saga. Mit Einleitung, Anmerkungen, Glossar u. einer Karte herausgegeben. Halle (Saale) 1953. (= Altnordische Textbiblothek, N. F., hrsg. v. W. Baetke, 2. Band.)

Bandamanna saga und Ölkofra þáttr. Mit Einleitung, Anmerkungen u. Glossar hrsg. Halle (Saale) 1960. (= Altnordische Textbibliothek, N. F., hrsg. v. W. Baetke, 4. Band.)

5. Übersetzungen isländischer Sagas und Geschichtswerke

Vier Isländergeschichten. 2. Aufl., Berlin u. Leipzig 1937 (1. Aufl. 1923).

Bauern und Helden. Geschichten aus Alt-Island. Bd. 1–10, Hamburg 1923–1934.

Die Geschichten von den Orkaden, Dänemark und der Jomsburg. Jena 1924. (= Thule, Altnordische Dichtung und Prosa, 19. Band.)

Die niederdeutsche Sage von Wieland dem Schmied. München o. J. [1925].

Islands Besiedlung und älteste Geschichte. Jena 1928. (= Thule, 23. Band.)

Geschichten vom Sturlungengeschlecht. Jena 1930. (= Thule, 24. Band.)

6. Besprechungen

ca. 50 Besprechungen wissenschaftlicher Werke in verschiedenen Zeitschriften.

VERZEICHNIS DER MIT DER AKADEMIE IM SCHRIFTENTAUSCH STEHENDEN KÖRPERSCHAFTEN

I. Periodica

Deutschland

Aachen
Bibliothek der Rhein.-Westfäl. Technischen Hochschule
Jahrbuch

Aachener Geschichtsverein
Zeitschrift

Augsburg
Historischer Verein für Schwaben
Zeitschrift

Staats- und Stadtbibliothek
Abhandlungen des Naturwissenschaftlichen Vereins für Schwaben

Bad Godesberg
Deutsche Forschungsgemeinschaft
Bericht über die Tätigkeit
Deutscher Forschungsdienst
Spiegel der Technik

Bautzen
Stadtmuseum. Naturwiss. Abteilung
Natura Lusatica

Berlin
Deutsche Akademie der Wissenschaften zu Berlin
Abhandlungen. Klasse f. Mathematik, Physik u. Technik
Klasse f. Chemie, Geologie u. Biologie
Klasse f. Medizin
Klasse f. Sprachen, Literatur u. Kunst
Klasse f. Philosophie, Geschichte, Staats-, Rechts- u. Wirtschaftswissenschaft
Jahrbuch
Monatsberichte
Sitzungsberichte. Klasse f. Mathematik, Physik u. Technik
Klasse f. Chemie, Geologie u. Biologie
Klasse f. Medizin
Klasse f. Sprachen, Literatur u. Kunst
Klasse f. Philosophie, Geschichte, Staats-, Rechts- u. Wirtschaftswissenschaft
Vorträge und Schriften
Wissenschaftliche Annalen

Deutsches Amt für Maß und Gewicht in der DDR
Wissenschaftliche Abhandlungen

Deutsches Archäologisches Institut
Jahrbuch. Nebst: Archäolog. Anzeiger
und Bibliographie
Mitteilungen. Athenische Abteilung

Geologischer Dienst. Staatliche Geologische Kommission
Abhandlungen
Archiv für Lagerstättenforschung
Geologie. Nebst Beiheften
Mitteilungen aus den Laboratorien des Geologischen Dienstes
Zeitschrift für angewandte Geologie

Deutsche Literatur-Zeitung
Deutsche Literatur-Zeitung

Physikalisch-Technische Reichsanstalt
Tätigkeitsbericht

Universitätsbibliothek der Humboldt-Universität
Wissenschaftl. Zeitschrift d. Humboldt-Universität
Gesellsch.-sprachwiss. Reihe
Mathem.-naturwiss. Reihe

Beuron

Bibliothek der Erzabtei Beuron
Benediktinische Monatsschrift
Texte und Arbeiten

Braunschweig

Braunschweigische wissenschaftliche Gesellschaft
Abhandlungen

Technische Hochschule
Geographische Rundschau

Bremen

Die Wittheit zu Bremen
Jahrbuch der Bremischen Wissenschaft
Abhandlungen
Abhandlungen und Vorträge
Deutsche Geographische Blätter

Überseemuseum
Veröffentlichungen

Bremerhaven

Institut für Meeresforschung
Veröffentlichungen

Dresden

Bibliothek der Technischen Hochschule
Wissenschaftl. Zeitschrift d. Technischen Hochschule

Bibliothek der Hochschule für Verkehrswesen
Wissenschaftl. Zeitschrift d. Hochschule f. Verkehrswesen

	Technische Hochschule
	Mitteilungsblatt
Düsseldorf	*Düsseldorfer Geschichtsverein*
	Düsseldorfer Jahrbuch
Erfurt	*Wissenschaftliche Bibliothek der Stadt Erfurt*
	Aus der Vergangenheit der Stadt Erfurt
	Beiträge zur Geschichte der Stadt Erfurt
Erlangen	*Institut für Fränkische Landesforschung*
	Jahrbuch
	Schriften. Historische Reihe
	Physikalisch-Medizinische Sozietät
	Sitzungsberichte
Frankfurt a. M.	*Museum für Völkerkunde*
	Paideuma
	Philosophisch-Theologische Hochschule St. Georgen
	Scholastik
	Physikalischer Verein
	Jahresbericht
	Senckenbergische Naturforschende Gesellschaft
	Abhandlungen
	Aufsätze und Reden
	Natur und Volk
	Senckenbergiana. Biologica
	Lethaea
Freiberg i. Sa.	*Bibliothek der Bergakademie*
	Bergakademie
	Freiberger Forschungshefte
Freiburg i. Br.	*Naturforschende Gesellschaft*
	Berichte
Gießen	*Oberhessische Gesellschaft für Natur- und Heilkunde*
	Bericht. Medizin. Abteilg
	Naturwiss. Abteilg
	Universitätsbibliothek
	Hessische Blätter für Volkskunde
	Mitteilungen des Oberhessischen Geschichtsvereins
	Nachrichten der Gießener Hochschulgesellschaft
Göttingen	*Akademie der Wissenschaften*
	Abhandlungen. Math.-phys. Klasse
	Phil.-hist. Klasse
	Göttingische gelehrte Anzeigen

Nachrichten. Math.-phys. Klasse
Phil.-hist. Klasse

Max-Planck-Gesellschaft
Jahrbuch
Mitteilungen

Greifswald *Universitätsbibliothek*
Wissenschaftl. Zeitschrift d. Ernst-Moritz-Arndt-Universität
Gesellsch.-sprachwiss. Reihe
Mathem.-naturwiss. Reihe

Halle a. d. S. *Deutsche Akademie der Naturforscher „Leopoldina"*
Leopoldina
Nova Acta

Institut für Früh- und Vorgeschichte d. Universität Halle
Arbeiten

Landesmuseum für Vorgeschichte
Jahresschrift für mitteldeutsche Vorgeschichte
Veröffentlichungen des Landesmuseums für Vorgeschichte
Vorgeschichtliche Museumsarbeit und Bodendenkmalpflege

Universitäts- und Landesbibliothek Sachsen-Anhalt
Arbeiten aus der Universitäts- und Landesbibliothek
Hallische Monographien
Schriften zum Bibliotheks- und Büchereiwesen in Sachsen-Anhalt
Wissenschaftl. Zeitschrift d. Martin-Luther-Universität
Gesellsch.-sprachwiss. Reihe
Mathem.-naturwiss. Reihe

Hamburg *Gesellschaft für Natur- und Völkerkunde Ostasiens*
Nachrichten

Staats- und Universitätsbibliothek
Abhandlungen aus dem Gebiete der Auslandskunde
Hamburger Universitätsreden
Romanistisches Jahrbuch

Hannover *Akademie für Raumforschung und Raumplanung*
Raumforschung und Raumordnung

Naturhistorische Gesellschaft
Bericht

Technische Hochschule
Jahrbuch

Heidelberg *Heidelberger Akademie der Wissenschaften*
Abhandlungen d. Phil.-hist. Klasse
Sitzungsberichte d. Math.-nat. Klasse
Phil.-hist. Klasse

Jahreshefte

Badische Landessternwarte
Mitteilungen

Naturhistorisch-medizinischer Verein
Verhandlungen

Universitätsbibliothek
Neue Heidelberger Jahrbücher
Veröffentlichungen aus der Heidelberger Papyrussammlung

Ilmenau *Hochschule für Elektrotechnik*
Wissenschaftl. Zeitschrift

Jena *Universitätsbibliothek*
Wissenschaftl. Zeitschrift d. Friedrich-Schiller-Universität
Gesellsch.-sprachwiss. Reihe
Mathem.-naturwiss. Reihe

Kiel *Naturwissenschaftlicher Verein für Schleswig-Holstein*
Schriften

Universitätsbibliothek
Veröffentlichungen d. Schleswig-Holsteinschen Universitätsgesellschaft

Leipzig *Deutsches Institut für Länderkunde*
Jahrbuch

Hochschule für Binnenhandel
Wissenschaftl. Zeitschrift

Museum für Völkerkunde
Jahrbuch

Universitätsbibliothek
Wissenschaftl. Zeitschrift d. Karl-Marx-Universität
Gesellsch.-sprachwiss. Reihe
Mathem.-naturwiss. Reihe

Leverkusen *Farbenwerke Bayer*
Therapeutische Berichte

Lübeck *Stadtbibliothek*
Ausblick
Mitteilungen d. Geographischen Gesellschaft u. d. Naturhist. Museums

Verein für Lübeckische Geschichte und Altertumskunde
Zeitschrift

Magdeburg *Magdeburger Museen. Museum für Kulturgeschichte*
Abhandlungen u. Berichte für Naturkunde u. Vorgeschichte
Mitteilungen
Magdeburger Forschungen

Mainz	*Akademie der Wissenschaften und der Literatur* Abhandlungen d. Klasse d. Literatur d. geistes- u. sozialwiss. Klasse d. mathem.-naturwiss. Klasse Jahrbuch
	Deutsche Morgenländische Gesellschaft Zeitschrift
	Mainzer Altertumsverein Mainzer Zeitschrift
Marburg	*Gesellschaft zur Beförderung der gesamten Naturwissenschaften* Sitzungsberichte
München	*Bayerische Akademie der Wissenschaften* Abhandlungen. Math.-nat. Klasse Phil.-hist. Klasse Jahrbuch Sitzungsberichte. Math.-nat. Klasse Phil.-hist. Klasse
	Deutsches Museum Abhandlungen und Berichte
	Zentralinstitut für Kunstgeschichte Jahresbericht
Münster	*Universitätsbibliothek* Westfälische geographische Studien
Nürnberg	*Germanisches Nationalmuseum* Anzeiger Jahresbericht
Offenbach	*Deutsche Wetterdienstbibliothek* Berichte Bibliographie des Deutschen Wetterdienstes Deutsches meteorologisches Jahrbuch
Potsdam	*Astrophysikalisches Observatorium* Mitteilungen Publikationen
	Geodätisches Institut Veröffentlichungen
	Geophysikalisches Institut Abhandlungen
	Meteorologischer und Hydrologischer Dienst der DDR Abhandlungen des Geomagnetischen Instituts und Observatoriums Erdmagnetisches Jahrbuch

	Pädagogische Hochschule Wissenschaftliche Zeitschrift
Remagen	*Bundesanstalt für Landeskunde* Berichte zur Deutschen Landeskunde
Rostock	*Universitätsbibliothek* Archiv der Freunde der Naturgeschichte in Mecklenburg Wissenschaftl. Zeitschrift d. Universität Rostock Gesellsch.-sprachwiss. Reihe Mathem.-naturwiss. Reihe
Speyer	*Pfälzische Gesellschaft zur Förderung der Wissenschaften* Pfälzische Bibliographie Veröffentlichungen
	Historischer Verein der Pfalz Mitteilungen
	Verein für Naturkunde und Naturschutz Pollichia Mitteilungen
Stuttgart	*Museum für Länder- und Völkerkunde* Tribus. Jahrbuch des Linden-Museums
	Naturwissenschaftliche Rundschau Naturwissenschaftliche Rundschau
	Württembergische Kommission für Landesgeschichte Württembergische Geschichtsliteratur Zeitschrift für Württembergische Landesgeschichte
	Württembergische Landesbibliothek Jahrbücher für Statistik und Landeskunde Baden-Württemberg
Tübingen	*Universitätsbibliothek* Attempto
Ulm	*Verein für Kunst und Altertum in Ulm und Oberschwaben* Mitteilungen
Weimar	*Museum für Ur- und Frühgeschichte Thüringens* Alt-Thüringen
	Thüringische Landesbibliothek Wissenschaftl. Zeitschrift d. Hochschule für Achitektur und Bauwesen
Wiesbaden	*Hessisches Landesamt für Bodenforschung* Abhandlungen Hessisches Lagerstättenarchiv Notizblatt
	Nassauischer Verein für Naturkunde Jahrbücher

Verein für Nassauische Altertumskunde und Geschichtsforschung
Heimatblätter
Nassauische Annalen

Würzburg *Freunde Mainfränkischer Kunst und Geschichte*
Mainfränkische Hefte
Mainfränkisches Jahrbuch für Geschichte und Kunst

Physikalisch-Medizinische Gesellschaft
Berichte

Wolfenbüttel *Braunschweigischer Geschichtsverein*
Braunschweigisches Jahrbuch

Ägypten

Kahira (Kairo) *Institut français d'archéologie orientale*
Bulletin
Conférences

National Research Centre. Technical Bureau
The Egyptian Journal of Chemistry

Algerien

Algier *Musée du Bardo*
Libyca

Argentinien

Buenos Aires *Biblioteca de la Facultad de Ciencias Exactas, Fisicas y Naturales*
Contribuciones Cientificas

Comisión Nacional de la Energia Atómica
Publicaciones
Sociedad Cientifica Argentina
Anales

La Plata *Universidad Nacional. Facultad de Ciencias fisicomatematicas*
Publicaciones especiales
Revista

Australien

Adelaide *Barr Smith Library*
The Australien Journal of Experimental Biology and Medical Science

Brisbane *Royal Society of Queensland*
Proceedings

Melbourne	*Royal Society of Victoria* Proceedings
Sydney	*Royal Society of New South Wales* Journal and proceedings Monographs

Belgien

Antwerpen	*Académie Royale d'Archéologie de Belgique* Revue belge d'archéologie et d'histoire de l'art
Bruxelles (Brüssel)	*Ministerie van Landbouw. Rijsplantentuin* Bulletin du jardin botanique de l'Etat
	Société des Bollandistes Analecta Bollandiana
	Union Académique internationale Compte rendu
Gent	*Koninklijke Vlaamse Academie voor Taal- en Letterkunde* Jaarboek Reeks Verslagen en Mededelingen
Liège (Lüttich)	*L'Institut archéologique liègois* Bulletin Chronique archéologique
Louvain *(Löwen)*	*Université Catholique de Louvain* Annuaire Orientalia et Biblica Lovaniensia Reeks van de school voor economische wetenschapen
Namur	*Les Études classiques* Les Études classiques

Brasilien

Rio de Janeiro	*Academia Brasileira de Ciencias* Anais

Bulgarien

Sofija	*Bulgarska Akademija na Naukite* Doklady Izvestija na zoologičeskija institut Sbornik za narodni umotvorenija i narodopis

Universitet
Godišnik. Hist.-fil. fak.
Med. fak.
Prirodo-mat. fak.

Ceylon

Colombo

National Museum
Spolia zeylanica

Chile

Concepcion

Sociedad de Biologia
Boletin

China

Pei-ching (Peking)

Kuo li t'u shu kuan (National Library)
Acta Sinica Scientia
Chinese Literature
Chinese Medical Journal

Città del Vaticano

(s. auch Roma)

Archivum Historicum Societatis Jesu
Archivum

Biblioteca Apostolica Vaticana
Studi e Testi

Pontificio Istituto Biblico
Biblica
Orientalia

Specola astronomica Vaticana
Communicazione
Richerche astronomiche spettroscopiche

Dänemark

Aarhus

Statsbiblioteket
Acta Jutlandica

København | *Det Kongelige Danske Videnskabernes Selskab*
Biologiske Meddelelser

Filosofiske Meddelelser
Historisk-filologiske Meddelelser
Oversigt over selskabets virksomhed
Biologiske Skrifter
Matematisk-fysiske Skrifter

Universitets Matematisk Institut
Mathematica Scandinavica

England

Cambridge | *Cambridge Philosophical Society*
Proceedings

Edinburgh | *Royal Society of Edinburgh*
Proceedings
Transactions
Year Book

Leeds | *University of Leeds*
Proceedings of the Leeds Philosophical and Literary Society. Scientific section

Liverpool | *Biological Society*
Proceedings and Transactions

London | *India Office Library*
Report

University of London. Library
Accessions List
Bulletin of the Institute of Historical Research
of the School of Oriental and African Studies
Institute of Historical Research. Annual Report
List of subjects of Dissertations
Report of the Library Committee
Slavonic and East European Review

The Warburg Institute
Journal of the Warburg and Courtauld Institutes

Manchester | *Manchester literary and philosophical Society*
Memoirs and Proceedings

Finnland

Helsinki | *Geologinen Tutkimuslaitos*
Bulletin de la Commission géologique de Finlande
Suomen geologinen Karta

Societas pro Fauna et Flora Fennica
Acta zoologica
botanica

Societas Geographica Fenniae
Fennia

Societas Scientiarum Fennica
Acta. N. S. A et B
Årsbok
Bidrag till kännedom af Finlands natur och folk
Commentationes biologicae
humanorum litterarum
physico-mathematicae

Tähtitieteellinen Observatorio (Astronomical Observatory)
Veröffentlichungen

Suomalainen Tiedeakatemia (Academia Scientiarum Fennica)
Folklore Fellows Communications
Toimituksia (Annales). Sarja A 1. 2. 3. 4. 5. et B

Turku (Åbo) — *Academia Aboensis*
Acta. Humaniora
Mathematica et Physica

Turun Yliopiston Kirjasto
Turun Yliopiston Kirjasto Julkaisuja (Annales Universitatis Turkuensis)
Ser. A et B

Frankreich

Besançon — *Université de Besançon*
Annales littéraires de l'Université
scientifiques de l'Université
Climatologie

Cherbourg — *Société nationale des sciences naturelles et mathématiques*
Mémoires

Clermont-Ferrand — *Académie des sciences, belles-lettres et arts*
Bulletin historique et scientifique de l'Auvergne

Grenoble — *Université*
Annales de l'Institut de Fourier

Lyon — *Société Linnéenne de Lyon*
Bulletin mensuel

Bibliothèque de l'Université
Annales

Marseille	*Université d'Aix-Marseille. Faculté des Sciences* Annales Comptes rendus des travaux
Montpellier	*Académie des Sciences et Lettres* Bulletin
Nancy	*Société des Sciences* Bulletin
Paris	*École Normale Supérieure* Annales scientifiques
	Institut de France. Académie des Inscriptions et Belles-Lettres Comptes rendus
	Institut de France. Académie des sciences Annuaire Comptes rendus hebdomadaires
	Institut de France. Académie des sciences morales et politiques Revue des travaux
	Musée National d'Histoire Naturelle Bulletin
	Société mathématique de France Bulletin
Rennes	*Société scientifique de Bretagne* Bulletin
Sèvres	*Bureau international des poids et mesures* Travaux et mémoires
Strassbourg	*Institut de mathématique de l'Université de Strassbourg* Publications
Toulouse	*L'Académie des Sciences et Belles-Lettres* Mémoires

Griechenland

Athenai (Athen)	*École française d'Athènes* Bulletin de Correspondence hellénique

Indonesien

Djarkarta	*Lembaga Kebudajan Indonesia „Koninklijk Bataviaasch Genootschap van Kunsten en Wetenschappen"* Jaarboek Tijdschrift voor Indische Taal-, Land- en Volkenkunde

Irland

Dublin
Royal Irish Academy
Proceedings. Sect. A. B. C.

Royal Dublin Society
Economic Proceedings
Scientific Proceedings

Island

Reykjavik
Vísindafélag islendinga (Societas Scientiarum Islandica)
Greinar
Rít
The Eruption of Hekla

Israel

Jeruschalajim (Jerusalem)
Jewish National and University Library
Atiquot
Bulletin of the Research Council of Israel. Sect. A. B. C. D.
Israel Exploration Journal
Kirjath Sepher
Scripta Hierosolymitana

Italien

Acireale
Accademia di Science, Lettere e Belle Arti
Memorie e Rendiconti. Classe di scienze

Bologna
Istituto di Geologia e Palaeontologia dell'Università
Giornale di Geologia

Brescia
Ateneo di Brescia
Commentari

Cremona
Biblioteca Governativa e Libreria Civica
Annali

Ferrara
Accademia delle Scienze Mediche e Naturali
Atti

Firenze (Florenz)
Accademia della Crusca
Atti e Memorie
Studi di filologia italiana

Accademia Toscana di Science e Lettere „La Colombaria"
Atti e Memorie
Studi

Biblioteca Nazionale Centrale
Bolletino delle publicazione italiane

Genova (Genua)	*Museo Civico di Storia Naturale „Giacomo Doria"*	
	Annali	
	Doriana. Supplementi agli Annali	
Mantova (Mantua)	*Accademia Virgiliana*	
	Atti e Memorie	
Milano (Mailand)	*Istituto Lombardo di Scienze e Lettere*	
	Annuario	
	Memorie. Classe di lettere e scienze morali e storiche	
	scienze matematiche e naturali	
	Rendiconti. Classe di lettere e scienze morali e storiche	
	scienze matematiche e naturali	
Modena	*Accademia di Scienze, Lettere e Arti*	
	Atti e Memorie	
	Istituto di Fisica dell'Università	
	Atti del Seminario Matematico e Fisico	
Napoli (Neapel)	*Società Nazionale di Scienze, Lettere e Arti*	
	Rendiconti	
	Stazione Zoologica di Napoli	
	Publicazioni	
	Università di Napoli. Biblioteca della facoltà de littere e filosofica	
	Annali	
Padova (Padua)	*Seminario Matematico della Università*	
	Rendiconti	
Pisa	*Scuola Normale Superiore*	
	Annali. Classe di lettere, storia e filosofia	
	scienze, fisiche e matematiche	
	Società Toscana di Scienze Naturali	
	Memorie. Ser. A. B.	
Roma	*American Academy in Rome*	
	Memoirs	
	Papers and Monographs	
	Accademia Nazionale dei Lincei	
	Atti. Rendiconti delle Adunanze solenni	
	Classe di scienze fisiche, matematiche e naturali	
	Classe di scienze morali, storiche e filologiche	
	Servizio Geologico d'Italia	
	Bolletino	
	Memorie	

Torino (Turin)	*Accademia delle Scienze*	
	Atti	
	Memorie. Classe di scienze matematiche e naturali	
	scienze morali, storiche e filologiche	
Trento (Trient)	*Museo di Storia Naturale della Venezia Tridentina*	
	Memorie	
	Studi	
Trieste	*Museo Civico di Storia Naturale*	
	Atti	
	Università degli Studi	
	Annali Triestini	
Venezia (Venedig)	*Istituto Veneto di Scienze, Lettere e Arti*	
	Atti. Classe di scienze matematiche e naturali	
	scienze morali, storiche e lettere	
	Memorie. Classe di scienze morali e lettere	
	Parte generale e Atti ufficiale	

Japan

Fukuoka — *Kyūsyū University. Faculty of Science. Mathematical Institute*
Memoirs. Ser. A. Mathematics

Hiroshima — *Hiroshima University*
Journal of Science. A. Mathematics, Physics, Chemistry

Kyōto — *Mathematical Institute. University of Kyōto*
Memoirs of the College of Science. Ser. A. Mathematics

Nagoya — *Faculty of Science. Nagoya University*
Nagoya Mathematical Journal

Okayama — *Okayama University. Department of Mathematics. Faculty of Science*
Mathematical Journal

Ōsaka — *Ōsaka University. Faculty of Science*
Annual Report of scientific works
Osaka Mathematical Journal
Osaka University. Institute of Polytechnics
Journal. Ser. A. B. C.

Sapporo — *Hokkaido University. Faculty of Science*
Journal of the Faculty of Science. Physics

Sendai — *Tohoku University. Faculty of Letters. Laboratory of Psychology*
Tohoku psychologica folia

Tōkyō — *Mathematical Society of Japan*
Journal

University of Tokyo
Journal of the Faculty of Science. Sect. 1. 3. 4.

Jugoslavien

Beograd (Belgrad)

Srpska Akademija Nauk
Bulletin de l'Académie Serbe des sciences
de l'Observatoire astronomique
Istoriski časopis
Glas
Glasnik Srpske Akademie Nauka
Etnografskog instituta
Godišnjak
Godišnjak našeg neba
Gradá
Naš jesik
Posebna izdańa
Povremena izdańa arheoloskog instituta
Pregled razmene izdańa
Publications de l'Institut de Mathématique
Spomenik
Srpski etnografski zbornik
Starinar
Zbornik za istorisku i književnu gradu
radova

Društvo matematičara i fizičara N. R. H.
Vesnik

Ljubljana (Laibach)

Slovenska Akademija Znanosti i Umetnosti
Arheološki vestnik
Bulletin scientifique
Dela. Classis II, IV, V
Geografski zbornik
Razprave. Classis II, III. IV
Slavistična revija

Geološki zavod LR Slovenije
Geologija

Sarajevo

Biološki institut
Godišnjak
Zemaljski Muzej
Glasnik

Zemaljski zavod za zastitu spomenika kulture i prirodnih rijetkosti N. R. H.
Naše starine. Godišnjak

Skoplje *Filosofski Fakultet na Univerzitet*
Godišen sbornik. Historisko-filološki odd.
Prirodno-matematički odd.

Faculté de Philosophie de l'Université. Institut de Mathématique
Sbornik

Seminar za klasična filologija. Filosofski fakultet
Živa antika

Split *Arheološki Muzej*
Vesnik za arheologiju i historiju dalmatinsku

Zagreb *Društvo matematičara i fisičara N. R. H.*
Glasnik matem.-fisicki i astronomski

Hrvatsko prirodoslovno društvo
Glasnik biološke sekcije

Jugoslavenska Akademija Znanosti i Umjetnosti
Bulletin international
Slovo
Zbornik historijskog instituta

Kanada

Toronto *University of Toronto. Library*
Journal of the Royal Astronomical Society
Studies. Biological Series

Kolumbien

Bogotá *Academia Columbiana de Ciencias Exactas, Fisicas y Naturales*
Revista

Luxemburg

Luxemburg *Institut Grand-Ducal de Luxembourg. Section des sciences naturelles, physique et mathématiques*
Archives

Marokko

Rabat *Société des sciences naturelles et physique du Maroc*
Bulletin
Compte rendu
Mémoires
Travaux

Mexiko

Mexiko	*Academia Nacional de Ciencias* Memorias y Revista
	Universidad Nacional. Instituto de Geologia Anales Boletin

Neuseeland

Dunedin	*Royal Society of New Zealand* Transactions
Wellington	*Royal Society of New Zealand* Bulletin Report Transactions

Niederlande

Amsterdam	*International Instituut voor Sociale Geschiedenis* Bulletin
	Koninklijke Nederlandse Akademie van Wetenschappen Jaarboek Mededelingen. Afd. Letterkunde Proceedings. Ser. A. B. C. Verhandelingen. Afd. Letterkunde Natuurkunde
	Wiskundig Genootschap Nieuw Archief voor Wiskunde
Groningen	*Wiskundige Opgaven* Wiskundige Opgaven met de Oplossingen
Haarlem	*Hollandsche Maatschappij der Wetenschappen* Archives néerlandaises de zoologie Physica
	Musée Teyler Archives
	Teylers Tweede Genootschap Verhandelingen
Den Haag (s'Gravenhage)	*Koninklijke Biblioteek* Mnemosyne Neophilologus

Ministerie van Onderwijs, Kunsten en Wetenschappen
Bijdragen voor de Geschiedenis der Nederlanden

Leiden

Koninklijke Nederlandsche Botanische Vereenigung
Recueil des travaux botanique néerlandais

Maatschappij der Nederlandsche Letterkunde
Jaarboek
Tijdschrift voor Nederlandsche Taal- en Letterkunde

Utrecht

Provinciaal Utrechtssch Genootschap van Kunsten en Wetenschappen
Verslag

Physiologisch Laboratorium der Rijksuniversiteit
Onderzoekingen

Norwegen

Bergen

Geofysisk Institut
Annual Report

Universitetsbiblioteket
Årbok. Hist.-antikv. rekke
Naturvitenskapelig rekke
Arsberetning
Arsmelding
Skrifter

Oslo

Universitets Oldsaksamling
Årbok
Viking

Universitetsbiblioteket
Archiv for Mathematik og Naturvidenskab
Arsberetning
Nytt Magasin for Botanik
for Zoologi
Norsk Meteorologisk Årbok

Norske Videnskaps-Akademi
Årbok
Astrophysica Norvegica
Avhandlingar
Geofysiske Publikasjoner
Hvalradets Skrifter
Skrifter

Tromsö

Tromsö Museum
Acta Borealia. A. Scientia. B. Humaniora
Astarte

Trondheim *Det Kgl. Norske Videnskabers Selskab*
Årbok
Arsberetning
Forhandlinger
Skrifter

Österreich

Graz *Historischer Verein für Steiermark*
Blätter für Heimatkunde
Mitteilungen des steiermärkischen Landesarchivs
Zeitschrift

Steiermärkische Landesbibliothek
Jahrbuch der Naturwissenschaftlichen Abteilung am Johanneum

Innsbruck *Universitätsbibliothek*
Innsbrucker Beiträge zur Kulturwissenschaft
Die Pyramide

Wien *Bibliothek der Technischen Hochschule*
Abhandlungen der Geographischen Gesellschaft Wien
Mitteilungen der Geographischen Gesellschaft Wien

Geologische Bundesanstalt Wien
Abhandlungen
Jahrbuch
Verhandlungen

Geologische Gesellschaft
Mitteilungen

Institut für österreichische Geschichtsforschung
Mitteilungen

Internationale Vereinigung für soziale Sicherheit
Bulletin

Naturhistorisches Museum
Annalen

Österreichische Akademie der Wissenschaften
Almanach
Anzeiger. Math.-nat. Klasse
Phil.-hist. Klasse
Archiv für österreichische Geschichte
Denkschriften: Math.-nat. Klasse
Phil.-hist. Klasse
Fontes
Mitteilungen der prähistorischen Kommission
Monatshefte für Chemie

Sitzungsberichte. Math.-nat. Klasse
Phil.-hist. Klasse

Österreichische Mathematische Gesellschaft
Internationale mathematische Nachrichten

Universitäts-Sternwarte
Mitteilungen

Zoologisch-botanische Gesellschaft
Verhandlungen

Peru

Lima	*Academia nacional de ciencias exactas, fisicas y naturales* Actas

Polen

Krakow	*Polska Akademija Umiejetnosci.* Bulletin international. Ser. A. B. C. Comptes rendus mensuels des séances de la classe des sciences mathém. et naturelles
	Polsk Akademie Nauk Rocznik biblioteki polskiej akademii nauk w Krakowie
	Polskie towarzystwo geologiczne Annales Rocznik
	Polskie towarzystwo matematiyczne Rocznik
	Polskie towarzystwo orientalistyczne Rocznik
Lodz	*Lodzkie towarzystwo naukowe* Biuletyn pryglacjalny
Lublin	*Universytet Marii Curie-Sklodowskiej* Annales. Sect. A. AA. B. C. D. DD. E. F.
Poznań (Posen)	*Polskie towarzystwo antropologiczne* Przeglad antropologiczny
	Poznańskie towarzystwo przyjaciól nauk Bulletin. Ser. B. C. Prace komisji filologicznej

Szczecin	*Muzeum pomorza zachodniego Szczecin* Materialy zachodno-pomorskie
Toruń	*Towarzystwo naukowe* Fontes Prace wydzialu filologiczno-filozoficznego Roczniki Sprawozdania Studia. Sect. A. B. C. Zapiski
Warszawa (Warschau)	*Centralny Instytut Dokumentacji Naukowo-Technicznej* Obzor polskoj techničeskoj literatury *Państwowe Muzeum Archeologiczne* Archeologia Materialy wczesnosredniowieczne Sprawozdania Studia Wczesnodziejowe Wiadomości archeologiczne *Polska Akademia nauk* Archivum budowy maszyn Archivum Mechaniki stosowanej Bulletin. Classe 2. 3. 4. Kwartalnik historii kultury Czasopismo prawno-historyczne Nauka polska Polskie Archivum hydrobiologii Rozprawy inzynierskie Quaterly review of publications Sprawozdania z czynnosci i prac *Polska Akademia nauk. Instytut matematyczny* Rozprawy matematyczne Studia matematica Zastosowania matematiky *Polska Akademia nauk. Instytut zoologiczny* Acta ornithologia theriologica Annales zoologici Fragmenta faunistica *Polskie Towarzystwo Archeologiczne* Biblioteka Archeologiczne *Polskie Towarzystwo Botaniczne* Acta Societatis botanicorum Poloniae Fragmenta floristica et geobotanica *Polskie Towarzystwo Matematycznego*

	Roczniki Prace matematyczne
Wroclaw (Breslau)	*Polskie Towarzystwo Antropologiczne* Materialy i prace antropologiczne Przeglad antropologiczny
	Wroclawskie Towarzystwo Naukowe Zeszyty problemowe nauki polskiej

Portugal

Lisboa (Lissabon)	*Academia des Sciencias de Lisboa* Annuario Boletim
	Faculdas de Sciencias de Lisboa Portugalise Physica

Rumänien

Bucureşti (Bukarest)	*Academia Republici Populare Romane* Communicarile Limba Romînă Studii. Rivista de istorie si filosofie şi Cercetări de istoria artei de istoria linguistice de istoria ştiinţifice de istorie literară şi folclor de istorie veche
Sinaia	*Statiunea Zoologica* Analele Universitatii „C. J. Parhon" Bucureşti. Ser. ştiinţelor naturii

Schweden

Göteborg	*Chalmers Teksniska Högskolas Biblioteket* Handlingar
	Kungl. Vetenskaps- och Vitterhetssamhälle Arsredegörelse Bihang Handlingar. Ser. A. B. Göteborgs Universitets Årskrift
	Stadsbibliotek Etnologiska studier Göteborgs och Bohusläns Forminnesförenings Tidskrift

Lund

Kungl. Fysiografiska Sällskapets
Förhandlingar

Kungl. Humanistiska Vetenskapssamfundet
Arsberättelse
Skrifter

Slaviska Institutet
Årsbok
Meddelanden

Universitets-Biblioteket
Lunds Universitets Årskrift
Scando-slavica

Stockholm

Geologiska Föreningens
Förhandlingar
Sveriges Geologiska Undersökning

Humanistiska Biblioteket
The ethnographical Museum of Sweden. Monograph Series
Stockholm Studies in History of Literature

Kungl. Svenska Vetenskapsakademien
Acta physiologica scandinavica
Arkiv för Astronomie
Botanik
Fysik
Geofysik
Kemi
Matematik
Mineralogie och Geologie
Zoologie
Årsbok
Avhandlingar i naturskyddsärenden
Handlingar
Levnadsteckningar
Skrifter i Naturskyddsärenden
Stockholms Observatoriums Annaler

Kungl. Vitterhets Historie och Antikvitets Akademien
Årsbok
Fornvännen
Antikvariskt arkiv
Historiskt arkiv
Filologiskt arkiv
Handlingar. Antikvariska serien
Filosofisk-filologiska serien
Historiska serien
Samlingarnas tillväxt

Matematisk-Naturvetenskapliga Biblioteket
Kungl. Skogshögskolans Skrifter

Uppsala

Universitets-Biblioteket
Acta societatis Upsaliensis
Arbeten
Archives des traditions populaires suedoises
Bulletin of the Geological Institution
Eranos
Uppsala läkareförenings Förhandlingar
Uppsala Universitets Årskrift
Zoologiska Bidrag fran Uppsala

Schweiz

Aarau

Historische Gesellschaft des Kantons Aargau
Argovia

Schweizerische Naturforschende Gesellschaft
Verhandlungen

Basel

Bibliothek der Helvetica Chimica Acta
Helvetica Chimica Acta

Historische und Antiquarische Gesellschaft
Basler Bibliographie
Basler Zeitschrift für Geschichte und Altertumskunde

Naturforschende Gesellschaft
Verhandlungen

Universitätsbibliothek
Jahresverzeichnis der Schweizerischen Hochschulschriften

Bern

Allgemeine Geschichtsforschende Gesellschaft der Schweiz
Bibliographie der Schweizer Geschichte
Schweizerische Zeitschrift für Geschichte

Naturforschende Gesellschaft
Mitteilungen

Schweizerische Naturforschende Gesellschaft
Bibliographia scientiae naturalis Helvetica
Denkschriften
Verhandlungen

Chur

Naturforschende Gesellschaft Graubündens
Jahresbericht

Genf

Institut National Genevois
Bulletin

Musée d'art et d'histoire
Genava

Société de physique et d'histoire naturelle
Archives des sciences

Neuchâtel

Université
Mémoires
Travaux de l'Institut de Botanique

Schaffhausen

Naturforschende Gesellschaft
Mitteilungen
Neujahrsblatt

Zürich

Geographisch-Ethnographische Gesellschaft
Geographica Helvetica

Naturforschende Gesellschaft
Neujahrsblatt
Vierteljahrschrift. Nebst Beihefte

Schweizerisches Landesmuseum
Jahresbericht

Sowjetunion

Erivan

Akademija nauk Armjanskoj SSR
Soobščenija Bjurakanskoj observatorii

Kazan

Bjuro astronomičeskich soobščenij Akademii Nauk SSR
Astronomičeskij cirkuljar

Kazanskyj gosudarstvennyj universitet
Izvestija Astronomičeskoj Engel'gartoyskoj observatorii
Učenye zapiski

Kiev

Akademija nauk Ukrainskoj SSR
Trudy Poltavskoj gravimetrič. observatorii
Visnyk
Automatičeskaja svarka
Přikladna mechanika
Geologičnij žurnal

Leningrad

Akademija nauk SSR. Biblioteka
Astronomičeskij cirkuljar
Doklady. Novaja Serija
Izvestija. Otdel literatury i jazyka
Serija biologičeskaja
fisičeskaja
geografičeskaja
geologičeskaja
matematičeskaja
Vsesojuznogo geografičeskogo obščestva

Trudy Instituta istorii estestvoznanija
  gosudarstvennogo astronomičeskogo instituta im. P. K. Sternberga
  instituta jazykoznanija
  istorii estestvoznanija
  paleontologičeskogo instituta
  Počvennogo instituta
Vestnik Akademii nauk
Učenye zapiski instituta slavjanovedenija
Žurnal vysšej nervnoj dejatelnosti

Moskva — *Naučnaja Biblioteka im. A. M. Gorkogo*
Vestnik Moskovskogo universiteta

Riga — *Akademija nauk Latvijskoj SSR*
Trudy astronomičeskogo sektora
  Instituta fiziki i matematiki
Vestis

Stalinabad — *Akademija nauk Tadzikskoj SSR*
Bjulletin Stalinabadskoj astronomičeskoj observatorii

Tartu (Dorpat) — *Esti NSV Tedduste Akademia*
Tartu astronomia observatoriumi. Publikatsioonid

Taschkent — *Akademija nauk Uzbekskoj SSR*
Cirkuljar Taškentskoj astronom. observatorii
Trudy Taškentskoj astronom. observatorii

Tbilissi (Tiflis) — *Akademija nauk Gruzinskoj SSR*
Bjulletin. Abastumanskaja astrofizičeskaja observatoria

Südafrikanische Union

Bloemfontein — *Nasionale Museum*
Jaarverslag
Navorsinge van die Nasionale Museum

Rondebosch — *Royal Society of South Africa*
Transactions

Tschechoslowakei

Bratislava (Pressburg) — *Slovenska Akademie věd*
Economický časopis
Filozofický časopis
Jazykovedený časopis
Jednota škola
Slovenská řec

	Knižnica Slovenskej University Bibliografický katalog. Řada A. B. C.
Brno (Brünn)	*Brnenské základny Čsl. Akademie věd* Prace
	Brnenska Universita Sbornik práce filosofické fakulty. Řada C. E. Scripta medica facultatis medicina Spisy filosofické fakulty přirodovědecké fakulty
	Vysoké školy zemědělské a lesnické faculty Sbornik
Opava (Troppau)	*Slezský studijni ústav* Přirodovedecky sbornik Ostravského kraje
Praha (Prag)	*Československá Akademie věd* Bulletin international. Classe des sciences mathématiques, naturelles et de la medicine Collection of Czechoslovak Chemical Communications Rozpravy společenských věd matemat. a přirod. věd techn. věd Slovanský přehled Vestnik
	Geofysikálni ústav Čsl. Akademie věd Bulletin Čsl. seismických stanic Geofysikálni sbornik Special papers
	Historický ústav Čsl. Akademie věd Československý historický časopis
	Mathematický ústav Čsl. Akademie věd Czechoslovak Mathematical Journal
	Orientalni ústav Čsl. Akademie věd Archiv orientalní
	Slovanský ústav Čsl. Akademie věd Byzantinoslavica Slavia
	Ústav technické fysiky Čsl. Akademie věd Czechoslovak Journal of Physics
	Ustředni ústav matematický Čsl. Akademie věd Časopis pro pěstování matematiky
	Československa botanická společnost Preslia

Československá entomologická společnost
Časopis

Ministerstvo vnitra
Archivní časopis
Sbornik archivních práci

Ustředni ústav geologický
Sbornik

Ungarn

Budapest *Bolyai János Matematikai Társulat* (Société Mathématique J. Bolyai)
Matematikal Lapok

Magyar nemzeti múzeum történeti múzeumának (Musée National Hongrois-Musée Historique)
Folia Archaeologica

Magyar Tudományos Akademia (Ungarische Akademie der Wissenschaften)
Acta biologica
ethnographica
geologica
historica
historica artium
linguistica
mathematica
medica
morphologica
orientalia
physiologica
technica
veterinaria
Akademiai Ertesitö
Studia historica

Debrecen *Institutum mathematicum Universitatis Debrecensiensis*
Publicationes mathematicae

Szeged *Institutum Bolyainum Universitatis*
Acta scientiarum mathematicae

Uruguay

Montevideo *Instituto de Matematica y Estadistica. Facultad de Ingeneria*
Publicaciones

Museo de Historio natural
Anales

Communicaciones antropologicas
botanicas
zoologicas

Sociedad de Biologia
Archivos

Venezuela

Caracas — *Facultad de Ciencias Matematicas y Naturales. Universidad Central de Venezuela. Seccion de Biologica*
Acta biologica venezuelica

Vereinigte Staaten von Amerika

Albany — *New York State Museum*
Bulletin
Circular

Baltimore — *John Hopkins University. Library*
American Journal of Mathematics
Philology
Studies in historical and political science

Rockefeller Institute for medical Research
The Journal of general physiology

Berkeley — *University of California*
Pacific Journal of Mathematics

Bloomington — *Indiana University. Library*
Journal of rational mechanics and analysis

Goethe-Linck Observatory
Publications
Reprint

Boston — *American Academy of Arts and Sciences*
Memoirs
Proceedings

Cambridge — *Massachusetts Institute of Technology*
Journal of Mathematics and Physics

Museum of Comparative Zoology
Annual report
Breviora
Bulletin

Astronomical Observatory of Harvard College
Annual Report

Bulletin
Circular
Harvard Reprint. Ser. 1. 2.

Chicago
Field Museum of Natural History
Publication. Report Series

Columbia
University of Missouri. Library
Studies

Eugene
University of Oregon. Library
Comparative literature

Gainesville
University of Florida
Bulletin of the Florida State Museum

Illinois
University of Illinois. Library
Bulletin
Engineering Experiment Station. Bulletin
Circular Series
Reprint Series

Indianapolis
Indiana Academy of Science
Proceedings

Kansas City
Linda Hall Library
Daedalus
Proceedings
Records of the Academy

Lawrence
University of Cansas. Library
Publications Museum of Natural History
Science Bulletin
Transactions

Kansas Academy of Science
Transactions

Lexington
University of Kentucky. Library
Kentucky Geological Survey. Bulletin
Special Publication
Report of Investigations

Madison
Wisconsin Academy of Sciences, Arts and Letters
Transactions

Minneapolis
University of Minnesota. Library
Agricultur Experiment Station. Bulletin
Report
Technical Bulletin

New Haven	*Connecticut Academy of Arts and Sciences* Memoirs Transactions
	Peabody Museum Bulletin of the Bingham Oceanographic Collection
New York	*American Academy of Arts and Letters* Proceedings
	American Museum of Natural History Annual Report Anthropological papers Bulletin The Junior Natural History Magazine Natural History Novitates Science Guide Curator
	New York Academy of Sciences Annals Transactions
Philadelphia	*Academy of Natural Sciences* Monographs Notulae Proceedings
	American Philosophical Society Proceedings Transactions Year Book
Providence	*American Mathematical Society* Bulletin Proceedings Transactions
San Francisco	*California Academy of Science* Occasional papers Proceedings
Seattle	*University of Washington* Engineering Experiment Station. Bulletin Reprint Proceedings Publications in Anthropology Trend in engineering
Urbana	*University of Illinois* Agricultural Experiment Station. Circular

Bulletin of the Illinois Natural History Survey
Bureau of Research and Services. Bulletin
Engineering Experiment Station. Bulletin
Circular
Reprint series
Illinois State Geological Survey. Bulletin
Circular

Washington *American Historical Association*
Annual Report

Smithsonian Institution
Annual Report of the Board of Regents
Bureau of American ethnology. Annual Report
Bulletin
Institut of social anthropology
Proceedings of the United States National Museum
Smithsonian Miscellaneous Collections

U. S. National Museum
Annual Report
Contributions from the U. S. National Herbarium
Proceedings

II. Einzelwerke

Es gingen ein an Einzelwerken im Jahre	1957	302 Bde.
	1958	288 Bde.
	1959	295 Bde.

NACHRUFE

Arthur Scheunert

7. 6. 1879–11. 1. 1957

Mit Carl Arthur Scheunert, früher ordentliches, dann auswärtiges Mitglied der mathematisch-naturwissenschaftlichen Klasse, ist ein ganz Großer auf dem Gebiete der Vitaminologie und der Ernährungsforschung zur letzten Ruhe heimgegangen. Es wurde der Erdenweg eines Menschen vollendet, der allzeit zu froher Lebensbejahung sich bekannt hat, der in rastlosem Wirken und in zäher, unermüdlicher Pflichterfüllung zu erfolggekrönter Arbeit geschritten ist, der aus der Fülle seines Wissens und seiner Lebensweisheit schöpfend seinen Kollegen und Schülern allzeit zielsicherer Berater und Führer gewesen ist. Noch mitten in zukunftsfroher und entscheidungsvoller wissenschaftlicher Planung ist es zu früher Abend um einen akademischen Lehrer, um einen zielsicheren Forscher und Gelehrten, um einen mitten im Leben stehenden Menschen geworden, dessen erfülltes Leben Mühe, Kampf, Einsatz und Arbeit gewesen ist, dessen Werken und Wirken allzeit unter dem kategorischen Imperativ von Ethos und Ratio gestanden hat. Sein Streben, Wissen, Können und Erkennen hat sich zur Weisheit vollendet.

Der wissenschaftliche Lebensweg von Carl Arthur Scheunert ist von kristallklarer Konsequenz. Er führt von einer Teildisziplin der Naturwissenschaften, der Chemie, hin zu ihrer letzten und höchsten Problematik, hin zum Leben und seinem komplizierten Geschehen. Aus alter bäuerlicher Familie stammend – von dieser Seite her wohl mit der ihm eigenen ursächlichen Neigung ausgerüstet – stand für den das Dresdner Annen-Gymnasium besuchenden und dasselbe als „secundus omnium" verlassenden Arthur Scheunert der Entschluß fest, sich dem Studium der Chemie zu widmen. Sein väterlicher Freund und späterer wissenschaftlicher Betreuer, der Physiologe und Anatom der Dresdner Tierärztlichen Hochschule, Prof. Dr. Wilhelm Ellenberger, hatte bei dieser Entscheidung wohl maßgeblichen Einfluß. So beginnt der junge Student die chemische Ausbildung 1899 an der Technischen Hochschule zu Dresden, wechselt aber schon nach einem Jahre an die Universität Leipzig über. Im Herbst 1900 zieht ihn die große Persönlichkeit des Nobelpreisträgers O. Wallach an die Alma mater zu Göttingen. Hier reift der junge Chemiker A. Scheunert in der kritisch-exakten Atmosphäre eines um Wissen und Erkennen strebenden Arbeitskreises zur Selb- und Eigenständigkeit heran. Er erwirbt sich mit einer ausgezeichneten Promotionsarbeit über „Ein neues Phoron und Bihydrophoron" mit dem Prädikat „summa cum laude“ im Jahre 1902 den Doktorhut. Dieser formale Abschluß der Ausbildung wurde zum Ausgangspunkt für das Streben nach neuen Ufern und größeren Zielen. Den Studierenden der Chemie hat immer die Neigung für das Geschehen des Lebens begleitet. Bewußt oder unbewußt sah er im Erfassen und Ergründen der organisch-organisierten Materie ein letztes und höchstes Ziel, und so ist es wohl eine weise Fügung gewesen, daß er nach einjähriger Göttinger Assistententätigkeit an der Dresdner Tierärztlichen Hochschule bei der physiologischen Versuchsstation eine seinen Neigungen und Erwartungen entsprechende Arbeitsstätte fand. Als nun gereifter Schüler und Mitarbeiter von W. Ellenberger erkennt er – die Zukunft klar erfassend – die Bedeutung und Reichweite der damals aus der Taufe gehobenen Disziplin der physiologischen Chemie, jener Chemie des lebendig-funktionellen Geschehens, die – noch heute in stürmischer Entwicklung begriffen – uns Schritt für Schritt näher an die Rätsel und Geheimnisse des Lebens heranführt. Gegründet auf einen Schatz exakter chemischer Kenntnisse, arbeitet sich der Wissenschaftler in die ihm zwar neue, aber geistig doch nahe Welt der Chemie der Lebensvorgänge ein. Bald sind ihm die Prinzipien der biochemisch-biologischen Vorgänge vertraut, und mit eigenen Fragestellungen dringt der junge Forscher in so manches Problem der Tierphysiologie und Tierernährung, vor allem der Verdauungsphysiologie, nach Kenntnis und Erkenntnis ringend, mit Geschick und Erfolg ein. Im Jahre 1906 wird ihm in Dresden die Dozentur für „Physiologische Chemie“ verliehen, die er in Lehre und Forschung bis 1909 bekleidet hat. In Anerkennung seiner wissenschaftlichen Leistung erfolgt in diesem Jahre seine Ernennung zum außerplanmäßigen a. o. Professor, ein Jahr später diejenige zum planmäßigen a. o. Professor. Die Folgezeit bis zum Jahre 1916 ist angefüllt mit rastloser Tätigkeit im engen, fördernden Konnex mit Fachkollegen, und eine reiche Ernte an fundamentalen Forschungsergebnissen ist das schöne Ergebnis. Sie bringt dem Lehrer und Forscher A. Scheunert schon damals internationale Anerkennung ein. Der erste Weltkrieg lähmt die stetige Weiterentwicklung vorübergehend, führt aber gerade an wichtige Probleme der Tierernährung heran, die sich vor allem aus der Futtermangellage der Kriegszeit ergeben haben. In dieser Zeit nun tauchen bei A. Scheunert die ersten Gedanken und Fragen nach den Vitaminen auf, jenem Gebiet, das, im Ausland bereits nachhaltig gefördert, im abgeschlossenen Deutschland kaum, zumindest eine systematische Bearbeitung noch nicht gefunden hatte.

Die erfolgreiche und überaus fruchtbare Tätigkeit in Dresden hatte A. Scheunert zum bekannten und anerkannten Tierphysiologen gemacht. Es nimmt daher nicht wunder, daß die Landwirtschaftliche Hochschule Berlin bei der Neubesetzung ihres Lehrstuhles für Tierphysiologie, der durch die Arbeiten eines N. Zuntz Weltruf erlangt hatte, sich 1919 an unsren Forscher gewandt hat. Im Jahre 1920 vollzieht er als o. Professor den Hochschulwechsel, womit eine grundlegende Neuausrichtung der Forschungsthematik verbunden ist. Im Berliner Institut war durch die Arbeiten seines Vorgängers und dessen Schüler das Wissen über den Stoff- und Energiewechsel nicht nur vom Tier, sondern auch über denjenigen des Menschen zu grundlegenden Ergebnissen herangereift. In diesem fruchtbaren Klima perspektivischer Forschung wächst A. Scheunert – diesem Fingerzeig des Schicksals folgend – in jene große Problematik hinein, die ihn auf die Höhen seines Werkes als Lehrer, Gelehrter und Forscher geführt hat.

Mehr und mehr treten den Fragen der Tierernährung diejenigen von Nahrung und Ernährung des Menschen an die Seite. Klar ihre Bedeutung erkennend, befaßt er sich als einer der ersten in Deutschland mit der „Vitaminforschung". In Berlin werden die Grundlagen dafür entwickelt; sie werden in Leipzig, wohin er 1923 als o. Professor und Direktor des neugegründeten Instituts für Veterinärphysiologie berufen wird und gewissermaßen die Nachfolge seines verehrten Lehrers W. Ellenberger antritt, systematisch und zielsicher ausgebaut. Der zusätzlich zum Dr. med. vet. promovierte Forscher geht mit Eifer an die Neuerrichtung der Forschungsstätten, wobei nach seinen eigenen Worten für die Zukunft im Vordergrunde stehen sollten "die für die deutsche Volksernährung notwendigen Arbeiten". Rund 20 Jahre dieser Tätigkeit in Leipzig als akademischer Lehrer und als Forscher lassen ihn zum Enzyklopädisten auf dem Gebiete der Ernährung des Menschen heranreifen. Nicht daß dabei die Fragen der Tierphysiologie und Tierernährung vernachlässigt werden, sie finden vielmehr erweiternden und vertiefenden Ausbau und werden bei der Zucht und Haltung von Versuchstieren für die Vitaminforschung rationell ausgewertet. In rastloser, zäher und mühevoller Arbeit werden die Systematik des biologischen Versuches entwickelt und damit die zuverlässige Grundlage, der gesicherte Maßstab für die Analytik der Vitamine gelegt. Umfangreiche statistische Untersuchungen über Art, Menge und Verteilung dieser Wirkstoffe in den Lebens- und Futtermitteln, über den Bedarf von Mensch und Tier, über ihre Bildung, ihr Verhalten, ihre Wirkungsweise, ihren Ansatzpunkt im physiologisch-chemischen Geschehen, unter seiner Hand formt sich das damals in Deutschland neue Wissensgebiet zur umfassenden, in der Fragestellung klar ausgerichteten Disziplin der „Vitaminologie". Im Jahre 1938 sind die umfangreichen experimentellen Untersuchungen zur Aufstellung einer Vitaminbilanz für das deutsche Volk zu einem gewissen Abschluß geführt. Diese Bilanz, deren druckfertiges Manuskript durch Kriegseinwirkungen zu wesentlichen Teilen verlorengegangen ist, konnte erst in Heft 3/1956 der Rehbrücker Institutszeitschrift „Die Ernährungsforschung" veröffentlicht werden. Der Verschiedene, der dabei selbst mit letzte Hand anlegen konnte, hat uns damit als Nachlaß ein Werk seiner reifen Tätigkeit geschenkt, das sich aus der Vergangenheit in die Zukunft fruchtbar auswirken wird.

In der klaren Erkenntnis, daß der Stoffwechsel – und damit die ihm zuengst liierte Ernährung – das „Grundphänomen des Lebens" darstellen und daß zu damaliger Zeit in Deutschland eine zentrale Stätte für die wissenschaftliche Fundamentierung der Volksernährung unter dem leitenden Gesichtspunkt der Ernährungsprophylaxe trotz der negativen Erfahrungen des ersten Weltkrieges nicht bestand, stellt A. Scheunert erstmals im Jahre 1925 an Hand einer zwingend begründeten Denkschrift beim damaligen Reichsministerium für Ernährung und Landwirtschaft Antrag auf Errichtung eines solchen Instituts für Ernährungsforschung, speziell auch für Vitaminforschung. Trotz allgemeiner Zustimmung verhindern immer wieder auftretende formale bzw. finanzielle Schwierigkeiten die Verwirklichung dieses Projekts. Es ist aber nicht die Art des nun Verstorbenen gewesen, sich von einer als richtig und erforderlich erkannten Zielsetzung durch Hindernisse abdrängen zu lassen. Nachhaltig und nachdrücklich verfolgt er sein dem allgemeinen Wohle dienendes Vorhaben, und so wird im Jahre 1941 als Gemeinschaftsgründung des Reichsministeriums des Innern und des Reichsministeriums für Ernährung und Landwirtschaft eine „Reichsanstalt für Vitaminforschung und Vitaminprüfung" mit dem Sitz in Berlin gegründet: A. Scheunert wird zum Präsidenten bestellt. In Ansehung der Kriegsverhältnisse erfolgt provisorische Angliederung dieser Reichsanstalt an das Leipziger Veterinärphysiologische Universitätsinstitut. Wiederholte schwere Bombenangriffe vernichteten große Teile der Forschungsstätten; sie werden aber behelfsmäßig im Betrieb gehalten und haben den Zusammenbruch überdauert.

Eine reiche wissenschaftliche Ernte bedeuten die Leipziger Jahre. Steht auch die Vitaminologie betont im Mittelpunkt, so wächst der Gelehrte doch mehr und mehr in die umfassendere Problematik der Volksernährung hinein. Vielfältige literarische Tätigkeit, die Begründung zweier Zeitschriften, der „Tierernährung" und der „Vitamine und Hormone", die Herausgabe des Ende 1956 schon in 4. Auflage erschienenen „Lehrbuches der Veterinärphysiologie", zusammen mit A. Trautmann, die Tätigkeit als Wissenschaftler und Berater in administrellen und wissenschaftlichen Institutionen, all das formt A. Scheunert zum anerkannten und souveränen Sachverständigen auf dem Ernährungs-, im besonderen dem Vitamingebiet. So nimmt es nicht wunder, daß wir ihn immer wieder im Stabe von internationalen Organisationen und Delegationen finden, daß er die deutsche Wissenschaft im Ausland im Kreise der führenden Gelehrten vertritt, daß er mit ihnen im engen und anregenden Kontakt steht, daß ihm wissenschaftliche Anerkennung und Ehre zuteil werden.

Der totale Zusammenbruch unsres Vaterlandes im Jahre 1945 zerreißt zunächst alle Fäden der Entwicklung und stellt vor ein Chaos. Hinzu kommt, daß A. Scheunert zufolge Zwangsevakuierung nach dem Westen seine Wirkungsstätte in Leipzig im Sommer 1945 verlassen muß; seine Forschungsstätte wird als „Anstalt für Vitaminforschung und Vitaminprüfung" in sehr bescheidenem Umfange fortgesetzt. Die durch diese Evakuierung erzwungene Zerreißung von Lehre und Forschung aber überwindet der Gelehrte in gewohnter, nie versagender Initiative: Als stellvertretender Professor für Veterinärphysiologie an der Justus-Liebig-Hochschule zu Gießen überbrückt er das drohende Vakuum und stellt sein Wissen und Können von S.-S. 1946 ab bis W.-S. 1947/48 zur Verfügung. Seiner großen Konzeption eines „Zentralinstitutes für Ernährung" scheint unter solchen Zeitläuften die Verwirklichung versagt zu bleiben; da zeichnen sich am fernen Horizont unerwartet ganz neue Möglichkeiten ab.

Dank der vorausschauenden Initiative von W. Ziegelmayer ordnet mit Befehl Nr. 168 vom 10. Juni 1946 des Obersten Chefs der Sowjetischen Militär-Administration in Deutschland, Marschall der Sowjetunion W. Sokolowski, die damalige sowjetische Besatzungsmacht die Errichtung eines „Institutes für Ernährung und Verpflegungswissenschaft" an, dessen Sitz nach Rehbrücke verlegt wird und das A. Scheunert, vor allem auf Betreiben von W. Ziegelmayer, am 1. 4. 1948 übernimmt. Am 1. 10. 1948 entschließt man sich, die in Leipzig bestehende, provisorisch weitergeführte „Anstalt für Vitaminforschung und Vitaminprüfung" gleichfalls nach Rehbrücke zu verlegen und in Personalunion A. Scheunert zu unterstellen.

Man muß sich bewußt sein, was es für einen fast 70jährigen Wissenschaftler bedeutet, sich nun vor die Möglichkeit der Verwirklichung seines großen Lebenszieles gestellt zu sehen. Aber unter welchen Bedingungen! Ein vollständig zusammengebrochenes Deutschland, aus tausend Wunden blutend, verarmt, Hunger und Not als täglicher Gast, verschüchterte, sozial unverträgliche, zerquälte, verzweifelte Menschen! Und doch verschreibt sich A. Scheunert dieser Aufgabe mit beispiellos jugendlichem, aber durch Erfahrung gereiftem und überlegtem Elan. Es erscheint mir, der ich als sein engster und ihm in allen Fragen der Planung und Verwirklichung selbständig zur Seite stehender Mitarbeiter in Rehbrücke Zeuge seines Willens zu Aufbau und Durchsetzung war, fast unwirklich, was er an Organisationsleistung gegen die mannigfachsten Schwierigkeiten zur Tat werden läßt. Der Aufbau der beiden Rehbrücker Institute ist eine einmalige, eine singuläre Schöpfung, deren Krönung, nämlich die bevorstehende Vereinigung zu einem zentralen „Institut für Ernährung" und dessen Eingliederung in die Deutsche Akademie der Wissenschaften zu Berlin, der nun Verewigte bis in die letzte Phase betreiben und verwirklichen konnte. Dies ist sein wissenschaftlich größtes Vermächtnis, dessen Erhaltung und Weiterentwicklung uns Nachfahren schwere, aber schöne Verantwortung auferlegt. Unter seiner Hand und Lenkung haben sich die Rehbrücker Institute in der kurzen Zeit ihres Bestehens Anerkennung und Weltgeltung verschafft. Sie sind zu einem Zentrum der Ernährungsforschung geworden, von den Regierungsstellen in der Deutschen Demokratischen Republik, besonders vom Ministerium für Lebensmittelindustrie und vom Ministerium für Gesundheitswesen von Anfang an in großzügigster Weise finanziell und ideell gefördert, von der internationalen Wissenschaft anerkannt. Es ist beglückendes Gefühl, daß der Heimgegangene gelegentlich der 10-Jahrfeier des Ernährungsinstituts am 7. Juli 1956 persönlich den Erfolg seiner einmalig großen Leistung erleben durfte. Alles, was damals dem das Jubiläum feiernden Institut für Ernährungsforschung anerkennend an Glückwünschen dargebracht worden ist, kann A. Scheunert für sich in Anspruch nehmen: Er war Wegsucher und Pionier, Wegbereiter und Vollender für die zentrale Forschungsstätte, in der – gemäß seinem Wahlspruch „Salus publica suprema lex" – die Sicherstellung einer optimalen Volksernährung als der Grundlage der gesamten Volksgesundheit oberstes Leitmotiv ist.

Wir stehen bewundernd und andachtsvoll vor dem für die Kraft eines einzelnen Menschen schier übergroßen Lebenswerk von A. Scheunert. Es wurde von ihm in vorausschauender Erkenntnis konzeptiert; es wurde von ihm in großzügig perspektiver Planung ausgerichtet; es wurde von ihm – allen Widerständen zum Trotz – zäh, konsequent und systematisch verwirklicht; es steht vor uns als geschlossenes Ganzes, zusammengefügt aus den zahllosen Bausteinen einer exakten, kritisch auswertenden und abwägenden Forschung, die sich in fast 450 wissenschaftlichen Veröffentlichungen in Buchform oder als

Zeitschriftenartikel ausweist. Und mögen sich die Versuche auch auf recht verschiedenen Gebieten bewegen, mögen sie die Tierphysiologie oder Tierernährung, die Darmflora von Tier und Mensch, die Bildung, das Verhalten und die Wirkungsweise der Vitamine, den Eiweiß- und Mineralstoffwechsel, die Spurenelemente usw. betreffen, in der Hand des Meisters formt sich die verwirrend anmutende Vielheit zum geschlossenen, zum harmonischen Mosaik. So wird durch die tätige Einheit von Lehrer und Forscher sein Lebenswerk vollendet. Dieses erhebende Bewußtsein läßt leuchtend und verklärend den Erdenweg von A. Scheunert zur Rüste gehen.

Die Mitwelt hat dem Verstorbenen mannigfache Ehrung und Anerkennung zuteil werden lassen. Er war stolz auf seine drei Ehren-Doktortitel, ihn zierten die Max-Eyth-Medaille (1925) und die Goethe-Medaille (1944); er war Mitglied der Deutschen Akademie der Naturforscher (Leopoldina) zu Halle/Saale (1927), korrespondierendes Mitglied der Kgl. Schwedischen Akademie der Landwirtschaft zu Stockholm (1941), Ehrenmitglied der Schweizerischen Gesellschaft für Ernährungsforschung. Er war intensiv am Aufbau der neugegründeten Deutschen Akademie der Landwirtschaftswissenschaften zu Berlin beteiligt, in der er das Amt eines Vizepräsidenten bekleidet hat (1951). Anfang 1953 wurde er als ordentliches Mitglied der Deutschen Akademie der Wissenschaften zu Berlin gewählt. Mit der Verleihung des Nationalpreises I. Klasse (1951) sowie der Ernennung zum Hervorragenden Wissenschaftler des Volkes (1954) verlieh ihm die Deutsche Demokratische Republik ihre höchsten Auszeichnungen.

A. Szent-Györgyi hat einst gesagt: „Forschen heißt sehen, was alle anderen gesehen haben, sich vorstellen und beweisen, was niemand sich vorgestellt und bewiesen hat." Diese Einstellung ist es, die das Lebenswerk von A. Scheunert geprägt hat. Er steht vor uns als ein ganz großer Gelehrter und Forscher, dem im Erfolg der Segen und die Freude rastloser Arbeit geschenkt worden sind. In gleicher Würde steht vor uns der Mensch A. Scheunert. Die Vielfältigkeit und Ausgefülltheit seines pflichtenreichen Alltags verhinderte ihn nicht, allzeit als Lehrer die Schüler anzuleiten und zu betreuen, den Mitarbeitern über die Rolle als Chef hinaus – auch in persönlichen Anliegen – Führer, Berater und Förderer zu sein, sich als Kämpfer für die wahre „Humanitas" in der quälenden Zerrissenheit unsres Vaterlandes für Einheit und Frieden einzusetzen. Die Kraft zu dieser übermenschlich großen Leistung fand A. Scheunert in seinem stilvollen Heim, das ihm seine künstlerisch veranlagte Gattin bereitet hat. Als junger Dozent gründet er 1906 in Dresden mit Ella Richter, aus alteingesessener Bürgerfamilie stammend, den Ehestand, dem 2 Töchter und 1 Sohn entsprossen sind. Getreulich und unter mancherlei Entsagung und Verzicht ist die Ehefrau, allzeit helfend, mittragend, anregend und ausgleichend, dem Gatten zur Seite gestanden, bis es um ihn verklärender und ruhevoller Abend wurde.

Alles menschliche Tun steht unter zwei Postulaten: Hier die „Ratio", die Vernunft, die den Menschen zur Zweckmäßigkeit, zur Nützlichkeit, zur Wahrheitssuche im Tun und Lassen zwingt; dort das „Ethos", das das Verhalten des Menschen dem Axiom der Sittlichkeit, der Humanität, der Moral unterordnet. Der Verewigte hat sein Leben unter den kategorischen Imperativ dieser beiden Pole gestellt, und darum ist es gut und wahr und schön geworden. Wir neigen uns andachtsvoll und ernst vor seinem Kämpfertum um Wahrheit und Weisheit: An ihn denken, heißt ihm danken!

Kurt Täufel

Bibliographie siehe S. 366ff.

Walter Bothe

8. 1. 1891–8. 2. 1957

In Walther Bothe, korrespondierendes Mitglied der mathematisch-naturwissenschaftlichen Klasse, verliert unsere Akademie einen hervorragenden Physiker und einen der Männer, welche die heutige Kernphysik geschaffen haben. Schon bei seinem Eintritt in die Physikalisch-Technische Reichsanstalt im Jahre 1913 begann er mit Arbeiten auf dem Gebiete der Radioaktivität, welche zu einer Reihe von grundlegenden Ergebnissen auf dem Gebiete der Meßtechnik führten. Nach seiner Rückkehr aus der russischen Kriegsgefangenschaft wandte er sich erneut diesem Gebiete zu und erfand die Koinzidenzmethode, welche eines der wichtigsten experimentellen Hilfsmittel der Kernphysik geworden ist. Der von ihm zusammen mit Geiger mittels dieser Methode geführte Nachweis der Gültigkeit von Energie- und Impulssatz bei der Streuung von Lichtquanten an Elektronen war entscheidend für die Entwicklung der Quantentheorie. Die Auffindung der stationären Zustände in Atomkernen sowie der Nachweis einer neuen Strahlung, welche später zur Entdeckung des Neutrons führte, sind weitere grundlegende Beiträge zu unserer heutigen Kenntnis vom Bau des Atomkerns. 1954 wurde er mit dem Nobelpreis ausgezeichnet.

Seine große Begeisterung für seine Wissenschaft wußte er auch anderen mitzuteilen. Unter den heute in Deutschland arbeitenden Kernphysikern spielen seine Schüler eine wesentliche Rolle.

Gustav Hertz

Heinrich Schmitthenner

3. 5. 1887–18. 2. 1957

Heinrich Schmitthenner, früher ordentliches, dann auswärtiges Mitglied der mathematisch-naturwissenschaftlichen Klasse, der kurz vor Vollendung des 70. Lebensjahres in Marburg nach kurzer Krankheit verstarb, ist in mehrfacher Hinsicht ein Repräsentant der deutschen Geographie gewesen. Wie keinem anderen kam es ihm zu, die Brücke von der Geographie der Jahrhundertwende in die Gegenwart zu schlagen. Die methodischen Grundlagen der geographischen Wissenschaft waren Ende des vergangenen Jahrhunderts durch Alfred Hettner in Heidelberg in einer für die damalige Zeit gültigen Form niedergelegt worden. Heinrich Schmitthenner trat zu Alfred Hettner in enge Verbindung, zunächst als sein Schüler, später als sein Mitarbeiter und Freund und schließlich als Hüter und folgerichtiger Weitergestalter des Hettner'schen Erbes. Dabei hat er das Zeitbedingte der wissenschaftstheoretischen Grundlagen durch modernere Betrachtungsweisen ersetzt, die auf die Dauer tragfähigen Gedanken folgerichtig weitergeführt und in den verschiedenartigen methodischen Diskussionen innerhalb der geographischen Wissenschaft wesentlich zur Kontinuität der Entwicklung beigetragen. Ohne in früheren Jahren den Übergang von der beziehungswissenschaftlichen Betrachtungsweise zur heutigen funktional und dynamisch denkenden Geographie in Worten darzulegen, hat er in seinen Arbeiten diesen Übergang selbst vollzogen.

Die scharfe logische Schulung durch Alfred Hettner hat den überaus lebendigen Geist des jungen Schmitthenner durch strengste Bindung an die Beobachtung in feste und fruchtbare Bahnen gelenkt. Schon seine Dissertation 1913 hat in einem Zeitalter, in dem die Deduktion die geomorphologische Arbeit beherrschte, durch Anwendung der induktiven Arbeitsmethode, durch scharfe Beobachtung selbst des kleinsten Details, durch kritische Analyse und sorgfältige logische Synthese der geomorphologischen Forschung Anregungen gegeben, die sich über Jahrzehnte als fruchtbar erwiesen und durch Schmitthenners Habilitationsschrift selbst vervollständigt wurden. Am deutlichsten ist diese Arbeitsrichtung in Schmitthenners Erörterungen zur Theorie der Schichtstufenlandschaft zu beobachten, mit der er sich bis an sein Lebensende immer wieder beschäftigt hat. Die fundamentale Bedeutung der Schmitthenner'schen Theorie liegt darin, daß er Entstehung und Weiterbildung der Schichtstufenlandschaft auf die n o t w e n d i g e n gestaltenden Kräfte zurückführt, auf alle möglichen und daher nur zusätzlich wirksamen Faktoren verzichtet. Er kommt daher zur Feststellung, daß die Entwicklung der Schichtstufenlandschaft einphasig, also ohne weitere historisch-geologischen Ereignisse möglich sei, sofern nur die gesteinsbedingten Voraussetzungen wirksam werden. Die darauf aufzubauende Unterscheidung der Grundform von den Modifikationen ist in der Literatur vielfach nicht ausgenutzt worden und auch in der Gegenwart finden sich noch Bemerkungen vor, daß tatsächlich die Entwicklung anders verlaufen sei als einphasig. Das hat Schmitthenner nie bestritten, aber eben als ein nicht notwendiges Glied der Entwicklung erkannt und daher spekulative Erörterungen eingedämmt. Gerade in seinen Leipziger Jahren hat er in zwei Akademieveröffentlichungen seine Grundgedanken am Beispiel mitteldeutscher Stufenlandschaften, insbesondere am Nordostrand des Thüringer Beckens, verifizieren können.

Es ist notwendig, Schmitthenners Denk- und Arbeitsweise aus seinen geomorphologischen Veröffentlichungen zu kennen, um auch seine vielseitigen länderkundlichen Darstellungen beurteilen zu können. Denn auch hierin zeigt sich die gleiche Geisteshaltung, die darauf gerichtet ist, die tragenden Grundlagen von den zufälligen Akzessorien zu trennen. Dies gilt insbesondere für seine ostasiatischen Studien, die auf einer zweifachen Bereisung Chinas und anderer Teile Ostasiens beruhen. 1928 auf den Lehrstuhl für Kolonialgeographie in Leipzig berufen, den er 1935 sehr gern mit der Leitung des Geographischen In-

Arthur Scheunert
7. 6. 1879 – 11. 1. 1957

Walther Bothe
8. 1. 1891 – 8. 2. 1957

Heinrich Schmitthenner
3. 5. 1887 – 18. 2. 1957

Richard Arwed Pfeifer
21. 11. 1877 – 15. 3. 1957

stitutes vertauschte, zeigt sich das Ergebnis seiner länderkundlichen Studien darin, daß er aus dem ursprünglich vorhandenen Lehrauftrag auf Kolonialgeographie und Kolonialpolitik die Kolonialpolitik strich. Dies entspricht der auf seinen Reisen vielfach erhärteten Auffassung, daß die wissenschaftliche Problematik auf diesem Gebiet nicht von der machtpolitischen, sondern von der kulturgeographischen Sicht bestimmt werde. In dieser Hinsicht ist sein Werk „Die Lebensräume im Kampf der Kulturen" von grundlegender Bedeutung gewesen und geblieben. Wenn seine Bemühungen, den der Entwertung zueilenden Begriff Lebensraum als wissenschaftlichen Begriff zu erhalten und durch eine einwandfreie wissenschaftliche Definition zu sichern, wirkungslos blieb, so lag das daran, daß es zu spät war, der Geopolitisierung der geographischen Begriffswelt Einhalt zu gebieten. Er selbst mußte seinen Versuch, dem Totalitätsanspruch des Staates die Priorität der kulturprägenden Kraft der Bevölkerung entgegenzustellen, mit der Konfiszierung eines Manuskriptes bezahlen.

In seinen letzten Jahren hat er sich allgemeinen Fragen der Wissenschaftsmethodik zugewandt. In diesen späteren Arbeiten wird auch besonders deutlich sichtbar, wie er das Hettner'sche Gedankengut in der Auseinandersetzung mit anderen Auffassungen in seinen fruchtbaren Ansätzen in die gegenwärtigen Auffassungen hineinrückt, wiederum Gedanken ausstreuend, die noch längere Zeit zu fruchtbaren Diskussionen Anlaß geben werden.

Ernst Neef

Bibliographie in: Zs. f. Geomorphologie. N. F. 2 (1958) S. 149–164.

Richard Arwed Pfeifer

21. 11. 1877–15. 3. 1957

Richard Arwed Pfeifer, ordentliches Mitglied der mathematisch-naturwissenschaftlichen Klasse, hat nach mehrjähriger Tätigkeit als Volksschullehrer und Studium an der Philosophischen Fakultät der Universität Leipzig 1905 zum Dr. phil. promoviert. Nach weiterem medizinischen Studium folgte 10 Jahre später die Promotion zum Dr. der Medizin. 1920 habilitierte er sich für Psychiatrie und Neurologie, wurde 4 Jahre später ao. Professor und auf Grund seiner Forschungen 1927 planmäßiger Professor der Hirnforschung. Nach dem zweiten Weltkriege hat er 7 Jahre lang die Leitung der Universitäts-Nervenklinik Leipzig innegehabt.

Bei Richard Arwed Pfeifer sind in seinem wissenschaftlichen Lebensablauf drei fast völlig getrennte Epochen zu verzeichnen, die gekennzeichnet sind einmal durch die Arbeiten in Psychologie, sodann durch mehrere Arbeiten aus Teilgebieten der Hirnanatomie, besonders der Sinnesorgane mit den Methoden der klassischen Hirnanatomie. Diese Arbeiten fallen besonders auf durch eine umfassende historische Darstellung der Probleme. Die dritte und Hauptepoche seines Lebens kann auf das Jahr 1927 datiert werden, als Richard Arwed Pfeifer über die Gefäßversorgung der Großhirnrinde einen Vortrag hielt. In rascher Folge erschienen gründliche und umfangreiche Werke, die alle die „Angioarchitektonik des Gehirns" beinhalten und die den Namen Pfeifer weit über die engeren Fachkreise hinaus bekanntgemacht haben. Das Grundprinzip seiner Arbeiten verhält sich zur üblichen Morphologie des Gehirns komplementär, indem durch eine von ihm besonders entwickelte Untersuchungsmethode die konstanten Formen des Gefäßlumens zur Darstellung gelangen. Sein Streben gipfelte in der Aufstellung einer angioarchitektonischen arealen Hirnkarte. Die Bedeutung dieser Lehre geht weit über die Hirnanatomie hinaus und hat schon wertvolle Früchte auch in der Krankheitslehre getragen. Die Angioarchitektonik Pfeifer's steht heute als gleichberechtigte Forschungsrichtung der Strukturlehre des Gehirns neben der Cytoarchitektonik und der Myeloarchitektonik. In diesem Sinne ist Richard Arwed Pfeifer ein Mitbegründer der modernen Hirnforschung. Sein bleibendes Verdienst ist es, daß er die Methode nicht nur inauguriert, sondern auch unermüdlich und von echtem wissenschaftlichem Eifer getrieben auf die Fülle der durch sie aufgeworfenen Probleme und auf die Wege zu ihrer Lösung hingewiesen hat.

Heinrich Bredt

Karl-Friedrich Bonhoeffer

13. 1. 1899–15. 5. 1957

Am 15. Mai 1957 verschied an den Folgen eines Herzinfarkts, den er sich durch Überanstrengung zugezogen hatte, das früher ordentliche, dann auswärtige Mitglied der mathematisch-naturwissenschaftlichen Klasse, Prof. Dr. Karl Friedrich Bonhoeffer, Direktor des Max-Planck-Institutes für Physikalische Chemie in Göttingen und früher Ordinarius für physikalische Chemie der Universität Leipzig, im Alter von 58 Jahren.

Mit ihm endete ein ungemein reiches Leben, reich an Arbeit, reich an Erfolgen, reich an Freuden und reich an Leid. Wie für ihn geprägt, paßt das Wort Goethes: „Alle Freuden, die unendlichen, alle Leiden, die unendlichen, geben die Götter, die unendlichen, ihren Lieblingen ganz." Mit ihm ging einer der prägnantesten Vertreter der physikalischen Chemie von uns. Er ging, noch bevor er die Höhe seines Schaffens erreicht hatte, ehe es ihm vergönnt war, seinem Lebenswerk einen Abschluß zu geben. Mitten in seinem Planen, bei rastloser Arbeit, von der er und wir mit ihm noch weitere bedeutende Erfolge erwarten durften, ereilte ihn der Tod.

Karl Friedrich Bonhoeffer wurde am 13. Januar 1899 in Berlin geboren als Sohn des Privatdozenten und späteren Professors der Neurologie und Psychiatrie an der Universität Berlin Karl Bonhoeffer. In Berlin, wo er seine Jugend und Schuljahre verbrachte, wuchs er im Kreise einer harmonischen Familie von hohem geistigen und kulturellen Niveau, zu einem Menschen von ausgeprägter Individualität und unbestechlichem vornehmen Charakter heran. Hier, wo Gelehrte aller Geistesrichtungen verkehrten, empfing er die Eindrücke, die seine gerade klare und objektive wissenschaftliche Grundhaltung formten, und an diese Familie, an Eltern und Geschwister, hatte er zeit seines Lebens eine starke Bindung, wie neben manchen anderen Zeugnissen auch aus einem Brief, den er mir etwa ein Jahr vor seinem Tode schrieb, hervorgeht.

Nach dem Abitur und der Teilnahme am Ersten Weltkrieg bezog er zunächst die Universität Tübingen, um Chemie zu studieren. Diese Zeit endete insofern nicht in der normalen Weise, als ihm, noch ehe er die chemische Grundausbildung beendet hatte, seiner mathematischen Begabung wegen empfohlen wurde, zu Nernst nach Berlin zu gehen und dort seine Promotion zu betreiben. Nernst nahm ihn auch ohne den ordnungsmäßigen Stempel des Verbandsexamens und gab ihm ein Thema, das sich auf die Anwendung der Quantentheorie auf photochemische Probleme bezog: „Photosensibilisierung und Einsteinsches Äquivalentgesetz." Schon 1922 konnte er sein Studium nach nur vierjähriger Dauer mit der Promotion abschließen. Er ging dann an das von Fritz Haber geleitete Kaiser-Wilhelm-Institut für Physikalische Chemie in Berlin, wo er von 1923–1930 tätig war. Hier bildete er sich in einem Kreis auserwählter älterer und jüngerer Gelehrter von überaus günstiger Zusammensetzung zu einer durch und durch selbständigen, zielbewußten Forscherpersönlichkeit aus, die frei in der Wahl der Themen, ungehindert von bürokratischen Verpflichtungen ihre eigenen Ideen auf eigenen Wegen verfolgen konnte. Daß er die Möglichkeit aufs geschickteste und glücklichste nützte, nicht um persönlichen Vorteiles willen, sondern im Dienste der Wissenschaft und auf der Suche nach Erkenntnissen, das entsprach seiner Veranlagung und Neigung, das war ganz Bonhoeffer.

Im Institut von Fritz Haber erfolgte 1927 seine Habilitation ohne eine besondere Habilitationsschrift auf Grund von Veröffentlichungen, die in Fachkreisen Aufsehen erregt hatten. In den folgenden Jahren wurde sehr eingehend das Verhalten von Radikalen, freien Atomen und einfachen Molekülen studiert. Dabei wurde der Mechanismus der Jodwasserstoffspaltung, der Ammoniakzersetzung durch Licht sowie der thermischen Dissoziation von H_2O-Dampf aufgeklärt. Weiterhin fand er auf spektroskopischem Wege die Hydride AgH, AuH sowie SiO, das Analogon von CO, und bei der Dissoziation des H_2O das OH-Radikal, dessen Konzentration im Gleichgewicht er ermittelte, wobei die Dissoziationswärme des H_2O zu 103,3 kcal bestimmt wurde, ein Wert, der noch heute gültig ist. Bonhoeffer war der erste, der die für die Kinetik vieler Reaktionen geforderten Radikale experimentell nachgewiesen hat und unter anderem die Vorgänge in der Bunsenflamme, die über Radikale verlaufen, in einer Arbeit mit Haber über „Bandenspektroskopie und Flammenprozesse" erfolgreich aufklären half. Bei diesen spektroskopischen Untersuchungen traf er auf die von Viktor Henri entdeckte Prädissoziation, die sich dadurch bemerkbar macht, daß bereits vor dem mit der eigentlichen Dissoziation verbundenen Kontinuum diffuse Banden in Molekülspektren auftreten. Er erkannte gemeinsam mit Farkas, daß die bisherige Deutung dieses Phänomens – nämlich eine Anbahnung der Dissoziation – nicht zutreffen konnte, sondern daß es sich um einen quantentheoretischen Effekt handelte: strahlungsloser Zerfall angeregter Molekül-Zustände in einem Dissoziations-Term, eine Erscheinung, die dem von Röntgenspektren her bekannten Auger-Effekt analog ist. Damals gelang ihm auch in Verfolgung von Beobachtungen von Wood über das Auftreten von Balmer-Linien in Niederdruckentladungen der Nachweis, daß der sogenannte aktive Wasserstoff atomarer Wasserstoff ist. Er fand einen Weg, ihn zu isolieren und sein Verhalten zu untersuchen. Dabei äußerte er bereits die später bestätigte Vermutung, daß die Überspannung des Wasserstoffs infolge mangelnder Katalyse durch das Elektrodenmaterial mit verursacht wird.

Die Entdeckung jedoch, die das meiste Aufsehen erregte, war die Auffindung des Para-Wasserstoffs mit Harteck. Im Jahre 1912 hatte Eucken gefunden, daß die Rotationswärme des Wasserstoffs bei tiefen Temperaturen einen Abfall zeigte, der von den Theoretikern – es waren namhafte Forscher darunter wie Ehrenfest, Reiche, Planck, Schrödinger – nicht gedeutet werden konnte. Erst 1927 kamen Hund und Heisenberg einerseits und Denisson andererseits auf Grund des prinzipiellen Unterschiedes zwischen geradzahligen und ungeradzahligen Rotationszuständen – den Intensitätswechsel in den Banden hatte Mecke 1924 entdeckt – zu der Schlußfolgerung, daß der gewöhnliche Wasserstoff die Mischung zweier verschiedener Modifikationen im Verhältnis 3 : 1 sein müßte. Sie sollten sich durch verschiedenen Kernspin unterscheiden, und demzufolge verschiedene Rotationsenergieniveaus haben. Diese Modifikationen nachzuweisen, war das Ziel, das Bonhoeffer einerseits und Eucken andererseits eifrig verfolgten. Bonhoeffer und Harteck waren die glücklicheren. Sie kamen Eucken und Hiller in der Bestätigung der theoretischen Voraussage etwas zuvor. Darüber hinaus aber konnten sie noch eine einfache Methode zur Darstellung des Para-Wasserstoffs angeben und dessen Eigenschaften eingehend untersuchen. Es war nach der Vorhersage zwar zu erwarten, daß bei 22° K nur Para-Wasserstoff – die Modifikation mit antiparallelem Kernspin – stabil wäre, aber andererseits sollte die Umwandlung im homogenen Medium fast unmerklich sein. Bonhoeffer gelang nun die Umwandlung rasch und praktisch vollständig durch Adsorption an Kohle und ebenso die Rückwandlung in gewöhnlichen Wasserstoff mittels freier H-Atome. Damit war auch gleichzeitig ein Reagenz auf freie Wasserstoffatome aufgefunden. Welcher Wert dieser Entdeckung beigelegt wurde, geht unter anderem aus der Begründung für die Verleihung des Nobelpreises an Heisenberg hervor: Für die Aufstellung der Quantenmechanik, deren Anwendung unter anderem zur Entdeckung der allotropen Modifikationen des Wasserstoffs führte.

Durch diese Arbeiten wurde der Name Bonhoeffer in der wissenschaftlichen Welt ein Begriff, und es ist nicht überraschend, daß er noch im gleichen Jahr der Entdeckung des Para-Wasserstoffs außer der Zeit zum nicht planmäßigen ao. Professor ernannt wurde und bereits ein Jahr später (1930) den Ruf auf das Ordinariat für physikalische Chemie an der Universität Frankfurt erhielt. Die bisher so erfolgreichen Forschungen auf dem Gebiet der Photochemie führte er weiter – unter anderem Untersuchungen über festes LiH – ebenso wie die der o-p-Wasserstoff-Umwandlung. Er zeigte dabei mit Farkas, daß die normalerweise verbotene Umwandlung von o- in p-Wasserstoff außer durch atomaren Wasserstoff auch durch paramagnetische Moleküle und durch Radikale bewirkt werden kann. Die Reaktion $pH_2 + H \rightarrow oH_2 + H$ ist die einfachste chemische Umwandlung, die wirklich bis in alle Einzelheiten aufgeklärt worden ist.

1933 erschien gemeinsam mit Harteck das Buch: „Die Grundlagen der Photochemie" – wohl als Abschluß der photochemischen Arbeiten gedacht, gewissermaßen nochmals ein Rückblick auf das Geleistete unter Einbeziehung der Arbeiten anderer Forscher.

Von nun an wandte sich sein Interesse einer anderen Richtung zu, die auch wieder mit Wasserstoff, jetzt aber mit dem molekularen, zusammenhing. Im Jahre 1932 hatte Urey den schweren Wasserstoff (D) entdeckt, ein Isotop des leichten (H). Im Gegensatz zu den Isotopen schwerer Elemente unterschied er sich in leicht feststellbaren physikalischen Eigenschaften nicht unbeträchtlich von dem leichten Isotop. Bonhoeffer erkannte sofort die Möglichkeit, mit Hilfe dieses Isotops als Indikator Reaktionen zu verfolgen, bei denen chemisch gleichartige, physikalisch aber unterscheidbare Atome im Spiel waren. Als einer der ersten machte er von dieser Methode Gebrauch und untersuchte solche Reaktionen – im wesentlichen organische – in schwerem Wasser, die auf den Austausch von H und D hinausliefen.

Da die neue Stubstanz zunächst nur in sehr geringer Menge zur Verfügung stand, wurde im Mikromaßstab gearbeitet und neue Techniken geschaffen – 100 mg mußten für die Versuche oft ausreichen. Trotzdem war er mit seinen 9,5 g reinen schweren Wassers, das er Anfang 1934 dargestellt hatte, recht freigebig, und ließ unter anderem Rutherford eine erste Probe zukommen.

Diese neue Forschungsrichtung führte ihn bald auf physiologische und biologische Probleme, die bis zu seinem Ende sein überwiegendes Interesse ausmachten und bei deren Bearbeitung er Hervorragendes leistete.

1934 erhielt er nach der Emeritierung von Le Blanc einen Ruf als dessen Nachfolger auf den Lehrstuhl für physikalische Chemie nach Leipzig, den er gern annahm. Hier wurden die biologischen Arbeiten mit Deuterium zunächst fortgesetzt: es erschienen Arbeiten über den Einfluß des Deuteriums auf wachsende Organismen, über Synthese von Polysacchariden in Hefezellen und über die Enzym-Hydrolyse von Glykosiden in schwerem Wasser, eine Arbeit, in der es ihm gelang, den Mechanismus der Bildung von Zwischenkomplexen bei der enzymatischen Hydrolyse exakt zu beweisen, der bisher nur als eine Hypothese existiert hatte. Bald aber griff er zwei andere größere Themen auf, die einerseits von der bisherigen biologischen Arbeitsrichtung her, andererseit – wie man aus gelegentlichen Äußerungen entnehmen kann – von der elektrochemischen Atmosphäre des Leipziger Instituts beeinflußt wurden, namentlich von seinem Vorgänger Le Blanc, den er sehr hoch schätzte. Es handelte sich um die Reizleitung in den Nerven und um die Kinetik elektrochemischer Phasengrenzreaktionen, beide nicht unabhängig voneinander wie das allgemeine Thema einer Anzahl von Veröffentlichungen seit 1941 auch äußerlich erkennen läßt: Über die Passivität des Eisens und das Ostwald-Lillie'sche Modell der Nervenleitung. Er versuchte hier eine umfassende theoretische Deutung des kinetischen Problems der Passivität der Metalle, die auch das Verständnis zu den im lebenden

Organismus so wichtigen periodischen Reaktionen eröffnete. Als einer der ersten erkannte er klar, daß die Passivität und Überspannung nicht, wie man vor Le Blanc angenommen hatte, auf Konzentrationspolarisation beruhe, sondern daß es sich hierbei um Nicht-Gleichgewichtspotentiale als Ausdruck einer gehemmten Reaktion an den Elektrodenoberflächen handele. Dies aber mußte mit Methoden der Reaktionskinetik bearbeitet und aufgeklärt werden können. Am System Eisen–Salpetersäure prüfte er zusammen mit seinen Schülern die Richtigkeit dieser Annahme und dehnte die Untersuchungen dann auf andere Systeme aus. Diesen Arbeiten, die durch den Krieg sehr gestört und 1945 zunächst völlig unterbrochen wurden, kommt eine große Bedeutung zu. Während nämlich die Anwendung der Thermodynamik auf die Elektrochemie einen Abschluß erreicht hatte und daher auf diesem Gebiet ein gewisser Stillstand eingetreten war, wirkten die reaktionskinetischen Überlegungen Bonhoeffers auf die gesamte Elektrochemie sehr befruchtend und erweckten sie zu neuem und intensiverem Leben. Nach den Veröffentlichungen, in denen der Name Bonhoeffer nach 1941 ziemlich selten auftaucht, scheint es zwar, als ob seine Tätigkeit nachgelassen habe, doch er ist nur in den Hintergrund getreten. Die neu erschlossenen Gebiete seinen Schülern zur selbständigen Bearbeitung und auch selbstlos zur Ernte überlassend, ist er aber unverkennbar das geistige Haupt dieser Forschungsrichtung geblieben, die im wesentlichen seinen Ideen folgt. So ist seine Bedeutung nicht nur für die Aufklärung der Kinetik der Elektrodenprozesse, sondern auch für die gesamte Elektrochemie viel umfassender als seinem eigenen Schaffen entspricht: es entsteht eine Schule, die dank zahlreicher begabter junger Kräfte, die nach Leipzig kommen, um von ihm zu lernen, mit an erste Stelle in der elektrochemischen Forschung aufrückt.

Mit dem Ende des bewaffneten Widerstandes war zunächst auch ein Ende der wissenschaftlichen Tätigkeit gekommen, ohne daß man voraussehen konnte, ob die Sieger bereit wären, in Deutschland wieder wissenschaftliches Arbeiten zuzulassen. Doch Bonhoeffer ließ sich von zunächst trostlosen Aussichten nicht den Mut nehmen. Er war einer derjenigen, die sich mit aller Kraft für die Wiederherstellung tragbarer Zustände im Unterrichts- und Forschungswesen einsetzten. Dieser Einsatz war besonders wirkungsvoll, da sein Name als Wissenschaftler einen internationalen Klang hatte, und da er politisch völlig unbelastet dastand, denn jeder wußte, wie kompromißlos er den Machthabern der Nazizeit gegenübergestanden und welche Opfer seine Familie – zwei Brüder und zwei Schwäger – gebracht hatte. Gerade wegen dieser Opfer wäre es wohl von vielen verstanden worden, wenn er Deutschland den Rücken gekehrt hätte, wie so manche von Rang und Namen, die diesen Schritt taten, ohne durch solche Gründe berechtigt zu sein, lediglich in der Meinung, in Deutschland sei es mit der Wissenschaft zu Ende. Doch Bonhoeffer widerstand einer solchen Verlockung, er suchte in seinem Interesse weder Anschluß nach dem Osten noch nach dem Westen, aber er suchte ihn im Interesse des Wiederaufbaues der Wissehschaft. Um der Sache willen stellte er sich mit anderen Gleichgesinnten bei der Wiedereröffnung der Leipziger Universität 1946 zur Verfügung und tat sein Möglichstes, daß die Forschung wieder beginnen und der Unterricht wieder aufgenommen werden konnte, und um der Sache willen folgte er Einladungen zu Vorträgen im Ausland, zu Kongressen und zu Beratungen, die ihm ob seiner persönlichen Integrität als einem der ersten zuteil wurden: Zweimal war er in den USA, einmal in England, einmal in der Schweiz, einmal in Brasilien und einmal, verschiedenen Widerständen trotzend, in der UdSSR, auf diese Weise für das andere Deutschland und für die hier gepflegte Wissenschaft wieder Ansehen gewinnend. Der Wiederaufbau der Wissenschaft in Deutschland insgesamt lag ihm am Herzen, und darum folgte er, als ihm die Entwicklung in Leipzig einigermaßen gesichert erschien, im Jahre 1947 einem Ruf nach Berlin, wo die Aufbauarbeit gleich an zwei Stellen, dem physikalisch-chemischen Institut der Universität und dem Max-Planck-Institut für physikalische Chemie zu leisten war. Er fühlte sich zur Annahme dieses Rufes um so mehr verpflichtet, als es sich um die Stätten handelte, an denen er selbst herangereift war und an denen seine Lehrer Nernst und Haber gewirkt hatten. Die Aufbauarbeiten an der Universität verliefen aber keineswegs seinen Erwartungen gemäß, tatsächlich geschah überhaupt nichts, so daß wissenschaftliches Arbeiten kaum möglich war. Überdies ließ es wohl die unselige politische Spaltung seit 1948 immer schwerer zu, sowohl den Forderungen in Dahlem als auch denen in der Bunsenstraße im gleichen Maße gerecht zu werden, und er erkannte bald, daß die Schwierigkeiten, die mit dieser Doppelbelastung verbunden waren, ihn aufrieben, ehe er sie hätte überwinden können. Daher willigte er schließlich ein, als ihm 1949 vom Kuratorium der Max-Planck-Gesellschaft angeboten wurde, den Ausbau und die Leitung des in Göttingen neu gegründeten Max-Planck-Instituts für physikalische Chemie zu übernehmen, im stillen wohl hoffend, daß er wieder weitgehend zur wissenschaftlichen Arbeit würde zurückkehren können. Diese Erwartungen erfüllten sich vorerst nur zu einem geringen Teil, da er überdies – wenigstens bis 1951 – auch die Leitung des Dahlemer Instituts beibehalten mußte. Zunächst beanspruchte ihn der Aufbau des Instituts in Göttingen sehr. Daneben konnte er sich anderen Anforderungen, so wenig sie ihm liegen mochten, aus Pflichtbewußtsein nicht entziehen: Nach dem Tod Euckens übernahm er von 1948–1950 den Vorsitz in der Bunsengesellschaft, deren Ständigem Ausschuß er bis zu seinem Tode angehörte. Er zeichnete mitverantwortlich als Herausgeber der „Zeitschrift für Physikalische Chemie", gehörte dem Kuratorium der Max-Planck-Gesellschaft an, und wo es sich sonst darum handelte, bei dem Wiederaufbau der Wissenschaft in Deutschland mit Rat und Tat zu helfen, stets war er bereit, berechtigtem Verlangen nach Mitarbeit ein geneigtes Ohr zu schenken und seine ganze Kraft für die Erreichung eines notwendig erscheinenden Zieles einzusetzen. Er war allerdings keineswegs, wie das aus dem Gesagten hervorgehen könnte, nur Organisator oder gar Manager, was ihm seinem ganzen Wesen nach überhaupt nicht lag, sondern er fand genug Zeit, seine Mitarbeiter zu fördern, sie zu führen und ihnen Anregung zu bieten, kurz wieder eine Schule zu gründen. In diesem Kreis fühlte er sich wohl, und dieser Kreis wuchs sehr rasch, da von allen Seiten wißbegierige Jünger der Wissenschaft zuströmten, so daß das Göttinger Institut bald zu einer führenden Stätte der physikalisch-chemischen Forschung wurde.

Sein Interesse galt in Göttingen weiterhin elektrochemischen Problemen. Die Untersuchung über die Passivität der Metalle kam zu einem gewissen Abschluß, mit dem wohl heute als gesichert anzusehenden Ergebnis, daß diese Erscheinung auf der Eigenschaft dicht schließender halbleitender Oxydschichten beruht. Ein Buch über die Passivität, an dem er bis zuletzt eifrig arbeitete, ist leider unvollendet geblieben. Neben dieser Arbeitsrichtung waren es wieder biologische Fragestellungen in Zusammenhang mit der physikalischen Chemie, die ihn fesselten. Nachdem er das Problem der Reizleitung in den Nerven, das den Leipziger Arbeiten zugrunde lag, einer gewissen Lösung zugeführt hatte, ging er jetzt an die lebenswichtigen Austauschvorgänge und die Potentialbildung in den Zellmembranen, wofür Ionenaustauscher als Modellsubstanz dienten. Schließlich beschäftigten ihn zuletzt Fragen über funktionelle Zusammenhänge, die mit der Erregbarkeit der Nerven und Speichervorgängen zu tun haben, also der Ursache für Gedächtnis und für Denkvorgänge, Fragestellungen, die in der Kybernetik eine Rolle spielen, und deren Bearbeitung vom naturwissenschaftlichen Standpunkt aus er für gerechtfertigt hielt.

Was sonst alles noch zu seinem Interessengebiet gehörte, geht aus einem Vortrag hervor, den er anderthalb Jahre vor seinem Tod in einem Kolloquium am Physikalisch-Chemischen Institut in Leipzig hielt, und in dem er zusammenfassend über die Arbeiten seines Institutes berichtete: Die absolute Geschwindigkeit der elektrolytischen Dissoziation, Anisotropie der Leitfähigkeit in strömenden Elektrolytlösungen, die Komplexsalzelektrolyse, die anomale Osmose, Membranpotentialmessungen an Ionenaustauschern und deren Bedeutung, die sogenannten Öl-Potentiale, alles Themen von brennendem Interesse für die wissenschaftliche Erkenntnis in Biologie und Technik.

Wenn man dieses an Ergebnissen so reiche Leben überdenkt, so fragt man sich unwillkürlich, was hätte Bonhoeffer wohl erreichen können, wenn er nicht auf der Höhe seiner Schaffenskraft jahrelang unter ungeheurem seelischen Druck gestanden hätte. Schon der Beginn der Leipziger Zeit war von politischen Ereignissen überschattet, die er aus tiefster Seele ablehnte, denn seinem ganzen Wesen nach konnte Bonhoeffer mit den Ideen des Nationalsozialismus nicht sympathisieren, ja diese selbst nicht einmal dulden. So war es ihm geradezu Bedürfnis, seine Ablehnung des Antisemitismus dadurch zu dokumentieren, daß er, dem Verbot des Kultusministers trotzend, nach dem Tod Habers in Dahlem die Gedächtnisrede auf seinen großen Lehrer hielt, ganz abgesehen davon, daß die persönlichen und menschlichen Bindungen, die er zu Haber hatte, ihn zu einer solchen auf sich selbst keine Rücksicht nehmenden Haltung veranlaßten, ein Zeichen persönlichen Mutes und Widerstandswillens, wie er sich damals selten zeigte. Die aus den Geschehnissen erwachsenden seelischen Spannungen haben neben den personellen Schwierigkeiten im Institut während des Krieges sicher mit dazu beigetragen, daß gemessen an den Veröffentlichungen die Leipziger Zeit bei weitem nicht so fruchtbar war wie die Frankfurter, wo er völlig unbeschwert seinen wissenschaftlichen Arbeiten nachgehen konnte.

Die Schatten verdichteten sich zu dunklen Wolken über der Familie Bonhoeffer, als zunächst sein Bruder, der Theologe, und im Lauf der Zeit auch noch sein anderer Bruder und seine beiden Schwäger wegen ihrer Gesinnung eingekerkert und zum Schluß im Konzentrationslager durch Mord ihr Leben verloren. Es mag ihm in jenen Jahren oft schwer gefallen sein, den Gleichmut zu bewahren, den er nach außen zur Schau trug. Nur die allernächsten Freunde wußten, wie stark verkettet er mit den Ereignissen war, wie tief eingeweiht in die Pläne des Widerstandskampfes und wie sehr er daher unter den Fehlschlägen litt, die die Pläne zur Beendigung des nationalsozialistischen Wahnsinns trafen. Daß unter diesem allen die wissenschaftliche Arbeit litt, die der schöpferischen Ruhe bedarf, ist kein Wunder, ein Wunder ist es hingegen, wie er trotz allem den Betrieb des Instituts aufrecht erhielt, und was er seinen Mitarbeitern gewesen ist. Nie sah man ihn verbittert, nie wandte er sich trotz seiner oft großen inneren Not von den kleinen Problemen ab, die täglich an ihn herangetragen wurden, nie versagte er Rat und Hilfe, wo solche gebraucht wurde. Es muß ihn manchmal eine fast übermenschliche Anstrengung gekostet haben, seinen Schülern das zu sein, was er ihnen sein wollte und was er ihnen gewesen ist. Um so dankbarer empfand er es, daß der überaus größte Teil seiner Mitarbeiter mit ihm fühlte und ihm durch verständnisvolles Mitgehen Freude zu bereiten suchte. Es war wie eine große Familie, in der Freud und Leid geteilt wurde. Doch kann andererseits wohl kein Zweifel bestehen, daß die starke Belastung aus jenen Jahren den Keim zu seinem frühen Tod gelegt hat.

Seinen hervorragenden Leistungen hat die wissenschaftliche Öffentlichkeit die Anerkennung nicht versagt: Er war Mitglied in verschiedenen Akademien und Ehrenmitglied wissenschaftlicher Gesellschaften. Die Bunsengesellschaft verlieh ihm 1955 die Bunsengedenkmünze „in Würdigung seiner Verdienste um die Kinetik der Reaktionen in Gasen und an Elektrodenoberflächen sowie um dem Zusammenhang der Passivitätserscheinungen mit dem physiologischen Problem der Nervenleistung", eine laudatio, die eine kurze Zusammenfassung seines Lebenswerkes gibt, und die Electrochemical Society würdigte noch posthum seine Verdienste durch die Palladium-Plakette. Doch diese Anerkennungen haben den Menschen Bonhoeffer nicht beeinflußt. Er nahm sie dankbar an, aber er erstrebte sie nicht. Ihm war es Lohn genug, Erkenntnisse aufzufinden, der Wissenschaft zu dienen und durch die Wissenschaft – doch nicht durch sie allein – den Menschen. Wenn irgend jemand, so konnte Bonhoeffer für sich in Anspruch nehmen:

In serviendo me consumor

Herbert Staude

Leo Bruhns

26. 11. 1884–27. 12. 1957

Leo Bruhns, früher ordentliches, dann auswärtiges Mitglied der philologisch-historischen Klasse, ist in Nissi (Estland) als Sohn des ev. luth. Pastors Emil Bruhns geboren. Die baltendeutsche Sprachfärbung verlor sich auch in den späten Jahren seines langen Lebens nicht, wie sein Urteil über Personen und Tatbestände stets von dem Geschick bestimmt blieb, bewußter Zeuge einer geschichtlichen Auseinandersetzung von großer Tragweite zu sein. Nach dem Abitur am Gymnasium der deutschen St. Annenschule zu Petersburg, das er 1898–1902 besuchte, bezog er zunächst die Universität Dorpat. 1904 war er in Florenz, Ende des Jahres erkrankte er und mußte bis 1911 in Arosa zur Kur bleiben. Vier weitere Jahre hat er sich dann noch in Leysin einer sehr strengen Kur unterziehen müssen. Dort blieb er bis 1919 mit der Unterbrechung eines längeren Aufenthalts in Würzburg 1917, während dessen er die deutsche Staatsangehörigkeit erwarb. Das Studium konnte nur mit Unterbrechungen durchgeführt werden. 1906 war er für ein Semester in Bonn, 1907/08 zwei in Freiburg, 1908 ging er für ein Semester nach Basel und studierte zwischen 1909 und 1912 noch drei weitere in Würzburg. Hier promovierte er 1912 bei Fr. Knapp.

Seine Dissertation führte Pinders Forschungen zur Würzburger Plastik weiter, ihr zweites Kapitel beschäftigte sich mit Riemenschneider, das Buch, das er diesem Künstler 1956 widmete, wurde sein letztes. Pinders Besprechung der Dissertation rühmt bereits die Eigenschaften des Schriftstellers, die als kennzeinend auch allen späteren Rezensenten auffallen: Die Kunst der Menschendarstellung, die tiefere innere Bildung, das Dichterische, nicht als ein Anhängsel, sondern als eine Vorstellungskraft, die genau so weit reiche wie der wissenschaftliche Zweck.

Mit einer großen Arbeit zur Plastik Würzburgs zwischen 1540 und 1650 erhellte er weit ausgreifend eine noch sehr wenig bekannte Strecke der deutschen Kunstgeschichte. Die Arbeit, 1918/1919 nach gründlichen Studien, auch in den Archiven unter Verarbeitung unzähliger Einzelheiten mit feinem künstlerischem Gefühl und mit dichterischer Prägnanz der Charakterisierung geschrieben, wurde 1920 in Frankfurt/M. als Habilitationsschrift angenommen. Hier ist er als Privatdozent tätig, bis er 1924 als Ordinarius nach Rostock berufen wird. Seiner Schrift: Die deutsche Seele der rheinischen Gotik bescheinigt selbst ein so kritischer Rezensent wie Ernst Gall, sie sei voll warmherziger Empfindung; Carl Neumann hebt die starke Gabe der Einfühlung hervor. L. Schürenberg bemerkt rückblikkend 1941, daß viele von den hier dargelegten Gedanken inzwischen selbstverständliches Allgemeingut geworden sind.

Seine Tätigkeit in Rostock hat er als eine besondere Anforderung ernst genommen und sich mit der Kunst der Landschaft eingehend beschäftigt. Er führte Exkursionen nach Skandinavien und ins Rheinland durch, aber auch nach Schwerin, Wismar, Doberan, Güstrow, Parchim, Neukloster. In den Städten Mecklenburgs hat er auch wiederholt Vorträge gehalten. Eine schöne Frucht der Bemühung um die Landeskunstgeschichte ist sein Aufsatz: Die Kirchen Rostocks. Über die Bedeutung der kleineren Städte und der Landschaften hat er sich im Begleitwort eines Ausstellungskataloges Rostocker Künstler ausgesprochen: „Auf dem Asphalt der Riesenstädte mögen zwar Gemälde und Bildwerke nur noch als billiges Massenfutter für die Masse oder als seltsamste Selbstgespräche abgesonderter einzelner, die aller Gemeinschaft Haß und Hohn sprechen, entstehen können. Aber zum Glück ist Deutschland ja immer auch noch Land, und dieses Land ist vielen Geistern Heimat und nicht bloß Erholungsstätte." Er hielt freilich auch nichts von einer „Flucht aus der Welt und einer Verkapselung in hausbackener Enge"; in Rostock hat er den Grund zu den vielen umfassenden, selbständig darstellenden Kollegs für die Hauptgebiete und Hauptepochen der Kunstgeschichte gelegt, die er dann in Leipzig gelesen hat.

Seine Bemühung um ein nicht nur ausreichendes, sondern möglichst gutes Demonstrationsmaterial brachten ihn mit einer Lichtbildanstalt in Berührung, für die er 1926 zwei große Kataloge mit ausführlichen kunstgeschichtlichen, geschichtlichen und kulturgeschichtlichen Erläuterungen schrieb. Da es sich um einen Text handelte, der neue Werte schuf, statt Wissenschaft nur zu vermitteln, da Bruhns die Gesamtvertretung seines Faches ernstnahm, verwirklichte sich der Wunsch eines Rezensenten, aus den Katalogen sollte ein Buch hervorgehen, schneller und umfassender, als vorauszusehen war.

Schon 1927, im Jahre seiner Berufung nach Leipzig, kamen die ersten beiden Bände der Meisterwerke, einer Kunstgeschichte für das deutsche Volk, heraus, denen die übrigen sechs in kurzen Abständen folgten. Bruhns strebte auf seine Weise dem großen Vorbild Georg Dehios nach, während vielen anderen Gelehrten dieser Zeit die Bedeutung der erzieherischen Aufgabe der Kunstgeschichte, durchaus zum Schaden des Faches, gar nicht bewußt geworden ist. Bruhns wollte nicht eine von den vielen Kunstgeschichten liefern, die bloß als Nachschlagewerke durchblättert werden, sondern bot ausdrücklich eine Darstellung, die gelesen sein will. Das Selbstvertrauen, das in diesem Anspruch lag, der auch nichts für eine Inhaltsangabe, eine Unterteilung in Kapitel oder eine Nachweishilfe als Register tat, war begründet. Auf über 2500 Seiten werden mit fast tausend gut gewählten und an der rechten Stelle eingeschalteten Abbildungen diejenigen Werke der europäischen und deutschen Kunst besprochen, die für die deutsche Kultur von besonderer Bedeutung sind. Gegen die Auswahl sind manche Einwendungen im einzelnen erhoben worden, im Ganzen muß sie als treffend bezeichnet werden. Statt einer katalogartigen Aufzählung und Beliebigkeit des Stoffes herrscht ein innerer Zusammenhang. G. Schoenberger schrieb, das Ganze zerfließe nie in Einzelheiten, die Aussage sei eigenwillig, aber von großer Schlagkraft: „In sehr persönlicher Schau gewinnen die Würdigungen in der fast dichterischen Gestaltungskraft, die Bruhns auszeichnet, das unmittelbare Leben und die Bedeutsamkeit für die Gegenwart, die das Ziel aller kunsthistorischen Darstellung sein muß. Die Meisterwerke sind selbst ein Meisterwerk." Die zuverlässige lebensvolle Darstellung hat Rudolf Kautzsch zutreffend eine Schilderung der geistigen Zustände, Gestalt geworden in Schöpfungen der Kunst, genannt. Er räumt ein, das Urteil sei zutreffend und glücklich abgestuft, vermißt freilich zunächst des öfteren die Erörterung des Tatbestandes, die allem weiteren vorangehen sollte: „Ein Hauptmittel ist der Vergleich. Aus allen erdenklichen Sphären seines Wissens strömen ihm Bilder und Gleichnisse zu. Sie sind ganz gewiß sehr oft glänzend und überaus treffend, aber auch hier und da einseitig und zu entlegen." Aber auch Kautzsch bewundert den einheitlichen Ton, der alles zusammenschließt und durchdringt. Welcher Band der geglückteste sei, ob der über die Antike, jener über die Renaissance oder der zum Jahrhundert Rembrandts oder noch ein anderer, wird sich jedem nach seinen Neigungen verschieden darstellen. Bruhns' Geschichte der Kunst hat nach dem zweiten Weltkrieg in einer neuen sechsbändigen vermehrten Ausgabe, die auf Drängen Reinhard Buchwalds zustande kam, ihre Lebenskraft bewiesen. Die Umgrenzung des Gebietes ist die gleiche geblieben. Es ist der Bereich des deutschen Geistes und seiner Geschichte, der die Auswahl bestimmt hat. Der Text ist den Fortschritten der Forschung angepaßt und verzeichnet auch die Kriegszerstörungen. Auch der sachlich Erfahrene wird diese Bände immer mit innerem Nutzen lesen.

Seit 1932 zählt ihn die Sächsische Akademie der Wissenschaften zu Leipzig zu ihren Mitgliedern. An ihren Arbeiten, die er stets mit besonderer Aufmerksamkeit verfolgt hat, konnte er am Ort nur kurze Zeit teilnehmen. In den Schriften der Akademie ist er mit dem Lebensbild Karl Woermanns vertreten.

Von zahlreichen Arbeiten fehlt eine schriftliche Fixierung. So meldet von einem großen Vortrag über die Büchersäle des deutschen Barock nur ein kurzer Bericht, der die Leitgedanken über die sakrale Herkunft des Raumes der Klosterbibliothek und über das Buch als Faktor der Raumgestaltung andeutet. Zu anderen Vorträgen gibt es nur Zeitungsnotizen, viele sind in der Erinnerung der Hörer oder als Anregungen zu Arbeiten anderer aufgehoben. Im Kolleg sprach er wie im Vortrag stets in freier, fesselnder Entwicklung seiner Gedanken; unterstützt von einem treuen Gedächtnis kam die umfassende Vorbereitung auch in Auseinandersetzungen mit den einzelnen neuen Forschungsbeiträgen immer zur Geltung, überdies standen fast stets die Daten auf großen Tafeln, jedem Hörer zur Abschrift bereit. In den Seminaren schätzte er die aus selbtständiger Vorbereitung hervorgehenden Referate, die nicht selten Ausgangspunkt oder Kern einer der zahlreichen von ihm betreuten Dissertationen geworden sind, von denen viele von fachlicher Bedeutung geblieben sind. Großen Wert legte er auf die Exkursionen, bei denen er bloßer bequemer Kenntnisnahme durchaus abgeneigt, die Werke sorgfältig durchsprach.

Mit mehreren, zum großen Teil wiederholt neuaufgelegten Bänden hat Bruhns neben Pinder zu einer berühmten verlegerischen Leistung einen Hauptbeitrag geboten, zu Langewiesches Blauen Büchern. In äußerster Knappheit des Textes, in sorgfältigster Wahl der Fotographien erschließen die der Betrachtung gewidmeten, zugleich wissenschaftlichen und volkstümlichen Leistungen jeweils ein besonderes Gebiet. Dies gilt von den Selbstbildnissen deutscher Künstler ebenso wie von den Hohenstaufenschlössern, auch nicht minder von dem Bande, der in eindringlich erzieherischer Weise das Auge einlädt, die Werke der deutschen Tafelmalerei zu durchwandern: Der Ausschnitt ist hier nicht als überraschender Effekt benutzt, sondern als ein auf das Ganze bezogener Teil des Organismus aufgefaßt. Bruhns hat auf möglichst zureichende Abbildungen stets besonders großen Wert gelegt. Er besaß selbst eine Fotothek von mehr als 50 000 ausgewählten Fotos, zumeist in Postkartengröße. Für Aufnahmen, Reproduktionen und Diapositive hat er die Arbeit des trefflichen Leipziger Institutsfotographen Erich Kirsten besonders geschätzt.

1934 wurde Bruhns, der in besonderem Maße das Vertrauen des im Alter vereinsamten Ernst Steinmann genoß, sein Nachfolger als Direktor der Bibliotheca Hertziana in Rom. Für den ehrenvollen und verantwortungsreichen Posten setzte er seine ganze Kraft ein. Im natürlichen Wechsel der Aufgabenstellung hat er einem Hauptanliegen der deutschen Kunstgeschichte zu seinem Recht verholfen, die Wechselbeziehungen deutscher und italienischer Kunst zu erforschen und der italienischen Kunstgeschichte nicht in der Aufhäufung neuer Einzelbestimmungen zu dienen, sondern in der Darstellung wichtiger Zusammenhänge. Die wissenschaftstechnischen Arbeitsmittel dieses kostbaren Instrumentes deutscher Forschung im Ausland wurden großzügig vermehrt und ausgebaut; die Mitarbeiter, die Assistenten und Stipendiaten konnten in der Fortsetzung der Reihe der Einzelveröffentlichungen und besonders in dem neu begründeten und trotz Kriegsschwierigkeiten in einer ansehnlichen Reihe von Bänden fortgeführten Jahrbuch der Hertziana eine stolze Reihe gewichtiger Forschungsergebnisse niederlegen. Mehrere dieser Arbeiten sind an deutschen Universitäten als Habilitationsschriften angenommen worden.

Durch das Gewicht der Arbeitsleistung in der Zeit seines Direktorates hat er von Rom aus einen hervorragenden Einfluß auf die Lehrtätigkeit und Forschung an den deutschen Hochschulen genommen. Im Jahrbuch ist auch der große Aufsatz von Bruhns: Das Motiv der ewigen Anbetung in der römischen Grabplastik des 16., 17. u. 18. Jh. niedergelegt, der zu der viel diskutierten Frage Theater und Kirche im Barock einen sehr wichtigen Beitrag gibt.

Bruhns, der sich von allen Personengruppierungen des Faches fernhielt, betrachtete sich als eine Art Außenseiter der Zunft, und dieser Meinung war nicht er allein. In einem tieferen Sinne freilich war seine innere Nähe zur bildenden Kunst und ihrer Geschichte viel stärker als bei nicht wenigen anderen Angehörigen des Faches. Sie war ihm nicht nur ein wissenschaftliches Objekt, er liebte sie ehrfürchtig als eine Zeit überdauernde, wirkende Macht.

In siebzehn schönen und schweren römischen Studienjahren vor, während und nach dem Kriege erwarb er eine einzigartige Denkmälerkenntnis. In einem tiefen Gefühl des Verpflichtetseins hat er in einer Zeit, in der es schwer war, mutig zu sein, die ungeheure Aufgabe bewältigt, seine Erfahrungen und Kenntnisse in dem zweibändigen Werk: Die Kunst der Stadt Rom zusammenzufassen. Inmitten schwerer Sorgen und ernster persönlicher Schwierigkeiten, in der Unruhe zweifelsvoller Tage und unter vielen Mühen ist das Rombuch als eine monumentale Leistung entstanden, deren Bedeutung über die Grenzen des Faches hinausreicht. Bewegt von der Majestät des Gegenstandes, der Überfülle der Probleme, schob er die Grenzpfähle zwischen den Gebieten der Archäologie und der Kunstgeschichte beiseite: „Wenn ich die Antike in meine Darstellung mit einbezogen habe, so geschah dies, weil ich Abdämmungen im Strom der Geschichte nirgends zu finden vermochte.“ Einer seiner Rezensenten schreibt: „Der durch die Jahrtausende fließende Strom römischen Kunstschaffens wird ebenso in seinem stets von Zuflüssen genährten Verlauf sichtbar, wie er im verarbeiteten Umbilden dieser Einflüsse zum Typisch-Römischen aufgezeigt ist.“ Es wird betont, wie in Früherem oft Späteres vorgebildet erscheint oder wie im Späteren Früheres wieder aufklingt. „Bereichert wird die Schilderung durch oft eingeflochtene Charakteranalysen von Dargestellten, Auftraggebern und Künstlern. Es erstehen große Persönlichkeiten in blutvoller Frische wieder, die die Geschicke des politischen, geistigen und künstlerischen Roms gelenkt oder bestimmend beeinflußt haben. Ähnliches gilt für das Kunstwerk, das mit einem Schilderungsvermögen ausgedeutet wird, dem das Wort in treffend formulierendem Reichtum zur Verfügung steht. Stets ist eine solche Ausdeutung von der Rom-gemäßen Weite eines reifen Kenners der Monumente bestimmt." Die lebendige und persönliche Darstellung mag in diesem oder jenem Punkte Widerspruch erfahren, ja in mancher Hinsicht von dem Bewußtsein der Herausforderung sogar bestimmt sein, es kommt auf das Ganze an. Auf dem sicheren Grunde einer umfassenden Vertrautheit mit den Werken selbst, in der souveränen Beherrschung der fachwissenschaftlichen Ergebnisse ist aus kritischer Stellungnahme und in eigener Forschung und Wertung eine Leistung vollbracht, die, der Bedrohung durch das manieristisch Fragmentarische entwachsen, eine der Klassik zustrebende Darstellung gibt, die Bestand haben wird.

Leo Bruhns, von dem Schicksal schwerer, endlich überwundener Krankheit bestimmt, hatte eine sehr persönliche Art überlegener, illusionszerstörender Nüchternheit, die den tiefen Ernst echter Überzeugungen und christlicher Lebensanschauung nicht sofort offenlegte. Aus einem fest gegründeten amor fati, getröstet im Umgang mit echter und wahrer Kunst, war ihm alles geschäftige Getriebe durchaus gleichgültig. Auch das eigene übermächtige Gefühl wurde mit heiterem Spott zurückgedrängt, mit dem gleichen belustigten kritischen Sinn, der das theatrum mundi der Gesellschaft an seinen Ort verwies. Das hinderte ihn nicht an freundlichem, unvoreingenommenem Umgang mit Jüngeren; noch bis in die letzten Lebenswochen hinein empfing er in seiner Wohnung am Tiber Besuch aus dem Kreis der Schüler und Enkelschüler, um ihnen ratend und fördernd zur Seite zu stehen. Er vermochte eine Freundschaft über lange Jahre festzuhalten. Seine Anteilnahme am Leben und Wirken vieler, denen sein ermutigender Zuspruch nun schmerzlich fehlt, hält ihn in ihren Gedanken gegenwärtig.

Bruhns gehört zu den seltenen glücklichen Gelehrten, die nicht nur die Wissenschaft mit wertvollen Beiträgen gefördert haben, sondern weit über den Rahmen des Faches hinaus viele nutzbringende Arbeit geleistet haben. Die Deutschen Roms haben ihm für viele sachkundige praktische fördernde Tätigkeit zu danken, die er, der Romdeutsche ihnen, dem deutschen Schulwesen und der evangelischen Kirche in Italien gewidmet hat, deren Präses er zuletzt längere Zeit gewesen ist. Am 27. Dezember 1957 in Rom verstorben, liegt er auf dem von den Traditionen des Deutschtums in Rom geweihten Friedhof bei der Cestiuspyramide an der Seite seiner Frau begraben.

Es ist eine Beruhigung zu wissen, daß er in den letzten Jahren seines Lebens erneut Anerkennung und Ehrung gefunden hat, nachdem die letzten Kriegsjahre und die ersten Nachkriegsjahre ihm viele Schwierigkeiten und Kränkungen gebracht hatten.

Der Lebensleistung selbstloser zuversichtlicher Arbeit inmitten einer großen, zur Freiheit erzogenen Mitarbeiterschaft, im Dienste der Werte der Kunst und eines echten nationalen Bewußtseins gilt unsere ehrfurchtsvolle Bewunderung.

Heinz Ladendorf

Bibliographie siehe S. 385ff.

Karl Reinhardt

14. 2. 1886–9. 1. 1958

Karl Reinhardt, früher ordentliches, dann auswärtiges Mitglied der philologisch-historischen Klasse, am 9. Januar 1958 im 72. Lebensjahr gestorben, ragt in seiner Einzigartigkeit weit über sein Fachgebiet, die Klassische Philologie, hinaus. Ausgerüstet mit strenger philologischer Schulung, strenge gelehrte Forschungsarbeit leistend, trat er, fast möchte man sagen, mit einem Zauberstab an die Werke heran, unter dessen Berührung sich latente Formen, Bezüge, Kategorien, Wesenheiten entschleierten, latente Wesensstufen und Kulturschichten, latente Übereinstimmungen und Verschiedenheiten. Um sich dieses Aufspüren des in der Tiefe Liegenden klar zu machen, lese man etwa aus den „Abenteuern der Odyssee" (Werke und Formen [1948]) den Abschnitt „Kirke und Kalypso (S. 96ff). Man befindet sich in einer völlig anderen Sphäre als bei Wilamowitz und Ed. Schwartz, und zwar abgesehen vom rein Analytischen. Vielschichtigkeit der Dichtung wird aufgedeckt, frühe Märchenstufe und Psychologie der Dichterzeit, Kirke aus tiefer Kenntnis des Märchenwesens verstanden, beide Frauen in ihrer tiefen Wesensverschiedenheit und in ihrem durch den Dichter gestalteten Verhältnis gezeigt, das klare Übereinstimmungen und Gegensätze und verschiedene Höhe umschließt – wie wenig ist dem gegenüber mit dem Gegensatz der tückischen Zauberin und der hingebenden Nymphe gesagt!

Die Darlegung ist zugleich ein Beispiel für Reinhardts Methode und die Bedeutung des Mittels, das darin die Hauptrolle spielt: des Vergleichens. Vergleichen innerhalb des einzelnen Werkes und mit anderen Stoffen und „Werken und Formen", nicht nur der griechisch-römischen Kultur, sondern auch der späteren europäischen Kulturen und der Kulturen des nahen und fernen Orients. Der Gewinn dieses weltweiten Ausgreifens an Bereicherung und zugleich an methodischer Stärkung ergibt sich von selbst.

Reinhardt hat seine Methode, die anfangs auf starken Widerspruch stieß, in der ersten Periode seiner Forschung an griechischen Philosophen geübt auf der Grundlage strenger gelehrter Forschung voller schwieriger Probleme, besonders Quellenprobleme, die er eben mit seiner Methode auf völlig neuen Boden stellte: Parmenides 1916, die zwei Poseidoniosbücher 1921, 1926; die Arbeit „Poseidonios über Ursprung und Entartung" 1928 und der große Poseidonios-Artikel der Realenzyklopädie der klassischen Altertumswissenschaft (22, 567) 1953. In der zweiten Periode, in die auch die Herodotarbeiten fallen („Herodots Persergeschichten" 1940 = „Werke und Formen" (163–224), war sein Denken sonst ganz der Poesie gewidmet. Das Homerbuch, an dem er arbeitete und zu dem „das Parisurteil" (1938) und die bereits genannten „Abenteuer der Odyssee" (1942, dann erweitert), ferner „Homer und die Telemachie" (1946) als Vorläufer betrachtet werden werden dürfen, hat er nicht vollenden können. Tiefgehende neue Erkenntnisse für die Tragödie hat das Sophoklesbuch gebracht (1933, [3]1947) mit dem die bewunderswerte Übersetzung der Antigone (o. J. [1944] 1949) zusammengehört, sowie „Aischylos als Regisseur und Theologe" (1949). Über das Sophoklesbuch hörte der Verfasser dieser Zeilen in einem Gespräch das Urteil, darin werde um Sophokles schöne Musik gemacht. Damit wird richtig eine Empfindung wiedergegeben, die man beim Lesen haben mag: man könnte dasselbe von der zu Anfang herangezogenen Darlegung „Kirke und Kalypso“ sagen: man fühlt sich in einem Fluidum von Musikalität. Aber in Wahrheit erlebt man nicht Musik, sondern Erkenntnis.

Es sei nicht versäumt, auf den schönen Nachruf von Uvo Hölscher hinzuweisen, Gnomon 36 (1958) 557–560 (mit Bild), dem auch diese Zeilen da und dort schulden.

Friedrich Zucker

Bibliographie in: Varia Variorum. Festgabe für Karl Reinhardt zum 14. Februar 1951. Münster/Köln 1952.

Eduard Erkes

23. 7. 1891–2. 4. 1958

Mit Eduard Erkes, ordentlichem Mitglied der philologisch-historischen Klasse, der am 2. April 1958 einem Herzschlag erlag, ist in Leipzig eine Periode der Sinologie abgeschlossen. Die alte Leipziger Universität war von jeher ein Vorort der deutschen Orientalistik, in der Lehre und Forschung, im Buchhandel und Verlagswesen, als Sitz der i. J. 1844 begründeten Deutschen Morgenländischen Gesellschaft und Erscheinungsort ihrer Zeitschrift. Auch die Sinologie hat in Deutschland hier ihre ersten Wurzeln geschlagen. Zwar hatte damals auch schon in Berlin Wilhelm Schott die Vertretung der Ostasiatischen Sprachen aufgenommen. Als eigentlicher Begründer der Sinologie in Deutschland ist jedoch Georg v. d. Gabelentz in Leipzig anzusehen, der mit seiner Chinesischen Grammatik dem Fache die Basis schuf, auf der es heute noch steht, die unverrückbar ist. Wilhelm Grube und August Conrady standen auf dieser Grundlage, und man sprach mit Recht von einer Leipziger Schule, die sich auf die Philologie im engeren Sinne, die Sprachwissenschaft, gründete, die dann in der Folge zurücktrat.

Eduard Erkes, Schüler von August Conrady, hat sich immer als Vertreter der Gabelentzschen Schule gefühlt. Doch ist tatsächlich gerade er den Weg der Spezialforschung gegangen, der Volkskunde und der Sozialwissenschaft. Eduard Erkes wurde am 21. Juli 1891 in Genua geboren und fand sich, nach Absolvierung des humanistischen Gymnasiums in Köln, schon von Jugend auf sprachlich interessiert und begabt, zu den ostasiatischen Sprachstudien in Leipzig, promovierte dort i. J. 1911 bei Conrady mit einer sinologischen Dissertation, um danach in den Dienst des Museums für Völkerkunde zu treten, an dem er 1921 einen Kustosposten erhielt. I. J. 1917 habilitierte er sich in Leipzig für das Fach der Sinologie und unternahm zwei Jahre später eine Chinareise im Auftrag des Museums. I. J. 1933 wurde er aus unsachlichen, politischen Gründen aus dem Amt und seiner Lehrtätigkeit entfernt und hatte nun zwölf schwere Jahre durchzustehen. Nach dem Kriege wieder an Museum und Universität zurückgeholt, leitete er das Museum noch zwei Jahre als kommissarischer Direktor. I. J. 1948 trat er die Nachfolge von André Wedemeyer als

Leo Bruhns
26. 11. 1884 – 27. 12. 1957

Karl-Friedrich Bonhoeffer
13. 1. 1899 – 15. 5. 1957

Eduard Erkes
23. 7. 1891 – 2. 4. 1958

Karl Reinhardt
14. 2. 1886 – 9. 1. 1958

ordentlicher Professor auf dem Lehrstuhl der Sinologie an, 1950 wurde er zum Mitglied der Sächsischen Akademie der Wissenschaften gewählt. Er erlebte noch die Freude, für die Zeit 1954/55 nach China eingeladen zu werden, wo er das Land nun in seiner neuen Form kennen lernte.

Im Unterricht bevorzugte er alte Texte, die kanonischen und klassischen Bücher. So kam er zur alten Grammatik und Paläographie. Inhaltlich zog ihn besonders die Mythologie an und der Taoismus, weniger sein philosophisches System als die Lehre und Übung, die er in seiner Chinazeit in der Praxis zu erlernen Gelegenheit suchte und fand. Seine Forschungsarbeiten sind von zwei Richtungen her bestimmt, seiner sprachlichen Begabung und seiner ethnologischen Neigung. Schon in seiner Jugend hatte er Hingebung zu Fremdsprachen gezeigt. So fand er in den Werken von Gabelentz und Conrady den ihm bereiteten Weg. Andrerseits wurde er durch die Museumsarbeit natürlich gehalten, sich mit den Objekten, dem Gerät, zu beschäftigen. Dieser glückhafte Zwang für einen jungen Gelehrten, der sonst nur an das ‚Pergament', das Buch, die Schrift, das Wort, die Überlieferung, gebunden ist, traf sich hier mit seiner Neigung. Über die Betrachtung des konkreten Gegenstandes und seines Gebrauchs drang er weiter ein in das Wesen des chinesischen Gewerbes und des Handwerkers und Arbeiters, des dritten der vier Stände, und seiner sozialen Stellung. Auf diesem Felde liegt das Hauptgewicht seiner Arbeit. Die über ein Halbhundert Werke und Aufsätze stellen durchweg – eigentliche Textarbeiten fehlen – Untersuchungen und Abhandlungen dar, auch einige zusammenfassende Darstellungen, sonst aber Betrachtungen zur Mythologie, Ethnologie und Soziologie, z. B. Fronpflicht und Sklaverei, und zur Wirtschaft, wie die Haustiere im alten China. Daß die Arbeiten auf diesen Gebieten viel Beachtung, auch Kritik fanden und zu Streitgesprächen führten, ist verständlich. Aber solche Auseinandersetzungen, die oft eine Klärung der Fragen bringen, sollten ja eigentlich der Zweck jeder gelehrten Arbeit sein. Nur durch sie lebt die Forschung weiter.

Erich Haenisch

Bibliographie in: Wiss. Zs. der Karl-Marx-Universität, ges.-sprachw. Reihe 9. Jg (1959/60) S. 661–665.

Willy Flach

17. 1. 1903–17. 3. 1958

In der in einem offenbar klarem Zuge heranwachsenden und sich relativ rasch entwikkelnden Persönlichkeit Willy Flachs, früher ordentliches, dann auswärtiges Mitglied der philologisch-historischen Klasse, zeigte sich der Werdegang eines echten Kindes des thüringer Landes. Eine beachtliche Reihe menschlich wertvoller Qualitäten vereint sich schließlich in diesem Manne von mittelgroßer Gestalt, labiler Gesundheit und ernster Wesensart. Gelegentlich wohl leidenschaftlich überschäumend, musikalischen Neigungen offen, von früher Begabung für Landesgeschichte und Volkstum, aber auch für die große deutsche Geschichte, war Willy Flach zuerst und in seiner Grundhaltung bis zum Ende Lehrer, dies wohl sein Leben lang. Stofflich ausgebreitete Kenntnisse, frühe wohlverdiente Erfolge, sein durchdringender Fleiß bestimmten seinen Berufsweg, der ihn in die thüringische Archivlaufbahn führte. Seine quellenkritische Begabung überwog – das zeigte sich bald – die flüssige Gewandtheit seiner darstellerischer Feder. Mit Berufshingabe und für manche stofflich fördernde Gedanken der Zeit bestens begabt, zog er die Leitung des thüringischen Archivwesens schon reichlich früh und mit Recht an sich und befreite dieses von mancherlei Relikten eines älteren Dilletantismus. Bald trat der lokale Forscher dem findigen Archivar an die Seite. Nicht so sehr durch Stil und Haltung als durch Gediegenheit der wissenschaftlichen Erkenntnis traten seine zahlreichen Arbeiten zur Verfassungs- und Rechtsgeschichte hervor. In der fachlichen Methodik war bei ihm eine gelegentliche Anlehnung an preußische Vorbilder zu beobachten. Die Beschäftigung mit den historischen Hilfswissenschaften, diese besondere Disziplin des Archivars hat Flach von Anfang seiner akademischen Studien an, ohne in ein besonderes Schülerverhältnis zu einem Universitätslehrer zu geraten, mit unermüdlichem Fleiße und mit schönem Erfolge betrieben. Bald, zunächst in Jena, später in Berlin und Potsdam (Archivschule) konnte er seine pädagogischen Qualitäten dartun. Er vermochte den archivarischen Nachwuchs für seine Disziplinen zu begeistern. Die Erfolge seiner Lehrtätigkeit steigerten seinen Ehrgeiz noch weiter. Während seine erfolgreiche und glücklich dominierende Position in seinem Lande Thüringen noch größere Leistungen zur Landesgeschichte von ihm erwarten ließ, wandte er sich, einem Zug der Zeit folgend, dem weiten Felde der Goethe- und Schillerforschung, dem er sich bislang als erprobter Landeshistoriker ferngehalten hatte, mit neuen weitgespannten Forschungszielen zu. Über diese thematischen Schwankungen hinaus hielt ihn aber eben der Gedanke an die heiß erstrebte westdeutsche hilfswissenschaftliche Professur fest und bildete schließlich den Kernpunkt seiner Bestrebungen. Die Schwierigkeiten, die auch für den unpolitischen Gelehrten die Nöte der politischen Tagesprobleme bildeten, maß der allzeit bewährte treue Sohn seiner Thüringer Heimat nicht mehr recht ab. In all diesen Wirren hielt sein Nervensystem nicht mehr den Anforderungen stand; längst hatten seine Freunde vor Überspitzung gewarnt, die der Unermüdliche an sich stellte. Der immer nervöser Werdende mußte endlich zur Katastrophe treiben.

Das Lebenswerk des Fünfundfünfzigjährigen mußte trotz vielfältiger Leistungen ein Torso bleiben. Die von so vielen erwartete Geschichte Thüringens, die mitteldeutsche Archivkunde, die Weiterführung eines modernen Lehrbuchs namentlich der modernen Hilfswissenschaften, die Untersuchung von Goethes Wirken als Staatsbeamter, die abschließende Klärung der viel umstrittenen Fragen nach dem Wesen der Literaturarchive, das alles sind Bruchstücke des Werkes eines allzu früh Vollendeten. Überblickt man das vielfältige Werk Willy Flachs, so sind es vielleicht die stilleren Themen, die betont archivalischen Gegenstände, etwa die vielverzweigte thüringische Rechtsgeschichte, dazu die moderne Archivkunde, an deren Ansätze die Nachfahren der bedeutsamen Persönlichkeit dieses Archivars und Historikers von hohen Graden werden anknüpfen müssen.

Hellmut Kretzschmar

Günther Köhler

15. 11. 1901–11. 7. 1958

Mit Günther Köhler, ordentlichem Mitglied der mathematisch-naturwissenschaftlichen Klasse, der am 11. 7. 1958 im 57. Lebensjahre trotz längerer Erkrankung recht unerwartet verstarb, ist eine jener Persönlichkeiten dahingegangen, die von einer Fachwissenschaft her allein nicht ausreichend beurteilt werden kann. Als Sohn eines Verlagsbuchhändlers am 15. 11. 1901 in Dresden geboren und schon in Jugendjahren mit den Reisewerken der großen Geographen und Forschungsreisenden vertraut geworden, konzentrierten sich seine Interessen frühzeitig auf Zentral- und Ostasien mit dem Ziel, selbst einmal dort forschend tätig sein zu können.

Daraus erklärt sich die besondere Wahl seiner Studienfächer Geographie, Völkerkunde, Geologie und ostasiatische Sprachen. Berlin, Leipzig und München waren seine Studienorte. Bei E. v. Drygalski in München erwarb er mit einer anerkannten phys. geogr. Monographie des Hwang-Ho den Doktorgrad. Einige Assistensjahre bei H. Schmitthenner in Leipzig dienten der Vertiefung der Studien, bei denen er eine umfassende Kenntnis der geogr. Literatur über Ostasien gewann, die ihn befähigten, die Literaturübersichten im Geographischen Jahrbuch zu bearbeiten.

Seine zielbewußte Arbeit fand 1932 die ersehnte Erfüllung. Er wurde an die National-Universität in Peking berufen, wo er das Geographische Institut organisierte und als akademischer Lehrer tätig war. 1933–34 führte er seine erste Forschungsreise nach Nord-Ost-Tibet durch. 1934 wurde er in die Yellow River Commission berufen, in deren Rahmen ihm u. a. die Vorbereitung wasserbaulicher Arbeiten am Ober- und Mittellauf des Gelben Flusses übertragen waren.

Auf mehreren Forschungsfahrten konnte er wertvolles wissenschaftliches Material erschließen, das zunächst gemäß seinem Auftrage zum Nutzen des Gastlandes praktische Anwendung fand. Als 1938 die kriegerischen Auseinandersetzungen mit den Japanern einer weiteren ersprießlichen Arbeit ein Ende setzten, kehrte er nach Deutschland zurück, wo er aber durch den Ausbruch des 2. Weltkrieges an der Ausarbeitung seiner Forschungsmaterialien gehindert wurde. Als mit der Zerstörung Dresdens 1945 der wichtigste Teil seiner Reisetagebücher und Aufzeichnungen den Flammen zum Opfer fiel, sah er sich um den Ertrag der entbehrungsreichen Jahre betrogen. Gleichwohl versuchte er, die intensive Kenntnis Nordchinas durch weitere literarische Studien, durch einen regen Gedankenaustausch mit zahlreichen Gelehrten verschiedener Fachgebiete, von dem ein umfangreicher Briefwechsel zeugt, und durch die Bearbeitung von Teilproblemen auf Grund der ihm verbliebenen restlichen Reiseaufzeichnungen auszuwerten. Doch ehe er seine China-Studien voll aufbauen konnte, die er durch eine Reise nach China abrunden wollte, mußte er sich zunächst näherliegenden Aufgaben widmen: dem Wiederaufbau des Instituts für Geographie der Technischen Hochschule in Dresden und des Instituts für Verkehrsgeographie an der Hochschule für Verkehrswesen in Dresden. Aus diesem Aufgabenbereich stammen seine geschlossensten Veröffentlichungen: Die verkehrsgeographischen Darstellungen der Kontinente. Er selbst konnte zwar die Veröffentlichung der letzten zusammenfassenden Karte nicht mehr erleben und auch mit eigener Hand deren Auswertung nicht mehr durchführen. Aber die auf breitem Grundmaterial gebotenen Darstellungen geben Aufschluß über seine fruchtbare Arbeitsweise. In weltweiter Schau schrumpfen die modernen technischen Möglichkeiten der Verkehrserschließung der Kontinente auf die technisch beherrschten Räume zusammen, neben denen er diejenigen Verkehrsräume herauszuarbeiten verstand, in denen die Probleme der Verkehrserschließung erst noch zu lösen sind.

Günther Köhler sah, daß die vor uns stehende Aufgabe der Verkehrserschließung der Entwicklungsländer in fremden Erdstrichen von dem gegenwärtigen Zustande der Verkehrsmittel und den von Natur gebotenen Möglichkeiten der Verkehrsbewältigung ausgehen müsse. Er sah darin auch eine Aufgabe der deutschen Verkehrstechniker, die er mit seinen Studien auf einen richtigen Ansatz vorbereiten wollte. Die Berufung zum ordentl. Mitglied der Deutschen Akademie der Wissenschaften zu Berlin und der Sächsischen Akademie der Wissenschaften zu Leipzig gaben ihm neue Wirkungsmöglichkeiten, doch hinderten ihn Krankheit und schließlich sein früher Tod an der Erfüllung seiner Pläne.

Seine wissenschaftlichen Arbeiten zeigen, so wenig ihnen letzte Abrundung vergönnt war, eine Persönlichkeit von umfassender Kenntnis der Literatur, weit über das enge Fachgebiet der Geographie hinaus, eine unbestechliche Gewissenhaftigkeit, die seinen Arbeiten ein großes Maß von Zuverlässigkeit sichert, ein vorsichtiges Abwägen der auf Tatsachen begründeten Gedanken unter Vermeidung jeder voreiligen Spekulation und abhold jedem Suchen nach Effekt.

Durch seinen gütigen und hilfsbereiten Charakter hatte er sich zahlreiche Freunde gewonnen, und ein weitverzweigter Briefwechsel verband ihn mit zahlreichen Wissenschaftlern des Auslandes.

Ernst Neef

Bibliographie in: Petermanns geogr. Mitt. 102 (1958) S. 241–243.

Ludwig Binder

26. 5. 1881–12. 9. 1958

Im Alter von 77 Jahren starb in Dresden der Vizepräsident der Sächsischen Akademie der Wissenschaften zu Leipzig, das ordentliche Mitglied der mathematisch-naturwissenschaftlichen Klasse Prof. Dr.-Ing. Dr.-Ing. E. h. Ludwig Binder, Nationalpreisträger, ordentliches Mitglied der Deutschen Akademie der Wissenschaften zu Berlin, Ehrenmitglied der Rumänischen Akademie der Wissenschaften zu Bukarest.

Ludwig Binder wurde am 26. 5. 1881 zu Ingolstadt geboren. Von 1900 bis 1904 studierte er Elektrotechnik an der Technischen Hochschule München. Danach war er in der

Willy Flach
17. 1. 1903 – 17. 3. 1958

Günther Köhler
15. 11. 1901 – 11. 7. 1958

L. Binder

26. 5. 1881 – 12. 9. 1958

Industrie als Ingenieur der Berechnung, der Konstruktion und des Prüffeldes tätig. Wegen seiner besonderen Fähigkeiten rückte er bald zum Leiter eines namhaften Industrielaboratoriums auf. Während dieser 15jährigen erfolgreichen und verantwortungsvollen Praxis ließ er die wissenschaftliche Arbeit nicht aus dem Sinn. 1911 promovierte er ebenfalls wieder in München bei Ossana mit einer Arbeit „Über den Wärmeübergang auf ruhige und bewegte Luft" bei elektrischen Maschinen. 1919 erhielt er eine Berufung an die Technische Hochschule Darmstadt und kurz danach an die Technische Hochschule Dresden als Nachfolger von Kübler zur Übernahme des Lehrstuhls für „Elektrische Maschinen und Anlagen". Hier wirkte er als Hochschullehrer und Forscher 36 Jahre lang. Als am Kriegsende bei der Zerstörung Dresdens auch sein Institut in Flammen aufging, ließ er sich nicht entmutigen. Noch 10 Jahre war er nach dem zweiten Anfang in seinem Leben bis zu seiner Emeritierung im Jahre 1955 unermüdlich tätig.

Mit Ludwig Binder verliert die Akademie einen hervorragenden Vertreter der technischen Wissenschaften. Zeit seines Lebens bemühte er sich darum, die Erkenntnisse der exakten Naturwissenschaften und der Mathematik der „bildenden Technik" nutzbar zu machen. Seine Fähigkeit war vorbildlich, theoretisch verwickelte Vorgänge in einfacher Weise und handlich für die Technik darzustellen. Sein Wirkungsfeld war die Starkstromtechnik. Hier waren es zu jeder Zeit die für die Praxis vordringlichen Probleme, die er aufgriff. Seine zahlreichen Veröffentlichungen geben einen Überblick über seine vielseitige Arbeit. Als er promovierte, galt es, Generatoren und Motoren immer größerer Leistung zu berechnen und zu konstruieren. Der stürmische Ausbau der Energieversorgungsnetze stellte ihm neue Aufgaben. Die Blitzüberspannungen, also Spannungen großer Höhe, aber von ganz kurzer nach millionstel Sekunden zählender Dauer, mußten beherrscht werden. Mathematische Theorien über die nichtstationären Zustände in Netzgebilden bei solchen Spannungen lagen zwar vor. Binder war es seinerzeit, der zur raschen Lösung der drängenden technischen Aufgaben die Theorie durch das Hochspannungsexperiment ergänzte. 1928 veröffentlichte er die Ergebnisse der an seinem Institut durchgeführten Arbeiten in dem Buch „Wanderwellenvorgänge auf experimenteller Grundlage". Noch ohne Katodenstrahloszillograf wurden mit Hilfe der sinnreichen „Binder-Schleifenmethode" Blitzüberspannungen mit ihrer Anstiegszeit von einigen μs in ihrer räumlichen Ausdehnung mit dem „Metermaß" ausgemessen. Schon damals griff er mit klarem Blick die Kernfragen auf, die die moderne Höchstspannungstechnik auch heute noch bewegen: Steilheit der Wanderwellen, Windungsspannungen an Wicklungen, Überspannungsschutzgeräte. Besonders bemerkenswert sind die Arbeiten über das Verhalten der Isolierstoffe bei kurzzeitiger Beanspruchung bis herab auf Zeiten von 10^{-9}s.

Binder wußte, daß die Zeitspanne zwischen einer neuen Erkenntnis der exakten Naturwissenschaft und ihrer Nutzung in der Technik, die oftmals Jahrzehnte währt, zum Wohle der Allgemeinheit verkürzt werden kann, wenn es der technischen Wissenschaft gelingt, einfache Arbeitshypothesen gleichsam als Werkzeuge zu schaffen. Das Experiment hat dabei hervorragende Bedeutung. Mit großer Tatkraft setzte er sich deshalb immer für den

Ausbau insbesondere des Hochspannungsinstituts ein. Etwa zur Zeit der 100-Jahrfeier der Technischen Hochschule Dresden im Jahre 1928 stand dank seiner Bemühungen ein mustergültiges Hochspannungslaboratorium zur Verfügung. Auch 25 Jahre später war es wieder der Initiative Binders zu verdanken, daß die Hochspannungshalle nach der Bombardierung von Dresden rasch neu aus den Trümmern erstand. Zu seinen Ehren wurde anläßlich der 125-Jahrfeier der Technischen Hochschule dem Gebäude der Name „Binder-Bau" gegeben.

Neben seiner fachlichen Arbeit setzte sich Binder immer auch für die Allgemeinheit ein. Er war Dekan und Rektor. In der Zeit nach dem unseligen Kriege stellte er sich für die Wiedererweckung des wissenschaftlichen Lebens zur Verfügung. Schwierige Aufgaben löste er mit ruhiger und besonnener Hand als Vizepräsident der Sächsischen Akademie der Wissenschaften oder als Sekretar der Klasse Technik der Deutschen Akademie der Wissenschaften zu Berlin. Alle sind ihm dafür Dank schuldig. Viele Schüler, Mitarbeiter, Fachkollegen und Freunde werden ihm ein ehrendes Andenken bewahren.

Fritz Obenaus

Walter Goetz

11. 11. 1867–30. 10. 1958

Walter Goetz, früher ordentliches, dann auswärtiges Mitglied der philologisch-historischen Klasse, wurde am 11. November 1867 in Leipzig geboren und starb am 30. Oktober 1958 in Gräfelfing bei München. In der schönen Umgebung Münchens, wohin ihn einst seine ersten Studien an der Geschichte des Dreißigjährigen Krieges gerufen hatten, hat er zurückgezogen den abklingenden Epochen seines gesegneten Wirkens gelebt. Mehr der historischen Betrachtung als der unmittelbaren aktiven Teilnahme haben seine Arbeiten als Historiker gegolten. Seine Interessen waren dem 16. und 17. Jahrhundert zugewandt. Franz von Assisi, dem eine weit verbreitete Studie gewidmet war, die Geschichte der Reformation und vor allem die der Gegenreformation in voller Breite, das waren die Inhalte der vornehmlichen Arbeiten. Sie gipfelten in der vielbändigen Propyläen-Weltgeschichte, deren 5. Band auf Goetz selbst zurückging.

Einen gewissen Höhepunkt seiner akademischen Laufbahn stellte 1915 die Nachfolge Karl Lamprechts in der Nachfolge der Leitung des Leipziger Instituts für Kultur- und Universalgeschichte dar. Wohl setzte er die gelassenere und weitherzigere Art von Goetz vorteilhaft von der kämpferischen und gelegentlich recht streitbaren Gesinnung Lamprechts ab, aber bald mußte doch Goetz als aufrechter Demokrat nationalsozialistischem Druck weichen. Es kommt die Wendung zur Tagespolitik, die Zugehörigkeit zum Reichstage, die Ausgabe des Briefwechsels Kaiser Wilhelms II. und des Zaren Nikolaus II. und schließlich die unvollendete große Biographie des letzten Kaisers, auf deren Erscheinen die Öffentlichkeit noch wartet.

Vielen gelehrten Körperschaften ist Walter Goetz tätiges Mitglied gewesen, namentlich soweit sie in München ihren Sitz haben. Betont hat er gegen das Ende seiner Tage hin die Pflege des geistesgeschichtlichen Schwerpunktes der Geschichtsbetrachtung auch in den Zeiten der deutschen Niederbrüche in den Weltkriegen.

Hellmut Kretzschmar

Friedrich Adolf Willers

29. 1. 1883–5. 1. 1959

Am 5. Januar verstarb das ordentliche Mitglied der mathematisch-naturwissenschaftlichen Klasse Friedrich Adolf Willers, emer. ord. Professor für angewandte Mathematik an der Technischen Hochschule Dresden.

Friedrich Willers wurde am 29. Januar 1883 in Bremervörde als Sohn des Lehrers und Kantors Johannes Willers geboren. Er studierte in Jena und Göttingen; hier empfing er durch Carl Runge die entscheidenden Impulse für die mathematische Arbeit seines ganzen Lebens. Er promovierte in Göttingen und ging dann für 17 Jahre in den Schuldienst nach Charlottenburg. 1916 schloß er mit Elsa Hueg die Ehe. Elsa Willers ging seinen Weg mit bis zu seinem Tode und teilt auch heute noch Freud und Leid mit unserer Akademie und den Schülern ihres Mannes. 1924 habilitierte er sich an der Technischen Hochschule Charlottenburg und kam in engere Fühlung mit Rudolf Rothe. 1928 wurde als als Ordinarius an die Bergakademie Freiberg berufen, dort aber 1934 aus politischen Gründen emeritiert. In der erzwungenen Ruhezeit übernahm er die Herausgabe der Zeitschrift für Angewandte Mathematik und Mechanik (ZAMM). Durch seine Umsicht und seine Tatkraft gelang es ihm, dieser Zeitschrift die führende Rolle in der Welt zu erhalten. Erst 1944 wurde er wieder in sein Amt eingesetzt und als Ordinarius an die Technische Hochschule Dresden berufen. Hier erlebte er den unglücklichen Ausgang des Krieges und setzte sich mit seiner ganzen Tatkraft für den Neuaufbau der völlig zerstörten Mathematischen Institute ein. Anfang 1955 konnte er mit seinen Mitarbeitern in die neuerrichteten Gebäude einziehen. Von 1948–1954 war er Dekan seiner Fakultät. Er wurde 1952 Mitglied der Deutschen Akademie der Naturforscher „Leopoldina“, 1953 ordentliches Mitglied der Sächsischen Akademie der Wissenschaften zu Leipzig und erhielt auch 1953 den Nationalpreis. Zu seinem 70. Geburtstag wurde ihm der Doktortitel ehrenhalber von der Technischen Hochschule Darmstadt verliehen. 1955 wurde er zum korrespondierenden Mitglied der Deutschen Akademie der Wissenschaften zu Berlin gewählt.

In früheren Zeiten bis hin zu Gauß hatte die Mathematik ihre Verfahren in engster Anlehnung an die Anwendungen in der Physik, Astronomie und Geodäsie entwickelt und sie deshalb auch bis zur numerischen Durchrechenbarkeit ausgebaut. In der zweiten Hälfte des 19. Jahrhunderts fing die Mathematik an, diesen Zusammenhang mit ihren Anwendungen zu verlieren. Um dem entgegenzuwirken, entstand um die Jahrhundertwende unter Führung von Carl Runge die angewandte Mathematik als eigene Disziplin. Willers hat als

Schüler von Runge die Richtigkeit und Notwendigkeit seiner Gedanken erkannt und ihnen sein ganzes Lebenswerk gewidmet.

Willers hat über 70 Arbeiten veröffentlicht. Er hat in ihnen eine große Zahl von physikalischen, mechanischen, technischen Problemen mit mathematischen Methoden behandelt. Seine Dissertation behandelt die Torsion eines Rotationskörpers um seine Achse. Der Gedankenaustausch mit Trefftz regte ihn zu einer Reihe von Arbeiten über Schwingungen und Ausbeulungen von Platten an. Er arbeitete über die Physik des Erdinnern, über die Prüfung der Einheitlichkeit von Massenfabrikaten, über die günstigste Abbauzeit von Grubenfeldern und zeigte damit, in wie vielen scheinbar abseits liegenden Fragen mathematische Methoden zum Erfolg führen können. Ein großer Teil seiner Arbeiten behandelt die Methoden selbst; es gelang ihm, bei schon lange in der Anwendung stehenden Verfahren Verbesserungen, Vereinfachungen und Erhöhungen der Genauigkeit zu entwickeln. Seine besondere Liebe galt den mathematischen Instrumenten, und er hat selbst für besondere Bedürfnisse solche entwickelt, z. B. einen Rechenstab für Ballonfahrer. Ein Verzeichnis seiner Schriften wurde 1960 in der ZAMM veröffentlicht.

Wohl noch größere Bedeutung für die Entwicklung der angewandten Mathematik haben seine Lehrbücher. Noch zusammen mit Runge gab er den Enzyklopädieartikel: „Graphische und numerische Quadratur und Integration gewöhnlicher und partieller Integralgleichungen" heraus. Dann erschienen noch vor seiner Habilitation die Göschenbändschen „Graphische Integrationen" 1920, „Numerische Integrationen" 1923, „Mathematische Instrumente" 1926. Mit seinem Buch „Methoden der praktischen Analysis" (1928) schuf er ein Standardwerk, das 1957 in dritter Auflage erschien, 1948 ins englische übersetzt wurde und noch heute für jeden unentbehrlich ist, der praktische Methoden erlernen oder handhaben will. Nachdem er schon vorher im Archiv für technisches Messen 30 Artikel über die verschiedenen mathematischen Instrumente veröffentlicht hatte, erschien 1943 sein Buch über mathematische Instrumente, das ebenfalls einzig in seiner Art ist und eine vollständige Übersicht über die vorhandenen Instrumente und ihre Theorien gibt. Nach dem Kriege wandte er sein besonderes Interesse den elektronischen Rechenmaschinen zu und regte seinen Schüler Joachim Lehmann zum Bau einer solchen an.

Seit 1937 ist Willers alleiniger Herausgeber der Zeitschrift für angewandte Mathematik und Mechanik (ZAMM) gewesen. Es ist dies wohl die bedeutendste Zeitschrift dieses Gebietes auf der Welt, von der über die Hälfte aller Exemplare ins Ausland verkauft werden. Ihr Wiedererscheinen als einer der ersten wissenschaftlichen Zeitschriften nach 1945 ist seiner Tatkraft zu verdanken.

Mit besonderer Liebe und feinem Verständnis widmete sich Willers seinen Studenten. Um die vielfach ungenügende Vorbildung der Studenten zu verbessern, schrieb er seine „Elementarmathematik", in der er in sorgfältiger Auswahl des Stoffes und mit einer Fülle von pädagogisch sehr geschickt gewählten Beispielen dem Studenten das nötige Rüstzeug zu Beginn des Studiums gibt. Daß das Buch bereits in der neunten Auflage erschienen ist, zeigt, wie groß das Bedürfnis war und welchen Anklang er damit gefunden hat.

Friedrich Adolf Willers
29. 1. 1883 – 5. 1. 1959

Walter Goetz
11. 11. 1867 – 30. 10. 1958

Karl Kegel
19. 5. 1876 – 5. 3. 1959

Robert Schröder
3. 8. 1884 – 13. 10. 1959

So sehen wir in Willers einen Gelehrten von hohem Rang, der den Gang seines Wissenszweiges entscheidend beeinflußt hat. Durch seine Lehrbücher hat er wesentlich dazu beigetragen, den vorhandenen Stoff zu sammeln und ihn nicht nur den Fachgenossen zu vermitteln, sondern ihn durch ihre übersichtliche und ansprechende Form auch weiteren Kreisen Interessierter nahe zu bringen. Er war sich der hohen Verantwortung bewußt, die ein Gelehrter dem Ganzen der Kultur gegenüber hat und diente mit seinem Können vielen Bedürfnissen anderer Wissenschaften und der Praxis.

Ich selbst hatte die Freude, fünf Jahre in Dresden als sein Kollege zu arbeiten. Sein Feingefühl und seine vornehme Denkungsart, seine gerade und aufrechte Haltung, seine unbedingte Zuverlässigkeit, seine Bereitschaft, mir mit seiner Erfahrung und seinem Rat in wissenschaftlichen und pädagogischen Fragen zur Seite zu stehen, und sein feiner trockener Humor lassen mich mit Dankbarkeit an diese Zeit der Zusammenarbeit zurückdenken. Bei meiner Berufung nach Halle sagte mir ein erfahrener, älterer Freund: „Bleiben Sie in Dresden, Alle Vorzüge, die Halle bieten kann, können die Trennung von Willers nicht aufwiegen." So werde ich sein Andenken stets in Verehrung und Liebe bewahren.

Ott-Heinrich Keller

Bibliographie in: Zs. f. angew. Math. u. Mech. Jg 40 (1960) S. 5–8.

Karl Kegel

19. 5. 1876–5. 3. 1959

Im 83. Lebensjahre verschied am 5. März 1959 einer der hervorragendsten Vertreter der Montanwissenschaften, Dipl.-Bergingenieur Dr.-Ing. e. h. Karl Kegel, emeritierter Professor mit Lehrstuhl für Bergbaukunde, Bergwirtschaft und Brikettierung an der Bergakademie Freiberg, ordentliches Mitglied der mathematisch-naturwissenschaftlichen Klasse der Sächsischen Akademie der Wissenschaften zu Leipzig und o. Mitglied der Deutschen Akademie der Wissenschaften zu Berlin. Kegel wurde am 19. Mai 1876 in Magdeburg geboren. Nach 3jähriger Lehrzeit im Bergbau besuchte er die Bergschule in Eisleben; erst nachdem er im Braunkohlenbergbau sich vom Steiger zum Direktionsassistenten empor gearbeitet hatte, konnte er von 1901 bis 1904 die Bergakademie Berlin besuchen. Nach Tätigkeit als Berginspektor im Braunkohlenbergbau ging Kegel, der Neigung zur Lehre folgend, 1906 an die Bergschule Bochum. Im Jahre 1918 wurde er als ordentlicher Professor an die Bergakademie Freiberg berufen, wo er über Bergwirtschaftslehre, Braunkohlenbergbau, Brikettieren, Schachtabtaufen und Tiefbohrkunde sowie zeitweise über Kokereikunde vortrug. Kegel wurde ferner Direktor der bergtechnischen Abteilung des Staatlichen Braunkohlenforschungsinstitutes. Er entwickelte das Institut und Laboratorium für Brikettieren. Im Alter von 65 Jahren vom faschistischen Staat emeritiert, übernahm er 1945 erneut sein verwaistes Institut und belastete sich sogar mit dem Amt des Dekans der Fakultät für Bergbau und Hüttenwesen. Erst eine schwere Erkrankung zwang den 74jährigen, sich endgültig emeritieren zu lassen (1950). Aber unermüdlich arbeitete er – einer für ihn geschaffenen Forschungsstelle vorstehend – bis zu seinem Tode weiter.

Schon als 26jähriger Berliner Student veröffentlichte Kegel seine erste Arbeit, betitelt: „Die Entstehung des Braunkohlenbriketts“. Er entwickelte darin die Theorie der Bildung des Braunkohlenbriketts durch molekulare Nahkräfte. Sie war ein Treffer und machte ihn sofort bekannt. Dieser Aufsatz gehört zu den klassischen Veröffentlichungen der Brikettierungslehre. Die hier ausgesprochenen Erkenntnisse haben heute noch prinzipielle Geltung.

Kegels Denken galt dem Bergbau in seinem ganzen Umfange. In einem von Arbeit erfüllten, von Erfolg gesegneten Leben hat er – in vorbildlicher Weise Theorie und Praxis verbindend – in fast allen bergbaulichen Disziplinen Bedeutendes geleistet. Die Montanwissenschaft verdankt ihm 5 wertvolle Bücher: Bergmännische Wasserwirtschaft (1912) (3 Auflagen); Bergmännische Gebirgsmechanik (1941). (Die Korrekturen zur dritten Auflage las der Dahingeschiedene noch auf seinem letzten Lager); Lehrbuch der Bergwirtschaft (1931); Handbuch der Braunkohlenbrikettierung (1948); Lehrbuch des Braunkohlentagebaues (1953). In allen diesen Büchern trat Kegels eigenständige Denk- und Anschauungsweise hervor, was ihre tiefgehende Wirkung auf den Bergbau erklärt. Mit den Büchern über bergmännische Wasserwirtschaft und bergmännische Gebirgsmechanik erschloß er wissenschaftliches Neuland.

Neben diesen fünf Büchern führt Kegels Veröffentlichungsverzeichnis 130 Arbeiten auf, die die „regionale Breite“ seiner Interessen zeigen. Im großen und ganzen hat er sich seinen Arbeitsfeldern ziemlich gleichmäßig gewidmet. So entfallen 33 seiner Arbeiten auf die Gebirgsmechanik; 32 auf Fragen der Tief- und Tagebautechnik; 30 auf die Brikettierung; 14 auf die bergmännische Wasserwirtschaft und 15 auf bergwirtschaftliche Probleme.

Außer mit der Brikettiertheorie (Nahkrafttheorie 1902/03; Kapillartheorie 1929/32; allgemeine Brikettiertheorie 1949) ist Kegels Name auf dem Gebiete der Gebirgsmechanik mit der „Plattentheorie“ oder „Schichtensenkungstheorie“ der Durchbiegung des Hangenden von Grubenbauen durch den Gebirgsdruck verbunden. Seine Verdienste an der Gebirgsmechanik gehen aber weit über diese Theorie hinaus. Er war in der Tat einer der Pioniere dieses für den Bergbau und die Sicherheit der Bergleute immer wichtiger werdenden Forschungsgebietes.

Eine Würdigung der Lebensarbeit Kegels wäre nicht vollständig, gedächte man nicht seiner hochgerechten Tätigkeit als Bergbauberater im In- und Ausland. Er war es, der die große Bedeutung der Braunkohlenvorkommen Bulgariens, die heute erschlossen werden, erkannt hat, und als erster hat er das große Braunkohlenvorkommen von Ptolemais in Griechenland erkundet und in seinem ganzen Umfange entdeckt.

Hohe Ehrungen wurden Karl Kegel zuteil (1949: Nationalpreis; 1956: Verdienter Wissenschaftler der Deutschen Demokratischen Republik; 1952: Ehrendoktorwürde der Rheinisch-Westfälischen Technischen Hochschule Aachen. Er war ferner Ehrensenator der Bergakademie Freiberg und Träger der Carl-Exter-Medaille der Brennstofftechnischen Gesellschaft, deren einziges Ehrenmitglied er war).

Karl Kegel dürfte als der letzte gelten, der die bergbaulichen Disziplinen in ihrer ganzen Breite übersah. Er hat unablässig danach gestrebt, aus der empirisch gewachsenen Bergbaukunde eine Bergbauwissenschaft zu machen, von der qualitativen Beschreibung zur quantitativen Beherrschung der Erscheinungen vorzustoßen. Vom Standpunkt der Erfahrung und Beobachtung aus suchte er nach dem Allgemeinen, nach dem Gesetz. Wo die Verhältnisse so komplex waren, daß der Erfahrungsbestand nicht ausreichte, es zu finden, nahm Kegel das Wagnis der Theorie auf sich. Zähe Willenskraft und Härte gegen sich selbst zeichneten diesen Forscher und Lehrer aus, der der jungen Generation der Montanwissenschaftler Vorbild ist.

Erich Rammler

Bibliographie in: Bergakademie 11 (1959) S. 446–52.

Robert Schröder

3. 8. 1884–13. 10. 1959

In den ersten Stunden des 13. Oktober 1959 verstarb der Vizepräsident der Sächsischen Akademie der Wissenschaften zu Leipzig, das ordentliche Mitglied der mathematisch-naturwissenschaftlichen Klasse Robert Schröder völlig unerwartet an einem Herzinfakt, nachdem er am Vorabend seines Todes anläßlich der 550-Jahrfeier der Karl-Marx-Universität hoch geehrt worden war.

Robert Schröder wurde am 3. August 1884 in Rostock als ältester Sohn des Schiffskapitäns Robert Schröder geboren. Sein Vater gab später die Seefahrt auf und errichtete eine Kalkbrennerei an der Warnow in Rostock. Hier verbrachte der musikbegabte Robert Schröder eine sehr glückliche Jugendzeit zusammen mit seinen 5 Geschwistern. Erst vor der Reifeprüfung, die er mit summa cum laude bestand, entschloß er sich zum Medizinstudium, das er in Rostock, Freiburg und Berlin absolvierte. Nach bestandenem Staatsexamen war er Medizinalpraktikant an der Krehl'schen Klinik in Freiburg und dann Assistent am Pathologischen Institut bei Jores in Köln. Am 2. 12. 1909 erfolgte seine Promotion in Rostock mit dem Dissertationsthema „Über die Drüsenepithelveränderungen der Uterusschleimhaut im Intervall und Praemenstruum". 1911 kam Schröder als Assistent zu O. Sarwey an die Rostocker Universitäts-Frauenklinik, wo er sich am 31. 10. 1914 mit der Schrift „Anatomische Studien der normalen und pathologischen Physiologie des Menstruationszyklus" habilitierte. Schon 1913 hatte Schröder einen Atlas über den normalen Menstruationszyklus der Uterusschleimhaut im Hirschwald-Verlag herausgegeben. Aus seiner Feder stammen ferner die großen Handbuchartikel über „Die normale Histologie der weiblichen Geschlechtsorgane" im Handbuch der gesamten Frauenheilkunde (1914, herausgegeben von Liepmann), „Die Pathologie der Menstruation" in Biologie und Pathologie des Weibes (Halban-Seitz 1923), „Der mensuelle Genitalzyklus des Weibes und seine Störungen" Handbuch der Gynäkologie Veit-Stoeckel 1928, „Die normale Histologie der weiblichen Genitalorgane“ (Handbuch der mikroskopischen Anatomie 1930). In einer Sternstunde geboren, mit den erforderlichen anatomisch-histologischen Kenntnissen und einem immensen Fleiß ausgerüstet, gelang es Schröder, in relativ jungen Jahren eine wissenschaftliche Großtat zu vollbringen, indem er die funktionellen Zusammenhänge zwischen Ovar und Uterusschleimhaut erkannte und zur Grundlage seiner Zyklusforschungen machte. Seine zweite große wissenschaftliche Leistung ist die Erforschung der hormonalen Zusammenhänge der sogenannten Follikelpersistenz mit glandulärcystischer Hyperplasie der Uterusschleimhaut. Seine weiteren großen Arbeitsgebiete betreffen außer der Histologie des weiblichen Genitalorgans die Gonorrhoe der Frau, das Fluorproblem, die statischen Beschwerden sowie die Früherkennung und Behandlung der Carcinome. Ein Gebiet der Geburtshilfe, mit dem er sich gern beschäftigte, waren die Schwangerschaftstoxikosen.

1919 wurde Schröder zum a. o. Professor in Rostock ernannt. Auf Grund seiner wissenschaftlichen Leistungen erhielt er 1922, 38jährig, einen Ruf auf den Lehrstuhl nach Kiel. Hier legte er eine Visitenkarte besonderer Art vor, nämlich sein Lehrbuch für Gynäkologie (Verlag F. C. W. Vogel, Leipzig 1922). 1936 wurde Schröder nach Leipzig als Nachfolger von Sellheim berufen. Auf Grund seines großen Organisationstalentes und seiner enormen Arbeitsleistung behielt er das große Krankengut dieser Klinik völlig in seiner Hand. Er untersuchte jeden Zugang selbst und legte die Therapie fest. Seine Schüler lernten auf diese Weise seine Grundeinstellung zu den einzelnen Krankheitsbildern auf das Genaueste kennen. Die Patientinnen liebten ihn, nicht zuletzt auf Grund seiner humanistischen Einstellung und Wärme der kranken Frau gegenüber. Neben der umfangreichen klinischen Tätigkeit beschäftigte er sich mit allen Fragen unseres Fachgebietes, die dazu angetan waren, den Frauen zu helfen. So wurde er zum Schöpfer des Geschwulstmeldewesens, er war beteiligt an der Organisation der Schwangerenberatung. 1949 verfaßte er ein Lehrbuch für die Hebammen. Allem aussichtsreichen Neuen in der Medizin aufgeschlossen, aber kritisch gegenüberstehend, unterstützte er aufs Wärmste die Arbeiten seiner Mitarbeiter.

Als Anerkennung für seine hervorragenden wissenschaftlichen Leistungen, die nicht nur in deutschsprachigen Ländern, sondern in der ganzen Welt bekannt sind, erhielt er den Ehrendoktor der medizinischen Fakultäten der Universitäten Rostock und Freiburg sowie der mathematisch-naturwissenschaftlichen Fakultät Leipzig. Aufrichtige Verehrung wurde ihm auf seiner Asienreise (Indien, Japan) im Jahre 1957 zuteil.

Er erhielt den Nationalpreis, den Clara-Zetkin-Orden, den Vaterländischen Verdienstorden und die Auszeichnung als Hervorragender Wissenschaftler des Volkes.

Am 31. 8. 1957 erfolgte überraschend seine Emeritierung. Danach schrieb er in etwa einem Jahr sein Lehrbuch der Gynäkologie neu. Er blieb weiterhin führend in den Akademien der Wissenschaften zu Berlin und Leipzig tätig. Sein Wirken im öffentlichen Leben entsprang dem Bestreben, der guten Sache, dem Wohle der Menschheit und dem deutschen Volke zu dienen. Für niedrige Gedanken brachte er kein Verständnis auf.

Für den 16. und 17. Oktober 1959 war eine gemeinsame Tagung der mitteldeutschen Gesellschaften für Gynäkologie mit einer Festveranstaltung anläßlich des 75. Geburtstages

R. Schröders geplant, es wurde aber eine Trauerfeier. Am 16. Oktober gaben ihm die Mitglieder der Sächsischen Akademie der Wissenschaften sowie seine Fachkollegen aus dem In- und Ausland und die Bevölkerung Leipzigs das letzte Geleit zum Südfriedhof, wo die Einäscherung stattfand. Seine Urne wurde später in aller Stille in seiner geliebten Heimat in Rostock beigesetzt.

Mit Robert Schröder hat die deutsche Wissenschaft einen seiner hervorragendsten Vertreter auf dem Gebiet der Gynäkologie und Geburtshilfe verloren. Sein Vorbild als Forscher und Arzt wird bleiben. An uns wird es liegen, sein Werk getreu seinen Lehren fortzusetzen, um ihm so ein ehrendes Andenken zu bewahren.

Prof. Dr. Helmut Kyank

Bibliographie in: Wiss. Zs. der Karl-Marx-Universität 3. Jg. math.-naturwiss. Reihe (1953/54) Sonderheft (Festschr. Prof. Dr. Robert Schröder zum 70. Geburtstag gewidmet 3. August 1954) S. 111–115.

Am 22. Dezember 1959,

dem 100. Geburtstag des ordentlichen Mitgliedes

und langjährigen Sekretars

der mathematisch-naturwissenschaftlichen Klasse,

Otto Hölder

wurde ein Kranz am Grabe niedergelegt.

Schriftenverzeichnis von Arthur Scheunert

1905

1. Über den Einfluß der Körperbewegung auf die Verdauung und Nährstoffabsorption des Pferdes. Pflügers Arch. *109* (1905) 145.
2. Über die Verdauung des Pferdes bei Körperbewegung und Arbeit. Landwirtschaftl. Jahrb. *1905*, 820.

1906

3. u. W. Grimmer. Über die Verdauung des Pferdes bei Maisfütterung. Hoppe-Seylers Z. physiol. Ch. *47* (1906) 88.
4. Beiträge zur Kenntnis der Zelluloseverdauung im Blinddarm und des Enzymgehaltes der Caekalsekrete. Hoppe-Seylers Z. physiol. Ch. *48* (1906) 9.
5. u. W. Grimmer. Zur Kenntnis der in den Nahrungsmitteln enthaltenen Enzyme und ihrer Mitwirkung bei der Verdauung. Hoppe-Seylers Z. physiol. Ch. *48* (1906) 26.
6. u. Illing. Ein Beitrag Zur Kenntnis der Größe der Speichelsekretion und ihrer Abhängigkeit von der physikalischen Beschaffenheit der Nahrungsmittel. Zbl. Physiol. *19* (1906) H. 23.
7. Zum Mechanismus der Magenverdauung. Pflügers Arch. *114* (1906) 64.
8. u. W. Grimmer. Über die Funktion des Duodenums und die funktionelle Identität der Duodenal- und Pylorusdrüsen. Internat. Mschr. f. Anat. u. Physiol. *33* (1906) 336.

1907

9. Das neuerdings wieder behauptete Sortierungsvermögen des Magens im Lichte vergleichender Studien über die mechanische und resorbierende Tätigkeit dieses Organs während der Verdauung. Hoppe-Seylers Z. physiol. Ch. *51* (1907) 519.
10. u. Bergholz. Zur Kenntnis der Pankreaskonkremente. Hoppe-Seylers Z. physiol. Ch. 52 (1907) 338.

1908

11. Beiträge zur vergleichenden Physiologie der Verdauung. I. Die Verdauung von Cricetus frumentarius. Pflügers Arch. *121* (1908) 169.
12. Vorgänge im Enddarm. Handb. d. Biochemie Bd. 3, T. 2, 1908, S. 124.
13. Besonderheiten der Verdauung bei Tieren mit mehrhöhligen Magen (Wiederkäuern). Kaltblütern und Vögeln. Handb. d. Biochemie Bd. *3*, T. 2, 1908, S. 153.

1909

14. Vergleichende Studien über die Eiweißverdauung der Haustiere. I. Deutsche Tierärztl. Wschr. *17* (1909) 361.

15. u. Rosenfeld. Dasselbe II. Die Eiweißverdauung im Magen des Pferdes. Deutsche Tierärztl. Wschr. *17* (1909) 393.
16. u. Lötsch. Dasselbe III. Die Eiweißverdauung im Magen des Schweines bei Fleischfütterung. Deutsche Tierärztl. Wschr. *17* (1909) 437.
17. Vergleichende Studien über den Eiweißabbau im Magen. Otto-Wallach-Festschr. Göttingen 1909, S. 584.
18. u. Gottschalk. Beitrag zu der Lehre von der Speichelsekretion. Physiol. Zbl. *23* (1909) Nr. 8.
19. Über die Zelluloseverdauung bei den Haustieren. I. Berl. Tierärztl. Wschr. *1909*, 826.
20. u. Lötsch. Dasselbe. II. Vermag der Hund Zellulose zu verdauen? Berl. Tierärztl. Wschr. *1909*, 867.
21. u. Lötsch. Vermag der Hund Rohfaser oder Zellulose zu verdauen? Biochem. Z. *20* (1909) 10.
22. Ellenberger u. Scheunert. Die Verdauung, im Lehrbuch der Physiologie des Menschen. Herausg. von Zuntz u. Loewy. 1909, S. 469.

1910

23. Über die Zelluloseverdauung bei den Haustieren. III. Vermag Schafspeichel Zellulose zu lösen? Berl. Tierärztl. Wschr. *1910*, Nr. 5.
24. Grimmer u. Scheunert. Dasselbe. IV. Über die Methode der quantitativen Zellulosebestimmung von Simon u. Lohrisch. Berl. Tierärztl. Wschr. *1910*, Nr. 7.
25. u. Lötsch. Über die quantitative Zellulosebestimmung mit Hilfe der Methoden von Lange und Simon und Lohrisch. Hoppe-Seylers Z. physiol. Ch. *65* (1910) 219.
26. Die chemischen Bestandteile des Tierkörpers. Lehrbuch der vgl. Physiologie der Haustiere. 1910, S. 23.
27. Ellenberger u. Scheunert. Die Verdauung. Lehrbuch der vgl. Physiologie der Haustiere. 1910, S. 270.

1911

28. u. Lötsch. Fütterungsversuche mit Tilletia. Z. Infektionskrankh. d. Haustiere *9* (1911) 177.
29. Schattke u. Lötsch. CaO-, MgO-, P_2O_5-Gehalt von Heu und Hafer, nach deren Verfütterung Pferde an Osteomalazie erkrankten. Biochem. Z. *36* (1911) 240.
30. u. Schattke. Kalkarmut der Futtermittel und ihre Beziehung zur Osteomalazie von Truppenpferden. Z. Veterinärk. *1911*, H. 11.
31. Studien zur vergleichenden Verdauungsphysiologie. II. Die Magenverdauung von Cricetus frumentarius bei Fleischnahrung. Pflügers Arch. *139* (1911)131.
32. Studien zur vergleichenden Verdauungsphysiologie. III. Über die Mitwirkung von Mikroorganismen, Bakterien und Infusorien bei der Verdauung von Cricetus frumentarius. Pflügers Arch. *141* (1911) 441.
33. u. Albrecht. Kymographion mit ebener Registrierfläche für Vorlesungszwecke. Z. Biol. *56* (1911) 532.
34. Methoden zur Untersuchung des Speichels und des Inhaltes des Verdauungsschlauches und der Fäzes der Pflanzenfresser. Handb. d. biochem. Arbeitsmethoden. Bd. 3, 1911, S. 257.

1912

35. Über den Magenmechanismus des Pferdes bei der Getränkaufnahme. Pflügers Arch. *144* (1912) 411.

36. Über den Magenmechanismus des Hundes bei der Getränkaufnahme. Pflügers Arch. *144* (1912) 569.
37. Apparat zum getrennten Auffangen von Harn und Kot bei Stuten. Z. f. biol. Technik u. Methodik 2 (1912) 284.
38. u. G r i m m e r. Über eigenartige Konkremente aus einer Milchdrüsenzyste eines Pferdes. Hoppe-Seylers Z. physiol. Ch. *76* (1912) 322.
39. Magen. Handwörterb. d. Naturwiss. Bd. *6*, 1912, S. 535.
40. Darm. Handwörterb. d. Naturwiss. Bd. 2, 1912, S. 866.
41. Pankreas. Handwörterb. d. Naturwiss. Bd. *7*, 1912, S. 479.

1913

42. Studien zur vergleichenden Verdauungsphysiologie. VI. Mitteilung. Über das Schicksal getrunkenen Wassers im Magen u. Darm des Pferdes. Pflügers Arch. *151* (1913) 396.
43. W. G r i m m e r u. P. A n d r y e w s k y. Studien über die Topographie der Peroxydasen im Verdauungsschlauch und über ihren Nachweis. Biochem. Z. *53* (1913) 300.
44. u. A. S c h a t t k e. Über den Ablauf der Magenverdauung des normal gefütterten und getränkten Pferdes. Z. Tiermedizin *17* (1913) 177, 225, 273.

1914 bis 1917

45. u. A. H o v i l a i n e n. Beitrag zur Kenntnis der Darmfäulnis gesunder Pferde, gemessen durch die Phenolausscheidung im Harn. Z. Tiermedizin *18* (1914) 145.
46. Über die Schichtung des Mageninhaltes nebst Bemerkungen über ihre Bedeutung für die Stärkeverdauung. Pflügers Arch. *169* (1917) 201.

1918

47. Über den P- und Ca-Stoffwechsel des Pferdes bei alleiniger Haferfütterung. Arch. wiss. Tierheilk. *44* (1918) Suppl., 188.
48. S c h m i d t u. S c h e u n e r t. Anleitung zur mikroskopischen und chemischen Diagnostik der Krankheiten der Haustiere. M. & H. Schaper, Hannover 1918.

1920

49. Fütterungsversuch mit Roboskuchen. Berl. Tierärztl. Wschr. *1920*, Nr. 20.
50. Über Knochenweiche bei Pferden und „Dysbiose der Darmflora". Z. Infektionskrankheiten *21* (1920) H. 2.

1921

51. Die Magenverdauung der Haussäugetiere. Jb. d. Deutschen Landwirtschafts-Gesellschaft *36* (1921).
52. u. T r a u t m a n n. Zum Studium der Speichelsekretion. I. Über die Sekretion der Parotis des Pferdes. Pflügers Arch. *192* (1921) 1.
53. u. T r a u t m a n n. Zum Studium der Speichelsekretion. II. Mitteilung: Über die Sekretion der Parotis und Mandibularis des Schafes. Pflügers Arch. *192* (1921) 33.
54. Zum Studium der Speichelsekretion. III. Mitteilung: Kritik und Schlußfolgerungen. Pflügers Arch. *192* (1921) 70.
55. u. F r i t z K i o k. Zum Mechanismus der Magenverdauung beim Omnivoren. Pflügers Arch. *193* (1921) 16.

1922

56. Neue Probleme der Fütterungslehre. Illustr. Landwirtsch. Zeitung *42* (1922) Nr. 9 u. 10.
57. u. C. Brahm. Über die Verwendbarkeit von nach dem Bergellschen Verfahren im Großbetrieb entbitterten und getrockneten Lupinen zur Pferdefütterung. Illustr. Landwirtsch. Zeitung *42* (1922) Nr. 21/22.
58. C. Brahm u. Scheunert. Fütterungsversuche mit entgifteten Rangoonbohnen. Illustr. Landwirtsch. Zeitung *42* (1922) H. 49/50.
59. Klein u. Steuber. Über die Verwendbarkeit des Harnstoffs als Eiweißquelle für Wiederkäuer, zugleich ein Beitrag zur Frage der exkretorischen Funktionen der Haut. Biochem. Z. *133* (1922) 137.
60. u. Hopffe. Über die Darmflora der erkrankten Pferde und ihre Beziehung zu den Stallverhältnissen. Z. Infektionskrankheiten *23* (1922) H. 3/4.
61. Grimmer u. Hopffe. Studien über Ostitis fibrosa bei Pferden. III. Mitteilung: Weitere Untersuchungen über die Beziehungen von Darmflora und Darmgärungen zur Entstehung von Ostitis fibrosa. Z. Infektionskrankheiten *24* (1922) H. 2.
62. u. Schieblich. Über die Magendarmflora der Haustaube. Zbl. Bakteriol., Parasitenkunde u. Infektionskrankheiten *88* (1922) H. 2.
63. u. Schieblich. Studien über die Magendarmflora polyneuritischer Tauben und die Bildung antineuritischen Vitamins durch Darmbakterien. Zbl. Bakteriol., Parasitenkunde u. Infektionskrankheiten *88* (1922) H. 4.
64. Klein, Müller, Scheunert u. Steuber. Über den Grundumsatz bei Dystrophia adiposogenitalis und seine Beeinflussung durch Hypophysenextrakte. Arch. Kinderhk. *73* (1922).

1923

65. Neuzeitliche Fütterungsfragen. Märk. Landwirt *1923*, Nr. 32, 33, 34 und Blätter für Gutsreform *1923*, Nr. 23.
66. Über die neuen lebenswichtigen Bestandteile der Nahrungs- und Futtermittel (Vitamine) und ihre Bedeutung für die Landwirtschaft. Mitt. d. Deutschen Landwirtschaftsgesellschaft *1923*, St. 17.
67. Zur Frage der Verwendung der Kohlensäure bei der Grünfutterkonservierung. Märk. Landwirt *1923*, Nr. 32ff.
68. u. Schieblich. Über die bei der elektrischen Futterkonservierung ablaufenden Vorgänge. Illustr. Landwirtsch. Ztg. *43* (1923) Nr. 8.
69. Schattke u. Weise. Über den Kalk- und Phosphorsäurestoffwechsel des Pferdes bei normaler Fütterung. Biochem. Z. *139* (1923) 1.
70. Schattke u. Weise. Über die Wirkung alleiniger Haferfütterung auf den Kalk- und Phosphorsäurestoffwechsel des Pferdes. Märk. Landwirt *1923*, Nr. 32ff.
71. u. v. Pelchrzim. Über den Gehalt des Blutes verschiedener Tierarten an Zucker, Rest-N, Harnstoff-N, Kreatininkörpern und Harnsäure nach den Folinschen Methoden. Biochem. Z. *139* (1923) 17.
72. u. Bartsch. Notiz über den Einfluß normaler Zugarbeit auf die Blutzusammensetzung des Pferdes. Biochem. Z. *139* (1923) 34.
73. Schieblich u. Schwanebeck. Zur Kenntnis der Vitamine. I. Mitt. Über den Vitamingehalt des Honigs. Biochem. Z. *139* (1923) 47.
74. u. Schieblich. Zur Kenntnis der Vitamine. II. Mitt. Über die Bildung von Vitamin B durch obligate Darmbakterien. Biochem. Z. *139* (1923) 57.

75. Über die zur Zeit in Deutschland wichtigsten Fragen der Ernährungsphysiologie des Rindes. Verh. d. intern. Kongresses f. Rindviehzucht. 1923.
76. u. Krzywanek. Zur Frage der Alkalireserve im Blute lecksuchtkranker und mit Humalkal behandelter Rinder. Arch. Tierheilk. *50* (1923) 51.

1924

77. Die biologische Wertigkeit der Eiweißkörper und ihre Bedeutung für die Fütterung. Mitt. d. Deutschen Landwirtschafts-Gesellschaft. *1924*, St. 12.
78. Wiese und Weide als Quelle der Vitamine. Prakt. Landw. *1924*, Nr. 25.
79. u. Schieblich. Zur Kenntnis der Vitamine. 3. Über den Vitamingehalt des Bieres. Chemie der Zelle u. Gewebe. *12* (1924) 45.
80. Die Verdauung. Handb. d. Biochemie des Menschen und der Tiere. 2. Aufl. *5* (1924).

1925

81. u. Hermersdörfer. Zur Kenntnis der Vitamine. 4. Über den Vitamingehalt des Pferdefleisches. Biochem. Z. *165* (1925) 58.
82. u. Candelin. Zur Kenntnis der Vitamine. 5. Speicherung des Vitamin A bei jungen weißen Ratten nach Zulage von Pferdefleisch an die Mutter während der Trächtigkeit bis zum Versuchsbeginn. Biochem. Z. *159* (1919) 83.
83. Zukunftsaufgaben der deutschen Fütterung. Dt. landw. Presse *1925*, Nr. 48.
84. u. Schieblich. Über die bakteriologischen Vorgänge bei der Silagefutterbereitung. Tagesfragen zur Futterversorgung. Parey, Berlin 1925.
85. Die Bedeutung der Silagefütterung für die Ernährung und der Vitamingehalt einiger Silageproben. Arbeiten der deutschen Landwirtschaftsgesellschaft, H. 331. 1925.
86. Klein u. Streuber. Über die Verdaulichkeit und den Nährwert von Roggenkleien verschiedenen Ausmahlungsgrades und von Roggenkeimen. Z. Tierzüchtung u. Tierernährung *3* (1925) 343.

1926

87. Die Anwendung einiger neuer Ergebnisse der Vitamin-, Mineralstoffwechsel- und Eiweißforschung. Deutsche Landwirtschaftl. Tierzucht *1926*, Nr. 1.
88. Methoden zur Untersuchung des Speichels und des Inhaltes des Verdauungsschlauches und der Faeces der Pflanzenfresser. Abderhaldens Handb. d. biol. Arbeitsmethoden, Abt. IV, Teil 6, 6 I, 1926.
89. Beitrag zum Gehalt der Butter an Vitamin A unter dem Einfluß der üblichen Fütterung. Milchwirtschaftl. Forschungen *3* (1926) 117.
90. u. C. Müller. Einfluß von Bewegung und sportlicher Höchstleistung auf die Blutbeschaffenheit des Pferdes. Pflügers Arch. *212* (1926) 468.
91. u. Krzywanek. Über reflektorische Schwankungen der Blutkörperchenmenge. Pflügers Arch. *212* (1926) 477.
92. Die Ernährung der Familie. Mitt. d. Deutschen Landwirtschaftsgesellschaft 1926.
93. Über den Vitamingehalt der Milch. Illustr. Landw. Ztg. *46* (1926).
94. Der Wert der Milch in der täglichen Kost. Die Volksernährung *1* (1926) 207.
95. u. Krzywanek. Weitere Untersuchungen über Schwankungen der Blutkörperchenmenge. Pflügers Arch. *213* (1926) 198.
96. Die bakteriellen Vorgänge bei der Grünfutterkonservierung. Arbeiten der Deutschen Landwirtschaftsgesellschaft *1926*, H. 34.
97. Der Vitamingehalt der deutschen Nahrungsmittel. Z. medizin. Chemie *4* (1926).

98. Einiges über die Vitamine. Reichsgesundheitsblatt Nr. 27, 1926.
99. Über den Vitamin-B-Gehalt der aus den Abfällen der Maisstärke-Gewinnung von den Deutschen Maizena-Werken hergestellten Futtermittel. Züchtungskunde *1* (1926) 638.
100. Pasteurisierte Flaschenmilch. Südd. Molkereiztg. *1926*, 1090.
101. Die Bedeutung der Vitamine im Haushalt. Landfrauen-Kalender 1926.
102. Wie sind Zuckerrübenblatt und Schnitzel ernährungsphysiologisch zu beurteilen? Z. „Zuckerrübenbau" *1926*, H. 9/10.
103. u. Krzywanek. Die Milz als Reservoir roter Blutkörperchen. Klin. Wschr. *5* (1926) Nr. 36.
104. u. Krzywanek. Über die Beziehungen der Milz zu den Schwankungen der Menge der roten Blutkörperchen. Pflügers Arch. *215* (1926) 187.
105. u. Schieblich. Vergleich des Gehaltes von Frischhefe und der daraus hergestellten Trockenhefe an Vitamin B. Chemie der Zelle u. Gewebe *13* (1926) 79.
106. Über die Verwendung von norwegischem Fischheringsmehl bei der Fütterung von Milchkühen. Der prakt. Landwirt *1926*. Nr. 41/42.
107. Methoden zur Untersuchung des Speichels und des Inhaltes des Verdauungsschlauches und der Faeces der Pflanzenfresser. Hdb. d. biolog. Arbeitsmethoden 1926.

1927

108. u. Lindner. Über Rattenpolyneuritis infolge Vitamin-B-Mangels. Krankheitsforschung *4* (1927) 389.
109. u. Lindner. Über neue pellagraartige Mangelerscheinungen bei vitamin-B-armer Ernährung weißer Ratten. Krankheitsforschung *5* (1927) 268.
110. Vitamine und Grünfütterung. Dt. Landw. Tierzucht 2 (1927) 125.
111. u. Schieblich. Ist der Taubenversuch zum Nachweis von Vitamin B in frischem und konserviertem Grünfutter geeignet? Z. Tierzüchtung u. Züchtungsbiologie *8* (1927) 315.
112. Über den Vitamingehalt der bei der Margarinefakrikation verwendeten technischen Sojaphosphatidpräparate. Z. Untersuch. d. Lebensmittel *54* (1927) 302.
113. Über den Gehalt von Weizen- und Roggenkeimen an Vitaminen. Biochem. Z. *183* (1927) 113.
114. u. Schieblich. Über die Bildung von Vitaminen durch Bac. vulgatus und den Einfluß des p_H der Nährlösung auf die Menge des gebildeten Vitamins B. Liebigs Ann. Chem. *453* (1927) 249.
115. u. Schieblich. Weiterer Beitrag zum Vitamingehalt des Bieres. Biochem. Z. *186* (1927) 224.
116. Über den Vitamingehalt der für die Fütterung wichtigen Rübenarten. Z. f. Züchtungskunde 2 (1927) 264.
117. Neue Erfahrungen auf dem Gebiet der Vitaminforschung unter besonderer Berücksichtigung der Verhältnisse in der Schweinezucht. Landw. Wschr. *29* (1927) 458.
118. u. Schieblich. Bildung von Vitamin B durch Bac. vulgatus (Flügge) Migula aus vitaminfreien Nährlösungen. Biochem. Z. *184* (1927) 58.
119. u. Schieblich. Über das verschiedene Verhalten von Tauben und Hühnern bei Deckung ihres Vitamin-B-Bedarfes durch frisches, grünes Pflanzenmaterial. Biochem. Z. *186* (1927) 222.
120. Über den Vitamingehalt der Silagefutter. Z. Tierzüchtung u. Züchtungsbiologie *8* (1927) 349.
121. Untersuchungen über den Vitamingehalt der „Friedrichswerther Zuckerwalze". Friedrichsw. Monatsber. Mai 1927, S. 52.
122. Die Ernährung der Familie. Leipziger Ernährungswoche. 1927, S. 4.
123. Die ernährungsphysiologische Bedeutung der Milch. Leipziger Ernährungswoche 1927, S. 17.
124. Grünfütterungsfragen. Tagung der D. L. G. April 1927.

125. u. Krzywanek. Weiteres über die Milz als Blutkörperchenreservoir. Pflügers Arch. *217* (1927) 261.
126. u. Krzywanek. Die Milz als Blutkörperchenreservoir. Z. Tierzüchtung u. Züchtungsbiologie *9* (1927) 113.
127. Das Wiederkauen. Bethe, Handb. d. normalen u. pathol. Physiol. *3* (1927) 379.
128. u. Schieblich. Einfluß der Mikroorganismen auf die Vorgänge im Verdauungstraktus bei Herbivoren. Bethe, Hbd. d. normalen u. pathol. Physiol. *3* (1927) 967.
129. Fütterung der Milchkühe in bezug auf Höchstleistungen. Landw. Vereinsblatt Ostfriesland *55*, März 1927.
130. Ausnutzung der Leistungsfähigkeit der Kühe durch zweckentsprechende Fütterung. Mitt. d. D. L. G. *1927*, 633.
131. Das neue Lebensmittelgesetz. Dtsch. med. Wschr. *1927*, Nr. 28.
132. Über den Einfluß der Erhitzungsdauer auf den Nährwert der Kost. Münch. med. Wschr. *1927*, 1134.
133. u. Wagner. Über den Einfluß des Kochens auf den Nährwert und den sog. Anschlagswert der Nahrung. Münch. med. Wschr. *1927*, 1134.
134. u. Wagner. Über den Einfluß des Kochens auf den Nährwert des Hühnereies. Dtsch. med. Wschr. 1927, Nr. 30.
135. u. Wagner. Über den Einfluß der Erhitzungsdauer auf den Nährwert einer gemischten, unter Zugabe von roher und verschieden erhitzter Milch verabreichten Kost. Klin. Wschr. *6* (1927) 217.
136. Die Bedeutung der Silagefütterung für die Ernährung und der Vitamingehalt einiger Silageproben. Arbeiten der D. L. G., H. 331, 1927.

1928

137. Schieblich u. Wagner. Weitere Untersuchungen über die angebliche Unterwertigkeit gekochter Eier gegenüber Rohei. Dtsch. med. Wschr. *1928*, Nr. 17.
138. Entfällt.
139. Einige ausländische Versuche über die Bedeutung der Milch für die Ernährung der Kinder. Reichsmilchausschuß, Schriftenreihe 2, 1928.
140. Vollwertige Ernährung, Vitamine, Rohkost und Kochen, Land und Frau 1928.
141. Die Bedeutung der Hefe. Brennerei-Zeitung 1928.
142. Alte und neue Probleme der Ernährungsphysiologie. Z. angew. Ch. *41* (1928) 779.
143. Schieblich u. Reschke. Über den Vitamingehalt von „Biovita". Dtsch. Landw. Presse *1928*, 466.
144. Über den Einfluß des Kochens auf den Nährwert der Kost. Mutter und Kind *1928*, 101.
145. Wie sollen wir uns ernähren? Land und Frau *1928*, 349, 369.
146. Fütterung in Notzeiten unter Berücksichtigung des Vitaminbedürfnisses und der Vollwertigkeit der Ration. Z. d. Landwirtschaftskammer Niederschlesien 3. Nov. 1928, S. 1339.
147. Die physiologische Bedeutung der Rohkost. Verh. d. Ges. f. Verdauungs- u. Stoffwechselkrankheiten, VIII. Tag. in Amsterdam, Sept. 1928, S. 166.
148. u. Schieblich. Über den Vitamin-B-Gehalt von unter Zusatz verschieden großer Hefemengen gebackenen Weizenbroten. Biochem. Z. *202* (1928) 380.
149. Die Vitaminversorgung der deutschen Bevölkerung. Gewerbefleiß *107*, Nov. 1928.
150. u. Wagner. Über die Beeinflussung des Vitamingehaltes einiger Nahrungsmittel bei der Verwendung von Drucktöpfen. Hauswirtsch. in Wissenschaft u. Praxis *1* (1928) 11.

151. u. Krzywanek. Die Unersetzbarkeit der Milz als Blutkörperchen-Reservoir. Pflügers Arch. *221* (1928) 435.
152. u. Richter. Der Wert der Sojabohne als Futtermittel. Fortschr. d. Landwirtsch. *3* (1928) 1130.

1929

153. Vitamin-A-Gehalt von Leinsamen, Leinsamenkuchen und Leinöl. Züchtungskunde *4* (1929) 30.
154. Sollen Schulkinder Milch trinken? Zeitungsdienst d. Reichsmilchausschusses 3 (1929).
155. u. Wagner. Über den Nährwert von rohem und gekochtem Eidotter. Dtsch. med. Wschr. *1929*, Nr. 10.
156. u. Wagner. Weitere Untersuchungen über die Beeinflussung des Vitamin-C-Gehaltes von Gemüsen bei Benutzung von Drucktöpfen unter milden Bedingungen. Hauswirtschaft in Wissenschaft u. Praxis 2 (1929) 14.
157. u. Schieblich. Über eine auf dem Schutzversuch beruhende Methode zur Wertbestimmung von Vitamin-D-Präparaten. Klin. Wschr. *8* (1929) 699.
158. Die Bedeutung der Mineralstoffe für die tierische Ernährung. Mitt. d. D. L. G. *1929*, 336.
159. Beitrag zum Vitamingehalt der Wiesen- und Weidegräser. Biochem. Z. *207* (1929) 447.
160. u. Schieblich. Zur Frage der Toxizität bestrahlter Ergosterinpräparate. Klin. Wschr. *8* (1929) 983.
161. Der Vitamingehalt der deutschen Nahrungsmittel. I. Teil: Obst und Gemüse. Schriftenreihe „Die Volksernährung", Heft 8, Julius Springer, Berlin 1929.
162. u. Schieblich. Zur Wertbestimmung von Vitamin-D-Präparaten. I. Biochem. Z. *209* (1929) 290.
163. Reschke u. Schakir. Über den Vitamin-D-Gehalt handelsüblicher Fischmehle. Vorläufige Mitteilung. Z. Tierzüchtung u. Züchtungsbiologie *15* (1929) 273.
164. u. Schieblich. Über den Vitamin-B-Gehalt verschiedener Hefen und damit hergestellter Weizenbrote. Biochem. Z. *212* (1929) 80.
165. Schieblich u. Rodenkirchen. Beiträge zur Frage der sog. Refektion. I. Mitt.: Methodisches zum Vitamin-B-Nachweis. Biochem. Z. *213* (1929) 226.
166. u. Schieblich. Vergleichende Untersuchungen über den Gehalt von Frischhefe und daraus hergestellter Trockenhefe an Vitamin B. Biochem. Z. *213* (1929) 220.
167. Unser täglich Brot. Die medizin. Welt *1929*, Nr. 41.
168. u. Krzywanek. Die Verdauung des Pferdes. Hdb. d. Ernährg. u. d. Stoffw. d. landwirtschaftl. Nutztiere, herausgeg. v. Mangold, Bd 2, S. 237, Berlin 1929.
169. u. Bertram. Über Fütterung von Milchtieren mit einer aus Haferstroh und Kraftfuttermitteln bestehenden Vitamin-A-armen Ration und deren Ergänzung. Tierernährung *1* (1929) 70.
170. Seefische als wertvolle Vitaminträger. Die Volksernährung H. 23, 5. Dez. 1929.
171. Krzywanek u. Zimmermann. Zum Studium der Speichelsekretion. IV. Mitt.: Die Dauersekretion der Parotis des Schafes und ihre Bedeutung. Pflügers Arch. 223 (1929) 453.
172. Krzywanek u. Zimmermann. Zum Studium der Speichelsekretion. V. Mitt.: Der Einfluß verschiedener Reize auf die Sekretion der Parotis des Schafes. Pflügers Arch. 223 (1929) 462.
173. u. Krzywanek. Zum Studium der Speichelsekretion. VI. Mitt.: Über die an der Dauersekretion des Schafes beteiligten Drüsen und die Zusammensetzung des von ihnen gelieferten Sekretes. Pflügers Arch. 223 (1929) 472.
174. Über die Sekretion der Parotis des Schafes. Baum-Festschrift S. 297, Schaper, Hannover 1929.
175. Kochgefäß, Erhitzung und Nährwert. Hauswirtschaft in Wissenschaft und Praxis 2 (1929) 1.

1930

176. u. Rodenkirchen. Beeinflußt die Beifütterung von KJ die Zusammensetzung der Darm- und Kotflora? Tierernährung *1* (1930) 206.
177. Der Vitamingehalt der wichtigsten Nahrungsmittel. Fortschr. d. Therapie *6* (1930) 129.
178. u. Bischoff. Über den Nährwert reiner Fleischkost, hergestellt aus rohem, gekochtem und autoklaviertem Muskelfleisch bei Ratten. Biochem. Z. *219* (1930) 186.
179. Der Gehalt der wichtigsten Lebensmittel an Vitaminen. Z. ärztl. Fortbildung *1930*, 221.
180. u. Schieblich. Vitamine der Milch. Hdb. d. Milchwirtschaft, herausgeg. v. Winkler-Grimmer-Weigmann, Verlag Julius Springer, Wien 1930.
181. Der Vitamingehalt der deutschen Nahrungsmittel. II. Teil: Mehl und Brot. Schriftenreihe „Die Volksernährung", H. 8, Julius Springer, Berlin 1930.
182. u. Krzywanek. Beitrag zur Frage des Eiweißersatzes durch Harnstoff bei wachsenden Wiederkäuern. Berl. tierärztl. Wschr. *46* (1930) 389.
183. Zum Vitamin-A-Gehalt der Margarine. Klin. Wschr. *9* (1930) 1247.
184. Genießen wir genug Vitamine? Die Umschau in Wissenschaft und Technik *34* (1930) 561.
185. Der Vitamingehalt der deutschen Nahrungsmittel. I. Teil: Obst und Gemüse. 2. Aufl. Schriftenreihe „Die Volksernährung", H. 8, Julius Springer, Berlin 1930.
186. Über das Vorkommen von antirachitischem Vitamin in Grünfutter und Heu. Berl. tierärztl. Wschr. *46* (1930) 746.
187. u. Reschke. Über den Vitamin-D-Gehalt verschiedener Gräserarten bei verschiedener Herkunft und Düngung. Tierernährung 2 (1930) 262.
188. Reschke u. Specht. Beitrag zur Frage der Mineralsalzfütterung an Milchtiere. Tierernährung 2 (1930) 253.

1931

189. u. Reschke. Über den Vitamingehalt von Speisepilzen und Pilzgerichten. Dtsch. med. Wschr. *1931*, 349.
190. Über Zucker, Rohzucker und Rohrzucker. Haushalt und Wirtschaft *6* (1931).
191. Stand der Mineral- und Vitaminversorgung beim Milchvieh. Mitt. d. D. L. G., St. 18 u. 19. 1931.
192. Gemüse als Vitaminquelle. Dtsch. med. Wschr. *1931*, 835.
193. u. Reschke. Über den Vitamin-A-Gehalt von Milchschokolade. Z. Untersuch. Lebensmittel *61* (1931) 337.
194. Die Bedeutung der Seefische für unsere Ernährung. „Nordsee", Juli 1931.
195. u. Wagner. Über das Verhalten des Vitamin-A-Gehaltes der Butter bei verschiedener Erhitzungsweise. Biochem. Z. *236* (1931) 29.
196. u. Reschke. Über den angeblichen Vitamin-C-Gehalt des Kaffees. Klin. Wschr. *1931*, 1452.
197. Über die ernährungsphysiologische Bedeutung und den Vitamingehalt von Konserven. Ärztl. Rundschau *1931*, 241.
198. Über den Vitamingehalt von Eigelb-Extrakten. Margarine-Industrie *1931*, 218.
199. Die Konserve in ihrer allgemeinen ernährungsphysiologischen Bedeutung. Hauswirtschaft in Wissenschaft und Praxis *4*, Dez. 1931.
200. Vitamingehalt der Futtermittel. Dtsch. tierärztl. Wschr. *1931*, 750.
201. Magen, Handwörterbuch der Naturwissenschaften, 2. Aufl., *6* (1931) 622.

1932

202. u. Krzywanek. Die Kost in bäuerlichen Haushaltungen. Beih. z. Z. Ernährung, H. 1. Verlag Johann Ambrosius Barth, Leipzig 1932.
203. u. Schieblich. Vitamine und Avitaminosen. Tierheilkunde und Tierzucht *10* (1932) 536.

204. Bemerkungen zu der Arbeit von L. P. Rosenow: „Über das Vitamin der Massenbildung". Biochem. Z. *245* (1932) 494.
205. Über die Bedeutung der Eiweißmenge für das Wachstum junger Tiere und die Fortpflanzung. Z. f. Pelztier- u. Rauchwarenkunde *4* (1932) 38.
206. Welche Vitamine unterscheidet man? Z. ärztl. Fortbildung *29* (1932) 334.
207. Kann das deutsche Obst das ausländische bezüglich des Vitamingehaltes voll ersetzen? Z. ärztl. Fortbildung *29* (1932) 361.
208. Der Einfluß des Kochens der Kost auf Nährwert und Vitamine. Das Gas- u. Wasserfach *75* (1932) 567.
209. Pankreas. Handwörterbuch d. Naturwissenschaften 2. Aufl. *7* (1932) 698.
210. Sachsse u. Reschke. II. Über den Vitamingehalt von Tiermehl, Fleischmehl, Fleischknochenmehl, Knochenschrot, Blutmehl und Walmehl. Z. Züchtung, (B) *25* (1932) 163.
211. u. Venus. Über den Nährwert des Muskelfleisches für Wachstum und Fortpflanzung. Biochem. Z. *252* (1932) 231.
212. Darm. Handwörterbuch d. Naturwiss. 2. Aufl. 1932.

1933

213. Ernährung in Notzeiten. Z. Ernährung *3* (1933).
214. Der gegenwärtige Stand der chemischen Vitaminforschung. Dtsch. med. Wschr. *1933*, 241.
215. Vitamine. Handbuch der Lebensmittelchemie, herausgeg. v. Bömer, Juckenack u. Tillmanns *1* (1933) 768.
216. Die Bedeutung der Butter für die Ernährung. Zeitungsdienst des Reichsmilchausschusses *7* (1933) Nr. 2/3, Sp. 7.
217. Reschke, Schakir u. Sachsse. V. Über den Gehalt der Fischmehle an Vitamin D. Landw. Versuchsstationen *115* (1933) 241.
218. Konservierte Nahrung. Südd. Monatsh. Mai 1933, 471.
219. Ein Zwiegespräch über die Grundlagen richtiger Ernährung. Deutsches Kochbuch, herausgeg. v. Frau Jecker u. Frau Margis. 1933, S. 21.
220. Warum sollen wir Kartoffeln essen? Flugblatt, herausgeg. v. d. Kartoffelbaugesellschaft, Berlin 1933.
221. Volksernährung und Konservierungstechnik. Z. Fleisch- u. Milchhygiene *43* (1933) 385.
222. u. Schieblich. Eine Methode, Vitamin A quantitativ zu bestimmen und in internationalen Einheiten auszudrücken. Biochem. Z. *263* (1933) 444.
223. u. Schieblich. Über die Haltbarkeit des internationalen Standardcarotins in öliger Lösung. Biochem. Z. *263* (1933) 454.
224. Die Sternguckerkrankheit junger Löwen – eine Vitamin-B_1-Avitaminose. Der Zoologische Garten (NF) *6* (1933) 182.
225. Schieblich u. Reschke. Über den Vitamingehalt von Eviunis (Vitophos). Z. Untersuch. Lebensmittel *66* (1933) 271.
226. Kuhn u. Brockmann, unter Mitwirkung v. Scheunert u. Schieblich. Über die Wachstumswirkung der Carotine und Xanthophylle. Hoppe-Seylers Z. physiol. Ch. *221* (1933) 129.
227. u. Schieblich. Über den Vitamingehalt der Kartoffelschlempe. Tierernährung *5* (1933) 653.
228. Über Vitamine. Auszug des von Prof. Scheunert-Leipzig am 18. Dezember 1933 im Landwirtschaftlichen Klub Mannheim gehaltenen Vortrags. Verhandlungsbericht des Landwirtschaftl. Klubs Mannheim.

1934

229. Das Ei und seine Bedeutung für die menschliche Ernährung. Dtsch. landw. Geflügelzeitung *37* (1934) 419.

230. u. Schieblich. Über den Einfluß künstlicher und natürlicher Trocknung auf den Vitamingehalt der Luzerne. Tierernährung *6* (1934) 112.

231. u. Schieblich. Über den Vitamingehalt altgelagerten Heues, eine Ergänzung zur Arbeit von Klemola. Tierernährung *6* (1934) 133.

232. Verdauung. Handwörterbuch d. Naturwiss. 2. Aufl. (1934) S. 178.

233. Gedanken und Anregungen zur Werbung für deutsche Lebensmittel auf ernährungsphysiologischer Grundlage. Nach einem beim Deutschen Landwirtschaftsrat am 25. Nov. 1932 gehaltenen Vortrag (als Manuskript gedruckt).

234. Früchte essen, nicht vergessen! (Flugblatt.)

235. Spargel ist gesund! (Flugblatt!)

236. Die Vitaminversorgung der deutschen Bevölkerung. – Vortrag gehalten am 5. Mai 1934, anläßlich der „Akademischen Woche" des NSLB in Leipzig, erschienen im Mitteilungsblatt Nr. 4 des NSLB Sachsen vom 15. Heuert 1934.

237. Vergleichende Untersuchung der physiologischen Wirkungen fortgesetzten Genusses von Nahrungsmitteln, die mit und ohne Handelsdünger gezogen sind. Autoreferat aus Z. Pflanzenernährung, Düngung u. Bodenkunde (B) *13* (1934) 337.

238. Verdauung der Wirbeltiere. Hdb. d. Biochemie d. Menschen u. d. Tiere. 2. Aufl., Ergänzungswerk, 2. Bd. S. 430, Verlag Fischer, Jena 1934.

239. Sachsse u. Specht. Über die Wirkung fortgesetzter Verfütterung von Nahrungsmitteln, die mit und ohne künstlichen Dünger gezogen sind. Biochem. Z. *274* (1934) 372.

240. Sachsse u. Specht. Über die Wirkung fortgesetzter Verfütterung von Nahrungsmitteln, die mit und ohne künstlichen Dünger gezogen sind. Sonderdruck des Deutschen Kalisyndikates (Abdruck aus Biochem. Z., erweitert durch große Tabellen und Kurven).

241. Untersuchung der Wirkung fortgesetzten Genusses von Nahrungsmitteln, die mit und ohne künstlichen Dünger erzeugt worden sind. Vortrag gehalten in der Leipziger ökonomischen Societät am 3. Dezember 1934.

242. Vergleichende Untersuchung der physiologischen Wirkungen fortgesetzten Genusses von Nahrungsmitteln, die mit und ohne Handelsdünger gezogen sind. Angew. Chem. *48* (1935) 42.

243. Vergleichende Untersuchung der physiologischen Wirkungen fortgesetzten Genusses von Nahrungsmitteln, die mit und ohne Handelsdünger gezogen sind. Forschungen u. Fortschritte *11* (1935) 159.

244. Vergleichende Untersuchung der physiologischen Wirkungen fortgesetzten Genusses von Nahrungsmitteln, die mit und ohne Handelsdünger gezogen sind. Erg. d. Agrikulturchemie *3* (1934) 99.

245. Über die Wirkungen fortgesetzten Genusses von Nahrungsmitteln, die mit und ohne Kunstdünger gezogen sind. Mschr. Krebsbekämpfung, *4* (1936) H. 10.

246. u. Schieblich. Über den Vitamin-A-Gehalt des Herings. Z. Untersuchung Lebensmittel *68* (1934) 409.

247. u. Schieblich. desgl. Veröffentlichung in deutscher u. russischer Sprache auch in Wissenschaftl. Berichte des Veterinärinstituts zu Kazan (U. S. S. R.) *44* (1934).

1935

248. u. Schieblich. Zur Frage der Wirkung langdauernder Fütterung mit Tomaten Z. Unters. Lebensmittel *69* (1935) 127.

249. u. Schieblich. Über den Vitamingehalt frischer Sojabohnen. Tierernährung 7 (1935) 198.

250. u. Schieblich. Vitamine (Methodik). Handb. d. Lebensmittelchemie, hrsg. von Bömer, Juckenack u. Tillmans, Bd. II, Teil 2, Verlag Julius Springer, Berlin 1935.

251. Schieblich u. Reschke. Über den Vitamin-D-Gehalt einiger eßbarer Pilze. Hoppe-Seylers Z. physiol. Ch. *235* (1935) 91; (IV. Congr. International Techn. et chim. des Ind. Agricoles, Brüssel, 1935).

252. u. Schieblich. Über die Resorption von Vitamin B im Dünndarm. Berichte d. Math.-Phys. Klasse d. Sächs. Akademie d. Wissenschaften zu Leipzig, Bd. 87, S. 179 (Sitzung vom 17. Juni 1935).

253. u. Brüggemann. Über Eisenresorption bei Ileumfistelhunden. Berichte d. Math.-Phys. Klasse d. Sächs. Akad. d. Wissenschaften zu Leipzig, Bd. 87, S. 171 (Sitzung vom 17. Juni 1935).

254. Die wichtigsten Ergebnisse der Vitaminforschung. Z. ärztl. Fortbildung *32* (1935) 581.

255. u. Schieblich. Über den Vitamingehalt des Bieres. Z. Vitaminforsch. *4* (1935) 294.

256. Sur la teneur en vitamines B de la levure fraiche, de la levure sèche et des extraits de levure, et sur la teneur en vitamines de la bière. (IV. Int. Congr. Brüssel 1936.)

257. Über richtige Ernährung und Ernährungsschäden. Der deutsche Pelztierzüchter, *1935*, H. 24. (Referat eines Vortrages, der anläßlich des Lehrganges für Pelztierzüchter am 26. 11. 1935 in Leipzig gehalten wurde.)

1936

258. u. Schmidt-Hoensdorf. Zur Kenntnis der Avitaminosen junger Raubtiere. Der Zoologische Garten (NF) *8* (1936) 113.

259. u. Schieblich. Über den Vitamin-B-Gehalt von Holzzuckerhefe. Tierernährung *8* (1936) 113.

260. u. Schieblich. Über den Einfluß der Düngung auf den Vitamin-B_1-Gehalt von Weizen. Tierernährung *8* (1936) 120.

261. u. Schieblich. Untersuchungen über den Vitamin-A-, -B_1- und -B_2-Gehalt von Heuproben aus Kalidüngungsversuchen. Tierernährung *8* (1936) 125.

262. u. Schieblich. Über den Vitamingehalt der Samenkörner der blauen Süßlupine, Stamm 411. Tierernährung *8* (1936) 132.

263. Zur Frage der Bedeutung von Mehl und Brot für die Deckung des Vitamin-B-Bedarfs. Ernährung *1* (1936) H. 2.

264. u. Schieblich. Über Vitaminbildung durch Aspergillus oryzae. Biochem. Z. *286* (1936) 66.

265. Über die Bedeutung der Vitamine A, B_1 und B_2 in der Broternährungsfrage. Forrog-Blätter *3*, Nr. 7 (1936).

266. Stellungnahme zu Strunz. Brot oder Kartoffel? Eine Frage und drei Antworten. Forrog-Blätter *3*, Nr. 8 (1936) 77.

267. Hierzu schreibt Scheunert. Stellungnahme zu Pelshenke: Wie können wir in Deutschland die Brot- und Gebäckqualität verbessern? Forrog-Blätter *3*, Nr. 9 (1936) 83.

268. Reschke u. Kohlemann. Über den Vitamin-C-Gehalt der Kartoffeln. I. Biochem. Z. *288* (1936) 261.

269. Broternährung und Ausmahlungsgrad des Mehles. Forschungsdienst, Sonderheft *4*, 1936 (Halle, Weizentagung).

270. u. Schieblich. Vitamine und Avitaminosen. Stang-Wirth, Tierheilkunde u. Tierzucht, Erg.-Bd. 1936.

1937

271. Vitamintabelle der wichtigsten Nahrungsmittel. Handb. d. biolog. Arbeitsmethoden, herausgeg. v. Abderhalden, Abt. V. Teil 3 B, S. 1361 (1937).
272. Zur Frage der Vitaminisierung der Margarine. Die Ernährung *2* (1937) 50.
273. Die Stellung des Brotes in der menschlichen Ernährung. Int. Kongreß 1936. Leipzig, Verlag Mehl und Brot, Berlin NW 7.
274. Vitamine in Mehl und Brot. Mehl und Brot, Nr. 44 (1936) 8–9, engl. Übersetzung in the Bakers technical Digest, Chicago, USA 961–965.
275. u. Rau. Über den Einfluß verschiedener Vitamin-A-Mengen auf den Vitamin-B_1-Bedarf. I. Mitt. z. Synergismus der Vitamine. Hoppe-Seylers Z. physiol. Ch. *246* (1937) 267.
276. u. Schieblich. Vitamin-C-Bildung im Rattenorganismus bei verschiedenen Ernährungsmängeln. Hoppe-Seylers Z. physiol. Ch. *246* (1937) 272.
277. Die Bedeutung der pflanzlichen Eiweißstoffe für die tierische und menschliche Ernährung. Forschungsdienst, Sonderheft *5*, S. 15 (Vortrag in Göttingen am 17. 9. 1936).
278. Über die Verwendung von Seemuscheln in der Volksernährung. Die Ernährung *2* (1937) 147.
279. u. Petzold. Untersuchungen über Beziehungen der Hundestaupe zu Vitaminmängeln. Tierernährung *9* (1937) 147.
280. u. Schieblich. Weitere Untersuchungen über den Vitamin-B-Gehalt von Holzzuckerhefe, zugleich ein Beitrag zur Frage der Vitaminbildung durch Hefen. Tierernährung *9* (1937) 173.
281. Reschke u. Kohlemann. Über den Vitamin-C-Gehalt der Kartoffel II. Biochem. Z. *290* (1937) 313.
282. u. Schieblich. Über den Vitamingehalt von Weizen und Roggen und der daraus hergestellten Mehle und Brote. Biochem. Z. *290* (1937) 398.
283. Volksernährungsfragen der Gegenwart und ihre experimentelle Beantwortung. Forschungsdienst *3* (1937) 519.
284. u. Reschke. Über die Grünung von Gemüsekonserven im Hinblick auf ihren Vitamin-C-Gehalt. Z. Unters. Lebensmittel *74* (1937) 21.
285. u. Schieblich. Über die quantitative Bestimmung des Vitamin B_1 im Rattenversuch und die Haltbarkeit des Internationalen Standard-Präparates für das Vitamin B_1 (Vortrag in Scheveningen 1937, Sammel-Referat Bd. 1. S. 13–19, 5. Internat. Kongreß d. Chemie u. Techn. d. landwirtschaftl. Industrien, Scheveningen, 1937).
286. Vitamingehalt der Seefische. Vortrag in Wesermünde 1937, Deutsche Fischerei-Rundschau *1937*, H. 15.
287. Milchpropaganda. Referat auf dem XI. Milchwirtschaftl. Weltkongreß Berlin 1937. Wissenschaftl. Ber. d. XI. Milchwirtschaftl. Weltkongresses, Sektion III, Frage 6, Broschüre 17, S. 10ff.
288. Die für die Ernährung wichtigen Bestandteile der Milch, insbesondere Vitamine. Referat auf dem XI. Milchwirtschaftl. Weltkongreß Berlin 1937. Ebenda.
289. Untersuchungen über den Vitamingehalt der Süßlupine. Süßlupinenmehle der Stämme Weiko u. 80. Tierernährung *9* (1937) 242.
290. Über die Beziehungen der Trocknungsart von Kakaobohnen zum Vitamin-D-Gehalt der Schalen. Tierernährung *9* (1937) 250.
291. u. Wagner. Über den Einfluß der Düngung auf den Vitamin-B_1 und B_2-Gehalt von Roggen und Gerste. Biochem. Z. *295* (1937) 107.

1938

292. Wichtige Vitaminträger in der täglichen Kost. Med. Klin. *1938*, 37.

293. u. Wolfanger. Über den Einfluß verschiedener Vitamin-B_1-Mengen auf den Vitamin-A-Bedarf. Hoppe-Seylers Z. physiol. Ch. *252* (1938) 95.

294. u. Wagner. Über den Gehalt der Kartoffeln an Vitamin B_1 und B_2 (Komplex) und seine Beeinflussung durch verschiedene Düngung. Biochem. Z. *295* (1938) 183.

295. Über den Vitamingehalt von Gemüsen, welche einerseits mit Stalldung, andererseits mit Stalldung + NPK gedüngt wurden. Auszug aus der Hauptarbeit. Die Ernährung *3* (1938) 67.

296. Die Beeinflussung des ernährungsphysiologischen Wertes der Lebensmittel durch die Erzeugnisverarbeitung. Forschungsdienst, Sonderh. *8* (1938) 542.

297. Strukturwandlung der deutschen Volksernährung und Vitaminversorgung. Vorratspflege u. Lebensmittelforschg. *33* (1938) 129.

298. Über die Eiweißkörper der Milch. Dtsch. Molkerei-Ztg., Folge 15 v. 14. 4. 1938.

299. u. Reschke. Untersuchungen über den Einfluß der Zubereitungsweise und der Verwendung der Kochkiste auf den Vitamin-C-Gehalt einiger Gemüse. Vorratspflege u. Lebensmittelforschg. *1* (1938) 238.

300. Reschke u. Kohlemann. Gasherd, Kochkiste und Nährwert. Neuere Arbeiten der Versuchsstelle f. Hauswirtschaft *1938*, 17.

301. Zur Frage der Bedeutung von Brot und Mehl für die Vitamin-A-Versorgung. Acta vitaminologiae *1* (1938) 75.

302. Broternährung und Vitaminversorgung. Leib u. Leben *1938*, 134.

303. u. Reschke. Über den Vitamin-C-Gehalt von Gemüsen, welche einerseits mit Stalldung, andererseits mit Stalldung + NPK gedüngt worden waren. Forschungsdienst *6* (1938) 34.

304. u. Reschke. Über den Einfluß von Kochdauer, Temperatur, Evakuieren u. Exhaustieren auf den Vitamin-C-Gehalt industrieller Brechbohnen-Konserven. Vorratspflege u. Lebensmittelforschg. *1* (1938) 501.

305. u. Wagner. Weitere Untersuchungen über einen angeblichen Synergismus zwischen Vitamin B_1 und Vitamin A. Hoppe-Seylers Z. physiol. Ch. *256* (1938) 111.

306. Notiz über den Vitamin-Gehalt der Topinamburknollen. Tierernährung *10* (1938) 449.

1939

307. Lehrbuch der Veterinärphysiologie (mit A. Trautmann und F. W. Krzywanek). Verlag Paul Parey, 1. Aufl., Berlin 1939.

308. Neuere Forschungsergebnisse über das Verhalten der Vitamine bei der Gemüsekonservierung. Die Obst- u. Gemüseverwertungsindustrie, Ausg. A, H. 12 u. 13 (1939).

309. Die Deckung des Vitamin-A-Bedarfs durch Fette unter Berücksichtigung von Walerzeugnissen. Schriftenreihe d. RAG f. Volksernährung, H. 9, 34 (1939).

310. Die jahreszeitlichen Schwankungen im Vitamingehalt der wichtigsten Lebensmittel. Vortrag in Dresden XVII. Internat. Landwirtschaftskongreß, Juni 1939.

311. Die Erzeugung vitaminreicher Lebensmittel unter besonderer Berücksichtigung der Obst- und Gemüsekonserven. Vortrag in Budapest, VI. Int. Techn. u. Chem. Kongreß d. Landwirtschaftl. Industrien, Juli 1939.

312. Untersuchung von Aphanin und Aphanicin auf Vitamin-A-Wirkung (mit Wagner). Hoppe-Seylers Z. physiol. Ch. *260*, 272 (1939).

313. Die Synthese von Vitamin B_1 und B_2 (komplex) durch die Hefe Torula utilis (mit Wagner, Fink u. Krebs).

314. Entrahmte Frischmilch. Dtsch. Molkerei-Ztg. *60*, Folge 41, S. 1390 (1939).

315. Weitere Untersuchungen an Gerste über die Frage, ob Düngungseinflüsse auf den Vitamin-B-Gehalt bestehen (mit Wagner). Biochem. Z. *303*, 200 (1939).

316. Über die Vitamin-A-Wirkung von Möhren (Daucus carota) unter dem Einfluß verschiedener Düngungsweisen (mit W a g n e r). Biochem. Z. *303*, 208 (1939).
317. Über den Einfluß der Düngung auf den Vitamingehalt (mit quantitativen Vitamin-A-Bestimmungen in Grünkohl, Spinat, Rosenkohl und Tomaten) (mit W a g n e r). Biochem. Z. *303*, 266 (1939).
318. Die Konstanz des Vitamingehaltes in frischen Vegetabilien (mit W a g n e r). Ber. d. Math.-Phys. Klasse d. Sächs. Akad. d. Wiss. zu Leipzig XCI, 307 (1939).
319. Über den Vitamin-C-Gehalt einiger Gefrierkonserven von Obst und Gemüse (mit R e s c h k e u. P a c c h).

1940

320. Über den Nährwert von Testikelsubstanz nach milder Trocknung (mit K r o c k e r t). Biochem. Z. *303*, 387 (1940).
321. Weitere Untersuchungen über den Vitamin-B_1- und B_2-Gehalt von Holzzuckertrockenhefen (mit W a g n e r). Biochem. Z. *303*, 329 (1940).
322. Über den Vitamin-A-Gehalt einiger grüner Blattgemüse und Gemüseblätter (mit W a g n e r). Biochem. Z. 304, 42 (1940).
323. Broternährung und Vitaminversorgung. Kampf ums Brot, LL-Schriftenreihe Sonderheft, Müller'sche Verlagsbuchhandlung, Dresden 1940.
324. Erzeugung und Erhaltung vitaminreicher Lebensmittel. Angew. Chem. *53*, 119 (1940).
325. Experimentelle Grundlagen zur Aufstellung einer Vitaminbilanz (Auszug aus dem gelegentlich des internat. Fortbildungskurses „Querschnitt durch die neueste Medizin" gehaltenen Vortrages „Fortschritte auf dem Gebiete der Vitamine"). Dtsch. med. Wschr. *65*, 365 (1940).
326. Über den Vitamin-A-Gehalt einiger pflanzlicher Öle (zugleich Bemerkung zu der Arbeit von Maxim und Bors). Klin. Wschr. *19*, 342 (1940).
327. Über das Eiweißschlempeverfahren und den Gehalt der Eiweißschlempe an Vitaminen der B-Gruppe (mit W a g n e r, F i n k, W e n t r u p u. L e h n e r). Biochem. Z. *304*, 318 (1940).
328. Professor Bünger 60 Jahre alt. Tierernährung *12*, 129 (1940).
329. Fortschritte auf dem Gebiete der Vitamine. Bedeutung der Vitamine für die Ernährung. Separatdruck aus Veröffentl. d. Berliner Akad. f. ärztl. Fortbldg. No. 6: Ein Querschnitt durch die neueste Medizin, dargestellt von ihren Schöpfern, Verl. Gustav Fischer, Jena 1940.
330. Über die Vitamin-A-Wirkung pflanzlicher Öle. Die Ernährung *5*, 77 (1940).
331. Bestehen Wechselwirkungen zwischen den Vitaminen? Naturwiss. *28*, 297 (1940).
332. Über den Vitamin-C-Gehalt nach mehreren Verfahren haushaltsüblich eingemachter, verschieden gedüngter Obst- und Gemüsesorten, die unter Lichtzutritt oder Lichtabschluß aufbewahrt worden waren (mit J. R e s c h k e). Hauswirtschaftl. Jahrbücher H. 2, 80 (1940).
333. Über den Vitamin-C-Gehalt der Kartoffeln. III. Mitt. (mit J. R e s c h k e) Biochem. Z. *304*, 340 (1940).
334. Über den Vitamin-A-Gehalt von Bohnenkonserven unter dem Einfluß verschiedener Erhitzungsweise mit und ohne Luftentzug (mit W a g n e r). Vorratspflege u. Lebensmittelforschg. *III*, 97 (1940).
335. Über den Vitamin-C-Gehalt der Kartoffeln. IV. Mitt. Über den Einfluß verschiedener Düngung (mit J. R e s c h k e u. E. K o h l e m a n n). Biochem. Z. *305*, 1 (1940).
336. Über den Vitamin-C-Gehalt der Kartoffeln. V. Mitt. Durchschnittsgehalt der deutschen Kartoffeln an Vitamin C vom Herbst bis zum Juni (mit J. R e s c h k e u. E. K o h l e m a n n). Biochem. Z. *305*, 4 (1940).
337. Vorläufige Stellungnahme zur Abhandlung von W. Schuphan. Biochem. Z. *305*, 332 (1940).
338. Zum Geburtstag von Prof. Dr. Franz Lehmann. Tierernährung *12*, 297 (1940).

339. Coniferennadeln und deren Absude als Vitamin-C-Träger (mit J. Reschke) Klin. Wschr. *19*, 976 (1940).

340. Vitamine im Brot. Vom Brot, Wissen und Erkenntnisse, herausgeg. v. G. M. Wirz, Hippokrates-Verl. Marquardt & Cie., Stuttgart 1940.

1941

341. Betrachtungen zur Vitaminversorgung. Schriftenreihe d. Reichsarbeitsgemeinsch. f. Volksernährung H. 10, 11 (1941).

342. Über den Vitamin-B_1-Gehalt von Weizen und Roggen (mit Wagner). Vitamine u. Hormone *1*, 1 (1941).

343. Über das Vorkommen von Vitamin C in Trockengemüsen und daraus hergestellten Gerichten (mit J. Reschke). Hauswirtschaftl. Jahrbücher, Lfg. 2, 69 (1941).

344. Über den Vitamin-B_1- und B_2-(Komplex)-Gehalt von Möhren (mit Wagner). Vitamine u. Hormone *1*, 118 (1941).

345. Über die Wirkung von natürlichem und synthetischem Vitamin C im Tierversuch (mit J. Reschke). Vitamine u. Hormone *1*, 195 (1941).

346. Untersuchungen über den Vitamingehalt von auf Sulfitablaugen gezüchteten Wuchshefen und ihre Eignung als Eiweißfuttermittel. Tierernährung *13*, 329 (1941).

347. Über den Vitamin-C-Gehalt von Trockenkartoffeln im frischen und zubereiteten Zustand (mit J. Reschke). Vitamine u. Hormone *1*, 292 (1941).

348. Über den Vitamin-B_1-Gehalt verschiedener Hefen und seine Beeinflussung. II. (mit Wagner, Fink u. Just). Biochem. Z. 309, 1 (1941).

349. Forschungsarbeiten des Arbeitskreises „Ernährung". Forschungsdienst, Sonderh. *16* (1941).

1942

350. Nils Hansson zum 75. Geburtstag. Tierernährung *14*, 85 (1942).

351. Der Vitamingehalt des Fleisches und seine Abhängigkeit vom Fettgehalt. Berl. u. Münch. tierärztl. Wschr. *1942*, 190.

352. Zur Skorbutfrage und Vitamin-C-Versorgung. Dtsch. med. Wschr. *68*, 801 (1942).

353. Über die antirachitische Wirkung der bestrahlten Trockenbierhefe (mit Krockert u. Specht). Vitamine u. Hormone *3*, 37 (1942).

354. Einige spezielle Vitaminfragen bei einzelnen Konserven. Braunschweiger Vortrag 1942.

1943

355. Über die Bedeutung einiger wichtiger Gemüsearten für die Vitamin-B_1-Versorgung der Bevölkerung (mit Wagner). Gartenbauforschung im Dienste der Kriegsernährung, H. 1 d. wissenschaftlichen Schriftenreihe „Leistungssteigerung im Gartenbau" (1943).

1944

356. Lehrbuch der Veterinärphysiologie (mit A. Trautmann und Fr. W. Krzywanek). Verl. Paul Parey, 2. Aufl., Berlin 1944.

357. Die Speisemuschel als Nahrungsmittel. Die Dtsch. Fischwirtschaft *11*, 109 (1944).

358. Über den Einfluß von Hygro-Nährschutz auf den Vitamin-C-Gehalt von Gemüsen (mit J. Reschke). Z. Unters. Lebensmitt. *86*, 41 (1943).

359. Ziele. Gründung und Aufbau der Reichsanstalt für Vitaminforschung. Gesundheitsführung H. *5*, 89 (1944).

360. Grundlagen der Vitaminforschung. Potsdamer Vorträge III. Umschau *48*, H. 9 (1944).

361. Die Pfahl- oder Miesmuschel als wertvolles Nahrungsmittel. Gesundheitsführung H. 6 (1944).
362. Bedeutung, Synthese und Anzahl der Vitamine. Dtsch. Hauswirtschaft *29*, Nr. 5/6 (1944).

1945

363. Über Vitamin- und Mineralstoffversorgung der Schweine. Z. f. Schweinezucht *52*, 1 (1945).

1947

364. Erwiderung zu dem Artikel „Synthetische Fette" i. d. Süddeutschen Apothekerzeitung 1947, Nr. 2. Süddeutsche Apothekerztg. Nr. 6, 126 (1947).
365. Gegenwärtige Kostmängel – die Möglichkeit des Ausgleichs durch Soja. Kurzbriefe f. Ernährung u. Landwirtschaft Lfg. 5/6 u. 7 (1947).

1948

366. Gegenwartsfragen der Tierernährung. Arch. d. Dtsch. Landwirtschafts-Ges. *1*, 91 (1948).
367. Ernährungsphysiologische Bedeutung der Geflügelerzeugnisse. Geflügelbörse *69* (Nr. 15) 1948.
368. Nährwert und Bekömmlichkeit des Hühnereies. Jb. d. Geflügelbörse 1947 (erschienen Frühjahr 1948).
369. Vitaminversorgung der landwirtschaftlichen Haussäugetiere. Merkblatt Nr. 1 d. Dtsch. Landwirtschafts-Ges. (1948).
370. Das Vitamin-C-Problem. Nachrichten der Gießener Hochschul-Ges. *17*, 137 (1948).
371. Wie lösen wir die Vitaminfrage beim Geflügel im Winter? Geflügelbörse *69*, Nr. 24 (1948).
372. Stärkewert und Vitamine. Dtsch. Tierzuchthefte Nr. 7, S. 25 (1948).

1949

373. Der Tagesbedarf des Erwachsenen an Vitamin C. Int. Z. f. Vitaminforschg. *XX*, H. 4 (1949).
374. Über den Vitamin-C-Bedarf. Ernährung und Verpflegung *1*, 3 (1949)
375. Institut für Ernährung und Verpflegungswissenschaft. Ernährung u. Verpflegung *1*, 39 (1949).
376. Die physiologischen Grundlagen der Calciumversorgung. Ernährung u. Verpflegung *1*, 46 (1949).
377. Vitaminfragen: Folsäure, Darmflora, Vitaminbedarf. Monatshefte f. Veterinärmedizin *4*, 101 (1949).
378. Vitamine. Naturforschung und Medizin in Deutschland 1939–1946. Für Deutschland bestimmte Ausgabe der FIAT-Review of German Science *61*, Pharmakologie und Toxikologie T. I, S. 17 (1948).
379. Ernährungsphysiologie und Konservierung. Die industrielle Obst- u. Gemüseverwertung *34*, 350 (1949).

1950

380. Die Vitamin-B-Bilanz unserer heutigen Ernährung unter besonderer Berücksichtigung der Vitaminisierung der Mehle. Getreide, Mehl u. Brot *4*, 117 (1950).
381. Ernährungsfragen und Ernährungsforschung. Hippokrates *21*, 343 (1950).
382. Bedeutung der Hauptvitamine für die menschliche Ernährung. Ernährung des gesunden Menschen, Frauenfachschule Münster 1950, S. 5.
383. Grünland und Gesundheit der Tiere (Dtsch. landw. Presse 73, 2 (1950).
384. Bedeutung von Vitaminen und seltenen Mineralstoffen für die Tierernährung. Schriftenreihe zur Fütterungslehre Hr. 6 (1950).
385. Ergänzungsstoffe und Wirkstoffe der Milch. Zeitungsdienst z. Förderung des Milchverbrauches Nr. 4, 4 (1950).

1951

386. Lehrbuch der Veterinärphysiologie (mit A. T r a u t m a n n). Verl. Paul Parey, 3. Aufl., Berlin 1951.
387. 5 Jahre Institut für Ernährung und Verpflegungswissenschaft Potsdam-Rehbrücke. Die Pharmazie *6*, 493 (1951).
388. Über Lebertranfütterung. Futter und Fütterung Nr. 16 (1951).
389. Über den Wert der synthetischen Fette für die Ernährung. Die Pharmazie *6*, 571 u. 652 (1951).
390. Grundlagen der Mineralsalzversorgung. Neue Mitteilungen f. d. Landwirtschaft *6*, 509 (1951).

1952

391. Das Wohl des Volkes sei oberstes Gesetz. Das Land *2*, 9 (1952).
392. Über die Vitaminisierung der Lebensmittel. Die Lebensmittelindustrie *3*, 208 (1952).
393. Wissenschaftliche Aufgaben, Ergebnisse und Ziele des Instituts für Ernährungsforschung. Die Lebensmittelindustrie *3*, 203 (1952).
394. Grundzüge der Fütterungslehre. 11. völlig neu bearbeitete Aufl. v. O. Kellner: Grundzüge der Fütterungslehre; Verl. Paul Parey, Berlin 1952.
395. Die älteste wissenschaftliche Akademie der Welt. Drei Jahrhunderte Deutsche Akademie der Naturforscher in Halle. Tägl. Rundschau Nr. 36 v. 12. 2. 1952.
396. Bakterielle Synthese im Blinddarm und Koprophagie beim Kaninchen (mit K. Z i m m e r - m a n n). Archiv f. Tierernährung *2*, 217 (1952).
397. Vitamine im Nachtrag zum DAB 6 (mit H. S e e l, K. T ä u f e l, I. H a h n). Die Pharmazie *7*, 275 (1952); Pharmazeut. Zentralhalle *91*, 185 (1952).
398. Ernährungsprobleme der Gegenwart. Sitzungsber. Dtsch. Akad. d. Landwirtschaftswiss. Berlin *1*, 1 (1952).
399. Alfred Trautmann zum Gedächtnis. Arch. f. Tierernährung *2*, 263 (1952).
400. Ein Beitrag zur Kenntnis des Vitamin-C- Gehaltes in grünen Pflanzen unter besonderer Berücksichtigung des Gehaltes an Dehydroascorbinsäure (mit T h e i l e). Die Pharmazie *7*, 776 (1952).
401. Nationalpreisträger Prof. Dr. Täufel 60 Jahre alt! Die Pharmazie *7*, 775 (1952).
402. Prof. Dr. K. Täufel zum 60. Geburtstag. Z. Unters. Lebensmittel *95*, 450 (1952).
403. Zum gegenseitigen Verhalten von Vitamin A und Vitamin C (mit R e s c h k e u. W a g n e r). Vitamine u. Hormone *5*, 349 (1952).

1953

404. 60 Jahre Veterinärphysiologie. Dtsch. tierärztl. Wschr. *60*, 7 (1953).
405. Die Ernährung. Lehrbuch der Sozialhygiene, herausgeg. v. Beyer-Winter, 1. Aufl., S. 712, Verl. Volk u. Gesundheit, Berlin 1953.
406. Über die Wirkungen zweier Vitamin-B_1-Analoga nach Dornow und deren Antagonisten im Taubentest (mit H. H a e n e l). Hoppe Seylers Z. physiol. Ch. *295*, 354 (1953).
407. Ernährung und Volksgesundheit. Sonderheft der Zeitschr. „Das Deutsche Gesundheitswesen": „Stimmen der Ärzte" (Vorträge v. Deutschen Ärztekongreß in Berlin v. 10. u. 11. Juli 1953). Verl. Volk u. Gesundheit, Berlin 1953.
408. Wie und woraus entstehen unsere drei Margarinesorten? Presseinformationen des Presseamtes beim Ministerpräsidenten der DDR Nr. 136 (927) v. 27. Nov. 1953, S. 5.

1954

409. Ernährung und Volksgesundheit. Wiss. Annalen *3*, 65 (1954).
410. Ernährung und Sport. H. 15 der Schriftenreihe d. Deutschen Hygiene-Museums Dresden: Durch Volksgesundheit zur Leistungssteigerung. Verl. Volk u. Gesundheit, Berlin 1954.

411. Die Gewinnung eines vitamin-B_{12}-reichen Extraktes zu Fütterungszwecken aus Klärschlamm der Abwässerbeseitigung (mit H. Sommer). 100 Jahre Möckern *II*, 373 (1954).
412. Schweinefütterungsversuch mit Klärschlammexrakt (mit E. Kraack). Beihefte z. Arch. f. Tierern. H. 4, 83 (1954).
413. Grundlagen und Ziele neuzeitlicher Ernährungsbilanzen (mit H.-K. Gräfe). Wiss. Annalen *3*, 601 (1954).
414. Volksernährung und Vitaminierung der Lebensmittel. Das Deutsche Gesundheitswesen *9*, *1373* (1954).
415. Über die Antithiaminwirkung des Butylpyrithiamins und einiger anderer, ähnlich gebauter Vitamin-B_1-Analoga (mit H. Haenel). Vitamine und Hormone *6*, 327 (1954).

1955

416. Wandlungen der Volksernährung während des letzten Jahrhunderts. Tagungsberichte d. Chem. Ges. in der DDR: Ernährung und Lebensmittelchemie. Deutscher Verlag d. Wiss., Berlin 1955, S. 2–8.
417. Die Bedeutung von flüssigen Obst- und Gemüsekonserven als Träger des Vitamin-B-Komplexes (mit H. Haenel). Die industrielle Obst- u. Gemüseverwertung *40*, 125 (1955).
418. Die vollwertige Ernährung als Grundlage für Volksgesundheit und Leistungssteigerung. Die Lebensmittelindustrie 2, 89 (1955).
419. Der Gehalt an Vitaminen des B-Komplexes in einigen flüssigen Obst- und Gemüsekonserven mit H. Haenel). Prophylaxe *1*, 440 (1955).
420. Lehren und Lernen – eindrucksvollste Devise. Neues Deutschland *10*, Nr. 180, S. 3 (1955).
421. Leptospirosebefall und Sanierung einer Albinorattenkolonie (mit H. Gebauer). Zeitschr. f. Immunitätsforschg. u. exper. Therapie *112*, 351 (1955).
422. Beitrag zur Wirkung von Antibioticis auf die Faecalflora von Albinoratten (mit W. Richter-Otto). Souvenir of the Society of Biological Chemists, India *1955*, S. 237–240.

1956

423. Ziele und Aufgaben der Ernährungsforschung. Ernährungsforschung *1*, 2–7 (1956).
424. Über die für unsere Ernährung verfügbaren Vitamin-C-Quellen und die Beschaffung natürlicher Vitamin-C-Konzentrate aus pflanzlichen Rohstoffen. Ernährungsforschung *1*, 58–70 (1956).
425. Studien über den Vitamin-A-Gehalt von Fischinnereien und Betrachtungen zur Vitamin-A-Versorgung (mit R. Cordua u. L.-L. Stammer). Ernährungsforschung *1*, 71 (1956).
426. Über die Bedeutung der Milch und ihrer hygienischen Gewinnung für die Ernährung, in Goerttler u. Krüger: Rindertuberkulose – hilf mit bei der Tilgung. S. Hirzel-Verlag Leipzig 1956, S. 34.
427. Methylnaphthochinon und Methylnaphthochinon-Natriumbisulfit (Vitamin K) (mit I. Hahn u. H. Seel). Die Pharmazie *11*, 91 (1956).
428. Gedanken zur Mehl- und Brotfrage. Brot und Gebäck *10*, 42 (1956).
429. Über die Eigenschaften zweier Thiaminanaloga von Dornow und Hargesheimer (mit H. Haenel). Vitamine u. Hormone 7, 105 (1956).
430. Der Ernährungseffekt von Kohlenhydraten mit besonderer Berücksichtigung von Milchzucker u. Galaktose (mit H. Sommer). Biochem. Z. *327*, 461 (1956).
431. Zehn Jahre wissenschaftliche Aufbauarbeit im Institut für Ernährungsforschung. Ernährungsforschung *1*, 203 (1956).
432. B-Vitamine in Fruchtmuttersäften (mit H. Haenel). Die Fruchtsaftindustrie *3*, 115 (1956).
433. Die Bedeutung der Qualität für die Ernährung von Mensch und Tier. Dtsch. Akad. d. Landwirtschaftswiss., Berichte u. Vorträge II/1955, 47.

434. Über den Gehalt an Vitaminen des B-Komplexes in einigen Obstmuttersäften, deren Trestern und daraus hergestellten Tresterextrakten (mit H. Haenel). Vitamine u. Hormone *7*, 310 (1956).

435. Zum Bild der normalen Dickdarmflora, vorl. Mitteilung (mit H. Haenel u. W. Müller-Beuthow). Klin. Wschr. *34*, 1137 (1956).

436. Die Anstalt für Vitaminforschung und Vitaminprüfung Potsdam-Rehbrücke, Aufbau und Ziel. Ernährungsforschung *1*, 407–430 (1956).

437. Vitaminbilanz für das deutsche Volk im Jahre 1938 (mit H.-K. Gräfe). Ernährungsforschung *1*, 458–519 (1956).

438. Über die bei der Obstsaftgewinnung stattfindende Verteilung von Vitaminen des B-Komplexes auf Muttersäfte und deren Trester (mit H. Haenel) Ernährungsforschung *1*, 520–525 (1956).

439. Prüfung von Hesperidin, Rutin und Citrin auf Vitamin-P-Wirkung im Meerschweinchentest (mit E. Theile). Ernährungsforschung *1*, 602–614 (1956).

440. Veränderungen des Gehaltes an Vitamin C in rohen und gekochten Kartoffeln bei Lagerung über längere Zeiträume. VI. Mitt. zum Vitamin-C-Gehalt der Kartoffel (mit E. Theile). Ernährungsforschung *1*, 657–666 (1956).

1957

441. Über Beziehungen zwischen dem Entwicklungszyklus und dem Vitaminhaushalt von Escherichia coli-Kulturen (mit H. Haenel). Int. Z. Vitaminforschg. *27*, 365 (1957).

442. Über die mikrobiologische Antivitamin-B_6-Wirkung der Thiaminkomponente 2-Methyl-4-amino-5-oxymethylpyrimidin (Pyramin) (mit H. Haenel). Int. Z. Vitaminforschg. *27*, 464–475 (1957).

443. Scheunert-Trautmann, Lehrbuch der Veterinärphysiologie, 4. völlig neu bearbeitete Auflage von A. Scheunert, J. Brüggemann, V. Horn u. H. Hill. Verlag Paul Parey, Berlin 1957, XII + 580 S.

444. Wissenschaft und Ernährung. Wiss. Zeitschr. d. Ernst-Moritz-Arndt-Universität Greifswald; Vorträge und Arbeiten anläßlich der 500-Jahrfeier; Math.-naturwiss. Reihe Nr. 1/2, Jg. VI (1956/57).

445. B-Vitamine in Gemüsesaft-Konserven (mit H. Haenel u. R. Wegner). Nahrung *1*, 53 bis 56 (1957).

Schriftenverzeichnis von Leo Bruhns

1912

1. Die Anfänge der Renaissance in der Grabplastik des ehem. Bistums Würzburg. Diss. Würzburg 1913, Ref. Fritz Knapp Leipzig 1912

2. Die Grabplastik des ehem. Bistums Würzburg während der Jahre 1480–1540. Ein Beitrag zur Gesch. d. dt. Renaissance. Leipzig 1912 13 Taf. m. 39 Abb.
   Rez. A. V. Burlington Magazine 24 1913/1914 235–236
   Rez. Wilhelm Pinder Monatsh. f. Kunstwiss. 7 1914 231–232
   Rez. Anton Dürrwaechter Ber. u. Jahrb. d. hist. Vereins Bamberg 72 1914/1915 140–141

1913

3. Die beiden Peter Dell und Thomas Kistner, drei Würzburger Bildhauer des 16. Jh. In: Archiv d. hist. Vereins von Unterfranken und Aschaffenburg (Würzburg) 55 1913 103–122

1921

4. Sebastian Götz Bildhauer Allgem. Lexikon d. bild. Künstler, hg. U. Thieme u. F. Becker 14 Leipzig 1921 323–324
5. Joseph Greissing Architekt Thieme-Becker 14 1921 590–593

1922

6. Die Bischofsgrabmäler im Würzburger Dom, Wien 1922 20 S. 12 Tf. = Süddt. Kunstbücher 15

1923

7. Würzburger Bildhauer der Renaissance und des werdenden Barock 1540–1650 (Habil. Schr. Univ. Frankfurt/M. 1920) München (Berlin und Wien) 1923 605 S., 100 Tf. m. 156 Abb. = Einzeldarstellungen zur süddt. Kunst 5
   Rez. W. Nickel Zeitschr. f. bild. Kunst 60 1926 Kunstchronik 102–103
   Rez. Nikolaus Pevsner Cicerone 16 1924 245
8. Henneberger, Malerfamilie Thieme-Becker-Vollmer 16 1923 392–393
9. Loy Hering, Bildhauer Thieme-Becker-Vollmer 16 1923 468–472
10. Thomas Hering, Bildhauer Thieme-Becker-Vollmer 16 1923 472–473
11. Johann Andreas Herrlein (Herrlin) Thieme-Becker-Vollmer 16 1923 546
12. Johann Peter Herrlein (Herrlin) Thieme-Becker-Vollmer 6 1923 546–547

1924

13. Bespr. Hans Schrader Phidias Frankfurt/M. 1924 Jahrb. f. Kunstwiss. 1924/1925 301–302
14. Die deutsche Seele der rheinischen Gotik, Freiburg/Br. 1924 96 S. 32 Tf. m. Abb.
   Rez. Nikolaus Pevsner Cicerone 16 1924 384–385
   Rez. Ernst Gall Cicerone 17 1925 832
   Rez. Fritz Mielert Mecklenburgische Monatsh. 1 1925 (3) 160–161
   Rez. Carl Neumann Dt. Vierteljahrsschr. f. Literaturwiss. u. Geistesgesch. 4 1926 294–297
   Rez. Walter Timmling Die Kunstliteratur der neuesten Zeit Leipzig 1928 39
   Rez. L. Schürenberg Mein Heimatland Oberrhein. Bll. (Freiburg/Br.) 28 1941 115–116

1925

15. Deutsche Barockbildhauer, Leipzig 1925, 45 S. 60 Taf. m. 63 Abb. = Bibliothek der Kunstgesch. hg. H. Tietze 85–87

1926

16. Die Kirchen Rostocks. Erster Jahresber. d. Mecklenburgischen Landes-Universitäts-Ges. 1925 Rostock 1926 7–18
17. Bespr. Deutsche Lande, Deutsche Kunst Berlin
   Werner Burmeister Mecklenburg 1926
   Werner Burmeister Wismar 1926
   Fritz Adler Stralsund 1926
   Otto Beyse Hildesheim 1926
   Zeitschrift f. bild. Kunst 60 1926/1927, Kunstchronik (11) 129–130
18. Hans (Johannes) Juncker d. Ä. Bildhauer Thieme-Becker-Vollmer 19 1926 315–316
19. Johannes Juncker d. J. Thieme-Becker-Vollmer 19 1926 316
20. Michael Juncker d. Ä. Thieme-Becker-Vollmer 19 1926 317
   Zacharias Juncker d. Ä. Bildhauer Thieme-Becker-Vollmer 19 1926 318–319

21. Schloß und Schloßkapelle zu Aschaffenburg Der fränkische Bund 2 1926 23–29
22. Victor Müller als Zeichner In: Oberrheinische Kunst Vierteljahrsber. 2 1926/1927 (1/2) 52–61, Tf. 26–34 m. 16 Abb.; Die plastische Kunst 1928 52–61
23. Die Kunst des Mittelalters Bilder und Texte zur Gesch. d. Kunst 10.–14. Jh. Leipzig 1926, 121 S. 11 Tf. = Seestern Lichtbildreihen zur Kunstgesch. (AK-Reihen 5–9) = Bibliotheca cosmographica hg. Karl Leonhardt 26
24. Deutsche Malerei und Plastik 15. u. 16. Jh. (einschl.: Die altniederländische Malerei von van Eyck bis Brueghel) Leipzig 1926 115 S. 8 Tf. = Seestern-Lichtbildreihen zur Kunstgesch. (AK-Reihen 10–12) = Bibliotheca cosmographica hg. Karl Leonhardt 27

1927

25. Geleitwort zu Oskar Gehrig, Vereinigung Rostocker Künstler Frühjahrs- u. Wanderausstellung der Vereinigung Rostocker Künstler. Berlin 1927. 34 S. m. 26 Abb. = Veröff. d. Kunstarchiv hg. Gustav Eugen Diehl Reihe 4 Nr 37
26. Die freistehende Statue in der christlichen Kunst Antrittsvorlesung Universität Leipzig Bericht Egbert Delpy Leipziger Neueste Nachr. 1927 (151) 31. 5. 1927
27. Die Meisterwerke. Eine Kunstgeschichte für das Deutsche Volk 1–8 Leipzig 1927–1934
1. Die Alten Völker. Von der Vorzeit bis zum Ende Roms. 1927 6 u. 295 S. m. 103 Abb.
2. Christliche Frühzeit und mittelalterliche Dome 1927 6 u. 303 S. m. 133 Abb.
3. Bildner und Maler des Mittelalters 1928 282 S. m. 125 Abb.
4. Von Eyck bis Holbein 1928 233 S. m. 97 Abb.
5. Die italienische Renaissance 1928 375 S. m. 136 Abb.
6. Das Jahrhundert Rembrandts 1930 315 S. m. 104 Abb.
7. Von der Peterskirche zum Würzburger Schloß 1934 375 S. m. 108 Abb.
8. Das 19. Jahrhundert 1931 355 S. m. 106 Abb.
Schlagwortverzeichnis 1–8 Leipzig 1934 hektogr. 52 S.
Rez. 1–2 G. Schoenberger Vergangenheit und Gegenwart Zeitschr. 18 1928 367
Rez. 2 Hans Preuss Theologie d. Gegenwart Literar. Beilage zur Neuen Kirchl. Zeitschr. (Leipzig) 23 1929 (5) 134–135
Rez. 1–4 Werner Teupser Zeitschr. f. Bücherfreunde NF 20 1928 Beibl. 210–211
Rez. 3–5 G. Schoenberger Vergangenheit und Gegenwart 20 1930 107–108
Rez. 1–5 Walter Timmling Die Kunstliteratur der neuesten Zeit Leipzig 1928 7
Rez. 1–6 Rudolf Kautzsch Zeitschr. f. bild. Kunst 63 1929/1930 Kunstchronik 140–142
Rez. 6 G. Schoenberger Vergangenheit und Gegenwart Zeitschr. 22 1932 (7/8) 420
Rez. 6 Hans Preuss Theologie der Gegenwart Literar. Beilage zur Neuen Kirchl. Zeitschr. (Leipzig) 25 1931 (3) 69
Rez. 7 L. Cremona Rassegna di architettura (Milano) 1935 203
Rez. 7–8 Rez. Walter Krötzsch, Schauen und Schaffen Zeitschr. f. Kunsterziehung (Leipzig) 60 1934 (5) 67
Rez. 1–8 Oskar Lang Zeitwende Monatsschr. (München) 11 1934 (1) 63
28. Die Meisterwerke 2. Aufl. Eine Geschichte der Kunst in sechs Bänden, (Geschichte der Kunst, an ihren Meisterwerken dargestellt) Köln u. Hamburg 1954–1955
1. (Buch 1–2) Die Alten Völker. Christliche Frühzeit und Romanische Baukunst, 1954 400 S. m. 181 Abb.
Rez. 1 Thomas Muchall-Viebrook Die Kunst 53 1955 (11) 263–264
2. (Buch 3–4) Die Baukunst der Gotik. Bildner und Maler des Mittelalters 1954 376 S. m. 188 Abb.

3. (Buch 5) Die italienische Renaissance Baumeister, Bildner und Maler in Italien 1954 (1955) 312 S. m. 137 Abb.

4. (Buch 6–7) Europäische Malerei des 15.–17. Jh. Von Eyck bis Holbein, Das Jahrhundert Rembrandts, 1954 (1955) 424 S. m. 196 Abb.

5. (Buch 8) Von der Peterskirche zum Würzburger Schloß. Baumeister und Bildhauer. 1954 (1955) ·300 S. m. 111 Abb.

6. (Buch 9) Das 19. Jahrhundert von Louis David bis van Gogh Baumeister, Bildhauer, Maler. 1955 268 S. m. 106 Abb. u. Gesamtregister f. d. Bde 1–6, S. 269–280

29. Michael Kern Bildhauer Thieme-Becker-Vollmer 20 1927 183–184

30. Peter Kistner Bildhauer Thieme-Becker-Vollmer 20 1927 391

31. Der Bernhardus-Altar in der Klosterkirche zu Ebrach In: Heimatbl. d. hist. Vereins Bamberg 6/7 1927/1928 (Festschrift zur 800-Jahrfeier der ehem. Zisterzienser Abtei Ebrach) 27→29 mit 1 Abb.
Veit Dümpel (gest. 4. 4. 1633) Vertrag m. Abt Johannes Dressel 17. 4. 1627 Altar d. Hl. Bernhard von Clairvaux m. plastischem Bildnis des Auftraggebers A. 1625–E. 1926 in Ebrach ausgeführt. Akten Kreisarchiv Bamberg.

1931

32. Deutsche Städte im Osten, Vortrag Bericht Westpreußische Heimat Weichsel-Ztg. (Marienwerder) 1931 (22) 27. 1. 1931

33. Die deutsche Stadt in Polen In: Auslandsstudien Universität Königsberg/Pr. 7 Das Auslandsdeutschtum des Ostens Königsberg/Pr. 1932 hg. H. Rothfels. 62–92
Krakau (u. Beziehungen zu Breslau), Thorn

1932

34. Aus alten Bildern. Zeugnisse deutschen Wesens Königstein/T., Leipzig 1932 111 S. m. Abb. = Die Blauen Bücher
Rez. Ludwig Volkmann Buch und Schrift, Jahrb. d. dt. Vereins f. Buchwesen und Schrifttum. Literar. Beibl. 9 1932 (4/6) 6
Rez. Walter Krötzsch Schauen und Schaffen Zeitschr. (Leipzig) 58 1932 (23) 747–750
Rez. François Benoit Revue germanique (Paris) 24 1933 296; 25 1934 279–280
Rez. v. Grolman Neue Literatur 35 1934 229

35. Aus alten Bildern. Zeugnisse deutschen Wesens. Königstein/T. Leipzig (13.–20. T.) 1938 = Die Blauen Bücher

36. Aus alten Bildern (neubearb. v. Verf.) Königstein/T. (neue Aufl., 40. T.) 1958 80 S. m. 16 Farbtf.

1933

37. Die Bildhauerkunst im Zeitalter Dürers. Vortrag Bericht Egbert Delpy Leipziger Neueste Nachrichten 10. 12. 1933

1934

38. Deutsche Baukunst des frühen Mittelalters Übersicht zur Vorlesung Leipzig Univ. WS. 1933/1934 30 S. hektogr.

39. Nachruf auf Karl Woermann (4. 7. 1844–4. 2. 1933) Ber. über die Verhdlgen. d. Sächs. Akad. d. Wiss. zu Leipzig Philol.-hist. Kl. 85 1933 (3) Leipzig 1934 13–24

40. Der Naumburger Dom, ein Denkmal deutschen Wesens. Deutsche Selbstbesinnung, Erste akademische Woche des Lehrerbundes Sachsen. Leipzig Universität 1934 87–97

41. Büchersäle des deutschen Barock. Vortrag Dt. Verein f. Buchwesen und Schrifttum Leipzig 27. 4. 1934 Bericht H. S. Zentralbl. f. Bibliothekswesen 51 1934 367–368

42. Von allerlei Pferden. Bildbetrachtungen. In: Schauen und Schaffen Zeitschr. f. Kunsterziehung 60 1934 (5) 67–70
Dürer Rethel Baldung

1935

43. In memoriam Ernst Steinmann (4. 9. 1866–23. 11. 1934). Reden gehalten bei der Trauerfeier für Ernst Steinmann im Goethesaal des Kaiser-Wilhelm-Instituts für Kunst- und Kulturwissenschaft Bibliotheca Hertziana 10. 1. 1935. Es sprachen L. Bruhns (7–22) F. Hermanin, B. Nogara.

44. Nachwort (1935) zu der Vorrede von Ernst Steinmann (1934) In: Werner Körte Der Palazzo Zuccari in Rom. Sein Freskenschmuck und seine Geschichte Leipzig 1935 = Römische Forschungen der Bibliotheca Hertziana 12: Dem Gedächtnis Ernst Steinmanns gewidmet

1936

45. Deutsche Künstler in Selbstdarstellungen. Königstein/T. Leipzig 1936. 80 S. m. Abb. = Die Blauen Bücher
Rez. Nasse Die Kunst 37 1936 Kunst für Alle 51 1935/1936 (9) Beilage 15
Rez. Arthur Luther Literar. Zentralbl. f. Deutschland 87 1936 267

46. Deutsche Künstler in Selbstdarstellungen (11.–20. T.) Königstein/T. Leipzig 1940 80 S. m. Abb. = Die Blauen Bücher

47. Deutsche Künstler in Selbstdarstellungen (21.–30. T.) Königstein/T. Leipzig 1943 112 S. m. 106 Abb. = Die Blauen Bücher

48. Deutsche Künstler in Selbstdarstellungen (31.–41. T.) Königstein/T. Leipzig 1943 112 S. m. 100 Abb. = Die Blauen Bücher

49. Deutsche Künstler in Selbstdarstellungen (42.–56. T.) Königstein/T. 1957 112 S. = Die Blauen Bücher

50. Was gab die deutsche Kunst Italien? Vortrag in der Bibliotheca Hertziana. Bericht. In: Kunstrundschau (Kunst und Antiquitäten-Rundschau) 44 1936 (2) 55

51. Grabmal und Theater im römischen Barock. Vortrag Bericht Frankfurter Ztg 18. 1. 1936

52. hg.: August Grisebach, Die Römischen Porträtbüsten der Gegenreformation Leipzig 1936 = Römische Forschungen der Bibliotheca Hertziana 13

1937

53. Hohenstaufenschlösser, Königstein/T. Leipzig 1937 112 S. m. Abb. = Die Blauen Bücher
Rez. Gert von der Osten Zeitschr. f. Kunstgesch. 7 1938 249
Rez. Nasse Die Kunst 39 1938 Kunst für Alle 53 1937/1938 (6) Beilage 14
Rez. Arthur Luther Literar. Zentralbl. f. Deutschland 88 1937 (20) 939
Rez. Wilhelm Westecker Die Buchbesprechung (Leipzig) 1 1937 365–367

54. Hohenstaufenschlösser (11.–20. T.) Königstein/T. Leipzig 1938 112 S. m. 111 Abb. = Die Blauen Bücher
Rez. G. di Stefano Palladio Rivista di storia dell'architettura (Rom) 3 1939 (1) 39–43

55. Hohenstaufenschlösser (21.–30. T.) Königstein/T. Leipzig 1941 112 S. m. Abb. = Die Blauen Bücher

56. Hohenstaufenschlösser in Deutschland und Italien (neubearb. v. Verf.) Königstein/T. (neue Aufl., 65. T.) 1958

57. Kaiser-Wilhelm-Institut für Kunst- u. Kulturwissenschaft Bibliotheca Hertziana Rom In: 25 Jahre Kaiser-Wilhelm-Gesellschaft zur Förderung der Wissenschaften hg. Max Planck 3 Die Geisteswiss. Berlin 1937 1–6
58. Deutsche Kunst in Italien: Vortrag Jubiläumstagung der Kaiser-Wilhelm-Gesellschaft Berlin 11. 8. 1936 In: 25 Jahre Kaiser Wilhelm-Gesellschaft zur Förderung der Wissenschaften hg. Max Planck 3 Die Geisteswissenschaften Berlin 1937 7–16
59. hg. Wolf Maurenbrecher, Die Aufzeichnungen des Michelangelo Buonarotti im Britischen Museum zu London und im Vermächtnis Ernst Steinmann in Rom Nach den Urschriften Leipzig 1937. = Römische Forschungen der Bibliotheca Hertziana 14
60. hg. Kunstgeschichtliches Jahrbuch der Bibl. Hertziana hg. 1 1937 (m. Vorwort).
Werner Körte, Deutsche Vesperbilder in Italien 1–138
Harald Keller, Die Bauplastik des Sieneser Domes Studien zu Giovanni Pisano und seiner künstlerischen Nachfolge 139–222
Bernhard Degenhart, Zur Graphologie der Handzeichnung. Die Strichbildung als stetige Erscheinung innerhalb des italienischen Kunstkreises 223–343
61. hg. 2 1938 (m. Vorwort)
Wolfgang Krönig, Hallenkirchen in Mittelitalien 1–142
Géza de Francovich, L'origine e la diffusione del crocifisso gotico doloroso 143–262
Hans Thümmler, Die Kirche S. Pietro in Tuscania 263–288
Christian Adolf Isermeyer, Die mittelalterlichen Malereien der Kirche S. Pietro in Tuscania 289–310
Wilhelm Paeseler, Die römische Weltgerichtstafel im Vatikan. Ihre Stellung in der Geschichte der Weltgerichtsbilder und in der römischen Malerei des 13. Jh. 311–394
62. hg. 3 1939 (m. Vorwort) Römisches Jahrb. f. Kunstgesch.
Rudolph Kautzsch, Die römische Schmuckkunst in Stein 6.–10. Jh. 1–74
Fritz Haeberlein, Grundzüge einer nachantiken Farbenikonographie 75–126
Walter Paatz, Ein antikischer Stadthaustypus im mittelalterlichen Italien 127–140
Hans Thümmler, Die Baukunst des 11. Jh. in Italien 141–226
Harald Keller, Die Entstehung des Bildnisses am Ende des Hochmittelalters 227–356
63. hg. 4 1940 (m. Vorwort)
Theodor Hetzer, Paolo Veronese 1–58
Franzsepp Würtenberger, Die manieristische Deckenmalerei in Mittelitalien 59–142
Ludwig Wachler, Giovannantonio Dosio 143–252
Leo Bruhns, Das Motiv der ewigen Anbetung in der römischen Grabplastik des 16., 17. u. 18. Jh. 253–432
Bernhard Degenhart, Kleine Beiträge zur Kunstgeschichte des Palazzo Zuccari 433–436
64. hg. 5 1941 (m. Vorwort)
Rudolf Kautzsch, Die langobardische Schmuckkunst in Oberitalien 1–48
Wilhelm Paeseler, Giottos Navicella und ihr spätantikes Vorbild 49–162
Walter Paatz, Italien und die künstlerischen Bewegungen der Gotik und der Renaissance 163–222
65. hg. 6 1942/1944 Wien 1946 (m. Vorwort)
Heinrich M. Schwarz, Die Baukunst Kalabriens und Siziliens im Zeitalter der Normannen. 1. Die lateinischen Kirchengründungen des II. Jh. und der Dom in Cefalù 1–112
Geza de Francovich, Arte carolingia ed ottonica in Lombardia 113–256
Otto Lehmann-Brockhaus, Die Kanzeln der Abruzzen im 12. und 13. Jh. 257–428
66. hg. 7 1955 (m. Vorwort) München und Wien
Wolfgang Lotz, Die ovalen Kirchenräume des Cinquecento 7–100

Bernhard Degenhart, Dante Leonardo und Sangallo 101–292
Werner Körte, Das Problem des Non finito bei Michelangelo 293–302

1938

67. hg. Wilhelm Pinder, Gesammelte Aufsätze aus den Jahren 1907–1935 Leipzig 1938 218 S. 7 Tf. ein Bildnis
Bespr. H. Ladendorf Geistige Arbeit 5 1938 (19) 3–5
68. Kaiser-Wilhelm-Institut für Kunstgeschichte im Palazzo Zuccari zu Rom. In: Italien Jahrb. hg. Dt. Italien, Kulturinst. Petrarcahaus Köln (Essen) 1 1938. 1939 317–319
69. Die Bibliotheca Hertziana Rom In: Italienbeobachter (Rom) 2 1938 (7) 10
70. Neapel In: Italienbeobachter (Rom) 2 1938 (5) 51
71. Palazzi und Schlösser. Vortrag Bericht H. P. Dt. Allgem. Ztg (Berlin) 1938 (565) 3. 12. 1938

1939

72. Deutsche Kunst als Künderin christlichen Glaubens Vortrag Bericht Egbert Delpy Leipziger Neueste Nachrichten 18. 7. 1939
73. Der Sieg der Stadt über die italienische Burg im Mittelalter. Vortrag Bericht H. Westdt. Beobachter (Köln) 6. 12. 1939
74. Rom zur Zeit der Salier und Hohenstaufen. Vortrag Bericht Carl Linfert Frankfurter Ztg 7. 12. 1939

1940

75. Das Motiv der ewigen Anbetung in der römischen Grabplastik des 16., 17. u. 18. Jahrhunderts. In: Römisches Jahrb. f. Kunstgesch. 4 1940, 253–432

1941

76. Das Bruegel-Buch. Wien 1941 32 S. m. 16 Abb. 4 Tf. m. 4 Abb. 39 Farbtf. = Slg Schroll

1942

77. Staufische Denkmäler in Italien. In: Italienbeobachter (Rom) 6 1942 (1/2) 18–20
78. Kunst und Denkmalpflege in Italien während des Krieges In: Italien Monatsschr. d. Dt.-Italien. Ges. 1 1942/1943 (12) 371–373

1943

79. Deutschland und Italien in ihrer Bedeutung f. d. künstlerische Kultur Europas. In: Deutschland, Italien und das Neue Europa. Gesammelte Beiträge, Berlin 1943 9–32 = Veröff. d. dt. auslandswiss. Inst. Berlin 12
80. Raffael. Vortrag Bericht W. A. Der Bund (Bern) 1943 (109) 6. 3. 1943
81. Rheinische Gotik. Vortrag Bericht A. Foos Luxemburger Nationalbl. 13. 3. 1943
82. Hohenstaufenburgen in Italien. Vortrag Bericht J. P. Aachener Anzeiger 1943 (69) 23. 3. 1943

1944

83. hg. Herbert Siebenhüner, Deutsche Künstler am Mailänder Dom. München 1944 Abt. Deutsche Kunst in Italien, Reihe Ausstrahlungen deutscher Kunst. = Gemeinschaftsarbeit deutscher Kunsthistoriker hg. Wilhelm Pinder und W. Sedlmaier

84. Die Kaiseridee in der mittelalterlichen Baukunst Vortrag Meran (Abschr. Maschschr. Kh. Inst. Köln, Leipzig, Rostock).

1945

85. Austria Arte in italien. Sprache aus unbek. Sammelwerk 5. 453–459 (Ausschnitt vorh. Kh. Inst. Leipzig u. Rostock).

1946

86. Chronica Roma In: Phoebus Zeitschr. f. Kunst 1 1946 (2) 92–94

1949

87. Der Dom zu Naumburg. Mit Aufnahmen von Walter Hege. Königstein/T. 1949 48 S. m. 48 Abb. = Langewiesche-Bücherei

1951

88. Der Dom zu Naumburg (21.–30. T.) Königstein/T. 1954 = Langewiesche-Bücherei
89. Die Kunst der Stadt Rom. Ihre Geschichte von den frühesten Anfängen bis in die Zeit der Romantik dargestellt. Wien 1951
    1. Text (1. u. 2. Halbband) 663 S. (Literaturverzeichnis S. 631–651), 4 S. m. 18 Abb.
    2. Bilder 14 u. 252 S. m. 462 Abb.
    Rez. Werner Gramberg Zeitschr. f. Kunstgesch. 16 1953 73–75
    Rez. Eberhard Hempel DLZ 73 1952 (10) 604–606
    Rez. N. Wiltsch Universitas 7 1952 867–868
    Rez. Federico Hermanin L'Urbe 15 1952 (3) 2–4
    Rez. Cte. d'Arschot Les arts plastiques 6 1953 229
    Rez. Otto H. Förster Wallraf-Richartz Jahrb. 14 1952 240–242 u. Kölnische Rundschau 14. 12. 1952
    Rez. Harald Keller Götting. Gelehrte Anz. 210 1956 ($^1/_2$) 84–91
    Rez. Chrysol. Schollmeyer Ostkirchl. Studien Würzburg 1953 (2) 139–142
    Rez. Linus Birchler Neue Züricher Nachrichten 16. 1. 1953
    Rez. Julius Baum Der Bund (Bern) 26. 6. 1953
    Rez. Wolfgang Lotz Die Presse (Wien) 27. 10. 1952
90. Die Römische Villa. Vortrag Bericht Südwestdt. Chronik 1951 (67) 2. 5. 1951

1952

91. Römische Kunst und europäische Geschichte Ansprache an Maturanden des Gymnasiums Biel. Biel 1952 8° 19 S.

1953

92. Von der Bedeutung der Symmetrie für die Didaktik römischer Kunstwerke. In: Hist. Jahrb. d. Görresges. 72 (Festschr. Georg Schreiber zum 70. Geburtstag 5. 1. 1952) 1953 77–82
93. Michelangelos Deckengemälde in der Sixtinischen Kapelle zu Rom
    In: Universitas (Stuttgart) 8 1953 567–578
94. Ernst Steinmann 4. 9. 1866–23. 2. 1934
    Mitt d. Max-Planck-Ges. für Förderung d. Wiss. 8 1953 3–6
95. Federico Hermanin gest. 29. 6. 1953
    In: Kunstchronik 6 1953 (12) 347–349

1955

hg. Vorwort (zus. m. Ludwig Schudt):
Werner Körte, Das Problem des Non finito bei Michelangelo. Römisches Jahrbuch f. Kunstgesch. 7 1955 293

96. Zwei Meisterwerke französischer Bildnismalerei des frühen 18. Jh. in römischem Privatbesitz. Otto Hahn zum 75. Geburtstag. Rom (1955) 4° 4 S. 2 Taf. Privatdruck
A. Watteau, Junger Kavalier; J. M. Nattier, Katherina I 1716
Aus: Festschrift für Otto Hahn zum 8. 3. 1954 1–2 Göttingen Max-Planck-Ges. zur Förderung d. Wiss. 1954

97. Raphael, Die Geschichte von Amor und Psyche in der Villa Farnsina in Rom Vortrag Hamburg
Bericht H. T. Flemming Die Welt 16. 2. 1955
98. Kunst und Maske. Vortrag
Bericht Richard Zürcher Neue Zürcher Zeitung 4. 3. 1955

1956

99. Rom und Germanentum
In: Universitas 11 1 1956(5) 459–468; Italien. Kulturnachrichten 1956 (61–66) 1–7 u. Kirchenbl. f. d. ev. luth. Gemeinden in Italien 8 1956 (7/8) 2–4
100. Tilman Riemenschneider, m. Aufnahmen von Helga Schmidt-Glassner, Königstein/T. 1956 112 S. mit 108 Abb. = Die Blauen Bücher (Neue Aufl. 56 T.)
Rom Vortrag Hamburg, Freunde der Kunsthalle 26. 11. 1956 (letzter Vortrag d. Verf.).

Egbert Delpy Der Leipziger Kunsthistoriker Prof. Dr. Leo Bruhns geht nach Rom
Leipziger Neueste Nachr. 1934 (192) 11. 7. 1953
Ehrung für Prof. Bruhns, Mitt. d. Max-Planck-Ges. zur Förderung d. Wiss. 8 1953 10
E. D. Präses Prof. Dr. Leo Bruhns 70 Jahre alt
Kirchenbl. f. d. ev. luth. Gemeinde in Italien 6 1954 (12) 7
Richard Zürcher Leo Bruhns. Nachruf
Neue Zürcher Zeitung 1958 (73) 10. 1. 1958
Edmund v. Raitz v. Frentz Im Dienste der Kunstgeschichte. Zum Tode von Prof. Dr. Leo Bruhns
Deutsches Volksblatt 8. 1. 1958
Angelo Lipinski, Leo Bruhns Das Münster 11 1958 ($^1/_2$) 80
Franz Graf Wolff Metternich Leo Bruhns Nachruf
Mitt. aus d. Max-Planck-Ges. 1958 (2) 68–74
Franz Graf Wolff Metternich Leo Bruhns Kunstchronik 11 1958 (5) 140–142
Franz Graf Wolff Metternich In memoriam Leo Bruhns Gedenkrede 21. 1. 1958 Röm. Jahrb. f. Kunstgesch. 8 1959 1–9
Miscellanea Bibliothecae Hertzianae zu Ehren von Leo Bruhns, Franz Graf Wolff Metternich, Ludwig Schudt. München 1961 = Röm. Forschungen 16

Dissertationen Rostock Universität

Margarete Brückner, Die Holzplastik in Mecklenburg von ihren Anfängen bis zum Ausklang des „weichen Stils" (c. 1250–1450). 1926 Rostock 1926
Herbert Horps, Renaissance-Epitaphien in Lübeck und Mecklenburg 1925

Rudolf Parow-Souchon, Die bürgerlichen Bauten in Rostock und Güstrow in der Zeit von c. 1750 bis 1850 1927 Rostock 1927
Gertrud Simon, Die Ikonographie d. Grablegung Christi 1925 Rostock 1926

Dissertationen Leipzig Universität

Siegfried Asche, Sächsische Barockplastik von 1630 bis zur Zeit Permosers 1931 Leipzig 1934
Gerhard Bronisch, Die Franziskanerklosterkirche in Berlin 1933 Mitt. d. Vereins f. d. Gesch. Berlins 50 1933 (4) 89–142
Werner Schultze, Heinrich v. Bünau, Ein kursächsischer Staatsmann, Gelehrter und Mäzen 1933 Leipzig 1934
Marie Luise Burian. Die Klosterkirche von Studenica, Ein Beispiel für die Begegnung armenischer, byzantinischer und italienischer Formen in der Architektur und Plastik des mittelalterlichen Serbiens. 1935 Zeulenroda 1934
Helmut Dingeldey, Die Lehr- und Wanderjahre des Malers Friedrich Tischbein 1929 Darmstadt 1931
Kurt Findel, Die Bildhauerfamilie Wulff in Hildesheim 1931 Leipzig 1934
Herbert Griebitzsch, Die spätgotischen Kirchen Leipzigs. Ihre Entstehung und ihre entwicklungsgeschichtliche Bedeutung. Ein Beitrag zur Geschichte des obersächsischen Baustils. 1930 Leipzig 1932
Julie Harksen, Passauer Plastik der Spätgotik 1929 Dessau 1929
Rita Hirsch, Die Heldendarstellung in der barocken Plastik Altbayerns bis zum Eindringen des Klassizismus im Vergleich mit der Heldendarstellung auf der deutschen Bühne des 17. u. 18. Jh. 1934 Schramberg 1935
Martin Hoberg, Die Gesangbuchillustration des 16. Jh. Ein Beitrag zum Problem Reformation und Kunst 1932 Straßburg 1933
Studien zur dt. Kunstgesch. 296
Harold Joachim, Die Stiftskirche zu Königslutter, Ein Beitrag zur dt. Kunstgesch. d. 12. Jh. 1935 Göttingen 1935
Wolfgang Kautzsch, Das Barocktheater im Dienste der Kirche. Die theatralische Raumkunst des Barock in ihren Hauptphasen 1550–1790. Ein Versuch. 1930 Gelnhausen 1931.
Werner Körte, Die Wiederaufnahme romanischer Bauformen in der niederländischen und deutschen Malerei d. 15. u. 16. Jh. 1929 Wolfenbüttel 1930
Hans Kornfeld, Die Wiesenkirche zu Soest, eine stilgeschichtliche Untersuchung. 1931 Soest/W. 1931
Alice Kränzner (verh. Bethe), Gottfried Knöffler, Ein Beitrag zur Geschichte der sächsischen Plastik im 18. Jh. 1932 Gelnhausen oh. J.
Herbert Küas, Die Plastik des 13. Jh. im Dom zu Meißen 1935 Leipzig 1937, auch in: Die Naumburger Werkstatt. Aufnahmen von Erich Kirsten Berlin 1937 Dt. Verein f. Kunstwiss.
Forschungen zur dt. Kunstgesch. 26 (Teil 1 Meißen Dom Marienpforte S. 1–102).
Heinz Ladendorf, Der Bildhauer und Baumeister Anreas Schlüter. Beiträge zu seiner Biographie und zur Berliner Kunstgesch. seiner Zeit. 1933 Berlin 1935 Jahresgabe des Dt. Vereins f. Kunstwiss. Forschungen zur dt. Kunstgesch. 2
Ernst Herbert Lehmann, Die Anfänge der Kunstzeitschrift 1932 Borna 1932 (Teildruck; vollständig Leipzig 1932)
Maria Lutze (verh. Heidenreich), Das plastische Bildepitaph in Deutschland. Seine Voraussetzungen und die Entwicklung seiner Haupttypen bis zur Renaissance unter besonderer Berücksichtigung der Epitaphien von Augsburg und Erfurt 1930 Leipzig 1931

Otto Müller, Die Einharts-Basilika zu Steinbach bei Michelstadt im Odenwald. 1935 Seligenstadt 1936
Walter Ohle, Die protestantische Schloßkapelle der Renaissance in Deutschland, im Anschluß an die Kapelle des Schlosses Hartenfels in Torgau. 1936 Stettin 1936
Karl Paetow, Klassizismus und Romantik auf Wilhelmshöhe. 1928 Kassel 1929
Horst Sauer, Herkunft und Anfänge des Bildhauers Joseph Anton Feichtmayer Diss. Leipzig 1932 Leipzig 1932
Adolf Schahl, Geschichte der Bilderbibel von Julius Schnorr von Carolsfeld 1936 Leipzig 1936
Alexander Schreyer, Die Möbelentwürfe Johann Michael Hoppenhaupts des Älteren und ihre Beziehungen zu den Rokokomöbeln Friedrichs des Großen. 1932 Straßburg 1932.
Studien zur dt. Kunstgesch. 288
Joachim Seeger, Hans Schenck (genannt Scheusslich) Ein dt. Bildhauer des 16. Jh. 1932 Mitt. d. Vereins f. d. Gesch. Berlin 49/1932 (2–3) 33–86
Louis Adalbert Springer, Die bayrisch-österreichische Steingußplastik der Wende vom 14. zum 15. Jh. 1935 Würzburg 1936
Edith ter Meer (verh. Dietze), Frauentracht in Dresden um die Mitte des 18. Jh. vornehmlich nach den Dresdener Stadtansichten des Bernardo Belotto. 1931 Berlin 1931
(Teildruck S. 13–35 in: Zeitschr. f. hist. Waffen- u. Kostümkunde N F 3 (10/12)
Johannes Thümmler, Die Stifskirche in Cappel und die Westwerke Westfalens. 1937 Münster 1937
Veröff. d. Komm. d. Provinzialinstituts für westfälische Landes- und Volkskunde 1. 1
Franz Trautwein, Erfurter Epitaphplastik um 1600 1927 Auszug gedr. S. 41–70
Charlotte Wotruba, Die Plastik Leipzigs und seiner Umgebung in der ersten Hälfte des 18. Jh. 1934 Leipzig 1934
Herbert Zschelletzschky, Die figürliche Graphik Heinrich Aldegrevers, Ein Beitrag zu seinem Stil im Rahmen der dt. Stilentwicklung. 1932 Straßburg 1933 (: Das graphische Werk Heinrich Aldegrevers, vollst. m. 2.: Die ornamentale Graphik Heinrich Aldegrevers)
Studien zur dt. Kunstgesch. 292
Johannes Jahn, Beiträge zur Kenntnis der ältesten Einblattdrucke Habil.schr. 1927 Straßburg 1927
Studien zur dt. Kunstgesch. 252

ANHANG

SCHILLERS ZUG ZUR GRÖSSE

HERM. AUG. KORFF

Als Schiller starb, war er so alt wie Goethe, als dieser den Wilhelm Meister schrieb. Das war sieben Jahre nach Goethes Rückkehr aus Italien, ein Jahr nach seiner Verbindung mit Schiller, und zwei Jahre vor der Wiederaufnahme der Faustdichtung, die im ersten Teil erst nach weiteren zehn Jahren beendet wurde.

Das muß man sich klarmachen, um ein Gefühl für das ganz andere *Lebenstempo* zu bekommen, mit dem Schiller seine gewaltige Bahn durchmessen hat und durchmessen mußte, um aus dem Dichter der Räuber der erhabene Priester der tragischen Muse zu werden, von dem diese erst ihre *menschheitlich-sakramentale Würde* empfangen hat.

Nur 46 Jahre hatte die Parze ihm Zeit vergönnt, sich zu vollenden. Und so ist sein ganzes Leben ein einziges leidenschaftliches Vorwärtsstürmen, bei dem der Körper aufgezehrt worden ist vom Geist.

Allein ein so stürmisches Lebenstempo erklärt sich aus der Kürze der Lebensdauer doch erst dann, wenn es etwas *wahrhaft Großes* ist, was in diesem kurzen Leben ans Licht begehrt.

Das ist noch entscheidender als die Kürze der Frist, die ihm dazu vom Schicksal vergönnt gewesen.

Und so ist in der Tat das Urphänomen der Schiller'schen Existenz *der große Mensch*, der in Schiller steckte, und der auch den absolut einmaligen Eindruck seines gesamten Werks bestimmt.

Das hat als erster Körner, als bedeutendster aber Goethe erkannt, der Schiller später mit Christus verglichen und alle seine Gegner herausgefordert hat mit dem Worte: noch wenn Schiller sich die Nägel beschnitten habe, sei er größer gewesen als diese Herren, die ihm jetzt am Zeuge flickten. Er meinte die Schiller befehdenden Romantiker.

Diese innere Menschengröße ist das letzte Geheimnis von Schillers Dichtertum und Persönlichkeit – aber auch die Erklärung dafür, weshalb Schillers Dichtertum überall und in jeder Hinsicht auf Größe gerichtet ist.

Dabei ist es keineswegs leicht, zu erklären, *was* diese Größe im Schiller'schen Sinne eigentlich *ist*. – Das geht schon daraus hervor, daß man ebenso gut behaupten könnte: diese Vorstellung von Größe habe sich bei Schiller fortwährend und bis zuletzt gewandelt – wie das andere, daß der letzte Sinn dieses Worts im Grunde genommen doch immer derselbe geblieben sei.

Denn unter allen Umständen und immer bedeutet es das Hinausstreben über das bloß Natürliche, wie es Goethe ausgedrückt hat mit den Versen, die er dem verewigten Freund ins Grab nachgerufen hat:

Denn hinter ihm im wesenlosen Scheine
Lag, was uns alle bändigt, das Gemeine.

Immer schwebt Schiller das Höchste vor, was sich denken läßt, und so ist seine ganze Bahn – gegen alle Widerstände, die ihm im Wege standen – *ein Weg zu den Sternen* gewesen: von Anfang an – und am Anfang zu allermeist, weil er hier gegen die größten Widerstände zu kämpfen hatte. Und zwar nicht nur gegen äußere, die immer am meisten hervorgehoben werden. Viel mehr noch gegen innere, wie sie in der Überspanntheit und Wirrköpfigkeit aller Jugend liegen.

Dieser Drang zur Höhe und zur Größe hatte bei Schiller mehr als bei jedem großen Manne einen nicht nur großartigen, sondern auch *höchst exzentrischen Sturm und Drang* zu durchschreiten, ehe er sich zu wahrer Größe durchgerungen hatte.

Aber gerade diesem Äußersten an Sturm und Drang, das der deutsche Geist durchschritten hat, verdanken wir die gigantischen Jugendwerke Schillers, von den Räubern bis zum Don Carlos – jene immer aufregendere Reihe von Fantasieschöpfungen, die doch zugleich das großartige Tempo zeigt, in dem sich der Genius Schiller *läuterte,* um *zu immer höherer Art von Größe* emporzusteigen.

Schillers *Jugenddramen* sind der gewaltsame Ausbruch eines gleichsam im Kerker schmachtenden großen Geistes hinaus in die unbegrenzte Freiheit der Fantasie – zusammengemischt aus überschäumender Begeisterung und flammender Empörung.

Das spricht sich bereits in ihren Größenverhältnissen aus, – nicht nur dem äußeren, sondern vor allem dem inneren Umfang dieser Dramen, der dadurch entsteht, daß hier nicht nur einzelne Personen, sondern ganze Welten miteinander ringen, und daß wir uns darum immer dem Antlitz des großen Lebens gegenüber sehen, in das Schiller hinausdrängte als auf den natürlichen Schauplatz seines nach Größe verlangenden Geistes.

Infolge davon sind Schillers Jugenddramen auch technisch so außerordentlich vielstimmige Gebilde geworden – Symphonien in reichster kontrapunktischer Verschlingung, oder unbildlich gesprochen, einander durchkreuzende und emporsteigende Handlungsgefüge mit stärksten theatralischen Situationseffekten, die dem Ganzen den Charakter des Hemmungslos-Kolossalen geben – fast über Shakespeare hinaus.

Das steigert sich von den Räubern mit ihrer Doppelhandlung von ihren von Akt zu Akt sich überbietenden dramatischen Wendungen – zu den brennenden Farben einer erst sich vorbereitenden, dann schließlich zur Ausführung kommenden und in immer neuen dramatischen Situationen sich überstürzenden Revolution, die alles verschlingt, wie im Fiesko. – Weiter: zu der Teufelswelt der Kabale jener vor nichts mehr zurückschreckenden Bösewichter, wie sie ausbrütet die Sumpfluft eines kleinen deutschen Fürstenhofes – und gipfelnd endlich in dem Riesenwelttheater des kaum noch durchschaubaren Intrigenspiels zwischen der spanischen Weltmonarchie und dem Glücksrittertum eines idealistischen Freiheitsschwärmers, das der Dichter schließlich selbst nicht mehr zu bändigen vermochte.

Aber alles das ist noch nicht das Eigentliche.

Höher als das große dramatische Gemälde steht dem Dichter *der große Mensch*, der die Mitte aller dieser Gemälde ist, der Schiller'sche Held – „und in des Worts verwegenster Bedeutung."

Dieses Heldenideal zu verwirklichen bietet Schiller alle Kraft auf seiner dichterischen Fantasie.

Denn *der große Mensch: das ist Schillers eigentlichster Glaube!* Der große Mensch ist möglich! Ihn darzustellen aber das Höchste, was sich die Dichtung zur Aufgabe machen kann.

Wann und wo aber zeigt sich der Mensch am größten?

Nicht in den Kraftproben, die er ablegt, wenn er sich in die engen Grenzen der Gesellschaft nicht zu schicken weiß und dabei schließlich zum Verbrecher wird – wie Karl Moor.

Das ist nur ein Zerrbild inneren Heldentums ohne äußeren Lebensraum.

Und auch das Thema von Schillers stürmischem Erstling ist nicht etwa: wie Karl Moor, im Glauben, von der Menschheit verstoßen zu sein, zum Räuberhauptmann wird – in der fixen Idee, damit Rache und Vergeltung zu üben für die Verbrechen, die im Schoße der Gesellschaft ausgebrütet werden.

Das also ist es nicht, worin sich Karl Moors Heldengröße zeigt, sondern wie er sich verhält, nachdem er begreift, daß er mit seinem Räuberleben vor Gott verspielt hat und in jedem Sinne ein Verlorener ist.

Und wie verhält er sich? *Er kehrt nicht um* – er läßt seine Räuberbande nicht im Stich und stellt sich durch einen Schuß in den Kopf nicht freiwillig vor den Weltenrichter – das alles nicht!

Denn: *das geht gegen seine Heldenehre*, die im Schicksalstrotze besteht: Auszuharren im Schicksal, das man sich selbst bereitet hat.

Don wat man will un liden wat dafor hört.

Er darf nicht ausbrechen – was soviel wie fliehen heißt. Seine Spießgesellen haben ihm die Treue gehalten; er kann ihnen die seinige nicht brechen. Er hebt seine Hand auf: „Bei den Gebeinen meines Roller, ich will euch niemals verlassen!" – bis zum Untergang, der sie alle erwartet.

Das ist der dramatische Sinn des Räuberdramas: das erhabene Schauspiel wahrer Heldengröße, die hier in dem *heldenhaften Ausharren auf verlorenem Posten* besteht.

Und Schillers Gott nimmt diese Heldengröße an. Er adelt sie – indem er sie nachträglich sinnvoll macht.

Als Karl Moor erfährt, daß er sein ganzes Schicksal den teuflischen Verleumdungen seines Bruders verdankt – da verzichtet er noch auf seine Rache: er will nicht auch noch zum Brudermörder werden. – Trotz allem was geschehen.

Er vollzieht aber das lange fällig gewordene Gericht an diesem unmenschlichen Scheusal, als er erfährt, was dieser Bruder obendrein an ihrem gemeinsamen Vater verbrochen hat.

Da fühlt er sich in seinem Rächeramte von Gott bestätigt, dem er mit seinem angemaßten irdischen Rächeramte vorgegriffen hatte.

Mit diesem *Kolossalgemälde eines erhabenen Verbrechers* beginnt Schiller seine dramatische Laufbahn.

Das Dichtertum keines deutschen Dramatikers ist so stürmisch ins Leben getreten, wie dasjenige des 22jährigen Räuberdichters bei der Aufführung seines Erstlings in Mannheim am 13. 1. 1782.

Aber in dem gleichen stürmischen Tempo hat sich in den nächsten 5 Jahren seine Weiterentwicklung vollzogen – zielstrebig und immer stürmisch geradeaus – und doch gleichzeitig experimentierend nach den verschiedensten Seiten hin.

Zunächst erfolgte der große Sprung aus dem ganz fantastischen Räuber-Drama, das in einer Welt spielt, die es nur im Kopfe seines Dichters gab – in die, wenn auch immer noch fantastisch aufgehöhte Welt der Wirklichkeit – und zwar nicht nur in die Welt der Geschichte, die fortan die eigentliche Welt von Schillers dramatischen Phantasien wird und bleiben sollte – sondern auch, weit realistischer und aufreizender, in die Welt des bürgerlichen Trauerspiels aus Schillers eigenster Welt und Gegenwart: Kabale und Liebe – die dramatische Aufdeckung eines zum Himmel schreienden menschlichen und politischen Sumpfes, als welcher sich der Hof eines kleinen deutschen Duodezfürsten hier enthüllt.

Mit diesem Sprung wird Schiller *auch zum politischen Dichter*. Denn es sind die großen politischen Anliegen, Leidenschaften und Ideale der politischen Aufklärung, aus denen schließlich die französische Revolution hervorgegangen ist.

Allein, betrachtet man's genauer, so zeigt es sich, daß Schiller selbst in dieser seiner Jugendzeit ein *politischer Dichter im strengsten Sinne nicht gewesen* ist.

Denn obwohl seine Dramen in politischen Welten spielen und von revolutionärem Geiste durchdrungen sind, so sind ihre eigentlichen poetischen Anliegen doch immer noch *die großen Menschen*, die sich darin ausleben und im Zusammenstoß mit ihnen tragisch zugrunde gehn.

Das Politische steht vor allem im Dienste von großen menschlichen Tragödien. Und diese erhalten nur besondere Größe durch die großartigeren Verhältnisse der geschichtlichen und politischen Welt, in der sie sich vollziehen.

Aber wie durch diesen größeren Realismus Schillers Helden immer großartiger werden, so werden sie zugleich auch menschlicher.

Und das zeigt sich darin, daß ihre Tragödien verursacht werden *vor allem durch die „Menschlichkeit"*, d. h. *die menschlichen Schwächen* und Unvollkommenheiten dieser Helden.

Im Falle *Fieskos* ist es die Versuchung eines großen alle überragenden Mannes durch den Ehrgeiz, der aus einem ursprünglichen Tyrannenstürzer schließlich einen Thronräuber und einen Verräter an der Revolution und seinen Mitverschworenen macht. Und Schiller selbst ist so wenig an die Idee „Republik" gebunden, daß seine dichterische Sympathie mehr und mehr auf den immer großartiger gezeichneten Helden übergeht, der den echt Schiller'schen Satz ausspricht:

> „Es ist schimpflich, eine Börse zu leeren,
> frech, eine Million zu veruntreuen, aber es ist
> namenlos groß, eine Krone zu stehlen. Die Schande
> nimmt ab mit der wachsenden Sünde."

Es gibt wenige Szenen im deutschen Drama, in denen der Wille zur Macht einen rhetorisch imposanteren Ausdruck fände, aber auch wenige Gestalten, in denen sich der Ehrgeiz einer großen Natur hinreißender verkörperte als in diesem, von Schiller mit den glänzendsten Eigenschaften verführerisch ausgestatteten Fiesko. Denn Schillers ganzes Trachten ist darauf gerichtet, den verbrecherischen Machtwillen seines Helden durch sein natürliches Genie menschlich berechtigt erscheinen zu lassen.

Im Falle *Posas* ist die menschliche Schwäche, an der er scheitert, noch verzeihlicher.

Denn sie besteht einfach darin, daß das großartige Spiel, in das er durch die unwahrscheinliche Gunst der Stunde hineingetrieben wird – doch schließlich die geistige Kraft eines jugendlichen Schwärmers übersteigt, und er sich im Notdrange des Augenblicks zu einer Kopflosigkeit hinreißen läßt, die alles zerstört, was er erreicht zu haben schien und noch zu erreichen scheinbar die besten Chancen hatte.

Die Handlung von *Kabale und Liebe* aber – äußerlich das politischste von Schillers Jugenddramen – hat mit Politik in Wahrheit nur stofflich, nicht thematisch etwas zu tun.

Die geschilderten Verhältnisse haben für die Tragödie von Ferdinand und Luise keine grundsätzliche, sondern nur eine zufällige Bedeutung.

Das Liebespaar scheitert gewiß auch an den politischen Verhältnissen, in Wahrheit aber an seiner eigenen menschlichen Unzulänglichkeit: Luise an der inneren Unfreiheit des kleinbürgerlichen Mädchens, das dem idealistischen Schwunge ihres Liebhabers nicht zu folgen vermag; Ferdinand aber daran, daß er etwas glaubt, was er – trotz allem – nicht glauben könnte, wenn er einen wahren Glauben an seine Geliebte hätte.

Überall das gleiche Bild: die Tragödien von Schillers großen Menschen *folgen zwar aus den politischen Verhältnissen*, in die sie verschlungen sind, aber letzten Grundes daraus, *daß auch sie nur Menschen sind.*

Mit dem Don Carlos hatte Schiller bewußtermaßen eine höhere Stufe seines dramatischen Dichtens angestrebt. Er nannte das neue Werk darum auch nicht mehr Schauspiel, Trauerspiel, sondern ein *dramatisches Gedicht*. Und wie er seinem Gönner, dem Intendanten des Mannheimer Nationaltheaters, dem Freiherrn von Dalberg, schrieb, wollte er mit ihm endlich zur hohen Tragödie emporsteigen – wie sie die Franzosen im Anschluß an die antike Tragödie geschaffen hatten.

Das aber bedeutete nicht nur eine Veredelung des darin auftretenden Menschentums, sondern auch eine ebensolche *Veredelung des dichterischen Stils*, wie sie sich vor allem ausdrückt in der Verssprache, zu der Schiller nunmehr überging.

Der Vers im Drama war zwar die selbstverständliche Regel gewesen, seitdem das Abendland den Ehrgeiz gehabt hatte, der griechischen Tragödie nachzustreben.

Aber der revolutionäre Sturm und Drang hatte den dramatischen Vers zum alten Eisen geworfen und an seine Stelle jene forciert naturalistische und kraftmeierische Prosa gesetzt, in der der junge Schiller der nicht mehr zu überbietende Meister geworden war.

Mit dem Don Carlos kehrte dieser Sprachrevolutionär des deutschen Dramas in die alte Bahn zurück – in jene Bahn, die er nie wieder verlassen hat.

Damit war *das Sturm- und Drang-Drama grundsätzlich überwunden*. Sowohl der Substanz wie auch der Form nach hatte sich Schiller zu einer *Form der hohen Tragödie* durchgerungen, mit der er – grundsätzlich – den zehn Jahre älteren Goethe eingeholt zu haben glauben konnte ... der in Italien eben dabei war, seiner ‚Iphigenie auf Tauris' auch die letzte weihevolle Form zu geben.

Und doch sollte es noch sieben Jahre dauern, bis er mit diesem seinem großen Rivalen in edelster Freundschaft sich zusammenfand – sieben Jahre, in denen Schiller kein dramatisches Gedicht mehr schreiben und sich um ganz andere Dinge bemühen sollte, als die gewesen waren, mit deren leidenschaftlicher Verfolgung er bisher fünf Jahre lang so stürmisch fortgeschritten war.

Und das ist nun das eigentliche Rätsel, ja das *Wunder in Schillers großartigem Lebensweg: diese Pause als dramatischer Dichter von sieben Jahren*, ja von zwölf, wenn man die Jahre zählt, in denen er für die Öffentlichkeit aufgehört hatte, der große deutsche Dramatiker zu sein, der zu werden seine Jugenddramen versprochen hatten.

Wie erklärt sich dieses Rätsel? Was bedeuten in Schillers dichterischer Entwicklung diese sieben Jahre zwischen dem Don Carlos und dem Wallenstein? Das ist die Frage, der wir nunmehr gegenüberstehn.

Nun, Sie wissen: Schiller ist in diesen Jahren – (nach den Jahren in Mannheim, Bauerbach und Dresden sowie den ersten Jahren in Weimar und Jena) – *Historiker* und *Philosoph* gewesen:

Verfasser von glänzend geschriebenen historischen Werken – Geschichtsprofessor an der Universität – und Kunstphilosoph, der in einer Reihe von schwierigen und bedeutenden Schriften *den menschlichen Sinn der Kunst* und insbesondere seiner eigenen Kunst, der Tragödie, zu begreifen und zu verkünden suchte.

Unsere Frage lautet daher genauer: Warum hat Schiller dergestalt das Bedürfnis gefühlt, seine Tätigkeit als Dramatiker durch historische und philosophische Besinnung zu untermauern?

Nun, das geht aus dem hervor, was Schiller durch sie als Mensch und Dichter gewonnen hat.

Das aber ist nicht weniger als *das klare Bewußtsein von dem tieferen Sinn seines Dichtertums* – das er in seinen Sturm- und Drangjahren sozusagen naiv und als etwas fragloses ausgeübt hatte.

Denn diese Jugenddramatik beruhte einfach auf der natürlichen Begeisterung für den großen Menschen, den Schiller selber in sich trug, und auf der flammenden Empörung gegen die schlechte Welt, die die bittere Erfahrung seiner Jugendjahre gewesen war.

Schiller aber war ein viel zu tiefer Geist, als daß es in seiner Entwicklung nicht zu dem Punkte hätte kommen müssen, an dem es ihn mit gleicher Leidenschaft danach verlangte, sich und seine Tätigkeit in den größeren Zusammenhang der Weltgeschichte einzureihen.

Die geschichtsphilosophischen Gedanken Schillers scheinen zunächst nicht neu zu sein. Sie gehören in den Kreis der Weimarischen Geschichtsphilosophie, wie sie in Herders großem Hauptwerk, den „Ideen zu einer Philosophie der Geschichte der Menschheit“ so eindrucksvoll soeben ausgesprochen worden waren.

Doch damit in den größeren Zusammenhang des allgemeinen Aufklärungsoptimismus und Aufklärungsstolzes, wie ihn Schillers erstes großes philosophisches Gedicht, *„Die Künstler“* in den begeisterten Eingangsversen – für unser heutiges Gefühl etwas allzu vorbehaltlos – verkünden:

> Wie schön, o Mensch, mit deinem Palmenzweige
> Stehst du an des Jahrhunderts Neige,
> In edler stolzer Männlichkeit,
> Mit aufgeschlossnem Sinn, mit Geistesfülle,
> Voll milden Ernsts, in tatenreicher Stille,
> Der reifste Sohn der Zeit . . .

Und eben dieses allzu lange Riesengedicht versucht in blühenden poetischen Farben diese *Entwicklung der Menschheit von ihrer vorgeschichtlichen Dürftigkeit zur Höhe ausgebildeter Humanität* darzustellen.

Aber eben dieses Gedicht enthüllt zum ersten Male auch den *besonderen* Gedanken, um den Schiller die aufgeklärte Geschichtsphilosophie bereichert hat, – ja es ist vor allem diesem großen Gedanken gewidmet, der schon in der Überschrift angedeutet wird, indem dieses Gedicht *„Die Künstler“* überschrieben ist.

An dieser Emporentwicklung der Menschheit nämlich ist nach Schillers Meinung hervorragend und ganz besonders beteiligt gewesen: *die Kunst.*

Nun, auch das scheint etwas relativ Selbstverständliches zu sein und nur ein Ausdruck jener immer höheren Schätzung, die die Kunst – nach ihrer Neugeburt im Zeitalter der Renaissance – in steigendem Maße erfahren hat ... dergestalt, daß sich die Goethezeit selbst zunehmend als die *Zeit einer wesentlich künstlerischen Kultur* empfand.

Aber worauf es ankommt, ist vor allem zu erkennen, worin Schiller, als einer der Ersten, das Wesen der künstlerischen, oder sagen wir allgemeiner, der ästhetischen Erziehung der Menschheit gesehen hat.

Was hat der Mensch durch die Erziehung zum ästhetischen Verhalten gelernt? Etwas viel Allgemeineres und Grundsätzlicheres als das, um das sie durch die Kunstwerke selbst bereichert worden ist:

Nämlich dies – was nichts mit den einzelnen Kunstwerken, sondern zu tun hat nur noch mit der Fähigkeit zum Kunstgenusse überhaupt – gleichgültig, an was für Kunstwerken er sich vollzieht:

Die Fähigkeit – die kein Tier besitzt, und die darum eins der wesentlichsten Merkmale unserer Menschlichkeit ist – die Fähigkeit, *uns den Dingen der Welt gegenüber rein anschauend,* das heißt *rein ästhetisch* zu verhalten ...

zum Unterschied nämlich von dem praktischen Verhalten, das darin besteht – wie es die Art der Tiere ist – Dinge und Geschöpfe zu ergreifen und sich anzueignen oder sich gegen sie zu wehren, beziehungsweise vor ihnen zu fliehen.

Lieben und Hassen, sie haben im natürlichen Leben praktische Konsequenzen.

Daß es darüber auch ein rein anschauendes Verhalten gibt – zu lieben und zu hassen *ohne* praktische Konsequenzen – eben jenes Verhalten, wie wir es jedem Kunstwerke und so auch jedem Schauspiel gegenüber üben – das hat die Menschheit erst in dem Grade gelernt, wie sie sich von der Tierheit entfernt hat: *das Leben in der reinen Phantasieanschauung des Geistes,* das seine größte praktische Ausbildung in der Kunst gefunden hat.

Aber, ist das wirklich eine so besondere Gabe, wie sie von Schiller hier verherrlicht wird?

In der Tat: es ist die *Grundform des Geistes überhaupt,* der sich damit konstituiert, daß er sich über die Dinge erhebt, um, über ihnen stehend und unabhängig von dem, was sie praktisch für unsere Person bedeuten – ihr Wesen und ihren Wert, wir können auch ganz allgemein sagen: ihre *Schönheit* zu erkennen ...

nicht ihren Nutzen oder Schaden für uns, sondern ihre Schönheit für sich selbst – ihre Schönheit vor Gott, mit dessen Augen wir im ästhetischen Anschauen gleichsam die Dinge dieser Welt betrachten.

Diese Philosophie der Schönheit ist also die *Philosophie jenes Gemütszustandes,* in dem wir dazu befähigt werden, *die Dinge der Welt in ihrem eigenen und objektiven, nicht in ihrem subjektiven Werte für uns zu erfassen.*

Und eben das ist, wie der Gemütszustand jedes echten Künstlers, auch derjenige des

Dichters. Es ist der Gemütszustand göttlicher Überparteilichkeit, mit dem wir uns *über Welt und Leben zur Höhe des Geistes*, das heißt zur letzten Freiheit erheben, die uns auf eine neue und höhere Weise mit den Dingen der Welt und mit dem wirklichen Leben verbindet.

Daraus aber ergeben sich die höchsten Forderungen der Kunst, jeder Kunst, die der Höhe ihrer wahren Idee entsprechen will – denn tatsächlich und in Wirklichkeit, gibt es natürlich Kunst der verschiedensten Stufen und Höhenlagen.

Aber eben das war nach der Überwindung seines naiven Sturmes und Dranges das Ziel Schillers geworden, mit seiner dramatischen Kunst das Höchste zu leisten, dessen sie fähig ist – *mit vollem Bewußtsein die hohe Tragödie zu realisieren*, zu der er mit erwachendem Höhen-Instinkt schon im Don Carlos emporgestrebt hatte.

Aber welches waren nach Schillers immer zunehmender Erkenntnis die höchsten Forderungen seiner Kunst? Der hohen Tragödie?

Waren wirklich, wie sie es in Schillers Jugenddramatik doch gewesen waren, die Begeisterung auf der einen und die Empörung auf der andern Seite die Triebfedern der hohen Tragödie?

Sie waren gewiß nicht auszuschließen, ja sie gehörten unbedingt dazu, wenn die Tragödie wirkliche Wärme und Blut und Leben bekommen sollte.

Aber waren sie schon alles? Schon das Höchste? War mit dieser Parteinahme für die Großen, Guten und Edlen und gegen die Bösen aller Gestalt schon die Aufgabe der hohen Tragödie erfüllt?

Nach allem Gesagten: offenbar – Nein.

Denn damit hatte sich weder der Dichter zum ästhetischen Gemütszustande erhoben, noch konnte eine solche Kunst den Zuschauer hinein erheben.

Aber hier stand die Kunst offenbar vor einer Antinomie, in deren Auflösung das eigentliche Geheimnis jeder hohen Kunst beschlossen liegen mußte.

Und dieses Geheimnis war *das Geheimnis der Form:* einer Form nämlich, die es vermochte, beides miteinander zu vereinen:

einerseits den *vollen Eindruck des wirklichen Lebens* mit allem, was es an Großartigem und Furchtbarem in sich birgt, andererseits aber die *Erhebung des Zuschauers über das Erschreckende dieses Anblickes* – eben in jene reine Höhe der Betrachtung, in der wir uns zu gleicher Zeit von ihm befreien.

Diese Form konnte offenbar nur darin bestehen, daß sie die Vorgänge, die, in Wirklichkeit erlebt, uns hin- und herreißen würden zwischen Furcht und Mitleid, so darzustellen versteht, daß wir nie das Gefühl verlieren, *nicht die Wirklichkeit, sondern nur Bilder* der Wirklichkeit vor uns zu sehen – Bilder, Schattenbilder, Idole der Wirklichkeit, nicht aber die Wirklichkeit selbst.

Denn das eben ist der formale Sinn der Kunst, daß sie uns erlaubt, das Leben, von dem wir in Wirklichkeit erschlagen werden würden, als bloßes Bild und in der Phantasie – das heißt: zwar vollkommen wahr, aber doch *in ungeheurer geistiger Distanz* zu erleben.

Darüber hat Schiller ein großartiges und besonders schönes Gedicht gemacht, ein an Goethe gerichtetes Gedicht, als dieser den Mahomet von Voltaire übersetzt und für das Weimarer Theater einstudiert hatte.

Es ist gegen den hemmungslosen Naturalismus gerichtet, dem es nur um die Lebenswahrheit zu tun ist, nicht aber um den Sinn der Kunst, – der in der geistigen Erhebung über das Leben besteht. Darum die Regel

„Der Schein soll nie die Wirklichkeit erreichen,
Und siegt Natur, so muß die Kunst entweichen."

Denn, wie es zur Begründung vorher heißt:

„Leichtgezimmert nur ist Thespis' Wagen (das Theater)
Und er ist gleich dem Acherontschen Kahn:
Nur *Schatten und Idole* kann er tragen,
Und drängt das rohe Leben sich heran,
So droht das leichte Fahrzeug umzuschlagen,
Das nur die flüchtgen Geister fassen kann."

Das ist die Idee und das Ideal der klassischen Form, der Schiller mit dem Don Carlos bereits zustrebte, die er aber in seiner klassischen Zeit erst ganz begreifen und konsequent verfolgen lernte.

Ernst ist das Leben, heiter ist die Kunst.

Ernst ist das Bild des Lebens, das uns von der Bühne her entgegenschaut, *ausgeglichen aber (heiter) der Gemütszustand, mit dem wir es durch die Kunst des Dichters als ideales Bild betrachten können.*

Diese hohe idealistische Form des Dramas wird nun vom Kunststandpunkte aus um so nötiger, je ernster und erschütternder, oder sagen wir gleich, je tragischer das Bild ist, das die klassische Dramatik vom Leben entwirft.

Denn nur in dieser idealen Form ist der Mensch dem so tief-ernsten Antlitz des wirklichen Lebens gewachsen – gewachsen, ihm im ästhetischen Gemütszustande zuzusehen.

Und damit kommen wir nun zu der *zweiten großen Frage* von Schillers klassischer Tragödie, die sich nicht mehr auf ihre ideale *Form*, sondern auf ihren *realen Gegenstand* bezieht. Aber es ist das eine Frage, die merkwürdigerweise selten aufgeworfen wird, obgleich sie doch so nahe liegt:

Warum sieht der dramatische Dichter den höchsten, ja den eigentlichen Gegenstand seiner Kunst in den *Tragödien* des Lebens? Warum ausgerechnet in dem, was uns als

Menschen *niederdrücken* muß, obgleich doch die Kunst dazu geschaffen sein soll, dem Menschen *Freude* zu bereiten, ihn über die ganze Geworfenheit unserer Existenz zu *erheben*, oder mit Schiller zu sprechen, ihn in die Freiheit des Gemüts zu versetzen.

Nun, Schiller ist nicht immer Tragiker gewesen. Er hat in seinem letzten vollendeten Werke, dem Tell, eine dramatische Dichtung geschaffen, die zwar tragische Momente durchläuft, aber doch keineswegs als Tragödie, sondern als der erhebende Sieg einer gerechten Sache endet und uns in geradezu festlicher Stimmung entläßt – dergestalt, daß man den Tell, was er ja speziell für die Schweiz auch ist, als ein dramatisches *Festspiel* bezeichnen kann.

Aber das ist doch nur eine Ausnahme. In allen übrigen Dramen ist Schiller im ausgesprochenen Maße *Tragiker*, und was er darstellt, sind immer die großen Tragödien, in die vor allem die großen Menschen verschlungen sind: dramatische Dichtungen, in denen *der Untergang von großen Menschen* – und nun müssen wir sogleich das rechte Wort gebrauchen – *gefeiert* wird. Denn das ist der entscheidende Gedanke, mit dem wir beginnen müssen: die tragischen Untergänge, die der tatsächliche Inhalt von Schillers sämtlichen Dramen sind – sie werden nicht einfach „dargestellt", so daß wir mit unserem Mitgefühl in sie hineingerissen werden – sondern sie werden, so seltsam das auch klingen mag, *gefeiert* – ja, wenn man es noch pathetischer ausdrücken will: zelebriert – so wie in der Kirche der Kreuzestod Christi zelebriert wird.

Und eben das ist es, was verstanden werden muß.

Wir verlassen nämlich das Theater nach einer solchen Tragödie nicht in gedrückter, sondern, wie es vom Dichter beabsichtigt ist, *in erhabener*, das heißt gehobener Stimmung: vom tragischen Antlitz des Lebens *zwar erschüttert, aber aufgerichtet von der Menschengröße*, die imstande gewesen ist, die Tragik in etwas Großes und Erhabenes, in etwas Positives zu verwandeln, was uns zu unserem eigenen Erstaunen mit der Tragik des Lebens versöhnt.

Denn *nicht die Darstellung* der Tragödie, sondern die *Versöhnung mit der Tragödie* ist der eigentliche Sinn dessen, was der tragische Dichter mit ihrer Darstellung bewirken will.

Und diese Versöhnung wird vorgelebt von jenen großen Menschen, die wir darum „Helden" nennen, weil sie die geistige Kraft besitzen, die Tragödie ihres Lebens *zu bestehen.*

Schillers Dramen haben diese ihre allgemeine Idee nicht immer auf die gleiche, sondern im Gegenteil auf die verschiedenste Weise dargestellt. Man kann über sie deshalb nicht allgemein, sondern nur im einzelnen reden – muß es dafür aber immer tun unter dem Aspekte jener allgemeinen Idee, die hinter allem steht.

Man sollte sich dabei auch nicht an die zeitliche Reihenfolge von Schillers Dramen halten, sondern von der einfachsten Tragödie Schillers fortschreiten zu der kompliziertesten und damit auch derjenigen, die am schwersten zu durchschauen ist.

Das aber ist der Wallenstein. Die einfachste ist die Maria Stuart. Mit ihr soll darum begonnen werden.

Die Tragödie, die sich in dieser abspielt, ist zunächst nichts anderes als die grausame Beendigung eines Thronstreites zwischen zwei Königinnen durch die Hinrichtung der unterlegenen. Aber das ist noch keine Tragödie im eigentlichen Sinne. Denn wer den politischen Kampf wagt, wagt sein Leben.

Zur Tragödie wird das Ganze erst dadurch, daß Maria selbst es ist, die durch die Herausforderung ihrer Rivalin – in deren Macht sie sich befindet – *selbst ihren Tod herbeiführt:* zwar im rasenden Affekt, aber dem Affekt des höchsten Stolzes, mit dem man einer verhaßten Feindin begegnet, die ihre äußere Überlegenheit dazu benutzt, sie vor der Welt zu demütigen.

Um Marias Haupt hat sich am Ende der Tragödie der *Märtyrerschein* gewoben. Über die englische Königin aber, die sich aus persönlichen Gründen und gegen ihr besseres Gewissen zur Vollstreckung des Todesurteils hat hinreißen lassen, wird vom Dichter durch den Mund des Grafen Shrewsbury das Urteil gesprochen: „Ich habe deinen edlern Teil nicht retten können".

Aber das alles ist noch nicht das Entscheidende. Das Entscheidende ist der Seelenzustand, in dem Maria das Blutgerüst besteigt, und dieser Gemütszustand ist der, zu dem sie sich hindurchgerungen hat.

Sie versteht die politische Ungerechtigkeit ihrer Hinrichtung als die höhere Gerechtigkeit für die menschlichen Sünden, deren sie sich in ihrem früheren Leben schuldig weiß. Und indem sie mit ihrem ungerechten Tode alte Sünden büßt – zum Beispiel die Teilnahme an der Ermordung ihres ersten Gatten – fühlt sie diese *ihre äußere Hinrichtung als ihre innere Auferstehung:*

„Die Krone fühle ich wieder auf dem Haupt,
Den würdigen Stolz in meiner edlen Seele."

Mit dieser erhabenen Gesinnung, die die weltliche Ungerechtigkeit als himmlische Gerechtigkeit, eine unsittliche Weltordnung gerade als die sittliche versteht, siegt sie nicht nur über ihre politische Gegnerin, sondern auch über die Tragödie ihres Schicksals – oder um einen bekannten Schillervers zu variieren:

„Nehmt das Schicksal auf in euren Willen
Und es steigt von seinem Weltenthron."

Eine ganz andere Art der Tragödie ist diejenige der *Braut von Messina.* Auch sie handelt zwar, ganz allgemein betrachtet, von der freiwilligen Buße für eine begangene Schuld: einen in der Leidenschaft begangenen Brudermord.

Aber erstens kommt dieser Brudermord zustande auf Grund von ganz unglückseligen, ja geradezu teuflisch scheinenden Zufällen, die Schiller hier konstruiert, und die den besonderen Sinn haben, die Ohnmacht menschlicher Voraussicht und menschlichen Planens darzustellen – in einer Welt, in der der Zufall eine so vernunftlose, alles vernichtende Rolle spielen kann. Und er gehört zu den tragischen Grundtatsachen unseres Lebens, gegen die man wehrlos ist.

Allerdings ist der Brudermord selbst keineswegs etwas Zufälliges, sondern die Tat nur eines ungewöhnlich leidenschaftlichen und heißblütigen Jünglings – dessen zentrale Eigenschaft der Stolz ist – ein unbändiger Stolz, der auf jede Beleidigung mit dem Degen reagiert.

Dieser Stolz ist freilich letzten Endes die *Größe* dieses Menschen, der Ausdruck dafür, daß dieser Mensch selbst etwas Großes – *einen Helden – in sich fühlt:* ein Selbstgefühl, das zunächst nicht eigentlich begründet scheint, dessen geheime Berechtigung uns der Dichter dennoch zu suggerieren weiß.

Der Sinn von Schillers Tragödie ist es nun aber, seinem Helden Gelegenheit zu geben, *seine Heldengröße wirklich zu zeigen:* eine *verbrecherische* Größe damit, daß dieser Don Cesar in dem Choc eines teuflischen Zusammentreffens von Umständen den Bruder erschlägt, obgleich er sich mit ihm erst eben feierlich versöhnt hat; eine *erhabene* Größe aber damit, daß er sich durch kein Flehen der unglücklichen Mutter und auch nicht der geliebten Schwester – um die der Streit zwischen den Brüdern entbrannt gewesen ist – davon abbringen läßt, den Mord an seinem Bruder *mit seinem eigenen Tode zu sühnen.*

Diese Szene ist eine der eindrucksvollsten, großartigsten und poetischsten, die Schiller geschaffen hat. Aber es gilt, sie richtig zu verstehen. Denn sie ist zwar scheinbar ganz leicht, in Wahrheit aber nicht so leicht zu verstehen, wie es scheint.

Man kann von ihr den Eindruck gewinnen, als ob sich Don Cesar hier zu höchster moralischer Größe erhebe: zu dem Gedanken der Sühne und dem Gedanken der ewigen Gerechtigkeit, die seinen Tod verlangt.

Das braucht man nicht zu bestreiten. Allein man wird bei genauer Überlegung doch sagen müssen: daß dieser Selbstmord des Don Cesar in Wahrheit *keineswegs einem ganz echt moralischen* Gefühle entspringt – sondern ebenfalls aus dem Grundgefühle seines ganzen Wesens: aus dem *Stolz.*

Dieser Selbstmord ist der höchste Ausdruck seines stolzen Menschentums.

Fühlt er doch vollkommen fein und richtig, daß er *im Leben den Makel dieses Mordes nie mehr abwaschen kann,* – der ihm zwar gewiß von Mutter und Schwester verziehen werden wird, der ihm aber anhangen wird sein Leben lang, während sein toter Bruder in der Glorie des unschuldig Gemordeten fortleben wird, die er ihm nie entreißen kann.

Immer wird Don Cesar im Gefühle der Menschen *seinem Bruder nachstehen* – nicht nur im Gefühle der Mutter, sondern mehr noch der Schwester, deren Liebe zu dem brüderlichen Rivalen er nie würde einholen können.

Als Lebendiger würde er den Kampf gegen diesen Bruder notwendig verlieren. *Nur im Tode kann er die Gleichheit mit diesem Bruder wieder herstellen.*

Ja, durch diesen Tod kann er seinen Bruder, der bloß unschuldig gemordet wurde, an Edelmut noch einmal übertreffen. Und *auf diesen Triumph seines Stolzes ist es mit diesem Selbstmord abgesehen,* ob er es weiß oder nicht.

Das ist im Kantischen Sinne keine rein sittliche Tat. Aber: es gibt menschliche Größe auch anderer Art als sittliche. Es gibt auch Größe – deren innerstes Mark die Ehre ist. Und im Anblick solcher Größe versöhnt uns Schiller hier mit dem grausigen Anblick seiner Schicksalstragödie.

Beinahe das Gegenteil ist die Tragödie der *Jungfrau von Orléans.* Sie ist keine weltliche, sondern eine *religiöse* Tragödie – so sehr sie sich in einem höchst weltlichen Stoffe, einem großen vaterländischen Befreiungskriege, vollzieht.

Denn ihre Heldin ist eine Heilige – ein übermenschliches Wesen, eine Jungfrau, die vom Geiste ergriffen und in der Ekstase göttlicher Berufung, Heldentaten vollbringt, zu denen es den Männern bisher an Glaubenskraft gefehlt zu haben scheint.

Insofern ist der ganze Vorgang zunächst etwas so Außerordentliches und Unvergleichbares, daß er sich dem Allgemeinen-Menschlichen vollkommen entzieht.

Und er würde auch zweifellos als „Theater" wirken, wenn dieser wunderbare Vorgang nicht eben von der Geschichte wirklich überliefert und ein Beispiel dafür wäre, daß es in dieser Welt tatsächlich Wunder gibt, die aller Erklärung spotten, und die wir gläubig hinnehmen müssen, ohne sie ganz verstehen zu können.

Insofern ist die Gestalt der Jungfrau das Äußerste, was Schiller an menschlicher Größe darzustellen gewagt hat. Und was um so mehr ein Wagnis war, als der Spötter Voltaire diese erhabene Gestalt in einem komischen Heldengedichte dem Spotte und Gelächter der aufgeklärten Menschheit preisgegeben hatte – so daß der Herzog Karl August es auch nicht wagte, Schillers Tragödie sogleich auf seinem Theater aufführen zu lassen.

Dagegen richten sich Schillers Verse:

„Das edle Bild der Menschheit zu verhöhnen,
Im tiefsten Staube wälzte dich der Spott;
Krieg führt der Witz auf ewig mit dem Schönen,
Er glaubt nicht an den Engel und den Gott ...

Doch, wie du selbst aus kindlichem Geschlechte,
Selbst eine fromme Schäferin wie du,
Reicht dir die Dichtkunst ihre Götterrechte,
Schwingt sich mit dir den ew'gen Sternen zu;
Mit einer Glorie hat sie dich umgeben –
Dich schuf das Herz! Du wirst unsterblich leben ...

Aber es sind auch keineswegs die Wundertaten, die Schillers Tragödie verherrlichen wollen, sondern die *Tragödie der Heiligen* ist es, die das eigentliche Motiv seines Dramas ist.

Und diese Tragödie ist nichts anderes, als ihr *Rückfall in die Menschlichkeit*, durch den sie aus einer Heldin erst zum Menschen wird.

Sie, deren Kraft in der ekstatischen Vaterlandsliebe besteht, muß es erleben, daß sie plötzlich auch wie ein Weib fühlen lernt.

Und unter diesem Gefühl bricht das Gefühl ihrer Heiligkeit zusammen, ihre übernatürliche Kraft entweicht, und im Gefühle ihrer Unwürdigkeit wehrt sie sich nicht gegen das, was über sie hereinbricht.

Ja, ebenso wie Maria Stuart *nimmt sie die Ungerechtigkeit der Welt auf sich, um das zu sühnen*, was sie nach ihrem Glauben gegen ihre göttliche Berufung gesündigt hat.

Und ebenso wie Maria ist sie bei ihrem Tode mit einem neuen Glorienschein umgeben.

„Kurz ist der Schmerz, doch ewig ist die Freude".

Diesen drei hochklassischen Tragödien gegenüber, die Schiller alle in kürzester Zeit schrieb, steht nun der *Wallenstein*, der ihnen zeitlich vorausging, und um den Schiller lange Jahre schwer gerungen hat: dafür aber auch das weitaus Tiefste und Großartigste, was Schiller geschrieben hat.

Aber freilich ist es auch dasjenige, was seinem wahren Sinne nach am Schwersten zu verstehen ist.

Denn der Wallenstein ist nicht nur ein geschichtliches Drama in dem ganz allgemeinen und äußerlichen Sinne, sondern er ist – was es in der gesamten Weltliteratur nicht gibt – *ein Drama sozusagen über das Wesen der Geschichte überhaupt:* nämlich der *politischen* Geschichte.

Nur in diesem einen Falle ist Schiller wirklich ein politischer Dichter gewesen – aber eben darum, weil er in dem gewöhnlichen Sinne kein politischer Dichter war.

Er hat keiner politischen Partei gedient. Er hat im Gegenteil, hoch über den Parteien stehend, die Geschichte vom höchsten großartigen Standpunkte aus als Philosoph und Mensch betrachtet.

Und von diesem hohen Standpunkte aus ist ihm die politische Geschichte, kurz die Weltgeschichte, *als eine große Tragödie* aufgegangen.

Es wird das freilich exemplifiziert nur an der Tragödie einer großen historischen Gestalt, deren Charakterbild, von der Parteien Haß und Gunst verwirrt, in der Geschichte geschwankt hat, wie etwa dasjenige Napoleons.

Und es ist natürlich keineswegs so, daß alle großen historischen Persönlichkeiten tragisch geendet wären oder enden müßten – denn das hängt letzten Endes vom Glücke ab oder, wie Schiller im Prologe sagt: von dem glücklichen oder unglücklichen Stand der Gestirne. Aber in der Tragödie Wallensteins wird erschreckend offenbar, daß, wer überhaupt dazu getrieben wird, und sei es mit den besten Absichten, sich mit der Weltgeschichte einzulassen, nicht nur Leib und Leben, sondern auch, was mehr ist, seinen Namen riskiert.

Denn, wie Schiller in seinem Aufsatz über das Erhabene sagt:

> „Die Weltgeschichte ist im Grunde nichts als der
> Konflikt der Naturkräfte untereinander –
> und mit der Vernunft des Menschen."

Aber wie die Erfahrung zeigt, ist auf die Macht der letzteren – und das heißt vor allem auf ihre Moralität – kein Verlaß – so wenig im ganzen, wie in jedem einzelnen politischen Menschen.

Schiller ist es mit seinem Riesendrama nun um etwas Mehrfaches zu tun gewesen.

Als Ganzes will er das von Grund auf böse, wir können ruhig sagen, *unmoralische Wesen der Geschichte* zeigen, das daraus folgt, daß keiner darin dem anderen traut und trauen kann, weil sie der Natur der Sache nach ein Kampf ist um die Macht – was sie auch immer für Ziele habe, – und daß dieser Kampf erfahrungsgemäß mit allen moralischen und unmoralischen Mitteln ausgefochten wird.

Darin liegt keine besondere Bosheit der Einzelnen, von denen jeder glaubt, die besten Ziele zu verfolgen, sondern es folgt mit tragischer Notwendigkeit daraus, daß alle so sind: denn, wie es im Wallenstein heißt:

> „Das eben ist der Fluch der bösen Tat,
> daß sie fortzeugend immer Böses muß gebären."

Es folgt aber auch daraus, daß die Träger der Geschichte Menschen sind, so daß ihre ideellen Ziele menschlicherweise auch immer mit rein persönlichen verbunden sind.

Wenn das Bild der Geschichte darum im Ganzen einen so tief unmoralischen Eindruck macht, so zeigt Schiller aber auch umgekehrt, daß die Moral in der Geschichte – *auch eine wirkliche Macht* bedeutet. Und das ist immerhin etwas Tröstliches, und was uns Mut gibt, nicht völlig zu verzagen, und eben das wird im Wallenstein gezeigt.

Wallenstein ist nach Schillers Auffassung ein wirklich *großer Mann* – menschlich eine imponierende vornehme Persönlichkeit, der wir unsere Bewunderung nicht versagen können. Aber auch ein Mann mit so hohen politischen Zielen, die, wenn er sie erreicht hätte, ihn zum größten Wohltäter Deutschlands gemacht haben würden. Denn nichts Geringeres war seine Idee, als die *gewaltsame Beendigung des fürchterlichen Krieges*, der damals schon 16 Jahre lang Deutschland verwüstet hatte.

Dieses große Ziel – das freilich auch mit sehr persönlichen Zielen verbunden ist (denn Wallenstein will sich zum Dank dafür mit der böhmischen Königskrone belohnen) – verfoglt er *mit politisch sehr gefährlichen und moralisch höchst bedenklichen Mitteln:*

nicht nur mit Auflehnung gegen den Kaiser, den Wallenstein für das eigentliche Hindernis des Friedens hält, sondern auch mit einer Form des *Hochverrats*, die in der politischen Welt als ein Maximum der Schurkerei betrachtet wird: er will sich zu diesem Zwecke mit dem Landesfeind, den Schweden, verbinden.

Und darum ist Wallenstein in die Geschichte als ein *großer Verräter* eingegangen, der zur Erreichung seiner Ziele nicht davor zurückgeschreckt ist, alle Moralität mit Füßen zu treten – die er selbst für das ewig Gestrige erklärt.

Aber woran scheitert Wallenstein? Warum mißglücken seine Pläne?:

An der Tatsache, daß in dieser, im ganzen genommen so unmoralischen Welt der Politik *die Moralität in den Herzen der Menschen dennoch eine wirkliche Macht bedeutet.* Nicht die alleinige Macht, – das eben nicht! Aber doch eine ebenso wirkliche Macht, wie die für Wallenstein scheinbar allein geltenden realen Mächte.

Er scheitert praktisch daran, daß der größte Teil seiner Armee sich weigert, den Schritt mitzumachen, den Wallenstein ihr ansinnt.

Als er sich nach viel zu langem Zaudern endlich dazu entschließt, zu handeln, sieht Wallenstein sich von seiner Armee verlassen.

Er scheitert also genau an dem unsichtbaren Feind, der in der Menschenbrust ihm widersteht, und den Wallenstein darum schon in dem großen Monologe fürchtet.

„Nicht was lebendig, kraftvoll sich verkündigt,
Ist das gefährlich Furchtbare. Das ganz
Gemeine ists, das ewig Gestrige,
Was immer war und immer wiederkehrt,
Und morgen gilt, weils heute hat gegolten!
Denn aus Gemeinem ist der Mensch gemacht,
Und die Gewohnheit nennt er seine Amme."

So nämlich versteht Wallenstein die Moral – nicht als etwas Ewiges und Göttliches, – sondern bloß als das Ewig-gestrige, nur durch die Zeit Geheiligte – das deshalb auch keinen überzeitlichen Respekt verdient.

„Was grau für Alter ist, das ist ihm göttlich.
Sei im Besitze und du bist im Recht,
Und heilig wirds die Menge dir bewahren.

Er scheitert, müssen wir sagen, *an der realpolitischen Unterschätzung des Ideellen* – und beweist darum gerade mit seinem Scheitern die *Macht des Ideellen* auch in der scheinbar so *unidealen Welt.*

Aber das ist keineswegs Schillers einziges Anliegen in diesem Drama. Sondern, trotzdem er Wallenstein mit Recht gescheitert sieht, steht er seinem gescheiterten Helden doch keineswegs nur als moralischer Richter gegenüber, sondern, wie es im Prolog ausdrücklich heißt:

„Von der Parteien Haß und Gunst verwirrt
Schwankt sein Charakterbild in der Geschichte,
Doch euren Augen soll ihn jetzt die Kunst,
Auch eurem Herzen, menschlich näher bringen."

Menschlich näher bringen! Das ist's, worum sichs handelt! Und auf welche Weise tut er das? Er setzt seine ganze Kunst darein, zu zeigen, wie Wallenstein, der seine Tat zwar erwogen und geplant, aber doch keineswegs beschlossen hatte, zur Ausführung seiner Tat nur gezwungen worden ist, – und zwar *durch die Maßnahmen der Gegenpartei,* die, durch den Verräter Piccolomini über Wallensteins Absichten unterrichtet, es darauf abgesehen hatte, Wallenstein in den Arm zu fallen und ihn zum zweiten Male seines Amtes zu entsetzen.

Wallenstein konnte deshalb mit vollem Recht zu Max sagen, dessen Rechtsgefühl sich verzweifelt gegen den Hochverrat des so sehr verehrten Mannes wehrt:

. . . hier ist keine Wahl,
Ich muß Gewalt ausüben oder leiden,
So steht der Fall. – Nichts anders bleibt mir übrig . . .

– Ergib dich drein! Wir handeln, wie wir müssen.
So laß uns das Notwendige mit Würde,
Mit festem Schritte tun . . .

Und nun fügt er einen Gedanken hinzu, der dem Ganzen nochmals eine neue und höchst überraschende Beleuchtung verleiht.

„. . . Was tu ich Schlimmres,
Als jener Cäsar tat, des Name noch
Bis heut das Höchste in der Welt benennet?
Er führte wider Rom die Legionen,
Die Rom ihm zur Beschützung anvertraut.
Warf er das Schwert von sich, war er verloren.

Und warum steht Cäsars Name groß im Buche der Geschichte, im Gegensatz zu demjenigen Wallensteins?

Weil Cäsar mit seinem Hochverrat Erfolg hatte, Wallenstein dagegen scheiterte.

Und der Erfolg – das ist das Fürchterliche – *entscheidet in der Weltgeschichte!*

Mit vollem Recht ruft deshalb auch die Gräfin Terzky dem noch zaudernden Wallenstein zu:

„Entworfen bloß ists ein gemeiner Frevel,
Vollführt ists ein unsterblich Unternehmen,
Und wenn es glückt, so ist es auch verziehen,
Denn aller Ausgang ist ein Gottesurteil."

Aber Schiller hat seinen Helden nicht nur durch die Einsicht in die Zwangsläufigkeit seiner Tat zu retten gesucht, sondern auch durch die Heldenhaftigkeit seiner Persönlichkeit, die sich aber am großartigsten nicht im Glück, sondern vor allen Dingen im Unglück bewährt.

Nicht die Tragödie Wallensteins, sondern *seine Größe im Unglück* ist darum der letzte Aspekt, mit dem uns Schillers erhabene Dichtung entläßt.

Und hier setzt nun wieder die alte *Bewunderung Schillers für den großen Menschen* ein, die auch der Historiker Schiller schon dem geschichtlichen Wallenstein nicht vorenthalten hatte: die ästhetische Lust an der inneren Erhabenheit des großen Menschen über das äußere Schicksal, die in Schillers theoretischen Schriften sogar als das eigentliche Thema der Tragödie betrachtet wird. –

Man könnte fragen: Ist es erst die Kunst, mit der der Mensch sich zu so hoher Welt- und Lebensschau erhebt? Kommen wir zu einer solchen nicht ebenso, ja vielleicht noch gründlicher, auf dem Wege aller von der Philosophie beherrschten Wissenschaften – ja vielleicht auch durch die Vermittlung der Religion?

Aber sowenig Schiller das in Abrede stellen würde, sowenig würde er dadurch den Grundgedanken seines großen Gedichtes „Die Künstler“ aufgehoben glauben: daß *erst in der Form der Kunst die großen Menschheitsideen und -ideale jene höchste leuchtende Überzeugungskraft gewinnen*, die sie in der menschenfernen Form von Philosophie und Religion notwendig noch entbehren müssen.

Wahrheit ist unser letztes Ringen überall. Aber erst wenn die Wahrheit in der Form der Schönheit vor uns steht, wird sie dem Menschen ein so tief gefühlsmäßiger und das heißt, wahrhaft menschlicher Besitz wie in keiner andern Form.

Und da also in der Kunst das geistige Leben der Menschheit gipfelt, so ist die Kunst der wahre Maßstab für die Höhe der Humanität.

Den Künstlern – und besonders, wie sicher Schillers Glaube war, den Dichtern – ist daher die höchste Aufgabe der Menschheitsgeschichte zugefallen.

Dergestalt, daß Schiller ihnen darum beschwörend zurufen kann:

> *Der Menschheit Würde ist in eure Hand gegeben!*
> Bewahret sie!
> Sie sinkt mit euch! Mit euch wird sie sich heben!

Er aber starb in dem Glauben, als ein solcher gelebt zu haben, dem die Nachwelt einmal für das Dank wissen werde, was er als prophetischer Dichter in Verfolgung dieses hohen Ideals um den Preis seines Lebens getan und geleistet hat.

EDUARD SIEVERS' JENAER TÄTIGKEIT

DIETRICH GERMANN

Im Februar 1871 hatte Reinhold Bechstein, ao. Professor für deutsche Philologie, die Universität Jena um seine Entlassung am Ende des laufenden Semesters gebeten. Trotz der kurzfristigen Kündigung wurde nach dem Beispiel ähnlich gelagerter Fälle dem Antrag entgegen den Satzungen stattgegeben. Freilich hätte dies ungünstige Rückwirkungen auf die germanistischen Studien haben können, denn bei der schwierigen ökonomischen Lage, in der sich besonders in der 2. Hälfte des 19. Jahrhunderts die ‚Großherzoglich und Herzoglich-Sächsische Gesamtuniversität', – getragen von den 4 kleinen thüringischen Herzogtümern Sachsen-Weimar-Eisenach, Sachsen-Altenburg, Sachsen-Coburg-Gotha, Sachsen-Meiningen – befand, war es nicht leicht, so schnell eine geeignete Persönlichkeit für das Extraordinariat zu gewinnen. Der Kurator Max Seebeck nahm von sich aus sofort die Fühlung mit anderen Universitäten und deren Vertretern der Germanistik auf, besonders mit Berlin (Karl Müllenhoff), Halle (Julius Zacher) und Leipzig (Friedrich Zarncke), denn er wußte, daß es „eine größere Zahl tüchtiger junger Gelehrter unter den Schülern Müllenhoffs, Zarnckes und Zachers gibt", die für die ao. Professur in Frage kommen konnten. „Von der Berufung eines vollbewährten Meisters dieses Faches" mußte sowieso abgesehen werden, da kein Ordinariat vorhanden war. Bei diesen Erkundungen ist ihm vor allem Eduard Sievers empfohlen worden „als ein eminent begabter und in seinem Fach tüchtigst geschulter junger Gelehrter". Obwohl Sievers noch nicht doziert und auch erst 1870 promoviert hatte, würde Seebeck für eine Berufung eingetreten sein, „wenn nur sein erstes größeres Werk schon damals publiciert gewesen wäre".[1]

Im Hinblick auf die hervorragenden Urteile, die der Kurator namentlich von dem Jenaer Altphilologen Bursian (der Sievers in Leipzig gesprochen hatte) und von Zarncke selbst über Sievers erhielt, war er bereit, die Vollendung des Buches abzuwarten, dessen Publikation der junge Forscher gerade vorbereitete (die Edition des ahd Tatian). Es ist dies als ein außergewöhnlicher Vertrauensbeweis aufzufassen, denn er nahm dabei in Kauf, daß die Germanistik in Jena während des Sommersemesters unvertreten blieb. Als dann Ende Juli die Tatian-Ausgabe erschienen war, beantragte See-

[1] LA Altenburg Akte I L 111 Bd II, Kuratelbericht v. 9. VIII. 1871.

b e c k in Übereinstimmung mit den Philologen in der Fakultät bei den Erhalterstaaten die sofortige Berufung – ohne erst noch ein offizielles Gutachten der Fakultät einzuziehen. In diesem ausführlich begründeten Antrag vom August 1871 ging er auch auf die finanzielle Seite der Ernennung ein. B e c h s t e i n hatte als Extraordinarius nur 200 Taler bekommen. Das war die Hälfte der für diese Stelle vorgesehenen, derzeit in ihrer vollen Höhe aber nicht verfügbaren Besoldung. S e e b e c k wünschte deshalb, daß Sievers die 100 Taler des seit langem unbesetzten Lektorats für romanische Sprachen zusätzlich erhalten sollte. Gleichzeitig beantragte er aber auch, daß ihm die bis dahin in Jena nicht vertretene romanische Philologie mit übertragen werde. Sievers war damit einverstanden.[2] Es ist jedoch nicht richtig, daß er auch *verpflichtet* wurde (wie Frings in seinem Nachruf angibt), die englische Philologie mit zu vertreten.[3] Wenn er es dennoch tat, weil Jena keinen Fachvertreter hatte, so geschah es freiwillig, aus Neigung, und stand in innerem Zusammenhang mit dem weit gespannten Gebiet seiner Forschungen. Trotz dieses Nachteils, zwei, ja praktisch drei Fächer zu vertreten – bei anglistischen Promotionen wurde er mit größter Selbstverständlichkeit als Fachmann herangezogen –, nahm Sievers dankbar an. Denn es wurde ihm, dem völlig unbemittelten jungen Gelehrten, dadurch in günstigster Weise die Hochschullaufbahn eröffnet, die ihm, wie er in allzu großer Bescheidenheit sagte: „sonst wohl sicher verschlossen geblieben wäre".[4]

Als Sohn des Eisenhüttenbeamten und späteren Münzverwalters Friedrich Wilhelm Sievers wurde Georg E d u a r d Sievers am 25. Nov. 1850 in Lippoldsberg an der Weser (Kr. Hofgeismar) geboren.[5] Die Vorfahren des Vaters wie der Mutter Dorothea Sophie, geb. Barnstein, waren hauptsächlich hessische Bergbeamte gewesen. Der ungewöhnlich

---

[2] Vgl. Verf.: Die Berufung von E. Sievers ... nach Jena u. Die Gründung des Ordinariats für deutsche Philologie an der Universität Jena: Wiss. Ztschr. d. Univ. Jena Jg. 5 Ges.-Sprachwiss. R. H. 6 S. 699ff. u. S. 702ff.

[3] Ders.: Die Anfänge der deutschen Anglistik und die Entwicklung des Faches an der Universität Jena: Archiv für Kulturgeschichte 45 (1959) H 2 und 3.

[4] s. Luick-Vita S. 216 vgl. Anm. 5.

[5] Quellen: 1. hs. UA Jena. Akten der Phil. Fak., des Senates, der Quästur u. d. Deutschen Seminars sowie das Dozentenalbum. – LA Meiningen R 1001 und R 1003. LA Altenburg: I L 111 Bd II Ferner: Briefe aus dem Nachlaß (ab 1870), die aber durch ein Autodafé der 20er Jahre zahlenmäßig stark zusammengeschrumpft sind, jedoch auch so noch viel wissenschaftsgesch. Wertvolles enthalten. Ich hoffe, sie in absehbarer Zeit gesondert berücksichtigen zu können. – Herrn und Frau Dr. Sievers (München) und besonders Frau Prof. Dr. E. Karg-Gasterstädt (Leipzig) bin ich für zahlreiche Mitteilungen, auch solche aus der mündlichen Überlieferung, zu Dank verpflichtet. Sie gestattete mir auch den Einblick in die noch erhaltenen Briefe an Sievers.
2. lit. Die Zahl der Würdigungen und Nachrufe, die Sievers gewidmet sind, ist sehr groß. Ich führe hier nur die für unseren Zusammenhang wichtigsten an. W. Streitberg: Ed. Sievers zum 60. Geburtstag.: GRM 1910 II, S. 577/92. – Edward Schroeder: E. S. z. 80. Geburtstag.: Forsch u. Fortschr. 6 (1930), 369. – Th. Frings: Nachruf. Ber. ü. d. Verhandlgn. d. Sächs. Akademie d. Wissenschaften.

aufnahmefähige und begabte Junge erhielt namentlich von dem Pfarrer des Nachbarstädtchens Helmershausen einen gründlichen und vielseitigen Privatunterricht, der es Sievers ermöglichte, das Kasseler Gymnasium („Lyzeum Fridecianum") von der 3. Klasse (Untertertia?) an zu besuchen (1863/67). Hier war er stets Primus und – wie ein Mitschüler anläßlich des 80. Geburtstages brieflich bezeugte – auch in den Fächern, die seinen empirisch-naturwissenschaftlichen Befähigungen und Interessen, die durch eine ausgesprochen manuelle Begabung noch unterstrichen wurden, durchaus fern lagen, wie etwa das Hebräische, ungewöhnlich beschlagen. Die ungünstige ökonomische Lage der Eltern wie seine damals noch schwächliche Konstitution bewogen die Familie, statt des von Sievers gewünschten Chemie- und Physikstudiums das Philologiestudium und damit den Lehrberuf zu wählen. Schicksalhafte Fügungen führten ihn nach Leipzig. Sein Vater hatte hier einige Monate die Ausprägung einer neuen hessischen Münze zu überwachen. Während des halbjährigen Aufenthaltes kam er außerdienstlich mit Zarncke in enge Fühlung. Der Germanist bewog Vater Sievers, seinen Sohn nach Leipzig zu schicken und sicherte diesem von ersten Semester an eine dotierte Famulatur bei ihm zu. Auf Zarnckes Fürsprache hin war Adolf Ebert ebenfalls bereit, ihn als Famulus anzunehmen. So gab es keine Wahl! Zarnckes Persönlichkeit entschied auch bald das anfängliche Schwanken des noch nicht Siebzehnjährigen zwischen klassischer und germanischer Philologie.

6 Semester, vom S 1867–W 1869, studierte Sievers in Leipzig. Zarncke hielt ihn zu äußerster Gründlichkeit und strenger Scheidung von Erkenntnis und Spekulation an, Georg Curtius und Ebert verdankte er vielfache Förderung auf sprachwissenschaftlich-indogermanistischen Gebiet. Durch die Forschungsweise der positivistischen Schule wurde überdies seine naturwissenschaftliche Begabung lebhaft angesprochen. August Leskien aber hat er nicht, wie Carl v. Kraus angibt, als Lehrer gehabt, jedoch schloß er sich vorbehaltlos den grundlegend neuen Anschauungen dieses Führers der junggrammatischen Schule an. Der enge persönliche Kontakt mit seinen Lehrern und anregender Umgang mit begabten Kommilitonen, wie Wilhelm Braune und Hermann Paul, aber auch mit Richard Bangert und Julius Ritter (Rudolstadt), die sich beide 50 Jahre später in Gratulationsbriefen der gemeinsamen Studienzeit mit Freude erinnerten, ließen die Leipziger Jahre in jeder Hinsicht zu einer fruchtbaren Zeit werden.

Phil.-hist. Kl. 85 (1933), S. 1–92 (einschl. Schriftenverzeichnis v. E. Karg-Gasterstädt). Ders., dass. in gekürzter Wiedergabe PBB. 1933 S. I–XVIII. – C. v. Kraus: Nachruf.: Jb. d. Bayr. Akademie d. Wiss. 1931/32, S. 44–58. – K. Luick: Nachruf m. autobiogr. Aufzeichnung von Sievers (zit. Luick-Vita): Almanach d. Akademie d. Wissenschaften in Wien 1932, S. 215/35. Vgl. auch Verf., Geschichte der Germanistik an der Universität Jena. Diss. phil. Jena 1954 (Masch.Schr.).

Weitere Lit.: Walther Haeckel: Alt-Jena. Jugenderinnerungen. Jena 1931. – Gerhart Hauptmann: Das Abenteuer meiner Jugend. Bd II. Berlin 1937. – Eduard Hermann: Berthold Delbrück. Ein Gelehrtenleben. Jena 1932. – Hans Prutz: Jugenderinnerungen.: Nord und Süd. Bd 150 (1914). – Leopold von Schroeder: Lebenserinnerungen. Leipzig 1921. – Johannes Walther: Im Banne Ernst Haeckels. Lebenserinnerungen. Göttingen 1953. – Friedrich Stier: Geschichte der Kuratel an der Universität Jena. Jena 1952. 3 Bde Masch.-Schr.

Auf Z a r n c k e s Rat ging Sievers im W 1870 zu M ü l l e n h o f f. Der Berliner Germanist förderte ihn im persönlichen Verkehr und führte ihn in die Beowulf-Interpretation ein. Am 6. X. 1870 erfolgte in Leipzig die Promotion (s. S. 419). Im Winter ermöglichte ihm ein durch Z a r n c ke vermitteltes Reisestipendium einen längeren Aufenthalt in London und Oxfort, wobei er nicht nur persönliche Beziehungen anknüpfte (u. a. mit H e n r y S w e e t), sondern vor allem wertvolles hs. Material entdeckte oder neu kollationierte, das später die Grundlage zu verschiedenen Veröffentlichungen gab.[6] Frühjahr und Sommer 1871 arbeitete er an der Tatian-Ausgabe, die dann die Berufung nach Jena ermöglichte. Sievers hat stets mit oft betonter Dankbarkeit dieser helfenden Hand gedacht und deshalb mancher Versuchung widerstanden, den Jenaer Wirkungskreis gegen einen materiell günstigeren an einer größeren Universität einzutauschen. Freilich haben hier auch andere Gründe mitgesprochen, die man, wenn auch unvollkommen, in zwei Worten zusammenfassen kann: die Menschen und die Landschaft – zwei Begriffe, deren Inhalt manchem vor und nach ihm zu oft lebenslangem Bleiben bewog.

Das Jena von 1870 entsprach fast noch dem der klassisch-romantischen Zeit. Inmitten des weit geschwungenen Saaletales lag harmonisch gestaltet das ‚Universitätsdorf', wie Haeckel es gerne nannte, mit seinem alten, von winkligen Straßen durchzogenen Stadtkern (von 400 mal 500 m), überragt von der imposanten Kirche und einigen Befestigungstürmen, umgeben von den locker gebauten ‚Vorstädten', an die sich große Gärten, von Büschen und Bäumen umstandene und von Alleen durchzogene Wiesen anschlossen –, und an den Ufern der Saale erstreckte sich das ‚Paradies'. An den sonnenbeschienenen Hängen der scharf gezeichneten Berge wuchs ein saurer Wein, den das berühmte Lichtenhainer Bier in steigendem Maße verdrängte. Die wenigen Plätze des Städtchens und die um so zahlreicheren ‚Bierdörfer' der Umgebung waren der Tummelplatz eines ausgelassenen Studentenlebens, das aber längst nicht mehr so zügellos wie in den vergangenen Zeiten war. Noch keine Eisenbahn übertönte damals, als Sievers hier einzog, das Rauschen der Saale und brachte störenden Durchgangsverkehr. Wer zu dieser idyllischen Insel der Gelehrsamkeit wollte, kam zu Fuß oder mit der traditionsreichen Postkutsche. Von den Zeiß-Werken, die 20 Jahre später das Stadtbild veränderten, existierten erst die Keimzellen. Andere Industrie gab es nicht. – So war immer noch die Universität der Mittelpunkt der Stadt. Diese Hochschule hatte um 1870/80 einen ganz besonderen Charakter. Es wirkten an ihr eine auffallend große Zahl junger strebsamer Gelehrter, die auf ihrem Gebiet oft schon Hervorragendes leisteten. Ich nenne hier nur: E. Abbe, C. Bursian, O. Binswanger, K. Cappeller, B. Delbrück, R. Eucken, R. Gedächens, K. Gegenbaur, H. Gelzer, G. Goetz, E. Haeckel, R. Leoning, E. Rosenthal, v. Stoy, R. Thurneysen, Joh. Volkelt. Mit vielen dieser Männer und manchen anderen ist Sievers in Berührung und engen Kontakt gekommen, sei es persönlich, sei es in akademischen oder geselligen Ver-

[6] vgl. Verf. E. Sievers' Bericht über seine Handschriftenfunde in der Bodleiana und im Britischen Museum im Frühjahr 1871.: PBB 79/3 (1958/9), S. 321 ff.

einen, wie z. B. die ‚Bärenrunde', die W a l t h e r (a. a. O.) und Berthold L i t z m a n n (in seinen Lebenserinnerungen, 1926) so anschaulich schildern.

Enge freundschaftliche Beziehungen und reger fruchtbarer Gedankenaustausch, der sich gelegentlich bis zu gemeinsamer Seminararbeit und gegenseitiger Unterweisung ausweitete, verbanden Sievers mit dem Indogermanisten B e r t h o l d D e l b r ü c k und dem Keltisten R u d o l f T h u r n e y s e n. In späteren Jahren gesellte sich der Völkerrechtler E d u a r d R o s e n t h a l und der Familienkreis der Psychiaters O t t o B i n s w a n g e r hinzu. D a v i d M. B i n s w a n g e r, ein anderes Glied der Familie, mit dem Sievers von 1880–1883 ebenfalls im gleichen Haus wohnte, hat fünf Jahrzehnte später dieser Jahre mit wehmütigen Worten, „als der schönsten unseres Lebens" gedacht (Brief vom 1. XII. 1930). Als beglückendes Erlebnis, ja, als Geschenk des Schicksals, hat es der junge Germanist aber empfunden, daß er in enge Beziehungen zu einem Manne mit dem edlen Charakter und dem weit ausgebreiteten Wissen eines D e l b r ü c k treten und ihn im vollen Sinne des Wortes seinen Freund nennen durfte. Der vertraute Verkehr mit ihm war nach eigenem Urteil „vielfach maßgebend für seine wissenschaftliche Entwicklung" (Luick-Vita). Er hat den Syntaktiker der vergleichenden Sprachwissenschaft zeitlebens als den Größeren verehrt. Beide Männer waren große Naturfreunde. Auf unzähligen Wanderungen widmeten sie sich in gleicher Weise der Naturbetrachtung wie den Problemen ihrer Wissenschaft. Oft gesellte sich zu ihnen der berühmte Sanskritist O t t o v o n B ö h t l i n g k, Mitglied der Petersburger Akademie, der von 1868–1885 in Jena wohnte. Gelgentlich versuchten sie dabei ihre Unterhaltung in Sanskrit zu führen, das sich der eminent sprachbegabte Sievers anzueignen gewußt hatte. Nach dem Tod B ö h t l i n g k s (1904) las er die Korrekturen zu dem letzten Band von dessen monumentalem Sanskritwörterbuch.

Von D e l b r ü c k, B ö h t l i n g k und bald auch von Sievers angezogen, kam mancher junge wissensdurstige wie auch erfahrene Gelehrte für kurze oder längere Zeit nach Jena. Zu Beginn der 70er Jahre ist es H e r m a n n P a u l, der Methodiker der Sprachwissenschaft, gewesen, der hier wohnte. In S 1875 kam der Indologe L e o p o l d v o n S c h r o e d e r (später in Wien), der zur weiteren Ausbildung ein halbes Jahr in Jena bei „Delbrück, dem herzensguten Cappeller und dem genialen, damals noch sehr jungen Eduard Sievers hörte" (a. a. O. S. 77f). 1880 und 1881 vollendete er hier seine Veda-Arbeiten (ebda S. 90ff). Der Däne J u l i u s H o f f o r y, ab 1886 Nordist in Berlin, fuhr in den 70er Jahren zum Meinungsaustausch mit Sievers nach Jena. Der einsam und vergessen gestorbene Schweizer Germanist J. W i n t e r l e verkehrte über fünf Jahre, erst als Student, dann als Freund im Jenaer Philologenkreis. Von jenseits des Atlantik kamen der Sprachwissenschaftler A. C o o k und der Sanskritist W i l l i a m D. W h i t n e y. Auch der spätere Sanskritist C h a r l e s R. L a n m a n arbeitete mehrmals längere Zeit hier. Auf seine Empfehlungen geht die zweimalige Berufung von Sievers nach Cambridge (USA) zurück.[7]

[7] vgl. Verf.: Aus E. Sievers' Jenaer Zeit. Briefe und Aktenstücke über die Berufung nach Cam-

Noch mancher bekannte Name wäre hier zu nennen. Ich will mich beschränken und nur noch den griechischen Sprachwissenschaftler G. Hatzidakis und den Linguisten, Mathematiker und Naturwissenschaftler Hermann Graßmann anführen, dem Delbrück einen kenntnisreichen Nachruf gewidmet hat.[8] Anderer, lernender wie gebender Besucher, die aber weniger Kontakt mit Sievers hatten, wird in der Delbrück-Biographie gedacht.

Wenn man dieses vielseitige geistige Leben vor sich sieht, getragen von dem optimistischen Grundton der Zeit und speziell den erregenden neuen Gesichtspunkten der Sprachwissenschaft, so wird verständlich, daß Delbrück als Rektor 1908 in einer Rede bei der 350-Jahrfeier der Universität im Rückblick auf Sievers Eintritt in Jena, zu diesem gewandt, sagen konnte: „... damals begann für uns eine glückliche Zeit des Zusammenwirkens, in der es in uns und um uns blühte und sproßte. Ich verfalle hierbei nicht der Gefahr, ein Lobredner vergangener Zeiten zu sein, denn ich kann das Urteil eines Mannes zitieren, das Urteil eines der schärfsten Kritiker der philologischen Welt, des großen amerikanischen Gelehrten W. D. Whitney, der damals über seinen Aufenthalt in Jena (1874) schrieb, es sei ihm zumute gewesen, als habe er einige Tage auf einer Insel der Seligen verbracht."[9]

Gab der enge Kontakt mit vielen Kollegen, wie es nur in einer kleinen Stadt möglich ist, Anregung und menschliche Wärme, weiteten Diskussionen mit auswärtigen Gelehrten Blick und Kenntnis, so brachten die Ausflüge dringend notwendige Entspannung; denn Sievers Gesundheit war keineswegs so fest, wie seine hochgewachsene kräftige Erscheinung vermuten ließ, und die Arbeitslast angestrengter Tätigkeit zehrte an ihr. Das Übermaß an Arbeit, das er sich selbst auferlegt hatte, schwächte ihn in den 70er Jahren zeitweise so, daß er zwei Jahre als Schwindsuchtskandidat angesehen wurde und es für ihn vielfach größter Willensanstrengung bedurfte, sich, von Schwächeanfällen geschüttelt, überhaupt auf dem Katheder zu halten.

Die in diesen Jahren einsetzenden, später regelmäßig durchgeführten Sommerreisen in die Alpen stellten ihn jedoch wieder her, und er stürzte sich mit verstärkter Kraft in seine Forschungen – und zwar derart, daß 1880 Lanman schrieb: „His physique is good for a good life-time, if he does not kill himself with over-work in the next two or three years."[10]

Im Sommer 1881 heiratete Sievers Alice Towell, die Tochter einer englischen, in Dublin ansässigen Familie. Sie hatte längere Zeit in einem Jenaer Mädchenpensionat gelebt. Ein Jahr nach der Heirat wurde ihnen eine Tochter geboren.

---

bridge/Mass. Erscheint i. d. Wiss. Ztschr d. Universität Jena. Jg. 1961/62. Gesellschaftswiss.-sprachwiss. Reihe.

[8] Allg. Ztg. 1877. Beilage zu Nr. 291.

[9] zit. wahrscheinlich aus einem Brief W. D. Whitneys an Otto von Böhtlingk zu dessen 70. Geburtstag 1885. Näheres ließ sich nicht ermitteln.

[10] Brief v. 30. VII. 1880 an Eliot UA Cambridge/Mass.

Im Jahre der Hochzeit fiel das turnusmäßig vergebene (Pro-)Rektorat an den 30jährigen Sievers. Er gehört damit zu den jüngsten Gelehrten, die in Jena dieses höchste akademische Amt innehatten. Dagegen ist Sievers niemals Dekan gewesen. Die Philosophische Fakultät hatte zu Beginn der 70er Jahre die Inhaber aller noch zu gründenden Lehrstühle aus materiellen Erwägungen (Fakultätsgebühren) bis auf weiteres aus dem engeren Kreis der Fakultät ausgeschlossen! Deshalb hat Sievers nie, und etwa Ernst Haeckel erst viele Jahre nach seiner Ernennung, eine Antrittsvorlesung gehalten.

Nach seinem Rektorat wirkte Sievers noch fast 2 Jahre in Jena. Sein wachsendes Ansehen – er genoß damals bereits internationalen Ruf – zog manchen Studenten nach Jena, brachte ihm aber auch zahlreiche Berufungen ein, die er jedoch beharrlich ablehnte. 1883 schließlich folgte er einem Ruf nach Tübingen und hinterließ in Jena eine große Lücke, die auch sein sehr befähigter Nachfolger, Friedrich Kluge, nicht gänzlich ausfüllen konnte.

Zahlreich und vielseitig sind die Veröffentlichungen von Sievers.[11] Ich kann hier nicht auf alle eingehen und darf mich wohl auch deshalb kürzer fassen, weil Würdigungen und Nachrufe, allen voran derjenige von Frings, Wert und Bedeutung der uns hier interessierenden Arbeiten mit großer Sachkenntnis herausgestellt haben. Ich möchte deshalb in dieser Darstellung versuchen, das dort weniger berücksichtigte Biographische und die akademische Tätigkeit hervorzuheben.

Die Arbeiten lassen sich am besten unter systematischem Gesichtspunkt überblicken. Wir beginnen mit der *Textphilologie*. Sievers Editionen und sprachwissenschaftliche Untersuchungen der ersten Jahre sind vornehmlich mit das Ergebnis der Reisen nach St. Gallen (Herbst 1869) und nach England (Sommer 1871). In St. Gallen kollationierte er die ahd Übersetzung der Evangelien-Harmonie des Tatian. Dabei zeigte sich die Unzulänglichkeit der Ausgabe Joh. A. Schmellers (1841). Der Student Sievers beschloß deshalb – ob auf Anregung Zarnckes, ist nicht bekannt –, eine Neuausgabe zu veranstalten, zumal, abgesehen von Müllenhoff, niemand eine bedeutende Untersuchung diesem, durch die Wortgeographie in unserer Zeit neu beleuchteten problemreichen Sprachdenkmal gewidmet hatte. Die Einleitung zu der Ausgabe, mit der er 1870 promovierte, gab im wesentlichen eine mit äußerster Sorgfalt gearbeitet „Übersicht der wichtigsten Lautverhältnisse" (S. 7). Sie führte zu dem Nachweis von sieben Schreibern, von denen der eine als Korrektor ältere Sprachformen beseitigte, die Sievers, soweit erkennbar, in seine lateinisch-deutsche Ausgabe (1872) wieder einführte. Es ist bezeichnend für den

[11] Bibliographie. E. Karg-Gasterstädt verdanken wir ein vollständiges Verzeichnis der Schriften von Sievers. Vgl. a. a. O. Nachzutragen wäre lediglich: Nr. 5 (das Hildebrandslied, die Merseburger Zaubersprüche und das fränkische Taufgelöbnis) ist auch ohne photographische Faksimile erschienen. 4° (16. S.) Halle 1872. – Ferner: Über den Umlaut im Deutschen (Vortrag) / Verhandlungen d. 28 Vers. deutscher Philologen 1872. Lpzg. 1873, S. 189/93 (Referat).

Scharfblick des Studenten, daß er die verschiedenen Bearbeiter schon in der unzureichenden Schmellerschen Ausgabe erkannt, wenn auch zunächst als Übersetzer angesprochen hatte und das Ergebnis dann, mit der entsprechenden Korrektur, durch Autopsie bestätigt fand. Über die zweite in Einleitung und Glossar wesentlich erweiterte Auflage konnte Braune sagen: „Bei ihrem ersten Erscheinen hat sie auf unsere ahd. Studien befruchtend gewirkt, hauptsächlich durch ihre grammatische Einleitung" (LZBl. 1892, Sp. 1770/72).

Sievers war von nun an ein Mann, mit dem man in der Wissenschaft rechnete. Zachers und Zarnckes Briefe, in denen sie den 21jährigen mit „Freund" und „Kollege" ansprechen, unterstreichen dies selbst in der mehr privaten Sphäre.

Das Jahr 1872 brachte weiterhin eine Ausgabe des Hildebrandliedes, der Merseburger Zaubersprüche und des fränkischen Taufgelöbnisses. Die Beifügung photographischer Faksimile bestimmt die Arbeit zum Selbststudium und akademischen Unterricht, vielleicht erklärt sich auch hieraus der augenfällige Mangel an Erläuterungen. In ZfdA teilte Sievers gleichzeitig kritisch gesichtetes Material mit aus der Bodleiana und dem Britischen Museum, aus St. Gallen, der Wolfenbütteler und der Kasseler Bibliothek. U. a. ags. Gedichte, altdeutsche Glossen und Segenssprüche sowie drei Predigten Meister Ekkeharts. 1874 folgte eine erstmalige, vollständige Veröffentlichung des mitteldeutschen Schachbuches des Pfarrers zum Hechte nach der einzigen Hs. in London. Der Verfasser nennt sich selbst (380, 17ff pherrer zcu dem Hechte) und gibt an gleicher Stelle auch die Entstehungszeit mit 1355 an, damit ist das Buch, in der Mundart dem Nikolaus v. Jeroschin nahestehend, um fast zwanzig Jahre jünger als das Werk Konrads von Ammenhausen. Über den Verfasser wissen wir allerdings auch heute noch nichts Näheres.[12] Ebenfalls 1874 edierte Sievers die sogen. Murbacher Hymnen, eine Interlinearversion von 27 Hymnen in der Murbacher Hs. aus dem Besitz der Bodleiana. Die Denkmäler waren vorher nur bekannt durch einen Druck Jacob Grimms (1836), dem jedoch nicht das Original, sondern eine Abschrift von Franziscus Junius zugrunde lag. Sievers konnte zahlreiche orthographische und Formenkorrekturen vornehmen. Auch die Scheidung in Ha und Hb geht auf ihn zurück. Eine Beschreibung der Hs., grammatische Erläuterungen, textkritische Anmerkungen und ein deutsch-lateinisches Glossar erhöhen den Wert der auf Anregung Zarnckes entstandenen Veröffentlichung. Die Glossen der gleichen Hs. legte er beiseite für die zusammen mit Elias Steinmeyer veranstalteten Sammlung ahd. Glossen (1879/1929). Die Anregung zu diesem fünfbändigen, heute sehr selten gewordenen Standardwerk der altdeutschen Philologie, geht auf Zacher zurück. Es war notwendig geworden, weil seit Graffs verdienstvollen Glossenstudien in den zwanziger Jahren die Forschung viel neues Material ermittelt hatte. Im 1. und 4. Bd hat Sievers größere Partien bearbeitet, zu dem 2. (1882) und 3. Material beigesteuert. Den 5. Bd hat Sievers nach Steinmeyers Tod an Hand des nachgelassenen Manuskriptes allein herausgegeben.

Glänzenden Scharfsinn und tiefeindringendes Sprachgefühl bezeugt die Schrift: Heliand

[12] vgl. D. John: Das Schachbuch der Pfarrers z. Hechte. Diss. Königsberg 1933 u. Verf. Lexikon.

und angelsächsische Genesis (1875). In dem altenglischen Denkmal fällt eine Partie von über 600 Versen äußerlich auf durch die sonst nicht vorhandene Überfüllung der Verse und inhaltlich infolge der Wiederholung des schon erzählten Falles der bösen Engel mit seinen Folgen. Stilistische Kriterien deuteten auf eine Verwandtschaft mit altsächsischer Dichtung, besonders dem Heliand, hin. A d o l f H o l t z m a n n vermutete deshalb,[13] die Vorlage des Heliand sei ein ags. Stück gewesen, ohne allerdings den angekündigten Beweis zu führen. In umgekehrter Richtung bewegte sich Sievers. Er brachte dabei die noch kurz vorher von E r n s t W i n d i s c h (1868) bezweifelten Angaben der Praefatio und der Versus de Poeta wieder zu Ehren, denen zufolge dem Helianddichter auch die Bearbeitung eines alttestamentlichen Teiles zugeschrieben wird. Auf Grund einer sprachlich-stilistischen, grammatischen und lexikalischen Untersuchung wird der Nachweis geführt, daß Diktion, Wort- und Formelschatz der Verse 235–851 völlig verschieden von der übrigen Dichtung sind, dafür aber genauestens übereinstimmen mit entsprechenden Einzelheiten des Heliand, dem auf Grund kulturgeschichtlicher, grammatischer und metrischer Gründe die Priorität einzuräumen ist. Sievers kam deshalb zu dem Schluß, daß es sich bei den 616 Versen um „Fragmente eines älteren in die Genesis eingearbeiteten Werkes handelt", das „ursprünglich nicht in angelsächsischer, sondern in altsächsischer Sprache abgefaßt war" und „den Dichter des Heliand zum Verfasser hat" (S. 6). Sein Lehrer Z a r n c k e beglückwünschte ihn zu diesem Ergebnis: „Der Beweis" – so schreibt er am 17. VIII. 1875 an Sievers – „ist mit so viel Scharfsinn und Gründlichkeit geführt, daß sich dagegen wohl nicht wird ankommen lassen." Und so überrascht es uns heute, daß die Untersuchung damals keine zweifelsfreie Zustimmung gefunden hat. B e r n h a r d t e n B r i n k etwa hielt es für möglich, die Verse könnten von einem ags. schreibenden Sachsen herrühren. Freilich hat Sievers die These, der Verfasser sei der Heliandichter selbst, bald aufgegeben. Als K a r l Z a n g e n m e i s t e r 1894 die Bruchstücke einer angelsächsischen Genesis in der Vatikana fand und damit der Beweis des 25jährigen äußerlich in einmaliger Weise bestätigt wurde, ließ er in seiner Rezension die Ansicht endgültig fallen (ZfdPh 27 [1895], 534ff), ohne allerdings die angekündigte Begründung hierfür in Form einer Veröffentlichung zu geben. Daß Heliand- und Genesisdichter nicht identisch sind, legte er aber in seinen Seminar-Übungen an Hand des Wortschatzes dar.

Die Untersuchung regte Sievers zu einer Heliandausgabe an. Sie ist nach textkritischen, quellenkundlichen und metrischen Vorarbeiten (ZfdPh 9 [1878], 1–75), die im folgenden mitberücksichtigt sind, 1878 erschienen und ist mit Recht als „klassisch" bezeichnet worden. Der Niveauunterschied zu den Editionen von S c h m e l l e r (1830) und der an sich verdienstvollen M o r i t z H e y n e s (1866) liegt auf der Hand. Allerdings ist sie keine kritische Ausgabe, die einen sprachlich geregelten Text bietet, denn es werden die beiden Hss., Cottonianus und Monacensis, – die Bruchstücke in Prag und der Vatikana waren noch unbekannt, – nebeneinander abgedruckt, was durch die Bedeutung dieser Hss. ge-

[13] Altdeutsche Grammatik. 1870. S. 172.

rechtfertigt ist. Die konservative Einstellung in der Textbehandlung tritt dabei zutage, der in neuerer Zeit wiederholt hervorgehobene Wert der Monacensis als der älteren Hs. ist erkannt; mit klarer Methode wurde die Metrik angefaßt, und von der literarischen Charakteristik des Helianddichters in der Einleitung der Ausgabe konnte Frings 1932 sagen: Die wertvollen Ergebnisse der neueren Forschung sind „von dem jungen Sievers vorgefühlt, vorgedacht oder auch vorformuliert worden". Wir brauchen diese Aussage auch heute in keiner Weise einzuschränken. Der für die Textkritik wichtigste Teil ist das mit großem Fleiß und imponierender Kenntnis erarbeitete synonymische und systematische Formelverzeichnis mit ags. und altnordischen Parallelen. Im Hinblick hierauf hat man oft bedauert, daß Sievers seinen Plan, ein alts. Wörterbuch zu veranstalten (Vw.), nicht verwirklicht hat; denn so mußten die Fachgenossen ein halbes Jahrhundert warten, bis der Amerikaner H. E. Sehrt ein solches 1927 vorlegte. Die sprachwissenschaftlich-grammatischen Arbeiten von Sievers, die uns in diesem Zusammenhang interessieren, setzen, von einer Ausnahme abgesehen,[14] 1874 ein. Ihre Ergebnisse sind bald und meist unwidersprochen, jedenfalls aber nur selten korrigiert, in den festen Bestand der Germanistik aufgenommen worden. Die Untersuchungen sind hauptsächlich in den „Beiträgen" abgedruckt und umfassen fortlaufende Studien unter anspruchslosen Rahmentiteln. Die zeitlich erste Gruppe sind die „Kleinen Beiträge zur deutschen Grammatik". Sie beginnen 1874 und gehen mit 12 Einzelarbeiten bis 1884. Ihr Gegenstand sind einschlägige Probleme des Ags., Altdeutschen und Altnordischen.

Hier seinen nur einige hervorgehoben. Der erste Beitrag (PBB I) brachte den Nachweis reiner a- und i-Stämme in der altags. Feminina-Deklination (Akk. Sing.) und damit eine Korrektur der Ansichten J. Grimms und Heynes. Der 2. (ebda) gab als kritische Ergänzungen zu Wilhelm Scherers Arbeiten über reduplizierende Praeterita geordnete Beispiele für kurzen Wurzelvokal der auf Konsonanten ausgehenden ursprünglich reduplizierenden Praeterita im nord- und nordwestgermanischen Raum. Ein weiterer, besonders bedeutungsvoller Beitrag (PBB II) beschäftigt sich mit der starken Adjektiv-Deklination, einer germanischen Sonderentwicklung. Es konnte hier die von Franz Bopp (Vergl. Grammatik II,[2,3] 1–21) und von anderen zur herrschenden Meinung erhobene Ansicht widerlegen, daß die von der Substantiv-Deklination abweichenden Formen der Adjektiva durch Komposition des Adjektiv-Stammes mit dem Pronominal-Stamm – ja – erfolgt seien, ebenso Scherers nicht prinzipiell andersgeartete Deutung. Sievers bewies stattdessen, daß die Pronominal-Adjektiva die Brücke bilden zwischen der idg. Nominal-Flexion der Adjektiva zur germanischen Pronominal-Deklination. Weitere Studien galten dem ags. Instrumentalis, den er als alten Lokativ erkannte (PBB VIII), lautlich-sprachgeschichtlichen Problemen von ‚kommen' und ‚altn. heita' (PBB VI), den Beziehungen der 1. und 3. Klasse der schwachen Verba im Urgermanischen.

---

[14] Die von Sievers bald wieder verworfene Moullierungstheorie, die er der wohl auf K. Heyse zurückgehenden Antizipationstheorie entgegensetzen wollte. Vgl. Anm. 11.

Eine zweite Studienreihe unter dem Titel: „Zur Akzent- und Lautlehre der germanischen Sprachen" (PBB IV, V) ist 1878 mit Vw. und ergänzendem Nachtrag als Buch (SA.) erschienen, wodurch ihre Bedeutung unterstrichen wird, die Scherer in heute unverständlicher Weise leugnete.

Der Ausgangspunkt der hier vereinigten drei Untersuchungen bildete „eine Prüfung des auf die Behandlung kurzer Vokale der Schlußsilben bezüglichen Teiles der germanischen Auslautgesetze". Hauptzweck und Ergebnis war die gegen Rudolf Westphal und wiederum gegen Scherer vorgetragene Erkenntnis, daß sich die kurzen Schlußsilbenvokale bis in die Zeit der Sonderentwicklung der germanischen Sprachen erhalten haben (Vw.). Im 1. Aufsatz geht es Sievers n. a. um den Nachweis, daß Karl Lachmanns berühmtes, für das Mhd. aufgestellte rhythmische Akzentgesetz gegenüber der altgermanischen Prosa keine Gültigkeit hat und für den Vers nur mit bedeutenden Einschränkungen gilt, da Synkope kurzer Vokale nach langer Tonsilbe stattfindet. Der 2. Aufsatz ist den „Geschicken der zwischen Hochton und Tiefton stehenden Vokale" (Mittelvokale) (S. 23) gewidmet, der 3., umfangreichste, auf den die vorhergehenden bei aller Selbstverständlichkeit hinzielen, dem vokalischen Auslautgesetz. Sie führen zur Erkenntnis der als westgermanisches Synkopierungsgesetz bekanntgewordenen sprachgeschichtlichen Erscheinung, d. h. gegen Westphal und Scherer gesprochen: „ein allgemeines Gesetz für gemeingermanische Synkope kurzer Vokale in Schlußsilben besteht nicht" (S. 120). Sievers glaubte allerdings, dem Nordischen gegenüber dem Westgermanischen eine Sonderstellung einräumen zu müssen (Schwund nach kurzer Tonsilbe älter als nach langer), weil hier der i-Umlaut wirksam gewesen sei. Dieser Irrtum ist später von Axel Koch (PBB XIV, 35ff) richtiggestellt worden, die einzige Richtigstellung von größerer Bedeutung, die Sievers' Jenaer Arbeiten erfahren haben.

In dieser Gruppe muß auch die Angelsächsische Grammatik (1882) genannt werden. Sie bezeichnet einen neuen Abschnitt in der Erforschung des Altenglischen. In zahlreichen heute von Karl Brunner besorgten Auflagen hat das Werk seine Brauchbarkeit immer wieder bewiesen. Im Gegensatz zu der Grammatik von Grein ist sie, den Dialektforschungen Sweets folgend, auf eine Laut- und Formlehre der Prosa beschränkt, die aber allein die Grundlage für ein sicheres grammatisches Gebäude gibt. Sie ist die erste altenglische Dialektgrammatik und enthält vornehmlich eine Darstellung der auf das Aelfredische und Aelfrikische gegründeten westsächsischen Mundart, aus der sich die altenglische Schriftsprache entwickelt hat. Dabei sind die dialektischen Abweichungen von diesem ‚Normaltyp' besprochen. Das Buch, das auch ins Englische übertragen wurde und dessen 1000 Exemplare der 1. Auflage innerhalb eines Jahres vergriffen waren, ist so gut, daß alle früheren Arbeiten der Vergessenheit anheim gefallen sind. Schon Kluge durfte von ihm in seiner Rezension der 2. Auflage 1886 sagen: „Sie hat bei uns und auch in Amerika einen eifrigen Betrieb der ae. Studien erzielt" (LZBl. 1887, Sp. 112).

Eine sprachwissenschaftliche Entdeckung der Jenaer Zeit hat Sievers aber nicht veröffentlicht. Wir stellen sie in ihren wissenschaftsgeschichtlichen Zusammenhang. Unter den Ausnahmen des Lautverschiebungsgesetzes waren bereits J. Grimm und Rasmus K. Rask eine Gruppe aufgefallen, die b d g statt der zu erwartenden stimmlosen Spiranten hatten. Holtzmann nannte diese in seiner Altdeutschen Grammatik 1870 (S. 346) „grammatischen Wechsel". Braune beschäftigte sich 1874 in PBB I, 512ff. damit. Sievers schrieb daraufhin seinem Freund am 24. III. 1874 einen Brief, den Osthoff 1886 (Die neueste Sprachforschung, S. 13) veröffentlichte und auf dessen Bedeutung schon Streitberg hingewiesen hat. Es heißt hier unter Bezug auf jene Erscheinung: „Sollte man an einen Einfluß des Akzentes denken ... aber wie wollen Akzent und Erweichung zusammenhängen?" Die Lösungsmöglichkeit ist also bereits richtig gesehen, die Folgerung aber nicht gezogen. So blieb es Karl Verner vorbehalten, 1876 das nach ihm benannte Gesetz zu formulieren. Dafür gelang es Sievers als einzigem, eine Ergänzung zu finden, die als Gesetz seinen Namen trägt. Er löste (PBB V, 149 u. Anm.) ein Rätsel in der Geschichte der Labio-Velaren bei ihrem Übergang vom Idg > Germ. Es konnte von nun an gesagt werden: ʒ (g) ist vor folgendem w unmittelbar nach idg. unbetontem Vokal schon in urgerm. Zeit ausgefallen. (Vgl. Verner, AfdA IV, 340).

Eine weitere Gruppe von Arbeiten im Schaffen Sievers' hat die auch heute noch viel umstrittenen Probleme der Metrik zum Gegenstand. Dieses Gebiet ist ebenfalls in Jena schon angebaut worden durch drei Beiträge zur Skaldenmetrik (PBB V, VI, VIII).

Im ersten Aufsatz beschäftigt sich Sievers in Anlehnung an Ludwig Wimmer mit dem Mangel an Gesetzen über die genauere Bauart der dróttkvaettstrophe, „die bei den älteren Skalden vorzüglich üblich war". Er entdeckte ein konsequent durchgeführtes System, bei dem auch scheinbare Unregelmäßigkeiten bestimmten Gesetzen folgen, auch die afkleyfissamstofur. Was nicht unter Regeln fällt, wurde als spätere Überarbeitung erkannt, und damit sind die Untersuchungen in sprach- und literaturgeschichtlicher Hinsicht ebenfalls wichtig. In den folgenden Aufsätzen übertrug Sievers die gewonnenen Erkenntnisse auf andere skandinavische Metra, wie fornyrdalag, skaldische und andere Eddalieder, was aber nicht ohne eine größere Anzahl von Ausnahmen möglich war und nicht widerspruchslos hingenommen wurde.

Einen Forschungsgegenstand für sich bilden die „Grundzüge der Phonetik" (5. Aufl. 1901), die in der 1. Aufl. 1876 noch „Grundzüge der Lautphysiologie" betitelt waren. Frings sagt treffend über die Bedeutung der phonetischen Studien im Schaffen von Sievers: „Als Textphilologe und Grammatiker haben auch andere neben Sievers ... Großes geleistet, so sehr er sie auch durch die Weite seines Bereiches und die Sicherheit, mit der er sich darin bewegte, überragen mochte. Als Lautphysiologe und Phonetiker ist er schlechthin einzig." (A. a. O. S. 16.)

Rudolf v. Raumer gebührt das Verdienst, als erster die Phonetik in den Dienst der Sprachwissenschaft gestellt zu hahen (Aspiration und Lautverschiebung. 1837). Scherer griff diese, in der Folgezeit fast vergessene Erkenntnis in seinem vielumstrittenen Buch über „Die Geschichte der deutschen Sprache" 1868 wieder auf und bediente sich dabei der Grundzüge der Physiologie und Systematik der Sprachlaute" (1856) von Ernst

B r ü c k e. Sievers ging von der Praxis aus. Sein feines Gehör und die Beherrschung einer großen Zahl lebender Sprachen, aber auch der oft semesterlange Aufenthalt von Fachgelehrten und Schülern aus verschiedenen Ländern (s. S. 4f) boten hierfür günstigste Voraussetzungen. Wissen wir doch von L a n m a n, daß auch die Sprache eines zufällig nach Jena gekommenen „Papuan or Hottentot" ihm als Studienobjekt diente (Brief vom 30. VIII. 1880 an Eliot).

Durchaus selbständig, frei von Systemen und Theorien, machte er sich ans Werk, ein Buch für die Praxis zu schaffen, das als erster Band der Sammlung indogermanischer Grammatiken erschien und zu einer vom Schriftbild unabhängigen „Orientierung über die zum Verständnis der Lautlehre der indogermanischen Sprachen notwendigen allgemeinen Fragen dienen sollte" (Vw.). Neben der Behandlung der Artikulation der Einzellaute (hier Brücke und Merkel benutzend) und neben dem Lautwandel, legte Sievers großen Wert auf die Kombinationslehre, die den Zusammenschluß von Einzellauten zu größeren Einheiten behandelt. Berücksichtigte er in der 1. Aufl. nur deutsche Sprachphysiologen und die Arbeit seines Jenaer Schülers W i n t e r l e, so erkannte er in den Jahren bis zur zweiten Bearbeitung (1881) die Bedeutung der englisch-skandinavischen Forschung und baute jetzt sein Buch auf der von A l e x a n d e r J. E l l i s, S w e e t und S t o r m verbesserten Vokaltheorie A l e x a n d e r G. B e l l s auf. Diese nimmt ihre Einteilungsgründe nicht aus Klangunterschieden wie die deutsche, sondern ordnet nach der Stellung der Mundorgane. Durch Benutzung der Bellschen Theorie und den Einbau zahlreicher eigener neuer Erfahrungen erhielt das um die Hälfte verstärkte Buch seine mustergültige Gestalt. Die 1884 erschienene Streitschrift H o f f o r y s: „Professor Sievers und die Prinzipien der Sprachphysiologie" blieb für die weiteren Arbeiten ohne einschneidende Bedeutung, da der Däne durch Anlehnung an F l o d s t r ö m von grundsätzlich anderen Voraussetzungen ausging. Der polemische Ton aber zerbrach die jahrelange beiderseitige fruchtbare Freundschaft, von der ein umfangreicher, interessanter Briefwechsel Zeugnis ablegt.

Zum Abschluß dieser Übersicht sei noch des Rezensenten Sievers gedacht. Bis in die 90er Jahre hinein hielt er ständig weite Umschau in seinem Fachgebiet. In zuweilen ausführlichen Besprechungen ist manche Erkenntnis wie charakteristische Bemerkung zu finden. Ich kann nur hinweisen auf die Rezensionen von R. H e i n z e l s Buch: Geschichte der niederfränkischen Geschäftssprache in Jenaer Literatur-Zeitung 1874, S. 302/4 und die altdeutschen Bruchstücke des Traktats des Bischofs Isidorus von Sevilla de fide catholica contra Judaeos hrsg. von W e i n h o l d, ebda. S. 382f. Erwähnt sei außerdem die kritische Besprechung der Thesen P a u l s von den stimmhaften Spiranten (PBB I, 1) im Literarischen Zentralblatt 1874, S. 294/6.

Frei von überlieferten Dogmen und Theorien der Schulwissenschaft ist Sievers seinen Weg gegangen, den Blick immer und zuerst auf das Objekt richtend, um sein Forschen an ihm zu orientieren. So erarbeitete er sich am Phänomen die naturwissenschaftliche Ausprägung des ‚gegenständlichen Denkens', die als Methode ein Ausdruck der Bewußtseinsform jener Zeit ist.[15] Hauptsächlich die Arbeiten der Jenaer Zeit veranschaulichen dieses Charakteristikum seiner Forschungsweise: sich nicht von der Sekundärliteratur leiten zu lassen. Im Vorwort zu seiner Phonetik hat er es auch einmal selbst ausgesprochen: „Als ich den ersten Entwurf meines Buches ausarbeitete, ließ ich prinzipiell zunächst alle Literatur über das betreffende Gebiet beiseite, um nicht durch den Einfluß fremder Ideen den Zusammenhang der eigenen Entwicklung kreuzen und stören zu lassen, und erst nach Vollendung des Grundstockes der Arbeit zog ich die ... Literatur eingehender zu Rate." Und der späteren Abhandlung „Zur englischen Lautgeschichte" setzt er die Worte J. Grimms voraus, die dies unter anderem Gesichtspunkt nochmals unterstreichen: „Allgemeinen logischen Begriffen bin ich in der Grammatik feind ... sie hemmen ... die Beobachtung, welche ich als die Seele der Sprachforschung betrachte. Wer nichts auf Wahrnehmungen hält ..., wird dem unergründlichen Sprachgeist nie nähertreten." So ist es kein Wunder, daß sich Sievers als Naturwissenschaftler fühlte (Frings) und ihm die Sächsische Akademie der Wissenschaften zum 50jährigen Doktorjubiläum bescheinigte: „Wären Sie nicht ein großer Germanist, so würden Sie mindestens ein ebenso großer Physiker geworden sein."[16] Daß die Methode der Junggrammatischen Schule auch die Grenzen seiner Schaffensmöglichkeiten zog, hat Frings herausgearbeitet. Doch treten diese in Jena nicht hervor (wenn man von dem freiwilligen Verzicht auf literaturwissenschaftliche Interpretation absieht). Für Jena bedeutet seine Tätigkeit zusammen mit der gleichgerichteten indogermanistischen Delbrücks die Glanzzeit altgermanistischer Lehre und Forschung.

Auf diesem allgemein-methodischen Hintergrund sind die Arbeiten entstanden, die wir oben zu überblicken versuchten. Sie bezeugen im einzelnen einen ebenso glänzenden Scharfsinn und tief eindringendes Sprachgefühl wie einen genialen Blick für entscheidende Probleme und ihre Lösungsmöglichkeiten. Dabei kann man das durch sorgsamste Schulung geschärfte Ohr, das auch feinste Nuancierungen zu unterscheiden vermochte, nur bewundern. Aufgebaut sind seine Untersuchungen alle auf gewissenhafteste Beobachtung und sauberer Analyse, ihre Ergebnisse statistisch-sprachgeschichtlich fundiert. Ein imponierendes Wissen stellte sie, wenn erforderlich, in die großen Zusammenhänge des indogermanischen Raumes.

Wenden wir uns der akademischen Tätigkeit zu. „Sie waren 20 Jahre, als Sie mit der Sicherheit eines Mannes Ihren Platz unter uns in der Fakultät einnahmen." So sagte Delbrück 1908 in der schon zitierten Antwortrede an Sievers, dem Sprecher ehemaliger Jenaer Dozenten. Und mit der gleichen Sicherheit war der Zwanzigjährige den Studenten gegenüber getreten, die mit ihrem gehobenen Selbstbwußtsein kritisch genug den neuen Professor begrüßt haben mögen – war dieser doch im ersten Kolleg (5 Hörer) wie im Seminar (4) der Jüngste! – und sollte in der folgenden Zeit noch oft genug zu den

[15] Vgl. in der Diss. des Verf. das Kapitel: Allgemeine Entwicklung um 1870.
[16] zitiert nach dem Entwurf im Sievers-Nachlaß.

Jüngsten zählen. Kein Wunder, wenn erzählt wird (mit Recht oder Unrecht sei dahingestellt), daß er kurz nach seiner Ankunft in Jena von einigen Studenten gekeilt werden sollte. In der 1. Kollegstunde (Vorlesung: Deutsche Grammatik) verfiel Sievers, der noch nicht doziert hatte, allerdings in den Fehler, dem mancher junge Lehrer nicht entgeht, den größten Teil des Stoffes der ganzen Vorlesung vorzutragen, und wollte diese deshalb schon abbrechen, aber Delbrück tröstete ihn: „Fangen Sie ruhig noch einmal von vorne an, es hat doch niemand etwas verstanden." Und bald genug war er auf dem Katheder so zu Hause wie in seinem Fach: ein erfahrener Gelehrter und befähigter Pädagoge, verehrt von den Studenten und geschätzt von den Kollegen, von denen schon in den nächsten Jahren mancher zu seinen Füßen saß (Delbrück, Cappeller, Schoell und später Thurneysen.

Es ist schade, daß sich keine Kolleghefte und, wie es scheint, auch keine Nachschriften aus der Jenaer Zeit erhalten haben. Wir müssen uns deshalb mit dem Wenigen begnügen, was Akten, Beleglisten und Vorlesungsverzeichnisse bieten.

Sievers Vorlesungen lassen sich am besten ebenfalls unter systemischem Gesichtspunkt überblicken, wobei wiederum vorausgesetzt ist, daß manches in der einen Gruppe Aufgeführte nicht nur einseitig dieser zugeordnet sein dürfte.

Wir beginnen mit den *sprachwissenschaftlich-grammatischen* Vorlesungen aus dem Gebiet der deutschen Philologie. Sein Hauptkolleg – 5× in Jena gelesen – ist dasjenige über Deutsche Grammatik mit dem zeitweise erweiterten Titel: „und ausgewählte deutsche Sprachdenkmäler". Daraus erklärt sich auch die wechselnde Länge (bis zu fünf Wochenstunden). Bei der Vorbereitung hierfür entstanden die „Paradigmen zur deutschen Grammatik", die er 1874 drucken ließ als ein Hilfsmittel für Vorlesungen. Ähnlich variabel wie das Kolleg über die gesamte deutsche Grammatik ist das folgende mit enger gezogenem Rahmen: Grammatik und Erklärung althochdeutscher Sprachdenkmäler, ein 5× veranstaltetes, meist 3stündiges Kolleg. Teils publice wurde von ihr 2stdg. Gotische Grammatik vorgetragen (3×). Die mhd. Grammatik besprach er 4stdg. immer zusammen mit, oder vielleicht besser gesagt an Hand von Hartmanns Gregorius (3×), einer Dichtung, die auch wiederholt im Seminar behandelt wurde.

Die zweite Gruppe umfaßt größere *literaturgeschichtliche* Kollegs und Intepretationen einzelner Dichtungen. 4× hat Sievers ein größeres Kolleg (4stdg.) mit abgewandeltem Thema und auch Inhalt gelesen: Altdeutsche Literaturgeschichte, zuweilen unter Einschluß altgermanischer Denkmäler, einmal auch beschränkt auf die althochdeutsche Zeit. Bei den kleineren Kollegs steht der Heliand (1stdg.) mit 3 Ankündigungen an der Spitze. Bevor seine eigene Ausgabe vorlag, benutzte er dabei die Edition Heynes (1866). 1stdg. war auch das Nibelungenkolleg, ein Thema, das Zarncke in 6 Std. zu behandeln pflegte. Je einmal interpretierte Sievers Otfrieds Evangelienharmonie (2stdg.) und den Tatian. Einige dieser Veranstaltungen waren publice, andere gratis. Bei den 2stdgen Kollegs hielt es Sievers gern so, daß er die Stunden zusammenlegte, weil sich so größere Zusammenhänge besser behandeln ließen.

Die Literaturgeschichte im engeren Sinn hat Sievers allerdings nicht gelesen und sogar bei Staatsexamia und Promotionen jede Mitwirkung abgelehnt (s. S. 17). Oft betonte er in überspitzter Weise, daß es ihm in dieser Hinsicht an jeder Begabung mangele (Luick-Vita), wie er auch für philosophische Probleme kein Organ hatte. Kuno F i s c h e r etwa ist ihm nach seinem eigenen Zeugnis (dessen Kenntnis ich E. Karg-Gasterstädt verdanke) stets unheimlich gewesen. Die Interpretation von altdeutschen Dichtungen wird daher sprachwissenschaftlich-grammatische Fragen stärker betont haben als die Sinndeutung.

Wie in seinen Publikationen, so beschränkte er sich auch im akademischen Unterricht nicht auf die deutsche Philologie, sondern bezog auch Probleme der *germanischen Philologie* mit ein. So galt ein 5stdges Kolleg der Vergleichenden Grammatik der germanischen Sprache. Mehrmals las er über Themen aus dem Altnordischen, so im S 1876 über die Njalsage vor vier Hörern, im W 1876 ebenfalls 2stdg. eine im Index lectionum gleichfalls nicht angekündigte Einführung in das Altnordische. Im S 1881 schließlich interpretierte er ausgewählte altisländische Sprachdenkmäler und hatte dabei, nach Ausweis der Quästurakten, allerdings nur einen Hörer.

Nicht aus Pflicht, sondern aus Neigung, beschäftigte sich Sievers zeitlebens mit dem *Angelsächsischen* und sogar mit dem *Neuenglischen.* M ü l l e n h o f f hatte den Studenten einst in das Ags. und besonders in die Beowulf-Interpretation eingeführt. Als Professor gab er jetzt das Gelernte vertieft weiter. Viermal steht das Epos als Thema eines 2stdgen Kollegs in den Quästurakten. Hinzu kommt noch – als erste ags. Vorlesung in Jena! – im S 1875 eine sprachwissenschaftlich-grammatische Veranstaltung mit 10 Hörern. Aus einer Überarbeitung der ihr zugrunde liegenden Materialsammlungen ist 1882 die Angelsächsische Grammatik entstanden. – Dem Neuenglischen galt ein Grammatik-Kolleg und ein Thema, das uns schon in die nächste Veranstaltungsgruppe hinüberweist: die Aussprache des Englischen (S 1883) mit 29 Hörern.

Die *Phonetik,* das von Sievers endgültig der Philologie erschlossene Gebiet, ist von ihm in zweijährigem Abstand 4× 2stdg. behandelt worden, beginnend mit dem W 1876 (pr. et gr.) vor 18 Hörern. Das Buch ist also nicht aus einer akademischen Veranstaltung herausgewachsen. Die Ankündigung lautete übrigens: Elementa physiologiae vocis humanae in usum philologorum. Die Beleglisten zeigen, daß nicht nur Germanisten sich für dieses neuartige Thema interessierten.

Sievers war aber nicht nur Professor für deutsche Philologie, sondern auf Anregung des Kurators hin hatte man ihm, weil man wieder einmal glaubte, sparen zu müssen, auch die Romanistik übertragen, eine Disziplin, auf die ihr Begründer Frdr. Chr. Diez (Bonn) als auf eine zukunftsreiche Wissenschaft 1824 durch Goethe hingewiesen worden war. Seit der Mitte des Jahrhunderts hatte das Fach an Bedeutung ständig zugenommen, so daß es nicht mehr unvertreten sein konnte. Sievers Nachfolger in diesem Fach war dann schon ein „reiner“ Romanist (T h u r n e y s e n, hab. 1882[17]).

[17] vgl. Herbert Koch: Geschichte der Romanististk an der Universität Jena.: Festschr. für E. von Jan. Jena 1955. Masch. Schr.

Sicher hat Sievers das Fach nicht besonders gern mit vertreten. Doch war er anfangs bemüht, der Lehrverpflichtung nachzukommen. Im W 1872 behandelte er publ. altfranzösische Grammatik vor 2 Hörern, im S 1873 folgten altfranzösische Leseübungen mit ebenfallls 2 Teilnehmern. Dieses nicht sehr ermutigende Ergebnis gab ihm die Berechtigung, in Zukunft das Fach akademisch nicht mehr zu vertreten. Seine kostbare Zeit und die in der Mitte der 70er Jahre durch seine angegriffene Gesundheit stark gefährdcte Arbeitskraft durfte er nicht für ein ihm ferner liegendes Fach einsetzen, für das nur äußerst wenig Interesse vorhanden war. In Universitätsangelegenheiten (Promotion ect.) kam er aber auch weiterhin seinen Verpflichtungen nach. Als schließlich die Habilitation Thurneysens bevorstand (Mai 1882), entschloß er sich „nachdem er mehrere Semester gezögert hatte", die Vertretung des Faches offiziell niederzulegen. (Erklärung vom 25. II. 1882 UA Jena Best. M Nr. 476.)

Abseits von allen diesen Gruppen liegt eine einmal gehaltene Vorlesung (mit Übung) über Paläographie, in der er auch eine Einführung in die Runenkunde gab (W 1877). Die Veranstaltung ist in dem fachlich geordneten Vorlesungsverzeichnis unter der Rubrik „Geschichte" aufgeführt, wie denn das Fach auch als historische Hilfswissenschaft anzusehen ist, obwohl der Germanist – was heute allerdings seltener als früher geschieht – bei der Entzifferung der Hss. seiner ma. Denkmäler auch hierin Bescheid wissen muß. Soweit ich sehe, ist das Thema von Sievers überhaupt zum ersten Mal in Jena behandelt worden. Einer der wenigen Teilnehmer hat sich aber gerade daran noch Jahrzehnte später mit besonderem Dank erinnert, da die hier erworbenen Kenntnisse ihm die Möglichkeit zu selbständigen textkritischen Arbeiten gegeben haben. Es war der spätere Jenaer Historiker Gotthold Gundermann(1855–1887/93–1941), der als Dozent und Professor das Gebiet dann selbst in Seminarübungen behandelt hat.[18] Es scheint im übrigen, als sei Sievers im Seminar und vielleicht auch im Kolleg des öfteren auf paläographische Fragen eingegangen. Die Bedeutung eines richtigen Lesens war ihm ja selbst oft genug vor Augen getreten. Der Ausgabe des Hildebrandliedes, der Merseburger Zaubersprüche und des fränkischen Taufgelöbnisses hatte er auch Faksimile hinzugefügt (1872).

Wesentlich ergänzt und fruchtbar gemacht wurde das in den Vorlesungen Gebotene durch praktische Übung im Seminar. Die Bedeutung und den Wert dieser Arbeit hatte Sievers selbst in Leipzig bei Zarncke erfahren. In Jena gab es noch kein Seminar. Trotzdem hielt er noch im ersten Semester eine Übung ab. Er gab dieser Veranstaltung und denen der folgenden Zeit, sei es auf Anregung von Delbrück hin, sei es in Anlehnung an andere Vorbilder, die Bezeichnung: Übungen einer deutsch-philologischen Gesellschaft, allerdings ohne Angabe des Themas, so daß wir nur von wenigen Übungen den behandelten Gegenstand wissen. Aus ihr ist später das Privatseminar von Sievers und schließlich das Deutsche Seminar hervorgegangen.[19]

---

[18] vgl. den Brief Gundermanns zum 80. Geburtstag von E. Sievers.

[19] vgl. Verf. Diss. a. a. O. Bd II Gesch. d. Germanistischen Instituts.

Die Teilnehmerzahl an den Vorlesungen von Sievers ist unterschiedlich gewesen. In den ersten Jahren lag der Durchschnitt bei 10 eingeschriebenen Hörern. Von der Mitte der 70er Jahre an bemerkt man ein ständiges langsames Ansteigen. Eintragungen von 15 bis 20 Studenten verzeichnen meist die Quästurakten. In den 80er Jahren wurden 25 und mehr zur Regel. Eine mhd. Vorlesung hatte 31 aufzuweisen. Die altn. und ags. Veranstaltungen dagegen hatten zum Teil eine nur sehr geringe Hörerzahl. Deshalb liegt der Gesamtdurchschnitt von 48 nachweisbar gehaltenen Kollegs in 25 Semestern bei 15 und von 20 Übungen bei 10 – ein übrigens sehr gutes Verhältnis zwischen der Teilnehmerzahl im Seminar und in den Kollegs.

Die Zahl der eingereichten Dissertationen ist gegenüber den 60er Jahren sprunghaft angestiegen. 31 Anträge sind erhalten (ausschl. romanist. Diss.). Die hohen Anforderungen, die Sievers stellte, erhellt die große Zahl der abgelehnten Arbeiten (vorher waren Abweisungen sehr selten). 18 Bewerbungen wurden zurückgewiesen und nur 13 Promotionen vollzogen. Darunter befinden sich Themen wie: Philipp Schweitzer: Die Entwicklung der nationalen Dichtung in Norwegen (1881) und P. Apatz: Chronologische Besprechung der von Walther von der Vogelweide in seinen Sprüchen verwandten Töne (1881).

Getreu der Methode der Junggrammatiker hat Sievers die Studenten zu sorgsamer Betrachtung der sprachlichen Phänomene angehalten. In den lebhaften, impulsiv vorgetragenen Kollegs standen die Hörer ganz unter dem Eindruck der genialen Persönlichkeit des jungen Lehrers, dessen Vorlesungen ihnen zu einem Erlebnis wurden. Es ist bekannt, daß der Einfluß eines Lehrers, die Wirkung seiner Persönlichkeit nachhaltiger sein kann als sein exaktes Forschen und gediegenes Wissen. Bei Sievers verband sich beides, daraus erklärt sich die Verehrung, die ihm von allen Seiten in seinem langen Leben gezollt worden ist. Er war aber auch immer bemüht, mit den Studenten persönlich in Fühlung zu kommen, wie sie für ihre Sorgen und Fragen immer ein offenes Ohr fanden. Sein soziales Verantwortungsbewußtsein (wie es in der Seminarordnung – die für fleißige Studenten Geldzuwendungen in Form von ‚Prämien' vorsah – zum Ausdruck kommt) und sein Gerechtigkeitssinn verbanden sich bei allem Selbstbewußtsein, das man ihm nicht absprechen kann, mit der echten Bescheidenheit eines Wissenschaftlers. Sie gewannen ihm zu der Achtung auch das Vertrauen der Studenten, und die Professoren nannten ihn einen „trefflichen und lieben Kollegen".[20] Der Kurator spricht einmal charakterisierend nicht nur von Sievers' „seltener geistiger Begabung und seinem gelehrten Wissen", sondern rühmt auch „sein vorzügliches Vermögen, die Schüler zu eigenen geistigen Arbeiten anzuregen, sein durchweg freies, anmutendes Wesen und seine in aller Hinsicht lautere Gesinnung".[21] Frischer und lebensnaher klingt es aber aus einem Brief eines Jenaer Schülers – Johannes Poeschel – vom 6. XII. 1930: „War es auch nur eine einzige Woche im Jahre 1877, die ich, früh verwaist und mittellos, als Ihr Zuhörer in Jena weilen konnte, so war dies doch ein

[20] UA Jena Best. A 439 Bl. 180.

[21] LA Altenburg I, 111, Bd 2 Kuratelbericht v. 3. IV. 1876.

Erlebnis[22] für mich, das unauslöschlich in meinem Gedächtnis haftet. Wie viel Ihrer kostbaren Zeit haben Sie mir damals geschenkt, sogar auf Wanderungen. Ihre fröhliche Stimme, wenn Sie mich plaudernd in Ihre germanistischen und phonetischen Forschungen einweihten, klingt mir noch jetzt in den Ohren. Dabei ahmten Sie auch Unkenruf und Taubengurren täuschend nach..." Bei einer solchen Einstellung verwundert es nicht, wenn aus den Briefen der Schüler immer wieder echter, lebenslanger Dank und größte Verehrung sprechen. So schreibt der Historiker und Jenaer Gymnasialdirektor Otto Dobenecker zum 80. Geburtstag des Gelehrten: Zwar sind nur noch weniger Ihrer Jenaer Schüler am Leben. Aber so oft auch immer wir zusammenkommen, gilt unsere Erinnerung Ihrer Tätigkeit im Deutschen Seminar und im Kolleg (5. X. 1930).

Und wie Sievers selbst, auf der Höhe des Ruhmes stehend, über die Zeit seiner 25 Jenaer Semester geurteilt hat, das erfahren wir aus seiner kaum bekanntgewordenen Rede – sie fehlt auch in der Bibliographie –, die er 1908 zur 350. Jahrfeier der Universität gehalten hat. Es heißt hier u. a. „... Mit der schönen und freien Menschlichkeit, die stets ein Zeichen Jenaischen Geistes gewesen ist, hat man uns hier willkommen geheißen, als wir eintraten, gleichviel ob der Willkomm einem bereits erprobten Forscher galt, oder einem Anfänger, der zum erstenmal seine Kräfte in den Dienst der Wissenschaft zu stellen versuchte. So war man rasch heimisch hier, menschlich wie wissenschaftlich. Denn man empfand es sofort, daß man in ein Gemeinwesen eingetreten war, das nicht leicht Seinesgleichen finden wird an Festigkeit des Zusammenschlusses aller seiner Glieder. Hier konnte sich der akademische Lehrer auf eine Zuhörerschaft stützen, die sich durch die Pflege jugendlichen Frohsinns zugleich frisch erhielt, auch für ernste Arbeit, und hier konnte auch der Forscher stets darauf rechnen, sich durch den Gedankenaustausch mit Gleichstrebenden gefördert zu sehen, oft weit über die Grenzen des eigenen Faches hinaus. Ja, ich darf wohl sagen, ich habe keine Universität kennengelernt, die den Einzelnen so sicher vor dem Versinken in Einseitigkeit oder Trägheit schützte, wie unser Jena mit seinem weiten geistigen Horizont und seinem rastlosen Vorwärtsstreben, das auch den zum Zögern Geneigten unwiderstehlich mit sich fortriß.

Und noch etwas anderes haben wir von Jena mitbekommen als diese lieben Erinnerungen. Hier haben wir, das ist das eine, auch praktisch lernen können, wie echte Wissenschaft unter dem Banner geistiger Freiheit gedeiht. Das andere aber, und das wissen vor allem diejenigen, die noch dem alten, kleinen Jena angehört haben: Wir haben gesehen, wie auch mit bescheidenen Mitteln Großes zu leisten ist, wenn nur der richtige Sinn hinter der Arbeit steht..."

Sievers ist hier nicht aus festlichem Anlaß „Lobredner vergangener Zeiten" geworden, wie die Erinnerungen der Zeitgenossen bestätigen. Auch das Empfehlungsschreiben für Rudolf Schlösser an Friedrich Kauffmann schlägt den gleichen Ton an.[23]

---

[22] Im Original unterstrichen.

[23] Als Rudolf Schlösser sich (1894) habilitieren wollte, gab ihm Sievers den Rat, nach Jena zu

Mit den letzten Worten hat Sievers das düstere Kapitel der Jenaer Universitätsgeschichte berührt, auf das wir auch schon oft hinweisen mußten: die Finanzlage. Sie hat auch seine Jenaer Wirksamkeit überschattet. Wenn es gelang, Sievers solange in Jena zu halten, so ist dies seiner Dankbarkeit gegenüber Jena, dem angenehmen Wirkungsfeld und der geschickten Verhandlungsweise des Kurators zu verdanken.

Denn eine Persönlichkeit, deren Ansehen bei den Fachgenossen von Jahr zu Jahr zunahm, die sich steigender Lehrerfolge und wachsender Beliebtheit bei den Studenten erfreute, mußte über kurz oder lang das Interesse anderer Universitäten erregen, zumal die schlechte Finanzlage Jenas bekannt war und Sievers auch nur 300 Taler (900 M) jährlich bekam, während in Preußen schon ao. Professoren ein Anfangsgehalt von 3000 M und vielfach Privatdozenten eine beträchtliche Unterstützung erhielten. Für den gänzlich vermögenslosen Sievers brachte zudem die Jenaer Steuerfreiheit keinen Vorteil. Es soll allerdings nicht verschwiegen werden, daß Sievers bereits vom S 1873 an „auf Grund seiner ausgezeichneten Lehrerfolge"[24] – ein Urteil, das im Munde von S e e b e c k besonders schwer wiegt – eine Zulage von 200 Rth. erhielt[25]. Dafür lehnte er dann „aus Anhänglichkeit an die hiesige Universität und aus Dankbarkeit für die ihm gewordene Verbesserung einen ehrenvollen und materiell überaus günstigen Ruf" zum W 1874 nach Freiburg ab (ebda.). Der Kurator glaubte ihn deshalb in seinem Etatbericht vom 25. XII. 1874 an erster Stelle unter denjenigen aufführen zu sollen, die einer Gehaltsverbesserung bedürften. Doch mußte erst ein zweiter Ruf erfolgen, um diesen Antrag zu verwirklichen. Am Ende des W 1875 teilte Sievers mit, daß er zu seinen Eltern reisen müsse, um zu sehen, wie er in Anbetracht der bevorstehenden Pensionierung seines Vaters helfen könne, und sei es gegebenenfalls auch durch Übernahme eines einträglicheren Amtes. S e e b e c k bat ihn zwar, keine übereilten Schritte zu unternehmen, erhielt jedoch während der Ferien die Mitteilung, daß Sievers eine Bibliotheksstelle in Münster, dotiert mit 4200 M, angeboten worden sei, „die er nicht gut ablehnen könne". „Sein Vater", so sagte er dem Kurator, „der immer nur karg besoldet gewesen, habe früher kein Opfer gescheut, um ihm ... die wissenschaftliche Laufbahn ... möglich zu machen, müsse nun aber wegen Invalidität seiner demnächstigen Quiescierung gegenwärtig sein, und da er mit der ihm zustehenden Pension längst nicht imstande sein werde, für sich, seine Frau und zwei unverheiratete Töchter den nötigen Unterhalt zu bestreiten, so sei es nur seine, als des Sohnes Pflicht, ... das Fehlende ... aufzubringen". Nicht nur unter diesen Umständen gesehen durfte sein Wunsch um Verdoppelung seines Einkommens als berechtigt angesehen werden. Der Kurator berichtete hierüber am 3. IV. 1876 an die Erhalter und betonte dabei, „daß mir bei der jüngsten Unterredung die ebenso schlichte wie warme Kundgebung seines sohnlichen Denkens

---

gehen, „wenn ihm darum zu tun ist, in einen Kreis guter und anregender Kollegen zu kommen als etwa an einen öden Ort mit zwei Studenten mehr im Semester". UA Jena, Best. M Brief v. 21. V. 1894 an Friedrich Kauffmann.

[24] LA Altenburg I, Bd 1 Bd II. Kuratelbericht v. 25. XII. 1874.

[25] ebda. Kuratelbericht v. 16. II. 1874.

und Empfindens ihn mir nur um so werter gemacht hat. Solange noch Mittel verfügbar sind, sollten sie zur Erhaltung solcher Kräfte... eingesetzt werden." Die Ministerien lehnten jedoch ab, und der Kurator machte Sievers davon Mitteilung, „that es aber mit so schmerzlich bekümmertem Herzen, wie wenn ein Gärtner sich gewiesen sähe, in den seiner Pflege anvertrauten Culturen einen blütenreichen und schon in Früchten prangenden Zweig vom Baume zu brechen"[26]. Auch Sievers war über diese Nachricht „sichtlich bekümmert", wollte jedoch die Entscheidung seinem Vater in die Hand geben. Die entscheidenden Sätze in dem Antwortbrief des Vaters vom 8. IV. 1876 lauten: „... Ich weiß, daß Du dieser Deiner Forderung das Motiv mit zugrunde gelegt hast, im Falle meiner Pensionierung oder meines Ablebens mir, rsp. der Mutter und Deinen Geschwistern eine angemessene Unterstützung gewähren zu können. So nötig wir in dem einen wie in dem anderen Falle eine solche Unterstützung haben würden, so wollen wir uns doch lieber mit Achen und Krachen durchzuschlagen suchen, als daß Du unsertwegen Deine, Dir so lieb gewordene Karriere aufgibst..."

Sievers war daraufhin bereit, auch bei einer Zulage von 900 M zu bleiben, die von den Erhaltern genehmigt wurde. Er lehnte auch wenige Monate später einen gleichgünstigen, wohl von Zacher inspirierten Ruf an die UB Halle ab. Doch noch im S 1876 stand er wieder auf einer Berufungsliste, dieses Mal in Bonn, da dort mit dem Tod Karl Simrocks ein Ordinariat frei geworden war. Zunächst rangierte er hinter Paul und vor Steinmeyer und dann an zweiter Stelle nach Scherer, der an Pauls Stelle trat. Da Berlin aber Scherer selbst haben wollte, nannte Bonn schließlich in der endgültigen Liste vom Nov. 1876 Sievers, Steinmeyer und Martin[27]. Dieser erneuten Gefahr begegnete man in Jena durch die Gründung eines Ordinariats, das allerdings schon vor der Berufung nach Bonn beantragt worden war[28]. Delbrück und A. Schmidt hatten bereits am 16. Mai mit dem Hinweis darauf, daß an allen deutschen Universitäten ein ordentlicher Lehrstuhl für deutsche Philologie bestände, einen entsprechenden Antrag gestellt[29], den die Fakultät einen Monat später dem Senat und dieser den Ministerien offiziell vortrug[30]. Wiederum aus finanziellen Erwägungen glaubte Weimar, eine Ernennung zum ordentlichen Honorarprofessor würde genügen. Doch die Ernennung erfolgte nicht, denn der Kurator drängte unter Hinweis auf Bonn auf ein Ordinariat. So wurde schließlich am 22. XI. der ordentliche Lehrstuhl geschaffen und Sievers zum Ordinarius ernannt und einige Zeit später auch sein Gehalt auf 3000 M erhöht.

Im November 1880 trat Charles W. Eliot, Präsident der Harvard – Universität in

---

[26] Kuratelbericht v. 10. IV. 1876.

[27] Nach den Dekanatsakten im UA Bonn, für deren Kenntnis ich Herrn Prof. Braulich auch an dieser Stelle danke.

[28] vgl. Verf.: E. Sievers und die Gründung des Ordinariats für deutsche Philologie an der Universität Jena.: Wiss. Annalen VI (1957) 485–493.

[29] UA Jena Best. M Dek. Akten S. 1876 Bd 2.

[30] ebda. Best A. 437.

Cambridge (Mass.-USA) an Sievers heran und bot ihm die erste Professur für Germanistik unter sehr günstigen materiellen Voraussetzungen (12–16000 M) an. Den Briefen von Charles L a n m a n an E l i o t nach zu urteilen (deren Kenntnis ich dem UA Cambridge verdanke), war Sievers im Prinzip nicht abgeneigt, den viel größeren Wirkungskreis in Cambridge dem Jenaer vorzuziehen. E l i o t bemühte sich auch, ihm die Vorzüge Harvards vor Augen zu führen, hatte doch L a n m a n seine vorzüglichen Empfehlungen zusammengefaßt in dem Satz: „I do believe that he would be a great acquisition". Jedoch gab Sievers dem Kurator zu verstehen, daß er u. a. auch aus familiären Rücksichten gern bleiben werde, wenn ihm ein gehaltsmäßiger Ausgleich geboten würde[31]. Die Nutritoren stimmten einer Gehaltserhöhung auf 4500 M zu, und Jena freute sich, Sievers Weggang noch einmal verhindert zu haben. Es freute sich aber auch ein alter Gelehrter in Halle, J. Z a c h e r , dessen Herzenswunsch es schon seit langem war, Sievers als seinen Nachfolger zu sehen. Er hatte ihn deshalb von sich aus zu einer Ablehnung zu bewegen gesucht, und als diese erfolgte, ihn dazu beglückwünscht (Br. vom 20. I. u. 21. II. 1881). Aber auch in den USA wußte man, was Sievers galt, und versuchte ihn später (1886) nochmals zu bekommen, aber wiederum vergeblich.

Im Dezember 1882 fühlte T h e o d o r M ö b i u s brieflich vor, ob Sievers gegebenenfalls einem Ruf nach Kiel folgen würde (10. X. 1882). Aus anderen Briefen geht jedoch hervor, daß Sievers aus Dankbarkeit gegenüber Jena ablehnte. Deshalb kam der Vorgang gar nicht in die Akten von Kiel und Jena.

Im Frühjahr 1883 schließlich erhielt Sievers den Ruf nach Tübingen. Der Kurator – es war seit 1877 v o n T ü r c k e – machte keinen Versuch, ihn zu halten. So ging Sievers zum W 1883 für einige Jahre ins Schwabenland, 1887 nach dem Tod Z a c h e r s nach Halle, und schließlich 1892 nach Z a r n c k e s Ableben nahm er dessen Lehrstuhl ein. Er stieg in diesen Jahren zum bedeutendsten Germanisten nach Jacob Grimm auf. Schüler aus allen Teilen der Welt kamen zu ihm. Als Begründer und Verfechter der Schallanalyse ist sein Name auch in weiten Kreisen der Öffentlichkeit bekannt geworden. 1923 wurde er emeritiert und ist neun Jahre später, 1932, im hohen Alter, aber immer noch rastlos schaffend, gestorben.

---

[31] LA Altenburg, Kuratelbericht v. 14. XII. 1880.

NAMENREGISTER

(Mitglieder seit der Gründung der Akademie und der mit ihr in Zusammenhang stehende Personenkreis)

FSC
www.fsc.org
MIX
Papier | Fördert gute Waldnutzung
FSC® C083411

Kolibri 360 GmbH
Ferdinand-Jühlke-Straße 7
99095 Erfurt, Deutschland
produktsicherheit@kolibri360.de